国家科学技术学术著作出版基金资助出版

硅基光电子学
（第二版）

周治平　著

科学出版社

北　京

内 容 简 介

　　硅基光电子学是作者遵循半导体科学和信息科学的发展规律，在微电子、光电子、光通信领域数十年教学科研成果的总结。本书分为基础篇和应用篇。基础篇由第 1 章～第 10 章组成，包括绪论、硅基光电子学基本理论、硅基光波导、硅基光无源器件、硅基光源、硅基光学调制、硅基光电探测、硅基表面等离激元、硅基非线性光学效应、硅基光电子器件工艺及系统集成等。应用篇由第 11 章～第 18 章组成，包括硅基光通信和光互连、硅基光交换、硅基光电计算、硅基图像传感、硅基片上激光雷达、硅基光电生物传感、硅基光信号处理、硅基光电子芯片的设计与仿真等。

　　本书可作为高等院校电子学、光电子学、物理电子学、微电子与固体电子学、光学工程、通信与信息系统、计算机技术等专业高年级本科生和研究生相关课程的教材，也可供相关领域的研究人员和工程技术人员参考。

图书在版编目 (CIP) 数据

硅基光电子学 / 周治平著. —2 版. —北京：科学出版社，2021.6
ISBN 978-7-03-068755-5

Ⅰ. ①硅…　Ⅱ. ①周…　Ⅲ. ①硅基材料－光电子学－研究
Ⅳ. ①TN304.2

中国版本图书馆 CIP 数据核字(2021)第 087783 号

责任编辑：余　丁　魏英杰 / 责任校对：郑金红
责任印制：吴兆东 / 封面设计：陈　敬

科 学 出 版 社 出版
北京东黄城根北街 16 号
邮政编码：100717
http://www.sciencep.com

北京虎彩文化传播有限公司 印刷
科学出版社发行　各地新华书店经销
*
2021 年 6 月第 一 版　开本：720×1 000　1/16
2021 年 7 月第二次印刷　印张：37
字数：746 000
定价：298.00 元
（如有印装质量问题，我社负责调换）

前　言

晶体管这个被誉为 20 世纪最伟大的发明改变了世界。以硅材料为基础的微电子芯片则以小尺寸、低成本、低能耗、高集成度等优点迅速占领了绝大部分电子市场，成为当时高科技产业的重要支柱。从晶体管的发明、集成电路的出现、计算机的不断更新换代，再到通信网络的飞速发展，人类生活的各个层面无不打下微电子的烙印；微电子产品已经被应用到人类社会的各个层面；微电子的设计思想和制作方法也已经渗入不同学科及社会领域。

然而，微电子器件的进一步小型化使集成电路的互连延迟效应和能耗问题成了以电子为信息载体的高速集成电路技术的一个不可逾越的障碍。与电子相比，光子作为信息载体具有独特的互补性质：光子没有静止质量，光子之间也几乎没有干扰，光的不同波长可用于多路同时通信，因此利用光子作为信息载体具有更大的带宽和更高的速率。此外，正是由于光子本身几乎没有相互作用，无法形成具有实际应用的有源器件，只能支持一些无源器件，因此仅以光子为信息载体的光子芯片功能非常受限。

为了解决上述问题，人们自然地想到将光子和电子结合起来。实际上，人们在研究光子的过程中发现，半导体材料可以通过吸收光子而产生电子，也可以通过电子的湮灭而发射光子。由此开启了光电子学的研究，并发明了以激光器和光探测器为代表的初级光电子芯片。为了获得更强的光电效应，早期的光电子芯片基本上都是在砷化镓、磷化铟材料上制作的。但是，这些材料既难以加工，又难以制成硅单晶那么大的尺寸。因此，用它来制作的光电子芯片成本很高，并且集成度也低，功能十分受限。

本书探讨微纳米量级光子、电子及光电子器件在不同材料体系中的新颖工作原理，并使用与硅基集成电路工艺兼容的技术和方法，将它们异质集成在同一硅衬底上，形成一个完整的具有综合功能的新型大规模光电集成芯片。通俗地说，就是在数据流量需求不断增长，而电子芯片功能受限的情况下，研究如何将光子加入硅基集成电路中，同时利用光子、电子及其相互作用来处理和传输信息，形成一个既快速又低成本的新型大规模光电集成芯片。

电子芯片（集成电路）、光子芯片、光电子芯片都只是半导体科学发展过程中的一个特殊阶段，服务于当时人们对科学技术的认知水平和社会需求。硅基光电子芯片是目前半导体芯片发展的最高级阶段，是将上述三种芯片中的基本元素创新性地异质集成在硅衬底上获得的一种大规模光电集成芯片。硅基光电子芯片被公认为后摩尔时代的核心器件、大数据时代的基石，可以在算力、能耗、成本、尺寸方面带来极大的优势。人们预期，它不仅可以支撑大数据时代的通信设备、数据中心、超级计算、物联传感、人工智能等产业，更有可能在不久的将来进入消费市场。

虽然硅材料在光电效应方面存在"先天不足"，光子器件在尺寸方面"衍射受限"，但半导体技术、能带工程、表面等离激元、纳米技术等相关理论为硅基光电子技术的发展带来解决方案。将微电子和光电子结合起来，开发硅基大规模光电子集成器件，已经成为信息科学技术发展的必然和业界的普遍共识。

通过对以上规律和趋势的总结，我们认为硅基光电子科学与技术的体系已基本形成，应当及时地将其作为一门新兴的前沿交叉学科来进行推广和普及。2012 年，我们出版了《硅基光电子学》第一版。本书在第一版的基础上进行了理论更新和应用扩展。

本书由作者团队共同完成。其中，周治平撰写第 1、2、6 章，杨俊波撰写第 3 章，吴华明和戴道锌撰写第 4 章，王兴军撰写第 5、7 章，肖功利和白博文撰写第 8 章，张林撰写第 9 章，冯俊波撰写第 10 章，余宇和董坡撰写第 11 章，储涛和唐伟杰撰写第 12 章，许鹏飞和周治平撰写第 13 章，聂凯明撰写第 14 章，周林杰撰写第 15 章，陈昌和王靖撰写第 16 章，苏翼凯和张永撰写第 17 章，宋琛和 Ellen Schelew 撰写第 18 章。许宗雪、李德钊、朱科建、孙鹏斐、杨宏艳、王旭、庄明峰、何宇、王镇、陈丁博、周佩奇、王博、邓江睿、吴蓓蓓、王晶、全欣等为本书的出版提供了相关协助，并提出修改意见，特此致谢。

衷心感谢我的夫人黄燕女士对我事业的一贯支持，感谢王启明院士、邬贺铨院士、郝跃院士、褚君浩院士、吴汉明院士、韦乐平主任对硅基光电子、微电子与光电子融合、光电集成等研究工作的鼓励，也感谢世界各国的合作者对我提供的部分思路和灵感。

周治平

2021 年 2 月于北京中关园

目　　录

第二部分　应　用　篇

第一部分 基 础 篇

第 1 章　绪　　论

人们对电子、光子的了解，不仅导致了技术时代的更迭，也导致了信息社会的出现及发展。而信息社会对小巧、廉价、低能耗器件和系统的偏爱催生了各种各样的半导体芯片。

硅基光电子学[1] (silicon photonics，SiPh) 是探讨微纳米量级电子、光子、光电子器件在不同材料体系中的新颖工作原理，并利用与硅基集成电路工艺兼容的技术和方法，将它们异质集成在同一硅衬底上，形成一个完整的具有综合功能的新型大规模光电集成芯片的一门新兴交叉科学。它反映了半导体芯片的发展过程，但也仅仅是其中的一个特殊阶段。本章将从半导体科学和信息科学发展的历史角度，阐述硅基光电子学的必要性和必然性。

1.1　电子、光子、芯片

电子是一种带有负电的亚原子粒子，是构成物质的基本粒子之一，它绕原子核运动，可以通过电线传导。电子的反粒子是正电子，其质量、自旋、带电量大小都与电子相同，但是电量正负性与电子相反。电子与正电子会因碰撞而互相湮灭，同时，产生一个以上的光子。由于在各种物质的原子内部，电子的运动情况不同，因此它们发射的光子也不同。光子是一种电磁波的量子状态，是传递电磁相互作用的基本粒子，它同时具有波动性和粒子性，较好的传输方法是沿光波导运动。光波或光子的不同频率分布组成光谱，如可见光中不同颜色对应不同的光谱区。不同频率的光子可以通过同一根波导进行传输而互不影响。电子、光子、光谱示意图如图 1.1 所示。

电子是一种费米子，利用它在半导体内的运动规律和相互作用，可以制备出二极管、晶体管等逻辑和存储器件，以便实现电子缓存、存储和逻辑运算等功能。光子是一种玻色子，没有静止质量，在室温下难以实现明显的相互作用。光子以光速传输，速度很快，但缺乏便捷的方法进行存储，难以实现光子逻辑门运算。然而，光子相比电子具有更多可控的调制和复用维度，如波长、相位、偏振、空间模式等，可以携带更多的信息量。

自从 1897 年 Thomson 证实电子的存在以来，人们就一直在研究如何控制它在真空中、固体中、半导体中的运动状态。与之对应，人们先后发明了电子管、晶体管、集成电路(又称电子芯片)，然后在"摩尔定律"的指导下，对硅基电子芯片进

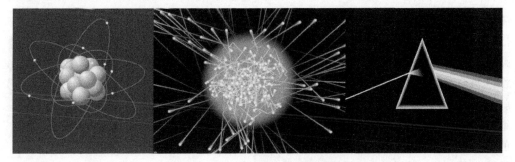

图 1.1　电子、光子、光谱示意图

行了长达 60 余年的研究。这是一个由电子学发展成电子芯片的过程，反映了人们对小尺寸、低能耗、高度集成的追求。这个电子芯片的特点是仅仅利用电子作为信息载体。同样道理，人们控制光子行为的愿望，也经过了从光子学发展出光子芯片的过程。这个光子芯片的特点则是仅仅利用光子作为信息载体。以此类推：光电子学通过对Ⅲ-Ⅴ族材料中光子和电子相互作用的研究发展出传统的光电子芯片；硅基光电子学通过对光子、电子以及两者之间的相互作用的研究，利用硅材料与其他材料的异质集成工艺，发展出硅基光电子芯片。这几个不同学科的发展，也反映了不同科学技术时代的更迭。

1.2　从微电子到光电子

微电子时代的发展可以追溯到晶体管的出现。1947 年 12 月 16 日，美国 AT&T 公司贝尔实验室的三位科学家 William Shockley、John Bardeen 和 Walter Brattain 制成了世界上第一支晶体管，开始了以晶体管代替电子管的时代，从而拉开了微电子时代的序幕。晶体管这个被誉为 20 世纪最伟大的发明改变了世界，而以硅材料为基础的半导体工业迅速占领了绝大部分市场，并成为当时高科技产业的重要支柱。从晶体管的发明、集成电路(integrated circuit，IC)的出现、计算机的不断更新换代，再到通信网络的飞速发展，人类生活的各个层面无不打下了微电子的烙印：微电子产品已经被用到人们物质生活的各个层面；微电子的设计思想和制作方法也已经渗入到不同学科及社会领域。这一时代被誉为"微电子时代"是恰如其分的。但是，随着微电子技术往纵深方向发展，其量子特征也逐渐表现出来。近 60 年来一直成功地描述了 IC 发展趋势的摩尔定律也正在接近尾声。

1.2.1　微电子所面临的挑战

微电子技术是建立在以晶体管等半导体器件为核心的集成电路基础上的，其主要产品集成电路芯片是构成各种电子电路和电子信息系统的核心部件。60 余年来，微电子技术按照"摩尔定律"预测的那样,"半导体芯片的集成度每 18 个月增长一倍,而价格则降低一半",以惊人的速度一直发展着。然而根据国际半导体技术发展路线图(ITRS)2015 年的预测,到 2020 年时,基于集成电路的闪存线宽(half pitch)将减小至 12nm;而在 2021 年时,逻辑器件的栅长也将减小到 10nm,这些基本上就是理论极限了[2]。届时,以硅为基础的微电子技术由于物理极限的限制,将很难继续遵循摩尔定律来发展[3]。首先,随着微纳器件集成度的进一步提高,器件线宽的进一步减小,电互连所固有的局限性将促使芯片的发热量迅速增加,引起串扰、噪声、能耗、时延等多方面的问题,从而使芯片系统无法正常工作;其次,现有的加工设备已经接近工艺极限,通过减小线宽的方法来提高芯片的工作频率和集成度面临非常大的工艺问题。此外,当线宽进入深纳米尺寸时,如何避免量子效应导致相邻导线之间的量子隧穿,也面临前所未有的挑战[4-6]。

可见,用电子作为信息载体的微电子技术,当器件的加工线宽发展到纳米尺度时,将遇到其发展的理论与技术瓶颈。因此,急需新的理论与技术来解决上述诸多限制与问题,否则信息技术的发展将裹足不前,并严重影响人类社会和经济的进一步向前发展。

1.2.2 集成光路的困难

在 21 世纪,人们迈入了一个高度信息化的时代。信息时代的特征是:信息量十分巨大,信息传递非常快捷,信息处理迅速准确。目前大部分的信息是由电子传导的。电子具有静止质量,且电子之间存在库仑作用,因此电子的运动及电信号易受电磁场干扰,从而限制了电子通信的容量和速率。与电子相比,光子作为信息载体具有巨大优势:光子没有静止质量,光子之间也几乎没有干扰,不同波长、偏振、模式的光子可用于多路同时通信,因此光信息传输可具有更大的带宽和更高的速率。另一方面,光信号处理速度很高,且不受电磁场干扰。这些优点使得光子技术在未来的信息化社会中必将扮演非常重要的角色。

受到了微电子集成电路技术的启迪和促进,光子学发展的一个重要目标就是要实现集成光路[7]。一套典型的集成光路系统结构示意图如图 1.2 所示,它包含了光的产生、耦合、传输、调制、探测等几个部分。然而,真正被集成到单一芯片上的只是一些无源器件,它们与外部的有源光电子器件如激光器和探测器相连接,构成具有一定独立功能的微型光学系统。从这个意义上来说,把只集成了无源光器件的片上系统叫作"集成光路"倒也正确,满足了仅仅利用光子作为信息载体的特征。如果真的把激光器和探测器这些有源光电子器件也集成到一片芯片中去,那么它就应当被称为"光电集成芯片"了。

与普通光学系统相比,集成光路具有很多优点:信号带宽大,容易实现密集波分复用,尺寸小,重量轻,能耗小,成批制备成本低,可靠性高等。得益于微电子

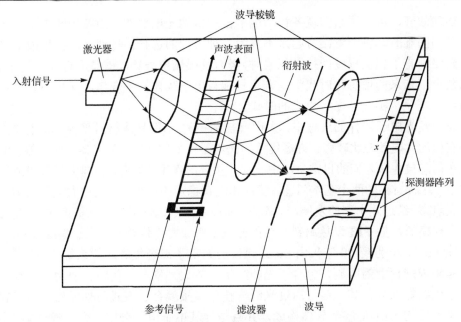

图 1.2　一套典型的集成光路系统结构示意图

制备技术和光电子学的发展，集成光路继承了许多集成电路的优点。表 1.1 列出了集成光路和集成电路的比较。

表 1.1　集成光路和集成电路的比较

性能参数	集成光路	集成电路
基本作用	光子传输及控制	电子传输与控制
基本元器件	光波导、光栅、透镜等	晶体管、电阻、电容等
元器件厚度	波长量级、微米量级	纳米至微米
元器件长度	微米至毫米	纳米至微米
器件之间的连接	光波导，需要精确的耦合对准	电线，直接导体连接
元器件制作工艺	多样化，还在研究开发中	成套，成熟的工艺

由此可见，与集成电路相比，集成光路目前在实践应用中仍然面临许多技术和性能障碍，在理论上也有待新的突破。最主要的问题是集成光路中光学元器件的尺寸受衍射的限制，以及缺乏统一的标准化制备技术，导致制造成本很高。另一方面，由于光逻辑和光处理器件的发展相对缓慢，具有真正"计算"功能的集成光路还正处于早期探索阶段。

1.2.3　光电子集成

众所周知，许多物质中都存在着诸如电光、声光、磁光、热光等多种线性或非线性物理效应，可以用来实现各种功能丰富的微纳光电器件。当纯粹的电子或光子集成遇到困难时，将两者结合起来不失为一种可行的选择。特别是，在集成电路和集成光路都有了相当程度的技术积累时，努力发展光电子集成就是顺理成章的事情。可以预见，未来的信息化时代将是光子载体与电子载体携手合作，互相补充，最终走向融合统一，实现光电子集成的时代。

在开发光电子器件的过程中，人们最初选择的是Ⅲ-Ⅴ族材料平台，其主要原因就是它们的光电效应比较强。许多优质的光电器件如发光管、激光器、探测器、混频器等在信息技术和人们的日常生活中发挥了重要的作用。然而，在向大规模集成发展过程中，这种材料的两个基本问题，脆性和没有稳定的保护层，被放大成了精细工艺的巨大阻碍。经过几十年的发展，其集成度和成本还是远远无法与硅基集成技术相比。这种小规模的，基于Ⅲ-Ⅴ族材料平台的光电子集成属于传统的光电子集成范畴。

图 1.3 为 20 世纪 90 年代由 Soref 建议的光电子混合集成芯片系统示意图[8]，为了克服集成规模上的限制，包含了光的产生、放大、耦合、传输、调制、探测和高速电子电路等部分。其光信号通过光纤与波导直接耦合的方式与外界相连。所有的光电子器件均由Ⅲ-Ⅴ族半导体构成，并且与硅基电子电路分别制作，混合集成。

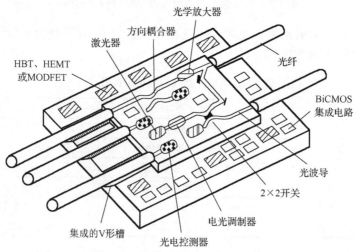

图 1.3　光电子混合集成芯片系统示意图(HBT：异质结双极晶体管；HEMT：高电子迁移率晶体管；MODFET：调制掺杂场效应管；BiCMOS：双极性晶体管互补式金属氧化物半导体)

图 1.4 是 Intel 给出的光互连与电互连(主要指铜线互连)的成本与带宽、传输距离关系以及发展趋势图[9]。从图中可以看出，在一段时期内光互连技术与电互连技术共同存在，但是当工作频率扩展到 40GHz 以上时，光互连的优势将凸显，并且将逐渐取代电互连成为芯片互连技术的主体。

这种趋势表明，在以电子为主要信息载体的集成电路芯片中，光互连技术必

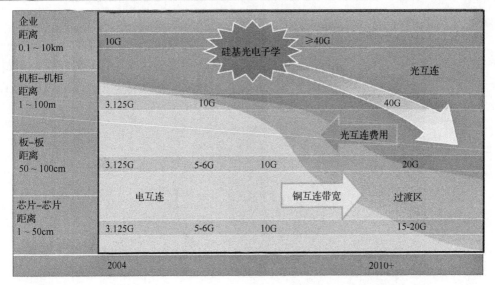

图 1.4　光互连与电互连的成本与带宽、传输距离关系以及发展趋势图

定要与电子及电子技术直接相互作用，因此如图 1.3 所示的混合集成方案满足不了大数据时代发展的要求。光子技术与电子技术需要在同一硅衬底上进行融合，甚至异质集成，这种理念催生了硅基光电子学的发展。

1.3　硅基光电子学的起源

1.3.1　定义

　　所谓硅基光电子学，就是探讨微纳米量级光子、电子、光电子器件在不同材料体系中的新颖工作原理，并使用与硅基集成电路工艺兼容的技术和方法，将它们异质集成在同一硅衬底上，形成一个完整的具有综合功能的新型大规模光电集成芯片的一门科学。硅基光电子芯片包含了电子芯片、光子芯片以及光电子芯片的功能，注重光子和电子的相互作用，特别强调大规模异质集成。硅基光电子芯片拥有光的极高带宽、超快速率和高抗干扰特性以及微电子技术在大规模集成、低能耗、低成本等方面的优势，如图 1.5 表示。

　　硅基光电子学是一门"顶天立地"的学科。"顶天"就是基础研究：探讨微纳米量级光子、电子、光电子器件在不同材料体系中的新颖工作原理，找出这些基本元器件在不同的材料体系中微纳范畴内的最佳工作状态，以及与之对应的拥有最小尺寸、最低能耗、最简形式的原理设计；"立地"就是工艺制作：利用与硅基集成电路工艺兼容的技术和方法，考虑到各种材料的特性，将它们异质集成在同一硅衬底上，形成一个完整的具有综合功能的新型大规模光电集成芯片。

　　硅基光电子学是一门综合交叉科学,所涉及的领域包括衍射理论和纳米光学、光电子学、量子电子学、超高速光通信、半导体器件物理、半导体器件工艺、材料能带工程、集成传感技术、表面等离激元理论与技术、纳米科学与技术、微纳加工及集成技术等。

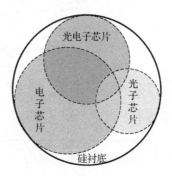

图 1.5　硅基光电子芯片

1.3.2　起源、趋势与挑战

　　近 60 年来,微电子学一直是现代信息社会发展的驱动力。微电子芯片的发展遵从摩尔定律,即平均每 18~24 个月,其性能提升一倍,或者价格下降一半,以更大的集成度获得更高的信息处理性能。但近年来,微电子芯片的微缩周期因受到物理、技术、经济各方面的限制而逐渐变慢,摩尔定律面临失效。信息拥堵问题是最先凸显出来的挑战。传统的电子芯片互连架构主要是通过铜介质进行电子传导,其信息传输速度和距离受限于 RC 时间常数以及电学损耗,因此正常传输所需铜线的直径将随着传输速度和传输距离的增加而显著增加:当进行 100km 的 10Gbit/s 电学信号的传输时,所需的铜线直径将达到惊人的 200m[10],因此基本无法使用,信息拥堵问题就此产生。

　　为了解决信息拥堵问题,人们考虑应用另一种信息载体——光子来传递信息。相比电子,光子具有更大的带宽、更高的频谱利用率和通信容量,而且具有更多的调制和复用维度,如振幅、相位、波长、偏振态、模式等。然而,自 20 世纪 70 年代人们开始对集成光学进行研究以来[7],除了发现光子在信息传递方面比电子优秀外,也感觉到它在其他方面的功能如存储、计算、处理等都还面临着较大的挑战。

　　过去几十年的信息技术发展趋势,也可以这样来理解:一方面,以硅为基础的集成电路技术通过不断地提高"集成度"为科学技术的进步做出了卓越的贡献;另一方面,以不同材料为平台的集成光学技术也在努力使光学器件"小型化",从而催生了纳米光子器件。在光子学与电子学相互融合、统一的发展过程中,人们自然希望能够继承当前硅基微电子产业成熟的理论与技术基础，在硅材料平台上面实现硅基光电子集成，如图 1.6 所示[11]。

人们预测，实现光子器件、光电子器件和微电子器件相结合的硅基光电子集成，同时利用光子和电子作为信息和能量的载体，就可以实现超大容量、超高速率、低热耗散和低串扰的信息传输，解决传统微电子学所面临信息拥堵问题，也完全有可能通过这种方法来降低通信延迟、减少系统能耗、加快数据处理和提高处理器算力等，达成具有实用意义的硅基光电计算，对未来的通信和计算机技术产生革命性的影响[12-16]。

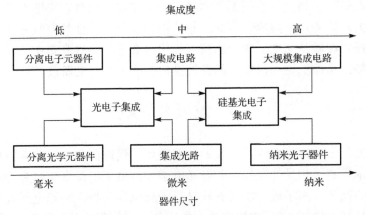

图 1.6　集成电路、集成光路与光电子集成相结合并形成的硅基光电子集成

硅基光电子技术诞生伊始主要用于解决芯片内光互连中的信息拥堵问题，并逐渐扩展到通信以及数据中心等领域。与传统微电子技术和光电子技术相比，硅基光电子技术不仅继承了微电子方面尺寸小、耗电少、成本低、集成度高等特点，也集成了来自光电子的多通道、大带宽、高速率、高密度等优点。硅基光电子技术发展至今，得益于大容量数据通信场景的日益增加以及新需求、新应用的出现，已逐渐从学术研究驱动转变为市场需求驱动。

在硅基光电子芯片上，可集成信息吞吐所需的各种光子、电子、光电子器件，包括光波导、调制器和探测器和晶体管集成电路等[12,16,17]。硅材料是制备微电子芯片的最佳材料，具备良好的电学特性，但在以下几方面有较大的局限性：

①硅为间接带隙半导体，载流子直接跃迁复合的发光效率很低，不能用常规手段在硅上制作出高效率的发光器件。

②硅具有中心反演的晶格结构，不存在直接电光效应，其载流子迁移率比 GaAs 中低得多，限制了硅基光电子器件往更高的工作频率和速度发展。

③硅本身无法探测 $1.1\sim12\mu m$ 间的光波。

④硅的热光系数较大，光学性能受温度影响明显。

⑤用硅制作的光电子器件仍然很大，如何与微电子器件进行更大规模的集成很有挑战性。

正是硅材料在光电特性方面的"先天不足"和光学器件的"衍射受限"使得硅基光电子技术在低能耗和大规模集成方面面临额外的挑战。然而，随着硅基光电子学在学术研究上的深入探讨和在产业技术上的不断革新，硅材料的局限性也被一一突破。如选用适宜的光源材料，实现低阈值高效率的硅基片上光源[15]；使用新颖的工作原理和器件结构，获得更高带宽的调制器；通过热不敏感的器件设计，降低甚至消除温控能耗[18]；通过混合表面等离激元和光子晶体器件，来缩小光电子器件的尺寸，实现大规模的片上集成[19-26]等。相信能带工程、表面等离激元、纳米技术等相关理论和技术在硅基光电子学中的深入应用将会进一步提升其在能耗、尺寸、成本方面的优势，从而把这一门学科的发展推向另一个崭新的阶段。

1.4　发展与现状

在大数据、云计算、物联网、人工智能等新一代通信和计算需求的推动下，硅基光电子技术得到了长足的发展，并以光电子与微电子的深度交融为特征成为后摩尔时代的核心技术。为了进一步突破硅材料的局限性，将硅基光电子技术应用到更为广泛的信息技术领域，当前的研究重点集中到大规模集成和低能耗系统两个领域。

在大规模集成方面，应用于大容量数据通信的硅基光电收发芯片是目前研究程度最深、应用最广泛的硅基光电子芯片之一。图1.7为2014年北京大学周治平课题组研制出的100Gbit/s硅基相干光电收发芯片[13]，填补了中国在该领域的空白。该芯片在几平方毫米面积上，实现了偏振分束器、光栅、耦合器、光混频器、调制器和探测器等数十个光电器件的系统集成，并实现了100Gbit/s数据的调制发射和相干接收，信号传输100km后误码率可实现优于10^{-5}量级。

2018年，麻省理工学院的Ram教授探索了两种与互补金属氧化物半导体(complementary metal oxide semiconductor，CMOS)工艺兼容的硅基光电单片集成平台。第一种是在不改变CMOS工艺步骤的条件下，首次实现了硅基光电子器件与45nm和32nm SOI微电子器件的单片集成。该系统包含超过7千万个微电子器件与850个光电子器件，并实现了单一芯片内部处理器与存储器之间的光互连和数据传输，在高性能计算、数据中心等领域具有广阔的应用前景。第二种是CMOS体硅集成平台。考虑到绝缘衬底上的硅(silicon on insulator，SOI)晶片本身的成本以及微电子芯片巨头(Intel、Samsung等)的工艺平台，体硅晶片在成本以及应用场景方面更具竞争力。基于体硅晶片的硅基光电子集成芯片如图1.8所示，利用多晶硅材料，可将波导、微环调制器、探测器同时集成在一起，能够充分发挥硅基光电子集成的优势，极大降低硅基光电子芯片的制造成本[14]。

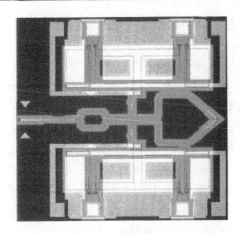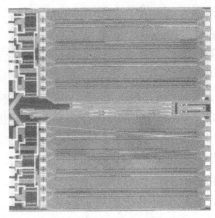

图 1.7 100Gbit/s 硅基相干光电收发芯片

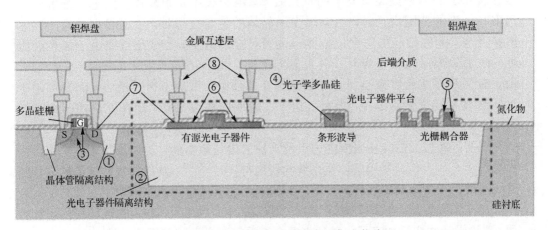

图 1.8 基于体硅晶片的硅基光电子集成芯片

硅基光电子学的一个重要特征就是对以光子、电子为载体的信息功能器件都具有较高的集成度。然而普通以光子为信息载体的器件结构的尺寸远大于微电子器件的尺寸。为减小光子/光电子器件的尺寸，突破衍射极限，人们首选的技术方案就是光子晶体(photonic crystal，PhC)和表面等离激元(surface plasmon polariton，SPP)。

1987 年，美国贝尔实验室的 Yablonovitch[27] 和普林斯顿大学的 John[28] 分别在研究如何抑制自发辐射和无序电介质材料中的光子局域时，各自独立地提出了光子带隙(photonic bandgap，PBG)和光子局域(localization of photon)的概念，系统地阐述了如何利用周期性结构将光子限制在亚波长以下的范畴。在过去的 30 多年中，光子晶体获得了高度的关注和飞速的发展，其潜在的应用领域也不断扩展，涉及光子集成、微波通信、光纤通信、太阳能发电、生物化学传感和隐身技术等。在光子集成领域，应用光子晶体的带隙特性，各种波导、分束器、耦合器、滤波器等的性能也不断提高。近年来，光子晶体的慢光、自准直、负折射等非带隙特性成为了研究的新热点。

　　类似地，利用金属表面等离激元对光场限制能力强的特点，可以极大地缩小光子/光电器件的尺寸，有利于硅基光电子的大规模集成。表面等离激元是沿着金属与介质界面传播的波，当改变金属表面结构时，表面等离激元的性质、色散关系、激发模式、耦合效应等都将产生重大的变化。通过与光场之间的相互作用，能够实现对光传播的主动操控，并将它限制和控制在 100nm 尺寸以下。最初，对表面等离激元的研究主要集中在无源器件方面，如波导、开关、耦合器等[29,30]。最近，基于III-V族和有机材料的有源表面等离激元器件也相继被报道。2008 年，Koller 等[31]报道了基于有机半导体电致表面等离激元源。2010年1月，Polman研究小组[32]又在*Nature Materials* 报道了与 CMOS 技术兼容的硅基电致表面等离激元源。Wang 等[33,34]采用二维金属光子晶体来提高铒离子的发光效率。由于金属光子晶体中的电磁场可以被局限在很小的范围内，例如在金属光子晶体的能带边缘处，表面等离激元的群速率接近零，因此相应的态密度较其他位置可提升数个量级。通过将处于能带边缘处的表面等离激元耦合为光子并发射到远场，铒离子发光效率可提高近 40 倍。由于表面等离激元以极小的尺寸被束缚在界面处，突破了衍射极限，因此可用于灵敏度很高的传感器结构。此外，由于在表面的场强很高，也广泛应用于非线性光学的研究。

　　表面等离激元的光场限制能力以及天然的偏振敏感性，非常适用于硅基混合表面等离激元片上偏振复用器件及系统的研究与实现[30,34]，从而解决传统的硅基偏振复用系统尺寸过大和偏振分离度不高的问题。北京大学周治平课题组在硅基混合表面等离子偏振复用系统中开展了丰富的研究工作[19-24,35-37]。在偏振旋转器的研究方面，理论设计并实验加工了一种片上混合表面等离激元的偏振旋转器[37]。实验测得，该偏振旋转器在仅仅 2.5μm 的长度下实现了 99.2%的偏振旋转效率。在起偏器方面，实现了一种横电(transverse eletric，TE)模通过型的硅基混合表面等离激元的起偏器[24]，在 1.52～1.58μm 的波长范围内，实验测得消光比高达 24～33.7dB，而器件长度仅仅为 6μm。相比于传统介质材料的偏振旋转器和起偏器，利用混合表面等离激元器件的尺寸要紧凑很多[35]。

　　正如微电子芯片上没有电源一样，硅基光电子芯片并不一定非得将光源集成在芯片上。但稳定高效的硅基片上光源不仅可以大幅度地降低能耗，也可以拓宽硅基光电子芯片的应用领域。当前主要的硅基片上光源实现方案分为三类，包括掺铒硅光源，锗硅 IV 族光源和硅基III-V族光源[15]。尽管掺有铒元素的硅很早就被观察到1.53μm 波长处的光致发光现象，但发光效率低，存在严重的温度猝灭现象，无法达到实用要求。因此，人们转而研究利用掺铒(富硅)氮化硅较好的发光性能来实现低开启电压的电泵浦光源。北京大学周治平课题组通过实验验证了额外掺入镱元素对掺铒硅发光效率的提升[25,26]，并利用铒镱硅酸盐实现了在 $1.2mA/cm^2$ 电流密度下 $1.53\mu m$ 波长的电致发光[38]。2005 年，美国 Intel 公司的研究人员利用由多层介电薄膜覆盖的 SOI 光波导形成的光学微腔，实现了稳定的单模激射输出，并研制成了连续拉曼激光器，从而成为硅基激光器发展史上的一个重要里程碑[39]。锗硅激光器主要通过能级改造来实现高效发光[40]，实现方式上通常采用 n 型掺杂[41]、应力拉伸[42]以及 GeSn 合金[43]，首个电泵浦的锗硅激光器发表于 2012 年[39]，相比Ⅲ-Ⅴ族材料，锗材料具有随温度升高的发光效率，未饱和条件下电注入与发光功率之间的超线性关系以及大增益谱等优势，但依然面临着高阈值电流和较低的发光效率的问题。Ⅲ-Ⅴ外延生长的硅基量子点激光器主要以 InAs/GaAs 作为工作物质。相比传统的量子阱激光器，量子点激光器具有阈值电流低、温度特性好的特点，适用于高温的工作环境，满足低能耗、高密度、大规模数据通信短距互联的需求。这种激光器的工作性能(阈值电流、斜率效率)取决于生长材料的好坏。由于 IV 族硅和Ⅲ-Ⅴ族材料之间具有较大的晶格常数差异、不同的热膨胀系数以及不同的极性，因此在硅上直接生长Ⅲ-Ⅴ族材料会引入大量的位错，这些位错宏观上表现为Ⅲ-Ⅴ材料中出现断层或开裂，从微观上表现为在激光器有源区引入大量的非辐射中心，导致发光效率低下，阈值电流的提高。因此，硅基上外延生长量子点激光器的发展中心主要围绕提高外延生长的Ⅲ-Ⅴ材料质量展开，量子点既作为激光器的高效发光中心，又被用于缓冲层中减少位错密度。伦敦大学学院 Wang 等[44]最先实现硅衬底上直接生长的 O 波段量子点激光器，随后首次报道了在室温连续工作超过 3100h 的超低阈值量子点激光器[45]。加州大学圣芭芭拉分校的 Bowers 课题组报道了连续光工作模式下阈值电流只有 36mA 的硅基量子点激光器[46,47]。东京大学的 Arakawa 课题组最近也在硅(001)晶面外延生长高质量的 InAs/GaAs 量子点激光器[48]。尽管硅基外延生长的量子点激光器是目前最有希望实现单片集成的硅基片上光源的重要方式，但依然面临着缓冲层太厚与波导耦合困难的问题。

硅材料热光系数大的特点导致硅基光波导系统对周围温度环境的变化非常敏感，这对诸如硅基片上波分复用系统的工作波长将造成极大的影响，通常需要额外的温控管理来稳定工作状态，并利用非对称多模干涉耦合器(multimode interferometer，MMI)实现的任意分束比 1×2 光功率分束器(如图 1.9(d))作为片上监测单元为控制系统提供反馈[49,50]。为降低温控额外引入的能耗，也可以通过设计温度不敏感的片上滤波器来实现。北京大学周治平课题组针对常见的三种温度不敏感滤波器都进行了研究，包括微环形、马赫-曾德尔干涉型和阵列波导光栅型。微环形滤波器可以利用双环耦合谐振谱分裂的现象来抵消热光效应引起的波长漂移[51-53]，避免使用与 CMOS 工艺不兼容的负热光系数材料[54]。马赫-曾德尔型滤波器采用两种具有不同有效折射率的波导作为马赫-曾德尔干涉仪(Mach-Zehnder interferometer，MZI)的两臂可以实现温度不敏感特性[55,56]。利用有效热光系数差更大的条形波导与沟道浅刻蚀型波导,结合多级级联的马赫-曾德尔干涉结构,实现器件尺寸更紧凑的温度不敏感平顶滤波器(如图 1.9(a))[18,57],为了克服条形波导与沟道浅刻蚀波导模式失配问题,同时提出了一种条形-沟道浅刻蚀波导模式转换器(如图 1.9(c))[58-60]。阵列波导光栅型滤波器以往的设计存在所用材料与 CMOS 工艺不兼容、特征尺寸小等问题,借鉴马赫-曾德尔型滤波器两臂采用不同类型波导的做法,可以实现温度不敏感的阵列波导光栅型滤波器(如图 1.9(b))[61]。

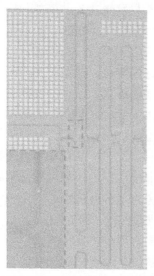
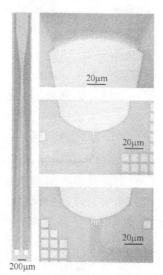

(a) 温度不敏感的马赫-曾德尔型平顶滤波器　(b)温度不敏感的阵列波导光栅型滤波器　(c)条形-浅刻蚀沟道波导模式转换器　(d)任意分束比1×2光功率分束器

图 1.9　温度不敏感光子器件

片上能耗的重要来源还包括调制器的调制能耗。1987 年,Soref 和 Bennett[8]研究发现材料中自由载流子的注入在调制机制上具有潜在的应用,通过改变载流子的浓度能改变硅的折射率,这就是等离子色散效应。由于硅材料不具有线性光电效应,因此一般硅基光调制器和光开关是基于硅的热光效应和等离子色散效应而设计的。硅的热光效应是指硅的折射率随材料温度的高低而变化,而等离子色散效应是指硅的折射率和对光的吸收系数随材料中载流子浓度而变化。当利用热光效应对光进行调制时,由于涉及热的扩散过程,其调制速率较低,因此调制频率很难达到 1MHz以上,高速率的调制器件一般采用等离子色散效应进行工作的。2004 年,Intel 公司在 *Nature* 杂志上报道了调制带宽超过 1GHz 的硅基高速光波导调制器[62],它将器件的调制方式从常规的电流调制转化为电压调制,从而实现对光的相位进行快速调制。2008 年,Mao 等[63]设计了双金属氧化物半导体(metal oxide semiconductor,MOS)结构和 n-p-n 结构硅基电光调制器,其调制速率分别达到 15GHz 和 14GHz。2007年,Lipson 等[64]使用微环波分复用结构已实现了 50GHz 的调制速率。然而,自由载流子色散效应在提升调制器速率的同时，调制效率受限，导致了巨大的调制能耗。采用微环谐振腔的调制器虽然提升了调制效率，降低了驱动电压和调制能耗，但是谐振腔对温度过于敏感，20°C 的温度改变量可以产生 1nm 左右的谐振波长改变量，而为了减少温度的影响，每比特需要皮焦量级的热调谐能量来补偿温度影响，整体运转能耗巨大。马赫-曾德尔调制器虽然对温度不敏感，但调制效率较低，每比特调制能耗一般高达几百飞焦[65]。在这个能耗量级下，光互连架构的优势将很难与传统电互连架构竞争。为了降低调制器能耗，如图 1.10 所示，北京大学 Li 等[66]于 2017 年提出了一种集总式马赫-曾德尔调制器结构，并建立了完整的电光理论分析模型，通过优化电极结构和载流子掺杂结构，可以将马赫-曾德尔调制器的能耗降低至 21.5fJ/bit（10Ω 集成驱动电路），同时调制速度可达 50Gbit/s，这使得基于硅基光电子技术的光互连架构有望媲美、超越传统电互连架构。

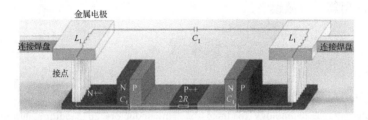

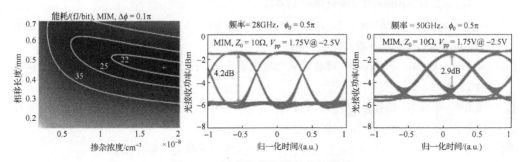

图 1.10 低能耗调制器结构和性能

1.5 本 章 小 结

所谓硅基光电子学，就是结合光的极高带宽、超快速率和高抗干扰特性以及微电子技术在大规模集成、低能耗、低成本等方面的优势，应用硅工艺平台，在同一硅衬底上同时异质集成若干微纳米量级，以光子和电子为载体的信息功能器件，形成一个完整的具有综合功能的新型大规模光电集成芯片。

一方面集成电路芯片的发展趋于饱和；另一方面，随着大数据、云计算、物联网的发展，信息高速公路体系中各层分支线路上的数据流量也大大增加。光进铜退已经延伸到了芯片内部。因此，硅基光电子学作为"后摩尔时代"的核心技术，已经得到了许多发达国家和地区的高度重视。

硅基光电子芯片可以在算力、能耗、成本、尺寸方面带来极大的优势，不仅可用于通信设备、数据中心、超级计算、物联传感、人工智能，更有可能进军消费领域。

硅基光电子像微电子发展的早期阶段一样，正在向大规模集成和多样化发展。如果微电子与光电子业界能够进一步深度合作，以硅材料为平台的大规模光电集成芯片这个高效率低成本的片上解决方案就能够像微电子芯片一样全方位进入现代人的日常生活。

为了详细展示硅基光电子学的巨大应用价值，本书在第一版的基础上专门增加了第二部分应用篇，以飨读者。

参 考 文 献

[1] 周治平. 硅基光电子学. 北京: 北京大学出版社, 2012.

[2] ITRS. International technology roadmap for semiconductors 2015 edition. http://www.itrs.net/Links/2015ITRS/Home2015.htm[2020-12-21].

[3] Intel Corporation. Moor's Law, made real by Intel innovations. http://www.intel.com/technology/mooreslaw/index.htm[2020-12-21].

[4] 周治平, 郜定山, 汪毅, 等. 硅基集成光电子器件的新进展. 激光与光电子学进展, 2007, 44(2): 31-37.

[5] 周治平, 王兴军, 冯俊波, 等. 硅基微纳光电子系统中光源的研究现状及发展趋势. 激光与光电子学进展, 2009, 46(10): 28-35.

[6] 郜定山. 二维光子晶体的理论及器件研究. 武汉: 华中科技大学图书馆, 2007.

[7] Miller S E. A survey of integrated optics. IEEE Journal of Quantum Electronics, 1972, 8: 199-205.

[8] Soref R A. Electropotical effects in silicon. IEEE Journal of Quantum Electronics, 1987, 23: 123-129.

[9] Paniccia M. Silicon photonics applications research results & integration challenges. Berkley Lecture Series, 2004-04-27.

[10] Miller D A B. Device requirements for optical interconnects to silicon chips. Proceedings of the IEEE, 2009, 97(7): 1166-1185.

[11] 周治平. 硅基微米/纳米级光电子器件及集成技术的基础研究——给中国科协的 973 建议. http://spm.pku.edu.cn[2020-12-21].

[12] Knoll D, Lischke S, Awny A, et al. BiCMOS silicon photonics platform for fabrication of high-bandwidth electronic-photonic integrated circuits// IEEE 16th Topical Meeting on Silicon Monolithic Integrated Circuits in RF Systems (SiRF), Austin, 2016: 46-49.

[13] Zhou Z, Tu Z, Li T, et al. Silicon photonics for advanced optical interconnections. Journal of Lightwave Technology, 2015, 33(4): 928-933.

[14] Atabaki A H, Moazeni S, Pavanello F, et al. Integrating photonics with silicon nanoelectronics for the next generation of systems on a chip. Nature, 2018, 556(7701): 349-354.

[15] Zhou Z, Yin B, Michel J. On-chip light sources for silicon photonics. Light: Science & Applications, 2015, 4(11): 358.

[16] Cardenas J, Poitras C B, Robinson J T, et al. Low loss etchless silicon photonic waveguides. Optics Express, 2009, 17(6): 4752-4757.

[17] Boeuf F, Cremer S, Temporiti E, et al. Recent progress in silicon photonics R&D and manufacturing on 300mm wafer platform optical fiber communication conference// Optical Fiber Communications Conference and Exhibition (OFC), LOS Angeles, 2015: W3A-1.

[18] Deng Q, Liu L, Li X, et al. Strip-slot waveguide mode converter based on symmetric multimode interference. Optics Letters, 2014, 39(19): 5665-5668.

[19] Gao L, Huo Y, Harris J S, et al. Ultra-compact and low-loss polarization rotator based on asymmetric hybrid plasmonic waveguide. IEEE Photonics Technology Letters, 2013, 25(21): 2081-2084.

[20] Bai B, Li X, Zhou Z. Fabrication tolerant TE-pass polarizer based on hybrid plasmonic Bragg grating// IEEE International Conference on Group IV Photonics, Shanghai, 2016: 132-133.

[21] Bai B, Liu L, Chen R, et al. Low loss, compact TM-pass polarizer based on hybrid plasmonic grating. IEEE Photonics Technology Letters, 2017, 29(7): 607-610.

[22] Bai B, Deng Q, Zhou Z. Plasmonic-assisted polarization beam splitter based on bent directional coupling. IEEE Photonics Technology Letters, 2017, 29(7): 599-602.

[23] Bai B, Liu L, Zhou Z. Ultracompact, high extinction ratio polarization beam splitter-rotator based on hybrid plasmonic-dielectric directional coupling. Optics Letters, 2017, 42(22): 4752.

[24] Bai B, Yang F, Zhou Z. Demonstration of an on-chip TE-pass polarizer using a silicon hybrid plasmonic grating. Photonics Research, 2019, 7: 289-293.

[25] Wang X, Wang B, Wang L, et al. Extraordinary infrared photoluminescence efficiency of $Er_{0.1}Yb_{1.9}SiO_5$ films on SiO_2/Si substrates. Applied Physics Letters, 2011, 98(7): 71903.

[26] Guo R, Wang B, Wang X, et al. Optical amplification in Er/Yb silicate slot waveguide. Optics Letters, 2012, 37(9): 1427-1429.

[27] Yablonovitch E. Inhibited spontaneous emission in solid-state physics and electronics. Physical Review Letters, 1987, 58 (20): 2059-2062.

[28] John S. Strong localization of photons in certain disordered dielectric superlattices. Physical Review Letters, 1987, 58: 2486-2489.

[29] Bozhevolnyi S I, Volkov V S, Devaux E, et al. Channel plasmon subwavelength waveguide components including interferomers and ring resonators. Nature, 2006, 440 (7083): 508-511.

[30] Ebbesen T W, Genet C, Bozhevolnyi S I. Surface plasmon circuitry. Physics Today, 2008, 61 (5): 44-50.

[31] Koller D M, Hohenau A, Ditlbacher H, et al. Organnic light-emitting diodes as surface plasmon emitters. Nature Photonics, 2008, 2: 684.

[32] Walters R J, van Loon R V A, Brunets I, et al. A silicon-based electrical source of surface plasmon polaritons. Nature Material, 2010, 9 (1): 21-25.

[33] Wang Y, Zhou Z. Strong enhancement of erbium ion emission by a metallic double-grating. Applied Physics Letters, 2006, 89 (25): 041113.

[34] Wang Y, Zhou Z. Silicon optical amplifier based on surface-plasmon-polariton enhancement. Applied Physics Letters, 2007, 91: 053504.

[35] Zhou Z, Bai B, Liu L. Silicon on-chip PDM and WDM technologies via plasmonics and subwavelength grating. IEEE Journal of Selected Topics in Quantum Electronics, 2018, 25 (3): 1-13.

[36] Gao L, Hu F, Wang X, et al. Ultracompact and silicon-on-insulator-compatible polarization splitter based on asymmetric plasmonic-dielectric coupling. Applied Physics B: Lasers and Optics, 2013, 113 (2): 199-203.

[37] Gao L, Huo Y, Zang K, et al. On-chip plasmonic waveguide optical waveplate. Scientific Reports, 2015, 5 (1): 15794.

[38] Wang B, Guo R, Wang X, et al. Large electroluminescence excitation cross section and strong potential gain of erbium in ErYb silicate. Journal of applied physics, 2013, 113 (10): 103108.

[39] Aguilera C R E, Cai Y, Patel N, et al. An electrically pumped germanium laser. Optics Express, 2012, 20 (10): 11316-11320.

[40] Liu J, Sun X, Pan D, et al. Tensile-strained, n-type Ge as a gain medium for monolithic laser integration on Si. Optics Express, 2007, 15 (18): 11272-11277.

[41] Spitzer W G, Trumbore F A, Logan R A. Properties of heavily doped n-type germanium. Journal of Applied Physics, 1991, 32 (10): 1822-1830.

[42] Ishikawa Y, Wada K, Cannon D D, et al. Strain-induced band gap shrinkage in Ge grown on Si substrate. Applied Physics Letters, 2003, 82 (13): 2044-2046.

[43] He G, Atwater H A. Interband transitions in Sn_xGe_{1-x} alloys. Physical Review Letters, 1997,

79 (10): 1937-1940.

[44] Wang T, Liu H Y, Lee A, et al. 1.3-μm InAs/GaAs quantum-dot lasers monolithically grown on Si substrates. Optics Express, 2011, 19 (12): 11381-11386.

[45] Chen S, Li W, Wu J, et al. Electrically pumped continuous-wave III-V quantum dot lasers on silicon. Nature Photonics, 2016 ,10 (5): 307-311.

[46] Norman J, Kennedy M J, Selvidge J, et al. Electrically pumped continuous wave quantum dot lasers epitaxially grown on patterned, on-axis (001) Si. Optics Express, 2017, 25 (4): 3927-3934.

[47] Wan Y, Norman J, Li Q, et al. 1.3μm submilliamp threshold quantum dot micro-lasers on Si. Optica, 2017, 4 (8): 940-944.

[48] Kwoen J, Jang B, Lee J, et al. All MBE grown InAs/GaAs quantum dot lasers on on-axis Si (001). Optics Express, 2018, 26 (9): 11568-11576.

[49] Deng Q, Li X, Chen R, et al. Ultra compact and low loss multimode interference splitter for arbitrary power splitting// IEEE International Conference on Group IV Photonics, Paris, 2014: 187-188.

[50] Deng Q, Liu L, Li X, et al. Arbitrary-ratio 1×2 power splitter based on asymmetric multimode interference. Optics Letters, 2014, 39 (19): 5590-5593.

[51] Deng Q, Li X, Zhou Z. Athermal microring resonator based on the resonance splitting of dual-ring structure// Conference on Lasers and Electro-Optics, San Jose, 2014: 1-2.

[52] Deng Q, Li X, Zhou Z, et al. Athermal scheme based on resonance splitting for silicon-on-insulator microring resonators. Photonics Research, 2014, 2 (2):71-74.

[53] Zhou Z, Yin B, Deng Q, et al. Lowering the energy consumption in silicon photonic devices and systems. Photonics Research, 2015, 3 (5): 28-46.

[54] Lee J, Kim D, Kim G, et al. Controlling temperature dependence of silicon waveguide using slot structure. Optics Express, 2008, 16 (3): 1645-1652.

[55] Xing P, Viegas J. Broadband CMOS-compatible SOI temperature insensitive Mach-Zehnder interferometer. Optics Express, 2015, 23 (19): 24098.

[56] Dwivedi S, D'Heer H, Bogaerts W. A compact all-silicon temperature insensitive filter for WDM and bio-sensing applications. IEEE Photonics Technology Letters, 2013, 25 (22): 2167-2170.

[57] Deng Q, Zhang R, Liu L, et al. Athermal and CMOS-compatible flat-topped silicon Mach-Zehnder filters// IEEE International Conference on Group IV Photonics, Shanghai, 2016: 172-173.

[58] Deng Q, Liu L, Zhang R, et al. Athermal and flat-topped silicon Mach-Zehnder filters. Optics Express, 2016, 24 (26): 29577-29582.

[59] Deng Q, Yan Q, Liu L, et al. Highly compact polarization insensitive strip-slot waveguide mode

converter// Conference on Lasers and Electro-Optics, San Jose, 2015: 1-2.

[60] Deng Q, Yan Q, Liu L, et al. Robust polarization-insensitive strip-slot waveguide mode converter based on symmetric multimode interference. Optics Express, 2016, 24(7): 7347-7355.

[61] 周治平, 邓清中. 对温度不敏感的阵列波导光栅. 中国, 201510532995.0, 2015-11-25.

[62] Liu A S, Jones R, Liao L, et al. A high-speed silicon optical modulator based on a metal-oxide-semiconductor capacitor. Nature, 2004, 427: 615-618.

[63] Mao A, Liu J, Gao D, et al. Silicon phase modulator based on n-p-n configuration. Electronics Letters, 2008, 44: 438-439.

[64] Manipatruni S, Xu Q F, Lipson M. PINIP based high-speed high-extinction ratio micron-size silicon electro-optic modulator. Optics Express, 2007, 15: 13035-13042.

[65] Baehr-Jones T, Ding R, Liu Y, et al. Ultralow drive voltage silicon traveling-wave modulator. Optics Express, 2012, 20(11): 12014-12020.

[66] Li X, Yang F, Fang Z. et al, Single-drive high-speed lumped depletion-type modulators toward 10fJ/bit energy consumption. Photonics Research, 2017, 5(2): 134-142.

第2章 硅基光电子学基本理论

半导体指常温下导电性能介于导体与绝缘体之间的材料。在半导体晶体中，人为地掺入特定的杂质元素，使其导电性能可控，这一特性使半导体成为制造电子芯片的最佳材料。半导体中载流子和光子拥有强烈的相互作用：加电可以发光；光照可以发电。它们是光电子芯片的基础。

常见的半导体有硅、锗、砷化镓、磷化铟等，硅是各种半导体中，在商业应用上最为成功的一种。研究硅中电子和光子的行为以及它们之间相互作用的学科被定义为硅基光电子学。本章首先介绍针对光子的光子学理论和适用于电子和空穴的半导体能带结构[1]，在两者基础上导出硅基光子晶体带隙结构，最后给出光子与载流子在硅中相互作用所遵循的基本理论。

2.1 光 子 光 学

利用量子电动力学获得的能够描述粒子性、空间位置和电磁场能量微扰的简单关系式，可以推导出很多光的量子特性以及光与物质的作用原理。这就是光子光学。光子光学能够解释经典理论所无法解释的光学现象。但是，光子光学也并不能解释所有的光学现象。

本节将介绍光子的概念及其特性，阐述控制光子能量、动量、偏振、位置、时间和干涉的一系列规律并讨论光子流的性质。

2.1.1 光子及其特性

光由粒子组成，这些粒子称为光子。单光子静止质量为零，但具有电磁能量和动量。它还具有决定偏振特性的本征角动量(或称自旋)。光子在真空中以光速(c_0)传播，在物质中会降低传播速度。光子同时具有波动特征，这些特征决定了光子的位置性质及其干涉和衍射规律。

光子的概念来源于普朗克为解决长期悬而未决的黑体辐射谱问题所做的理论尝试。通过量化辐射黑体腔中各电磁模式所允许的能量值，普朗克成功地解决了这一难题。为了阐述光子的概念以及光子光学的基本规律，我们首先考虑光在谐振腔(如空腔)中的现象。这一假定将光的传播空间简化为几何形状，但并未对问题的实质有任何显著影响，由此推出的结论同样适用于没有谐振腔的情形。

根据电磁理论，光在体积为 V 且无损耗的谐振腔中的状态，可由不同频率、偏

振和空间分布的离散正交的电磁模式之和表示，即

$$E(\boldsymbol{r},t)=\sum_q A_q E_q(\boldsymbol{r})\exp(\mathrm{j}2\pi v_q t)\hat{\boldsymbol{e}}_q, \quad q=1,2,3,\cdots \tag{2-1}$$

其中，q 阶电磁模式为具有复振幅 A_q、频率 v_q、平行于单位矢量 $\hat{\boldsymbol{e}}_q$ 的偏振方向。其空间分布由复函数 $E_q(\boldsymbol{r})$ 表示，并通过 $\int_q |E_q(\boldsymbol{r})|^2 \mathrm{d}\boldsymbol{r}=1$ 进行归一。展开项 $E_q(\boldsymbol{r})$ 和单位矢量 $\hat{\boldsymbol{e}}_q$ 的选取并非唯一。在立方形特征尺寸为 d 的谐振腔中，其电磁谐振模式如图 2.1 所示，往往选取驻波集合作为空间展开函数族，如

$$E_q(\boldsymbol{r})=\left(\frac{2}{d}\right)^{3/2}\sin\frac{q_x\pi x}{d}\sin\frac{q_y\pi y}{d}\sin\frac{q_z\pi z}{d} \tag{2-2}$$

其中，q_x、q_y、q_z 是整数，它们一起被索引矢量表示为 $\boldsymbol{q}=(q_x,q_y,q_z)$（图 2.1(a)）。

该模式包含的能量为

$$E_q=\frac{1}{2}\varepsilon\int_V \boldsymbol{E}(\boldsymbol{r},t)\cdot\boldsymbol{E}^*(\boldsymbol{r},t)\mathrm{d}\boldsymbol{r}=\frac{1}{2}\varepsilon|A_q|^2 \tag{2-3}$$

在经典电磁理论中，能量 E_q 可为任意非负值，不论有多小。总能量是各模式的能量之和。

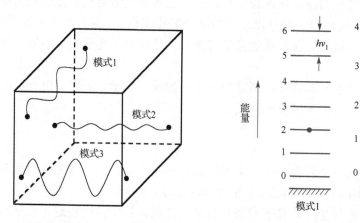

(a)立方谐振腔内频率和方向不同的模式　　　(b)三个模式允许的离散频率 v_1、v_2、v_3

图 2.1　立方形谐振腔中的电磁谐振模式

如上所述的电磁理论在光子光学中依然成立，只是对每个电磁模式的能量大小加以限制。如图 2.1(b)所示能量不再为任意值，模式能量的可能值为等间距的非负数组。因此，模式能量被量化，成为某固定值的整数倍。这一固定的能量单位则由光子携带。

光子频率 ν、波长 λ、能量 E 和倒波长 $1/\lambda$ 间的关系如图 2.2 所示，波长为 1cm 的光子倒波长为 $1\mathrm{cm}^{-1}$。光子频率 $\nu=3\times10^{14}\mathrm{Hz}$ 对应波长 $\lambda=1\mu\mathrm{m}$、能量 1.24eV 以及倒波长 $10000\mathrm{cm}^{-1}$。

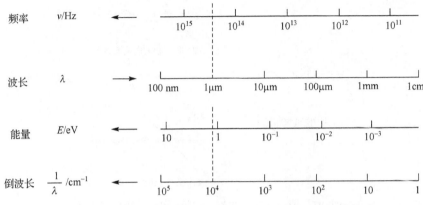

图 2.2　光子频率 ν、波长 λ、能量 E 和倒波长 $1/\lambda$ 间的关系

综上所述，光子光学认为光在谐振腔中由一系列模式构成，每个模式都包含整数个相同光子。不同模式的特征，如频率、空间分布、传播方向和偏振方向成为其光子的属性。

2.1.2　光子的偏振

如前所述，光可以表示为不同频率、方向和偏振的基本模式之和。光子的偏振是其所代表的模式的偏振。但是，模式集合的选取并不唯一。以下是从光子光学的角度对光的偏振性质的解释。

1. 线性偏振光子

考虑一束光由两个沿 z 方向传递的平面波模式叠加而成，一个模式沿 x 方向线性偏振，另一个模式沿 y 方向线性偏振，则

$$E(r,t)=(A_x\hat{x}+A_y\hat{y})\exp(-\mathrm{j}kz)\exp(\mathrm{j}2\pi\nu t) \qquad (2\text{-}4)$$

同样，同一电磁场也可以在另一坐标系 (x',y') 中表示（如将原先坐标系 Oxy 旋转 45° 得到的新坐标系），如图 2.3 所示。因此，我们可以将原先的电磁场看作是沿 x' 和 y' 方向偏振的两个模式之和，即

$$E(r,t)=(A_{x'}\hat{x}'+A_{y'}\hat{y}')\exp(-\mathrm{j}kz)\exp(\mathrm{j}2\pi\nu t) \qquad (2\text{-}5)$$

其中，$A_{x'}=\dfrac{1}{\sqrt{2}}(A_x-A_y)$；$A_{y'}=\dfrac{1}{\sqrt{2}}(A_x+A_y)$。

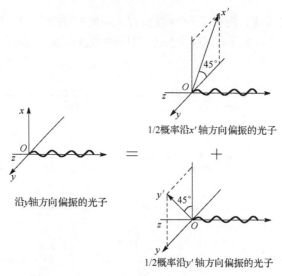

图 2.3　同一电磁场中光子在另一坐标系中表示

　　假设一个光子占据了沿 x 方向偏振的模式，而沿 y 方向偏振的模式没有光子，那么有多少概率发现一个沿着 x' 方向偏振的光子？在光子光学中，我们通过常规概率论方法加以解决。观测到沿 x, y, x', y' 偏振光子的概率分别正比于 $|A_x|^2, |A_y|^2, |A_x|^2, |A_y|^2$。在本例中，$|A_x|^2 = 1, |A_y|^2 = 0$，所以 $|A_x|^2 = |A_y|^2 = \dfrac{1}{2}$。因此，如果有一个光子沿 x 方向偏振而没有光子沿 y 方向偏振，则发现沿 x', y' 方向偏振光子的概率均为 $\dfrac{1}{2}$。

　　2. 圆偏振光子

　　基于两个圆偏振平面波模式(右手圆偏振和左手圆偏振)的展开式可以表达为

$$E(r,t) = (A_R \hat{e}_R + A_L \hat{e}_L) \exp(-\mathrm{j}kz) \exp(\mathrm{j}2\pi\nu t) \tag{2-6}$$

其中，$\hat{e}_R = (1/\sqrt{2})(\hat{x} + \mathrm{j}\hat{y})$；$\hat{e}_L = (1/\sqrt{2})(\hat{x} - \mathrm{j}\hat{y})$。这些模式分别携有右手和左手圆偏振光子。同样，发现左右圆偏振光子的概率也正比于振幅 $|A_R|^2$ 和 $|A_L|^2$。如图 2.4 所示，一个线性偏振光子等价于左手和右手圆偏振光子以各 1/2 概率的叠加。相反，当一个圆偏振光子通过线偏光镜时，能够通过的概率为 1/2。

　　3. 光子自旋

　　光子存在本征角动量(自旋)。光子自旋的大小被量化为两个值，即

$$S = \pm\hbar \tag{2-7}$$

右手(左手)圆偏振光子的自旋矢量平行(反平行)于其动量矢量。线性偏振光子等概

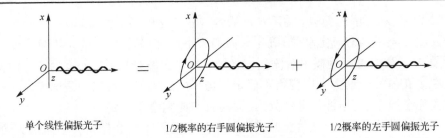

单个线性偏振光子　　　　1/2概率的右手圆偏振光子　　　　1/2概率的左手圆偏振光子

图 2.4 线性偏振与圆偏振的关系

率的表现为平行自旋和反平行自旋。光子能够传递给物体线性动量，同样，圆偏振光子也能在物体上产生力矩。比如，一个圆偏振光子可以在半波长的石英片上产生作用力矩。

2.1.3 光子动量

光子动量与自身波函数的波矢相关，并遵循如下规律：某一模式的光子由平面波表示为

$$E(r,t) = A\exp(-j\boldsymbol{k}\cdot\boldsymbol{r})\exp(j2\pi vt)\hat{\boldsymbol{e}} \tag{2-8}$$

具有动能矢量，即

$$p = \hbar k \tag{2-9}$$

光子依照波矢方向传播，其动量大小为

$$|\boldsymbol{p}| = \hbar|\boldsymbol{k}| = \hbar2\pi/\lambda \tag{2-10}$$

即

$$|\boldsymbol{p}| = \frac{h}{\lambda} \tag{2-11}$$

对于平面波，波动光学可推出相同的能量动量关系 $\boldsymbol{p} = (E/c)\hat{\boldsymbol{k}}$，其中 $\boldsymbol{p}$ 是每单位体积波的动量，E 是单位体积的能量，$\hat{\boldsymbol{k}}$ 是方向平行于 $\boldsymbol{k}$ 的单位矢量。但是，在波动光学中不存在光子这一概念，因此带有 $\hbar$ 的式(2-9)和式(2-10)只适用于光子光学。

比平面波更具有一般性的局部波是以复波函数 $AE(r)\exp(j2\pi vt)\hat{\boldsymbol{e}}$ 来表达的波。它可以通过傅里叶变换展开为具有不同波矢的平面波之和。含有波矢为 $\boldsymbol{k}$ 的项可写为 $A(\boldsymbol{k})\exp(-j\boldsymbol{k}\cdot\boldsymbol{r})\exp(j2\pi vt)\hat{\boldsymbol{e}}$，其中 $A(\boldsymbol{k})$ 为幅度。

由任意复波函数 $A(\boldsymbol{k})\exp(j2\pi vt)\hat{\boldsymbol{e}}$ 描述的光子动量是不确定的，它以正比于 $|A(\boldsymbol{k})|^2$ 的概率具有动量，即

$$p = \hbar k \tag{2-12}$$

其中, $A(k)$ 是以平面波傅里叶展开 $E(r)$ 后含有波矢 k 的项的幅度。

　　平面波单光子具有确定动量(确定方向和大小), 但其位置是完全不确定的; 在 $z=0$ 平面内任意位置可等概率观测到该光子。当平面波光子通过小孔时, 它的位置被限定在小孔内, 而动量方向变得不确定。与平面波光子相对应的是球面波光子。它的位置完全固定(在球波的球心处), 而动量方向完全不确定。

　　光子的动量是守恒的, 这就意味着发射单光子的原子将会受到大小为 $h\nu/c$ 的后坐力。此外, 光子动量可以传递给具有有限质量的物体, 产生力和导致机械运动。比如, 光束可以使垂直于自身传播方向的原子束发生偏转。我们称这种现象为辐射压力。

2.1.4　光子能量和位置

　　光子光学认为, 电磁模式能量的量化应参照以单光子能量为间距的等差数列。单光子在频率为 ν 的模式中的能量, 即光子能量, 可以表述为

$$E = h\nu = \hbar\omega \tag{2-13}$$

其中, $h = 6.63\times10^{-34}\,\text{J}\cdot\text{s}$ 是普朗克常量; $\hbar = h/2\pi$。这一模式的能量增减变化只能以 $h\nu$ 为单位。

　　然而, 如果某个模式不携有光子, 其能量为 $E_0 = \frac{1}{2}h\nu$, 称为零点能。当该模式携有 n 个光子时, 模式能量为

$$E_n = (n+\frac{1}{2})h\nu, \quad n=0,1,2,\cdots \tag{2-14}$$

　　因为光子频率和它所携有的能量成正比, 随着辐射频率的增加光的粒子性逐渐突显。此外, 随着波长变短, 光的干涉和衍射这一类波动特性也变得难以辨识。X 射线和伽马射线总表现得像粒子束, 而不像波状的无线电波。光学领域中的光频率使得光既有粒子性也有波动性, 因此带动光子光学的发展。

　　光子位置是与光的强度密切相关的。每个光子都与一个波相联系, 该波由电磁模式的复函数 $AE(r)\exp(j2\pi\nu t)\hat{e}$ 所描述。然而, 当一个光子撞向位置为 r 且垂直传播方向的面积为 dA 的探测器时, 光子的不可分割性使得它要么被探测到要么被忽略。光子被探测到的位置并不确定, 它受光强 $I(r)\propto|E(r)|^2$ 影响, 同时遵从如下的光子位置定律:无论何时, 在位置 r 的面元 dA 处观测到光子的概率 $p(r)dA$ 正比于在该处的光强 $I(r)\propto|E(r)|^2$, 即

$$p(r)dA \propto I(r)dA \tag{2-15}$$

　　光子在光强较大的地方被探测到的概率大。比如, 某一电磁模式的光子是强度分布 $I(x,y,z)\propto\sin^2(\pi z/d)$ 的驻波, 其中 $0\leqslant z\leqslant d$, 那么 $z=d/2$ 处最容易探

测到光子，而在 $z=0$ 或 $z=d$ 处不可能探测到光子。光子不是在空间中无线延展的波，也不是具有固定位置的粒子，而是表现为在固定位置处有限空间内活动的实体，这一表现被称为波粒二象性。光子能够被探测到是光子粒子性的显著表现。

光子的这种统计规律可通过单光子透过分光镜的传输现象来进一步描述。理想的分光镜是将入射光无损地均分为两束互成直角的出射光。其特征参量包括透射系数 T 和反射系数 $R=1-T$。透射光光强 I_t 和反射光光强 I_r 可以利用入射光光强 I 和电磁关系 $I_r=(1-T)I$ 和 $I_t=TI$ 计算得到。

单个光子是不可分割的，所以它必须在分光镜允许的两个传播方向内选其一。入射在分光镜上的光子选择结果遵从光子位置随机规律(2-6)。光子能够透射的概率正比于 I_t，因此正比于透射系数 T，光子能够反射的概率也因此为 $1-T$。从概率论的角度说，这一问题等同于掷硬币得到的正反面，图 2.5 解释了这一过程。

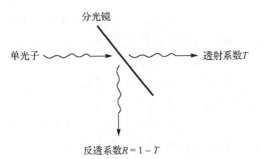

图 2.5 光子在分光镜处的随机透射或反射

2.1.5 光子的干涉

杨氏双孔干涉实验可证明光的波动性。然而，即便让光子一个一个地通过干涉仪，我们依然可以重复出杨氏双孔实验的结果。这一结果可利用光子光学中光子位置定律加以解释。利用波动光学我们能够计算出最后观察面上的强度分布，这一分布被转化为光子的随机密度函数，表示其可能出现的位置。光子的干涉同样可以归结于两条路径的相位差。

如图 2.6 所示，假设一平面波照向带有两个小孔的平板，在板后形成两个球面波，它们在观察面上相互干涉。根据菲涅耳近似，所产生的强度分布呈正弦波状，即

$$I(x)=2I_0\left(1+\cos\frac{2\pi\theta x}{\lambda}\right) \tag{2-16}$$

其中，I_0 是两束球面波到达观察面时的强度；λ 是波长；θ 是两孔到观察面某点所成的角度。两孔的连线是 x 轴。当入射光足够强时，式(2-10)描述了观察面上的强度分布。

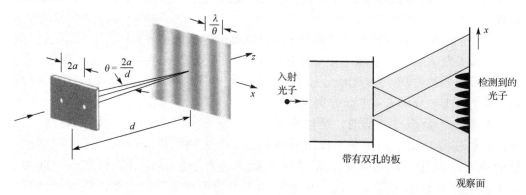

图 2.6　单光子的杨氏双孔干涉实验(干涉图样 $I(x)$ 正比于在 x 处探测到光子的概率)

现在如果在干涉仪中只有一个光子,在位置 x 处观测到光子的概率正比于 $I(x)$,如式(2-15)所述。在 $I(x)$ 最大值处最容易观测到光子；在 $I(x) = 0$ 处则永远不会。正如泰勒在 1909 年进行的实验,重复单光子双孔实验并将观测到光子的位置绘制在直方图上,所得结果依然为经典的杨氏双孔干涉图像。在光子光学中，干涉分布代表光子在观察面上被探测到的概率分布。

干涉结果的产生来自光子位置的不确定性，使得单光子能够同时通过干涉仪的两孔。因此，单光子在观察面上的概率分布能够反映实验干涉本质。如果干涉仪两孔中堵住一孔，干涉图像将会消失，因为光子只能从另一孔通过，无法反映干涉本质。

2.1.6　光子的时域特性

光子的时间位置关系：式(2-1)给出了单色(单频)模式的表达式，该表达式在时域是无限延展的。单色模式中的光子在任何时候都能等概率地被探测。然而，如前所述，谐振腔内(外)辐射模式表达式并不唯一，利用多色模式(如有限时域的波包)可以得到更为普遍的模场展开式。在任意位置时间间隔 t 和 $t + \mathrm{d}t$ 之间，能由波函数 $E(r,t)$ 描述的光子，其被探测到的概率正比于 $I(r,t)\mathrm{d}t \propto |E(r,t)|^2 \mathrm{d}t$。

光子位置定律(式(2-15))可以包括光子时间局域效应：在点处面元上，在时间间隔 $t \sim t + \mathrm{d}t$ 间观察到光子的概率，正比于在 r 处和 t 时的模场强度，即

$$p(r,t)\mathrm{d}A\mathrm{d}t \propto I(r,t)\mathrm{d}A\mathrm{d}t \propto |E(r,t)|^2 \mathrm{d}A\mathrm{d}t \tag{2-17}$$

光子的时间能量不确定性：能够探测到频率为 v 单色模式光子的时机是完全不

确定的，然而光子频率 ν（和光子能量 $h\nu$）却是确定的。此外，处于强度为 $I(t)$、宽度为 σ_t 的波包模式中的光子，一定会被限制在 σ_t 这一时间段内。依据傅里叶变换性质，伴随对光子时域的限制，光子频率（和光子能量）变得不确定。其结果是该光子成为多色光子。频率的不确定性可由 $E(t)$ 傅里叶展开中的谐波分量决定，即

$$E(t) = \int_{-\infty}^{\infty} V(\nu)\exp(j2\pi\nu t)\mathrm{d}\nu \tag{2-18}$$

其中，$V(\nu)$ 是 $E(t)$ 的傅里叶变换。这里出于简化，略去了光子在各位置 $\boldsymbol{r}$ 处的各向异性。$|V(\nu)|^2$ 的展宽 σ_ν 代表谱宽。如果 σ_t 是函数 $|E(t)|^2$ 的均方根值（能量的均方根值），那么 σ_t 和 σ_ν 满足时域带宽反比关系，即 $\sigma_\nu\sigma_t \geqslant 1/4\pi$，或 $\sigma_\omega\sigma_t \geqslant 1/2$。

光子能量 $h\nu$ 的最小分辨率为 $\sigma_E = h\sigma_\nu$。同理，光子能量的不确定度和它可能被探测到的时段，必须满足

$$\sigma_E\sigma_t \geqslant \frac{\hbar}{2} \tag{2-19}$$

这就是时间能量不确定性关系。它类似于光子位置和波数（动量）间的关系，在同时测定光子位置和动量的精度上加以限制。对于多色光子，平均能量 $\bar{E} = h\bar{\nu} = \hbar\bar{\omega}$。

总而言之，单色光子（$\sigma_\nu \to 0$）在任何时刻都可能被观测到（$\sigma_\nu \to \infty$），时域不受限。相反，光学波包中的光子在时域上受限，因此频率不确定，频谱展宽，导致能量的不确定。因此，波包光子可以看作运动着的在空间有所展宽的能量包。

2.1.7　小结

电磁辐射可以表示为各模式之和，如均一单色平面波之和

$$E(\boldsymbol{r},t) = \sum_q A_q \exp(-j\boldsymbol{k}_q \cdot \boldsymbol{r})\exp(j2\pi\nu_q t)\hat{\boldsymbol{e}}_q \tag{2-20}$$

每个平面波都有两种正交偏振态（如垂直/水平线偏振态，左手/右手圆偏振态等），由 $\hat{\boldsymbol{e}}_q$ 表示。当测量模式能量大小时，能量值是整数倍个能量子（光子）。模式 q 中的光子具有如下性质：

① $E = h\nu_q$。

②动量 $\boldsymbol{p} = \hbar\boldsymbol{k}$。

③如果是圆偏振光，自旋 $S = \pm\hbar$。

④如果模式波函数是单色平面波，那么无论何时何地观测到光子的概率是相同的。

模式的选取不唯一。可用非单色光（准单色光）、非平面波进行展开，展开式为

$$E(r,t) = \sum_q A_q E_q(r,t) \hat{e}_q \tag{2-21}$$

此时，模式q中的光子具有如下性质：

①光子位置和时间局域效应由波函数$E_q(r,t)$决定。在点r处面元$\mathrm{d}A$上，时间间隔t到$t+\mathrm{d}t$内，观测到光子的概率正比于$|E_q(r,t)|^2\mathrm{d}A\mathrm{d}t$。

②如果$E_q(r,t)$在时域以σ_t有限展宽，即如果光子时域有限，那么光子能量$h\nu_q$具有不确定关系$h\nu_q \geqslant h/4\pi\sigma_t$。

③如果$E_q(r,t)$在横截面($z=0$)上空间位置有限展宽，即如果光子在x轴上有固定位置(y轴依然不确定)，那么光子动量方向不确定。光子动量的展宽可由$E_q(r,t)$的平面波展开式决定，其中含有波矢k的项对应着光子动量$\hbar k$。在横截面上，光子空间位置不确定性减小使得光子动量方向上不确定增大。

2.2　半导体能带结构

半导体具有能带和带隙，并在允许的能级间，遵循原子中产生光子的原理，吸收和发射光子。在本节中，我们将简述对半导体光电子学中较为重要的半导体的性质，特别是它的能带结构及其变化规律。半导体是导电性介于金属和绝缘体的晶体或非晶体固体，其导电性能随着温度、掺杂浓度，以及光照射强度的变化而显著变化。半导体材料独特的能级结构使得其具有特殊的电学和光学特性，而这些特性在研究光子与载流子的相互作用时尤为重要。

2.2.1　能带和载流子

1. 能带

固体材料中的原子具有很强的相互作用，因此它们不能被简单地被看成是独立个体的集合。价带电子并不属于独立的原子；相反，它们应属于由原子组成的整个系统。在由原子构成的晶格结构所形成的周期性势场中，薛定谔方程关于电子能量的解导致分离的原子能级，并形成半导体的能带结构。每个能带中有大量的离散能级，我们能近似将其认为是准连续的。价带和导带被宽为E_g的"禁止"能量间隙所分离。E_g被称为带隙能量，它在决定半导体材料的电学和光学性能中有着举足轻重的作用。价带填满、宽带隙($>3\mathrm{eV}$)的材料被称为电绝缘体；带隙较小或不存在的材料被称为电导体。半导体材料的带隙大概在$0.1\sim3\mathrm{eV}$之间。Si 和 GaAs 的能带如图 2.7 所示。

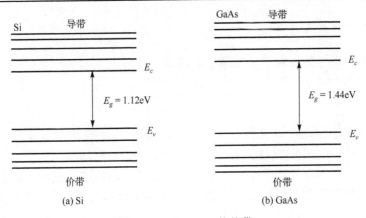

图 2.7　Si 和 GaAs 的能带

2. 载流子

根据泡利不相容原理，两个电子不能占据相同的量子态。低的能级先被电子填充。在单元素半导体中，例如 Si 和 Ge，每个原子有四个价电子；价带具有一定数量的量子态使得在没有热激发的情况下价带正好被完全填充而导带完全空置。在这种情况下，材料是不导电的。当温度上升时，一些电子被热激发到有充足空置量子态的导带中。在导带中，电子成为自由载流子；在外电场的作用下它们可以在晶格中漂移，为产生电流做贡献。此外，从价带跃至导带的电子在价带留下一个空的量子态，使得留在价带的电子在外场的作用下可以改变位置，从而留在价带的电子集合在整体上产生迁移。这个过程也可被等效地看成是离去电子留下空穴的反方向运动。空穴可被认为是一个带正电荷 +e 的载流子。每个电子激发过程都将在导带中产生自由电子和在价带中产生自由空穴(图 2.8)。两种载流子可以在外场作用下漂移从而产生电流。半导体材料在热激发下载流子数量上升，电导率显著增加。

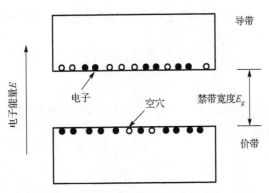

图 2.8　$T > 0K$ 时导带中的电子和价带中的空穴

3. 能量-动量关系

自由空间中电子的能量 E 和动量 $\boldsymbol{p}$ 有关系

$$E = \frac{p^2}{2m_0} = \frac{\hbar^2 k^2}{2m_0}$$

其中，p 是动量 $\boldsymbol{p}$ 的模；k 是传播矢量的模，根据波动方程有 $k = p/\hbar$；m_0 是电子的静止质量（$m_0 = 9.1 \times 10^{-31}$kg）。$E$-$k$ 关系是一个简单的抛物线。

半导体导带中的电子和价带中的空穴的运动受不同情况的制约。它们都遵循薛定谔方程和材料周期性晶格结构的限制。E-k 关系是传播矢量 k 的三个分量（k_1, k_2, k_3）周期函数，周期为（$\frac{\pi}{a_1}, \frac{\pi}{a_2}, \frac{\pi}{a_3}$），其中 a_1, a_2, a_3 是晶体的晶格常数。图 2.9 是 Si 和 GaAs 沿[111]和[100]晶体方向的 E-k 关系截面图。导带电子的能量不仅仅由其动量的模决定，也与其在晶体中的运动方向有关。

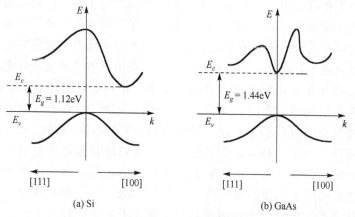

图 2.9 在 Si 和 GaAs 中沿[111]和[100]晶体方向的 E-k 关系截面图

如图 2.10 所示，Si 和 GaAs 的 E-k 关系在导带底和价带顶近似是抛物线。在导带底 E-k 关系抛物曲线为

$$E = E_c + \frac{\hbar^2 k^2}{2m_c} \tag{2-22}$$

其中，E_c 是导带底的能量；m_c 是一个常数，被称为电子在导带中有效质量。

类似的，在价带顶

$$E = E_v - \frac{\hbar^2 k^2}{2m_v} \tag{2-23}$$

其中，E_v 是价带顶的能量；m_v 是空穴在价带中的有效质量。总之，有效质量由晶向和能带决定。Si 和 GaAs 中电子和空穴的平均有效质量和电子静质量比值在表 2.1 中列举出来。

表 2.1　Si 和 GaAs 中电子和空穴的平均有效质量和电子静质量的比值

材料	m_v/m_0	m_v/m_0
Si	0.33	0.5
GaAs	0.07	0.5

4. 直接带隙和间接带隙半导体

价带顶和导带底能量对应相同的动量(k 相同)的半导体称为直接带隙材料,反之则称为间接带隙材料。这两种材料的重要区别是,电子在间接带隙材料中价带顶和导带底的转换过程中需要显著的动量变化。从图 2.10 中,我们看到 Si 是间接带隙材料,GaAs 是直接带隙材料。我们将在后面的篇幅里阐述为什么直接带隙的材料发光效率较高而间接带隙的发光效率则相对较低。

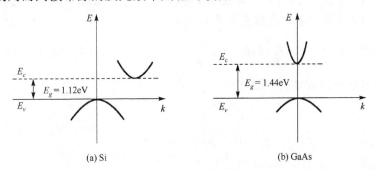

图 2.10　Si 和 GaAs 在导带底和价带顶的 E–k 关系

半导体的电学和光学特性可以通过添加少量杂质(或称为掺杂)来改变,从而形成掺杂半导体。载流子浓度在掺杂后会在数量级上发生变化,导致多余价电子的掺杂被称为施主杂质,代替原来晶体中少量的原子,自由电子成为材料中主要的载流子,这样的材料被称为 n 型半导体。V(P 或 As)族元素代替 IV 族单元素半导体会生成 n 型半导体。类似地,p 型半导体材料是由加入了使得价电子不足的掺杂(受主杂质)而形成,自由空穴成为材料中主要的载流子。III(B 或 In)族元素代替 IV 族单元素半导体会生成 p 型半导体。

没有被掺杂的半导体称为本征半导体材料,掺杂的半导体称为非本征半导体材料。自由电子和空穴在本征半导体中浓度相同,$n = p = n_i$,其中 n_i 随着温度上升指数级增加。n 型半导体中的自由电子浓度(多子)远远高于自由空穴的浓度(少子),$n \gg p$。反之则在 p 型半导体中成立,空穴是多子,$p \gg n$。在室温下掺杂的半导体的多子浓度基本等于掺杂浓度。

2.2.2　载流子浓度

要想得到载流子(电子和空穴)浓度与能量的函数关系,首先需要了解每个能级允许的状态密度(态密度)和每个能级被占据的概率。

1. 态密度

半导体材料中电子的量子态由其能量 E、传播矢量 $\boldsymbol{k}$[其模 k 和 E 大致遵循式(2-21)或式(2-22)]和电子自旋所表征,并由满足一定边界条件的波函数所描述。

在导带带边的电子能近似的被描述为质量为 m_c 的粒子被限制在边界完全反射的三维立方体(量纲 d)中,例如理论上可以处理为三维无限深势阱。薛定谔方程在该三维立方体中的驻波解需要满足条件:传播矢量 $\boldsymbol{k}=(k_x,k_y,k_z)$ 有着分立的取值 $\boldsymbol{k}=\left(\dfrac{q_1\pi}{d},\dfrac{q_2\pi}{d},\dfrac{q_3\pi}{d}\right)$,其中 q_1,q_2,q_3 为正整数。传播矢量 $\boldsymbol{k}$ 必须在晶格点上,其立方单元晶胞的边长是 π/d 。因此,在 $\boldsymbol{k}$ 空间中单位体积内有 $(\pi/d)^3$ 格点。传播矢量 $\boldsymbol{k}$ 的模量在 $0\sim k$ 间的量子态数应该是在半径为 k 球体内的正八分之一体中的格点数[正八分之一体的体积大概为 $\left(\dfrac{1}{8}\right)4\pi k^3/3=\dfrac{\pi k^3}{6}$ 。由于电子自旋量子数有两个可能取值,在 k 空间的每点都对应着两个量子态。在 d^3 空间中约有

$$\frac{2\left(\dfrac{\pi k^3}{6}\right)}{\left(\dfrac{\pi}{d}\right)^3}=\left(\frac{k^3}{3\pi^2}\right)d^3$$

即在单位体积中有 $\dfrac{k^3}{3\pi^2}$ 点。波数 $k\sim k+\Delta k$ 间的量子态数是

$$\rho(k)\Delta k=[(\mathrm{d}/\mathrm{d}k)(k^3/3\pi^2)]\Delta k=(k^2/\pi^2)\Delta k$$

因此,态密度为

$$\rho(k)=\frac{k^2}{\pi^2}$$

电磁波传播模式中,场的偏振有两个自由度(光子的两个自旋值),同样,在半导体中电子也存在着两个由自旋决定的状态。在谐振光学中,允许的传播矢量 $\boldsymbol{k}$ 的解被表示为线性的频率-波数关系 $v=\dfrac{ck}{2\pi}$ 。在半导体物理学中,允许的传播矢量 $\boldsymbol{k}$ 的解依据方程(2-21)和(2-22)被表示为允许的能量-波数关系。

如果 $\rho_c(E)\Delta E$ 代表导带中单位体积能量在 $E \sim E + \Delta E$ 之间的能级数，根据式 (2-21) 中 E 和 k 的一对一关系，态密度应有 $\rho_c(E)\mathrm{d}E = \rho(k)\mathrm{d}k$。因此，导带中单位能量的态密度函数为

$$\rho_c(E) = \frac{\rho(k)}{\dfrac{\mathrm{d}E}{\mathrm{d}k}}$$

同样，价带中能量态密度应满足

$$\rho_v(E) = \frac{\rho(k)}{\dfrac{\mathrm{d}E}{\mathrm{d}k}}$$

其中，E 和 k 的关系满足式 (2-22)。利用式 (2-21) 和式 (2-22) 在导带和价带边的二次近似 E-k 关系，可以推导出价带和导带中的 $\mathrm{d}E / \mathrm{d}k$ 关系，结果为

$$\rho_c(E) = \frac{(2m_c)^{3/2}}{2\pi^2\hbar^3}(E - E_c)^{1/2}, \quad E \geqslant E_c \tag{2-24}$$

$$\rho_v(E) = \frac{(2m_c)^{3/2}}{2\pi^2\hbar^3}(E_v - E)^{1/2}, \quad E \leqslant E_v \tag{2-25}$$

其中，1/2 次方关系是由电子和空穴在带边的能量-波数的二次方关系决定的。图 2.11 为载流子能带、能级和能量态密度的关系，其中单位能量的态密度在带边是 0，增长速率决定于电子和空穴的有效质量。在前面的表 2.1 中给出了 Si 和 GaAs 的 m_c 和 m_v 适用于计算态密度的平均值。

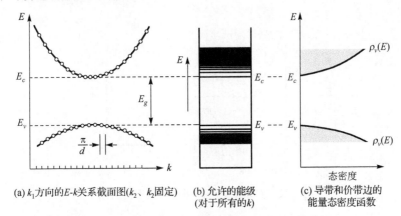

(a) k_1 方向的 E-k 关系截面图(k_2、k_3固定)　(b) 允许的能级(对于所有的k)　(c) 导带和价带边的能量态密度函数

图 2.11　载流子能带、能级和能量态密度的关系

2. 能级占有的概率

在没有热激发的情况时 (T=0K)，所有的电子遵循泡利不相容原理，占据最低的

能级;价带被完全填满(不存在空穴),导带完全空置(不存在电子)。当温度升高时,热激发使得有些电子离开价带到导带中去,在价带中留下空的量子态(空穴)。统计力学理论告诉我们,在热均衡温度 T 下,给定能量为 E 的能级被占优的概率满足费米函数,即

$$f(E) = \frac{1}{\exp[(E - E_f)/k_B T] + 1} \tag{2-26}$$

其中, k_B 为玻尔兹曼常数($T = 300\text{K}$ 时 $k_B T = 0.026\text{eV}$); E_f 是一个常数,称为费米能量或费米能级。这个方程又被称为费米-狄拉克分布。能级 E 要么被占据[概率 $f(E)$],要么空置[概率 $1 - f(E)$]。概率 $f(E)$ 和 $1 - f(E)$ 根据方程(2-26)由能量 E 的值决定。概率 $f(E)$ 自身并不是一个概率密度分布,也不满足归一化;相反它仅仅指出一系列能级被占据的概率。

因为无论温度 T 是多少, $f(E_f) = 1/2$,费米能级恒定表示被占据概率是 $1/2$ 的能级(如果允许存在)。费米函数是一个 E 的单调递减函数。费米函数与能级占有概率的关系如图 2.12 所示。在 $T = 0\text{K}$ 时,如果 $E > E_f$,则 $f(E) = 0$;否则, $f(E) = 1$ 。这表明,导带中没有电子,价带中没有空穴。费米能级 E_f 的显著性为:温度为 0K 时,它是能级被占据和未被占据的分界线。因为 $f(E)$ 表示一个能级被电子占据的概率, $1 - f(E)$ 则表示其未被占据的概率,也就是被空穴占据(如果 E 是在价带中)。因此,对于能级 E : $f(E)$ 为能级被电子占据的概率, $1 - f(E)$ 为能级被空穴占据的概率,这些函数关于费米能级对称。

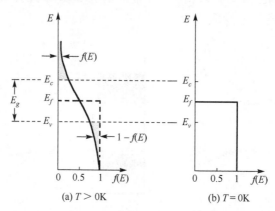

(a) $T > 0\text{K}$ (b) $T = 0\text{K}$

图 2.12　费米函数与能级占有概率的关系

当 $E - E_f \gg k_B T$, $f(E) \approx \exp[-(E - E_f)]/k_B T$ 时,费米函数在导带的高能量处随着能量上升以指数形式递减。此时费米函数正比于玻尔兹曼分布。它表示了部分原子被激发到给定能级后的指数依赖关系。简而言之,当 $E < E_f$ 且 $E_f - E \gg k_B T$, $1 - f(E) \approx \exp[-(E_f - E)]/k_B T$ 时,也就是价带中能量远低于费米能级时,其被空穴占据的概率随着能量降低而指数性降低。

3. 热平衡条件下的载流子浓度

用 $n(E)\Delta E$ 和 $p(E)\Delta E$ 分别表示单位体积中，能量在 $E \sim E + \Delta E$ 之间的电子和空穴数。$n(E)$ 和 $p(E)$ 度分布可以通过能量态密度和能级占有概率相乘而得到，即

$$n(E) = \rho_c(E)f(E), \quad p(E) = \rho_c(E)[1 - f(E)] \tag{2-27}$$

电子和空穴的浓度（单位体积的数量）n 和 p 可表示为

$$n = \int_{E_c}^{\infty} n(E)\mathrm{d}E, \quad p = \int_{-\infty}^{E_v} p(E)\mathrm{d}E \tag{2-28}$$

在本征（纯净）半导体中，任何温度下都有 $n = p$，因为热激发总是成对产生电子和空穴。费米能级必须是使得 $n = p$ 的能级。如果 $m_v = m_c$，那么 $n(E)$ 和 $p(E)$ 完全对称，因此 E_f 必须在带隙的正中间（图 2.13）。在大多数本征半导体中费米能级的确是在带隙的正中间。

图 2.14 和图 2.15 中画出了热均衡时 n 型、p 型半导体的能带结构图、费米函数，以及自由电子、空穴浓度分布。施主电子占据着略低于导带底的能级 E_D，因此容易被激发上导带。如果 $E_D = 0.01\mathrm{eV}$，在室温下（$k_BT = 0.026\mathrm{eV}$），大多数电子将被热激发至导带中。因此，费米能级 $\left[f(E_f) = \dfrac{1}{2} \right]$ 将高于带隙的中间值。在 p 型半导体中，受体占据着略高于价带顶的能级 E_A，因此费米能级低于带隙中间值。我们的重点在于研究这些掺杂半导体材料中自由载流子的浓度。这些材料都是电中性的，因此有关系 $n + N_A = p + N_D$，其中 N_A 和 N_D 分别是掺杂的施主和受主离子浓度。

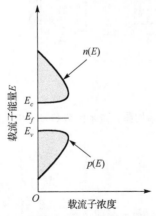

图 2.13　本征半导体中的电子空穴浓度关于 E 的分布 $n(E)$ 和 $p(E)$

作为一个例子，我们来了解一下费米函数的指数近似。当 $E - E_f \gg k_BT$ 时，费米函数 $f(E)$ 可以被近似为指数形式。类似的，当 $E_f - E \gg k_BT$ 时，$1 - f(E)$ 也可以

近似为指数形式。这些近似能够在费米能级存在于带隙中且和带边的距离是k_BT倍的情况下成立(室温下$k_BT = 0.026\text{eV}$，Si 和 GaAs 中的带隙E_g分别为1.12eV和1.44eV)。将这些近似应用于本征和非本征半导体材料中，可以由式(2-28)获得关系式，即

$$n = N_c \exp\left(-\frac{E - E_f}{k_BT}\right) \tag{2-29a}$$

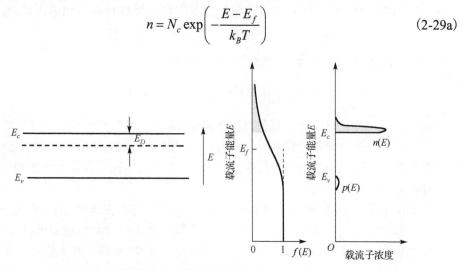

图 2.14　n 型半导体的能带结构图、费米函数和自由电子$n(E)$、空穴$p(E)$浓度分布

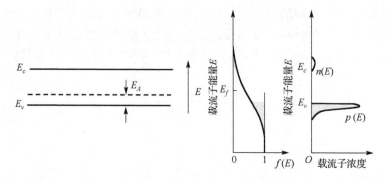

图 2.15　p 型半导体的能带结构图、费米函数和自由电子$n(E)$、空穴$p(E)$浓度分布

$$p = N_v \exp\left(-\frac{E_f - E_v}{k_BT}\right) \tag{2-29b}$$

$$np = N_cN_v \exp\left(-\frac{E_g}{k_BT}\right) \tag{2-30a}$$

其中，$N_c = 2\left(\dfrac{2\pi m_ck_BT}{h^2}\right)^{\frac{3}{2}}$；$N_v = 2\left(\dfrac{2\pi m_vk_BT}{h^2}\right)^{\frac{3}{2}}$。从上述关系式可以看出，当$m_v = m_c$

时，若 $n > p$ ，则 E_f 更接近导带；反之，若 $p > n$ ，则 E_f 更接近价带。

在费米分布能够近似为指数形式的情况下，式(2-30a)表示下面的载流子浓度乘积，即

$$np = 4\left(\frac{2\pi k_B T^3}{h^2}\right)(m_c m_v)^{3/2}\exp\left(-\frac{E_g}{k_B T}\right)$$ (2-30b)

与费米能级 E_f 在带隙中的位置和掺杂浓度无关。这种载流子浓度乘积的常数关系被称为质量作用定律。

对本征半导体而言， $n = p = n_i$ 。与式(2-30a)联立得到本征半导体载流子浓度

$$n_i \approx (N_c N_v)^{\frac{1}{2}}\exp\left(-\frac{E_g}{2k_B T}\right)$$ (2-31)

此式表明，本征半导体的电子和空穴浓度随着温度上升呈指数级增加。因此，质量作用定律也可以写为

$$np = n_i^2$$ (2-32)

由于不同材料的带隙能量和有效质量不同，取值也不相同。室温下 Si 和 GaAs 的本征载流子浓度如表 2.2 所示。

表 2.2　$T = 300K$ 时 Si 和 GaAs 的本征载流子浓度

材料	n_i/cm^{-3}
Si	1.5×10^{10}
GaAs	1.8×10^6

质量作用定律同样适用于决定载流子在掺杂半导体中的浓度。例如，适度掺杂的 n 型半导体中自由电子的浓度 n 基本等于施主杂质的浓度 N_D 。利用质量作用定律，空穴浓度为 $p = \dfrac{n_i^2}{N_D}$ 。知道了 n 和 p ，就可以利用式(2-29)计算出费米能级。只要费米能级在带隙中且距带边的能量是 $k_B T$ 的几倍，式(2-29)的近似就可以被直接运用。

如果费米能级在导带(或者价带)中，这样的材料被称为简并半导体。这种情况下近似指数形式的费米分布函数不再成立，因此 $np \neq n_i^2$ 。我们只能通过数值算法的方法得到载流子浓度。在重掺杂的情况下，施主(或受主)杂质的能带会和导带(或价带)合并形成所谓的带尾，这将使带隙显著变窄。

4. 准热平衡载流子浓度

上述关于能级占有概率和载流子浓度的讨论都是在热平衡条件下才成立。如果热平衡的条件被破坏，上述理论并不成立。当然可能存在这样的情况，导带中的电

子自身热平衡，价带中的空穴也自身热平衡，但是两者间并不是热平衡的。例如，外部电子流或光子流导致带与带之间的高速跃迁以至于很难维持导带和价带间的热平衡。这样的情况被称为准热平衡发生在带内跃迁的弛豫时间远远短于带间跃迁的弛豫时间。一般地，能带内的弛豫时间 $<10^{-12}$ s，而电子空穴的辐射复合寿命 $\approx 10^{-9}$ s。

在这样的情况下，应该给导带和价带引入各自的费米能级 E_f^c 和 E_f^v，被称为准费米能级(图 2.16)。当 E_f^c 和 E_f^v 分别处于导带和价带的深处中，电子和空穴的浓度可能会相当大。

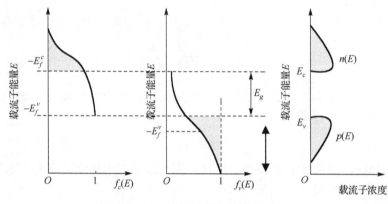

图 2.16　半导体的准费米能级

导带中能量为 E 的能级被占据的概率为 $f_c(E)$，它也是含有费米能级为 E_f^c 的费米分布函数。价带中能量为 E 的能级被占据的概率为 $1-f_v(E)$，其中 $f_v(E)$ 是含有费米能级为 E_f^v 的费米分布函数，电子和空穴的浓度为 $n(E)$ 和 $p(E)$，它们可能同时都比较大。

2.2.3　载流子的产生、复合和注入

载流子的产生、复合和注入是通过电子和空穴的同时参与而完成的。因此，本小节描述的载流子行为规则既适用于电子，也可用来解释空穴。

1. 热平衡下载流子的产生与复合

价带电子被热激发到导带导致了电子空穴对的产生(图 2.17)。热平衡要求这一产生过程同时伴随着相反的退激发过程。这一过程被称为电子空穴的复合，它的发生过程是一个自由电子从导带衰退下来填充价带空穴(图 2.17)。电子衰退的能量可以通过辐射光子的形式释放出来，这一过程称为辐射复合。非辐射复合可通过许多独立同时发生的过程而产生,这些过程包括了能量转变为晶格振荡(产生一个或多个声子)或者转变为另一个自由电子(Auger 过程)。

复合过程也可能通过俘获或者缺陷中心间接产生。如图 2.18 所示为由于阱(缺

陷中心)而产生的电子-空穴对复合。它们是与杂质或者缺陷相关的能级，由晶粒边界、错位或者其他位于带隙中的晶格缺陷产生。一个杂质或者缺陷状态如果能够同时俘获电子与空穴，从而增加他们复合的可能性，那么该状态可以认为是一个复合中心。由杂质而增强的复合可以是辐射复合或者是非辐射复合。

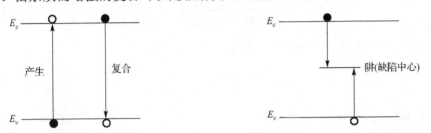

图 2.17　电子-空穴对的产生与复合　图 2.18　由于阱(缺陷中心)而产生的电子-空穴对复合

因为复合的发生需要同时具备一个电子和一个空穴，所以复合的速率正比于电子和空穴的浓度的乘积，也就是说

$$复合速率 = \iota np \tag{2-33}$$

其中，$\iota(\mathrm{cm}^3/\mathrm{s})$ 是一个变量，该变量依赖包括构成成分、缺陷和温度在内的材料特征，也较弱地依赖材料的掺杂。

当载流子的产生和复合保持平衡时，电子和空穴的浓度分别为 n_0 和 p_0。在稳定的状态下，复合速率必须等于产生速率。如果 G_0 是在一定温度下热载流子(电子空穴对)的产生速率，那么在热平衡条件下有

$$G_0 = \iota n_0 p_0$$

电子空穴浓度的乘积 $n_0 p_0 = G_0 / \iota$，不管在 n 型、p 型，还是在本征材料中都是近似相等的。因此，$n_i^2 = G_0 / \iota$，直接导出了质量作用定律 $n_0 p_0 = n_i^2$。可见，质量作用定律是在热平衡条件下保证载流子产生和复合平衡的必然结果。

2. 热平衡下载流子的注入

在热平衡情况下，一种载流子浓度分别为 n_0 和 p_0 的半导体，其产生速率等于复合速率，即 $G_0 = \iota n_0 p_0$。现在利用外部注入机制(非热力学)使半导体产生额外的电子空穴对，其速率为稳定的 R(单位体积电子空穴对数量)。当达到一个新的稳定状态时，载流子浓度分别为 $n = n_0 + \Delta n$ 和 $p = p_0 + \Delta p$。很明显，由于电子和空穴成对出现，因此无论如何都满足 $\Delta n = \Delta p$。由于新的产生率等于复合率，可得

$$G_0 + R = \iota np \tag{2-34}$$

将 $G_0 = \iota n_0 p_0$ 代入式(2-34)得到

$$R = \iota(np - n_0 p_0) = \iota(n_0 \Delta n + p_0 \Delta n + \Delta n^2) = \iota \Delta n(n_0 + p_0 + \Delta n)$$

上式可以写成

$$R = \Delta n / \tau \tag{2-35}$$

其中

$$\tau = \frac{1}{\iota(n_0 + p_0 + \Delta n)} \tag{2-36}$$

由于注入速率满足 $\Delta n \ll n_0 + p_0$，因此

$$\tau = \frac{1}{\iota(n_0 + p_0)} \tag{2-37}$$

此时的 τ 被称为过剩载流子复合寿命。

在 n 型材料中，$n_0 \gg p_0$，所以复合寿命 $\tau \approx 1/\iota n_0$ 与电子浓度成反比。类似地，对于 p 型半导体来说，$p_0 \gg n_0$，可以得到 $\tau = 1/\iota p_0$。上述简单方程在俘获起着重要作用的过程中不适用。

参数 τ 可以看作是注入的过剩电子空穴对的复合寿命。如果注意到注入载流子浓度满足下面的速率方程，那么上述对于 τ 的解释就很容易理解了，即

$$\frac{\mathrm{d}(\Delta n)}{\mathrm{d}t} = R - \frac{\Delta n}{\tau}$$

在稳定状态下 $\mathrm{d}(\Delta n)/\mathrm{d}t = 0$，于是就得到式(2-35)。如果在 t_0 时刻瞬间将注入源移去(R 变为 0)，那么 Δn 将随着时间常数 τ 以指数形式衰减，即 $\Delta n(t) = \Delta n(t_n)\exp[-(t-t_n)/\tau]$。另一方面，如果是强注入，由式(2-36)可看出，τ 本身就是 Δn 的函数，因此速率方程不再是线性的，衰减时间也不再是指数的。

如果注入速率 R 已知，则稳定状态的注入浓度可以由下式决定，即

$$\Delta n = R\tau \tag{2-38}$$

总的浓度则可以由 $n = n_0 + \Delta n$ 和 $p = p_0 + \Delta n$ 决定。而且如果准平衡假设成立，那么式(2-28)可以用来计算准费米能级。准平衡状态并没有与上述分析的产生率与复合率之间的平衡所矛盾，它仅仅要求带内平衡时间相比复合时间 τ 来说很短即可。在研究半导体发光二极管和半导体激光器过程中，上述分析将会被证明是十分有用的。这些器件是通过载流子注入的方式来增强光发射的。

3. 内量子效率

半导体材料的内量子效率 η_i 被定义为产生辐射的电子空穴复合速率与总的(辐射与非辐射的)复合速率之比。这一参数非常重要，因为它决定了半导体材料中光产生的效率。总的复合速率由式(2-33)决定。如果参数 ι 被分为辐射部分和非辐射部分，即 $\iota = \iota_r + \iota_{nr}$，那么内量子效率为

$$\eta_i = \frac{\iota_r}{\iota} = \frac{\iota_r}{\iota_r + \iota_{nr}} \tag{2-39}$$

由于 τ 反比于 ι（式(2-37)），因此内量子效率也可以写成复合寿命的形式。定义辐射和非辐射寿命分别为 τ_r 和 τ_{nr}，从而有

$$\frac{1}{\tau} = \frac{1}{\tau_r} + \frac{1}{\tau_{nr}} \tag{2-40}$$

内部量子效率于是为 $\dfrac{\iota_r}{\iota} = \dfrac{1}{\tau_r} / \dfrac{1}{\tau}$，或者写为

$$\eta_i = \frac{\tau}{\tau_r} = \frac{\tau_{nr}}{\tau_r + \tau_{nr}} \tag{2-41}$$

辐射复合寿命 τ_r 决定了光子吸收和发射的速率。它的值由载流子浓度和材料参数 ι_r 决定。对于小到中等的注入速率有

$$\tau_r \approx \frac{1}{\iota_r(n_0 + p_0)} \tag{2-42}$$

与式(2-37)相符。非辐射复合寿命被一个相似的方程所决定。然而，如果非辐射复合是由带隙中的缺陷中心导致的，那么 τ_{nr} 对这些缺陷中心浓度的敏感程度要高于对电子空穴浓度的敏感程度，即缺陷中心浓度对 τ_{nr} 影响更大。

表 2.3 提供了 Si 和 GaAs 的辐射复合速率、复合寿命、内量子效率的近似值。ι_r、τ_r（假设温度为 300K，载流子浓度为 $n_0 = 10^{17}\,\mathrm{cm}^{-3}$ 的 n 型材料）、τ_{nr}（假设缺陷中心浓度为 $10^{15}\,\mathrm{cm}^{-3}$）、$\tau$，以及内量子效率 η_i 的数量级也在表中给出。

表 2.3　Si 和 GaAs 的辐射复合速率、复合寿命、内量子效率的近似值

材料	$\iota_r / (\mathrm{cm}^3 \cdot \mathrm{s}^{-1})$	τ_r	τ_{nr} / ns	τ / ns	η_i
Si	10^{-15}	10ms	100	100	10^{-5}
GaAs	10^{-10}	100ns	100	50	0.5

Si 的辐射寿命在数量级上大于它的总寿命，其原因在原理上可以解释为 Si 有间接带隙。这导致了较小的内部量子效率。另外，对于 GaAs 来说，衰减很大程度上依靠辐射跃迁(具有直接带隙)，所以其内部量子效率较大。因此，GaAs 和其他直接禁带材料对于制造光发射结构是较为适用的，Si 和其他间接禁带材料就不是非常适用了。

2.2.4　p-n 结

1. 同质结

同一半导体材料的不同掺杂区域直接的结合称为同质结。不同半导体材料之间

的结合称为异质结。同质结中的一个重要例子是 p-n 结。p-n 结是 p 型和 n 型材料形成的同质结。在电子学中 p-n 结可以被制作成整流器、逻辑门、稳压器(稳压二极管)和调谐器(变容二极管)等；在光电子学中它可以用作发光二极管(light emitting diode，LED)、激光二极管、光电探测器和太阳能电池等。

在掺杂半导体材料中，p 型材料有许多空穴(多数载流子)和很少的自由电子(少数载流子)；n 型材料有许多自由电子和少量空穴。两种载流子都朝各个方向进行连续随机热运动。接触前 p 型半导体和 n 型半导体的能级以及载流子浓度如图 2.19 所示。

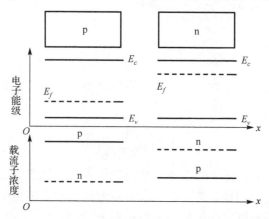

图 2.19　接触前 p 型半导体和 n 型半导体的能级以及载流子浓度

当两种材料金相接触时,在热平衡状态下形成 p-n 结(图 2.20)，下列事件就发生了：

①电子和空穴从高浓度区域向低浓度区域扩散。这一扩散过程不能无限地持续下去，然而，它却破坏了两区域间的电荷平衡。

②自由载流子在结两边的一个狭窄区域内基本上消失。这一区域被称为耗尽层，它仅含有固定电荷(n 型区域的正离子和 p 型区域的负离子)。两区域耗尽层的厚度反比于该区域掺杂物的浓度。

③固定电荷在耗尽层中产生了由 n 型区域指向 p 型区域的电场。这一内建场阻碍了自由载流子在结区域的进一步扩散。

④平衡状态的建立导致在耗尽层两端产生内建势，n 型区域的电势高于 p 型区域。

⑤内建势使得 n 型区域的电子相比 p 型区域有较低的势能。结果，能带就弯曲了。在热平衡状态下整个结构只有单一的费米函数，所以 n 型和 p 型区域的费米能级必须一致。

⑥没有穿过结的净电流。电子和空穴的扩散和漂移电流各自抵消。

(1)偏置结

一个外部电势的作用将改变 p 型和 n 型区域间的电势差。这将转而改变多数载流子的流量，因此这种结可以被用作"门"。如果通过对于 p 型区域施加正向电压 V 使得结获得正向偏置(如图 2.21 为正向偏置的 p-n 结能带图和载流子浓度),那么 p 型区域的电势相对于 n 型区域来说变大了,因此其电场方向与内建势的电场方向相反。外部偏置电压的存在导致了偏离平衡以及 n 型区域与 p 型区域的费米能级的不一致,同时也导致了耗尽层费米能级的不一致。耗尽层中两个费米能级的存在,E_f^c 和 E_f^v,代表了准平衡状态。

正向偏置的净效应为势垒高度的降低,降低数量为 eV。多数载流子电流最终按指数规律 $\exp(eV/k_BT)$ 增长,因此净电流变为 $i = i_s \exp(eV/k_BT) - i_s$,此处 i_s 为一常数。过剩的多数空穴和电子分别进入 n 型和 p 型区域,它们将变为少数载流子并和该区域的多数载流子复合。因此,它们的浓度将随着离结的距离增大而减小,如图 2.21 所示。这一过程称为少数载流子注入。

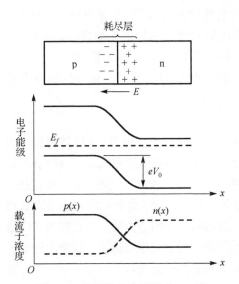

图 2.20　热平衡状态下形成 p-n 结

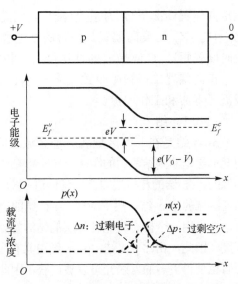

图 2.21　正向偏置的 p-n 结能带图和载流子浓度

如果在 p 型区域施加负电压 V 使得结反向偏置,那么势垒高度将增加 eV。这将阻碍多数载流子的流动。相应的电流被乘以了指数因子 $\exp(eV/k_BT)$,此处 V 是负数,也就是说电流减少了。净电流是 $i = i_s \exp(eV/k_BT) - i_s$,因此当 $|V| \gg k_BT/e$ 时,大小为 $\approx i_s$ 的小电流将流向相反方向。

因此,一个 p-n 结作为一个理想二极管拥有 I-V 特性: $i = i_s[\exp(eV/k_BT) - 1]$,如图 2.22 所描述。

p-n 结的动态特性可以通过一组决定电子空穴扩散、(在内建势和外部电场的影响下的)漂移、复合过程的方程来得到。这些对于了解二极管的工作频率是十分重要的。其理论模型可以由两个电容(一个结电容和一个扩散电容)并联一个理想二极管来获得。结电容代表了当外加电压改变时存储在耗尽层内的固定正负电荷改变所需的时间。耗尽层厚度 l 正比于 $(V_0 - V)^{1/2}$,因此它在反向偏置情况下(V 为负数)增大,

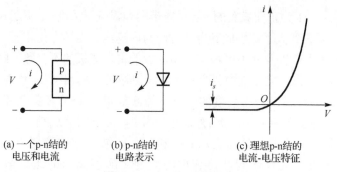

(a) 一个p-n结的电压和电流　　(b) p-n结的电路表示　　(c) 理想p-n结的电流-电压特征

图 2.22　p-n 结及其特性

在正向偏置情况下(V 为正数)减小。因此,结电容 $C = \varepsilon A / l$(此处 A 是结的面积)反比于 $(V_n - V)^{1/2}$。反向偏置二极管的结电容小于正向偏置二极管的结电容(因此 RC 反应时间较短)。C 依赖 V 的性质可用于制作可变电压电容器(变容二极管)。

正向偏置二极管中少数载流子的注入可以用扩散电容来描述,该电容依赖少数载流子寿命和工作电流。

(2)p-i-n 结

p-i-n 结是在 p 型区域和 n 型区域之间插入一层本征(或轻掺杂)半导体材料。因为耗尽层延伸到结两边的距离反比于掺杂浓度,所以 p-i 结的耗尽层渗透入 i 区域比较深。类似的,i-n 结的耗尽层较深地延伸进 i 区域。因此,p-i-n 结就像一个耗尽层扩展到整个本征区域的 p-n 结。热平衡时 p-i-n 结的电子能量、固定电荷密度和电场大小如图 2.23 所示。应用一个拥有较宽耗尽层的结的好处之一是它有较小的结电容,以及较快的反应速度。因此,相比 p-n 结,p-i-n 结更具有潜力被用作半导体光电二极管。较宽的耗尽层同时也使得更多的入射光可以被捕获,因此增加了光电测控的效率。

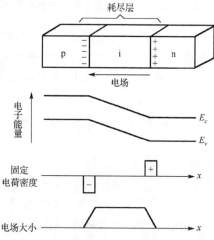

图 2.23　热平衡时 p-i-n 结的电子能量、固定电荷密度和电场大小

2. 异质结

不同半导体材料之间的结被称为异质结。异质结可以被用来制作新型双极型和场效应晶体管，也可以在光源及光探测器中得到应用，如图 2.24 为 p-p-n 双异质结结构。它们使得电子和光电子设备性能有了长足的进步。特别是在光子学中，将不同的半导体材料并列排在一起可以在如下几方面产生优势：

①不同禁带宽度的材料之间的结可以在能带图上产生局部的跃变。势能的不连续可以产生一个阻碍，使得某些载流子无法进入不希望它们进入的区域。这一性质可以在一个 p-n 结中得以应用，比如，用来减少少数载流子的电流比例，因此提高注入效率。

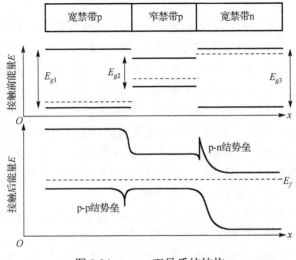

图 2.24　p-p-n 双异质结结构

如图 2.24 所示，中间层的禁带宽度比两边要窄。平衡时，由于费米能级要保持一直线，因此 p-p 结的导带边缘迅速下降，p-n 结的价带边缘也迅速下降。导带能量差与价带能量差之比称为能带失调值。当器件处于正向偏置，这些跃变将成为势垒从而限制注入的少子。比如，从 n 区域注入的电子将会被阻挡使其无法扩散并越过 p-p 结的势垒。类似地，从 p 区域注入的空穴也会被阻挡使其无法扩散并跃过 p-n 结的势垒。因此，这种双异质结迫使电子和空穴占据很窄的共有区域。这对于注入式激光二极管有效地工作是非常必要的。

②两个异质结所导致的能带图的不连续对于将载流子限制在希望的空间区域中是很有用的。比如，一层窄禁带宽度的材料可以被两层宽禁带材料夹在中间，如图 2.24 所示的 p-p-n 结构（它包含了一个 p-p 异质结和一个 p-n 异质结）。这种双异质结被广泛应用于制作激光二极管。

③异质结对于产生可在特定区域加速载流子的能带不连续性是十分有效的。在

一个多层雪崩光电二极管中，这些突然增加的动能可以有选择性地增加载流子碰撞电离的概率。

④不同带隙类型(直接与间接)的半导体可以在同一器件中被用于选择光发射的区域，因为只有直接带隙半导体才能有效地发光。

⑤不同带隙的半导体可以在同一器件中被用于选择光的吸收区域。能带宽度大于入射光子能量的半导体材料是透明的，其作用与"窗户层"相同。

⑥不同折射系数材料组成的异质结可被用作制造光波导，它可以限制并引导光子的传播。

3. 量子阱和超晶格

半导体薄层材料的异质结构可以通过外延生长的方式来获得，也就是说，通过一些技术使得一种半导体材料通过晶格匹配的方式覆盖于另一种之上。这些技术包括分子束外延法(molecular beam epitaxy，MBE)、液相外延法(liquid phase epitaxy，LPE)，以及气相外延法(vapor phase epitaxy，VPE)。气相外延法的一种特殊形式是金属有机化合物化学气相沉淀(metal organic chemical vapor deposition，MOCVD)。MBE 是利用所需元素的分子束撞击一块在高真空环境下精心准备好的基片，LPE 是利用含有所需元素的冷却饱和溶液与基片接触，MOCVD 则是将气体注入一个反应装置中。不同薄层的组分和掺杂可以通过控制分子的到达速率和基片表面的温度来确定。这些薄层可以薄得与分子层一样厚度。

当薄层厚度与德布罗意波长可比甚至更小时(比如在 GaAs 中德布罗意波长 $\approx 50nm$)，适用于体型半导体材料的能量-动量关系将不再准确。在微纳光子学中，通常涉及三种重要的结构：量子阱、量子线和量子点。适用于这些结构的能量-动量关系将在下面进行讨论。

(1)量子阱

量子阱及其能带结构如图 2.25 所示。量子阱是一种双异质结结构，包含一层超薄的 $\leq 50nm$ 材料，其带宽小于周围其他材料。Si 材料的薄层被 SiO_2 材料包围，GaAs 材料的薄层被 AlGaAs 材料包围就是例子。这种三明治的结构形成了导带和价带的矩形势阱，电子和空穴则被限制在该势阱中：电子在导带势阱中，空穴在价带势阱中。一个足够深的势阱可以近似被认为是无限深势阱。

一个质量为 m(电子质量 m_c、空穴质量 m_v)的颗粒，如果被限制在一个一维无限矩形势阱之中，假定该势阱全宽为 d，那么它的能级为 E_q，可以通过解定态薛定谔方程得到，即

$$E_q = \frac{\hbar^2 (q\pi / d)^2}{2m}, \quad q = 1, 2, \cdots \tag{2-43}$$

作为例子，我们知道在一个无限深的宽度为 $d = 10nm$ 的 GaAs 势阱中 $m_c = 0.07m_0$，因

此允许的电子能级为 $E_q = 54\text{meV}, 216\text{meV}, 486\text{meV}, \cdots$（$T = 300\text{K}$ 时，$k_B T = 26\text{meV}$）。势阱宽度越小，相邻能级间的分隔就越大。

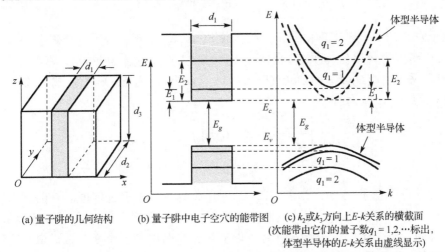

    (a) 量子阱的几何结构　　(b) 量子阱中电子空穴的能带图　　(c) k_2或k_3方向上E-k关系的横截面
（次能带由它们的量子数$q_1 = 1,2,\cdots$标出，
体型半导体的E-k关系由虚线显示）

图 2.25　量子阱及其能带结构

    在图 2.25 所示的量子阱结构中，电子(和空穴)在 x 方向上被限制在 d_1 (势阱的厚度)的一段距离中。然而，它们在限制层平面的另两个方向上却延伸了很多（$d_2, d_3 \gg d_1$）。因此，在 y-z 平面上，它们的行为就和在体型半导体中一样。与该结构相对应的能量-动量关系可以表述为

$$E = E_c + \frac{\hbar^2 k_1^2}{2m_c} + \frac{\hbar^2 k_2^2}{2m_c} + \frac{\hbar^2 k_3^2}{2m_c}$$

其中，$k_1 = q_1 \pi / d_1$，$k_2 = q_2 \pi / d_2$，$k_3 = q_3 \pi / d_3$，$q_1, q_2, q_3 = 1, 2, \cdots$。由于 $d_1 \ll d_2, d_3$，因此 k_1 的值非常离散，然而 k_2 和 k_3 却是只有微小空间离散性的值，它们可以被近似看作连续体。因此，量子阱导带中电子动量-能量关系为

$$E = E_c + E_{q1} + \frac{\hbar^2 k^2}{2m_c}, \quad q_1 = 1, 2, 3, \cdots \tag{2-44}$$

其中，k 是 y-z 平面内二维矢量 $\boldsymbol{k} = (k_2, k_3)$ 的数值。每一个量子数 q_1 对应于一个最低能量为 $E_c + E_{q1}$ 的次能带。价带之中也有类似的关系。

    体型半导体的能量-动量关系由式(2-21)给出，其中 k 是三维波矢 $\boldsymbol{k} = (k_1, k_2, k_3)$ 的模值。唯一的区别是，对于量子阱来说，k_1 取非常分离的值。因此，量子阱与体型半导体的态密度有所不同。量子阱结构的态密度和体型半导体结构的态密度如图 2.26 所示。体型半导体态密度决定于它的三维波矢的三个分量值 $k_1 = q_1 \pi / d_1$，$k_2 = q_2 \pi / d_2$，$k_3 = q_3 \pi / d_3$，其中 $d_1 = d_2 = d_3 = d$。结果是(式(2-23))每单位体积有 $\rho(k) = k^2 / \pi^2$，

这导致导带态密度为(式(2-24))

$$\rho_c(E) = \frac{\sqrt{2}m_c^{3/2}}{\pi^2\hbar^3}(E-E_c)^{1/2}, \quad E > 0 \tag{2-45}$$

而在量子阱结构中，态密度由二维波矢的模值 (k_2, k_3) 得到。对于每个量子数 q_1，在 y-z 平面态密度为每单位体积有 $\rho(k) = k/\pi$，因此为每单位体积 $k/\pi d_1$。密度 $\rho_c(E)$ 和 $\rho(k)$ 的关系为 $\rho_c(E)\mathrm{d}E = \rho(k)\mathrm{d}k = (k/\pi d_1)\mathrm{d}k$，最终利用 $E-k$ 关系式 (2-22) 得到 $\mathrm{d}E/\mathrm{d}k = \hbar^2 k/m_c$，从而有

$$\rho_c(E) = \begin{cases} \dfrac{m_c}{\pi\hbar^2 d_1}, & E > E_c + E_{q1} \\ 0, & E < E_c + E_{q1} \end{cases}, \quad q_1 = 1,2,3,\cdots \tag{2-46}$$

因此，对于每个量子数 q_1，当 $E > E_c + E_{q_1}$ 时单位体积态密度为定值。总的态密度是所有 q_1 值对应态密度之和，因此它的分布如图 2.26 所示那样是阶梯形的。阶梯的每个台阶等同于一个不同量子数 q_1 并且可以被视作导带中的一个次能带，量子阱结构的态密度和体型半导体的态密度如图 2.26 所示。这些次能带底随着量子数的增长而迅速增长。将 $E = E_c + E_{q_1}$ 代入式(2-45)中并利用式(2-43)，我们发现在 $E = E_c + E_{q_1}$ 时，量子阱的态密度与体型半导体的态密度一样。价带中的态密度也有类似的阶梯型分布。

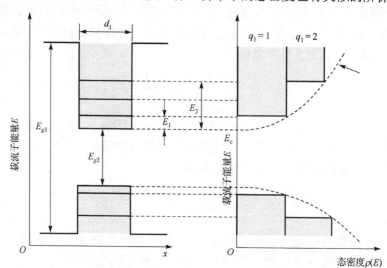

图 2.26　量子阱结构的态密度(实线)和体型半导体的态密度(虚线)

相比于体型半导体，量子阱结构在它的最低允许导带能级和最高允许价带能级体现出大量的态密度。这一性质对于材料的光学性质具有很大的影响。

(2)多量子阱和超晶格

不同半导体材料互相交替组成的多层结构叫作多量子阱(multiple quantum

well，MQW)结构，通过交替的 AlGaAs 层和 GaAs 层制造一个多层量子阱结构，如图 2.27 所示。现在有许多不同的方法可以用来制造出能级带隙随着位置不同而不同的多量子阱结构。如果相邻势阱间的能量势垒足够薄，使得电子能够轻易隧穿势垒，那么离散的能级可以通过扩展而进入微小的能带。在这种情况下，多量子阱结构也叫作超晶格结构。多量子阱结构被用于激光和光学探测器，以及非线性光学元件中。一种典型的 MQW 结构包含厚度约为 10nm 的材料 100 层，每一层拥有 40 个原子面，因此结构的总厚度约为 1μm。这样的结构在 MBE 机器中生长需要约 1h 的时间。

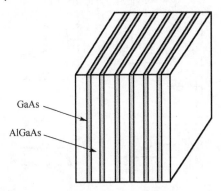

图 2.27　通过交替的 AlGaAs 层和 GaAs 层制造一个多层量子阱结构

(3)量子线和量子点

量子线结构(图 2.28)为拥有矩形横截面的细线形式的半导体材料，且周围被较宽带隙的材料包围。量子线有势阱的作用，可以牢牢地将电子(和空穴)束缚在两个方向 (x, y)。假设横截面面积为 $d_1 d_2$，则导带中的能量-动量关系为

$$E = E_c + E_{q_1} + E_{q_2} + \frac{\hbar^2 k^2}{2m_c} \tag{2-47}$$

其中

$$E_{q_1} = \frac{\hbar^2 (q_1 \pi / d_1)}{2m_c}, \quad E_{q_2} = \frac{\hbar^2 (q_2 \pi / d_2)}{2m_c}, \quad q_1, q_2 = 1,2,3,\cdots \tag{2-48}$$

且 k 是 z 方向的波矢分量(沿着量子线的轴)。

每一对量子数 (q_1, q_2) 都与一个次能带相关联，该次能带的态密度为每单位长度量子线 $\rho(k) = 1/\pi$，也就是每单位体积 $1/\pi d_1 d_2$。作为能量的函数，其单位体积内相应的态密度为

$$\rho_c(E) = \begin{cases} \dfrac{(1/d_1 d_2)(m_c^{1/2} / \sqrt{2}\pi\hbar)}{(E - E_c - E_{q_1} - E_{q_2})^{1/2}}, & E > E_c + E_{q_1} + E_{q_2} \\ 0, & E \leq E_c + E_{q_1} + E_{q_2} \end{cases}, \quad q_1, q_2 = 1,2,3,\cdots \tag{2-49}$$

它们是能量的递减函数。量子阱、量子线、量子点的态密度如图 2.28 所示。由于电子运动在更多维度上被限制，导带和价带分裂的次能带越来越窄。这些量子线中的次能带比量子阱中的更窄。

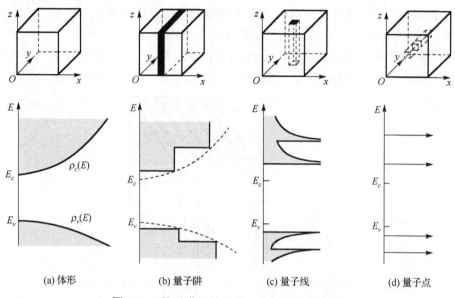

图 2.28　量子阱、量子线、量子点的态密度

在量子点结构中，电子在全部三维方向中都被牢牢限制在一个体积为 $d_1 d_2 d_3$ 的盒子中。因此，能量被量子化为

$$E = E_c + E_{q_1} + E_{q_2} + E_{q_3}$$

其中

$$E_{q_1} = \frac{\hbar^2 (q_1 \pi / d_1)}{2m_c}, \quad E_{q_2} = \frac{\hbar^2 (q_2 \pi / d_2)}{2m_c}, \quad E_{q_3} = \frac{\hbar^2 (q_3 \pi / d_3)}{2m_c}, \quad q_1, q_2 = 1, 2, 3, \cdots \quad (2\text{-}50)$$

由于被允许的能级非常离散，因此态密度可以被一系列在允许能量处的脉冲函数(delta 函数)所表示，如图 2.28(d)所示。量子点常被叫作人工原子。虽然量子点内可能拥有数万个强烈相互作用的自然原子，然而原则上依旧可以通过适当设计任意选择量子点的离散能级。

2.3　硅基光子晶体带隙结构

同固体晶体所具有的周期微结构特征相似，光子晶体的结构特征也是周期性的；与固体晶体由原子和电子组成周期的电子势垒不同，光子晶体是介电材料在波长尺度上其折射率按周期排列的人工电磁晶体。1987 年，美国贝尔实验室的 Yablonovitch[2]和普林斯顿大学的 John[3]分别在研究如何抑制自发辐射和无序电介质材料中的光子局域时，各自独立地提出了光子带隙和光子局域的概念。

电子在固态晶体的周期性势垒下能形成电子带隙，类似地，光子晶体中的周期性折射率变化对光产生的布拉格散射可以形成光子带隙。光子带隙是光子晶体最重要的基础特性。而光子带隙所处于的频率范围、频带的宽度以及光子带隙作用的范围，直接关系到光子晶体控制光性能的好坏和能力的大小。本节将从多个角度介绍硅基光子晶体带隙方面的知识，并分析当前光子晶体带隙研究的重点。

随着现代微加工技术从微米级逐渐发展到纳米级，硅基光子晶体器件中所具有的带隙频率也逐渐增加，其所对应的波长则逐渐减小。从最初的位于中红外 10μm 波长区，利用大孔硅制作技术，在 1999 年时，逐渐扩展到通信波长区（1.3～1.5μm）[4]，到 2000 年时，更达到了可见光波长区[5]。然而，受限于硅基纳米制作技术的成熟度，并考虑到通信波长频率区的重要性与巨大应用前景，硅基光子晶体带隙频率范围的研究目前还是主要集中于通信波长区[6]，对于更高频率的硅基光子带隙报道较少。从硅基光子晶体的维度方面来看，硅基光子晶体带隙研究从最初对理想一维与二维光子晶体的带隙理论与实验研究开始；20 世纪 90 年代，发展到全三维硅基光子晶体带隙的理论与实验研究；21 世纪初开始，主要开始集中于对目前最具实际应用价值的硅基三维结构光子晶体平板的带隙研究[6-10]。从光偏振角度来看，对硅基光子晶体带隙的研究，从起初对单一横电场带隙或者横磁场带隙的研究，发展到采用各种新方法与原理，追求对所有偏振态的完全光子带隙的研究[11-13]。从追求硅基光子晶体带隙的光子带隙宽度方面来看，自提出光子带隙概念后，研究人员就一直不断地致力于增大硅基光子晶体的光子带隙宽度[6-10]。在这方面，各种各样的光子晶体新构型近年来层出不穷，不断涌现，一直是光子带隙研究领域内研究的热点问题[13-19]。

通过综合分析发现，在对硅基光子晶体带隙的研究中，目前主要关心的是硅基平板光子晶体的带宽以及偏振问题。因此，如何提高硅基光子晶体光子带隙的宽度，以及如何实现完全带隙，是目前研究的核心问题。相对地，在现有的硅基微纳加工技术条件下，对硅基光子晶体的带隙频率所处范围的研究已经相对比较成熟，因此目前很少再有这方面的研究报道。所以，本节在描述光子带隙的基本概念及其产生原理之后，将特别介绍一种新型的硅基 SOI 环形光子晶体平板结构。这种硅基 SOI 环形光子晶体平板与普通硅基圆形空气孔光子晶体平板相比，在很宽范围的空气体积填充比内，都能够获得带隙增强效果，因此以此环形光子晶体平板为基础，可以设计和制作出各种高品质因子微腔和宽带光子晶体器件，具有很大的应用潜力与前景。

2.3.1　光子晶体的带隙

电子在固态晶体的周期性势垒下能形成电子带隙，光子在周期性折射率变化中体验布拉格散射以及光子带隙。频率处在光子带隙中的光子被禁止进入光子晶体。为了方便起见，下面从最简单的一维层状光栅的带隙产生过程开始介绍。

1. 一维层状光栅的带隙

图 2.29 为光在硅和二氧化硅组成的周期层状结构中的传播原理图。其中，硅的折射率 $n_{Si} = 3.4$，而二氧化硅的折射率，如果光在材料中的半个波长正好等于光栅周期，反射光同相位而相长。在该结构中，光传输行为由两个因素所决定：层与层之间的菲涅耳反射效应，其反射率 $r = (n_{Si} - n_{silica}) / (n_{Si} + n_{silica})$；多重散射波与反射波之间的相互干涉的布拉格效应。

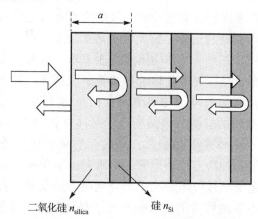

图 2.29　光在硅和二氧化硅组成的周期层状结构中的传播原理图

当波具有波矢 $k = \pi / a$（入射光的波矢和系统的晶格周期 a 相匹配）的时候，或者说，当周期正好为光在材料中的波长的一半的时候，布拉格效应最强烈。需要注意的是，菲涅耳反射效应是和特定波长没有关系的，而布拉格效应是波长依赖的。这两种效应联合作用的效果形成了图 2.30 所示的一维层状光栅结构的光子能带图：其禁带范围在 $\omega a / (2\pi c) = 0.180379$ 和 $\omega a / (2\pi c) = 0.309441$ 之间。此时，不在禁带频率范围内的光可以在该结构中传输；相反，处于禁带频率范围内的光就会被反射出来。带图遵循 $c_m = \lambda_m \nu = 2\pi\nu\lambda_m / (2\pi) = \omega / k$ 的基本关系式，也就说在某一材料中以速度传播的光子在 ω-k 的色散图中会被描绘成一条简单直线。当在带边的时候，由于存在布拉格效应，这条色散直线会被打断，并且会出现光子禁带。频率处在光子带隙中的光具有高反射率，因此被禁止进入光栅中。光子带隙的出现可以用两种模型来描述：菲涅耳反射效应和布拉格效应，光程差模型。

从菲涅耳反射效应和布拉格效应的角度来看，这种结构中带隙的出现是这两种效应联合作用的结果。对于低折射率差的周期结构系统，菲涅耳反射很弱，所以要很多次的干涉才能达成较高的反射率。自然地，这时候有很强的波长依赖性，因此系统主要体现出波长相关联的布拉格反射效应，光子带隙的宽度也较窄。与之相对应，对于高折射率差的系统，菲涅耳反射会很强烈。因此，入射到系统中的光在仅经历很少几个周期后就能够完全反射。这时候，系统主要体现出与特定波长无关的菲涅耳反射，并且光子带隙的宽带会较大，即会出现较大的光子带隙。

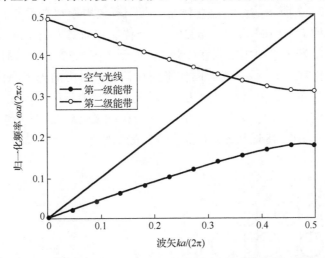

图 2.30 一维层状光栅结构的光子能带图(结构参数与图 2.29 一样)

从光程的角度来看，光模式的有效折射率是由它在结构中的场分布决定的。分析能带边缘的场分布情况，光场要么存在于低折射率区，要么存在于高折射率区。因为周期结构的晶格周期 a 和几何长度是确定的，带边波长的不同必然会伴随着光程差的不同，因此其有效折射率也会不一样。实际上，光场的分布和折射率的分布非常相似，特别是当每层的厚度都等于材料中波长的四分之一长度的时候，$\lambda_l / n_{h,\mathrm{eff}} = \lambda_s / n_{l,\mathrm{eff}} \Leftrightarrow \lambda_l / n_s = n_{h,\mathrm{eff}} / n_{l,\mathrm{eff}} \approx \lambda_h / n_l$，即下带边和上带边波长的比是由折射率的比决定的。折射率差越大，光子带隙的宽度越大。λ_l 和 λ_s 分别为带边长波长和带边短波长。有效折射率 $n_{h,\mathrm{eff}}$ 和 $n_{l,\mathrm{eff}}$ 分别由晶格周期内的相应模式的场分布情况决定。需要说明的是，上式中的近似对于每层厚度偏离前述四分之一波长尺寸过大的情况不再适用。对于偏离较大的情况，也可能会出现光子带隙，但是光子带隙的宽度要远小于折射率的比。

2. 硅基二维光子晶体带隙

在二维光子晶体结构中，一维情形中得到的高折射率差带来宽光子带隙宽度的结论，也被扩展到了角度带宽中。也就是说，对于某一特定波长，在很大的角度范围内，光都会被反射。

二维光子晶体的晶格和布里渊区如图 2.31 所示，二维光子晶体可以被看作是由两个或者多个一维光栅结构叠加复合而成的。当考虑不同的光传播方向时，光经过的实际光栅周期会不一样。这样，不同周期方向的一维光子禁带会出现在不同的光谱频率位置。如果光子带隙足够宽，光子带隙光谱频率会出现重叠，这就意味着该频带范围内的光在这几个方向上都被反射。这个光谱区就被称为二维光子晶体的光子带隙。如图 2.31 中所示的三角晶格所示，每个有效周期都在重复着 60° 的结构，所以如图中所示的 $\Gamma-K(0°)$ 和 $\Gamma-M(30°)$，光传递方向最大的角度差异只有 30°。把不同方向的一维光子带图集中画在一起，就得到了图 2.32 中所示的二维光子晶体能带结构图(TE 模，电场平行于光子晶体平面)。该能带对应的光子晶体结构参数为：空气孔填充因子为 40%，空气折射率为 1，背景硅材料的折射率为 3.4。图中阴影区代表着光子带隙区，即该区域内各个方向($\Gamma-M$ 和 $\Gamma-K$)的光子禁带重叠，其禁带范围在 $\omega a/(2\pi c)=0.21863$ 和 $\omega a/(2\pi c)=0.31025$ 之间。

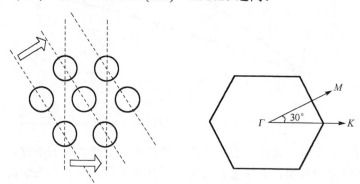

图 2.31 二维光子晶体的晶格和布里渊区

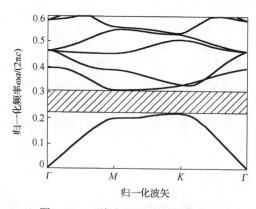

图 2.32 二维光子晶体能带结构图

3. 硅基二维光子晶体平板带隙

与二维光子晶体不同的是，平板结构具有有限的平板高度。因此，光子晶体平板实质上是个三维结构，二维光子晶体的计算只适用于平板高度是无限的情况。另外，二维光子晶体的带结构只相当于垂直方向的波矢等于零的情况，这一切要求对于有限高的光子晶体平板必须采用三维方法计算[9]。

对于光子晶体平板，不仅必须要考虑光子晶体周期平面内的光限制，还要考虑在垂直与平板方向上的光限制。而垂直方向上的光限制主要依靠平板芯层与上下包覆层之间的折射率差所产生的菲涅耳全反射。所以，考虑光子晶体平板的时候，在二维光子晶体的带结构图中要叠加反映垂直光限制的色散曲线，通常被称为光锥线。光线以上的区域称为光锥。位于光锥中的模式称为辐射模，其在光子晶体中传播的时候，会泄漏到包覆层中去，所以这种模式的损耗很大，一般不用于光器件中。

因此，光子晶体平板的带结构计算分为两个阶段。第一个阶段计算光子晶体平板中周期元胞中存在的光子态，得到初步能带图，这个阶段考虑了光子晶体平板平面内的周期结构光限制；第二个阶段计算光锥并和第一阶段的能带图重叠，并把光锥的区域标记为不透明区，这一阶段考虑垂直方向折射率差所产生的菲涅耳反射对光的限制，并和第一阶段的结果结合起来。这样，就得到了光子晶体平板的带结构图。第一阶段的内容和二维光子晶体的情况类似，所以这里主要介绍对光锥的处理情况。对于宏观背景来说，光锥就是所有在该背景材料中可能支持与存在的模态，通常只要计算出光锥的下边界就可以了，因为高频模态肯定包含在这个下边界之上。当背景为均值材料时，下边界可以用 k/n 表示，即波矢除以材料的折射率。当背景为周期结构时，下边界就是该二维周期结构能带图中最低的那条色散曲线。一个空气桥型的硅基二维光子晶体平板及其对应的光子能带结构图(TE 模)如图 2.33 所示，该空气桥硅基二维光子晶体平板的结构参数为：平板高度为 $h=0.7a$，空气孔填充因子为 35%，空气折射率为 1，硅折射率为 3.4，其禁带范围在 $\omega a/(2\pi c)=0.25014$ 和 $\omega a/(2\pi c)=0.33882$ 之间。

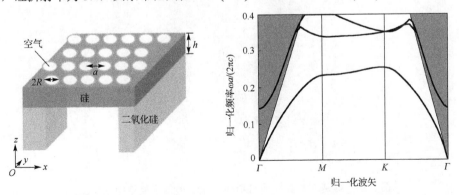

图 2.33　空气桥型硅基光子晶体平板及其对应的能带结构图

2.3.2　硅基环形光子晶体的带隙增强

　　光子带隙是光子晶体的核心与基础特性，利用光子晶体的带隙特性可以产生出多种有用的应用[8,11,13,20-28]，例如，把光控制到光子晶体的线缺陷中形成光波导，或者把光控制到光子晶体的点缺陷中形成光学微腔[23-25,28]。当光子晶体的光子带隙的带宽增加时，这些属性会更加具有意义，因此人们一直致力于增大光子晶体的带隙宽度。环形光子晶体就是把介电质柱形光子晶体和空气孔型光子晶体结合在一起，因此这种光子晶体兼有两者的优点并被首先用来实现更宽的完全带隙，即对某个特定的频率范围，对 TE 偏振态和横磁(transverse magnetic，TM)偏振态同时具有光子带隙。通过使用电子束光刻和反应离子束刻蚀[23]，空气孔型环形光子晶体已经被成功制作了出来；而通过原子层沉积和牺牲层刻蚀技术，更加一般的环形光子晶体型态也能被制作出来[29]。更重要的是，因为环形光子晶体中有两个可以同时调节的结构参数，比通常用的圆形空气孔型光子晶体结构多一个自由度，因此环形光子晶体结构能够很方便地用来调节光子带结构而获得特定的色散特性，如自准直特性和慢光特性[23,27,28]。

　　1. 结构

　　非对称绝缘体二氧化硅上硅平板是实现硅基光电集成回路最流行和最具有潜力的材料平台之一，所以我们以此为硅基环形光子晶体平板的结构基础来分析。硅基三角晶格非对称环形光子晶体平板结构原理图如图 2.34 所示，在折射率为 1.45 的二氧化硅基底上面是硅基三角晶格环形光子晶体平板。环形空气孔的外环和内环半径分别用 R 和 r 表示，空气的折射率为 1，平板的其余部分都是折射率为 3.4 的半导体硅；光子晶体的晶格常数为 a，平板的厚度为 h。为了获得良好的光限制效果和较大的光子带隙宽度，厚度 h 设为 $0.6a$。

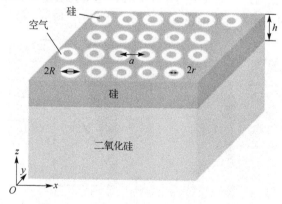

图 2.34　硅基三角晶格非对称环形光子晶体平板结构原理图

另外，为了获得高效的计算，二氧化硅包覆层和硅平板上的空气包覆层的厚度都设为 $1.5a$。这个包覆层的厚度选取是在对比了更厚的包覆层如 $2.0a$ 和 $2.5a$ 之后做出的。不同包覆层厚度的非对称环形光子晶体平板能带结构比较图如图 2.35 所示，在二氧化硅光锥以下，各种不同包覆层厚度设置计算得到的光子能带结构图近似完全一样。该能带结构图中不同包覆层厚度的光子晶体平板结构的其他参数都一样：光子晶体结构的空气体积填充因子是 20%，外环半径是 $R = 0.32a$。因此，采用 $1.5a$ 的包覆层厚度获得的结果是合理的。

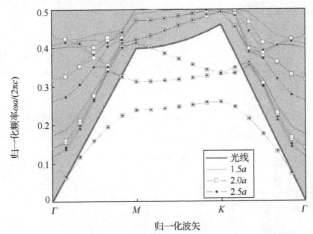

图 2.35　不同包覆层厚度的非对称环形光子晶体平板能带结构比较图

2. 能带分析

对于对称型结构的光子晶体平板，如空气桥式平板，其平板内的光模态可以划分为横电模和横磁模两种偏振态[21]。然而对于非对称光子晶体平板，由于在垂直光子晶体平面的 z 轴方向上没有镜面对称性，因此横电模和横磁模会存在混杂。但是习惯上，非对称平板光子晶体的模式仍然分为准 TE 模式和准 TM 模式[8,22]，因为当平板厚度很薄的时候，这种标记方式可以在 TE-TM 混杂很低的时候判别主要模式的状态。为了确信这种假定对于环形光子晶体非对称平板也是合适的，首先分析和研究光子能带结构和光场的分布情况。

图 2.36 为一个典型的硅基环形光子晶体非对称平板的能带结构图，该光子晶体结构的空气体积填充因子是 20%，外环半径是 $R = 0.32a$。从图中看到，对于该硅基环形光子晶体非对称平板，没有完全带隙，但对于准 TE 的偏振模式存在光子带隙。从图 2.37 可以看到，二氧化硅光锥下面的准 TE 带隙由最下面的两条准 TE 色散曲线决定。具体地，光子晶体带隙的带宽是由第一条准 TE 的能带曲线的最高点和第二条准 TE 的能带曲线的最低点确定的。在这个带隙中间另外有两条准 TM 能带曲线。因此，研究这四条能带曲线应该可以很充分地验证光子带隙的特性。

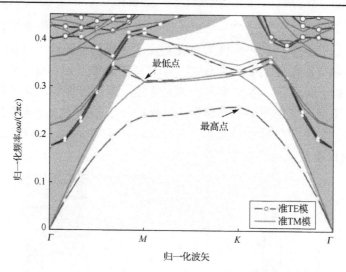

图 2.36　硅基环形光子晶体非对称平板的能带结构图

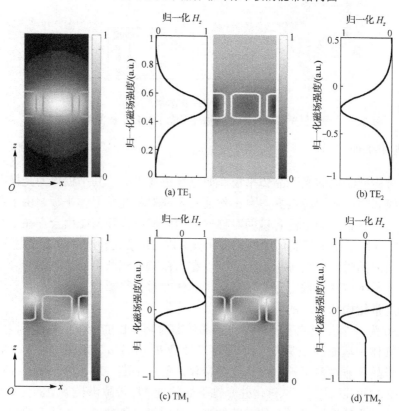

图 2.37　准横电模和准横磁模在一个单元格内的 xz 平面 H_z 场分布图

现在举一个例子说明。在二氧化硅光锥下面的区域中，如图 2.37 所示，选取第一级能带曲线准横电模和第二级能带曲线准横磁模的最高频率点(它们都位于图 2.36 中波矢 K 点的位置),第三级能带曲线准横磁模和第四级能带曲线准横电模的频率最低点(它们都位于图 2.36 中波矢 M 点的位置)。

图 2.37 显示了这四个模式的垂直光子晶体平板平面方向的磁场 H_z 的场分布情况。在每一个子图中,子图的左边部分是以环形的中心做剖面而得到的 xz 平面上的 H_z 场分布,右边部分是沿着环形孔的轴线上的归一化 H_z 幅度分布。图 2.37(a)是第一级能带的布里渊区 K 点波矢的模式分布,图 2.37(b)是第四级能带的布里渊区 M 点波矢的模式分布,图 2.37(c)是第二级能带的布里渊区 K 点波矢的模式分布,图 2.37(d)是第三级能带的布里渊区 M 点波矢的模式分布。能带级数按照 M 点的频率高低由下到上算起。图 2.37(a)和(b)中的 H_z 场分布在 z 方向上表现完全对称的分布,说明第一级能带和第四级能带基本上全是偶模,即 TE-like 模式;相对应地,图 2.37(c)和(d)表现出奇 H_z 分布,说明第二级能带和第三级能带主要是准 TM 模式。因此,我们可以认为在该结构中,TE-TM 混杂比较轻微,可以基本忽略。我们也检查了具有其他结构参数和布里渊区内其他波矢位置的模式的场分布情况,和前述状态均表现一致的特性。

3. 性能分析

在确信了 TE 和 TM 模式的划分对于非对称环形光子晶体平板结构也是适用的之后,我们研究了环形光子晶体的光子带隙随着结构参数变化而改变的规律情况。图 2.38 所示为归一化硅基环形光子晶体带隙随环形孔外圆半径 R 的变化图,显示了对于空气填充比在 15%~40%范围内以 5%为增量变化的一系列硅基环形光子晶体非对称平板,其光子带隙归一化带宽(带隙宽度与带隙中间频率之比)随着环形孔的外圆半径 R 变化而改变的关系图。图 2.38 中的标记 f_{3D}、f_{2DE} 和 f_{2D} 分别代表用全三维方法计算的硅基二维环形光子晶体非对称平板的空气体积填充比,用二维有效折射率方法计算的硅基二维环形光子晶体非对称平板的空气体积填充比和用二维方法计算的硅基二维环形光子晶体的空气体积填充比。图中,每条曲线最左边的一点对应于通常圆形空气孔光子晶体(内圆半径为 0)的状态。用全三维平面波展开方法计算的空气体积填充比的最小值(15%)和最大值(40%)所得的光子带隙和用二维有效折射率法以及用二维平面波展开法获得的结果也进行了比较,如图 2.38 中所示。

可以从图 2.38 中发现,对于低空气体积填充比的情况,用二维方法计算的结果几乎和用全三维的方法得到的结果一样。这是因为光子晶体平板结构只是二维光子晶体结果的一种小微扰的结构,在这种微扰比较小的情况下,对结果影响不大。但是对于空气体积填充比较高的光子晶体情况,二维方法比三维方法的结果得到的带隙要更宽广一些。同时,当对比二维有效折射率方法的结果时,二维有效折射率获得的光子带隙总是比三维情况获得的光子带些要窄。这是因为在二维有效折射率方法中，一般是使用一个有效折射率值来等效光子晶体平板的背景折射率。而通常，这个有效折射率都会低于背景折射率，所以获得的能带曲线一般较低。等效折射率方法只能获得计算有效折射率频率附近的近似能带结构，对于大带宽的情况，其结果就不再那么准确[30]。这也是为什么要在这里使用全三维方法研究硅基环形光子晶体非对称平板的原因，同时这也解释了图 2.38 中出现的主要现象。也就是说，二维方法可以便捷地定性研究光子晶体，便于人们理解光子晶体的特性；与之相对应，对于光子晶体带隙的定量分析，三维方法是必须的。

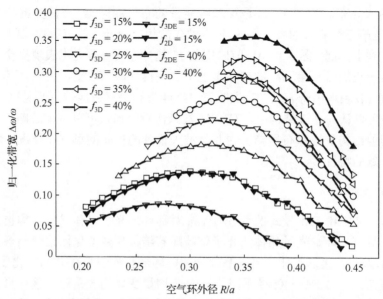

图 2.38　归一化硅基环形光子晶体带隙随着环形孔外圆半径 R 变化图(a 为晶格常数)

对于某一特定的空气体积填充比，归一化硅基环形光子晶体带隙随着环形孔外圆半径 R 变化曲线展现出单峰曲线，这表明通过在大范围内调节环形光子晶体的参数，光子晶体在光子带隙附近的能带结构没有随着 R 的变化而存在性质上的改变，并且能够找到光子带隙的最大值。这就是说，对于某一特定空气体积填充比，采用环形空气孔光子晶体能够提高常规圆形空气孔光子晶体的光子带隙。如图 2.39 所示，同曲线最左边的点所代表的常规圆形空气孔光子晶体相比，虽然对于高空气体积填充比40%的情况，环形空气孔光子晶体只有1%的带宽增加，但是值得注意的是，对于低空气体积填充比15%的情况，常规硅基圆形空气孔光子晶体平板能够获得7.8%的光子带隙宽度，与之相比，优化的硅基环形空气孔光子晶体平板能够提高光子带隙宽度到14.0%，调高了接近一倍。因此，环形光子晶体对于既要求要有大的光子带隙，又要求有低的空气体积填充比的应用如光学微腔等特别有用。对于常规硅基圆形光子晶体，如果空气体积填充比较大的话，光子晶体平板垂直方向的光限制就会变得较弱，这样就会限制光学微腔最大可能获得的品质因子 Q 值。因此，通常在最大光子带隙和最小空气体积填充比之间要互相权衡[31]。在这种情况下，环形光子晶体的特性就表现出了非凡的意义。它能在维持低空气体积填充比的情况下增强光子带隙的宽度；或者也可以这样说，环形光子晶体平板在提供常规圆形空气孔光子晶体同样宽度带隙的同时能够保持更低的空气体积填充比。

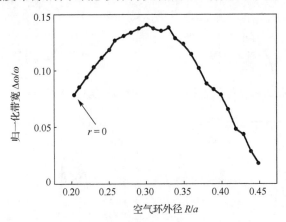

图 2.39　空气体积填充比为 15%时硅基环形光子晶体平板归一化带隙随着外圆半径 R 变化图
（a 为晶格常数）

2.3.3　光子晶体掺杂

与对半导体材料掺杂类似，也可以在光子晶体中加入"受主"和"施主"杂质（点缺陷）来改变光子晶体的光学特性。施主杂质相当于在一个特定的点增加折射率，而受主杂质则对应于在某个点减少折射率。这也相当于在某个特定点添加或者去除一定量的介质材料。前人的研究已经表明：低频模主要集中在高折射率区域，因此带隙下方的能带被称为介质带，而高频模则主要集中在低折射率区域，所以带隙上方的能带被称为空气带。

当添加介质材料到光子晶体中的某个单元时，也就相当于施主杂质被掺到了半导体晶体中去。这种施主模将会表现在光子晶体空气带的底部。同样地，当从光子晶体中的某个单元去除介质材料时，也就相当于受主杂质被添加到了半导体晶体中去。这时候形成的受主模将会表现在光子晶体介质带的顶部。光子晶体掺杂和半导体掺杂结果的对应关系可以由图 2.40 来表达。一般来说，受主模允许单个模式在腔里面形成谐振，它们是用来形成单模激光纳米腔的优先选择。通过在光子晶体中添加或去除一定量的介质材料，可以打破光子晶体晶格的对称性，从而允许单个或者多个分离的能级在带隙中存在。图 2.41 展示了掺杂和未掺杂光子晶体的透射谱对比。很明显，这种方法可以用来在光子晶体中形成高 Q 值的纳米腔。

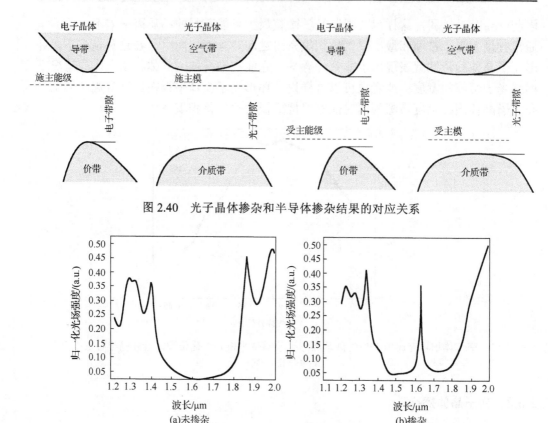

图 2.40　光子晶体掺杂和半导体掺杂结果的对应关系

图 2.41　掺杂和未掺杂光子晶体的透射谱对比

2.3.4　小结

　　光子带隙是光子晶体最重要的特性。本节在简要介绍了光子带隙产生的机理之后，重点阐述了在硅基光子晶体带隙方面的研究方向与成果，提出了利用硅基环形光子晶体平板来增强常规硅基圆形光子晶体平板带隙的方法。采用全三维平面波展开法，分析了硅基有限高非对称环形光子晶体平板的光子带结构特性。发现在硅基环形光子晶体中，当选取合适的参数时，与具有同等空气填充比的常规圆形空气孔光子晶体相比，能够很大程度上增强光子带隙带宽。对于低空气体积填充比 15% 的情况，常规硅基圆形空气孔光子晶体平板能够获得 7.8% 的光子带隙宽度，与之相比，优化的硅基环形空气孔光子晶体平板能够提高光子带隙宽度到 14.0%，调高了接近一倍。环形光子晶体的这种特性对于宽带波导、反射镜、传感器、光学微腔等就表现出了非凡的意义。

2.4　硅中光子与载流子的相互作用

半导体受热或光的影响，可以使能量在电、光、声等形式间进行转换。从微观的角度看，这种能量转换是光子通过载流子(电子、空穴)在能级之间的跃迁来进行的。其间，可以有也可以没有声或其他的中间过程。在宏观上，光子与载流子之间的能量交换则可以用光子的吸收和发射，材料的导电性及折射率的改变来描述。本节将着重介绍光子与载流子之间的相互作用及其对半导体材料及器件性能的影响。

如图 2.42 所示，在半导体中，光子与载流子之间的相互作用可以有如下几种重要的机制。

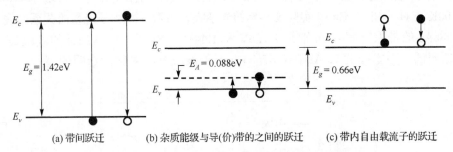

(a) 带间跃迁　　　(b) 杂质能级与导(价)带的之间的跃迁　　　(c) 带内自由载流子的跃迁

图 2.42　半导体中光子与载流子之间的相互作用

(1) 带间跃迁

一个被吸收的光子可以导致在价带中的电子向上跃迁到导带，从而形成一个电子空穴对(图 2.42(a))。电子和空穴的重新复合可以导致发射一个光子。带间跃迁可能由一个或者多个声子辅助。一个声子是晶格振动的量子，这种晶格振动来自物体里原子的热振动。

(2) 杂质能级与导(价)带的之间的跃迁

一个被吸收的光子可以导致在施主(或受主)能级与导带(价带)之间的跃迁。如在一个 p 型材料中，一个低能量的光子可以把电子从导带提到受主能级，在那里电子被受主原子俘获(图 2.42(b))。导带中产生一个空穴而受主原子被电离，或者一个空穴可能被一个电离的受主原子俘获，结果就是电子从受主能级退回导带从而与空穴重新复合。这个过程产生的能量可以以辐射的形式发射(以发射光子的形式)，也可以以无辐射的方式(声子参与的过程)。而跃迁也可以由陷阱态或者缺陷来辅助完成，如图 2.18 所示。

(3) 带内自由载流子的跃迁

一个被吸收的光子可以把它的能量传递给给定的某带中的电子，导致电子在该带中跃迁到更高能量的位置。比如一个导带中的电子可以吸收一个光子以后跃迁到该导带中更高的能级(图 2.42(c))。接下来则会发生"热化"过程,即电子把能量发射出来并退回到导带底,这部分能量转化为晶格振动能。

(4)声子跃迁

长波光子可以通过直接激发晶格振动的方式来释放它的能量,即通过产生声子的方式。

(5)激子跃迁

吸收一个光子可以导致一个相隔一定距离的电子空穴对,它们之间通过库仑相互作用束缚在一起。这种独立存在的状态,很像一个氢原子中质子换成空穴的情形,就叫作激子。当电子和空穴复合时,就会发射一个光子,这就是激子猝灭。

以上这些跃迁都会对半导体材料的总吸收系数产生影响。图 2.43 展示了在 $T=300K$ 下对于 Si 和 GaAs 实验观察到的光学吸收系数 α 与光子能量的关系曲线[1]。Si 和 GaAs 的带隙宽度 E_g 分别是 1.12eV 和 1.44eV。Si 在 $1.1\sim12\mu m$ 的波段是相对比较透明的,而本征的 GaAs 在 $0.87\sim12\mu m$ 的波段是相对比较透明的。

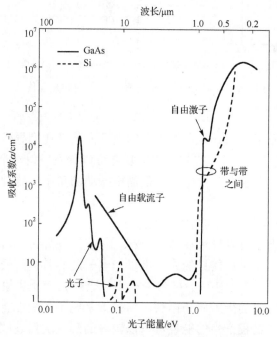

图 2.43　在 $T=300K$ 下对于 Si 和 GaAs 实验观察到的光学吸收系数 α 与光子能量的关系曲线

一般来说,对于能量大于带隙的光子,吸收主要由带间跃迁主导,这是大多数光电子器件的基础。从材料为相对透明的波段($h\nu<E_g$)变化到强吸收波段($h\nu>E_g$)的区域被称为吸收边。直接带隙半导体相对间接带隙半导体有一个更为陡峭的吸收边。下面分三个小节着重介绍载流子跃迁与光子吸收和发射之间的关系。

2.4.1　带间吸收和发射

在忽略其他跃迁形式的情况下，下面介绍有关光子的直接带间吸收和发射的简单理论。

1. 带隙波长

直接带间吸收或发射只发生在光子的频率满足 $hv > E_g$ 的情况下。其中最小的频率 v 为 $v_g = E_g / h$，因此相应的最大的波长为 $\lambda_g = c_0 / v_g = hc_0 / E_g$。如果带隙对应的能量以 eV 为单位（而不是 J），则以 μm 为单位的带隙波长 $\lambda_g = hc_0 / eE_g$ 可以表示成

$$\lambda_g = \frac{1.24}{E_g} \tag{2-51}$$

其中，λ_g 被称为带隙波长（或者截止波长）。带隙波长 λ_g 可以通过调整由三五族元素组成的三元或四元化合物半导体的组分而在相当大的范围内调节（从红外到可见波段），如图 2.44 所示为多元化合物半导体带隙能量 E_q 以及相对应的带隙波长 λ_g。

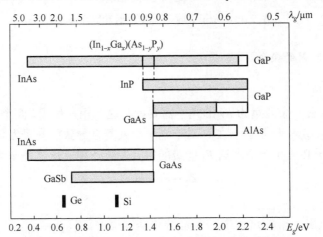

图 2.44　多元化合物半导体的带隙能量 E_g 以及相对应的带隙波长 λ_g（阴影区域表示对应组分材料是直接带隙）

2. 吸收和发射

光子吸收、自发发射和受激发射如图 2.45 所示。电子从价带激发至导带可以是因为吸收了一个具有适当能量的光子（$hv > E_g$），从而产生了电子空穴对（图 2.45(a)），这增加了载流子的浓度从而增加了材料的电导率。材料表现得像是一个附加电导和光子流成正比的光子导体。这种效应常常被用于光探测器。

电子从导带向价带的退激发（电子空穴复合）可以导致能量为 $hv > E_g$ 的光子的

自发发射，如图2.45(b)所示。如果一个能量为 $hv > E_g$ 的光子进入半导体，如图2.45(c)所示，也可以导致受激的光子发射，自发的光子发射作为一种重要现象是发光二极管工作的基础，而受激的光子发射是半导体光放大器和激光工作的基础。

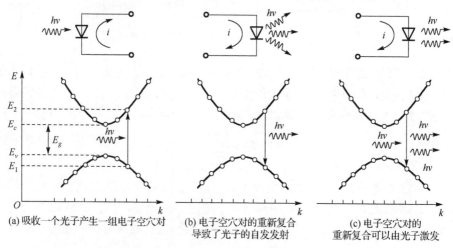

(a) 吸收一个光子产生一组电子空穴对　　(b) 电子空穴对的重新复合　　　　(c) 电子空穴对的
　　　　　　　　　　　　　　　　　导致了光子的自发发射　　　　重新复合可以由光子激发

图 2.45　光子吸收、自发发射和受激发射

3. 吸收和发射的条件

(1) 能量守恒

吸收或者发射一个能量为 hv 的光子需要参与这个相互作用，两个态的能量(价带的 E_1 和导带的 E_2)差为 hv。例如，对于电子空穴复合导致的光子发射而言，一个占据 E_2 能级的电子必须和一个占据 E_1 能级的空穴发生作用，这样能量才能守恒，即

$$E_2 - E_1 = hv \tag{2-52}$$

(2) 动量守恒

在吸收和发射光子的过程中动量也必须是守恒的，即 $p_2 - p_1 = hv/c = h/\lambda$，或者有 $k_2 - k_1 = 2\pi/\lambda$。然而，光子动量的量级 h/λ 相比电子和空穴的动量范围来说是很小的。半导体的 E-k 关系图延伸到 k 为 $2\pi/a$ 的量级，其中晶格常数 a 比波长 λ 小很多，因此 $2\pi/\lambda \ll 2\pi/a$。这样参与光子相互作用的电子和空穴的动量大体上是相同的。这个条件 $k_2 \approx k_1$ 被称为 k-选择定则。满足这个定则的跃迁用垂直的线画在 E-k 图上(图2.44)，表示 k 的变化在 E-k 图的尺度上是可以忽略的。

(3) 与光子相互作用的电子和空穴的动量及能量

从图2.45可以明显地看出，能量和动量的守恒需要一个频率为 v 的光子去和有着特定能量及动量(由半导体的 E-k 关系决定)的电子和空穴相互作用。用式(2-21)和式(2-22)所描述的两个抛物线去近似直接带隙半导体，并记 $E_c - E_v = E_g$，则

式 (2-52)可以写成

$$E_2 - E_1 = \frac{\hbar^2 k^2}{2m_v} + E_g + \frac{\hbar^2 k^2}{2m_c} = h\nu \tag{2-53}$$

其中

$$k^2 = \frac{2m_r}{\hbar^2}(h\nu - E_g) \tag{2-54}$$

$$\frac{1}{m_r} = \frac{1}{m_v} + \frac{1}{m_c} \tag{2-55}$$

$$E_c - E_v = E_g$$

将式(2-54)代入式(2-22)，则与光子相互作用的能级 E_1 和 E_2 可写为

$$E_2 = E_c + \frac{m_r}{m_c}(h\nu - E_g) \tag{2-56}$$

$$E_1 = E_v - \frac{m_r}{m_v}(h\nu - E_g) = E_2 - h\nu \tag{2-57}$$

在特殊情况下，如果 $m_c = m_v$，得到 $E_2 = E_c + \frac{1}{2}(h\nu - E_g)$，这也是对称性要求的结果。

(4)光学关联态密度

它是在直接带隙半导体中，一个能量为 $h\nu$ 的光子在能量动量守恒的条件下参与有关作用的态密度 $\rho(\nu)$。这个数值包括导带和价带的态密度，因此被称为光学关联态密度。在式(2-56)中 E_2 和 ν 的一一对应关系很容易通过关系式 $\rho(\nu) = \left(\dfrac{\mathrm{d}E_2}{\mathrm{d}\nu}\right)\rho_c(E_2)$ 将 $\rho(\nu)$ 同导带中的态密度 $\rho_c(E_2)$ 联系起来，即

$$\rho(\nu) = \frac{hm_r}{m_c}\rho_c(E_2) \tag{2-58}$$

利用式(2-24)和式(2-56)，最终得到的单位体积单位频率态密度(光学关联态密度)为

$$\rho(\nu) = \frac{(2m_r)^{3/2}}{\pi\hbar^2}(h\nu - E_g)^{1/2}, \quad h\nu \geqslant E_g \tag{2-59}$$

如图 2.46 所示，态密度随着 $h\nu - E_g$ 的增加以平方根的关系而增加。利用式(2-57)中 E_1 和 ν 的一一对应关系，以及式(2-25)所表达的 $\rho_v(E_1)$，同样可以得到和式(2-59)同样的 $\rho(\nu)$ 表达式。

(5)间接带隙半导体中不太可能发生光子发射

电子和空穴的辐射复合在一个间接带隙半导体中不太可能发生。这是因为从导

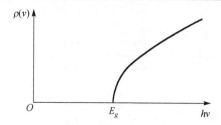

图 2.46　具有能量为 hv 的光子与态密度的关系

带底附近到价带顶附近(导带底和价带顶分别是电子和空穴最可能存在的地方)的跃迁需要一个动量的交换，这个动量不能够由发射出去的光子提供。然而动量可以通过多声子的参与而守恒。如图 2.47 所示，声子可以携带相对较大的动量，然而在一般典型情况下只能携带很小的能量($\approx 0.01 \sim 0.1eV$，见图 2.43)，因此声子的跃迁基本上是横向的。其净结果就是动量守恒了，但是违反了 k-选择定则。因为声子辅助的发射包含了三体参与的相互作用(电子、光子、声子)，所以该作用发生的概率十分小。这样，作为间接带隙半导体的 Si 的辐射复合比作为直接带隙半导体的 GaAs 要少。因此，Si 不是高效的发光器，而 GaAs 却是。

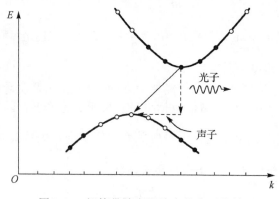

图 2.47　间接带隙半导体中的光子发射

(6)间接带隙半导体中的光子吸收是可能的

尽管在间接带隙半导体中光子吸收也需要能量和动量的守恒，但这容易通过两步过程来实现。间接带隙半导体中的光子吸收如图 2.48 所示。电子首先通过一个垂直的跃迁被激发到导带中的一个高能量的能级。然后，电子通过一个叫作热化的过程迅速退激发到导带底。在这个过程中，电子的动量被传递给了声子。吸收光子产生的空穴有着相似的行为。由于这个过程是连续发生的，它不需要三种粒子同时参与相互作用，因此是可能发生的。所以 Si 可以是一个高效的光探测器，就像 GaAs 一样。

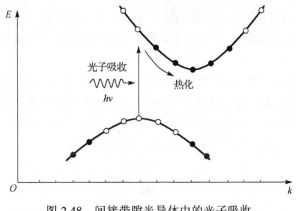

图 2.48 间接带隙半导体中的光子吸收

2.4.2 吸收和发射速率

本小节将确定在直接带隙跃迁过程中一个能量为 hv 的光子被半导体材料所发射或者吸收的概率密度。用以描述能量动量守恒的表达式 (2-56)、(2-57) 和 (2-54) 决定了与光子发生相互作用的电子和空穴的能量 E_1、E_2 及动量 $\hbar k$。

由三个因素决定了这个概率密度：占据概率、跃迁概率和态密度。

1. 占据概率

通过在不连续的能级 E_1 和 E_2 间的跃迁从而实现光子发射和吸收的占据条件如下：

①发射条件：一个导带的能量状态被（一个电子）占据，而一个价带的能量状态是空着的（即被空穴占据）。

②吸收条件：一个导带的能量状态是空着的并且一个价带的能量状态被占据。

这些占据条件在各种 E_1 和 E_2 取值下被满足的概率是由适当的费米函数 $f_c(E)$ 和 $f_v(E)$ 决定的。这些函数对应于半导体的导带和价带中的准平衡过程。因此，对一个能量为 hv 的光子，发射条件被满足的概率 $f_e(v)$ 是上能级被占据同时下能级空着的两个独立事件的概率，即

$$f_e(v) = f_c(E_2)[1 - f_v(E_1)] \tag{2-60}$$

其中，E_1 和 E_2 通过式 (2-56) 和式 (2-57) 和 v 相关联。类似地，吸收条件被满足的概率 $f_a(v)$ 为

$$f_a(v) = [1 - f_c(E_2)]f_v(E_1) \tag{2-61}$$

2. 跃迁概率

满足发射/吸收占据条件并不能保证发射/吸收能真正发生。这些过程也被光子

和原子系统相互作用的概率法则所支配。当它们和半导体相关时,这些法则一般涉及发射光子到 $v \sim v + \mathrm{d}v$ 之间的一个狭窄频带(或者从该狭窄频带中吸收光子),如下所述。

一次在两个不连续的能级 E_1 和 E_2 之间的辐射跃迁可以由跃迁横截面 $\sigma(v) = (\lambda^2 / 8\pi t_{sp}) g(v)$ 来描述,其中 v 是频率,t_{sp} 是自发的寿命,而 $g(v)$ 是谱线形状函数,具有单位面积,线宽为 Δv,以跃迁频率 $v_0 = (E_2 - E_1) / h$ 为中心。在半导体中,电子空穴辐射复合寿命 t_r 扮演了 t_{sp} 的角色,从而有

$$\sigma(v) = \frac{\lambda^2}{8\pi t_r} g(v) \tag{2-62}$$

如果发射光子的占据条件被满足,(单位时间)自发辐射一个光子到 $v \sim v + \mathrm{d}v$ 之间的狭窄频带中任一可能的辐射模式的概率密度为

$$P_{sp}(v)\mathrm{d}v = \frac{1}{t_r} g(v)\mathrm{d}v \tag{2-63}$$

如果发射光子的占据条件满足并且在频率 v 处有一个平均的光子流密度 ϕ_v(单位时间单位面积单位频率的光子),则在单位时间内自发辐射一个光子到 $v \sim v + \mathrm{d}v$ 之间的狭窄频带的概率密度为

$$W_i(v)\mathrm{d}v = \phi_v \sigma(v)\mathrm{d}v = \phi_v \frac{\lambda^2}{8\pi t_r} g(v)\mathrm{d}v \tag{2-64}$$

如果吸收光子的占据条件满足并且在频率 v 处有一个平均的光子流密度 ϕ_v,则 $v \sim v + \mathrm{d}v$ 之间的狭窄频带吸收一个光子的概率密度也由式(2-64)表示。

由于每一次跃迁都会有一个不同的中心频率 v_0,而且我们要考虑许多这类跃迁,为清楚起见,把 $g(v)$ 记为 $g_{v0}(v)$ 以区分跃迁的中心波长。在半导体中,与两个能级相关,且各向均匀展宽的谱线形状函数一般都来源于电子-光子碰撞展宽。因此,它一般表现出洛仑兹线型,其展宽 $\Delta v \approx 1/\pi T_2$,其中电子空穴的碰撞时间 T_2 在皮秒(ps)量级。例如,$T_2 = 1\mathrm{ps}$,则 $\Delta v = 318\mathrm{GHz}$,相应的能量展宽为 $h\Delta v \approx 1.3\mathrm{meV}$。能级的辐射寿命展宽相对于碰撞展宽来说是可以忽略的。

3. 发射和吸收速率

在一对由 $E_2 - E_1 = hv_0$ 分离的能级之间,自发发射速率、受激发射速率,以及对于能量为 hv 的光子的吸收速率(半导体中每秒钟每赫兹每立方厘米的光子数)在频率为 v 的情况下可以由以下方法得到。以合适的跃迁概率密度 $P_{sp}(v)$ 或 $w_i(v)$(由式(2-63)或式(2-64)给出)乘以合适的占据概率 $f_e(v_0)$ 或 $f_a(v_0)$(由式(2-60)或式(2-61)给出),再乘以与光子相互作用的态密度 $\rho(v_0)$(由式(2-59)给出)。因此,对于所有允许的频率 v_0,其总的跃迁概率可以通过对 v_0 积分而得到。

例如对于频率为 v 的自发发射速率，可以由下式给出，即

$$r_{sp}(v) = \iint \left[(1/\tau_r) g_{v_0}(v) \right] f_e(v_0) \rho(v_0) \mathrm{d}v_0$$

通常情况下，当碰撞展宽 Δv 实际上比函数 $f_e(v_0)\rho(v_0)$ 的宽度小时，$g_{v_0}(v)$ 可以近似地用 $\delta(v - v_0)$ 表示，于是自发发射速率被简化为

$$r_{sp}(v) = (1/\tau_r)\rho(v)f_e(v) \tag{2-65}$$

受激发射速率和吸收速率可以由同样的方法得到，因此有

$$r_{st}(v) = \phi_v \frac{\lambda^2}{8\pi\tau_r} \rho(v) f_e(v) \tag{2-66}$$

$$r_{ab}(v) = \phi_v \frac{\lambda^2}{8\pi\tau_r} \rho(v) f_a(v) \tag{2-67}$$

这些公式加上式 (2-59)、式 (2-60)、式 (2-61)，使得来自带间跃迁的自发发射、受激发射和吸收速率(单位时间单位赫兹单位立方厘米的光子数)可以通过平均光子流密度 Φ_v(单位时间内单位面积上单位频率，单位 $\mathrm{s}^{-1} \cdot \mathrm{cm}^{-2} \cdot \mathrm{Hz}^{-1}$) 来计算。而乘积 $\rho(v)f_e(v)$ 和 $\rho(v)f_a(v)$ 分别类似于上下两个能级的谱线形状函数和原子数密度的乘积，即 $g(v)N_2$ 和 $g(v)N_1$。

占据概率 $f_e(v)$ 和 $f_a(v)$ 的确定需要知道准费米能级 E_f^c 和 E_f^v，正是通过控制这两个参数(比如利用给 p-n 结加电压的手段)来控制修改发射和吸收的速率，从而制成具有不同功能的半导体光电子器件。式 (2-65) 描述了 LED 的工作原理，式 (2-66) 适用于半导体光放大器和注入激光器，式 (2-67) 适用于基于光子吸收工作的半导体光探测器。

4. 热平衡下的自发辐射谱密度

处于热平衡下的半导体只有一个费米函数，因此式 (2-60) 变成 $f_e(v) = f(E_2)[1 - f(E_1)]$。如果费米能级处于禁带之中，远离带边至少几个 $k_B T$，则可以用指数函数来近似描述费米函数，即

$$f(E_2) \approx \exp[-(E_2 - E_f)/k_B T]$$

$$1 - f(E_2) \approx \exp[-(E_f - E_1)/k_B T]$$

而 $f_e(v) \approx \exp[-(E_2 - E_1)/k_B T]$，即

$$f_e(v) \approx \exp(-hv/k_B T) \tag{2-68}$$

把式 (2-65) 中的 $\rho(v)$ 用式 (2-59) 代入，$f_e(v)$ 用式 (2-68) 代入，则可得

$$r_{sp}(v) \approx D_0 (hv - E_g)^{1/2} \exp\left(-\frac{hv - E_g}{k_B T} \right), \quad hv \geqslant E_g \tag{2-69}$$

其中

$$D_0 = \frac{(2m_r)^{3/2}}{\pi\hbar^2\tau_r}\exp\left(-\frac{E_g}{k_B T}\right)$$ (2-70)

这是一个与温度有指数关系的参量。

图 2.49 中描绘了处于热平衡半导体中直接带间自发发射速率与 $h\nu$ 的关系曲线,谱线宽度为 $2k_B T/h$ 且有一个较低的截止频率 $\nu = E_g/h$。有两个因素影响这一关系:从态密度角度来考虑的按 $h\nu - E_g$ 幂次增加的关系,从费米函数角度来考虑的按 $h\nu - E_g$ 负指数衰减的关系。

自发发射速率可以通过增加 $f_e(\nu)$ 来增加。如式 (2-60) 所述,通过使材料偏离热平衡,可以增大 $f_c(E_2)$ 且减小 $f_v(E_1)$。这样可以确保材料中具有足够的电子和空穴,而这些也正是使得 LED 正常工作所需要的。

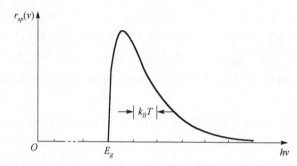

图 2.49　处于热平衡的半导体中直接带间自发发射速率与 $h\nu$ 的关系曲线

5. 准平衡下的增益系数

受激发射速率式 (2-66) 和吸收速率式 (2-67) 的净增益系数 $\gamma_0(\nu)$ 可以由如下方法确定。选取一个单位面积的圆柱和长度增量 $\mathrm{d}z$,假设平均光子流的谱密度是随 z 轴变化的函数。如果 $\phi_\nu(z)$ 和 $\phi_\nu(z) + \mathrm{d}\phi_\nu(z)$ 分别是进入和离开圆柱的平均光子流谱密度,$\mathrm{d}\phi_\nu(z)$ 必为从圆柱发射出来的平均光子流密度谱密度。单位时间单位频率单位面积上增加的光子数是单位时间单位频率单位体积的光子数增益 $\gamma_{st}(\nu) - \gamma_{ab}(\nu)$ 乘以圆柱体的厚度 $\mathrm{d}z$,即

$$\mathrm{d}\phi_\nu(z) = \left[\gamma_{st}(\nu) - \gamma_{ab}(\nu)\right]\mathrm{d}z$$

利用式 (2-66) 和式 (2-67) 可得

$$\frac{\mathrm{d}\phi_\nu(z)}{\mathrm{d}z} = \frac{\lambda^2}{8\pi\tau_r}\rho(\nu)\left[f_e(\nu) - f_a(\nu)\right]\phi_\nu(z) = \gamma_0(\nu)\phi_\nu(z)$$ (2-71)

因此,净增益系数为

$$\gamma_0(v) = \frac{\lambda^2}{8\pi\tau_r} \rho(v) f_g(v) \tag{2-72}$$

其中，费米反转因子表示为

$$f_g(v) \equiv f_e(v) - f_a(v) = f_c(E_2) - f_v(E_1) \tag{2-73}$$

这可以从式(2-60)和式(2-61)，以及通过式(2-56)和式(2-57)描述的 E_1 及 E_2 同 v 的依赖关系看出。我们利用式(2-59)，则增益系数为

$$\gamma_0(v) = D_1(hv - E_g)^{1/2} f_g(v), \quad hv > E_g \tag{2-74a}$$

其中

$$D_1 = \frac{\sqrt{2}m_r^{3/2}\lambda^2}{h^2\tau_r} \tag{2-74b}$$

费米反转因子 $f_g(v)$ 的符号和频谱形状是由准费米能级 E_f^c 和 E_f^v 决定，它们又反过来依赖半导体中载流子的激发状态。这个因子只有在 $E_f^c - E_f^v > hv$ 时才是正的(对应一个净的粒子数反转)。当通过外界能源使半导体被激发到一个非常高的态时，这个条件才可能满足从而得到净增益。这也正是半导体光放大器和注入激光器得以运行的物理基础。

6. 热平衡下的吸收系数

处于热平衡下的半导体只有一个费米能级 $E_f = E_f^c = E_f^v$，因此有

$$f_c(E) = f_v(E) = f(E) = \frac{1}{\exp[(E - E_f)/k_BT] + 1} \tag{2-75}$$

由于反转因子 $f_g(v) = f_c(E_2) - f_v(E_1) = f(E_2) - f(E_1) < 0$，因此净增益系数 $\gamma_0(v)$ 总是负的(因为 $E_2 > E_1$ 并且 $f(E)$ 随 E 增加而单调减少)。无论 E_f 在什么位置，这都是成立的。所以，一个处于热平衡的半导体无论是本征半导体还是掺杂半导体，总是使光衰减。衰减系数(或者吸收系数) $\alpha(v) = -\gamma_0(v)$ 为

$$\alpha(v) = D_1(hv - E_g)^{1/2}[f(E_1) - f(E_2)] \tag{2-76}$$

其中，E_1 和 E_2 由式(2-57)和式(2-56)分别给出；D_1 由式(2-74b)给出。

如果 E_f 处于带隙中但距离带边至少有几个 k_BT 的距离，则 $f(E_1) \approx 1$，$f(E_2) \approx 0$，因此 $f(E_1) - f(E_2) \approx 1$。在这种情况下，直接带间跃迁对吸收系数的贡献为

$$a(v) \approx \frac{\sqrt{2}c^2 m_r^{3/2}}{\tau_r} \frac{1}{(hv)^2} (hv - E_g)^{1/2} \tag{2-77}$$

当温度上升时，$f(E_1) - f(E_2)$ 下降至小于 1 并且吸收系数也减少。图 2.50 描绘通过直接带间跃迁计算得出的 GaAs 吸收系数作为光子能量和波长的函数曲线，遵照式

(2-77) 的变化规律，其中用到了参数：$n = 3.6$，$m_c = 0.07m_0$，$m_v = 0.5m_0$，$m_0 = 9.1 \times 10^{-31} \text{kg}$，使得 $\tau_r = 0.4 \text{ns}$ 的掺杂浓度，$E_g = 1.42 \text{eV}$，以及使得 $[f(E_1) - f(E_2)] \approx 1$ 的温度。与图 2.43 的实验结果相比较，后者包含了所有的吸收机制。

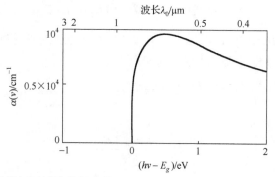

图 2.50　通过直接带间跃迁计算得出的 GaAs 吸收系数作为光子能量和波长的函数曲线

2.4.3　折射率

在光学和光子学中，折射率是研究最多的参数之一。可以说，任何光学现象及对它们的控制，都或多或少与折射率的变化有关。因此，控制半导体的折射率对光电子器件的设计是非常重要的。半导体材料是色散材料，因此折射率依赖波长。实际上，折射率和吸收系数 $\alpha(\nu)$ 的依赖关系就像极化率的实部及虚部必须满足 Kramers-Kronig 关系一样。更为重要的是，折射率同样也依赖温度和掺杂情况。图 2.51 显示了高纯度 p 型掺杂和 n 型掺杂的 GaAs 在 300K 下的折射率作为光子能量(波长)的函数图。在高纯样品的曲线中，带隙波长处的峰值是与自由激子相关联的[32]。

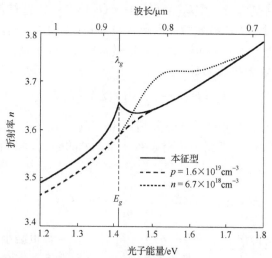

图 2.51　高纯度 p 型掺杂和 n 型掺杂的 GaAs 在 300K 下的折射率作为光子能量(波长)的函数图

半导体材料折射率随掺杂浓度的变化使得人们能够利用微电子的制作手段及方法方便地制作出以半导体材料为平台的光学/光电子器件及系统。硅基光电子学的核心任务之一就是研究如何利用硅或与硅工艺兼容的其他材料，开发以光子和/或电子为载体的微纳量级信息功能器件，并将它们在同一硅衬底上通过 CMOS 工艺进行大规模集成，形成一个完整的具有综合功能的新型芯片单元。显然，理解和应用 CMOS 工艺，并利用它来有选择性地调控硅材料的折射率是硅基光电子学的重要基础之一。

作为比较，表 2.4 给出了当光子波长与带隙波长相当时部分半导体材料在室温下的折射率。

表 2.4　当光子波长与带隙波长相当时部分半导体材料在室温下的折射率

材料		折射率
半导体元素	Ge	4.0
	Si	3.5
III-V族二元半导体	AlP	3.0
	AlAs	3.2
	AlSb	3.8
	GaP	3.3
	GaAs	3.6
	GaSb	4.0
	InP	3.5
	InAs	3.8
	InSb	4.2

2.5　本　章　小　结

纵观半导体科学的发展历史，已经陆续衍生出了电子芯片/集成电路、光子芯片、光电子芯片等在信息社会发展过程中起到了决定性作用的核心技术。而目前的发展趋势就是将已有的在不同半导体材料平台上开发出来的核心技术有机地异质集成到硅衬底上，并由此凝练出"硅基光电子学"。通俗地说，就是为了应对现代信息社会中人们对数据流量需求的不断增长，而电子芯片功能受限的情况下，将光子、光电子技术加入到目前的硅基集成电路中间去，形成一个既快速又便宜的新型大规模光电集成芯片。

由此可见，本章所提供的光子光学、半导体能带、光子晶体带隙、光子与载流子的相互作用等基本理论形成了硅基光电子学的必要基础，也为了解和掌握后续各章所述的器件和应用铺平了道路。

参 考 文 献

[1] Saleh B E A, Teich M C. Fundamentals of Photonics. New York: Wiley,1991

[2] Yablonovitch E. Inhibited spontaneous emission in solid-state physics and electronics. Physical Review Letters, 1987, 58(20): 2059-2062.

[3] John S. Strong localization of photons in certain disordered dielectric superlattices. Physical Review Letters, 1987, 58(23): 2486-2489.

[4] Rowson S, Chelnokov A, Lourtioz J M. Two-dimensional photonic crystals in macroporous silicon: From mid-infrared (10μm) to telecommunication wavelengths (1.3-1.5μm). Journal of Lightwave Technology, 1999, 17(11): 1989-1995.

[5] Netti M C, Charlton M D B, Parker G J, et al. Visible photonic band gap engineering in silicon nitride waveguides. Applied Physics Letters, 2000, 76(8): 991-993.

[6] Birner A, Wehrspohn R B, Gosele U M, et al. Silicon-based photonic crystals. Advanced Materials, 2001, 13(6): 377-388.

[7] Chow E, Lin S Y, Johnson S G, et al. Three-dimensional control of light in a two-dimensional photonic crystal slab. Nature, 2000, 407(6807): 983-986.

[8] Qiu M. Band gap effects in asymmetric photonic crystal slabs. Physical Review B, 2002, 66(3): 033103.

[9] Johnson S G, Fan S H, Villeneuve P R, et al. Guided modes in photonic crystal slabs. Physical Review B, 1999, 60(8): 5751-5758.

[10] Rinne S A, Garcia-Santamaria F, Braun P V. Embedded cavities and waveguides in three-dimensional silicon photonic crystals. Nature Photonics, 2008, 2(1): 52-56.

[11] Kurt H, Citrin D S. Annular photonic crystals. Optics Express, 2005, 13(25): 10316-10326.

[12] Wen F, David S, Checoury X, et al. Two-dimensional photonic crystals with large complete photonic band gaps in both TE and TM polarizations. Optics Express, 2008, 16(16): 12278-12289.

[13] Shi P, Huang K, Kang X L, et al. Creation of large band gap with anisotropic annular photonic crystal slab structure. Optics Express, 2010, 18(5): 5221-5228.

[14] Marsal L F, Trifonov T, Rodriguez A, et al. Larger absolute photonic band gap in two-dimensional air-silicon structures. Physica E: Low-Dimensional Systems and Nanostructures, 2003, 16(3-4): 580-585.

[15] Poborchii V, Tada T, Kanayama T, et al. Silver-coated silicon pillar photonic crystals: Enhancement of a photonic band gap. Applied Physics Letters, 2003, 82(4): 508-510.

[16] Toader O, John S. Photonic band gap enhancement in frequency-dependent dielectrics. Physical

Review E, 2004, 70(4): 046605.

[17] Fu H K, Chen Y F, Chern R L, et al. Connected hexagonal photonic crystals with largest full band gap. Optics Express, 2005, 13(20): 7854-7860.

[18] Abrarov S M, Abrarov R M. Broadening of band-gap in photonic crystals with optically saturated media. Optics Communications, 2008, 281(11): 3131-3136.

[19] Estevez J O, Arriaga J, Blas A M, et al. Enlargement of omnidirectional photonic bandgap in porous silicon dielectric mirrors with a Gaussian profile refractive index. Applied Physics Letters, 2009, 94(6): 061914.

[20] Meade R D, Rappe A M, Brommer K D, et al. Nature of the photonic band-gap: Some insights from a field analysis. Journal of the Optical Society of America B: Optical Physics, 1993, 10(2): 328-332.

[21] Akahane Y, Asano T, Song B S, et al. Fine-tuned high-Q photonic-crystal nanocavity. Optics Express, 2005, 13(4): 1202-1214.

[22] Kurt H, Hao R, Chen Y, et al. Design of annular photonic crystal slabs. Optics Letters, 2008, 33(14): 1614-1616.

[23] Saynatjoki A, Mulot M, Vynck K, et al. Properties, applications and fabrication of photonic crystals with ring-shaped holes in silicon-on-insulator. Photonics and Nanostructures-Fundamentals and Applications, 2008, 6(1): 42-46.

[24] Cicek A, Ulug B. Polarization-independent waveguiding with annular photonic crystals. Optics Express, 2009, 17(20): 18381-18386.

[25] Jagerska J, Thomas N L, Zabelin V, et al. Experimental observation of slow mode dispersion in photonic crystal coupled-cavity waveguides. Optics Letters, 2009, 34(3): 359-361.

[26] Chang K P, Yang S L, Shen L F, et al. Photonic band gaps of polygonal and circular dielectric rods in square lattices. Journal of Applied Physics, 2008, 104(11): 113109.

[27] Hou J, Gao D S, Wu H M, et al. Polarization insensitive self-collimation waveguide in square lattice annular photonic crystals. Optics Communications, 2009, 282(15): 3172-3176.

[28] Mulot M, Saynatjoki A, Arpiainen S, et al. Slow light propagation in photonic crystal waveguides with ring-shaped holes. Journal of Optics A: Pure and Applied Optics, 2007, 9(9): 415-418.

[29] Feng J B, Chen Y, Blair J, et al. Fabrication of annular photonic crystals by atomic layer deposition and sacrificial etching. Journal of Vacuum Science & Technology B, 2009, 27(2): 568-572.

[30] Qiu M. Effective index method for heterostructure-slab-waveguide-based two-dimensional photonic crystals. Applied Physics Letters, 2002, 81(7): 1163-1165.

[31] Srinivasan K, Painter O. Momentum space design of high-Q photonic crystal optical cavities. Optics Express, 2002, 10(15): 670-684.

[32] Casey H C J, Panish M B. Heterostructure Lasers A: Fundamental Principles. New York: Academic Press, 1978.

第3章　硅基光波导

3.1　电磁理论基础

19 世纪 60 年代，英国物理学家麦克斯韦在前人工作的基础上，尤其是在法拉第、高斯等对电磁现象进行的深入研究的基础上，加上他本人的假设，提出了完整描述宏观电磁现象的一套基本方程，这就是麦克斯韦方程组[1-3]。根据这组基本方程，麦克斯韦预言了电磁波的存在，并指出光波就是波长极短的电磁波，从而圆满解决了光波的本质这一悬而未决的问题，翻开了光的经典电磁理论这一物理学史上的新篇章。迄今为止，麦克斯韦的经典电磁理论仍然是分析光的传输问题的理论基础。本章将从麦克斯韦方程组出发推出光波传播的一系列基本规律[4-7]。

3.1.1　电磁场基本方程

1. 麦克斯韦方程组

宏观电磁现象可以用电场矢量 $\boldsymbol{E}$、电位移矢量 $\boldsymbol{D}$、磁场强度矢量 $\boldsymbol{H}$、磁感应强度矢量 $\boldsymbol{B}$ 等四个矢量描述，它们都是空间位置和时间的函数。这四个场矢量的关系由麦克斯韦方程描述，即

$$\begin{cases} \nabla \times \boldsymbol{H} = \boldsymbol{J} + \dfrac{\partial \boldsymbol{D}}{\partial t} \\[2mm] \nabla \times \boldsymbol{E} = -\dfrac{\partial \boldsymbol{B}}{\partial t} \\[2mm] \nabla \cdot \boldsymbol{B} = 0 \\[2mm] \nabla \cdot \boldsymbol{D} = \rho \end{cases} \tag{3-1}$$

其中，$\boldsymbol{J}$ 是媒质的传导电流密度；ρ 是自由电荷密度。式(3-1)中的四个方程式不是独立的，如果认为电流连续性方程，即

$$\nabla \cdot \boldsymbol{J} + \frac{\partial \rho}{\partial t} = 0 \tag{3-2}$$

是独立方程，则式(3-1)中后两个方程可以由前两个方程推出。为了从式(3-1)中完全确定电磁场量，尚需给出 $\boldsymbol{D}$、$\boldsymbol{B}$ 与 $\boldsymbol{E}$、$\boldsymbol{H}$ 之间的关系，这一组关系式称为本构关系或物质特性方程，即

$$\begin{cases} \boldsymbol{J} = \sigma \boldsymbol{E} \\ \boldsymbol{D} = \varepsilon_0 \boldsymbol{E} + \boldsymbol{P} \\ \boldsymbol{B} = \mu_0 (\boldsymbol{H} + \boldsymbol{M}) \end{cases} \tag{3-3}$$

其中，$\boldsymbol{P}$ 称为媒质的极化强度矢量；$\boldsymbol{M}$ 称为磁化强度矢量；σ 是媒质的电导率，对良好的介质可以认为近似为零；ε_0、μ_0 分别为真空的介电常数和磁导率。对于非磁性介质，$\boldsymbol{M} = 0$，从而有

$$\boldsymbol{B} = \mu_0 \boldsymbol{H}$$

电极化强度 $\boldsymbol{P}$ 可写为

$$\boldsymbol{P} = \varepsilon_0 \boldsymbol{\chi}^{(1)} \cdot \boldsymbol{E} + \varepsilon_0 \boldsymbol{\chi}^{(2)} : \boldsymbol{EE} + \varepsilon_0 \boldsymbol{\chi}^{(3)} \vdots \boldsymbol{EEE} + \cdots \tag{3-4}$$

其中，$\boldsymbol{\chi}^{(i)}$ 是 $i+1$ 阶张量。如果除去 $\boldsymbol{\chi}^{(1)}$ 以外所有的 $\boldsymbol{\chi}^{(i)}$ 的元都为零，则媒质是线性媒质，否则媒质是非线性的。对于各向同性的线性媒质，有

$$\boldsymbol{\chi}^{(i)} = \begin{bmatrix} \chi & 0 & 0 \\ 0 & \chi & 0 \\ 0 & 0 & \chi \end{bmatrix}$$

它可以用一个标量 χ 表示，从而可得

$$\begin{aligned} \boldsymbol{P} &= \varepsilon_0 \chi \boldsymbol{E} \\ \boldsymbol{D} &= \varepsilon_0 (1 + \chi) \boldsymbol{E} = \varepsilon_0 \varepsilon_r \boldsymbol{E}, \quad \varepsilon_r = 1 + \chi \end{aligned} \tag{3-5}$$

一般说来，所有的场量都是空间坐标和时间的任意函数，一个时域函数可以用傅里叶变换表示为

$$\begin{cases} \boldsymbol{\Psi}(x,y,z,t) = \dfrac{1}{2\pi} \int_{-\infty}^{\infty} \boldsymbol{\Psi}(x,y,z,\omega)\, \mathrm{e}^{\mathrm{i}\omega t} \mathrm{d}\omega \\ \boldsymbol{\Psi}(x,y,z,\omega) = \int_{-\infty}^{\infty} \boldsymbol{\Psi}(x,y,z,t)\, \mathrm{e}^{-\mathrm{i}\omega t} \mathrm{d}t \end{cases} \tag{3-6}$$

其中，$\boldsymbol{\Psi}(x,y,z,t)$ 可代表所有场分量的时域表达式；$\boldsymbol{\Psi}(x,y,z,\omega)$ 为其频域表达式。

在良好的介质中，电流密度和电荷密度都为零，于是频域中的麦克斯韦方程组可以写为

$$\begin{cases} \nabla \times \boldsymbol{H} = \mathrm{i}\omega\varepsilon_0\varepsilon_r \boldsymbol{E} \\ \nabla \times \boldsymbol{E} = -\mathrm{i}\omega\mu_0 \boldsymbol{H} \\ \nabla \cdot \boldsymbol{H} = 0 \\ \nabla \cdot \varepsilon_0\varepsilon_r \boldsymbol{E} = 0 \end{cases} \tag{3-7}$$

2. 电磁场边界条件

麦克斯韦方程组(3-1)描述的是电磁参数 ε、μ 为位置坐标的连续函数的媒质中

电磁场量的基本规律[8,9]。如果媒质的电磁参数发生突变，则以微分方程形式出现的麦克斯韦方程将不再适用，此时需将式(3-1)改写成它的积分形式，即

$$\oint_l \boldsymbol{H} \cdot \mathrm{d}\boldsymbol{l} = \iint_S \boldsymbol{J} \cdot \mathrm{d}\boldsymbol{S} + \iint_S \frac{\partial \boldsymbol{D}}{\partial t} \cdot \mathrm{d}\boldsymbol{S} \tag{3-8}$$

$$\oint_l \boldsymbol{E} \cdot \mathrm{d}\boldsymbol{l} = -\iint_S \frac{\partial \boldsymbol{D}}{\partial t} \cdot \mathrm{d}\boldsymbol{S} \tag{3-9}$$

$$\oiint_S \boldsymbol{B} \cdot \mathrm{d}\boldsymbol{S} = 0 \tag{3-10}$$

$$\oiint_S \boldsymbol{D} \cdot \mathrm{d}\boldsymbol{S} = \iiint_V \rho \mathrm{d}V \tag{3-11}$$

上式中的 $\boldsymbol{E}$、$\boldsymbol{H}$ 在封闭曲线 l 上的线积分，其积分路径即式(3-8)和式(3-9)右边面积分区域 S 的边界，而式(3-10)和式(3-11)左边 $\boldsymbol{B}$ 和 $\boldsymbol{D}$ 在封闭曲面上的面积分的积分区域，即右边体积分区域 V 的外表面。

除了麦克斯韦方程组，还得考虑边界条件，才能求解电磁场的分布。如图 3.1 所示，在确定电磁场边界条件的几何区域中，需要满足特定的边界性质。将式(3-10)和式(3-11)应用于如图 3.1(a) 所示的扁平区域，可得

$$\boldsymbol{n} \cdot (\boldsymbol{B}_1 - \boldsymbol{B}_2) = 0 \tag{3-12}$$

$$\boldsymbol{n} \cdot (\boldsymbol{D}_1 - \boldsymbol{D}_2) = \rho_S \tag{3-13}$$

式(3-12)说明，在两种媒质分界面的两侧磁感应强度 $\boldsymbol{B}$ 的法向分量连续，面电位移矢量 $\boldsymbol{D}$ 的法向分量的突变决定于界面上的面电荷密度 ρ_S。

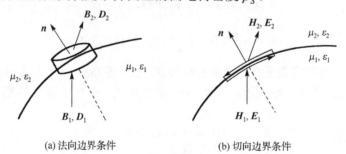

(a) 法向边界条件　　　　　　　(b) 切向边界条件

图 3.1　确定电磁场边界条件的几何区域

如果将式(3-8)和式(3-9)应用于图 3.1(b) 所示的窄条形路径，可得

$$\boldsymbol{n} \times (\boldsymbol{H}_1 - \boldsymbol{H}_2) = \boldsymbol{J}_S \tag{3-14}$$

$$\boldsymbol{n} \times (\boldsymbol{E}_1 - \boldsymbol{E}_2) = \boldsymbol{0} \tag{3-15}$$

式(3-14)说明，磁场强度 $\boldsymbol{H}$ 的切向分量在边界面上的突变取决于界面上的面电流密度

J_S，而电场强度 E 的切向分量则总是连续的。可以认为面电流仅存在于理想导体表面，因此总可以认为，实际的两种媒质分界面两侧磁场强度 H 的切向分量也是连续的。

对于非导电的介质，其表面电荷密度 $\rho_S = 0$，表面电流密度 $J_S = \mathbf{0}$，因此可以将式 (3-12) ～ 式 (3-15) 合并写为

$$
\begin{cases}
\mathbf{n} \cdot (\mathbf{B}_1 - \mathbf{B}_2) = 0 \\
\mathbf{n} \cdot (\mathbf{D}_1 - \mathbf{D}_2) = 0 \\
\mathbf{n} \times (\mathbf{H}_1 - \mathbf{H}_2) = \mathbf{0} \\
\mathbf{n} \times (\mathbf{E}_1 - \mathbf{E}_2) = \mathbf{0}
\end{cases}
\tag{3-16}
$$

其中，$\mathbf{n}$ 为界面上由媒质 1 指向媒质 2 的法线方向的单位矢量。

3.　波动方程和亥姆霍兹方程

在良好的介质中 $J = 0$、$\rho = 0$，如果媒质为均匀的各向同性的线性媒质，则 ε_r 为常数，在上述假设条件下，将式 (3-1) 中的前两个方程取旋度，并注意到

$$
\nabla \cdot \mathbf{D} = \varepsilon_0 \varepsilon_r \nabla \cdot \mathbf{E} = 0
$$
$$
\nabla \cdot \mathbf{B} = \mu_0 \nabla \cdot \mathbf{H} = 0
$$

则可得

$$
\begin{cases}
\nabla^2 \mathbf{E} - \dfrac{n^2}{c^2} \dfrac{\partial^2 \mathbf{E}}{\partial t^2} = 0 \\[2mm]
\nabla^2 \mathbf{H} - \dfrac{n^2}{c^2} \dfrac{\partial^2 \mathbf{H}}{\partial t^2} = 0
\end{cases}
\tag{3-17}
$$

其中，$c = 1/\sqrt{\mu_0 \varepsilon_0}$ 是真空中的光速；$n = \sqrt{\varepsilon_r}$ 是媒质的折射率。式 (3-17) 为线性、均匀、各向同性媒质中的电磁波动方程，它的解即以速度 $v = c/n$ 传播的电磁波。

在频率域中，所有的场量都是以角频率 ω 震荡的正弦量，因此其波动方程为

$$
\nabla^2 \mathbf{E} + k_0^2 n^2 \mathbf{E} = 0
$$
$$
\nabla^2 \mathbf{H} + k_0^2 n^2 \mathbf{H} = 0
\tag{3-18}
$$

其中

$$
k_0^2 = \omega^2 \mu_0 \varepsilon_0
\tag{3-19}
$$

式 (3-18) 称为亥姆霍兹方程。对于非均匀的各向同性线性媒质，因为

$$
\nabla \cdot \mathbf{D} = \nabla \cdot \varepsilon_0 \varepsilon_r \mathbf{E} = \varepsilon_0 \nabla \varepsilon_r \mathbf{E} + \varepsilon_0 \varepsilon_r \nabla \cdot \mathbf{E} = 0
$$

可得

$$
\nabla \cdot \mathbf{E} = -\dfrac{\nabla \varepsilon_r}{\varepsilon_r} \cdot \mathbf{E}
$$

从而可得

$$\begin{cases} \nabla^2 \boldsymbol{E} + k_0^2 n^2 \boldsymbol{E} + \nabla\left(\boldsymbol{E} \cdot \dfrac{\nabla \varepsilon_r}{\varepsilon_r}\right) = \boldsymbol{0} \\ \nabla^2 \boldsymbol{H} + k_0^2 n^2 \boldsymbol{H} + \dfrac{\nabla \varepsilon_r}{\varepsilon_r} \times (\nabla \times \boldsymbol{H}) = \boldsymbol{0} \end{cases} \qquad (3\text{-}20)$$

其中，$n^2 = \varepsilon_r$ 是位置的函数，如果媒质的折射率或相对介电常数随位置的变化较为缓慢，即满足条件 $\left|\dfrac{\nabla \varepsilon_r}{\varepsilon_r}\right| \ll 1$，则称这种媒质为缓变媒质，于是式(3-20)可以简写为

$$\begin{cases} \nabla^2 \boldsymbol{E} + k_0^2 n^2 \boldsymbol{E} = 0 \\ \nabla^2 \boldsymbol{H} + k_0^2 n^2 \boldsymbol{H} = 0 \end{cases} \qquad (3\text{-}21)$$

式(3-20)虽然与式(3-18)形式上相同，但二者有着重要区别，即式(3-21)中的折射率 n 是空间位置的函数，因此其求解也困难得多。

在分析光波导中光波的传输特点时，既会遇到均匀媒质，又会遇到非均匀媒质，但光波导中媒质的非均匀性总满足所谓缓变条件，因此式(3-18)和式(3-21)是分析光波导中光波传播的基础[10-13]。

4. 柱形波导中的场方程

柱形波导在光波系统中占有最重要的地位，光波在柱形波导中传播时，其电磁场量可以写成纵向分量和横向分量之和，即

$$\begin{aligned} \boldsymbol{E} &= \boldsymbol{E}_t + \hat{\boldsymbol{e}}_z E_z \\ \boldsymbol{H} &= \boldsymbol{H}_t + \hat{\boldsymbol{e}}_z H_z \end{aligned} \qquad (3\text{-}22)$$

其中，$\hat{\boldsymbol{e}}_z$ 为柱形系统中的纵向(也就是 z 轴正方向)的单位矢量。分析柱形系统所用的坐标系如图 3.2 所示。在图 3.2 所示的坐标系中，沿 z 轴方向传播的光波，其所有的场分量都必有 $e^{-i\beta z}$ 这样的传播因子，β 为波的相位常数，因此亥姆霍兹方程(3-18)可以写成

$$\nabla_t^2 \begin{bmatrix} \boldsymbol{E}_t \\ \boldsymbol{H}_t \end{bmatrix} + (k_0^2 n^2 - \beta^2) \begin{bmatrix} \boldsymbol{E}_t \\ \boldsymbol{H}_t \end{bmatrix} = \boldsymbol{0} \qquad (3\text{-}23)$$

$$\nabla_t^2 \begin{bmatrix} E_z \\ H_z \end{bmatrix} + (k_0^2 n^2 - \beta^2) \begin{bmatrix} E_z \\ H_z \end{bmatrix} = 0 \qquad (3\text{-}24)$$

其中，∇_t^2 是拉普拉斯(Laplace)算子。对 z 向均匀的柱形传输系统，可以从矢量亥姆霍兹方程中分离出纵向分量 E_z、H_z 所满足的标量亥姆霍兹方程(3-24)。求解式(3-24)得到纵向场量 E_z、H_z 以后，已无须求解式(3-23)。横向场量 $\boldsymbol{E}_t$ 和 $\boldsymbol{H}_t$ 可以从麦克斯韦方程(3-7)直接得到。

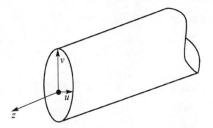

图 3.2　分析柱形系统所用的坐标系

在式 (3-7) 中把梯度算子写成 $\nabla = \nabla_t + \hat{e}_z \dfrac{\partial}{\partial z}$，并将式 (3-7) 中的方程展开，可得

$$\begin{cases} k_0^2 \boldsymbol{E}_t = -\mathrm{i}\beta\nabla_t E_z + \mathrm{i}\omega\mu_0 \hat{e}_z \times \nabla_t H_z \\ k_e^2 \boldsymbol{H}_t = -\mathrm{i}\beta\nabla_t H_z + \mathrm{i}\omega\varepsilon_0\varepsilon_r \hat{e}_z \times \nabla_t E_z \end{cases} \tag{3-25}$$

其中

$$k_e^2 = k_0^2 n^2 - \beta^2 \tag{3-26}$$

3.1.2　各向同性媒质中的平面电磁波

1. 无界均匀媒质中的均匀平面电磁波

均匀平面电磁波的场量为

$$\begin{cases} \boldsymbol{E} = \boldsymbol{E}_0 \mathrm{e}^{-\mathrm{i}\boldsymbol{k}\cdot\boldsymbol{r}} \\ \boldsymbol{H} = \boldsymbol{H}_0 \mathrm{e}^{-\mathrm{i}\boldsymbol{k}\cdot\boldsymbol{r}} \end{cases} \tag{3-27}$$

其中，$\boldsymbol{E}_0$ 和 $\boldsymbol{H}_0$ 是波的振幅矢量，对均匀平面波它们都是常矢量；$\boldsymbol{k}$ 称为波矢量，它的方向即波的传播方向，大小为 $|\boldsymbol{k}| = k_0 n$，即波的相位常数。令

$$\boldsymbol{k} \cdot \boldsymbol{r} = k_x x + k_y y + k_z z = C \tag{3-28}$$

其中，C 是任意常数。上式在空间描出一组平面，称为波的等相位面。

将式 (3-27) 代入式 (3-7)，可得

$$\begin{cases} \boldsymbol{E}_0 = -\eta \boldsymbol{e}_n \times \boldsymbol{H}_0 \\ \boldsymbol{H}_0 = -\dfrac{1}{\eta} \boldsymbol{e}_n \times \boldsymbol{E}_0 \\ \boldsymbol{k} \cdot \boldsymbol{E}_0 = 0 \\ \boldsymbol{k} \cdot \boldsymbol{H}_0 = 0 \end{cases} \tag{3-29}$$

其中，$\eta = \sqrt{\mu_0 / \varepsilon}$ 是媒质的波阻抗。上式说明，均匀无界媒质中的均匀平面电磁波是横电磁 (transverse electromagnetic，TEM) 波。

平面电磁波的相速度和群速度分别定义为

$$v_p = \frac{\omega}{\beta}, \quad v_g = \frac{\mathrm{d}\omega}{\mathrm{d}\beta} \tag{3-30}$$

对于均匀平面波，$\beta = k_0 n = \omega\sqrt{\mu_0\varepsilon_0}\,n$。如果媒质的折射率 n 是与频率无关的常数，则有

$$v_p = v_g = \frac{1}{n\sqrt{\mu_0\varepsilon_0}} = \frac{c}{n} \tag{3-31}$$

也就是说，对均匀无色散的媒质，其中传播的平面电磁波的相速度和群速度相等，而且与频率无关。

2. 平面电磁波的偏振状态

平面电磁波的偏振状态是指电场强度矢量或磁场强度矢量的空间取向随时间的变化情况。如果对一个确定的观察点，场矢量始终在一个确定的方向上振动，矢量的尖端轨迹是一个线段，则称为线偏振波；如果场矢量的尖端的轨迹是一个圆，则称为圆偏振波；如果场矢量的尖端的轨迹是一个椭圆，则称为椭圆偏振波。

我们知道，任意的场矢量总可以写成沿两个特征方向的分矢量之和，即

$$\boldsymbol{E} = \hat{\boldsymbol{e}}_1 E_1 \mathrm{e}^{\mathrm{i}\phi_1} + \hat{\boldsymbol{e}}_2 E_2 \mathrm{e}^{\mathrm{i}\phi_2} \tag{3-32}$$

其中，$\hat{\boldsymbol{e}}_1$、$\hat{\boldsymbol{e}}_2$ 为波传播的横方向上两个相互正交的单位矢量，而且 $\hat{\boldsymbol{e}}_1 \times \hat{\boldsymbol{e}}_2 = \hat{\boldsymbol{e}}_z$，$\hat{\boldsymbol{e}}_z$ 是波传播方向上的单位矢量；ϕ_1、ϕ_2 分别为两个分量的相位因子。易于证明，当 $\delta = \phi_1 - \phi_2 = 0, \pi$ 时为线偏振波；当 $\delta = \pi/2, 3\pi/2$，而且 $E_1 = E_2$ 时为圆偏振波；当 $\delta = \pi/2$ 时，场矢量的旋转方向与波的传播方向呈右手螺旋关系，称为右旋圆偏振波；而 $\delta = 3\pi/2$ 时，则为左旋圆偏振波。除上述两种情形以外，波呈椭圆偏振状态，$0 < \delta < \pi$ 时为右旋椭圆波，而 $\pi < \delta < 2\pi$ 时则为左旋椭圆波。需要说明的是，在一般的光学教材中圆偏振和椭圆偏振波的旋向与这里的规定刚好相反，这里的定义与工程电磁理论中的规定一致。

式 (3-32) 说明，任何一种偏振状态的平面波都可以看成沿 $\hat{\boldsymbol{e}}_1$ 和 $\hat{\boldsymbol{e}}_2$ 方向偏振的两个有确定相位关系的线偏振波的叠加。类似地，也可以将任意一个平面波看成是两个旋向相反的圆偏振波的叠加，即

$$\boldsymbol{E} = E_{\mathrm{L}}(\hat{\boldsymbol{e}}_1 + \mathrm{i}\hat{\boldsymbol{e}}_2) \pm E_{\mathrm{R}}(\hat{\boldsymbol{e}}_1 - \mathrm{i}\hat{\boldsymbol{e}}_2) \tag{3-33}$$

其中，E_{L}、E_{R} 分别为左旋和右旋圆偏振波的振幅。如果 $E_{\mathrm{L}} = E_{\mathrm{R}}$，则式 (3-33) 代表一个线偏振波；如果 $E_{\mathrm{L}} \neq E_{\mathrm{R}}$，则代表椭圆偏振波；如果 E_{L}、E_{R} 中任意一个为零，则为圆偏振波。

引进斯托克斯参数来描述波的偏振状态是方便的，四个斯托克斯参数的定义是

$$\begin{cases} S_0 = E_1^2 + E_2^2 \\ S_1 = E_1^2 - E_2^2 \\ S_2 = 2E_1E_2\cos(\phi_2 - \phi_1) \\ S_3 = 2E_1E_2\sin(\phi_2 - \phi_1) \end{cases} \tag{3-34}$$

这四个参数不是独立的，显然有

$$S_0^2 = S_1^2 + S_2^2 + S_3^2 \tag{3-35}$$

如果以 S_1、S_2、S_3 与直角坐标系中的 x、y、z 坐标对应，则当 S_0 为常数时，决定了一个球面，这个球面称为庞加莱(Poincaré)球。庞加莱球在描述波的偏振态方面极为有用，因为任何偏振状态都与庞加莱球面上的点有一一对应的关系，如果测得斯托克斯参数的变化规律，则可确定光波的偏振态变化规律，这为测定单模光纤传输系统的偏振模色散提供了理论基础。

3. 平面波的反射和折射

平面电磁波在不同媒质的平面分界面上将发生反射和折射，如图 3.3 所示。根据分界面两侧电磁场应满足的边界条件，可得两种介质中的入射波、反射波、折射波之间的如下运动学特性：

①入射光线、反射光线和折射光线共面或波矢量 $\boldsymbol{k}_i$、$\boldsymbol{k}_r$、$\boldsymbol{k}_t$ 共面。

②反射角等于入射角，即 $\theta_i = \theta_r$。

③斯涅耳定律：$n_1\sin\theta_i = n_2\sin\theta_t$，这里的 n_1、n_2 分别为两种媒质的折射率。

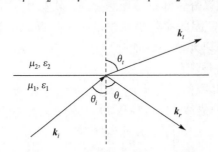

图 3.3　平面电磁波的反射和折射

根据入射波的偏振状态，可以得到如下动力学性质：

①对于垂直偏振波，即电场矢量与入射面垂直的线偏振波，其反射系数和折射系数分别为

$$\begin{cases} R_\perp = \dfrac{E_r}{E_i} = \dfrac{n_1\cos\theta_i - n_2\cos\theta_t}{n_1\cos\theta_i + n_2\cos\theta_t} \\[4mm] T_\perp = \dfrac{E_t}{E_i} = \dfrac{2n_1\cos\theta_i}{n_1\cos\theta_i + n_2\cos\theta_t} \end{cases} \tag{3-36}$$

②对于平行偏振波，即电场矢量与入射面平行的线偏振波，其反射系数和折射系数分别为

$$
\begin{cases}
R_{\parallel} = \dfrac{E_r}{E_i} = \dfrac{n_2\cos\theta_i - n_1\cos\theta_t}{n_2\cos\theta_i + n_1\cos\theta_t} \\[3mm]
T_{\parallel} = \dfrac{E_t}{E_i} = \dfrac{2n_1\cos\theta_i}{n_2\cos\theta_i + n_1\cos\theta_t}
\end{cases}
\tag{3-37}
$$

式(3-36)和式(3-37)中的四个关系式统称为菲涅耳公式。

由斯涅耳定律可知，当 $n_1 > n_2$ 时，折射角大于入射角。如果入射角 θ_i 等于临界角 θ_c，使得 $\sin\theta_t = 1$，即 $\theta_t = \pi/2$，折射光线将与界面平行；如果 $\theta_i > \theta_c$，则折射光线消失从而产生全反射。平面波从媒质 1 到媒质 2 的界面上产生全反射的条件为

$$
\theta_i > \theta_c = \arcsin\frac{n_2}{n_1}
\tag{3-38}
$$

显然，仅当 $n_1 > n_2$ 时，才有可能发生全反射。如果入射条件满足，即

$$
\theta_{\mathrm{B}} = \arctan\frac{n_2}{n_1}
\tag{3-39}
$$

则平行偏振波的反射系数为零，因此以 θ_{B} 入射的平行偏振波产生全折射。θ_{B} 称为布儒斯特角，又称为起偏振角，因为不管入射波的偏振状态如何，反射波都是线偏振波。

4. 非理想媒质中的平面电磁波

实际的媒质，除真空以外，都不是理想媒质。实际媒质的电磁参数 ε、μ 都不是实数，而且电导率 $\sigma \neq 0$，因此实际媒质中电磁波传播时都有损耗，而且媒质的折射率 n 都是频率的函数，记为 $n(\omega)$ 从而导致色散。实际媒质中平面波传播的两个最重要的特性就是其损耗特性和色散特性。

实际媒质中电磁波的传播问题变得十分复杂。对光波系统，我们关心的是损耗极低、色散极弱的良好介质中的电磁波，在这种介质中，沿 z 轴方向的平面波可以表示为

$$
\begin{cases}
\boldsymbol{E} = \boldsymbol{E}_0 \mathrm{e}^{-\alpha z}\mathrm{e}^{-\mathrm{i}k_0 n(\omega) z} \\[2mm]
\boldsymbol{H} = \dfrac{\boldsymbol{E}_0}{\eta}\mathrm{e}^{-\alpha z}\mathrm{e}^{-\mathrm{i}k_0 n(\omega) z}
\end{cases}
\tag{3-40}
$$

其中，α 为衰减常数；$\beta = k_0 n(\omega)$ 为其相位常数。

对于非理想介质中的平面波，其相速度和群速度为

$$
\begin{cases}
v_p = \dfrac{\omega}{\beta} = \dfrac{c}{n(\omega)} \\[4mm]
v_g = \dfrac{\mathrm{d}\omega}{\mathrm{d}\beta} = \dfrac{c}{n(\omega) + \omega\dfrac{\mathrm{d}n(\omega)}{\mathrm{d}\omega}}
\end{cases}
\tag{3-41}
$$

为了说明群速度的物理意义，假设有一被调制的电磁信号在色散媒质中传播，将此电磁信号看成沿 z 轴方向传播的但在 x-y 平面内均匀的脉冲信号，假设损耗可以忽略，则此信号可以表示为

$$A(z,t) = \int_{-\infty}^{\infty} A(\beta) \exp[\mathrm{i}(\omega t - \beta(\omega)z)] \mathrm{d}\beta \qquad (3\text{-}42)$$

上式说明一个空间长度为有限的信号可以在频域中表示为单色平面波的叠加，式中 $A(\beta)$ 是与 ω、$\beta(\omega)$ 相对应的振幅函数，显然

$$A(\beta) = \frac{1}{2\pi} \int_{-\infty}^{\infty} A(z,t=0) \exp[\mathrm{i}\beta(\omega)z] \mathrm{d}z \qquad (3\text{-}43)$$

对色散媒质，$\beta(\omega)$ 与 ω 之间具有复杂的函数关系，将 $\omega(\beta)$ 在载波相位常数 β_0 附近展开为泰勒级数，即

$$\omega(\beta) = \omega_0 + \frac{\mathrm{d}\omega}{\mathrm{d}\beta}(\beta - \beta_0) + \frac{1}{2}\frac{\mathrm{d}^2\omega}{\mathrm{d}\beta^2}(\beta - \beta_0)^2 + \cdots \qquad (3\text{-}44)$$

将其代入式 (3-42)，忽略与 $\dfrac{\mathrm{d}^2\omega}{\mathrm{d}\beta^2}$ 成比例的项以及更高阶的项，可得

$$A(z,t) \approx \exp\left[\mathrm{i}\left(\omega_0 t - \frac{\mathrm{d}\omega}{\mathrm{d}\beta}\beta_0 z\right)\right] \int_{-\infty}^{\infty} A(\beta) \exp\left[\mathrm{i}\left(\frac{\mathrm{d}\omega}{\mathrm{d}\beta}t - z\right)\beta\right] \mathrm{d}\beta \qquad (3\text{-}45)$$

将上式中的积分式与式 (3-42) 比较，可知此积分刚好就是 $A\left(z - \dfrac{\mathrm{d}\omega}{\mathrm{d}\beta}t, 0\right)$，因此可得

$$A(z,t) = A(z - v_g t, 0) \exp[\mathrm{i}(\omega_0 t - v_g \beta_0 z)] \qquad (3\text{-}46)$$

从上式可以得到，已调制信号沿 z 轴传播时其信号包络以群速度 $v_g = \dfrac{\mathrm{d}\omega}{\mathrm{d}\beta}$ 传播，在忽略与 $\dfrac{\mathrm{d}^2\omega}{\mathrm{d}\beta^2}$ 成比例的项的情形下，信号包络形状不变，所以群速度也就是信号包络的传播速度。

3.1.3　各向异性媒质中的平面电磁波

1. 电各向异性媒质

媒质在电磁场作用下，根据其电极化和磁极化特性可以将媒质区分为各向同性、电各向异性、磁各向异性和双各向异性等几种类型。日常所说的各向同性媒质只是一种近似，几乎所有的媒质都呈各向异性。所谓电各向异性是指其介电常数为二阶张量，如大多数晶体；而磁各向异性则是指其磁导率为二阶张量，如外磁场作用下

的铁氧体；所有的媒质在运动状态下，根据狭义相对论都呈双各向异性。在光波系统中，经常会遇到光在晶体中的传播问题，因此我们主要关心的是电各向异性媒质中平面波的传播问题。

电各向异性媒质的介电常数，必须用一个二阶张量表示，即

$$\hat{\boldsymbol{\varepsilon}} = \begin{bmatrix} \varepsilon_{11} & \varepsilon_{12} & \varepsilon_{13} \\ \varepsilon_{21} & \varepsilon_{22} & \varepsilon_{23} \\ \varepsilon_{31} & \varepsilon_{32} & \varepsilon_{33} \end{bmatrix} \tag{3-47}$$

对于无损耗的电各向异性媒质，利用能量守恒定律可以证明式(3-47)中的张量为一个实对称张量，即 $\varepsilon_{ij} = \varepsilon_{ji}$。根据线性代数理论，任何一个实对称矩阵都存在一个正交的线性变换，可以将此实对称矩阵变换成一个对角阵。这个线性变换实际上相当于一个坐标系的一个旋转。在新的坐标系下，也就是所谓主轴坐标系中，介电常数张量可表示为

$$\hat{\boldsymbol{\varepsilon}} = \begin{bmatrix} \varepsilon_x & 0 & 0 \\ 0 & \varepsilon_y & 0 \\ 0 & 0 & \varepsilon_z \end{bmatrix} \tag{3-48}$$

如果 $\varepsilon_x = \varepsilon_y \neq \varepsilon_z$，则称媒质为单轴媒质，$z$ 轴为其光轴；如果 $\varepsilon_x \neq \varepsilon_y \neq \varepsilon_z$，则称为双轴媒质；如果 $\varepsilon_x = \varepsilon_y = \varepsilon_z$，则称为各向同性媒质。

对电各向异性媒质，在主轴坐标系中，即

$$\boldsymbol{D} = \hat{\boldsymbol{\varepsilon}} \boldsymbol{E}$$

写成三维分量为

$$D_x = \varepsilon_x E, \quad D_y = \varepsilon_y E, \quad D_z = \varepsilon_z E$$

由此可以定义主轴坐标系中的折射率，即

$$n_i^2 = \frac{\varepsilon_i}{\varepsilon_0}, \quad i = x, y, z \tag{3-49}$$

2. 电各向异性媒质中的平面波

各向异性媒质中的均匀平面电磁波，所有的场矢量均可表示为 $\boldsymbol{A} = \boldsymbol{A}_0 \mathrm{e}^{-\mathrm{i}\boldsymbol{k} \cdot \boldsymbol{r}}$，$\boldsymbol{A}_0$ 为振幅矢量，将其代入麦克斯韦方程，即

$$\nabla \times \boldsymbol{H} = \mathrm{i}\omega \boldsymbol{D}$$
$$\nabla \times \boldsymbol{E} = -\mathrm{i}\omega\mu_0 \boldsymbol{H}$$
$$\nabla \cdot \boldsymbol{B} = 0$$
$$\nabla \cdot \boldsymbol{D} = 0$$

可得

$$\boldsymbol{k} \times \boldsymbol{H} = -\omega \boldsymbol{D} \tag{3-50}$$

$$\boldsymbol{k} \times \boldsymbol{E} = \omega \mu_0 \boldsymbol{H} \tag{3-51}$$

$$\boldsymbol{k} \cdot \boldsymbol{H} = 0 \tag{3-52}$$

$$\boldsymbol{k} \cdot \boldsymbol{D} = 0 \tag{3-53}$$

上式说明，各向异性媒质中的平面波是关于场矢量 $\boldsymbol{D}$ 和 $\boldsymbol{B}$ 的 TEM 波，但 $\boldsymbol{D}$ 与 $\boldsymbol{E}$ 不平行，所以不一定是关于 $\boldsymbol{E}$ 和 $\boldsymbol{H}$ 的 TEM 波。

为简单起见，我们讨论单轴媒质中的平面波。将式 (3-51) 左乘矢量 $\boldsymbol{k}$，并利用式 (3-50)，则有

$$\boldsymbol{k} \times \boldsymbol{k} \times \boldsymbol{E} = \omega \mu_0 \boldsymbol{k} \times \boldsymbol{H} = -\omega^2 \mu_0 \boldsymbol{D}$$

或

$$\boldsymbol{k}(\boldsymbol{k} \cdot \boldsymbol{E}) - k^2 \boldsymbol{E} = -\omega^2 \mu_0 \hat{\boldsymbol{\varepsilon}} \boldsymbol{E}$$

对单轴媒质，在主轴坐标系中，有

$$\hat{\boldsymbol{\varepsilon}} = \begin{bmatrix} \varepsilon & 0 & 0 \\ 0 & \varepsilon & 0 \\ 0 & 0 & \varepsilon_z \end{bmatrix}$$

因此

$$\boldsymbol{k} \cdot \boldsymbol{D} = \boldsymbol{k} \cdot \hat{\boldsymbol{\varepsilon}} \boldsymbol{E} = \varepsilon k_x E_x + \varepsilon k_y E_y + \varepsilon_z k_z E_z = 0$$

所以有

$$\boldsymbol{k} \cdot \boldsymbol{E} = \left(1 - \frac{\varepsilon_z}{\varepsilon}\right) k_z E_z$$

从而可得

$$\boldsymbol{k}\left(1 - \frac{\varepsilon_z}{\varepsilon}\right) k_z E_z - k^2 \boldsymbol{E} = -\omega^2 \mu_0 \hat{\boldsymbol{\varepsilon}} \boldsymbol{E} \tag{3-54}$$

将上式用矩阵表示则为

$$\begin{bmatrix} \omega^2 \mu_0 \varepsilon - |\boldsymbol{k}|^2 & 0 & k_x k_z \left(1 - \dfrac{\varepsilon_z}{\varepsilon}\right) \\ 0 & \omega^2 \mu_0 \varepsilon - |\boldsymbol{k}|^2 & k_y k_z \left(1 - \dfrac{\varepsilon_z}{\varepsilon}\right) \\ 0 & 0 & \omega^2 \mu_0 \varepsilon_z - k_x^2 - k_y^2 - \dfrac{\varepsilon_z}{\varepsilon} k_z^2 \end{bmatrix} \begin{bmatrix} E_x \\ E_y \\ E_z \end{bmatrix} = 0 \tag{3-55}$$

显然，要使式 (3-55) 中的 E_x、E_y、E_z 有非零解的必要条件是与上述方程系数

矩阵相对应的行列式为零，从而可得

$$|\boldsymbol{k}|^2 = \omega^2 \mu_0 \varepsilon \tag{3-56}$$

$$k_x^2 + k_y^2 + \frac{\varepsilon_z}{\varepsilon}k_z^2 = \omega^2 \mu_0 \varepsilon_z \tag{3-57}$$

式(3-56)和式(3-57)即单轴媒质中平面波传播的特征方程。在 $\varepsilon = \varepsilon_z$ 时，上述两个方程为同一个方程；$|\boldsymbol{k}|^2 = \omega^2 \mu_0 \varepsilon$，这就是我们熟知的各向同性媒质中平面波传播的特征方程。显然在各向同性媒质中，平面波相位常数与 $\boldsymbol{k}$ 的方向无关，因此在任何方向上，平面波以相同的速度传播。

在单轴媒质中，由式(3-56)决定的相位常数 $\beta = \omega\sqrt{\mu_0\varepsilon_0}n = k_0 n$ 与 $\boldsymbol{k}$ 的方向无关，也就是说由式(3-56)决定的特征相位常数及相应的平面波与各向同性媒质中的平面波具有相同的特点，因此称这种平面波为寻常波(o 波)。而由式(3-57)决定的特征常数则与波矢量 $\boldsymbol{k}$ 的方向有关，因此称这第二个因方向而异的特征相位常数所决定的平面波为非寻常波(e 波)。

假设 $\boldsymbol{k}$ 与光轴 z 之间的夹角 θ，则可将式(3-56)和式(3-57)写为

$$|\boldsymbol{k}|^2\left(\sin^2\theta + \frac{\varepsilon_z}{\varepsilon}\cos^2\theta\right) = \omega^2 \mu_0 \varepsilon_z \tag{3-58}$$

或

$$|\boldsymbol{k}|^2 = \omega^2 \mu_0 \varepsilon_z \varepsilon / (\varepsilon\sin^2\theta + \varepsilon_z\cos^2\theta) \tag{3-59}$$

从而得到寻常波和非寻常波的相速度分别为

$$v_o = \frac{1}{\sqrt{\mu_0\varepsilon}} = \frac{c}{n_0} \tag{3-60}$$

$$v_e = \left(\frac{\varepsilon\sin^2\theta + \varepsilon_z\cos^2\theta}{\mu_0\varepsilon_z\varepsilon}\right)^{\frac{1}{2}} = \frac{c}{n_0 n_e}(n_0^2\sin^2\theta + n_e^2\cos^2\theta)^{\frac{1}{2}} \tag{3-61}$$

由式(3-61)可见，非寻常波的相速度 v_e 与 θ 有关，仅当 $\theta = 0$ 时，即传播方向与光轴一致时才与寻常波的相速度 v_o 一致。

将式(3-56)代入式(3-55)，可得 $E_z = 0$，从而得 $D_z = 0$。因为 $\varepsilon_x = \varepsilon_y = \varepsilon$，所以 $\boldsymbol{D}$ 与 $\boldsymbol{E}$ 同方向，显然 $\boldsymbol{B}$ 与 $\boldsymbol{H}$ 同方向，所以寻常波既是关于 $\boldsymbol{D}$、$\boldsymbol{B}$ 的 TEM 波，也是关于 $\boldsymbol{E}$、$\boldsymbol{H}$ 的 TEM 波。由于 $\boldsymbol{E}$、$\boldsymbol{D}$ 同时垂直于 $\boldsymbol{k}$ 和 z 轴，因此在 $\boldsymbol{k}$ 与 z 轴不同方向时，$\boldsymbol{E}$、$\boldsymbol{D}$ 垂直于 $\boldsymbol{k}$ 与 z 轴形成的平面，这种情形下寻常波只能是线偏振波。如果 $\boldsymbol{k}$ 与 z 轴同方向，则 $\boldsymbol{E}$ 和 $\boldsymbol{D}$ 可以在 xOy 平面内任意取向，因此寻常波可以是线偏振波、圆偏振波或椭圆偏振波。

对非寻常波，将式(3-57)代入式(3-55)可以决定场矢量的偏振状态。不失一般性，假设 $\boldsymbol{k}$ 矢量在 yOz 平面内，由于非寻常波的特点仅由 θ 决定，其他子午面内的

情形与 yOz 平面内是完全一样的。在这种假设下，有

$$k = \hat{e}_y \,|\, k \,|\, \sin\theta + \hat{e}_z \,|\, k \,|\, \cos\theta$$

于是式 (3-55) 中的头两个方程为

$$\begin{cases} E_x = 0 \\ \varepsilon \sin\theta E_y + \varepsilon_z \cos\theta E_z = 0 \end{cases} \tag{3-62}$$

由此可知，电场矢量 E 也在 yOz 平面内，且两个分量 E_y、E_z 同相位，所以非寻常波是线偏振波。由于 D 与 E 不同方向，因此非寻常波已不是 E、H 意义下的 TEM 波。寻常波和非寻常波的偏振状态如图 3.4 所示。

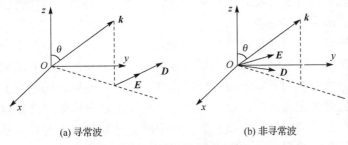

(a) 寻常波　　　　　　　　　　　　　　(b) 非寻常波

图 3.4　寻常波和非寻常波的偏振状态

由式 (3-50)～式 (3-53) 可知，在各向异性媒质中，k 与 $D \times B$ 同方向。k 矢量的方向代表平面波等相位面的传播方向，而 $D \times B$ 是与电磁场的动量相联系的量，所以 k 总与电、磁动量矢量同方向。由于 E 与 D 不同方向，因此 $E \times H$ 与 $D \times B$ 不同方向。我们知道 $E \times H$ 代表电磁场能量流动方向，也就是说，在各向异性媒质中电磁动量与能量传播方向不一致，因此各向异性媒质中平面电磁波的传播方向变得不完全确定。k 的方向代表相速度方向，而 $E \times H$ 方向代表能量流动方向或群速度方向，又称光射线方向。

一个平面波进入单轴媒质以后，总可分解成两个线偏振波的叠加。其中一个的电场矢量与 k 和光轴所构成的平面垂直，构成寻常波；而另一个电场矢量在 k 与光轴构成的平面以内，构成非寻常波。它们以不同的相速度传播，这就是各向异性媒质中的双折射 (birefringence) 现象。

3.2　光波导基本理论

利用光传递信息的历史很久远，然而从近代科技的发展来看，是从贝尔在 1880 年的初步探索开始的，这一研究的主要困难在于没有合适的光源和传输介质。随着激光器的诞生以及高锟等提出的利用包层材料的石英玻璃光学纤维以降低损耗这一

卓越贡献,光在通信中的应用便有了基础,而光纤就是最初的光波导[14,15]。然而,集成光学所注重的光波导往往是平面薄膜所构成的平板波导和条形波导,一方面固然是平板波导和条形波导几何形状简单,其导模和辐射模可以用简单的数学公式来描述;另一方面平板波导和条形波导是最常用的、最基本的介质光波导,并且易于集成[16-19]。

　　像任何一种导波结构一样,研究光波导也包括下列基本问题:光场沿光波导横截面的分布规律;光场沿光波导纵向的传播规律;对于每一个导波模式而言,以上两项一一对应;光波导受到扰动时,模式间的耦合;信号沿光波导传播时的衰减;信号沿光波导传播时的畸变;光波导中的非线性效应;光场偏振态沿光波导的演化规律;有源光波导的激励。在此基础上还面临"综合"问题,即如何设计光波导或相关器件,使之满足给定性能。

　　现在基本的研究方法有几何光学与波动光学方法。当光波中存在一个或少数几个导波模时,传播常数的分立特性表现得极为明显,用几何光学方法将导致极大误差。换言之,必须用波动光学方法处理单模(或少模)光波导。同时由于几何光学方法完全忽略了约束光在全反射面以外的存在,不能用以直接处理诸如包层材料引起的损耗、光波导之间的能量耦合以及光波导中稳态分布的建立过程等各种与全反射面以外的电磁场有关的问题。这时必须应用波动光学方法,或在多模光波导情况下对几何光学方法加以修正。

3.2.1　平板波导理论

　　最简单的平板介质波导截面图如图 3.5 所示,它由三层材料构成,中间一层是折射率为 n_1 的波导薄膜,它沉积在折射率为 n_2 的基底上,薄膜上面是折射率为 n_3 的覆盖层,一般都为空气。薄膜的厚度一般在微米量级,可与光的波长相比较。波导薄膜的折射率必须大于基底和覆盖层的折射率,这样光能限制在薄膜之中传播。在下面的讨论中,我们假定导波光是相干单色光,并假定光波导由无损耗、各向同性、非磁性的无源介质构成。

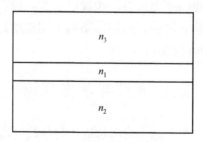

图 3.5　平板介质波导截面图

1. 平板波导的射线光学模型

光在平板波导中的传播可以看作是光线在薄膜-基底和薄膜-覆盖层分界面上的全反射，在薄膜中沿 z 字形路线传播，如图 3.6 所示。

我们知道，当光在两介质表面发生折射时(图 3.7)，根据折射定律，折射光的出射角应满足

$$n_1 \sin\theta_1 = n_2 \sin\theta_2 \tag{3-63}$$

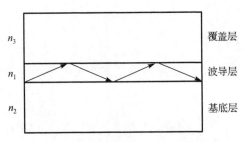

图 3.6　平板波导光传播示意图

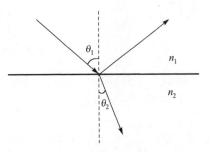

图 3.7　光在两介质表面发生折射

在平板波导中，$n_1 > n_2$ 且 $n_1 > n_3$，当入射光的入射角超过临界角 θ_0 时，即

$$\sin\theta_0 = \frac{n_1}{n_2} \tag{3-64}$$

入射光发生全发射，此时在反射点发生一定的相位跃变。我们从菲涅耳衍射公式 (3-36) 和式(3-37)出发，推导出发射点的位相跃变 ϕ_{TE}、ϕ_{TM} 为

$$\tan\phi_{TE} = \frac{\sqrt{\beta^2 - k_0^2 n_1^2}}{\sqrt{k_0^2 n_1^2 - \beta^2}} \tag{3-65}$$

$$\tan\phi_{TM} = \frac{n_1^2 \sqrt{\beta^2 - k_0^2 n_1^2}}{n_2^2 \sqrt{k_0^2 n_1^2 - \beta^2}} \tag{3-66}$$

其中，$\beta = k_0 n_1 \sin\theta_1$ 为光的传播常数，$k_0 = 2\pi/\lambda$ 为光在真空中的波数，λ 是光的波长。

我们再来考虑光在光波导中传播。光在光波导中形成导模，也就是光能全部限制在光波导中进行传播，这就要求光在薄膜-基底和薄膜-覆盖层界面上发生全反射。

光在波导中以锯齿形沿 z 方向传播(图 3.8)，光在 x 方向受到约束，而在 y 方向不受约束。要使光在波导中稳定传播，就要求

$$2k_x h - \phi_{12} - \phi_{13} = 2m\pi, \quad m = 0,1,2,\cdots \tag{3-67}$$

其中，$k_x = k_0 n_1 \cos\theta$，ϕ_{12}、ϕ_{13} 为全反射的相位差，h 为波导的厚度，m 为模序数，

即从零开始取正整数。所以，只有入射角满足式(3-67)的光才能在光波导中稳定地传播，我们把式(3-67)叫作平板波导的色散方程。

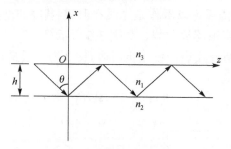

图 3.8　光在波导中的传播

将式(3-65)和式(3-66)分别代入式(3-67)，可得到与两种偏振态有关的平板波导模式本征方程。对 TE 模，有

$$k_x h = m\pi + \arctan\left(\frac{p}{k_x}\right) + \arctan\left(\frac{q}{k_x}\right), \quad m = 0,1,2,\cdots \tag{3-68}$$

其中

$$k_x = (k_0^2 n_1^2 - \beta^2)^{1/2} \tag{3-69}$$

$$p = (\beta^2 - k_0^2 n_2^2)^{1/2} \tag{3-70}$$

$$q = (\beta^2 - k_0^2 n_3^2)^{1/2} \tag{3-71}$$

对 TM 模，有

$$k_x h = m\pi + \arctan\left(\frac{n_1^2 p}{n_2^2 k_x}\right) + \arctan\left(\frac{n_1^2 q}{n_3^2 k_x}\right) \tag{3-72}$$

其中，β 为光的传播常数。从上式可以看出，β 介于平面光波在基底和薄膜的波数之间，即

$$k_0 n_2, k_0 n_3 \leqslant \beta \leqslant k_0 n_1 \tag{3-73}$$

为了方便，定义波导的有效折射率为

$$N = \frac{\beta}{k_0} n_1 \sin\theta \tag{3-74}$$

其中，N 又称为模折射率，取值范围为 $n_2, n_3 \leqslant N \leqslant n_1$。利用有效折射率，可将平板波导的模式本征方程改写为

$$\text{TE：} \quad (n_1^2 - N^2)^{1/2} k_0 h = m\pi + \arctan\left(\frac{N^2 - n_2^2}{n_1^2 - N^2}\right) + \arctan\left(\frac{N^2 - n_3^2}{n_1^2 - N^2}\right) \tag{3-75}$$

$$\text{TM}: \quad (n_1^2 - N^2)^{1/2} k_0 h = m\pi + \arctan\left(\frac{n_1^2}{n_2^2}\right)\left(\frac{N^2 - n_2^2}{n_1^2 - N^2}\right) + \arctan\left(\frac{n_1^2}{n_3^2}\right)\left(\frac{N^2 - n_3^2}{n_1^2 - N^2}\right) \quad (3\text{-}76)$$

2. 平板波导的电磁理论

平板波导结构中光波的麦克斯韦方程为

$$\begin{cases} \nabla \times \boldsymbol{E}(\boldsymbol{r},t) = -\dfrac{\partial \boldsymbol{B}(\boldsymbol{r},t)}{\partial t} \\[2mm] \nabla \times \boldsymbol{H}(\boldsymbol{r},t) = \dfrac{\partial \boldsymbol{D}(\boldsymbol{r},t)}{\partial t} \end{cases} \quad (3\text{-}77)$$

其中，$\boldsymbol{E}$、$\boldsymbol{H}$、$\boldsymbol{D}$ 和 $\boldsymbol{B}$ 为随时间和空间变化的电场、磁场、电位移和磁感应强度。只考虑单色光波且光在平板波导中 y 方向不受限制，沿 z 方向传播，有

$$\begin{cases} \boldsymbol{E}(x,z,t) = \boldsymbol{E}(x)\exp[\mathrm{i}(\beta z - \omega t)] \\[2mm] \boldsymbol{H}(x,z,t) = \boldsymbol{H}(x)\exp[\mathrm{i}(\beta z - \omega t)] \end{cases} \quad (3\text{-}78)$$

其中，β 为沿 z 方向的传播函数，将式 (3-78) 代入式 (3-77) 可得

$$\begin{cases} \beta E_y = -\mu\omega H_x \\[2mm] \dfrac{\partial E_y}{\partial x} = \mathrm{i}\omega\mu H_z \\[2mm] \mathrm{i}\beta H_x - \dfrac{\partial H_z}{\partial x} = -\mathrm{i}\omega\varepsilon E_y \end{cases} \quad (3\text{-}79)$$

$$\begin{cases} \beta H_y = \omega\varepsilon E_x \\[2mm] \dfrac{\partial H_y}{\partial x} = -\mathrm{i}\omega\varepsilon E_z \\[2mm] \mathrm{i}\beta E_x - \dfrac{\partial E_z}{\partial x} = \mathrm{i}\omega\mu H_y \end{cases} \quad (3\text{-}80)$$

由上述六个方程可以看出，麦克斯韦方程变为两组独立的方程，一组只含 E_y、H_x、H_z，而另一组方程只含 E_x、E_z、H_y。前者称为 TE 波，即电场垂直于波的入射面；后者称为 TM 波，即磁场垂直于波的入射面。化简式 (3-79) 可得

$$\frac{\partial^2 E_y}{\partial x^2} + (k_0^2 n_j^2 - \beta^2)E_y = 0, \quad j = 1,2,3 \quad (3\text{-}81)$$

化简式 (3-80) 可得

$$\frac{\partial^2 H_y}{\partial x^2} + (k_0^2 n_j^2 - \beta^2)H_y = 0, \quad j = 1,2,3 \quad (3\text{-}82)$$

其中，$k_0 = \omega\sqrt{\varepsilon_0\mu_0} = 2\pi/\lambda$ 是光在真空中的传播常数。式(3-81)和式(3-82)分别称为 TE 波和 TM 波的亥姆霍兹方程。

考虑波导无源、无损耗、各向同性和非磁性，式(3-81)和式(3-82)应满足边界条件，即

$$\begin{cases} \hat{e}_n \cdot (\boldsymbol{D}_1 - \boldsymbol{D}_2) = 0 \\ \hat{e}_n \cdot (\boldsymbol{B}_1 - \boldsymbol{B}_2) = 0 \\ \hat{e}_n \cdot (\boldsymbol{D}_1 - \boldsymbol{D}_3) = 0 \\ \hat{e}_n \cdot (\boldsymbol{B}_1 - \boldsymbol{B}_3) = 0 \\ \hat{e}_n \times (\boldsymbol{H}_1 - \boldsymbol{H}_2) = \boldsymbol{0} \\ \hat{e}_n \times (\boldsymbol{E}_1 - \boldsymbol{E}_2) = \boldsymbol{0} \\ \hat{e}_n \times (\boldsymbol{H}_1 - \boldsymbol{H}_3) = \boldsymbol{0} \\ \hat{e}_n \times (\boldsymbol{E}_1 - \boldsymbol{E}_3) = \boldsymbol{0} \end{cases} \tag{3-83}$$

对 TE 模，我们分析的是导模，从而可知在薄膜内是振荡场，即是驻波。因此，三层平板波导的电场分布为

$$E_y(x) = \begin{cases} A\exp(-qx), & 0 \leqslant x \leqslant \infty \\ B\cos(k_x x) + C\sin(k_x x), & -h \leqslant x \leqslant 0 \\ A\exp[p(x+h)], & -\infty \leqslant x \leqslant -h \end{cases} \tag{3-84}$$

其中，A、B、C、D 是边界条件所确定的常数；参数 k_x、p、q 由式(3-69)～式(3-71)所定义。考虑边界条件，即 E_y 在薄膜-覆盖层和薄膜-基底界面处连续及 $\dfrac{\partial E_y}{\partial x}$ 在薄膜-覆盖层界面处连续，可得

$$\begin{cases} A = B \\ B\cos(k_x h) - C\sin(k_x h) = A \\ -qA = k_x C \end{cases} \tag{3-85}$$

同时，利用归一化条件，即消去待定常数。利用 $\dfrac{\partial E_y}{\partial x}$ 在薄膜-基底界面处连续，可得到平板波 TE 模的模式本征方程为

$$\tan(k_x h) = \frac{p+q}{k_x\left(1 - \dfrac{pq}{k_x^{\,2}}\right)} \tag{3-86}$$

通过求解式(3-86)可解出模式本征值。可以看出，式(3-86)与式(3-68)完全一致。同样，可解出 TM 模的模式本征方程为

$$\tan(k_x h) = \frac{n_1^2 k_x (n_3^2 p + n_2^2 q)}{n_2^2 n_3^2 k_x - n_1^4 pq} \tag{3-87}$$

3.2.2　矩形波导理论

　　介质平板波导的电磁场仅在一个方向受到限制[20-22]。光场在另一个方向上不受限制。光场在介质平板波导中传播时要沿这个非束缚方向发散。因此，在实际的集成光路中，经常使用的是能在横截面的二维方向上限制光场能量的条形介质波导。条形波导的结构如图 3.9 所示。条形介质波导分为镶入波导和埋层波导。

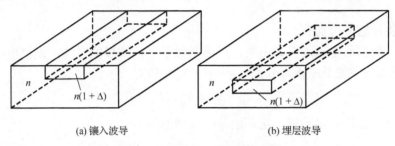

(a) 镶入波导　　　　　　　　　　　　　　　(b) 埋层波导

图 3.9　条形波导结构示意图

　　对矩形介质波导的研究，常常把条形波导的截面笼统地作为矩形波导来处理。即使这样，还涉及复杂的二维电磁场问题，要得到严格的解析解几乎是不可能的。故而采用数值计算方法，可求得近似解，并且可以达到所希望的精确度。下面，我们来讨论一下马卡提里近似解析法和有效折射率法。

1.　马卡提里(Marcatili)近似解析法

　　被介质层包围的波导结构如图 3.10 所示，折射率为 n_1 的波导区被折射率为 n_2、n_3、n_4、n_5 的介质层包围。

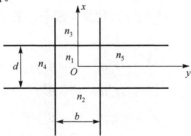

图 3.10　被介质层包围的条形波导结构

　　在每个区域中，波数用 k_j 表示为

$$k_{jx}^2 + k_{jy}^2 + k_{jz}^2 = k_j^2, \quad j = 1,2,\cdots,5 \tag{3-88}$$

　　从图 3.10 中可以看出，这里有一个非常复杂的电磁场边值问题。我们假定两条：①介质波导中的传播模式处于远离截止模式。光能在波导芯区中传播，参照

3.2.1 小节中讨论过的平板波导，不难得到

$$\begin{cases} k_{1y} = k_{2y} = k_{3y} = k_y \\ k_{1x} = k_{4x} = k_{5x} = k_x \end{cases} \tag{3-89}$$

②假定包层的折射率 n_2、n_3、n_4、n_5 比 n_1 略小一些，即弱导条件为

$$\frac{n_1}{n_i} - 1 \ll 1, \quad i = 2,3,4,5 \tag{3-90}$$

这样，可将问题大大简化。

下面，我们从电磁场理论出发，采用类似于平板波导的方法，先设电磁场随时间 t 和空间轴 z 的变化仍为 $\exp[\mathrm{i}(\beta z - \omega t)]$，对导模有

$$k_{1z} = k_{2z} = k_{3z} = k_{4z} = k_{5z} = \beta \tag{3-91}$$

根据麦克斯韦方程可以导出，矩形波导的波动方程为

$$\frac{\partial^2 \varphi}{\partial x^2} + \frac{\partial^2 \varphi}{\partial y^2} + (k_0 n_j^2 - \beta^2)\varphi = 0 \tag{3-92}$$

对 TE_{mn}^x 模式来说，E_x 和 H_y 是主要横场分量。因此，有

$$H_y = \begin{cases} H_1 \cos(k_x x + \xi)\cos(k_y y + \eta) \\ H_2 \cos(k_y y + \eta)\exp(\gamma_2(x + d/2)) \\ H_3 \cos(k_y y + \eta)\exp(-\gamma_3(x - d/2)) \\ H_4 \cos(k_x x + \xi)\exp(\gamma_4(y + b/2)) \\ H_5 \cos(k_x x + \xi)\exp(-\gamma_5(y - b/2)) \end{cases} \tag{3-93}$$

其中，H_1、H_2、H_3、H_4、H_5 均为常数振幅因子，其下标表示各个区域的代号；ξ、η 为任意位相因子。其中

$$\begin{cases} \gamma_2^2 = -(k_0^2 n_2^2 - k_y^2 - \beta^2) \\ \gamma_3^2 = -(k_0^2 n_3^2 - k_y^2 - \beta^2) \\ \gamma_4^2 = -(k_0^2 n_4^2 - k_x^2 - \beta^2) \\ \gamma_5^2 = -(k_0^2 n_5^2 - k_x^2 - \beta^2) \end{cases} \tag{3-94}$$

设 $H_x = 0$，根据近似条件式(3-90)，并代入边界条件，化简方程可得

$$k_x d = m\pi + \arctan\left(\frac{n_1^2 \gamma_2}{n_2^2 k_x}\right) + \arctan\left(\frac{n_1^2 \gamma_3}{n_3^2 k_x}\right), \quad m = 0,1,2,\cdots \tag{3-95}$$

利用三角函数的周期性，可以写为

$$k_x d = m\pi - \arctan\left(\frac{n_2^2 k_x}{n_1^2 \gamma_2}\right) - \arctan\left(\frac{n_3^2 k_x}{n_1^2 \gamma_3}\right), \quad m = 1,2,3,\cdots \tag{3-96}$$

由式(3-88)、式(3-89)、式(3-91)可知

$$\beta^2 = k_0^2 n_1^2 - (k_x^2 + k_y^2) \tag{3-97}$$

由式(3-94)，可得

$$\gamma_2^2 = k_0^2(n_1^2 - n_2^2) - k_x^2 \tag{3-98}$$

$$\gamma_3^2 = k_0^2(n_1^2 - n_3^2) - k_x^2 \tag{3-99}$$

在 $y = \pm b/2$，H_y 和 H_z 在边界上连续，故可得

$$k_y b = n\pi - \arctan\left(\frac{k_y}{\gamma_4}\right) - \arctan\left(\frac{k_y}{\gamma_5}\right), \quad n = 1,2,3,\cdots \tag{3-100}$$

其中

$$\gamma_4^2 = k_0^2(n_1^2 - n_4^2) - k_y^2 \tag{3-101}$$

$$\gamma_5^2 = k_0^2(n_1^2 - n_5^2) - k_y^2 \tag{3-102}$$

从上式可看出，在二维矩形介质波导中，必须由两个方程式(3-96)、式(3-100)联立求解，分别求出 k_x、k_y，再应用式(3-97)，才能求出模式本征值 β。

对 TE_{mn}^y 模，采用同样方法可推出

$$k_x d = m\pi - \arctan\left(\frac{k_x}{\gamma_2}\right) - \arctan\left(\frac{k_x}{\gamma_3}\right), \quad m = 1,2,3,\cdots \tag{3-103}$$

$$k_y b = n\pi - \arctan\left(\frac{n_4^2 k_y}{n_1^2 \gamma_4}\right) - \arctan\left(\frac{n_5^2 k_y}{n_1^2 \gamma_5}\right), \quad n = 1,2,3,\cdots \tag{3-104}$$

从模式本征方程可以看出，它实际上是由两个独立的介质平板波导 TE 与 TM 模的模式本征方程组成。

2. 有效折射率法

在马卡提里近似解析法的基础上，我们来介绍一种更为实用的近似方法——有效折射率法。

我们把矩形介质波导看作如图 3.11 所示的两个一维介质波导的组合，但它们不完全独立，其中图 3.11(b)所示的平板波导的导波层的折射率等于图 3.11(a)所示的平板波导的模的有效折射率 N_1，即

$$N_1^2 = n_1^2 - \left(\frac{k_y}{k_0}\right)^2 \tag{3-105}$$

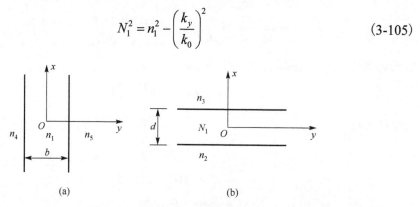

图 3.11 有效折射率示意图

对 TE_{mn}^x 模,已知主要电磁场分量 E_x 和 H_y。对于图 3.11(a)所示平板波导,这种场相当于 TE 波;对图 3.11(b)所示平板波导,这种场相当于 TM 波。故两平板波导的模式本征方程分别为

$$k_y b = n\pi - \arctan\left(\frac{k_y}{\gamma_4}\right) - \arctan\left(\frac{k_y}{\gamma_5}\right), \quad n = 1, 2, 3, \cdots \tag{3-106}$$

$$k_x d = m\pi - \arctan\left(\frac{n_2^2 k_x}{n_1^2 \gamma_2}\right) - \arctan\left(\frac{n_3^2 k_x}{n_1^2 \gamma_3}\right), \quad m = 1, 2, 3, \cdots \tag{3-107}$$

其中

$$\gamma_2^2 = k_0^2(N_1^2 - n_2^2) - k_x^2 \tag{3-108}$$

$$\gamma_3^2 = k_0^2(N_1^2 - n_3^2) - k_x^2 \tag{3-109}$$

由式(3-97)可知,矩形波导的传播常数为

$$\beta = (k_0^2 N_1^2 - k_x^2)^{1/2} \tag{3-110}$$

对 TE_{mn}^y 模式来说,已知主要电磁场分量是 E_y 和 H_x。从图 3.11 得知,这种场相当于图 3.11(a)所示的平板 TM 波,对图 3.11(b)所示的平板波导,相当于 TE 波,故而模式本征方程为

$$k_y b = n\pi - \arctan\left(\frac{n_4^2 k_y}{n_1^2 \gamma_4}\right) - \arctan\left(\frac{n_5^2 k_y}{n_1^2 \gamma_5}\right), \quad n = 1, 2, 3, \cdots \tag{3-111}$$

$$k_x d = m\pi - \arctan\left(\frac{k_x}{\gamma_2}\right) - \arctan\left(\frac{k_x}{\gamma_3}\right), \quad m = 1, 2, 3, \cdots \tag{3-112}$$

从上面的模式本征方程可以看出，两个不同的近似方法有相似的解，但式中的 k_x 却不相同。

通过计算比较，两种方法在远离截止区时符合得很好，在接近截止区，有效折射率法比马卡提里近似解析法更精确。

3.3　波导耦合理论

光波导能量交换和传输的本质是波导模式之间的耦合，耦合的意义包含能量从一个波导进入另一个波导，空间光波的能量进入波导[23,24]。本节在弱耦合条件下简述了两个结构相同的平行条形通道波导间的横向耦合理论，阐述经典的耦合系数计算方法，并针对经典的耦合系数，提出了改进的计算波导横向耦合系数的公式，并推导了单模条形通道波导间的耦合效率及振幅传递系数公式；简述了波导间纵向耦合的理论模型及光波由空间耦合进入波导的理论模型，并将罗兰圆耦合器模型的空间耦合效率计算方法进一步推广到非傍轴情况，导出了更为客观普遍的空间耦合效率计算方法，目的是为阵列波导光栅的设计提供正确而且严格的耦合理论。

3.3.1　横向弱耦合理论

横向耦合实际上是光场能量由一个波导进入另一个并列波导的光学隧道现象，因为能量以相干的方式传输，使得传输方向不变，可以通过此类效应制作定向耦合器，其结构有多层平面结构或通道波导结构。但是在阵列波导光栅 (arrayed waveguide grating，AWG) 等集成光学器件中，横向耦合也会引起波导间的串扰。

1. 平面波导耦合器

尽管可以通过对接的方式将两个波导耦合起来，使光场能量从一个波导进入另一个波导，但更普遍的方法是通过平板波导横向耦合。平板波导横向耦合器如图 3.12 所示。

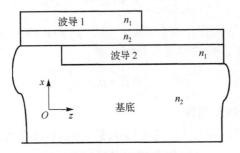

图 3.12　平板波导横向耦合器

2. 双通道定向波导耦合器

双通道条形波导耦合器如图 3.13 所示。对于平板波导耦合器或双通道波导耦合器，耦合都只由波导横方向的模场引起。在一定的作用长度，能量将会交替地从一个波导进入另一个波导。

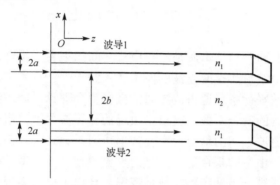

图 3.13　双通道条形波导耦合器

3. 理论模型

当两个波导间距与波导本身线度相比足够大，耦合作用不足以改变两个参与相互耦合作用的波导模式场分布，而只改变振幅系数时，波导间的横向耦合满足弱耦合条件。

可以用 Yariv 的耦合理论方法，来描述同步耦合模的耦合理论。

两个模之间的耦合可以通过两个模振幅之间的普通模耦合方程导出，以 $A_1(z)$、$A_2(z)$ 来代表图 3.12、图 3.13 中波导 1、2 的振幅。两个模之间满足的关系表述为

$$\frac{\mathrm{d}A_1(z)}{\mathrm{d}z} = -\mathrm{i}\beta_1 A_1(z) + k_{12} A_2(z) \tag{3-113}$$

$$\frac{\mathrm{d}A_2(z)}{\mathrm{d}z} = -\mathrm{i}\beta_2 A_2(z) + k_{21} A_1(z) \tag{3-114}$$

其中，k_{12}、k_{21} 为波导之间相互耦合系数；β_1、β_2 为传输参量。当两个波导结构完全相同时，$k_{12} = k_{21} = \mathrm{i}k$，传输参量也相同，满足

$$\beta_1 = \beta_2 = \beta = \beta_r - \mathrm{i}\frac{a}{2} \tag{3-115}$$

其中，a 为指数式的光损耗系数。

假设光在 $z = 0$ 处进入波导 1，则式(3-113)、式(3-114)的边界条件为

$$A_1(0) = 1, \quad A_2(0) = 0 \tag{3-116}$$

于是式(3-113)、式(3-114)的解为

$$A_1(z) = \cos(kz)\exp(i\beta z) \tag{3-117}$$

$$A_2(z) = \sin(kz)\exp(i\beta z) \tag{3-118}$$

波导内的功率流随传输距离 z 交替变化，分别为

$$P_1(z) = \cos^2(kz)\exp(-az) \tag{3-119}$$

$$P_2(z) = \sin^2(kz)\exp(-az) \tag{3-120}$$

两个相互耦合波导的定向耦合功率分布如图 3.14 所示。功率完全由波导 1 转移至波导 2 时，相互作用的耦合长度满足

$$L = \frac{\pi}{2k} + \frac{m\pi}{k}, \quad m = 1, 2, 3, \cdots \tag{3-121}$$

可见，对于耦合器来说，其耦合长度 L 是一个至关重要的参量。由于实际波导总有吸收损耗，传输常数 β 是个复数，因此两个波导的总功率按因子 $\exp(-az)$ 衰减。

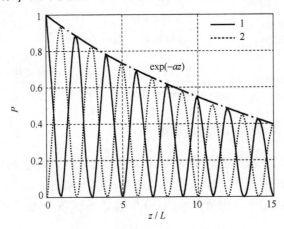

图 3.14　波导定向耦合功率分布

4. 耦合系数

耦合系数的计算表达式为

$$k = \frac{\omega\varepsilon_0}{4P} \int_{-\infty}^{\infty} (n_1^2 - n_2^2)\psi(x - 2b - 2a)\mathrm{d}x \tag{3-122}$$

其中，P 为单个波导的传输功率。以平板波导 TE_0 模为例，根据 TE_0 模场分布函数可得

$$P = \frac{\beta a}{2\omega\mu_0}\left(1 + \frac{1}{W}\right) \tag{3-123}$$

其中，W 表示包层衰减参量，$W = a\sqrt{\beta^2 - k_0^2 n^2}$，$n$ 为包层折射率；a 为芯层半宽度。可以将耦合系数的计算表达式化简为

$$k = \frac{Wv^2}{2a^2\beta(1+W)} \int_{-\infty}^{\infty} \psi(x)\psi(x-2b-2a)\mathrm{d}x \qquad (3\text{-}124)$$

耦合系数 k 明显依赖波导中模尾的形状，一般文献中耦合系数忽略了包层光场对耦合产生的作用，积分区间只考虑波导 2 的芯层，即积分区域为$[-a, a]$得到的结果为

$$k = \frac{Wv^2}{2a^2\beta(1+W)} \int_{-a}^{a} \psi(x)\psi(x-2b-2a)\mathrm{d}x$$
$$= \exp(-2Wb/a)\frac{Wv^2}{2a^2\beta(1+W)} \qquad (3\text{-}125)$$

　　然而，实际上耦合系数的计算公式满足的基本为弱耦合，为了更为客观地描述实际情况，需要考虑波导包层光场的耦合作用，积分区域应按照定义在整个区域积分，改进的耦合系数应为

$$k = \frac{Wv^2}{2a^2\beta(1+W)} \int_{-a}^{a} \psi(x)\psi(x-2b-2a)\mathrm{d}x$$
$$= \exp(-2Wb/a)\frac{Wv^2}{2a^2\beta(1+W)}\left[\frac{2b}{a} + \frac{4W}{v^2} + \frac{\exp(-2W)}{W}\right] \qquad (3\text{-}126)$$

3.3.2　不考虑输入角度的纵向耦合理论

　　纵向耦合通常用于波导之间的对接，如矩形波导和光纤之间的耦合，或不考虑光束输入角度影响的情况下，空间光束与波导的纵向耦合。

　　纵向耦合效率决定于入射光场 $\psi_1(x,y)$ 与波导场 $\psi_2(x,y)$ 的重叠积分，即

$$\eta = \frac{\left|\iint\limits_{S} \psi_1(x,y)\psi_2(x,y)\mathrm{d}x\mathrm{d}y\right|^2}{\iint\limits_{S} \psi_1^2(x,y)\mathrm{d}x\mathrm{d}y \iint\limits_{S} \psi_2^2(x,y)\mathrm{d}x\mathrm{d}y} \qquad (3\text{-}127)$$

设入射光场 $\psi_1(x,y)$ 的最大振幅为 A_1，耦合进入波导 2 后，在波导 2 中激励起的最大振幅为 A_2，考虑到耦合效率的定义为

$$\eta_{1\to2} = \frac{P_2}{P_1} = \frac{A_2^2 \iint\limits_{S} \psi_2^2(x,y)\mathrm{d}x\mathrm{d}y}{A_1^2 \iint\limits_{S} \psi_1^2(x,y)\mathrm{d}x\mathrm{d}y \iint\limits_{S} \psi_2^2(x,y)\mathrm{d}x\mathrm{d}y} \qquad (3\text{-}128)$$

其中，P_1、P_2 分别为波导 1、2 的传输功率，则可以导出最大振幅传递系数为

$$T_{1\to2} = \frac{A_2}{A_1} = \frac{\iint\limits_{S}\psi_1(x,y)\mathrm{d}x\mathrm{d}y \iint\limits_{S}\psi_2(x,y)\mathrm{d}x\mathrm{d}y}{\iint\limits_{S}\psi_2^2(x,y)\mathrm{d}x\mathrm{d}y} \tag{3-129}$$

3.3.3　考虑光束传输角度的波导空间耦合理论

经典的星型耦合器结构如图 3.15 所示，由发送波导和接收波导组成，发射波导端口位于圆周 1 上，端口法线指向 O_2，接收波导位于圆周 2 上，端口法线指向 O_1。这种情况下，光束由空间耦合进入波导，经典的耦合效率公式忽略了光束的传输方向，应该考虑光束的传输角度，更为客观，符合实际。

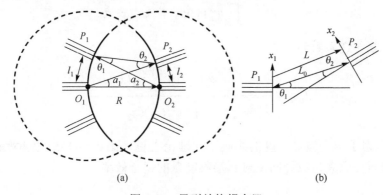

图 3.15　星型结构耦合器

考虑一般的情况，光束由波导 P_1 发射，P_2 接收，对于实际星型结构耦合器来说，$R \gg l_1$，$R \gg l_2$，因此

$$a_1 \approx \theta_1, \quad a_2 \approx \theta_2 \tag{3-130}$$

根据瑞利判据[10]，图 3.15(b) 中的 L 可以简化为

$$L = L_0 - x_1\sin\theta_2 - x_2\sin\theta_2 \tag{3-131}$$

其中，x_1、x_2 分别为以波导 P_1、P_2 中心为原点的坐标系。

根据瑞利-索末菲衍射积分公式，波导 P_1 衍射光束在波导 P_2 入口处产生的光场分布为

$$\begin{aligned}
\psi_1(x_2) &= \frac{\cos\theta_1\exp(\mathrm{i}kL_0)}{\sqrt{\mathrm{i}kL_0}}\exp(-\mathrm{i}kx_2\sin\theta_2)\int_{-\infty}^{\infty}\psi_1(x_1)\exp(-\mathrm{i}kx_1\sin\theta_1)\mathrm{d}x_1 \\
&= \frac{a_1\cos\theta_1\exp(\mathrm{i}kL_0)}{\sqrt{\mathrm{i}kL_0}}\exp(-\mathrm{i}kx_2\sin\theta_2)S(\theta_1)
\end{aligned} \tag{3-132}$$

其中，$S(\theta_1)$ 为波导 P_2 的衍射角谱。

结合式 (3-132)，式 (3-127) 描述的耦合效率可改写为

$$\eta_{1\to2} = \frac{a_1 a_2 \cos^2\theta_1 \cos^2\theta_2}{\lambda L_0} \frac{S(\theta_1)S(\theta_2)}{\int_{-\infty}^{\infty}\psi_1^2(x_1)\mathrm{d}x_1 \int_{-\infty}^{\infty}\psi_2^2(x_2)\mathrm{d}x_2} \tag{3-133}$$

对应由波导 P_1 到 P_2 的最大振幅传递系数为

$$T_{1\to2} = \frac{\cos^2\theta_1 \cos^2\theta_2}{\sqrt{\lambda L_0}} \frac{\int_{-\infty}^{\infty}\psi_1(x_1)\exp(-\mathrm{i}kx_1\sin\theta_1)\mathrm{d}x_1 \int_{-\infty}^{\infty}\psi_2(x_2)\exp(-\mathrm{i}kx_2\sin\theta_2)\mathrm{d}x_2}{\int_{-\infty}^{\infty}\psi_2^2(x_2)\mathrm{d}x_2} \tag{3-134}$$

如果对式(3-133)作旁轴近似: $\cos\theta_1 \to 1$，$\cos\theta_2 \to 1$，则

$$\eta_{1\to2} = \frac{a_1 a_2}{\lambda L_0} \frac{S(\theta_1)S(\theta_2)}{\int_{-\infty}^{\infty}\psi_1^2(x_1)\mathrm{d}x_1 \int_{-\infty}^{\infty}\psi_2^2(x_2)\mathrm{d}x_2} \tag{3-135}$$

对应最大振幅传递系数为

$$T_{1\to2} = \frac{1}{\sqrt{\lambda L_0}} \frac{\int_{-\infty}^{\infty}\psi_1(x_1)\mathrm{d}x_1 \int_{-\infty}^{\infty}\psi_2(x_2)\mathrm{d}x_2}{\int_{-\infty}^{\infty}\psi_2^2(x_2)\mathrm{d}x_2} \tag{3-136}$$

式(3-133)考虑了两个波导角度的影响，从理论上说，比式(3-135)更为严格地描述了两个法线呈任意夹角波导间发射和接收能量的耦合效率。

3.4　绝缘体上硅光波导

　　SOI 是一种如图 3.16 所示的三明治结构的材料[25-27]。基于 SOI 材料的 CMOS 电路具有集成密度高、速度快、低压、耐高温、抗辐照等优点，其性能明显优于常规的硅基集成电路。SOI 将成为实现低压、低能耗的国际微电子发展主流技术，具有极其广阔的应用前景。

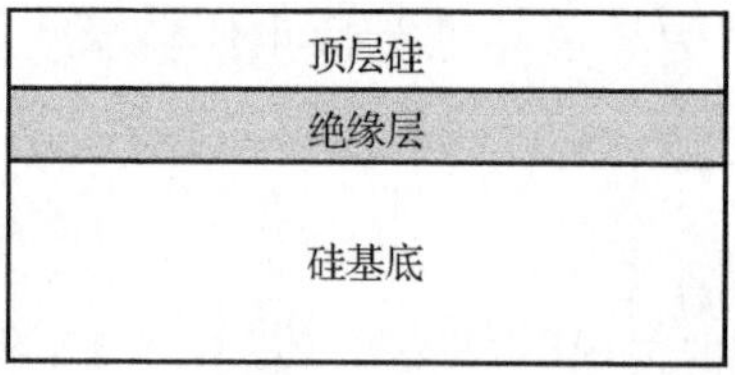

图 3.16　SOI 材料的结构示意图

　　此外，在集成光学领域，SOI 材料也展示了独特的性能优势：由于 Si 和 SiO$_2$ 之间存在很大的材料折射率差别，SOI 材料结构本身就是强限制平板光波导结构，容易获得小尺寸、结构紧凑的 SOI 光波导器件；硅在 1.3～1.6μm 的光通信波长范围

内是"透明的",光吸收损耗小;而且 SOI 光波导器件工艺与成熟的硅基 CMOS 工艺完全兼容,易实现规模化生产。因此,20 世纪 80 年代开始,就已经将 SOI 从微电子领域拓展到了光电子领域,成为硅基光电子学所依赖的重要材料之一。

3.4.1　SOI 材料制备工艺与 SOI 光波导

SOI 材料制备工艺的不断完善是 SOI 光波导器件飞速发展的物质基础。目前成熟且产业化的 SOI 材料制备技术主要包括硅片键合和背面腐蚀法(bonding and etch-back SOI,BESOI)、智能剥离技术(smart-cut)和注氧隔离法(separation by implantation of oxygen,SIMOX),而后两者是最为成功的商业化供片技术[28-31]。BESOI 技术是将两片被氧化的硅片键合在一起,然后将其中一片硅片抛光或腐蚀到合适的厚度,另一片支撑硅片作为机械基底。BESOI 材料可以获得初始硅片质量的表层硅和热氧化的 SiO_2 埋层,但是受减薄技术的限制,表层硅的厚度均匀性难以控制,而且一般只局限于制造微米量级以上的厚膜 SOI 片。Smart-cut 技术主要包括氢离子注入、键合、两步热处理、化学机械抛光四个步骤,能够精确控制表层硅厚度,同时提供质量同体硅相同的表层硅,并且能够随意调节 SiO_2 埋层厚度,但是其工艺复杂,影响最终产品质量的因素多。而 SIMOX 技术采用氧离子注入和高温退火工艺在硅片中形成具备理想绝缘埋层的 SOI 结构,制备过程简单可控,表层硅的厚度均匀性好,工艺条件成熟稳定,成品率高。虽然 SIMOX 技术只能制备表层硅厚度为亚微米量级的薄膜 SOI 材料。但是通过常规的硅外延技术就可以解决这个问题。

表 3.1 是 SOI 材料的主要产业化技术 BESOI、SIMOX 和 smart-cut 在制备工艺、材料性能与产业化限制因素等方面的比较,不难发现:BESOI 技术工艺复杂、产品成本高、质量难以保证,将逐渐被淘汰;smart-cut 技术和 SIMOX 技术可以大批量生产出成本相对较低、高质量的 SOI 材料。其中 SIMOX 技术在表层硅厚度均匀性和制备工艺方面具有一定优势,而且其表层硅与氧化埋层的质量也非常优异,因此 SIMOX SOI 材料是制作 SOI 光波导器件的理想材质。

表 3.1　SOI 材料在制备工艺、材料性能与产业化限制因素等方面的比较

生产技术	SIMOX	smart-cut	BESOI
工艺程序	少	复杂	复杂
表层硅厚度	小于 400nm	小于 2.5μm	较厚
表层硅厚度均匀性	很好	好	较难控制
埋层厚度	小于 400nm	易控制	易控制
界面平整度	易控制	易控制	不易控制
产业化限制	限于注入机	限于专利	产品成本高

由于 Si 与 SiO_2 的材料折射率差别大,如果 SOI 平板光波导结构要实现单模传

输，则要求波导层的厚度必须小于 0.2μm，这样在与单模光纤耦合时将引入很大的耦合损耗。1991 年，Soref 等提出了大截面脊形光波导单模传输理论，通过采用脊形光波导结构，可以使单模 SOI 光波导的截面尺寸扩展到与单模光纤匹配[15]。图 3.17 是大截面单模 SOI 脊形光波导的剖面图。随着材料制备工艺和光波导器件加工工艺的不断改善，SOI 单模光波导的损耗不断降低，其损耗可以达到小于 0.1dB/cm，与 SiO$_2$ 光波导相当。低损耗 SOI 光波导的研制为 SOI 光波导器件的研制发展奠定了器件结构基础。

图 3.17　大截面单模 SOI 脊形光波导的剖面图

弯曲波导在集成光学中是非常重要的。为了减小器件的尺寸，希望弯曲波导的弯曲半径尽量小。波导弯曲时，在弯曲区域传输的导模模式有效折射率将降低，当模式有效折射率小于限制层折射率时光场将向基底泄漏。这一泄漏损耗机制是限制减小波导弯曲半径的一种重要因素。由于波导层 Si 和限制层 SiO$_2$ 具有很大的折射率差别，因此这种泄漏损耗在 SOI 光波导中是可以忽略的，容易实现锐弯的光波导结构。此时限制减小 SOI 弯曲光波导的弯曲半径的主要因素是波导侧向辐射损耗。采用锥形结构(弯曲部分波导的宽度较小)，可以减小弯曲波导的最小弯曲半径。

3.4.2　SOI 光波导器件

低损耗的 SOI 光波导与波导弯曲的研制为 SOI 光波导器件的发展打下了坚实的基础。在过去的十年里，人们成功研制了种类繁多的 SOI 光波导无源器件、有源器件和集成回路，并且其中相当一部分已经成功地转化为产品推向市场。

光波导耦合器是集成光学中的一种重要的单元器件。Y 分支波导耦合器以及输出均衡、插入损耗 1.9dB 的定向耦合器等传统耦合器都已经成功地制作在 SOI 晶片上，并且利用 SOI 定向耦合器设计、制作了非对称性的 MZI 及其级联形式的滤波器。Trinh 等基于 SOI 脊形光波导结构获得了 5×9(输入×输出)的低损耗的星型耦合器。SOI 多模干涉耦合器及其锥形多模干涉耦合器也由 Trinh 等刚研制成功，具有结构紧凑、制作容差大、输出功率均衡的特点。

阵列波导光栅是 WDM 通信系统的关键器件。目前 AWG 的研究主要集中在 SiO₂ 和 InP 材料上，然而 SOI 也是一种制作 AWG 的好材料。Jalali 等[12]已经研制了制作在 4in SOI 晶片上的 AWG，其自由光谱范围(free spetrum range，FSR)为 7.6nm，通道间隔为 1.9nm，相邻通道间的串扰约为 22dB，这个器件小于 6dB。另外，他们还制作了通道间隔为 2nm 的 8 通道 AWG。

波导调制器与光开关等是 SOI 基光电子集成技术的重要器件，目前等离子色散效应和热光效应是研制波导调制器与光开关的主要机制。由于 Si 具有较大的热光系数($\sim 10^{-4}$/K)，而且硅的导热性非常好，因此 SOI 热光器件的响应速度比其他材料(如 SiO₂)热光器件的响应快。实验表明，优化后的 SOI 热光开关的开关时间可以达到微秒量级。硅是反演对称性的晶体，因此不具备线性电光效应(Pockels 效应)，而其非线性克尔(Kerr)效应也非常弱。但其自由载流子效应(等离子色散效应)相当显著。这样靠注入电流可以改变波导中的自由载流子浓度，自由载流子等离子体通过吸收系数对折射率的负作用，控制波导折射率的变化，足以实现电光调制。在 20 世纪 90 年代，SOI 波导电光调制器件取得了长足的进展，如采用全内反射结构的光开关，消光比为–18.6dB，插入损耗为 4.8dB；马赫-曾德尔调制器(Mach-Zehnder modulator，MZM)调制深度为 98%，调制器的响应时间小于 0.2μs，插入损耗为 4.81dB。1995 年，利用硅的等离子色散效应在 SOI 脊形光波导结构上实现了电注入 SOI 光波导开关；2004 年，Intel 公司采用 MOS 电容器结构成功解决了硅基电光调制器的响应速度落后于其他波导材料调制器件(如 LiNbO₃ 等)的问题，获得了调制频率达到 1GHz 的 SOI 基集成波导调制器。

光探测器是光集成技术中的重要器件。尽管硅在通信窗口是透明的，但是采用 GeSi 异质结材料可以实现通信窗口的硅基探测器。GeSi 探测器的结构之一是波导型探测器，采用 SOI 波导结构可以防止能量向 Si 基底中泄漏而导致探测器的响应度比较小。另一种结构是谐振腔增强(resonant cavity enhanced，RCE)，包括垂直 RCE 和水平 RCE。Cheng 等采用 SIMOX SOI 作底反射器制作了响应峰值波长为 1.285μm 的垂直 RCE 探测器，反偏压为 5V 时峰值响应度为 10.2mA/W，反偏压为 16V 时，在 1.3μm 测量的外量子效率为 3.5%。水平 RCE 探测器是通过波导上布拉格光栅出现的 PBG 效应，利用 PBG 效应的周期结构可以实现高品质因素和大的自由光谱范围的共振腔。SOI 材料完全符合在三维波导结构中要实现 PBG 效应的折射率调制要求，基于 SOI 的 PBG 结构也已经研制出来。

SOI 光波导器件的发展目的是实现低成本的 SOI 基单片光电集成回路。图 3.18 是 Jalali 研究小组提出的 SOI 光电集成芯片。目前进行 SOI 光波导器件研究的机构主要有：西安交通大学、中国科学院半导体研究所、武汉邮电科学院等，以及国外的德国柏林工业大学、美国加州大学等。英国波科海姆(Bookham)公司已经可以大批量供应高性能的 SOI 光波导器件,如电调可调式光衰减器、波分复用与解复用器、光接收机、光发射机等。

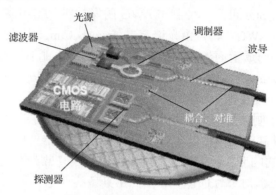

图 3.18　SOI 光电集成芯片

3.5　本 章 小 结

本章详细讨论了电磁场基本理论以及光波导的理论,特别对各种介质中的电磁波特性和规律进行了总结。针对具体的光波导物理模型,详细分析了平板波导和矩形波导理论,并对波导的耦合问题进行了总结和讨论。针对硅基光电子芯片中主流的 SOI 光波导,本章主要分析了它的制备工艺,以及各种相关器件的设计。本章的内容对于后续理解和掌握硅基光电子器件的设计理论和各种效应机理,以及功能实现具有指导意义,也是重要的理论支撑和知识准备。

参 考 文 献

[1]　毕德显. 电磁场理论. 北京: 电子工业出版社, 1985.

[2]　范崇澄, 彭吉虎. 导波光学. 北京: 北京理工大学出版社, 1988.

[3]　玻恩 M, 沃耳夫 E. 光学原理. 杨葭荪, 等译. 北京: 科学出版社, 1978.

[4]　陈根祥. 光波技术基础. 北京: 中国铁道出版社, 2000.

[5]　叶培大. 光波导技术基本理论. 北京: 人民邮电出版社, 1984.

[6]　胡鸿璋. 应用光学原理. 北京: 机械工业出版社, 1993.

[7]　方俊鑫. 光波导技术物理基础. 上海: 上海交通大学出版社, 1987.

[8]　Soref R A. Applications of Silicon-based Optoelectronics. Cambridge: MRS Bulletin, 1998, 23(4): 20-24.

[9]　Peters L. SOI takes over where silicon leaves off. Semiconductor International, 1993, 16(3):

48-51.

[10] Soref R A, Lorenzo J P. All-silicon active and passive guided-wave components for λ=1.3 and 1.6μm. IEEE Journal of Quantum Electronics, 1986, 22 (6) : 873-879.

[11] Soref R A. Silicon-based optoelectronics. Proceedings of the IEEE, 1993, 81 (12) : 1687-1706.

[12] Jalali B, Trinh P D, Yegnanarayanan S, et al. Guided-wave optics in silicon-on-insulator technology. IEE Proceedings-Optoelectronics, 1996, 143 (5) : 307-311.

[13] Jalali B, Yegnanarayanan S. Advances in silicon-on-insulator optoelectronics. IEEE Journal of Selected Topics in Quantum Electronics, 1998, 4 (6) : 938-947.

[14] Day I E, Roberts S W, O'Carroll R, et al. Single-chip variable optical attenuator and multiplexer subsystem integration// Optical Fiber Communication Conference and Exhibit, Anaheim, 2002: Tuk4.

[15] Soref R A, Schmidtchen J, Petermann K. Large single-mode rib waveguides in GeSi-Si and Si-on-SiO$_2$. IEEE Journal of Quantum Electronics, 1991, 27 (8) : 1971-1974.

[16] Pavesi L. Optical Interconnects: The Silicon Approach. Berlin: Springer, 1998.

[17] Fischer U, Zinke T, Kropp J R, et al. 0.1dB/cm waveguide losses in single-mode SOI rib waveguides. IEEE Photonics Technology Letters, 1996, 8 (5) : 647-648.

[18] Spiekman L H, Oei Y S, Metaal E G, et al. Ultrasmall waveguide bends: The corner mirrors of the future. IEE Proceedings-Optoelectronics, 1995, 142 (1) : 61-65.

[19] Rickman A G, Reed G T. Silicon-on-insulator optical rib waveguide loss and mode characteristics. Journal of Lightwave Technology, 1994, 12 (10) : 1771-1776.

[20] Trinh P D, Yegnanarayanan S, Jalali B. Integrated optical directional couplers in silicon-on-insulator. Electronics Letters, 1995, 31 (24) : 2097-2098.

[21] Trinh P D, Yegnanarayanan S, Jalali B. 5×9 integrated optical star coupler in silicon-on-insulator technology. IEEE Photonics Technology Letters, 1996, 8 (6) : 794-796.

[22] Trinh P D, Yegnanarayanan S, Coppinger F, et al. Compact multimode interference couplers in silicon-on-insulator technology// Conference on Lasers and Electro-Optics (CLEO), Coventry, 2002: CThV4.

[23] Wei H, Yu J, Liu Z, et al. Fabrication of 4×4 tapered MMI coupler with large cross section. IEEE Photonics Technology Letters, 2001, 13 (5) : 466-468.

[24] Treyz G V, May P G. Silicon optical modulators at 1.3μm based on free-carrier absorption. IEEE Electron Device Letters, 1991, 12 (6) : 276-278.

[25] Liu Y, Liu E, Li G, et al. Novel silicon waveguide switch based on total internal reflection. Applied Physics Letters, 1994, 64 (16) : 2079-2080.

[26] Liu Y L, Li G Z, Zhang S L, et al. Silicon 1×2 digital optical switch using plasma dispersion. Electronics Letters, 1994, 30 (2) : 130-131.

[27]　Zhao C Z, Li G Z, Liu E K, et al. Silicon on insulator Mach-Zehnder waveguide interferometers operating at 1.3μm. Applied Physics Letters, 1995, 67(17): 2448-2449.

[28]　Liu A, Jones R, Liao L, et al. A high-speed silicon optical modulator based on a metal-oxide-semiconductor capacitor. Nature, 2004, 427(6975): 615-618.

[29]　Li C, Yang Q Q, Wang H J, et al. $Si_{1-x}Ge_x$/Si resonant-cavity-enhanced photodetectors with a silicon-on-oxide reflector operating near 1.3μm. Applied Physics Letters, 2000, 77(2): 157-159.

[30]　Yablonovitch E, Gmitter T J. Photonic band structure: The face-centered-cubic case. Journal of the Optical Society of America A-Optics Image Science and Vision, 1990, 7(9): 1792-1800.

[31]　Foresi J S, Villeneuve P R, Ferrera J, et al. Photonic-bandgap microcavities in optical waveguides. Nature, 1997, 390(6656): 143-145.

第 4 章　硅基光无源器件

光无源器件是一种不需要借助外部光、电或其他形式的能量，就能够完成某种光学功能的器件。随着微纳光学和微纳加工技术的发展，基于硅材料平台，应用硅制作工艺研发的小尺寸、低能耗光电器件在实现功能丰富的大规模光电集成芯片等方面发挥着日益重要的作用。本章主要介绍一些常用的硅基光无源器件，其中包括光栅器件、光子晶体波导器件、光耦合器、阵列波导光栅、微环谐振腔以及偏振调控器件。

4.1　光　栅　器　件

自从 1786 年美国天文学家 Rittenhouse 制作出第一个细金属丝光栅以来，至今已有 200 多年了。时至今日，光栅已在天文学、传感、集成光路、光通信和信息处理等领域发挥着重要的作用。就硅基集成光路来说，光栅能够灵活实现相位匹配、耦合、光束整形、波长变换[1]等功能并且具有结构简单、易于集成、制作工艺简单等优点，已被广泛应用于集成光路的有源和无源器件中。

广义上来说，所谓光栅器件是指具有周期性的光学性能(如折射率、透射率等)或空间结构的衍射元器件。本节将重点介绍折射率在一维方向上发生周期性变化的光栅器件。

4.1.1　布拉格条件

布拉格条件是光栅器件中最基本的关系式，它描述的是入射光波矢和各衍射级波矢之间关系的式子。

在如图 4.1 所示的光栅基本结构中，设光栅周期为 T，入射和透射介质折射率分别为 n_1 和 n_2，光栅的高折射率为 n_H，低折射率为 n_L。定义方向沿着 z 向的光栅矢量 K，其大小为

$$K = \frac{2\pi}{T} \tag{4-1}$$

入射光波矢 K_{in} 在 z 方向上的分量大小为

$$K_{in,z} = |K_{in}|\sin\theta = \frac{2\pi}{\lambda}n_1\sin\theta \tag{4-2}$$

其中，λ 为入射光波长。

此时，布拉格条件可表示为

$$K_{m,z} = K_{\mathrm{in},z} + mK, \quad m = 0, \pm 1, \pm 2, \cdots \tag{4-3}$$

其中，m 是衍射级的阶数。上式表明，m 级衍射波矢的 z 分量 $K_{m,z}$ 等于入射波矢 z 分量 $K_{\mathrm{in},z}$ 与 m 倍的光栅波矢大小 mK 之和。

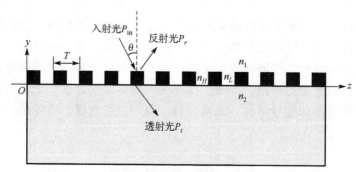

图 4.1　光栅基本结构图

对于上式，还可用矢量关系图来表示，如图 4.2 所示。入射光波矢与光栅矢量的整数倍叠加后所得的波矢为某一衍射波矢。例如，+1 级透射衍射波矢的 z 分量 $K_{+1,z} = K_{\mathrm{in},z} + K$。

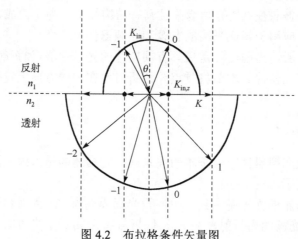

图 4.2　布拉格条件矢量图

4.1.2　二元闪耀光栅

相比于常规的布拉格光栅(图 4.1)，闪耀光栅能通过灵活控制刻槽形状，将衍射的中央主极大能量转移到其他的干涉主极大上面，从而使能量集中到某一级，利用这一特性，可以灵活地实现高效的反射、透射和耦合。传统的连续表面浮雕型闪耀光栅工艺实现起来比较困难，且难于和其他器件集成，因此有学者提出了采用二元量化的方法来近似连续表面浮雕结构的闪耀光栅[2]，闪耀光栅的量化过程如图 4.3 所示，(a) 为常规闪耀光栅，(b) 为多阶离散光栅，(c) 为二元闪耀光栅(图中以量化为两个高折射率光栅齿为例)[3,4]。二元闪耀光栅由一系列高度一致的亚波长矩形光栅齿构成，这种结构在目前工艺条件下被认为是最有利于制造的，在适当的参数下，可作为传统锯齿状闪耀光栅的极好近似。

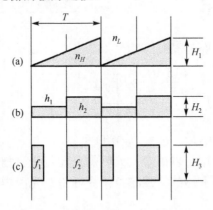

图 4.3　闪耀光栅量化过程示意图

对于图 4.1 所示光栅，根据等效介质理论，其平均有效折射率可等效为

$$n_{\text{effavg}} = fn_H + (1-f)n_L \tag{4-4}$$

其中，f 为占空比，定义为高折射率 (n_H) 的介质宽度与光栅周期之比。

对于图 4.3 (a) 所示的闪耀光栅，设其高度为 H_1，而图 4.3 (b) 所示的多阶离散光栅，假设每个台阶高度为 $h_i (i=1,2,\cdots,N)$，图 4.3 (c) 所示的二元闪耀光栅，设其高度为 H_3，每个高折射率介质占空比为 $f_i (i=1,2,\cdots,N)$，则有

$$h_i = \frac{1}{2}\left[\frac{H_1}{N}\cdot i + \frac{H_1}{N}\cdot(i-1)\right] = \frac{(2i-1)H_1}{2N}, \quad i=1,2,\cdots,N \tag{4-5}$$

$$\frac{h_i}{H_3}n_H + \frac{H_3 - h_i}{H_3}n_L = n_{\text{effavg}} \tag{4-6}$$

根据式 (4-4)～式 (4-6)，有

$$f_i = \frac{\left[\dfrac{2i-1}{2N}\cdot\dfrac{H_1}{H_3}(n_H - n_L) + n_L\right]^2 - n_L^2}{n_H^2 - n_L^2}, \quad i=1,2,\cdots,N \tag{4-7}$$

对于如图 4.3 所示情形 ($N=2$)，假定高折射率介质为硅材料 ($n_H=3.5$)，低折射率材料为空气 ($n_L=1$)，则有

$$f_i = \frac{\left[\dfrac{2i-1}{4} \cdot \dfrac{H_1}{H_3}(3.5-1)+1\right]^2 - 1}{3.5^2 - 1} \tag{4-8}$$

$$f_1 = \frac{\left(\dfrac{5}{8} \cdot \dfrac{H_1}{H_3}+1\right)^2 - 1}{11.25}, \quad f_2 = \frac{\left(\dfrac{15}{8} \cdot \dfrac{H_1}{H_3}+1\right)^2 - 1}{11.25} \tag{4-9}$$

又由占空比定义，f_2 必须满足

$$f_2 = \frac{\left(\dfrac{15}{8} \cdot \dfrac{H_1}{H_3}+1\right)^2 - 1}{11.25} \leqslant 1, \quad \frac{H_1}{H_3} \leqslant \frac{4}{3} \tag{4-10}$$

因此，选定好刻蚀深度(H_3)后，由式(4-9)和式(4-10)便可以确定占空比，然后再根据优化得到的光栅周期，就可以确定二元闪耀光栅每个光栅齿宽。

从某种意义上来说，上述的常规布拉格光栅是二元闪耀光栅的特例。

4.1.3 光栅器件的应用

1. 光栅耦合器

随着光电集成器件在光通信系统中的应用，其带来一个问题是，如何将光纤与光电集成芯片波导高效、低成本对接起来，或者说耦合起来。由于硅基微纳光波导器件中波导的尺寸通常小于 1μm，而通常单模光纤的芯径为 8~10μm，光从光纤进入这种小尺寸的波导时，两者之间模斑尺寸以及有效折射率的失配会导致辐射模和背向反射的出现，从而产生很大的插入损耗，因此在集成光学领域，两者之间的耦合问题是一个长期的具有挑战性的课题。

为了降低光纤和芯片波导之间的模式失配和折射率失配损耗，各国研究小组纷纷提出了各种解决方法，如楔形模斑转换器[5-8](spot size converter，SSC)、反向楔形耦合器[9]、透镜耦合器[10]、棱镜耦合器[11]、光栅耦合器[12-17]等。对于光栅耦合器(图 4.4)，其耦合可以发生在集成芯片平面内外的任何位置，可以灵活布置 I/O 端口位置，采用这种耦合方式芯片集成度能大大提高，并且可以在圆晶切割成芯片之前进行片上测试。

接下来讨论布拉格条件在光栅耦合器中的表现形式。如图 4.4 所示，设波导中导模的传播常数为 β，则此时布拉格条件可表示为

$$\beta = K_{m,z} = K_{\text{in},z} + mK, \quad m = 0, \pm 1, \pm 2, \cdots \tag{4-11}$$

上式表示如果衍射波的传播常数 $K_{m,z}$ 等于导波传播常数 β 时，那么 m 阶衍射波就可

以耦合进波导而成为导模。相反地，波导中的导模也可以反过来成为 m 阶衍射波而射出。

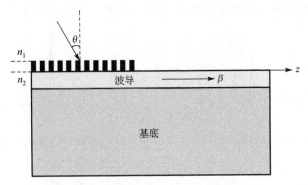

图 4.4　光栅耦合器结构示意图

将式 (4-1)、式 (4-2) 代入式 (4-11)，有

$$\frac{2\pi}{\lambda}n_1\sin\theta + m\frac{2\pi}{T} = \beta, \quad m = 0,\pm1,\pm2,\cdots \tag{4-12}$$

当光从光纤中输入，此时 n_1 就为光纤折射率，利用光栅就能实现光纤与微纳平面波导的耦合。

这里需要说明的是，布拉格条件只能作为设计光栅耦合器的参考，而更为精确的计算，需要用到严格耦合波分析 (rigorous coupled-wave analysis，RCWA)[18]或时域有限差分 (finite-different time-domain，FDTD)[19]等算法。

对于光栅耦合器的研究，比较早的是 Dakss 和 Kuhn 等利用光刻胶制成的光栅耦合器[20]，随后在微纳加工技术的带动和影响下，人们纷纷设计和制作各种不同的光栅耦合器件。如美国 Alabama 大学的 Wang 和 Nordin 等提出了倾斜光栅耦合器[17,21]，

对于上述的二元闪耀光栅，德国的 Haidner 等指出[22]，当把这种二元量化的闪耀光栅刻蚀在折射率为 2 的材料上时，其理论耦合效率可以达到 80% 以上，而当采用 SOI 材料系统制作时，其理论耦合效率也在 70% 以上。据此原理，北京大学研究者提出了基于 SOI 材料系统的二元闪耀光栅耦合器，经 FDTD 仿真分析，其理论耦合效率为 59%[23]。

2. 光栅反射镜

作为一种可变反射率及波长选择的强有力工具，高反射率、宽带反射镜是许多光学元件必不可少的部件之一，如光吸收器[24]、电光调制器[25]、激光器[26,27]、探测器[28]、耦合器[29]等。近年来，一种基于泄漏模谐振 (leaky mode resonance，LMR) 效应的介质光栅反射镜[30,31]受到了世界各国科研小组的关注。

此处的泄漏模谐振效应是指当入射光与光栅中的泄漏模相位相匹配时，在光栅

反射谱中,其 0 级反射率几乎将近 100%的现象[32]。对比如图 4.5 所示衍射图谱可知,发生泄漏模谐振时在衍射图谱中可以观察到 0 级衍射被增强,其反射率将近 100%,而其他高衍射级被压制。利用这一特性,谐振光栅可实现高效率的反射滤波。

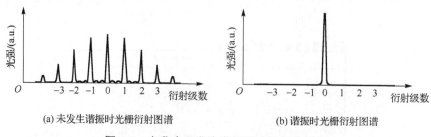

(a) 未发生谐振时光栅衍射图谱　　　　　　(b) 谐振时光栅衍射图谱

图 4.5　未发生及发生谐振时光栅衍射图谱

根据泄漏模谐振原理,美国加州大学伯克利分校的 Huang 等[30,33-35]利用在硅衬底上沉积低折射率包层(cladding)的亚波长光栅,成功设计和制作出了反射响应平坦反射镜,它能在较宽的波段范围内表现出较高的反射率。

3. 偏振无关方向耦合器[36]

通常情况下,方向耦合器对不同偏振状态下的入射光表现出不同的性质,这限制了器件的进一步应用,为了解决此问题,基于亚波长光栅和刻槽波导,最近北京大学学者设计了一种偏振无关方向耦合器,如图 4.6 所示。测试结果表明,在波长 1550nm 处,该结构对 TE 偏振光的耦合效率为 97.4%,而对 TM 偏振光的耦合效率为 96.7%。进一步的分析表明,在 1525～1570nm 波长范围内,该器件耦合率约为 89%,而误差容限为±20nm。

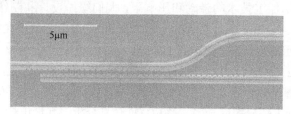

图 4.6　偏振无关方向耦合器

4.2　光子晶体波导器件

4.2.1　光子晶体基本概念

光子晶体是一种介电常数或磁导率在空间呈周期性分布的人工电磁晶体材料。

1987 年，美国的 Yablonovitch 等[37,38]提出了光子晶体这一新概念。他们发现，与电子在固态晶体的周期性势场下形成的电子能带和带隙类似，光子晶体对光的布拉格散射也能够在一定频率范围内产生 PBG。频率处在 PBG 中的光不能在光子晶体中传播，而几乎完全被反射回去。

　　光子晶体按空间分布可以分为一维、二维和三维光子晶体。光子晶体结构示意图如图 4.7 所示。通常，人们习惯把折射率在一维方向上发生周期变化的一维光子晶体称作光栅，如现在广泛应用的多层布拉格光栅结构就是一维光子晶体[39,40]；二维光子晶体在实际中通常演变为有一定厚度的光子晶体平板，由于这种结构适合用传统的微电子平面加工工艺来实现，因此成为目前光子晶体器件采用的主要结构[41-43]；三维光子晶体具有完全真正带隙，即落在禁带频率范围的光无论从任何角度入射都无法在光子晶体内部传播[44-46]。从理论上说，三维光子晶体的性能最佳，但是目前还没有比较好的加工制作手段。

　　经过 30 多年不断的发展与完善，目前光子晶体已广泛应用于微波通信[47,48]、光子芯片[49,50]、太阳能电池[51,52]和生物化学传感[53,54]等领域中。

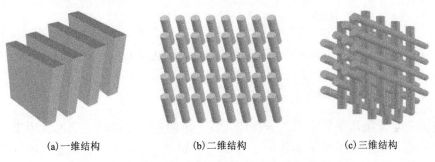

(a)一维结构　　　　　　　　　　(b)二维结构　　　　　　　　　(c)三维结构

图 4.7　光子晶体结构示意图

4.2.2　光子晶体平板

　　如上文所述，具有一定厚度的二维光子晶体平板能够实现光子晶体的多数特性要求，且可用标准的平面波导加工技术制作，因此成为目前光子晶体器件采用的主要结构。

　　通常光子晶体平板在周期平面内是利用光子带隙来限制光场的，而在垂直方向上则是利用介质的折射率差来限制光场的，利用 SOI 结构的强限制型波导，能够大大减小垂直方向的损耗。典型的光子晶体平板有两种结构：介质柱形和空气孔型。图 4.8 给出了两种典型的光子晶体平板的能带结构示意图[55]。从图 4.8 可看出，两种结构分别为 TM 场与 TE 场，存在禁带。需要特别说明的是，在光子晶体中，TE 与 TM 的电磁场矢量定义与经典光学理论中的电磁场矢量定义是不一样的。为方便分析研究，习惯上在光子晶体中，认为电场全在光子晶体平面内的偏振态为 TE 模，而磁场全在光子晶体平面内的偏振态为 TM 模[56]。对于光子晶体平板结构，因为在垂直方向上缺乏平移对称性，所以没有纯粹的 TE 和 TM 模式，但是根据光子晶体平板的水平对称性，可以将模式区分为偶对称和奇对称，这两种模式和二维情况下的 TE 和 TM 模式非常相似，所以偶对称和奇对称模式又分别被称为 TE 和 TM 模式[57]。

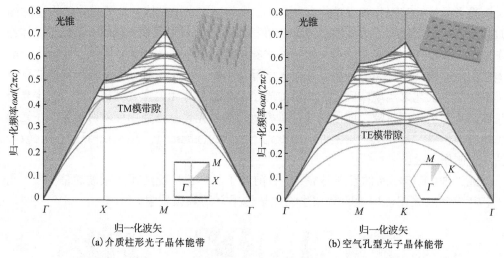

(a) 介质柱形光子晶体能带

(b) 空气孔型光子晶体能带

图 4.8　两种典型光子晶体平板能带图

4.2.3　光子晶体平板波导

在完美光子晶体平板中引入一排或几排一维的扰动，即在光子晶体中形成了一维的线缺陷，就形成了光子晶体平板波导[58]。如图 4.9 所示为在硅基二维三角晶格光子晶体中移除一排空气孔形成的光子晶体平板线缺陷波导。由于两旁光子晶体的存在，频率处于禁带内的光只能被限制在中央的波导中传输，而不会扩散到两边。

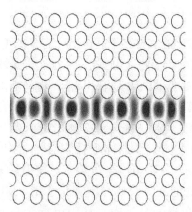

图 4.9　移除一排空气孔形成的光子晶体平板线缺陷波导

移除 n 排平行的空气孔，将得到一个 W_n 光子晶体线缺陷波导。一般来说，缺陷的宽度越宽，光子晶体缺陷波导支持的模式越多，但多个模式之间很容易产生模式间的相互耦合而产生色散，导致光信号传送失真。因此，光子晶体波导通常都是工作在单模状态。

图 4.10 是图 4.9 所示硅基光子晶体平板单线缺陷波导结构的能带结构图，横坐标表示归一化轴向传播常数 k_x，a 是晶格常数。纵坐标是归一化频率 ω，λ 是光波长。对于光子晶体平板波导，反映垂直方向光限制能力的色散曲线通常称为光线。光线以上的区域成为光锥。位于光锥中的模式称为辐射模，其在光子晶体中传播的时候，光会泄漏到包层中去，损耗很大；而在这条线以下的模式，如灰色区域中的光子晶体平板模式，只能在光子晶体中传播，不会泄漏到包层中去；处于禁带中的模式，如 1 阶导模与 2 阶导模，只能被束缚在缺陷中传播，损耗几乎为 0。

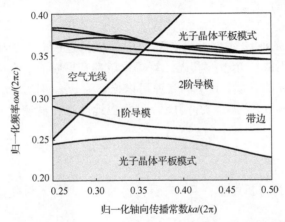

图 4.10　硅基光子晶体平板单线缺陷波导能带结构图

4.2.4　光子晶体波导器件

1.　Y 分支功分器[59]

基于传统波导的 Y 分支功分器的分束角受辐射损耗的限制，通常在几度以内，因此为了将能量输出到两个分开的波导中，整个器件的横向尺寸比较大。而基于光子晶体波导的 Y 分支功分器的分束角可以达到 120°，能够大大减小器件尺寸。如图 4.11 所示为丹麦技术大学研究者提出的基于 SOI 结构的光子晶体平板波导 Y 分支功分器。实验测得在 1560～1585nm 波长范围内，其 3dB 输出损耗几乎为 0，整个器件的尺寸为 15μm×20μm，且该器件还表现出较好的工艺容差性。

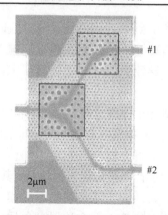

图 4.11　SOI 结构光子晶体平板波导 Y 分支功分器

2. 光子晶体慢光波导

所谓慢光是指光速远远小于光在真空中的传播速度($c \approx 3 \times 10^8 \mathrm{m/s}$)的一种现象。慢光在光学延迟线、光缓存和光计算等领域都有重要的潜在应用价值。

对于折射率为 n 的介质,其中的光速可以描述为 c/n。但对于一个光脉冲信号来说,就要用群折射率 n_g 代替介质折射率 n,相应地就存在群速度 v_g,其定义为

$$v_g = \frac{\mathrm{d}\omega}{\mathrm{d}k} = \frac{c}{n + \omega\dfrac{\mathrm{d}n}{\mathrm{d}\omega}} = \frac{c}{n_g} \tag{4-13}$$

其中,$n_g = n + \omega\dfrac{\mathrm{d}n}{\mathrm{d}\omega}$ 为群折射率;$\dfrac{\mathrm{d}n}{\mathrm{d}\omega}$ 表示材料的折射率与入射光频之间的关系,也称色散关系。由上式可知,要获得慢光,也就是较低的群速度,可以通过增大 $\dfrac{\mathrm{d}n}{\mathrm{d}\omega}$ 来实现,比如引入较大的色散。

2005 年,IBM 公司 Watson 研究中心的 Vlasov 等[49]利用集成在硅芯片上的低损耗硅基光子晶体波导(图 4.12),在横截面加上有源电极,通过电流的改变来调节介质折射率,从而达到改变群速度的目的。通过实验,他们得到了速度约为光速 1/300 的群速度,使基于光子晶体的慢光向实际应用迈出了关键性的一步。但是这种结构存在着群速度色散大(约为传统光纤的 10^7 倍),在传输过程中会极大展宽脉冲,造成严重信号失真的问题。

随后,Mori 等[60]设计了一种啁啾结构的光子晶体耦合波导,它能在带隙范围内形成一条拥有拐点的"座椅状"平坦能带。2007 年,Settle 等[61]对此结构进行了实验验证,以及时域和频域的性能考察,通过调整输入脉冲的波长,他们将群速度降为了 0.017c。

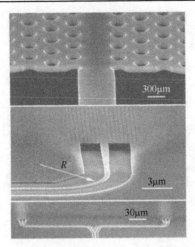

图 4.12 IBM 公司 Watson 研究中心实现的低损耗硅基光子晶体波导

而北京大学 Hou 等[62]通过调整结构的方式，在最接近波导的两排空气孔中增加内介质柱，通过改变内介质柱的直径达到调整色散曲线形状的目的，从而实现了宽带慢光。随后，基于啁啾刻槽结构的光子晶体耦合波导，该课题组[63]还提出了一种光子能带的慢波区域远离布里渊区边界的结构，当结构优化后，可得在中心波长 1550nm 处带宽为 30nm 的慢光。

虽然光子晶体平板波导是实现慢光的有效方式之一，然而，受现有实际工艺条件限制，其制备工艺复杂，制作成本高；而一维周期性介质波导结构简单，易于加工，方便与其他器件集成，因此越来越受到国内外研究者的关注。

2009 年，上海交通大学 Dai 等[64]设计了一种椭圆形空气孔阵列的直波导，经计算后得到归一化频宽 $\Delta\omega/\omega=0.0396\%$，平均群折射率 $\overline{n}_g=418$。同时，该课题组还设计了一种新型的沙漏型空气孔阵列的直波导，这种空气孔由上下两个对称的半椭圆组成。经计算后得到归一化频宽 $\Delta\omega/\omega=0.212\%$，平均群折射率 $\overline{n}_g=87.8$。最近，浙江大学 Hao 等[65]设计了一种鱼骨状光栅波导(fishbone-like grating waveguides)慢光器件，理论分析表明，该器件群折射率为 13，而带宽超过 10nm，实验结果与理论结果基本一致。

3. 硫化物完全带隙光子晶体

因对红外波段透明且具有较好的非线性效应，中等折射率差的硫化物在导航与制导、红外探测等领域有广泛的应用。为了充分挖掘硫化物材料的性能，目前一种常用的方法是增强其完全光子带隙，基于此原理，Hou 等[66]设计了三角晶格和正方晶格的连接环柱状光子晶体(connected-annular-rods photonic crystals)，如图 4.13 所示。理论分析表明，采用正方晶格结构，在折射率比值 2.24:1～2.8:1 范围内，此光子晶体归一化完全光子带隙约为 13.5%，表现出较好的折射率容差性。

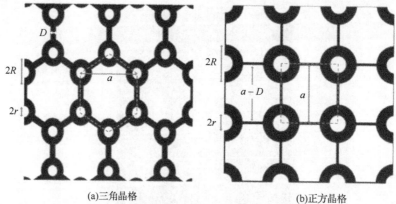

(a)三角晶格　　　　　　　　　　(b)正方晶格

图 4.13　三角晶格和正方晶格的连接环柱状光子晶体

4.3　光　耦　合　器

4.3.1　多模干涉耦合器

基于平面波导型的多模干涉(multimode interference，MMI)耦合器件较其他器件具有插入损耗低、频带宽、制作工艺简单和容差性好等优点，已被广泛地应用于光开关[67]、波分复用/解复用器[68]、功率分配和组合器[69]等重要光学器件中。MMI 耦合器根据端口数量，主要有 1×N 型和 N×N 型两种。目前对 MMI 耦合器的研究主要集中于研究多模波导的结构，减小器件尺寸，以及提高功分器的性能。

在多模干涉耦合器的设计过程中，研究者通常用自镜像效应(self-imaging effect，SIE)来确定器件的结构参数。对于自镜像效应，可以简单地解释为：自镜像效应是多模波导的一个重要特性，它是波导中被激励起来的模式间的相长性干涉的结果。通过这个效应，沿导波的传播方向将周期性地产生输入场的一个或多个像[70]。下面就以图 4.14 所示 N×N 型 MMI 耦合器为例，对自镜像效应加以说明。

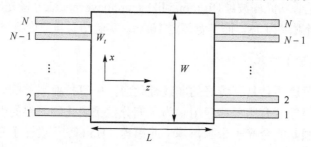

图 4.14　N×N 型 MMI 耦合器

如图 4.14 所示，该器件由输入波导、多模干涉区以及输出波导三部分组成。设

MMI 部分的宽度和长度分别为 W 和 L，其心层和包层的有效折射率分别为 n_r 和 n_c，输入/输出波导的宽度为 W_t。

在 MMI 部分的输入处 $(z=0)$ 光场可以展开为

$$f(x, z = 0) = \sum_m c_m \phi_m(x) \tag{4-14}$$

其中，$\phi_m(x)$ 是 MMI 部分第 m 阶本征模；c_m 是相应部分的权重系数。那么，在 z 处的光场为

$$f(x, z) = \sum_m c_m \phi_m(x) e^{-j\beta_m z} \tag{4-15}$$

其中，β_m 为 m 阶本征模的传播常数。

为了对上式进行化简，自镜像理论采用了两个假设：一是假定 k_y 远小于 $k_0 n_r (k_y^2 + \beta_m^2 = k_0^2 n_r^2)$，$k_0$ 为真空中波矢，k_y 为波矢的 y 分量；二是认为第 m 阶本征模的有效宽度与 0 阶本征模的有效宽度相等，即 $W_m = W_0$。基于以上两个假设式 (4-15) 可以改写为

$$f(x, z) = \exp(j\beta_0 z) \sum_m c_m \phi_m(x) \exp\left[j \frac{m(m+2)\pi}{3L_\pi} z \right] \tag{4-16}$$

其中，L_π 为拍长，定义为

$$L_\pi = \frac{\pi}{\beta_0 - \beta_1} \tag{4-17}$$

通过仔细分析式 (4-16)，可知产生输入场的 N 重像的位置为[71]

$$L = \frac{3L_\pi}{N} \tag{4-18}$$

此外，对于输入/输出波导的坐标位置，可以确定为

$$x_i = \frac{2i - (N+1)}{2N} W_0 \tag{4-19}$$

于是，对于给定宽度的 MMI，可以通过上两式确定 MMI 的长度以及输入/输出波导的坐标位置。

图 4.15 为 1×4 型 MMI 耦合器光场分布图，在 MMI 耦合器的输出端，出现了 4 重输入场的像，从而实现了功率分配的目的。

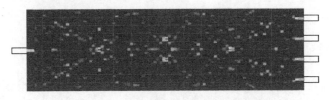

图 4.15　1×4 型 MMI 耦合器光场分布图

4.3.2　多模干涉耦合器的应用

基于上面介绍的自镜像理论，研究者纷纷设计了不同的 MMI 器件，以满足实际中的各种需求。

1. 硅纳米线偏振无关 MMI 功分器[72]

由自镜像理论可知，对于 1×N 型 MMI 耦合器，第一次 N 重像的位置位于

$$L_{\mathrm{MMI}} = \frac{3L_\pi}{4N} \tag{4-20}$$

为了达到偏振无关的目的，要求 TE 和 TM 偏振光拍长之差为 0，即 $\Delta L_\pi = L_\pi^{\mathrm{TE}} - L_\pi^{\mathrm{TM}} = 0$。

下面以 1×2 型基于 SOI 的 MMI 功分器为例加以说明。设 $\mathrm{SiO_2}$ 的折射率为 1.46，Si 的折射率为 3.46，空气的折射率为 1。为了防止光场泄漏到硅衬底中，设 $\mathrm{SiO_2}$ 绝缘层足够厚(比如 2μm)。选取 W_{MMI}=3.86μm，L_{MMI}=15.3μm，并利用三维束传播法 (three dimensional beampropagation method，3D-BPM)对此结构进行模拟。1×2 型基于 SOI 的 MMI 功分器光场分布图如图 4.16 所示。对比分析图 4.16(a)和(b)可知，对于 TE 和 TM 偏振光，此结构在相同的位置输出光场几乎相同，从而验证了此器件的偏振无关特性。

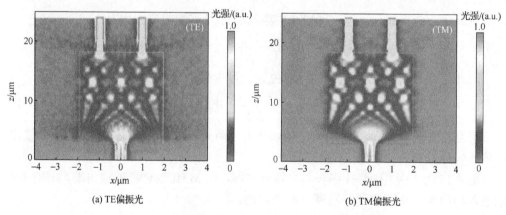

(a) TE偏振光　　　　　　　　(b) TM偏振光

图 4.16　1×2 型基于 SOI 的 MMI 功分器光场分布图

2. MMI 型 1×2 波长波分复用器[73]

由 SIE 可得：当多模波导长度为 L_π 奇数倍时，多模波导终端得到与输入场相对于多模波导中线呈轴对称的一个反演像；当多模波导长度为 L_π 偶数倍时，多模波导终端得到与输入场完全相同的一个正像。因此，只要合理选择多模波导的结构参数，

使得多模波导的长度为某一波长 L_π 的偶数倍,为另一波长 L_π 的奇数倍,多模干涉耦合器就可以实现两波长分离。

图 4.17 所示为基于 MMI 结构的 1300nm/1550nm 的 1×2 波长波分复用器。理论分析表明,该器件在 1300nm 和 1550nm 插入损耗分别为–0.227dB 和–0.31dB,串扰低于–22dB,偏振相关损耗分别为 0.033dB 和 0.01dB。

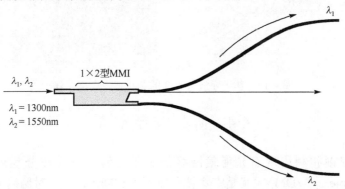

图 4.17　1×2 波长波分复用器

4.3.3　定向耦合器

定向耦合器是构成光分器的一类重要器件,常见的是由两条邻近的单模波导构成的定向耦合器,它的分光比是通过耦合区的长度来调整的。如图 4.18 所示,设耦合部分的长度为 L_s,产生 100%功率转移的耦合长度 L_s 取决于奇模和偶模之间传播常数差。

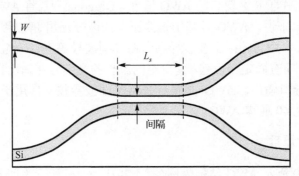

图 4.18　定向耦合器

为了获得较大工作带宽,可在定向耦合器的耦合区域引入亚波长光栅等结构来调节超模色散。图 4.19 所示为基于亚波长光栅的非对称定向耦合器(asymmetric directional coupler,ADC)[74]。对于该结构,直波导耦合区长度仅为 5.25μm,而带宽为 300nm,功率分束比在 3±0.4dB 之间,并且插入损耗小于 0.33dB。

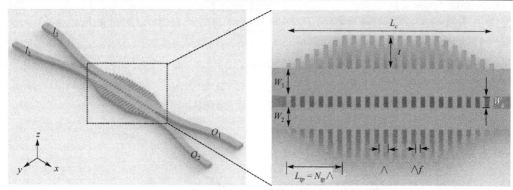

图 4.19　基于亚波长光栅的非对称定向耦合器

4.4　阵列波导光栅

为充分挖掘和利用现有光通信网络的宽带优势，发展波分复用(wavelength division multiplex, WDM)尤其是密集波分复用 DWDM 技术，对网络升级扩容、发展宽带新业务、实现超高速通信，具有十分重要的意义。而在 WDM 和 DWDM 系统中，AWG 是最具代表性的复用/解复用器件，其性能的优劣对系统传输质量有决定性影响。

4.4.1　阵列波导光栅基本概念

1988 年，Smith 提出一种新型集成光波导器件——阵列波导光栅[75]。随后，Vellekoop 和 Smith[76]报道了第一个工作于短波段的 AWG 器件，而 Takahashi 等[77]则报道了第一个工作于长波窗口的 AWG 器件，Dragone[78]则将 AWG 的概念从 1×N 推广到 N×N。简单来说，AWG 是基于干涉原理的波分复用/解复用器件，它是由输入/输出波导阵列、自由传输区平板波导和弯曲阵列波导等五部分组成，如图 4.20(a)所示。弯曲波导之间有固定光程差，使得不同波长的光信号在输出自由传播区干涉，并从不同输出波导口输出。AWG 是第一个将平面波导技术应用于商品化的产品，目前商用流行的是 40 通道 AWG。

4.4.2　AWG 设计原理

下面以图 4.20 所示 AWG 结构为例(图 4.20(b)和(c)所示为图 4.20(a)中椭圆框中的局部放大图)，讨论阵列波导光栅的设计原理[57]。

1. AWG 的光栅方程

AWG 的光栅方程是从光程的角度分析 AWG 的波分复用/解复用功能。设第 *l* 条弯曲波导长度为

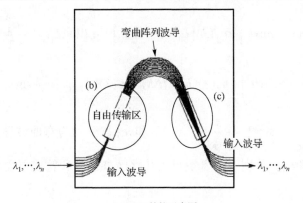

(a) AWG结构示意图

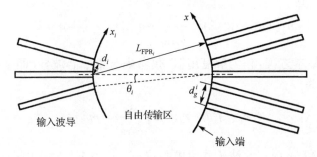

(b) 第一自由传输区局部结构图

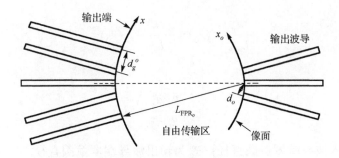

(c) 第二自由传输区局部结构图

图 4.20　AWG 结构

$$L_i = L_0 + l\Delta L \tag{4-21}$$

其中，L_0 为最短弯曲波导的长度；ΔL 为相邻弯曲波导的长度差。

　　对某一波长 λ，从一波导 (x_i) 输入，经过 l、$l-1$ 条弯曲波导，到达像面上某一点 x_o。若要在该点干涉加强，则这两条路径的光程差为波长 λ 的 m（m 为衍射级）倍，即[79]

$$n_s(\lambda)\left(L_{\mathrm{FPR}_i} + \frac{d_g^i}{2}\sin\theta_i\right) + n_g(\lambda)\left[L_0 + (l-1)\Delta L\right] + n_s(\lambda)\left(L_{\mathrm{FPR}_o} + \frac{d_g^o}{2}\sin\theta_i\right)$$
$$= n_s(\lambda)\left(L_{\mathrm{FPR}_i} - \frac{d_g^i}{2}\sin\theta_i\right) + n_g(\lambda)(L_0 + l\Delta L) + n_s(\lambda)\left(L_{\mathrm{FPR}_o} - \frac{d_g^o}{2}\sin\theta_o\right) - m\lambda \tag{4-22}$$

其中，$\sin\theta_i = \dfrac{x_i}{L_{\mathrm{FPR}_i}}$；$\sin\theta_o = \dfrac{x_o}{L_{\mathrm{FPR}_o}}$；$n_g(\lambda)$ 和 $n_s(\lambda)$ 分别为弯曲波导和平板波导的有效折射率；L_{FPR_i} 和 L_{FPR_o} 分别为输入端自由传播区(FPR$_i$)和输出端自由传播区(FPR$_o$)的长度。

由式(4-22)可得

$$n_g(\lambda)\Delta L - n_s(\lambda)d_g^i \frac{x_i}{L_{\mathrm{FPR}_i}} - n_s(\lambda)d_g^o \frac{x_o}{L_{\mathrm{FPR}_o}} = m\lambda \tag{4-23}$$

此式为 AWG 的基本方程。作为解复用器，仅考虑一条中心波导，即 $x_i=0$，则式(4-23)可以进一步化简为

$$n_g(\lambda)\Delta L - n_s(\lambda)d_g^o \frac{x_o}{L_{\mathrm{FPR}_o}} = m\lambda$$

当波长 $\lambda = n_g\Delta L/m$ 时，此波长称为中心波长，记为 λ_0。对于中心波长，式(4-23)可化简为

$$\frac{d_g^i}{L_{\mathrm{FPR}_i}}x_i(\lambda_0) = -\frac{d_g^o}{L_{\mathrm{FPR}_o}}x_o(\lambda_0) \tag{4-24}$$

即

$$x_o(\lambda_0) = -\frac{R_o}{R_i}\frac{d_g^i}{d_g^o}x_i(\lambda_0) \tag{4-25}$$

其中，R_i 为输入波导端罗兰圆直径；R_o 为输出波导端罗兰圆直径。

2. AWG 的色散特性

对于非中心波长，聚焦位置可以用线色散表示为

$$x_o = x_o(\lambda_0) + (\lambda - \lambda_0)\frac{\mathrm{d}x_o}{\mathrm{d}\lambda} = -\frac{L_{\mathrm{FPR}_o}}{L_{\mathrm{FPR}_i}}\frac{d_g^i}{d_g^o}x_i(\lambda_0) + (\lambda - \lambda_0)\frac{\mathrm{d}x_o}{\mathrm{d}\lambda} \tag{4-26}$$

将式(4-23)两边对波长微分，可得

$$\frac{\mathrm{d}}{\mathrm{d}\lambda}[n_g(\lambda)]\Delta L - \frac{\mathrm{d}}{\mathrm{d}\lambda}[n_s(\lambda)]d_g^i \frac{x_i}{L_{\mathrm{FPR}_i}} - n_s(\lambda)\frac{d_g^i}{L_{\mathrm{FPR}_i}}\frac{\mathrm{d}x_i}{\mathrm{d}\lambda}$$

$$-\frac{\mathrm{d}}{\mathrm{d}\lambda}[n_s(\lambda)]d_g^o\frac{x_o}{L_{\mathrm{FPR}_o}}-n_s(\lambda)d_g^o\frac{x_o}{L_{\mathrm{FPR}_o}}\frac{\mathrm{d}x_o}{\mathrm{d}\lambda}=m \tag{4-27}$$

为考察像面上聚焦点位置 x_o 与波长 λ 的色散关系 $\mathrm{d}x_o/\mathrm{d}\lambda$，设输入点位置固定（即 $\mathrm{d}x_i/\mathrm{d}\lambda=0$），有

$$\frac{\mathrm{d}x_o}{\mathrm{d}\lambda}=-\frac{1}{n_s(\lambda)}\frac{\mathrm{d}n_s(\lambda)}{\mathrm{d}\lambda}\left(x_i\frac{L_{\mathrm{FPR}_o}}{L_{\mathrm{FPR}_i}}\frac{d_g^i}{d_g^o}\right)-\left\{n_g(\lambda_0)-\lambda_0\frac{\mathrm{d}}{\mathrm{d}\lambda}[n_g(\lambda)]\right\}\frac{\Delta L}{\lambda_0}\frac{L_{\mathrm{FPR}_o}}{n_s(\lambda)d_g^o} \tag{4-28}$$

将 $x_o=x_o(\lambda_0)+(\lambda-\lambda_0)\dfrac{\mathrm{d}x_o}{\mathrm{d}\lambda}$ 代入上式，可得

$$\frac{\mathrm{d}x_o}{\mathrm{d}\lambda}\left[1+\frac{1}{n_s(\lambda)}\frac{\mathrm{d}n_s(\lambda)}{\mathrm{d}\lambda}(\lambda-\lambda_0)\right]=-\frac{1}{n_s(\lambda)}\frac{\mathrm{d}n_s(\lambda)}{\mathrm{d}\lambda}\left[x_i\frac{L_{\mathrm{FPR}_o}}{L_{\mathrm{FPR}_i}}\frac{d_g^i}{d_g^o}+x_o(\lambda_0)\right]$$
$$-\frac{1}{n_s(\lambda)}\left\{n_g(\lambda_0)-\lambda_0\frac{\mathrm{d}}{\mathrm{d}\lambda}[n_g(\lambda)]\right\}\frac{\Delta L}{\lambda_0}\frac{L_{\mathrm{FPR}_o}}{d_g^o} \tag{4-29}$$

忽略小量，式(4-29)可近似为

$$\frac{\mathrm{d}x_o}{\mathrm{d}\lambda}=-\frac{N_g(\lambda)\Delta L}{\lambda_0}\frac{L_{\mathrm{FPR}_o}}{n_s(\lambda)d_g^o} \tag{4-30}$$

同理，可得对应于输入波导的线色散为

$$\frac{\mathrm{d}x_i}{\mathrm{d}\lambda}=-\frac{N_g(\lambda)\Delta L}{\lambda_0}\frac{L_{\mathrm{FPR}_i}}{n_s(\lambda)d_g^i} \tag{4-31}$$

其中，$N_g(\lambda)=n_g(\lambda_0)-\lambda_0\dfrac{\mathrm{d}}{\mathrm{d}\lambda}[n_g(\lambda)]$，$N_g(\lambda)$ 称为群折射率。

设波分复用通道间隔为 $\Delta\lambda_{\mathrm{ch}}$，则相邻输出波导间距 d_o 满足

$$\frac{d_o}{\Delta\lambda_{\mathrm{ch}}}=\frac{N_g(\lambda)\Delta L}{\lambda_0}\frac{L_{\mathrm{FPR}_o}}{n_s(\lambda_0)d_g^o}=\frac{N_g(\lambda)}{n_g(\lambda_0)}\frac{L_{\mathrm{FPR}_o}m}{n_s(\lambda)d_g^o} \tag{4-32}$$

同理，相邻输入波导间距 d_i 满足

$$\frac{d_i}{\Delta\lambda_{\mathrm{ch}}}=\frac{N_g(\lambda)\Delta L}{\lambda_0}\frac{L_{\mathrm{FPR}_i}}{n_s(\lambda_0)d_i^o}=\frac{N_g(\lambda)}{n_g(\lambda_0)}\frac{L_{\mathrm{FPR}_o}}{n_s(\lambda)d_i^i} \tag{4-33}$$

这里定义色散系数 $D_o=\dfrac{d_o}{\Delta\lambda_{\mathrm{ch}}}$，$D_i=\dfrac{d_i}{\Delta\lambda_{\mathrm{ch}}}$。

若波长 λ 的第 m 阶衍射级位置和波长 $\lambda+\Delta\lambda$ 的第 $m-1$ 阶衍射级位置重合，则称 $\Delta\lambda$ 为 FSR，记为 $\Delta\lambda_{\mathrm{FSR}}$。从式(4-22)出发，可得

$$\Delta\lambda_{\mathrm{FSR}}=\frac{\lambda}{m\dfrac{N_g(\lambda)}{n_g(\lambda_0)}-1}\approx\frac{\lambda}{m-1} \tag{4-34}$$

由自由频谱范围 $\Delta\lambda_{\text{FSR}}$，可得最大通道总数为

$$N_{\max} = \frac{\Delta\lambda_{\text{FSR}}}{\Delta\lambda_{\text{ch}}} \tag{4-35}$$

最大衍射级数 M 为

$$M = \frac{\lambda}{N_{\max}\Delta\lambda_{\text{ch}}} \tag{4-36}$$

4.4.3　AWG 应用

AWG 除了在(密集)波分复用系统里实现多个通道的合波或分波功能以外，还可和其他器件集成，构成多功能的模块，如波长路由器(wavelength router)、多波长接收器、多波长激光器、波长选择性开关等。

1. 粗波分复用光接收机[80]

如图 4.21 所示，以多模输出波导阵列波导光栅(MM-AWG)为主体的高响应度、通带平坦的粗波分复用(coarse wavelength-division multiplexing，CWDM)光接收机能同时覆盖 S、C 和 L 波段。该器件由 MM-AWG、光电二极管(photodiode，PD)阵列和电路板构成，其中 MM-AWG 相邻输出信道的间隔为 20nm，8 信道由 InGaAs PIN-PD 阵列组成，其响应度为 1.1A/W，封装尺寸为 100mm×50mm。这种 8 信道光接收机可以用于 1.55μm 波段的 CWDM 系统中，当所有信道同时驱动时，它可以工作在 1.25Gbit/s 速率下。

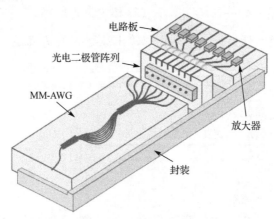

图 4.21　粗波分复用光接收机结构示意图

2. 五通道混合集成 AWG[81]

随着数据中心互联网络的快速增长，工作于 O 波段(1260～1360nm)的 CWDM

系统成本低、易操作且维护简单，被认为是接入网的首选系统。为了降低制作成本，华中科技大学学者提出了一种基于聚合物和二氧化硅混合结构的 AWG，如图 4.22 所示。该结构以 SiO₂ 作为衬底，而以 SU-8 作为芯层材料，以 PMMA 聚合物作为覆盖层材料。实际测试光纤到光纤插入损耗小于 14dB，5 通道串扰小于−13dB，该混合集成 AWG 除可用于光通信外，还可用于多通道传感。

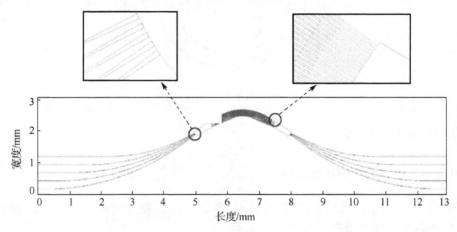

图 4.22　基于聚合物和二氧化硅混合结构的 AWG

4.5　微环谐振腔

4.5.1　微环谐振腔的基本概念

Marcatili[82]于 1969 年首次提出了微环谐振腔结构，与其他波导结构相比，它特有的环形结构使得满足其谐振条件的光能在微环内循环振荡，故而具有波长选择的功能。1994 年，Oda 等[83]报道了一个用于光纤通信系统的直径为 3.5mm 的环形谐振腔滤波器。之后，随着微纳加工工艺不断进步以及高折射率差材料体系的应用，波导环腔的尺寸很快降到了微纳米量级[84]。由于微环具有波长选择的功能，因此最初主要用于滤波器中，后来随着对各种有源以及无源材料研究的不断深入，其他性质如非线性[85]也被应用到新的领域中[86-93]。

图 4.23 所示为一典型双直波导光学环腔。该结构由两个平行的直波导以及波导之间的微环组成。光从输入端口输入后，通过直波导和微环之间的耦合进入微环，在环中形成谐振，然后再经过弯曲波导与直波导之间的耦合进入输出端。

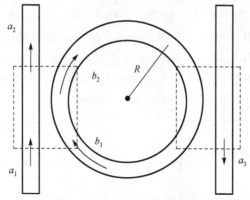

图 4.23　双直波导光学环腔

4.5.2　微环谐振腔模型

1.　单直波导微环谐振腔模型

如图 4.24 所示，光从直波导的端口 A 输入，经过耦合结构后从端口 B 输出。该结构中各部分场强可表示为

$$b_1 = ta_1 + ka_2 \tag{4-37}$$

$$b_2 = -k^*a_1 + t^*a_2 \tag{4-38}$$

其中，a_1、a_2、b_1 和 b_2 为各端口的归一化振幅，因此各端口的能量可以由它们模的平方表示；t、t^*、k 和 k^* 为直-弯波导耦合结构中的各耦合系数，t、t^* 为自耦合系数，k、k^* 为互耦合系数。由归一化条件，可得

$$\left|k^2\right| + \left|t^2\right| = 1 \tag{4-39}$$

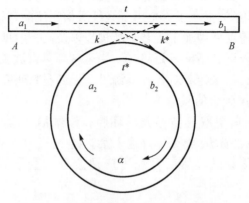

图 4.24　单直波导光学环腔结构理论模型

为了便于运算及归一化，令输入端振幅 $a_1=1$。光在微环中的传输特性可由 a_2 与 b_2 之间的关系表示为

$$a_2 = \alpha e^{i\theta} b_2 \tag{4-40}$$

其中，θ 为光在微环内环绕一周的相变；α 为光在微环中传输时的传输系数，为实数。例如，光在微环传输时的损耗为 0 时，则 $\alpha=1$，α 可由微环的损耗系数 τ 及周长 L 表示为

$$\alpha = \exp(-\tau L) \tag{4-41}$$

联立式(4-37)、式(4-38)及式(4-40)，可得

$$b_1 = \frac{-\alpha + te^{-i\theta}}{-\alpha t^* + e^{-i\theta}} \tag{4-42}$$

$$a_2 = \frac{-\alpha k^*}{-\alpha t^* + e^{-i\theta}} \tag{4-43}$$

经过微环后，直波导输出端 B 的光强为

$$|b_1|^2 = \frac{\alpha^2 + |t|^2 - 2\alpha|t|\cos(\theta+\phi_t)}{1 + \alpha^2|t|^2 - 2\alpha|t|\cos(\theta+\phi_t)} \tag{4-44}$$

其中，$t = |t|\exp(i\varphi_t)$。

微环中的光强为

$$|a_2|^2 = \frac{\alpha^2(1-|t|^2)}{1 - 2\alpha|t|\cos(\theta+\phi_t) + \alpha^2|t|^2} \tag{4-45}$$

当微环中的光满足谐振条件时，即 $\theta+\varphi_t=m2\pi$，其中 m 为正整数，有

$$|b_1| = \frac{(\alpha-|t|)^2}{(1-\alpha|t|)^2} \tag{4-46}$$

$$|a_2|^2 = \frac{\alpha^2(1-|t|^2)}{(1-\alpha|t|)^2} \tag{4-47}$$

由式(4-46)可得，当微环中的传输系数 α 与自耦合系数的绝对值$|t|$相等时，输出端 B 的光强为 0。此时微环工作在临界耦合状态，如图 4.25 所示。临界耦合状态的原理是直波导中的传输光场 ta_1 与微环耦合到直波导中的光场 ka_2 形成相消干涉。考虑到光在微环中的传输损耗很小，即 $\alpha \approx 1$，因此当 t 趋近 1 时，可知在临界耦合状态下，输出光场为 0。若 $\alpha \approx 1$，则式(4-47)可以简化为

$$|a_2|^2 = \frac{1+|t|}{1-|t|} \tag{4-48}$$

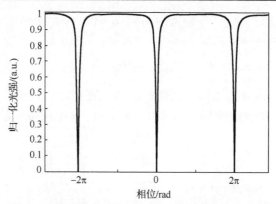

图 4.25　临界耦合状态下单直波导微环的输出曲线

从上式可看出，微环中的光强可大于 1。当|t|越趋近于 1 时，微环中光强越大，因此光的谐振增强可以得到较高的品质因数(Q 值)。单直波导光学环腔的透射谱曲线如图 4.26 所示。Q 值定义为中心谐振波长与所对应线宽的比值(或中心频率与频率线宽的比值)，即

$$Q = \frac{\lambda_q}{\Delta \lambda_{3\text{dB}}} \tag{4-49}$$

其中，$\Delta \lambda_{3\text{dB}}$ 为谐振波长 3dB 线宽。

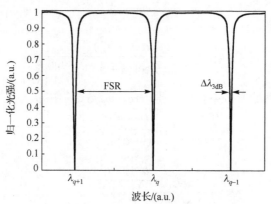

图 4.26　单直波导光学环腔的透射谱曲线

2. 双直波导微环谐振腔模型

双直波导光学环腔理论模型如图 4.27 所示，其输出端 B 和 D 的输出透射谱如图 4.28 所示。当微环工作在弱耦合状态，|t| ≈ 1 时，Q 值可表示为[94]

$$Q = \frac{2\pi n_{\text{eff}}}{\lambda_0} \cdot \frac{1}{\tau} \tag{4-50}$$

其中，n_{eff} 为微环的有效折射率。由上式可知，当损耗系数 τ 减小时，传输系数接近 1，此时可得较高的 Q 值。因此，为得到更高 Q 值，应尽量降低光在微环中的传输损耗。

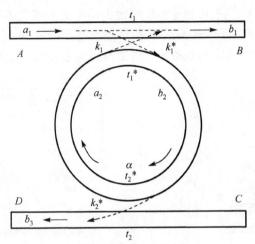

图 4.27　双直波导光学环腔理论模型

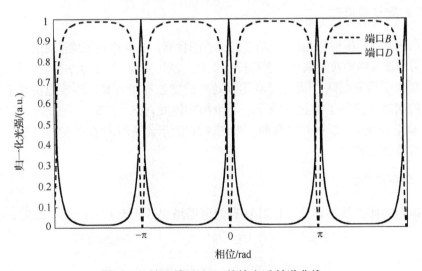

图 4.28　输出端 B 和 D 的输出透射谱曲线

4.5.3　基于微环谐振腔的光集成器件

由于谐振效应，同时又是行波谐振微腔，微环谐振腔对于波长较敏感，因此可以将特定波长的信号从输出端提取出来，实现滤波器功能。

1. 紧凑型微环滤波器

在大多数应用中，减小微环谐振腔尺寸是极其重要的，目前已有很多方案。例如，浙江大学研究团队[95]在 400nm SOI 平台上采用了多模宽波导和弯曲波导耦合的方式实现了极小半径尺寸($R=800$nm)。微环滤波器如图 4.29 所示。实验测试表明，该器件下载端 3dB 频谱带宽为 0.8nm，附加损耗为 1.8dB，FSR 高达 93nm。

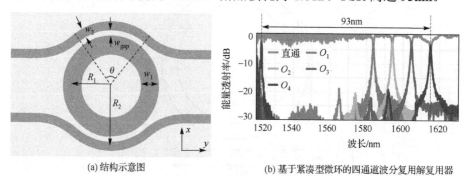

(a)结构示意图　　　　　　(b) 基于紧凑型微环的四通道波分复用解复用器

图 4.29　微环滤波器

2. 超高 Q 值微腔

超高的微环谐振腔 Q 值一直是人们追求的目标，其关键在于能降低波导损耗。例如，采用脊波导结构及热氧化工艺可降低损耗，从可实现 Q 值为 7.6×10^5 的微腔[96]。最近浙江大学研究团队[97]提出了利用欧拉弯曲宽波导新方案，巧妙地实现了紧凑弯曲半径的同时也抑制了宽波导带来的高阶模式激发，保证了微环谐振腔的单模传输，实现了本征 Q 值为 2.3×10^6 的微腔，如图 4.30 所示。采用高 Q 微腔，可进一步应用于超窄微波滤波器[98]。

3. 微环传感器

微纳光学环腔传感芯片，以其特有的谐振增强效应而具有极高灵敏度，可实现

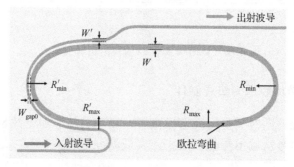

(a)基于欧拉曲线的跑道型超高 Q 微腔

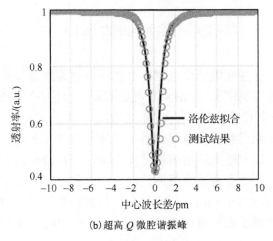

(b) 超高 Q 微腔谐振峰

图 4.30　超高 Q 值微腔

对微量生物物质的无标记探测，且可采用成熟的半导体平面工艺加工，易于实现同其他光电芯片和微流控芯片的系统集成，并且容易进行化学表面处理。谐振效应的引入能够在提高灵敏度的同时大大缩小器件的尺寸[99]。

　　图 4.31 所示为一种基于亚波长光栅(subwavelength grating，SWG)波导结构的微环传感器[100]。得益于微环谐振及直波导法布里-珀罗(Fabry-Perot，FP)效应，该结构可在波长 1550nm 处形成非对称法诺谐振(Fano resonance)效应。采用葡萄糖溶液测试表明，其灵敏度为 363nm/RIU，且法诺谐振波长变化与葡萄糖溶液溶解度变化近似线性关系(图 4.31(b))，这对于生物以及化学探测具有重要意义。

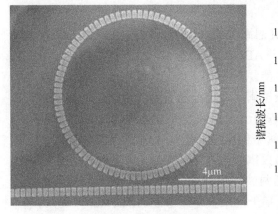

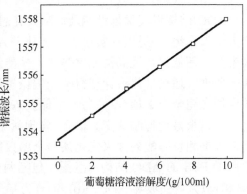

(a) SWG微环传感器扫描电镜图　　　　　(b) Fano谐振波长随葡萄糖溶液溶解度变化关系曲线

图 4.31　基于亚波长光栅波导的微环传感器

4.6 偏振调控器件

偏振调控器件是硅基光电子集成回路(PICs)中重要组成部分,在许多应用的场景中都发挥着重要的作用[101]。硅纳米光波导芯层和包层(空气或 SiO₂)存在巨大折射率差,为实现超小器件尺寸提供了可能,但同时也带来了显著双折射效应(高达～0.7)[102],因此绝大多数硅纳米光波导器件都具有很强的偏振敏感性。为了消除这种偏振敏感性,最常用的方法是采用偏振分集技术,即在器件输入端之前引入相应的偏振调控器件。目前主要有两类偏振调控器件:一是将 TE 和 TM 偏振态分离的偏振分束器(polarization beam splitter,PBS);二是将某个偏振态(TE/TM)旋转为另一种偏振态(TM/TE)的偏振旋转器(polarization rotator,PR)。还有一种器件是可同时实现 PBS 和 PR 功能的偏振旋转-分束器(polarization splitter rotator,PSR)[103,104]。然而,如何实现宽光谱范围内具备低传输损耗(excess loss,EL)和高消光比(extinction ratio,ER)等优越性能的超紧凑片上偏振调控器件仍然是一个挑战。

4.6.1 偏振分束器

作为一种非常重要的偏振调控器件,PBS 主要作用是将 TE 和 TM 偏振态分离/结合。常见的设计思路主要有相位匹配和模式演化等两类,其中相位匹配为比较主流的方式。目前用于偏振分束的结构包括 MMI、MZI、光栅、ADC 等。此外,还有一些用于 PBS 设计的特殊结构或算法,包括智能反向设计等[105]。

1. 基于 ADC 的 PBS

ADC 结构以其优越性能及清晰设计思路成为 PBS 设计的主流选择。例如,浙江大学课题组[106]提出并实现了一种基于 ADC 结构的新型 PBS,具有超小尺寸、超大带宽、超低损耗及高消光比等突出性能。其基本思想是:调控两种偏振模的相位匹配条件,通过优化设计使得某一偏振态满足相位匹配条件,进而选取合适耦合区长度使之完全交叉耦合;而另一个偏振态由于双折射效应自动不满足相位匹配条件,因此可以很好地抑制其交叉耦合,实现两个偏振态的有效分离。此类 PBS 设计简便,仅需根据相位匹配条件来优化某一个偏振耦合区波导的参数。图 4.32 给出了已报道的用于 PBS 的 ADC 结构示意图,包括两波导(a)~(d)和三波导(e)~(i)耦合系统,(a)和(e)为弯曲波导 ADC;(b)和(f)为基于纳米狭缝波导的 ADC;(c)和(g)为基于混合等离激元波导(hybrid plasmonic waveguide,HPW)的 ADC;(d)和(h)为基于 SWG 波导的 ADC;(i)为基于多模波导的 ADC。

在各类 ADC 型 PBS 中,浙江大学团队[107,108]提出的弯曲型 DC 是一个很有吸引

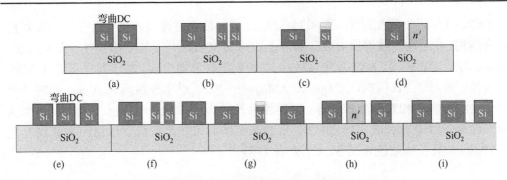

图 4.32　用于 PBS 的 ADC 结构

力的选择，特别是其波导宽度具有较大制造容差(±20nm)。对于弯曲型 DC 结构，其相位匹配条件为 $n_{\text{eff1}}R_1=n_{\text{eff2}}R_2$，其中 n_{eff1} 和 n_{eff2} 是两个波导基模有效折射率，R_1 和 R_2 是其相应弯曲半径。为满足某一偏振态相位匹配条件，应使窄波导比宽波导具有更大的弯曲半径(即 $R_1>R_2$)。最近，基于级联弯曲 DC 结构进一步实现了一个尺寸仅 7μm×20μm 且性能近乎完美的新型 PBS[106]。级联弯曲 DC 结构 PBS 如图 4.33 所示。其中 DC #1 和 DC #2 根据相位匹配条件设计以实现 TM 偏振态的高效交叉耦合，DC #3 则是用于滤除 TM 偏振态在直通端口的残留功率，从而有效增大了 TM 偏振的高消光比带宽。图 4.33(b)给出了 TE/TM 偏振态时 PBS 直通端口和交叉端口输出功率，其消光比大于 30dB 的带宽分别达 70nm。

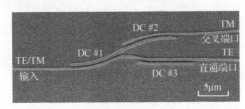

(a) 器件显微图

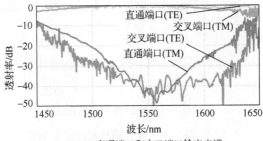

(b) PBS直通端口和交叉端口输出光谱

图 4.33　级联弯曲 DC 结构的 PBS

同时，随着制造工艺不断进步，亚波长光栅和纳米狭缝波导等新型结构也被用于 PBS,并呈现出突出潜力。图 4.34(a)给出了一种利用等效各向异性介质的非对称耦合结构,并通过色散调控突破硅基片上 PBS 带宽瓶颈[109],其工作原理如图 4.34(b)所示。对于 TM 偏振,AM$_{[100]}$ 和 AM$_{[010]}$ 中等效折射率均为 n_o,整个器件可看作 MMI耦合器。而对于 TE 偏振,AM$_{[100]}$ 和 AM$_{[010]}$ 中等效折射率分别为 n_o 和 n_e,此时整个器件可看作两条相对独立的波导。该器件总尺寸为 12.25μm×1.9μm,图 4.34(c)为其测量结果。结果表明该 PBS 在>200nm 波长范围内可获得低插损(<1dB)和高消光比(>20dB),其工作波段覆盖 S、C、L 及 U 波段。

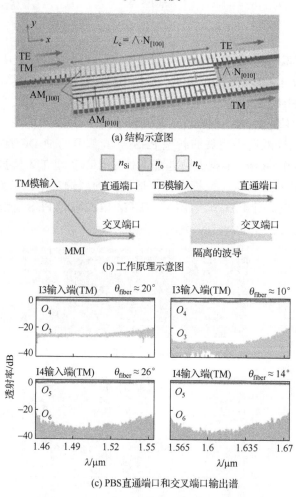

(a) 结构示意图

(b) 工作原理示意图

(c) PBS直通端口和交叉端口输出谱

图 4.34　基于各向异性超材料的新型 PBS

2. 基于模式演化的 PBS

近年来,基于模式演化的 PBS 也取得了重要进展。图 4.35 给出了一种基于级联绝热双芯锥形结构模式演化的超宽带 PBS[110]。该模式演化区由条形波导和亚波长光栅波导组成，其长度为 33.6μm，且具有低损耗和高消光比的特点。仿真结果表明：在 1400～1670nm 的超大带宽中，TE 和 TM 偏振的损耗 EL<0.3dB、消光比 ER>20dB。对于所研制 PBS，其消光比>25dB 的带宽为 220nm，而损耗<1dB 的带宽超过 230nm。

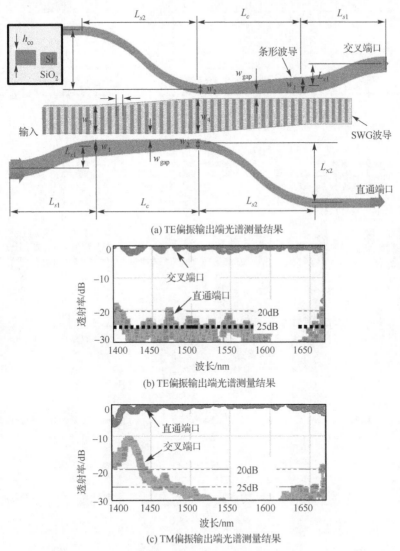

(a) TE偏振输出端光谱测量结果

(b) TE偏振输出端光谱测量结果

(c) TM偏振输出端光谱测量结果

图 4.35　基于级联绝热双芯锥形结构模式演化的超宽带 PBS

4.6.2　偏振旋转器与偏振旋转分束器

PR 在偏振调控器件中也扮演着非常重要的角色。由于平面波导通常具有很好的偏振保持能力，片上 PR 的实现仍然极具挑战，往往需要引入一些特殊的非对称结构，包括弯曲及切角截面等。其原理主要为：通过引入垂直方向非对称性，两个正交偏振之间发生模式杂化，进而通过杂化模式的演化或干涉实现偏振旋转。

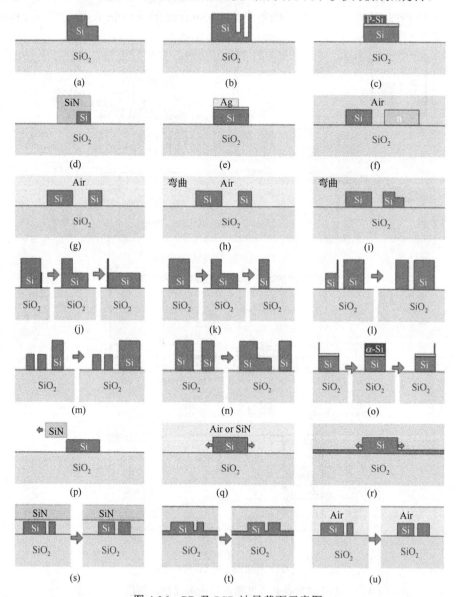

图 4.36　PR 及 PSR 波导截面示意图

图 4.36(a)～(r)给出了已报道的五类非对称 PR 及 PSR 波导截面示意图，包括：Ⅰ类为均匀非渐变偏振旋转截面结构(图 4.36(a)～(e))；Ⅱ类为带 ADC 的结构(图 4.36(f)～

(i))；III 类为双刻蚀绝热锥形结构(图 4.36(j)～(n))；IV 类是基于其他材料的绝热锥形结构(图 4.36(o)～(p))；V 类是基于单刻蚀的绝热锥形结构(图 4.36(q)～(r))。其中, 2011 年 Dai 等[111]首次提出了一种基于非对称截面硅波导杂化模演化原理的 PSR 概念, 其结构包含绝热锥形和 ADC 两部分, 如图 4.37(a)所示。对于绝热锥形部分的设计, 关键在于优化选取波导宽度以实现模式杂化, 进而通过绝热转化实现 TM_0-TE_1 模式转化。对于 ADC 部分, 则通过宽波导 TE_1 模与相邻窄波导 TE_0 模相匹配来实现 TE_1-TE_0 的转化, 如图 4.37(b)所示。相比之下, 入射的 TE_0 模式沿绝热锥形结构传播时无模式转化, 由于 ADC 中显著相位失配亦无交叉耦合(图 4.37(c)), 因此可实现入射 TE_0 和 TM_0 模式的分束-旋转功能。

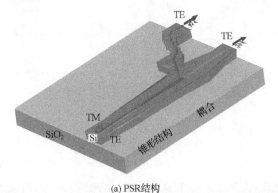

(a) PSR结构

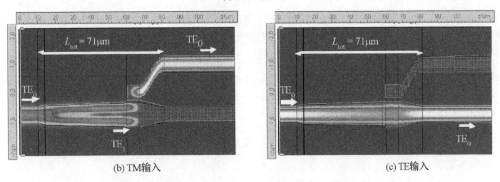

(b) TM输入　　　　　　　　　　　　　　(c) TE输入

图 4.37　基于非对称截面硅波导杂化模演化原理的 PSR

为进一步提高器件性能, 可采用在直通端级联一个 1×1 MMI 滤模器的新设计[112]。改进型 PSR 如图 4.38(a)所示。通过 MMI 滤模器, 可很大程度地滤除掉残余的 TE_1 模式功率, 显著地提高了 TM_0 模消光比。图 4.38(b)和(c)分别展示了 TE_0 和 TM_0 模输入时测得的交叉端和直通端输出谱。由此可见, TE 偏振在直通端损耗仅～0.5dB, 而交叉端消光比为 20～28dB。对于 TM 偏振, 转化为 TE 偏振从交叉端输出的损耗很小, 而直通端消光比为 21~29dB。表明该改进型 PSR 具有较高偏振转换效率和较高消光比。

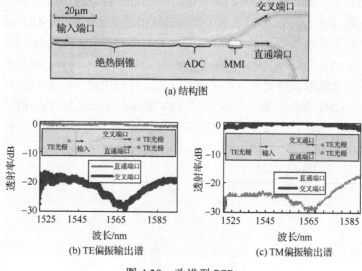

(a) 结构图

(b) TE偏振输出谱　　　　　　(c) TM偏振输出谱

图 4.38　改进型 PSR

4.7　本　章　小　结

　　光无源器件是现代光学技术中非常重要的一类器件,而硅基光无源器件因尺寸小、损耗低、易于集成等优点而成为最具应用潜力的器件之一。本章对光栅器件、光子晶体平板波导器件、光耦合器、阵列波导光栅器件、微环谐振腔以及偏振调控器件等给出了概略性介绍,并给出了一些具体应用实例。但必须指出,本章只是给出了硅基光电子光无源器件研究的很小一部分内容的启发性介绍,更多内容读者可以通过查阅文献获取。

参　考　文　献

[1]　Suhara T, Nishihara H. Integrated optics components and devices using periodic structures. IEEE Journal of Quantum Electronics, 1986, 22(6): 845-867.

[2]　Zhou Z, Drabik T J. Optimized binary, phase-only, diffractive optical element with subwavelength features for 1.55μm. Journal of the Optical Society of America A-Optics Image Science and Vision, 1995, 12:1104-1112.

[3]　Yang J, Zhou Z, Jia H, et al. High-performance and compact binary blazed grating coupler based on an asymmetric subgrating structure and vertical coupling. Optics Letters, 2011, 36(14): 2614-2616.

[4]　Yu L, Liu L, Zhou Z, et al. High efficiency binary blazed grating coupler for perfectly-vertical and near-vertical coupling in chip level optical interconnections. Optics Communications, 2015, 355: 161-166.

[5]　Day I, Evans I, Knights A, et al. Tapered silicon waveguides for low insertion loss highly-efficient high-speed electronic variable optical attenuators// Proceedings of the Optics Fiber Communications Conference, Technical Digest Series, Atlanta，2003: 249-251.

[6]　Sure A, Dillon T, Murakowski J, et al. Fabrication and characterization of three-dimensional silicon tapers. Optics Express, 2003, 11: 3555-3561.

[7]　Pavesi L, Lockwood D J. Silicon Photonics. Berlin: Springer, 2004: 279-284.

[8]　Dai D, He S, Tsang H K. Bilevel mode converter between a silicon nanowire waveguide and a larger waveguide. Journal of Lightwave Technology, 2006, 24: 2428-2430.

[9]　Almeida V R, Panepucci R R, Lipson M. Nanotaper for compact mode conversion. Optics Letters, 2003, 28: 1302-1304.

[10]　Janz S, Lamontagne B, Delage A, et al. Single layer a-Si GRIN waveguide coupler with lithographically defined facets// Proceedings of the 2nd International Conference on Group IV Photonics, Antwerp, 2005: 129-131.

[11]　Lu Z, Prather D W. TIR-Evanescent coupler for fiber to waveguide integration of planar optoelectronic devices. Optics Letters, 2004, 29: 1784-1750.

[12]　Taillaert D, Bogaerts W, Bienstman P, et al. An out-of-plane grating coupler for efficient butt-coupling between compact planar waveguides and single-mode fibers. IEEE Journal of Quantum Electronics, 2002, 38: 949-955.

[13]　Butler J K, Sun N H, Evans G A, et al. Grating-assisted coupling of light between semiconductor and glass waveguides. Journal of Lightwave Technology, 1998, 16: 1038-1048.

[14]　Orobtchouk R, Schnell N, Benyattou T, et al. New arrow optical coupler for optical interconnect// Proceedings of the IEEE International Conference on Interconnect Technology, Burlingame, 2003: 233-235.

[15]　Masanovic G Z, Passaro V M N, Reed G T. Dual grating-assisted directional coupling between fibers and thin semiconductor waveguides. IEEE Photonics Technology Letters, 2003, 15(10): 1395-1397.

[16]　Ang T W, Reed G T, Vonsovici A, et al. Effects of grating heights on highly efficient unibond SOI waveguide grating couplers. IEEE Photonics Technology Letters, 2000, 12: 59-61.

[17]　Wang B, Jiang J, Nordin G. Compact slated grating couplers. Optics Express, 2004, 12(15): 3313-3326.

[18]　Moharam M G, Grann E B, Pommet D A. Formulation for stable and efficient implementation of the rigorous coupled-wave analysis of binary gratings. Journal of the Optical Society of America

A-Optics Image Science and Vision, 1995, 12(5): 1068-1076.

[19] Yee K S. Numerical solution of initial boundary value problems involving Maxwell's equations in isotropic media. IEEE Transactions on Antennas and Propagation, 1966, 14: 302-307.

[20] Dakss M L, Kuhn L, Heidrich P F, et al. Grating coupler for efficient excitation of optical guided waves in thin films. Applied Physics Letters, 1970, 16: 523-525.

[21] Wang B, Jiang J, Nordin G. Embedded slanted grating for vertical coupling between fibers and silicon-on-insulator planar waveguides. IEEE Photonics Technology Letters, 2005, 17(9): 1884-1886.

[22] Haidner H, Sheridan J T, Streibl N. Dielectric binary blazed gratings. Applied Optics, 1993, 32: 4276-4278.

[23] Feng J, Zhou Z. High efficiency compact grating coupler for integrated optical circuits// Proceedings of SPIE, the International Society for Optical Engineering, Gwangju, 2006: 6351.

[24] Spuhler G L, Weingarten K J, Grange R, et al. Semiconductor saturable absorber mirror structures with low saturation fluence. Applied Physics B-Lasers and Optics, 2005, 81(1): 27-32.

[25] Liu Z, Lin P T, Wessels B W. Cascaded Bragg reflectors for a barium titanate thin film electro-optic modulator. Journal of Optics A: Pure Applied Optics, 2008, 10: 015302.

[26] Huang M C Y, Zhou Y, Chang-Hasnain C J. A surface-emitting laser incorporating a high-index-contrast subwavelength grating. Nature Photonics, 2007, 1: 119-122.

[27] Chung I S, Mork J, Gilet P, et al. Subwavelength grating-mirror VCSEL with a thin oxide gap. IEEE Photonics Technology Letters, 2008, 20(2): 105-107.

[28] Quack N, Blunier S, Dual J, et al. Tunable resonant cavity enhanced detectors using vertically actuated MEMS mirrors. Journal of Optics A: Pure Applied Optics, 2008, 10: 044015.

[29] Cheben P, Janz S, Xu D, et al. A broad-band waveguide grating couplers with a subwavelength grating mirror. IEEE Photonics Technology Letters, 2006, 18(1): 13-15.

[30] Mateus C F R, Huang M C Y, Chen L, et al. Broad-band mirror (1.12-1.62μm) using a subwavelength grating. IEEE Photonics Technology Letters, 2004, 16(7): 1676-1678.

[31] Liu Z S, Magnusson R. Concept of multiorder multimode resonant optical filters. IEEE Photonics Technology Letters, 2002, 14(8): 1091-1093.

[32] Liu Z S, Tibuleac S, Shin D, et al. High-efficiency guided-mode resonance filter. Optics Letters, 1998, 23(19): 1556-1558.

[33] Mateus C F R, Huang M C Y, Deng Y, et al. Ultrabroadband mirror using low-index cladded subwavelength grating. IEEE Photonics Technology Letters, 2004, 16(2): 518-520.

[34] Chen L, Huang M C Y, Mateus C F R, et al. Fabrication and design of an integrable subwavelength ultrabroadband dielectric mirror. Applied Physics Letters, 2006, 88: 031102.

[35] Li K, Rao Y, Chase C, et al. Monolithic high-contrast metastructure for beam-shaping VCSELs.

Optica, 2018, 5 (1):10-13.

[36] Liu L, Deng Q, Zhou Z. Subwavelength-grating-assisted broadband polarization-independent directional coupler. Optics Letters, 2016, 41 (7): 1648-1651.

[37] Yablonovitch E. Inhibited spontaneous emission in solid-state physics and electronics. Physical Review Letters, 1987, 58 (20): 2059-2061.

[38] John S. Strong localization of photons in certain disordered dielectric superlattices. Physical Review Letters, 1987, 58 (23): 2486-2489.

[39] Winn J N, Fink Y, Fan S H, et al. Omnidirectional reflection from a one-dimensional photonic crystal. Optics Letters, 1998, 23 (20): 1573-1575.

[40] Felbacq D, Guizal B, Zolla F. Wave propagation in onc-dimensional photonic crystals. Optics Communications, 1998, 152 (1-3): 119-126.

[41] Choi C G, Han Y T, Kim J T, et al. Air-suspended two-dimensional polymer photonic crystal slab waveguides fabricated by nanoimprint lithography. Applied Physics Letters, 2007, 90 (22): 221109.

[42] Combrie S, Weidner E, DeRossin A, et al. Detailed analysis by Fabry-Perot method of slab photonic crystal line-defect waveguides and cavities in aluminium-free material system. Optics Express, 2006,14 (16): 7353-7361.

[43] Han S Z, Tian J, Feng S, et al. Fabrication of straight waveguide in two-dimensional photonic crystal slab and its light propagation characteristics. Acta Physica Sinica, 2005, 54 (12): 5659-5662.

[44] Subramania G, Lee Y J, Brener I, et al. Nano-lithographically fabricated titanium dioxide based visible frequency three dimensional gap photonic crystal. Optics Express, 2007, 15 (20): 13049-13057.

[45] Imada M, Lee L H, Okano M, et al. Development of three-dimensional photonic-crystal waveguides at optical-communication wavelengths. Applied Physics Letters, 2006, 88 (17): 171107.

[46] Zeng Y, Y Fu, Chen X S, et al. Complete band gaps in three-dimensional quantum dot photonic crystals. Physical Review B, 2006, 74 (11): 115325.

[47] Kuchar F, Meisels R, Oberhumer P, et al. Microwave studies of photonic crystals. Advanced Engineering Materials, 2006, 8 (11): 1156-1161.

[48] Parimi P V, Lu W T, Vodo P, et al. Negative refraction and left-handed electromagnetism in microwave photonic crystals. Physical Review Letters, 2004, 92 (12): 127401.

[49] Vlasov Y A, O'Boyle M, Hamann H F, et al. Active control of slow light on a chip with photonic crystal waveguides. Nature, 2005, 438 (7064): 65-69.

[50] Tanabe T, Notomi M, Mitsugi S, et al. All-optical switches on a silicon chip realized using

photonic crystal nanocavities. Applied Physics Letters, 2005, 87(15): 151112.

[51] Zeng L, Yi Y, Hong C, et al. Efficiency enhancement in Si solar cells by textured photonic crystal back reflector. Applied Physics Letters, 2006, 89(11): 111111.

[52] Mihi A, Lopez-Alcaraz F J, Miguez H. Full spectrum enhancement of the light harvesting efficiency of dye sensitized solar cells by including colloidal photonic crystal multilayers. Applied Physics Letters, 2006, 88(19): 193110.

[53] Skivesen N, Tetu A, Kristensen M, et al. Photonic-crystal waveguide biosensor. Optics Express, 2007, 15(6): 3169-3176.

[54] Jensen J B, Pedersen L H, Hoiby P E, et al. Photonic crystal fiber based evanescent-wave sensor for detection of biomolecules in aqueous solutions. Optics Letters, 2004, 29(17): 1974-1976.

[55] Joannopoulos J D, Johnson S G, Winn J N, et al. Photonic Crystals Molding the Flow of Light . 2nd ed. Princeton: Princeton University Press, 2008.

[56] Johnson S G, Fan S H, Villeneuve P R, et al. Guided modes in photonic crystal slabs. Physical Review B, 1999, 60(8): 5751-5758.

[57] 何赛灵, 戴道锌. 微纳光子集成. 北京: 科学出版社, 2010.

[58] Johnson S G, Villeneuve P R, Fan S H, et al. Linear waveguides in photonic-crystal slabs. Physical Review B, 2000, 62(12): 8212-8222.

[59] Frandsen L H, Borel P I, Zhuang Y X, et al. Ultralow-loss 3-dB photonic crystal waveguide splitter. Optics Letters, 2004, 29(14): 1623-1625.

[60] Mori D, Baba T. Wideband and low dispersion slow light by chirped photonic crystal coupled waveguide. Optics Express, 2005, 13(23): 9398-9408.

[61] Settle D, Engelen P, Salib M, et al. Flatband slow light in photonic crystals featuring spatial pulse compression and Terabertz bandwidth. Optics Express, 2007, 15(1): 219-226.

[62] Hou J, Gao D, Wu H, et al. Flat band slow light in symmetric line defect photonic crystal waveguides. IEEE Photonics Technology Letters, 2009, 21: 1571-1573.

[63] Hou J, Wu H, Citrin D S, et al. Wideband slow light in chirped slot photonic crystal coupled waveguides. Optics Express, 2010, 18(10): 10567-10580.

[64] Dai L, Wang F, Jiang C. Flatband slow wave in novel air-hole-array strip waveguides. IEEE Journal of Photovoltaics, 2009, 1(3): 178-183.

[65] Hao R, Ye G, Jiao J, et al. Increasing the bandwidth of slow light in fishbone-like grating waveguides. Photosynthesis Research, 2019, 7(2): 240-245.

[66] Hou J, Yang C, Li X, et. al. Enhanced complete photonic bandgap in a moderate refractive index contrast chalcogenide-air system with connected-annular-rods photonic crystals. Photonics Research, 2018, 6(4): 282-289.

[67] Zucker J E, Jones K L, Chiu T H, et al. Strained quantum wells for polarization-independent

electrooptic waveguide switches. Journal of Lightwave Technology, 1992, 10(12): 1926-1930.

[68] Jenkins R M, Devereux R W J, Heaton J M. A novel waveguide Mach-Zehnder interferometer based on multimode interference phenomena. Optics Communications, 1994, 110: 410-424.

[69] Lagali N S, Paiam M R, MacDonald R I, et al. Analysis of generalized Mach-Zehnder interferometers for variable-ratio power splitting and optimized switching. Journal of Lightwave Technology, 1999, 17(12): 2542-2550.

[70] Ulrich R, Ankele G. Self-imaging in homogeneous planar optical waveguide. Applied Physics Letters, 1975, 27(6): 337-339.

[71] Soldano L B, Pennings E C M. Optimal multimode interference devices based on self-imaging: Principles and applications. Journal of Lightwave Technology, 1995, 13(4): 615-627.

[72] Dai D, He S. Optimization of ultracompact polarization-insensitive multimode interference couplers based on Si nanowire waveguides. IEEE Photonics Technology Letters, 2006, 18(19): 2017-2019.

[73] Tsao S L, Guo H C, Tsai C W. A novel 1×2 single-mode 1300/1550nm wavelength division multiplexer with output facet-tilted MMI waveguide. Optics Communications, 2004, 232: 371-379.

[74] Ye C, Dai D. Ultra-compact broadband 2×2 3dB power splitter using a subwavelength-grating-assisted asymmetric directional coupler. Journal of Lightwave Technology, 2020, 38(8): 2370-2375.

[75] Smith M K. New focusing and depressive planar component based on an optical phased array. Electronics Letters, 1988, 24(7): 385-386.

[76] Vellekoop A R, Smith M K. Four-channel integrated optic wavelength demultiplexer with weak polarization dependence. Journal of Lightwave Technology, 1991, 9(3): 310-314.

[77] Takahashi H, Suzuki S, Kato K, et al. Arrayed-waveguide grating for wavelength division multi/demultiplexer with nanometer resolution. Electronics Letters, 1990, 26(2): 87-88.

[78] Dragone C. An N×N optical multiplexer using a planar arrangement of two star couplers. IEEE Photonics Technology Letters, 1991, 3(9): 812-815.

[79] Smith M K, Dam C V. Phasar-based WDM-devices: Principles, design and applications. IEEE Journal of Quantum Electronics, 1996, 2(2): 236-250.

[80] Doi Y, Ishii M, Kamei S, et al. Flat and high responsivity CWDM photoreceiver using silica-based AWG with multimode output waveguides. Electronics Letters, 2003, 39(22): 1603-1604.

[81] Zhang S R, Yin Y X, Lv Z Y, et al. 5-channel polymer/pilica hybrid arrayed waveguide grating. Polymers, 2020, 12(3): 629-633.

[82] Marcatili E A J. Bends in optical dielectric guides. Bell System Technical Journal, 1969, 48(9):

2103-2132.

[83] Oda K, Suzuki S, Takahashi H, et al. An optical FDM distribution experiment using a high finesse waveguide-type double ring resonator. IEEE Photonics Technology Letters, 1994, 6(8): 1031-1034.

[84] Yi H, Citrin D S, Zhou Z. Highly sensitive silicon microring sensor with sharp asymmetrical resonance. Optics Express, 2010, 18: 2967-2972.

[85] Heebner E, Chak P, Pereira S, et al. Distributed and localized feedback in microresonator sequences for linear and nonlinear optics. Journal of the Optical Society of America B-Optical Physics, 2004, 21(10): 1818-1832.

[86] Absil P, Hryniewicz V, Little B E, et al. Compact microring notch filters. IEEE Photonics Technology Letters, 2000, 12(4): 398-400.

[87] Yan X, Ma C S, Xu Y Z, et al. Analysis and optimization for a polymer cross-grid array of microring resonant wavelength multiplexers. Optical Engineering, 2005, 44(7): 75001.

[88] Almeida V R, Barrios C A, Panepucci R R, et al. All-optical control of light on a silicon chip. Nature, 2004, 431(10): 1081-1083.

[89] Xu Q F, Schmidt B, Pradhan S, et al. Micrometre-scale silicon electro-optic modulator. Nature, 2005, 435(5): 325-327.

[90] Madsen C K, Lenz G. Optical all-pass filters for phase design with application for dispersion compensation. IEEE Photonics Technology Letters, 1998, 10(7): 994-996.

[91] Absil P P, Hryniewicz J V, Little B E, et al. Wavelength conversion in GaAs micro-ring resonators. Optics Letters, 2000, 25(8): 554-556.

[92] White I M, Oveys H, Fan X D. Liquid-core optical ring-resonator sensors. Optics Letters, 2006, 31(9): 1319-1321.

[93] Chao C Y, Fung W, Guo L J. Polymer microring resonators for biochemical sensing applications. IEEE Journal of Selected Topics in Quantum Electronics, 2006, 12(1): 134-142.

[94] 夏志轩. 光学微环生物传感器的设计与优化. 武汉: 华中科技大学, 2008.

[95] Liu D, Zhang C, Liang D, et al. Submicron-resonator-based add-drop optical filter with an ultra-large free spectral range. Optics Express, 2019, 27(2): 416-422.

[96] Jayatilleka H, Shoman H, Chrostowski L, et al. Photoconductive heaters enable control of large-scale silicon photonic ring resonator circuits. Optica, 2019, 6(1): 84-91.

[97] Zhang L, Jie L, Zhang M, et al. Ultrahigh-Q silicon racetrack resonators. Photonics Research, 2020, 8: 684-689.

[98] Qiu H, Zhou F, Qie J, et al. A continuously tunable sub-gigahertz microwave photonic bandpass filter based on an ultra-high-Q silicon microring resonator. Journal of Lightwave Technology, 2018, 36: 4312-4318.

[99] Yi H, Citrin D S, Chen Y, et al. Dual-microring-resonator interference sensor. Applied Physics Letters, 2009, 95: 191112.

[100]Tu Z, Gao D, Zhang M, et al. High-sensitivity complex refractive index sensing based on Fano resonance in the subwavelength grating waveguide micro-ring resonator. Optics Express, 2017, 25(17): 6069-6075.

[101]Van V, Ibrahim T A, Absil P, et al. Optical signal processing using nonlinear semiconductor microring resonators. IEEE Journal of Selected Topics in Quantum Electronics, 2002, 8: 705-713.

[102]Barwicz T, Watts M R, Popovic M A, et al, Polarization-transparent microphotonic devices in the strong confinement limit. Nature Photonics, 2007, 1: 57-60.

[103]Dai D, Liu L, Gao S, et. al, Polarization management for silicon photonic integrated circuits. Laser & Photonics Reviews, 2013, 7: 303-328.

[104]Shen B, Wang P, Polson R, et al. An integrated-nanophotonics polarization beam-splitter with 2.4×2.4μm² footprint. Nature Photonics, 2015, 9: 378-382.

[105]Dai D, Bauters J, Bowers J E. Passive technologies for future large-scale photonic integrated circuits on silicon: Polarization handling, light non-reciprocity and loss reduction. Light: Science & Applications, 2012, 1: e1.

[106]Wu H, Tan Y, Dai D. Ultra-broadband high-performance polarizing beam splitter on silicon. Optics Express, 2017, 25: 6069-6075.

[107]Dai D, Bowers J E. Novel ultra-short and ultra-broadband polarization beam splitter based on a bent directional coupler. Optics Express, 2011, 19: 18614-18620.

[108]Wang J, Liang D, Tang Y, et. al. Realization of an ultra-short silicon polarization beam splitter with an asymmetrical bent directional coupler. Optics Letters, 2013, 38: 4-6.

[109]Xu H, Dai D, Shi Y. Ultra-broadband and ultra-compact on-chip silicon polarization beam splitter by using hetero-anisotropic metamaterials. Laser & Photonics Reviews, 2019, 13(4): 1800349.

[110]Li C, Dai D. Compact polarization beam splitter for silicon photonic integrated circuits with a 340-nm-thick silicon core layer. Optics Letters, 2017, 42: 4243-4246.

[111]Dai D, Bowers J E. Novel concept for ultracompact polarization splitter-rotator based on silicon nanowires. Optics Express, 2011, 19: 10940-10949.

[112]Dai D, Wu H. Realization of a compact polarization splitter-rotator on silicon. Optics Letters, 2016, 41: 2346-2349.

第 5 章　硅 基 光 源

硅基光源，特别是硅基片上光源，是硅基光电子芯片中的重要器件之一。由于硅是间接带隙半导体，发光效率不高，因此如何提高硅的发光效率是实现硅基片上光源的关键。本章首先介绍光发射的基础理论，解释硅不能制备激光器的原因。然后，从材料角度出发，介绍三种提高硅基发光效率的方法。在上述基础上，介绍硅基光放大器的进展，包括铒掺杂硅和铒硅酸盐化合物光波导放大器、硅基 III-V 半导体光波导放大器。最后介绍硅基激光器的进展。希望能够帮助读者理解硅基发光的基本原理以及当前硅基光源的研究重点及方向，探明硅基光电子系统中光源的研究现状及未来的发展趋势。

5.1　光发射基础理论

5.1.1　光辐射理论[1-3]

1. 辐射复合

根据能量守恒原则，电子和空穴复合时应释放一定的能量，如果能量是以光子的形式释放的，这种复合称为辐射复合。如果能量以其他的形式，如热能、动能等形式释放，则称为非辐射复合。辐射复合又分为带间复合和非带间复合。带间复合是指导带电子与价带的空穴直接复合；非带间复合通过复合中心进行，包括有杂质或缺陷参与，如电子从导带跃迁到杂质能级，或杂质能级上的电子跃迁入价带，或电子在杂质能级之间的跃迁。其中带间复合是辐射复合中的主要形式。

对于直接带隙半导体，导带和价带的极值都在空间原点，带间复合为直接跃迁。由于直接跃迁的发光过程只涉及一个电子-空穴对和一个光子，其辐射效率很高。对于间接带隙半导体，导带和价带的极值对应于不同的波矢 k，这时发生的带与带之间的跃迁是间接跃迁。在间接跃迁过程中，除了出射光子外，还需要声子参与，因此间接跃迁比直接跃迁的概率小得多。

2. 非辐射复合

非辐射复合的本质就是将电子和空穴复合释放的能量以非光子的形式释放，如转变为热能或其他形式的能量，其中主要有俄歇复合和多声子复合两种方式。

俄歇复合：一个电子或空穴吸收另一电子与空穴复合时释放的能量，跃迁到更高的能量状态的过程称为俄歇复合过程。在俄歇复合过程中获得能量而跃迁到更高能态的载流子与周围晶格反复碰撞而失去能量的概率很大。这种过程的概率与复合的载流子浓度和接受能量的载流子浓度乘积成正比，所以载流子浓度高的材料俄歇复合过程更容易。因此，发光器件的掺杂浓度不能太高，如果太高，俄歇复合过程比较严重。

多声子复合：晶体中电子和空穴复合时可以发射多个声子来释放能量称之为多声子复合。通常发光材料的带隙较宽，均在 1eV 以上，而一个声子的能量大约为 0.06eV，所以同时发射多个声子的概率是很小的。但是晶体中存在许多杂质和缺陷，在带隙中分布着许多分立的能级，电子依次落入这些能级和连续发射多个声子仍然是可能的，最终可以释放大的能量。

3. 自发辐射

辐射复合又分为自发辐射和受激辐射。自发辐射是指处于激发态的原子中的电子在激发态能级上只能停留一段很短的时间，就自发地跃迁到较低能级中去，同时辐射出一个光子。

这一概念最早由爱因斯坦 1916 年提出。原子辐射跃迁示意图如图 5.1 所示，其中 E_1 是基态，E_2 是激发态。电子在这些能级的跃迁必定伴随着吸收或发射频率为 $h\nu$ 的光子。在常温下，大部分原子都处于基态，如有能量为 $h\nu = E_2 - E_1$ 的光子与原子系统相互作用，则处于基态的原子吸收光子进入激发态 E_2。激发态是不稳定的，经过

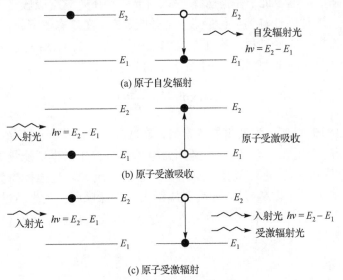

(a) 原子自发辐射

(b) 原子受激吸收

(c) 原子受激辐射

图 5.1　原子辐射跃迁示意图

短时间后，原子必然跃迁回到基态 E_1，同时发射能量为 $h\nu$ 的光子，这种不受外界因素的作用，原子自发地从激发态回到基态引起的光子发射过程，称为自发辐射。半导体的自发辐射寿命变化很大，典型值为 $10^{-9} \sim 10^{-3}$s，它取决于各种半导体参数，如禁带宽度及复合中心浓度等。

4. 受激辐射

当原子处于激发态 E_2 时，如果恰好有能量等于 E_2-E_1 的光子入射进来，在入射光子的影响下，原子会发出一个同样的光子而跃迁到低能级 E_1 上去，这种辐射叫作受激辐射。这种方式就是产生激光的基本原理。

自发辐射和受激辐射是两种不同的光子发射过程，自发辐射中各原子的跃迁都是随机的，所产生的光子虽然具有相等的能量 $h\nu$，但这种光辐射的位相和传播方向等都各不相同。受激辐射却不同，它所发出的光子的全部特性(频率、位相、方向和偏振态等)同入射光子完全相同。另外，自发辐射过程中，原子从 E_2 态跃迁到 E_1 态，伴随着发射一个光子，而在受激辐射过程中，一个入射光子 $h\nu$ 使激发态从 E_2 态跃迁到 E_1 态，同时发射出两个同相位、同频率的 $h\nu$ 光子。受激辐射光的频率、相位、偏振态和传播方向与入射光相同，这种光称为相干光。自发辐射光是由大量不同激发态的电子自发跃迁产生的，其频率和方向分布在一定范围内，相位和偏振态是混乱的，这种光称为非相干光。

5. 受激吸收

在正常状态下，电子处于基态 E_1，在入射光作用下，它会吸收光子的能量跃迁到激发态 E_2 上，这种跃迁称为受激吸收。电子跃迁后，在基态留下相同数目的空穴。受激吸收是受激辐射的逆过程。设在单位物质中，处于 E_1 和 E_2 的原子数分别为 N_1 和 N_2。当系统处于热平衡状态时，存在下面的分布，即

$$\frac{N_2}{N_1} = \exp\left(-\frac{E_2-E_1}{k_BT}\right) \tag{5-1}$$

其中，$k_B=1.381\times10^{-23}$J/K，为玻尔兹曼常数；T 为热力学温度。由于 $E_2-E_1>0$，$T>0$，因此在这种状态下，总是 $N_1>N_2$。这是因为电子总是首先占据低能量的轨道。如果 $N_1>N_2$，即受激吸收大于受激辐射。当光通过这种物质时，光强按指数衰减，这种物质称为吸收物质。如果 $N_2>N_1$，即受激辐射大于受激吸收，当光通过这种物质时，会产生放大作用，这种物质称为激活物质。$N_2>N_1$ 的分布和正常状态($N_1>N_2$)的分布相反，所以称为粒子数反转。

6. 发光效率

因为发光过程中同时存在辐射复合和非辐射复合过程。两者复合概率的不同使

材料具有不同的发光效率。发射光子的效率决定于载流子辐射复合寿命 τ_r 和非辐射复合寿命 τ_{nr} 的相对大小。通常用"内量子效率" η_{in} 和"外量子效率" η_{ex} 来表示发光效率。"内量子效率"为单位时间内辐射复合产生的光子数与单位时间内注入的电子-空穴对数之比。也就是辐射复合速率 W_r 与总的复合速率 $(W_{nr}+W_r)$ 之比。而辐射复合速率和非辐射复合速率又分别为辐射复合寿命 τ_r 和非辐射复合寿命 τ_{nr} 的倒数，

$$\eta_{in} = \frac{W_r}{W_{nr} + W_r} = \frac{\tau_{nr}}{\tau_{nr} + \tau_r} = 1 - \frac{\tau_{in}}{\tau_{nr} + \tau_r} \tag{5-2}$$

因此，只有当 $\tau_{nr} \gg \tau_r$ ，才能获得高效率的光子发射。

对间接复合为主的半导体材料，一般既存在发光中心，又存在其他复合中心，通过前者产生辐射复合，后者产生非辐射复合。因此，要使辐射复合占优势，必须使发光中心浓度远大于其他杂质浓度。

外量子效率是指半导体材料中总的有效发光效率，单位时间内发射到晶体外部的光子数与单位时间注入的电子-空穴对数之比。很多辐射复合所产生的光子并不是全部都能离开晶体向外发射。从发光区产生的光子通过半导体时部分可以被吸收，另外由于半导体的高折射率，光子在界面处很容易发生全反射而返回晶体内部，因此一般外量子效率比内量子效率低很多。

5.1.2　光放大和增益

1. 光放大原理

粒子数反转，是指原子中处于高能级的电子数大于处于低能级的电子数。由玻耳兹曼统计可得，在正常热平衡条件下，原子中的大多数电子处于基态能级，只有少数电子处于高能级。当有外来光子入射时，能量主要会被处于基态能级的电子吸收，因此不会形成光放大。为了实现光放大，必须保证大部分的电子处于高能级，因此需要外部泵浦激励原子中电子跃迁到高能级，实现粒子数反转，从而实现光放大。

在二能级系统中，由于入射光子引起的原子中向上跃迁电子数和向下跃迁电子数相等，因此处于高能级的电子数不可能高于处于低能级的电子数。为实现粒子数反转，最少要在三能级系统中。

在三能级系统中，考虑从低到高三个能级 E_1、E_2、E_3。当外部泵浦光入射时，处于基态 E_1 能级上的电子吸收能量，跃迁到 E_3 能级。E_3 能级也称为泵浦能级，激发电子从基态 E_1 能级跃迁到 E_3 能级的过程称为泵浦。入射泵浦光光子能量需满足 $h\nu = E_3 - E_1$。处于 E_3 能级的电子，能级寿命较短，会迅速衰减到 E_2 能级，并发射出声子，即引起晶格震荡。从 E_3 能级衰减到 E_2 能级的过程并没有伴随光子的产生，因此属于非辐射跃迁。处于 E_2 能级的电子，能级寿命较长，因此不会快速衰减到

E_1 能级，并逐渐在 E_2 能级上积累。当泵浦能量足够大时，大量的电子会从 E_1 能级泵浦到 E_3 能级，并迅速衰减到 E_2 能级，不断积累，从而实现 E_1 能级和 E_2 能级之间的粒子数反转。在三能级系统，为实现粒子数的反转，需要将基态 E_1 能级上的电子一半以上泵浦到 E_2 能级，因此需要泵浦强度较大。

在四能级系统中，能够实现更快的粒子数反转。考虑从低到高四个能级 E_1、E_2、E_3、E_4。外部泵浦激发处于基态的 E_1 能级的电子跃迁到 E_4 能级，其光子能量满足 $hv=E_4-E_1$。处于 E_4 能级的电子，其能级寿命较短，因此会迅速衰减到 E_3 能级。E_3 能级寿命较长，因此电子能够在 E_3 能级积累。由于 E_2 能级一开始处于电子数为 0 的状态，因此只需要外界泵浦，就能够实现 E_3 能级和 E_2 能级之间的粒子数反转。

在泵浦光入射的同时，外部输入一束信号光，信号光光子能量等于两粒子数反转能级之间的能量差。此时，在信号光诱导下，处于高能级的电子会产生受激辐射，衰减到低能级，并向外辐射出一个光子。辐射出的光子相位、方向、偏振态都和入射信号光相同，从而实现了光放大。

2. 增益系数与吸收系数

假设单位体积内有 N_1 个位于 E_1 能级的原子，有 N_2 个位于 E_2 能级的原子，并且原子吸收能量从 E_1 能级跃迁到 E_2 能级的概率正比于 E_1 能级原子浓度 N_1 以及单位体积内的光子数。因此，原子向上跃迁概率可以表示为

$$R_{12} = B_{12}N_1\rho(v) \tag{5-3}$$

其中，R_{12} 是向上跃迁概率；B_{12} 是比例系数，也称为爱因斯坦 B_{12} 比例系数；$\rho(v)$ 表示单位频率光子能量密度，或单位体积单位频率光子辐射能量，其光子能量 $hv=E_2-E_1$。

光的放大主要由材料的增益谱决定，对于半导体材料，它是由态密度 $\rho(hv)$、费米转换因子 $f_g(hv)$ 和辐射寿命 τ_r 决定的[4]，即

$$d\Phi(hv) = dr_{stim}(hv) - dr_{abs}(hv) = \frac{\lambda^2}{8\pi\tau_r}\rho(hv)f_g(hv)\Phi(hv)dz = g(hv)\Phi(hv)dz \tag{5-4}$$

其中，dr_{stim}、dr_{abs} 是一定光子能量 hv 下的受激发射和受激吸收率；$g(hv)$ 是增益系数；$d\Phi$ 是光子流密度的变化。

$$f_g(hv, E_f^e, E_f^h, T) = f_e(hv, E_f^e, T) - [1 - f_h(hv, E_f^h, T)] \tag{5-5}$$

其中，f_e 和 f_h 是电子-空穴对的热分布函数；E_f^e 和 E_f^h 是电子和空穴的准费米能级，当没有外泵浦的情况下，费米转换因子减少到简单的费米态，也就是对于一个空的导带和填满的价带，增益系数小于吸收系数，$f_g<0$。当外泵浦激发高密度的自由载流子，准费米能级的劈裂增加，当 $E_f^e-E_f^h>hv$，满足粒子数反转条件，$f_g>0$。这意味

式 (5-4) 为正值, 因此系统也显示正的增益。从式 (5-4) 可以看出, 辐射寿命 τ_r 也是一个关键的参数, 寿命越短, 增益越大。

对于一个原子系统, 增益系数的表达式简化为

$$g(hv) = \sigma_{em}(hv)N_2 - \sigma_{abs}(hv)N_1 \tag{5-6}$$

其中, σ_{em} 是发射截面; σ_{abs} 是吸收截面; N_2 和 N_1 分别代表激发态和基态能级中有源物质的粒子数。如果发射截面和吸收截面相等, 有正向增益的条件 $N_2>N_1$, 也就是实现粒子数反转。

同样, 如果光在有源材料中传输时, 光强会因光吸收而呈指数关系下降, 设 α_p 为光吸收系数, 只要这个材料的增益系数大于吸收, $g>\alpha_p$, 也就是增益大于损耗, 就可以获得光放大。如果该系统是长度为 L 波导, I_T 和 I_o 为出射和入射的光强度, 则光放大因子表达为

$$G = \frac{I_T}{I_o} = \exp[(\Gamma g - \alpha_p)L] > 1 \tag{5-7}$$

其中, Γ 为有源物质区光模场的限制因子。

5.1.3　激光器原理

激光器能够实现光子在谐振腔内循环往复振荡, 当腔内增益和损耗相等时, 能够保证谐振腔内光子浓度的稳定。由于激光器输出的光都是受激辐射产生的, 因此是相干光, 在相位、偏振等方面具有良好的一致性, 广泛应用于生活中的各个方面。为了实现激光器的稳定输出, 一般需要满足以下三个条件: 激光工作物质、粒子数反转和谐振腔[1,3]。

1. 激光工作物质

用来实现粒子数反转并产生光的受激辐射放大作用的工作物质, 称为激光工作物质。对激光工作物质的主要要求是尽可能在其工作粒子的特定能级间实现较大程度的粒子数反转, 并使这种反转在整个激光发射作用过程中尽可能有效地保持下去, 为此要求工作物质具有合适的能级结构和跃迁特性。

对于半导体激光器来说, 直接带隙半导体的发光效率比间接带隙半导体高, 因此直接带隙半导体材料更适合制作激光器。

2. 粒子数反转

在通常的情况下, 高能态中的粒子数目总是比低能态中的粒子数目少许多。通过光照、高压放电、电流注入、化学反应等不同方式, 将光能、电能、化学能等不同方式的能量转给激光物质, 使激光物质中的粒子由低能态抽运到高能态, 实现粒

子数的反转。开始时,处于高能级的电子会自发辐射衰减到低能级,并向外辐射一个光子。该光子能够诱导处于相邻高能级电子产生受激辐射,继续向外辐射光子。这种雪崩效应会导致向外辐射光子数迅速增加,产生大量相干光,所有光子都具有相同的相位、方向以及偏振态。

根据工作物质和激光器运转条件的不同,可以采取不同的激励方式和激励装置,常见的有以下四种:

①光学激励(光泵):利用外界光源发出的光来辐照工作物质以实现粒子数反转。

②气体放电激励:利用在气体工作物质内发生的气体放电过程来实现粒子数反转。

③化学激励:利用在工作物质内部发生的化学反应过程来实现粒子数反转,通常要求有适当的化学反应物和相应的引发措施。

④核能激励:利用小型核裂变反应所产生的裂变碎片、高能粒子或放射线来激励工作物质并实现粒子数反转。

3. 谐振腔

谐振腔能够对受激辐射产生的光子进行反射,使其限制在谐振腔中,从而增加腔内光子浓度,提高受激辐射强度,提高增益,平衡腔内损耗和端面损耗。另外,谐振能够对受激辐射波长起到选择作用,在腔内震荡的光波波长需要满足驻波条件才能相干相长,保证了激光输出频率的稳定。

最早的光学谐振腔是法布里-珀罗谐振腔。在激光器两侧采用反射镜形成谐振腔。当满足驻波条件 $m\left(\dfrac{\lambda}{2}\right)=L$ 时,光波能够在谐振腔内稳定存在。其中,m 为整数,也称为驻波的纵模数;λ 为腔中介质内的光波波长;L 为谐振腔腔长。

目前,常用的谐振腔结构还有两种:分布布拉格发射(distributed Bragg reflector,DBR)谐振腔、分布反馈(distributed feedback,DFB)谐振腔。

分布布拉格发射谐振腔采用反射型衍射光栅代替反射镜,从而实现对激光的谐振。光栅采用折射率交替变化的介质组成,为实现对特定波长的反射,需要满足光栅方程

$$q\frac{\lambda_B}{n}=2\varLambda \tag{5-8}$$

其中,q 为整数,也称为衍射级数;λ_B 为满足光栅反射条件的光波波长,也称为布拉格波长;n 为光栅的有效折射率;$\varLambda$ 为光栅周期。分布布拉格发射谐振腔在波长 λ_B 处的反射率较高,随周期数的增加反射率逐渐趋于 1,而在远离 λ_B 的波长下,反射率较低。因此,能对谐振腔内的激光波长起到选择性作用,只有满足反射条件的波长才能在谐振腔内谐振。

分布反馈谐振腔是指在谐振腔中引入光栅结构。在谐振腔传播的过程中,光波被周期性地反射。谐振光波频率与光栅周期相关,但不精确对应于布拉格波长,而

是在布拉格波长两侧对称存在，其表达式为

$$\lambda_m = \lambda_B \pm \frac{\lambda_B^2}{2nL}(m+1) \tag{5-9}$$

其中，m 表示模式数。

光栅均匀分布的分布反馈谐振腔满足谐振条件的激光输出波长有两个，不利于实际应用。因此，在实际制造过程中，会认为引入不对称，来保证激光器的单模输出。例如，通过在谐振腔两端镀不同的光学薄膜，使谐振腔两侧反射率不一致，破坏对称性，保证只有一个模式能够输出；通过在光栅周期中引入 1/4 相移区，使得正向传输和反向传输的两个模式在相移区能够平滑连接，保证腔内只有一个光波频率稳定存在。

5.2 硅放大的限制

5.2.1 硅的间接带隙

目前硅激光器还一直没有完全实现，仍然是世界难题。图 5.2 给出了硅的能带结构[4]，硅导带和价带的极值对应于不同的波矢 k，是间接带隙的半导体，辐射复合概率很低，同时存在两个强非辐射跃迁过程：俄歇复合和自由载流子吸收。电子-空穴对的辐射寿命长(毫秒量级)，一个电子-空穴对需要毫秒才能复合。在此期间，电子和空穴移动的体积达到 $10\mu m^3$。这样它们很容易遇到缺陷或俘获中心，载流子就会发生非辐射复合。在硅中，典型的非辐射寿命是纳秒量级，因此硅的内量子效率 η 为 $10^{-5} \sim 10^{-6}$。这是为什么硅是一个弱的发光材料的原因，也就是有效的非辐射复合快速耗尽激发的载流子。许多战略性的研究正在开展来克服这种硅限制，如杂质掺杂、量子限制、硅-锗合金、超点阵等方案。

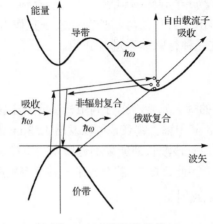

图 5.2 硅的能带结构

5.2.2　硅的俄歇复合和自由载流子吸收

除了硅的间接带隙限制外，还有两个现象限制了硅在光放大中的应用。第一个是无辐射三粒子复合机理，一个激发的电子-空穴复合将多余的能量释放给另一个电子(空穴)，这就是所谓的非辐射俄歇复合机制。一旦多的载流子被激发，这种机理就非常明显。一个俄歇复合的概率和激发的载流子数 Δn 的平方成正比，和禁带宽度成反比。因为半导体中有很多的载流子，所以俄歇复合是很强的。俄歇复合造成的非辐射复合寿命为[5]

$$\tau_A = \frac{1}{C\Delta n^2} \tag{5-10}$$

其中，C 为常数，和材料的掺杂浓度有关。对于硅，C 为 $10^{-30}\text{cm}^6\text{s}^{-1}$，当 Δn 为 10^{19}cm^{-3} 时，非辐射复合寿命为 10ns[5]。因此，对于高载流子注入硅，俄歇复合是非辐射复合的主要机制。

第二种限制是自由载流子吸收，激发的载流子可以吸收光子，因此消耗了反转的粒子数，同时增加了由信号引起的光学损耗。自由载流子吸收系数和硅的自由载流子浓度 n_{fc} 以及光波长 λ 有关。在 300K 时，$\alpha_n \sim 10^{-18}n_{\text{fc}}\lambda^2$。当 $n_{\text{fc}}=10^{19}\text{cm}^{-3}$，$\lambda=1.55\mu\text{m}$ 时，α_n 为 24cm^{-1}[6]。对于重掺杂硅，这也是产生激光的主要限制，然而对于本征硅，除非 n_{fc} 非常高，否则这种贡献比较小。

5.3　硅基发光材料

近 20 年来，人们利用多个途径来提高硅基材料的发光效率。比如说，利用低维硅的量子效应，包括多孔硅、纳米硅、纳米结构硅；利用稀土掺杂，如铒掺杂；利用能带工程将间接带隙材料变成直接带隙，如锗硅材料；利用直接带隙材料键合或生长在硅基体上，如 III-V 族半导体材料等。在这些材料中，掺铒材料、硅上 III-V 族半导体材料、硅锗材料由于自身优势，长期以来一直作为三大主流的硅基发光候选材料。本节将重点对这三种材料体系进行介绍。

5.3.1　掺铒材料

在硅中掺入一定浓度的稀土元素，充分利用稀土元素丰富的能级结构发出不同波长的光来满足实际的需要。其中稀土铒(Er)可以发出 1.53μm 的光，对应于光纤通信中的石英玻璃吸收的最小值，且该波长的能量不受激发功率和所处环境温度的影响，是硅基光电子学的标准波长。因此，掺 Er 硅发光是一种很有发展前途的硅基发光材料。

1. 掺铒材料的发光原理[7]

在掺铒硅基发光材料的研究中，其工作的核心还是铒离子本身。掺铒材料特性如图 5.3 所示。自由铒原子具有和惰性气体氙相似的电子结构[Xe]4f^{12}6s^2，即和惰性气体氙一样，其 5s5p 是满壳层的，最外层有两个自由电子。当铒原子被掺杂到其他基体材料中之后，就会失去其最外层 6s 的两个电子和内层 4f 的一个电子，变成 3 价的铒离子，从而具有电子结构[Xe]4f^{11}5s^{2}5p^{2}6s^0。这种情况下，其最外层是满壳层电子结构 5s5p。部分充满的 4f 电子层受到半径较大的 5s 和 5p 轨道保护，导致了局域电子环境。在这种环境中，库仑和自旋轨道相互作用导致了 4f 能级简并，进而使得 4f-4f 间发生能量转移。而在光通信中所用 1.53μm 波长正是对应于铒离子内部的 4f-4f 跃迁。受 5s5p 的保护，铒离子 4f 跃迁峰值波长几乎不受基体材料影响。

当然铒离子所处微观电场环境会导致斯塔克(Stark)效应，产生能级分裂。同时，热效应引起的均匀展宽效应也会引起铒能级的展宽。通过测量掺铒材料的放射光谱，可以在宏观上观测到斯塔克效应和均匀展宽效应，斯塔克效应会导致铒发射光谱中出现多个峰值，均匀展宽会引起近 200nm 宽的铒 1.53μm 发射光谱。掺铒材料的发射光谱如图 5.3(a)所示，铒离子不仅在红外发光，也有可见光发出。因此，掺铒硅基光源研究中涉及的铒离子能级也相对比较多，具体能级如图 5.3(b)所示。

掺铒硅基光源主要基于铒离子 $^4I_{13/2}$ 与 $^4I_{15/2}$ 能级间的受激发射。为了增加铒离子 $^4I_{13/2}$ 能级上的粒子密度，以实现粒子数反转，通常采用波长为 980nm 或 1480nm 的泵浦光。在 980nm 泵浦的情况下，通过泵浦光将处于基态 $^4I_{15/2}$ 的离子泵浦到二激发态 $^4I_{11/2}$。由于 $^4I_{11/2}$ 能级寿命较短，处于该能级的铒离子会快速地通过非辐射跃迁跳到 $^4I_{13/2}$ 态，从而形成第一激发态的粒子数布居。980nm 波长泵浦的情况下，泵浦和放大涉及两个不同的激发态能级，效率相对比较高，但是，铒离子对 980nm 光的吸收截面非常小，影响到泵浦效率。铒离子在 1480nm 处吸收截面大于发射截面，因此在 1480nm 泵浦下可以直接形成 $^4I_{13/2}$ 粒子数布居，产生第一激发态和基态的粒子数反转，从而实现对弱信号的放大。除此之外，还有激发态吸收，能量上转换，交叉弛豫等非线性过程，会影响发光效率。

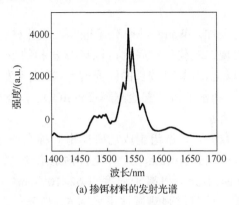

(a) 掺铒材料的发射光谱

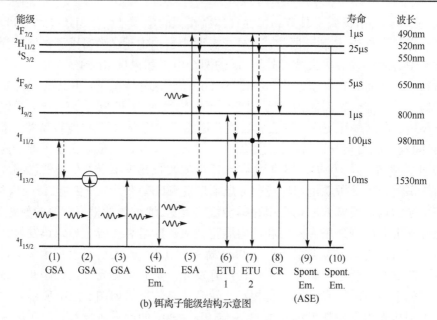

(b) 铒离子能级结构示意图

图 5.3　掺铒材料特性

2. 掺铒材料发展方向

1993 年，荷兰皇家科学院院士 Polman 教授课题组制备了当时世界上最小的铒掺杂氧化铝光波导放大器，器件面积 $1mm^2$，实现了 2.3dB/cm 的净增益[8]。麻省理工学院的 Watts 教授课题组制备了铒掺杂氧化铝放大器，最佳增益为 2.3dB/cm[9-12]。2004 年，Isshiki 等采用溶胶-凝胶法制备了铒硅酸盐化合物[13]。该由铒、氧和硅组成的单晶化合物可以实现高达 14%的铒浓度。图 5.4 显示了 Er-Si-O 晶体在 488nm 泵浦激发(泵浦功率 100mW)的室温光致发光光谱。1.53μm 处观察到尖锐的主峰，半高全宽为 7.5nm。

这些结果引起了更多的关注，Wang 等研究了硅和二氧化硅衬底对铒硅酸盐的组分和结构的影响[14-15]，发现二氧化硅衬底上可以形成 α 相的 $Er_2Si_2O_7$，发光强度比硅衬底上 Er_2SiO_5 高十倍以上，并具有较长的发光寿命，其光致发光光谱如图 5.5(a)所示。Zheng 等用磁控溅射法制备了铒硅酸盐薄膜(Er_2SiO_5)，也发现类似的现象[16]。其光致发光光谱如图 5.5(b)所示。

2017 年，清华大学宁存政教授课题组也成功研制出一种生长在硅基衬底上的新型单晶铒氯硅酸盐(erbium chloride silicate，ECS)化合物纳米线(核壳结构)[17]。制备出的纳米线长 56.2μm，直径 1μm，铒离子浓度 $1.62×10^{22}/cm^3$，光学净增益高达 100dB/cm。纳米线的电镜图与信号增强测试结果如图 5.6 所示。

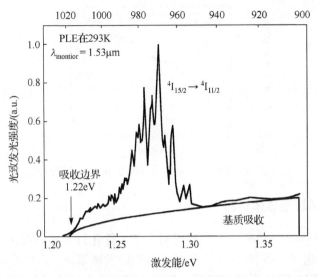

图 5.4　单晶 Er-Si-O 化合物在 488nm 泵浦激发下的光致发光光谱

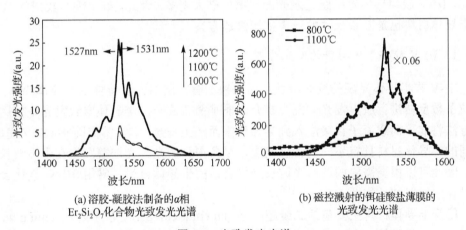

(a) 溶胶-凝胶法制备的α相 Er$_2$Si$_2$O$_7$化合物光致发光光谱

(b) 磁控溅射的铒硅酸盐薄膜的光致发光光谱

图 5.5　光致发光光谱

(a) ECS纳米线电镜图

(b) ECS纳米线电镜图

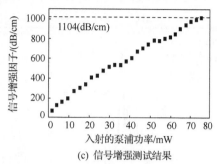

(c) 信号增强测试结果

图 5.6　ECS 纳米线电镜图与信号增强测试结果图

5.3.2　硅上 III-V 族半导体材料

III-V 族半导体是直接带隙半导体材料,带间复合为直接跃迁,直接跃迁的发光过程只涉及一个电子-空穴对和一个光子,其辐射效率很高。而硅是间接带隙半导体材料,带与带之间的跃迁是间接跃迁,跃迁过程除了出射光子外,还需要声子参与。因此,III-V 族半导体直接跃迁发光的概率比硅大得多。因此,硅上混合集成的 III-V 族半导体材料也是硅基光源的一大主流候选方案。

1. III-V 族半导体材料的发光原理

III-V 族半导体光源的发光特性主要取决于有源层的介质特性以及腔体特性,通过粒子数反转进行放大发光,发光媒介为非平衡载流子。半导体电致发光是指用电学方法将非平衡载流子直接注入到半导体中而产生发光,这常常借助 p-n 结来完成。不同的半导体材料具有不同的带隙宽度,制备得到的光源光增益发生在带隙波长附近,因此可以根据需要的增益光波长选择合适的半导体材料。常用 III-V 族化合物半导体的发射波长如图 5.7 所示[18]。

低维半导体材料主要包括二维超晶格(superlattice,SL)、量子阱(quantum well,QW)、一维量子线(quantum wire,QL)和零维量子点(quantum dot,QD)等。低维半导体材料可通过纳米制备加工技术人工裁剪其物理尺度,从而具有与传统块体半导体材料截然不同的优异光电特性。因为半导体材料在实空间上受限维度的不同,其能带结构偏离体材料的程度也不同,各种低维半导体材料的态密度分布与半导体体材料的比较如图 5.8 所示。

随着材料维度的降低和材料结构特征尺寸的减小,量子尺寸效应、量子隧穿效应、库仑阻塞效应、量子干涉效应以及表面、界面效应等都会表现得愈加突出,由此带来的新现象、高性能成为新一代光电子器件的基础,各种以低维半导体材料作为工作区的新型器件也如雨后春笋般涌现出来,对当今世界经济和社会的发展产生了重大的影响。目前来说,主流的半导体材料主要采用量子阱与量子点两种异质结构。

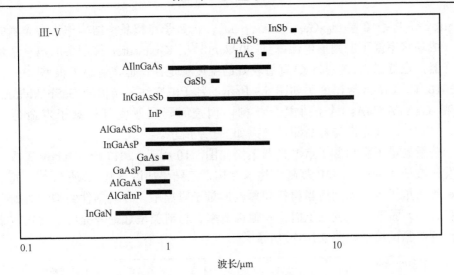

图 5.7　常用 III-V 族化合物半导体的发射波长

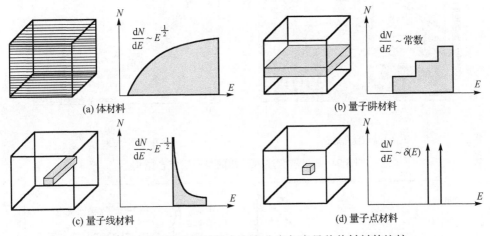

图 5.8　低维半导体材料的态密度分布与半导体体材料的比较

2. III-V 族半导体材料发展方向

近年来，量子阱激光器广泛投入到各领域应用中。2013 年 Khan 等[19]研制了分布反馈 InGaAsSb/AlInGaAsSb 量子阱激光器，$20°C$ 时阈值电流仅为 150mA；2015 年黄永箴等研制出了边模抑制比为 35dB，输入只需要 2mW 功率的 AlGaInAs/InP 激光器。

Arakawa 和 Asada 等分别在 1982 年和 1986 年用密度矩阵理论分析量子限制对减小激光器阈值的作用，证明增益随着量子限制程度的增加而增加[20-21]；1996 年

Ledentsov 等采用 10 层 $In_{0.5}Ga_{0.5}As/Al_{0.15}Ga_{0.85}As$ 量子点超晶格结构作为激光器的有源区，成功将室温下的阈值电流降到 $90A/cm^2$[22]。Kirstaedter 等制备的第一个量子点激光器，在低温(150～180K)有着较好的温度稳定性，但在室温下很差[23]。

2016 年，Couto 等研究了如图 5.9 所示的基于隧穿注入结构的 GaSb/AlGaAs 量子点和 GaAs/AlGaAs 量子阱复合结构，调控间隔层厚度可将激子寿命延长至 700ns～5μs[24]。其光谱与寿命测试结果如图 5.9 所示。

一些新的量子阱和量子点激光器案例如图 5.10 所示。2017 年，Zubov 等成功制备出发射波长 1.5μm 的 InP 基隧穿注入结构，其结果如图 5.10(a) 所示[25]。同年，Wolde 等将量子点嵌入到适当材料和厚度的量子阱层中，并就器件结构参数如有源层数目、QD 面密度、载流子捕获和弛豫概率、材料类型选择等提出了优化方案，其材料增益测试结果如图 5.10(b) 所示[26]。

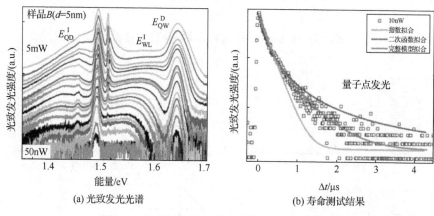

(a) 光致发光光谱   (b) 寿命测试结果

图 5.9 基于隧穿注入结构的量子阱复合结构

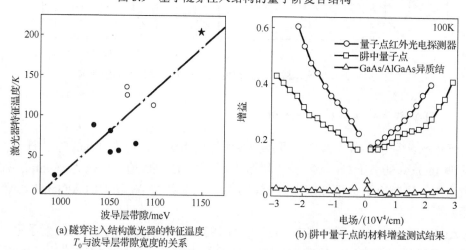

(a) 隧穿注入结构激光器的特征温度   (b) 阱中量子点的材料增益测试结果
T_0 与波导层带隙宽度的关系

图 5.10 量子阱和量子点激光器的案例

5.3.3 锗硅材料

锗和锡两种材料与硅同处于第Ⅳ主族，且制作工艺均与 CMOS 工艺兼容。锗虽然是一种间接带隙材料，但其位于 Γ 点的直接带隙能谷仅比位于 L 点的间接带隙能谷高 136meV。应变的引入会导致锗材料的晶体结构发生改变，从而改变能带结构，进而影响到锗材料的发光特性以及电学特性。了解应变对材料特性的影响，无论是对于硅基光源器件还是其他基于应变工程的功能器件的研究都具有指导性意义。

1. 应变锗材料的发光原理

硅和锗的晶体为金刚石结构，其第一布里渊区为如图 5.11 所示的截角八面体。Γ 点为布里渊区中心点；L 点为正六边形的中心点，其倒空间坐标为 $2\pi(1/2,1/2,1/2)/a$，等价点有 8 个；X 点为正四边形的中心点，其倒空间坐标为 $2\pi(1,0,0)/a$；K 点的坐标为 $2\pi(3/4,0,0)/a$。此处 a 为晶格常数。

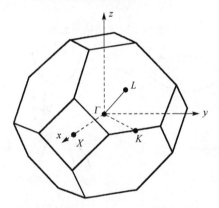

图 5.11　硅和锗的第一布里渊区示意图

无应变状态下的锗和硅的能带结构分别如图 5.12(a) 和 (b) 所示。可以看到，锗的导带最低点位于 L 点而硅的导带最低点接近于 X 点，这说明锗和硅都是间接带隙材料。硅的带隙为 1.12eV，与 Γ 点的带隙(3.4eV)相差较大。锗材料的特别之处在于其布里渊区中心 Γ 点的带隙(0.8eV)仅仅比 L 点的带隙(0.664eV)高 0.136eV，这种特殊的能带结构也被称为伪直接带隙结构。

在引入张应变的情况下，锗材料 Γ 点和 L 点的带隙都将减小，并且 Γ 点带隙减小得更快，这使得导带 Γ 点与 L 点之间的能量差随着应变的增大而逐渐减小。可以预见的是，在应变量达到一定值的时，Γ 点与 L 点之间的能量差将变为零，此时锗材料的能带结构转变为直接带隙。对于直接带隙材料而言，将会有更多的电子能够进入 Γ 能谷，从而产生有效的辐射复合。除了引入张应变之外，Liu 等提出可以对材料进行重型 n 掺杂来进一步改善发光效率，其原理如图 5.13 所示[27]。由于杂质提

供的电子占据了一部分 L 能谷的能态，外注入的电子将更容易进入直接带隙，从而
增强了辐射复合。

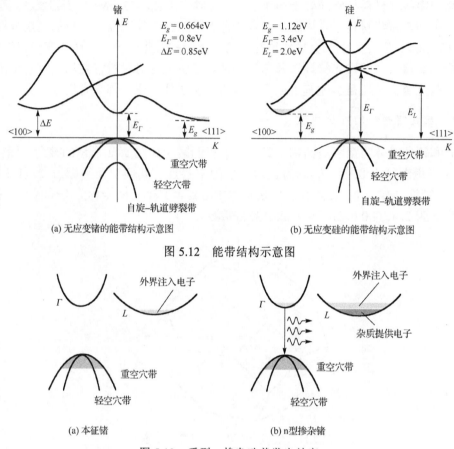

图 5.12　能带结构示意图

图 5.13　重型 n 掺杂改善发光效率

2. 应变锗材料发展方向

2012 年，Ghrib 等采用等离子体增强化学气相沉积(plasma-enhanced chemical
vapor deposition，PECVD)在锗脊形波导上沉积了氮化硅应变层，如图 5.14(a) 所示[28]。
在光致发光光谱中观察到明显的发光峰红移，说明直接带隙随着应变增大而减小。
2016 年，优化了应变层的设计，利用如图 5.14(b) 所示的全包覆氮化硅应变层，证
明了此时锗已经成为直接带隙[29]。

2017 年，Stange 等在硅衬底上直接外延出 GeSn/SiGeSn 量子阱，并制作了发光
二极管[30]。2018 年，他们利用 GeSn/SiGeSn I 型量子阱结合如图 5.15 所示的应变锗
微盘谐振腔实现了低温光泵浦激射[31]，阈值泵浦功率约为 40kW/cm^2。

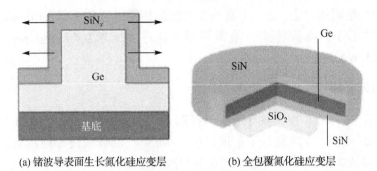

(a) 锗波导表面生长氮化硅应变层　　　(b) 全包覆氮化硅应变层

图 5.14　氮化硅应变锗材料示意图

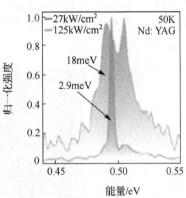

(a) GeSn/SiGeSn I 型量子阱微盘激光器的扫描电镜图　　(b) 该激光器在不同泵浦光功率下的光致发光谱
(测试温度为50K)

图 5.15　应变锗微盘谐振腔

2018 年，Li 的研究小组通过物理气相沉积技术在硅衬底上制备锗薄膜。在光致发光光谱中观察到一个中心位于～2100nm 的 Ge 峰，可能是直接带隙光致发光或直接带隙和间接带隙光致发光叠加的结果[32]；2019 年，Cho 的研究小组[33]研究了热退火对硅上锗的应变以及光致发光的影响[33]；2020 年，Bakkers 的研究小组测量了亚纳秒、温度不敏感的辐射复合寿命，并观察到与直接带隙 III-V 族半导体类似的辐射场[34]。

5.4　硅基光波导放大器

硅基光波导放大器可以放大硅基光电子集成回路中微弱的光信号，也是硅基激光器的基础：如果光波导放大器有足够高的净增益，在光波导放大器的两端设计合适的谐振腔就可以获得光泵的激光。硅基光波导放大器目前有两个主要的研究方向：一个是基于传统半导体光放大器(semiconductor optical amplifier，SOA)，采用键合技术,将 SOA 贴到基片上;另一个是基于传统的掺铒光纤放大器(erbium-doped fiber amplifier,EDFA),将其转换为掺铒平面光波导放大器(erbium-doped waveguide amplifier,EDWA)。

5.4.1 掺铒光波导放大器

在过去的 20 年里,掺铒波导放大器得到了广泛的研究。北京大学在材料成分和结构优化的基础上,分别制备了条形加载、slot 形、混合型波导结构的铒镱硅酸盐化合物光波导放大器[35-37]。铒镱硅酸盐波导放大器结构如图 5.16 所示。

Watts 教授课题组长期以来一直采用 Al_2O_3-SiO_2-SiN_x 混合波导结构。为了提高限制因子,引入了二氧化硅隔离层。之后该研究组进一步将氮化硅波导优化成一定间隔的多条带状结构,能更精细地调节不同波长的光在有源层和低损耗层中的限制因子[12]。

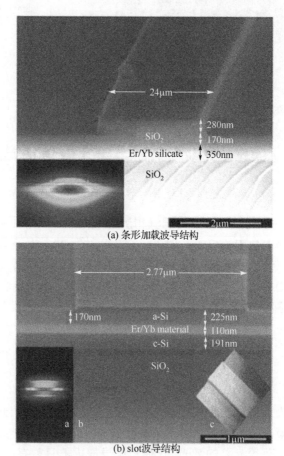

(a) 条形加载波导结构

(b) slot波导结构

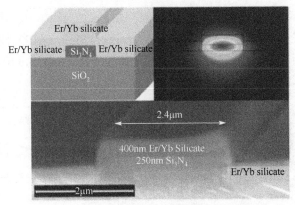

(c) 混合型波导结构

图 5.16 铒镱硅酸盐波导放大器结构

Mu 等对基于双层单片集成的硅基 $Al_2O_3:Er^{3+}$-Si_3N_4 光波导放大器进行了实验研究[38]。在 976.2nm 泵浦下，5.9cm 长的全集成放大器在 1532nm 的信号波长下获得了～10dB 的片内净增益，如图 5.17(a) 所示为发射波长分别为 976.2nm 和 633nm 的 $Al_2O_3:Er^{3+}$-Si_3N_4 放大器的光学图像。图 5.17(b) 和 (c) 测量了在 976.2nm 泵浦下器件的净增益随入射泵浦和信号功率的变化曲线。

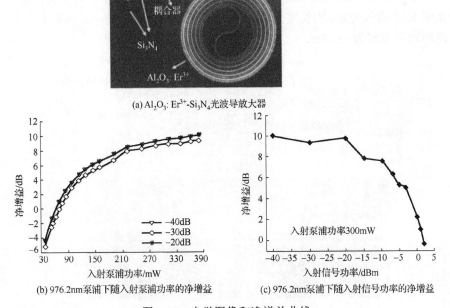

(a) Al_2O_3: Er^{3+}-Si_3N_4光波导放大器

(b) 976.2nm泵浦下随入射泵浦功率的净增益

(c) 976.2nm泵浦下随入射信号功率的净增益

图 5.17 光学图像和净增益曲线

如图 5.18 所示 Rönn 等设计了掺铒的混合狭缝波导结构[39]。其中，作为增益介质的掺铒氧化铝采用原子层沉积(atomic-layer deposition，ALD)技术制备，在亚毫米长度上实现了高达 20.1±7.31dB/cm 的模型增益以及 52.4±13.8dB/cm 的材料增益。其器件结构与测试结果如图 5.18 所示。

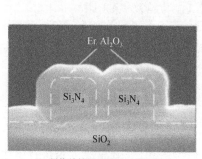

(a) 制作的掺铒狭缝波导截面照片

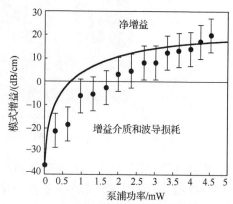

(b) 250μm 波导中测试(实点)和模拟(实线)的模式增益随着注入泵功率的变化函数

图 5.18　掺铒混合狭缝波导

5.4.2　硅基 III-V 族半导体光放大器

在各类硅基光电子集成电路中，SOA 都是一个非常关键的部件。2007 年，Park 等首次采用直接键合的方法制备了最早的硅基集成 III-V 族半导体光放大器[40]，其结构如图 5.19 所示。器件的长度为 1.36mm，并且达到了 9.1dB/mm 的最大片上增益，输入饱和功率测得为 –2dBm。

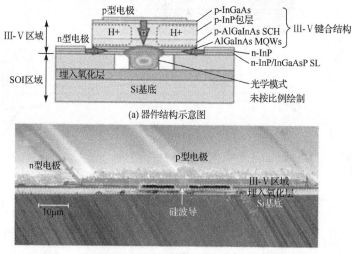

(a) 器件结构示意图

(b) SEM照片

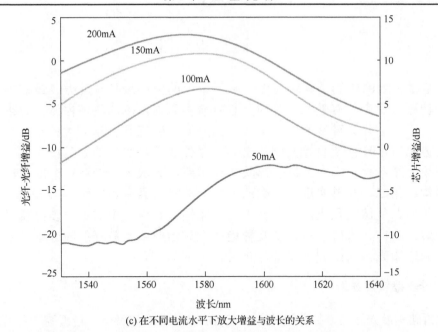

(c) 在不同电流水平下放大增益与波长的关系

图 5.19 采用直接键合的方法制备的硅基集成 III-V 族半导体光放大器

2019 年，Matsumoto 等采用精确的倒装式键合(flip-chip bonding，FCB)技术，并结合模斑转换器和混合集成技术，在 Si 光学平台上制备了 InP-SOA，其对准精度小于±1μm[41]，如图 5.20 所示。实验测得该器件具有 15.3dB 的净增益。

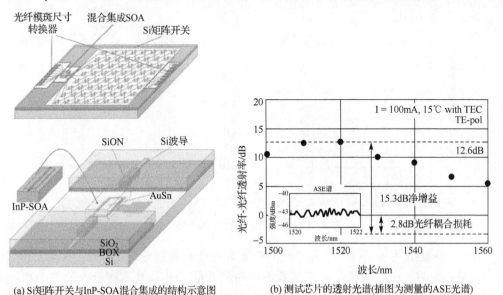

(a) Si矩阵开关与InP-SOA混合集成的结构示意图

(b) 测试芯片的透射光谱(插图为测量的ASE光谱)

图 5.20 采用 FCB 技术在 Si 光学平台上制备的 InP-SOA

5.5　硅基激光器

　　硅基激光器的研制是硅基光电子学领域中的一个最具有魅力、最富挑战性的前沿课题。说最具有魅力，是因为它有着丰富而深刻的物理内涵；说最富有挑战性，因为它作为硅基光电子集成中的光源，研究具有相当大的难度。按照光的受激辐射原理，要设计并制作出具有器件实用化水平的硅基激光器，需要具备下述几个条件：第一，制备出具有光增益、光放大和受激辐射的有源区材料或结构；第二，能够实现粒子数的反转；第三．具有适宜结构形式的光学谐振腔；第四，能够实现电注入条件下的受激辐射。而其中的每一步都要付出艰苦的探索。目前，人们已提出了几种能产生光增益或受激辐射的方案，本节将就这些硅基激光器的研究进展进行介绍。

5.5.1　硅基掺铒激光器

　　掺铒硅基激光器的谐振器设计主要有 DFB、DBR 以及微环谐振腔三种。2013年，Purnawirman 等设计了 Al_2O_3:Er^{3+} DBR 激光器(图 5.21)，其波导结构采用的是 Al_2O_3-SiO_2-SiN_x 混合波导结构[9]。在波长 1561nm 处，激光功率为 5.1mW，阈值为 44mW。此外，该研究组通过调节 SiN_x 层 DBR 的光栅周期，获得不同波长的最大激光输出：2.5mW@1536nm 以及 0.5mW@1596nm。其 1561nm 激光输出测试结果以及器件的光谱图如图 5.21 所示。

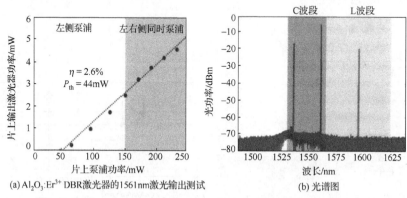

(a) Al_2O_3:Er^{3+} DBR激光器的1561nm激光输出测试　　　　(b) 光谱图

图 5.21　Al_2O_3:Er^{3+} DBR 激光器

　　Watts 课题组展示了首个单片集成的硅基光电子数据链路，如图 5.22 所示[42]。整个芯片在 kHz 速度水平下展示了数据链路的功能，并且其高速运行的潜力超过 1Gbit/s。这些结果为放大器和激光器的单片集成铺平了道路，在自由空间通信、集成激光雷达等方面具有潜在的应用前景。

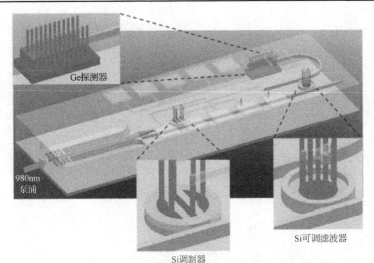

(a) 单片集成的硅基光电子数据链路示意图

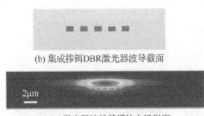

(b) 集成掺铒DBR激光器波导截面

(c) DBR激光器波导基模的电场强度

(d) 测试装置

图 5.22　单片集成的硅基光电子数据链路

5.5.2　硅基 III-V 族半导体激光器

2006 年，Intel 公司和美国加州大学圣芭芭拉分校的 Bowers 教授研究组成功研发了世界上首个采用标准硅工艺制造的硅基 III-V 族混合激光器。2007 年，比利时根特大学研究小组提出了一种电注入的 InP 基微盘激光器，如图 5.23 (a) 所示[43]。III-V 族有源微盘通过 BCB 聚合物键合到 SOI 波导上，室温连续工作的阈值电流为 0.5mA，最大单向输出功率为 10μW。2011 年，他们提出了一个基于 BCB 聚合物键合的硅基 III-V 族 FP 激光器，在 10°C 下获得输出功率 5.2mW 的连续出光激光器，如图 5.23 (b) 所示[44]。2012 年，他们提出了一种基于双锥形绝热耦合器的低阈值混合集成 FP 激光器结构，大大降低了混合激光器由于倏逝波耦合产生的损耗[45]。2013 年，日本富士通公司实现了一个用于粗波分复用的四波长硅基 III-V 族混合集成激光器阵列，如图 5.23 (c) 所示[46]。

2019 年，Bowers 教授课题组展示了全集成的扩展型 DBR 激光器[47]，其线宽为～1kHz，输出功率达 37mW 以上。此外，他们也设计了线宽小于 500Hz 的微环辅助 DBR 激光器，如图 5.24 所示。

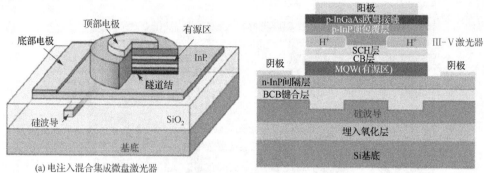

(a) 电注入混合集成微盘激光器

(b) 基于BCB键合的硅基III-V族FP激光器示意图

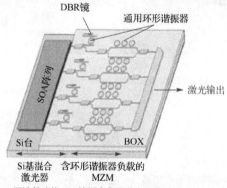

(c) 四波长硅基III-V族混合集成激光器阵列

图 5.23　硅基 III-V 族半导体激光器

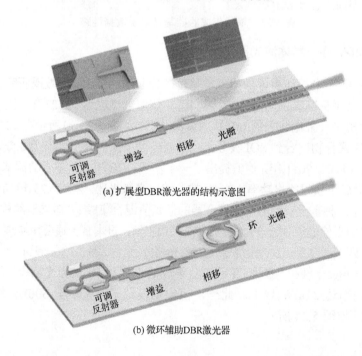

(a) 扩展型DBR激光器的结构示意图

(b) 微环辅助DBR激光器

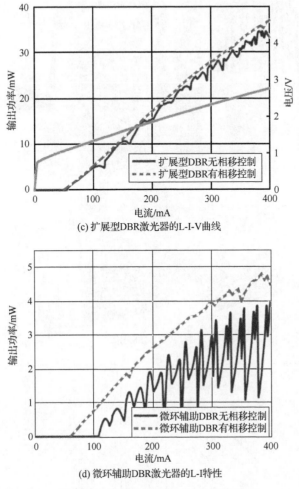

(c) 扩展型DBR激光器的L-I-V曲线

(d) 微环辅助DBR激光器的L-I特性

图 5.24　窄线宽全集成 DBR 激光器

　　2020 年，Bowers 教授课题组报道了在 CMOS 兼容的 (001) Si 衬底上生长的第一台 1.3μm QD-DFB 激光器，如图 5.25 所示[48]。该激光器具有高温度稳定性，单纵模工作，边模抑制比大于 50dB，阈值电流密度为 $440\mathrm{A\cdot cm^{-2}}$。在小信号调制下，单通道速率为 128Gbit/s，净频谱效率为 $1.67\mathrm{bit/(s\cdot Hz)}$，使用 5 个信道，在 O 波段的总传输容量为 640Gbit/s。

　　2020 年，伦敦大学学院的刘会赟教授课题组展示了用 III-V 量子点在 CMOS 兼容的 Si (001) 衬底上单片生长的超小型 III-V-PhC 薄膜激光器，其结构如图 5.26 所示[49]。在室温下用连续光泵浦下，该激光器具有～0.6μW 的超低激光阈值，以及高达 18%的自发辐射耦合效率。

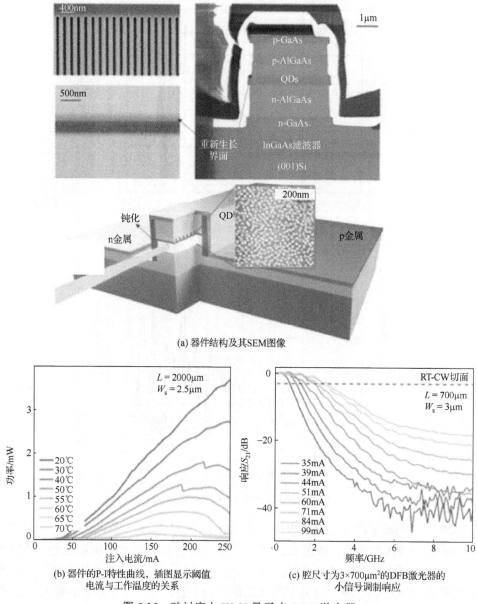

(a) 器件结构及其SEM图像

(b) 器件的P-I特性曲线，插图显示阈值
电流与工作温度的关系

(c) 腔尺寸为3×700μm²的DFB激光器的
小信号调制响应

图 5.25 硅衬底上 III-V 量子点 DFB 激光器

5.5.3 锗硅激光器

麻省理工学院的 Kimerling 课题组研制了世界上首个光通信波段室温工作的锗激光器[50,51]。2015 年，Wirths 的研究小组用 GeSn 合金的 IV 族直接带隙系统产生激光，同时没有引入机械应变[52]。GeSn 合金的光致发光光谱如图 5.27 所示。

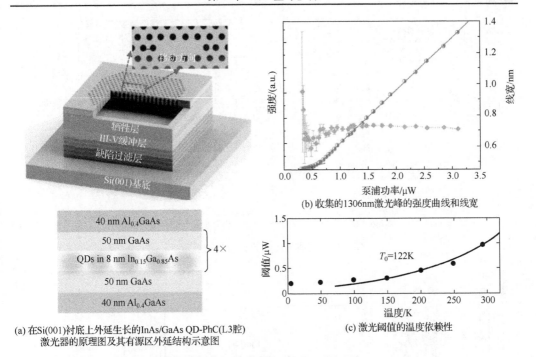

(a) 在Si(001)衬底上外延生长的InAs/GaAs QD-PhC(L3腔)
激光器的原理图及其有源区外延结构示意图

(b) 收集的1306nm激光峰的强度曲线和线宽

(c) 激光阈值的温度依赖性

图 5.26　III-V 光子晶体薄膜激光器

2020 年，Kurdi 的研究小组采用氮化硅封装提供拉伸应变，实现了 GeSn 微盘激光器[53]，如图 5.28 所示，在 70K 和 100K 温度下观察到超低阈值连续波和脉冲激光。波长为 2.5μm 的激光器，纳秒脉冲光激发的阈值为 0.8kW · cm^{-2}，连续波光激励下的阈值为 1.1kW · cm^{-2}。

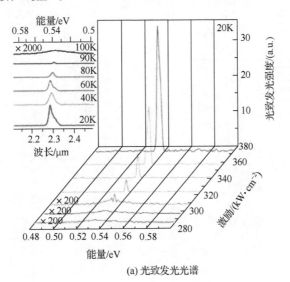

(a) 光致发光光谱

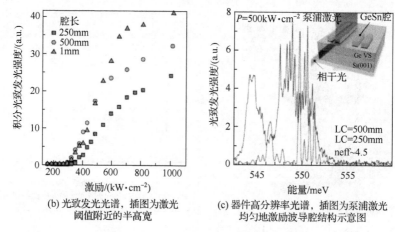

(b) 光致发光光谱，插图为激光
阈值附近的半高宽

(c) 器件高分辨率光谱，插图为泵浦激光
均匀地激励波导腔结构示意图

图 5.27　GeSn 合金的光致发光光谱

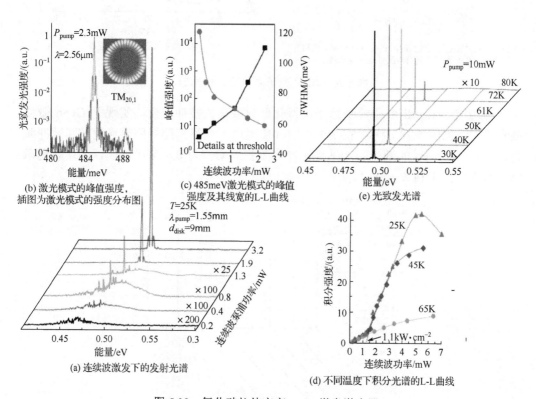

(b) 激光模式的峰值强度，
插图为激光模式的强度分布图

(c) 485meV激光模式的峰值
强度及其线宽的L-L曲线

(e) 光致发光谱

(a) 连续波激发下的发射光谱

(d) 不同温度下积分光谱的L-L曲线

图 5.28　氮化硅拉伸应变 GeSn 微盘激光器

5.5.4　纳米结构硅激光器

荷兰阿姆斯特丹大学 Gregorkiewicz 教授研究组发现一个高能热 PL 峰随硅量子点的变小在能量上发生反常的显著红移[54]，而基态 PL 峰跟预期的一样在量子束缚效应作用下发生蓝移。中国科学院半导体研究所的骆军委使用现代纳米计算技术模拟了真实的硅量子点，在系统分析了硅量子点电子结构随量子点大小变化后，发现其高能硅直接带隙跃迁并没有随硅量子点的变小而显著发生红移，并最终导致硅量子点成为直接带隙发光。硅量子点发光特性如图 5.29 所示。

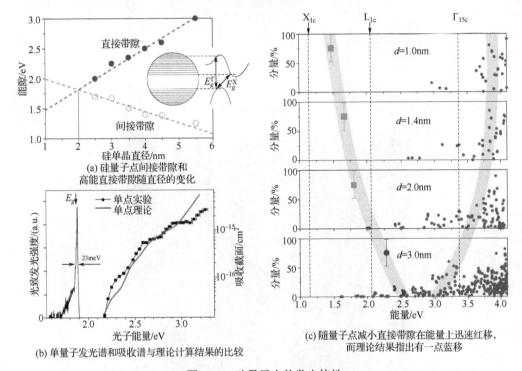

(a) 硅量子点间接带隙和
高能直接带隙随直径的变化

(b) 单量子发光谱和吸收谱与理论计算结果的比较

(c) 随量子点减小直接带隙在能量上迅速红移，
而理论结果指出有一点蓝移

图 5.29　硅量子点的发光特性

2018 年，复旦大学吴翔教授、陆明教授和张树宇副教授合作，成功研制出世界上首个全硅激光器[55]。其光学增益甚至可与 GaAs 和 InP 的光增益相媲美。利用这些高增益硅纳米晶体设计并制作了一个分布反馈谐振腔，并用飞秒脉冲光泵浦实现了激光发射。

5.5.5　硅基拉曼激光器

拉曼散射是光通过介质时入射光与分子运动相互作用而引起散射光频率发生变化(位移也相应发生变化)的散射。2005 年 Intel 公司 Rong 等研制成功了第一台全硅拉曼激光器[56]，如图 5.30 所示。当 p-i-n 结两侧反向偏置电压为 25V 时，激光阈值为 0.4mW，斜率效率为 9.4%。之后，该小组利用由多层介电薄膜覆盖的 SOI 光波导形成的光学微腔，实现了稳定的单模激射输出，并研制成了连续拉曼激光器。2008 年又实现了级联拉曼激光器。

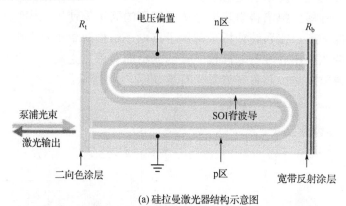

(a) 硅拉曼激光器结构示意图

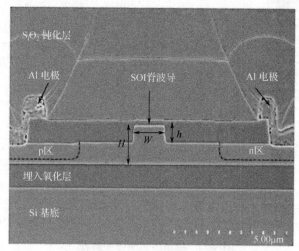

(b) SEM 照片

图 5.30　全硅拉曼激光器

2005 年，Rong 等利用环行腔的硅波导，报道了阈值更低的连续光硅基拉曼激光器[57]。其斜率效率达到了 28%，输出功率超过 50mW。

5.6　本 章 小 结

虽然硅基光源近年来取得了很大进展，但所面临的挑战仍是多方面的。首先，外部光源和混合集成的片上光源的优点是具有高的发光效率,容易实现连续或者可调的激光输出。但其缺点是集成度不高,制备工艺复杂,与 CMOS 工艺不兼容,系统成本昂贵,还必须考虑到输出激光到波导的耦合对准问题;其次,单片集成硅基光源的优点是集成度高,成本低,但目前最大的困难是发光效率低,电致发光困难。

综合分析各种硅基光源的优缺点和近年来国际上的研究动向,可以看到混合集成的 III-V 族半导体光源近年来发展较为成熟。短期来看,键合技术是解决硅基 III-V 材料集成的一种有效途径,但工艺复杂,成本较高;长期来看,需要发展潜力更大的直接异质外延技术。研究低成本、高质量量子点外延和键合工艺具有重要意义。另一方面,硅基掺铒材料也仍然是重要的研究方向,工艺上制备出高增益、低损耗的高铒浓度材料是实现高效片上光放大的必要条件,同时,与以氮化硅为首的低损耗波导相结合也是掺铒波导放大器的新发展趋势。此外,外延锗硅光源的能带工程也是能够尽快取得突破的途径之一。总得说来,一旦上述高性能硅基光源得以实现,硅基光电子学必定进入一个高速发展期。

参 考 文 献

[1] 余金中. 半导体光电子技术. 北京: 化学工业出版社, 2003.

[2] 张季熊. 光电子学教程. 广州: 华南理工大学, 2009.

[3] 彭英才, 赵新为, 傅广生. 硅基纳米光电子技术. 保定: 河北大学出版社, 2009.

[4] Pavesi L. Silicon-based light sources for silicon integrated circuits. Advances in Optical Technologies, 2014, 2008: 1-12.

[5] Jonsson P, Bleichner H, Isberg M, et al. The ambipolar auger coefficient: measured temperature dependence in electron irradiated and highly injected n-type silicon. Journal of Applied Physics, 1997, 81(5): 2256-2262.

[6] Lockwood D J, Pavesi L. Silicon Photonics. Berlin: Springer, 2004.

[7] Bradley J D B, Pollnau M. Erbium-doped integrated waveguide amplifiers and lasers. Laser & Photonics Reviews, 2011, 5(3): 368-403.

[8] van den Hoven G N, Snoeks E, Polman A, et al. Photoluminescence characterization of Er-implanted Al$_2$O$_3$ flms. Applied Physcis Letters, 1993, 62: 3065-3067.

[9] Purnawirman S J, Adam T N, Leake G, et al. C- and L-band erbium-doped waveguide lasers with wafer-scale silicon nitride cavities. Optics Letters, 2013, 38(11): 1760-1762.

[10] Hosseini E S, Purnawirman S J, Bradley J D B, et al. CMOS-compatible 75mW erbium-doped distributed feedback laser. Optics Letters, 2014, 9(11): 3106-3109.

[11] Belt M, Blumenthal D J. Erbium-doped waveguide DBR and DFB laser arrays integrated within

an ultra-low-loss Si_3N_4 platform. Optics Express, 2014, 22(9): 10655-10660.

[12] Magden E S, Li N, Purnawirman S J, et al. Monolithically-integrated distributed feedback laser compatible with CMOS processing. Optics Express, 2017, 25(15): 18058-18065.

[13] Isshiki H, de Dood M J A, Polman A, et al. Self-assembled infrared-luminescent Er-Si-O crystallites on silicon. Applied Physcis Letters, 2004, 85(19): 4343-4345.

[14] Wang X J, Yuan G, Isshiki H, et al. Photoluminescence enhancement and high gain amplification of $Er_xY_{2-x}SiO_5$ waveguide. Journal of Applied Physics, 2010, 108(1): 13506.

[15] Wang X J, Wang B, Wang L, et al. Extraordinary infrared photoluminescence efficiency of $Er_{0.1}Yb_{1.9}SiO_5$ films on SiO_2/Si substrates. Applied Physcis Letters, 2011, 98(7): 79103.

[16] Zheng J, Ding W C, Xue C L, et al. Highly efficient photoluminescence of Er_2SiO_5 films grown by reactive magnetron sputtering method. Journal of Luminescence, 2010, 130: 411-414.

[17] Sun H, Yin L J, Liu Z C, et al. Giant optical gain in a single-crystal erbium chloride silicate nanowire. Nature Photonics, 2017, 11(9): 589-593.

[18] Dutta N K, Wang Q. Semiconductor Optical Amplifiers. Singapore: World Scientific Publishing, 2006.

[19] Khan M Z M, Ng T K, Lee C S, et al. Effect of optical waveguiding mechanism on the lasing action of chirped InAs/AlGaInAs/InP quantum dash lasers// Novel In-Plane Semiconductor Lasers XII. International Society for Optics and Photonics, San Francisco, 2013: 864005.

[20] Arakawa Y, Sakaki H. Multidimensional quantum well lasers and temperature dependence of its threshold current. Applied Physcis Letters, 1982, 40(11): 939-941.

[21] Asada M, Miyamoto Y, Suematsu Y. Gain and the threshold of three-dimensional quantum-BOX lasers. IEEE Journal of Quantum Electronics, 1986, 22(9): 1915-1921.

[22] Ledentsov N, Shchukin V, Grundmann M, et al. Direct formation of vertically coupled quantum dots in Stranski-Krastanov growth. Physical Review B, 1996, 54(12): 8743-8750.

[23] Kirstaedter N, Ledentsov N, Grundmann M, et al. Low threshold, large to injection laser emission from (InGa) as quantum dots. Electronics Letters, 1994, 30(17): 1416-1417.

[24] Couto Jr O D D, de Almeida P T, dos Santos G E, et al. Enhancement of carrier lifetimes in type-II quantum dot/quantum well hybrid structures. Journal of Applied Physics, 2016, 120(8): 084305.

[25] Zubov F I, Semenova E S, Kulkova I V, et al. On the high characteristic temperature of an InAs/GaAs/InGaAsP QD laser with an emission wavelength of 1.5pm on an InP substrate. Semiconductors, 2017, 51(10): 1332-1336.

[26] Wolde S, Lao Y F, Perera A G U, et al. Noise, gain, and capture probability of p-type InAs-GaAs quantum-dot and quantum dot-in-well infrared photodetectors. Journal of Applied Physics, 2017, 121(24): 244501.

[27] Liu J, Sun X, Pan D, et al. Tensile-strained, n-type Ge as a gain medium for monolithic laser integration on Si. Optics Express, 2007, 15(18): 11272-11277.

[28] Ghrib A, de Kersauson M, Kurdi M E, et al. Control of tensile strain in germanium waveguides through silicon nitride layers. Applied Physcis Letters, 2012, 100(20): 201104.

[29] Kurdi M E, Prost M, Ghrib A, et al. Direct band gap germanium microdisks obtained with silicon nitride stressor layers. ACS Photonics, 2016, 3(3): 443-448.

[30] Stange D, von den Driesch N, Rainko D, et al. Short-wave infrared LEDs from GeSn/SiGeSn multiple quantum wells. Optica, 2017, 4(2): 185-188.

[31] Stange D, von den Driesch N, Zabel T, et al. GeSn/SiGeSn heterostructure and multi quantum well lasers. ACS Photonics, 2018, 5(11): 4628-4636.

[32] Li Y S, Nguyen J. Tensilely strained Ge films on Si substrates created by physical vapor deposition of solid sources. Scientific Reports, 2018, 8: 16734.

[33] Lee C, Yoo Y, Ki B, et al. Interplay of strain and intermixing effects on direct-bandgap optical transition in strained Ge-on-Si under thermal annealing. Scientific Reports, 2019, 9: 11709.

[34] Fadaly E M T, Dijkstra A, Suckert J R, et al. Direct-bandgap emission from hexagonal Ge and SiGe alloys. Nature, 2020, 580: 205-209.

[35] Guo R M, Wang X J, Zang K, et al. Optical amplification in Er/Yb silicate strip loaded waveguide. Applied Physcis Letters, 2011, 99(16): 161115.

[36] Guo R M, Wang B, Wang X J, et al. Optical amplification in Er/Yb silicate slot waveguide. Optics Letters, 2012, 37(9): 1427-1429.

[37] Wang L, Guo R M, Wang B, et al. Hybrid Si_3N_4-Er/Yb silicate waveguides for amplifier application. IEEE Photonics Technology Letters, 2012, 24(11): 900-902.

[38] Mu J, Dijkstra M, García-Blanco S M. Monolithic integration of Al_2O_3:Er^{3+} amplifiers in Si_3N_4 technology// The European Conference on Lasers and Electro-Optics. Optical Society of America, Munich, 2019: 38.

[39] Rönn J. Zhang W W, Autere A, et al. Ultra-high on-chip optical gain in erbium-based hybrid slot waveguides. Nature Communications, 2019, 10: 432.

[40] Park H, Fang A W, Cohen O, et al. A hybrid AlGaInAs-silicon evanescent amplifier. IEEE Photonics Technology Letters, 2007, 19: 230-232.

[41] Matsumoto T, Tanizawa K, Ikeda K. Hybrid-integration of SOA on silicon photonics platform based on flip-chip bonding. Journal of Lightwave Technology, 2019, 37: 307-313.

[42] Li N X, Xin M, Su Z, et al. A Silicon photonic data link with a monolithic erbium-doped laser. Scientific Reports, 2020, 10: 1114.

[43] van Campenhout J, Rojo-Romeo P, Regreny P, et al. Electrically pumped InP-based microdisk

lasers integrated with a nanophotonic silicon-on-insulator waveguide circuit. Optics Express, 2007, 15(11): 6744-6749.

[44] Stankovic S, Jones R, Sysak M N, et al. 1310nm hybrid III-V/Si Fabry-Perot laser based on adhesive bonding. IEEE Photonics Technology Letters, 2011, 23(23): 1781-1783.

[45] Lamponi M, Keyvaninia S, Jany C, et al. low-threshold heterogeneously integrated InP/SOI laser with a double adiabatic taper coupler. IEEE Photonics Technology Letters, 2012, 24(1): 76-78.

[46] Tanaka S, Jeong S H, Sekiguchi S, et al. Four-wavelength silicon hybrid laser array with ring-resonator based mirror for efficient CWDM transmitter// Optical Fiber Communication Conference. Optical Society of America, Anaheim, 2013: 3.

[47] Huang D, Tran M A, Guo J, et al. High-power sub-kHz linewidth lasers fully integrated on silicon. Optica, 2019, 6(6): 745-752.

[48] Wan Y, Norman J, Tong Y, et al. 1.3μm quantum dot-distributed feedback lasers directly grown on (001) Si. Laser & Photonics Reviews, 2020, 14(1): 2000037.

[49] Zhou T J, Tang M C, Xiang G H, et al. Continuous-wave quantum dot photonic crystal lasers grown on on-axis Si (001). Nature Communications, 2020, 11: 977.

[50] Liu J F, Sun X C, Kimerling L C, et al. Direct gap optical gain of Ge-on-Si at room temperature. Optics Letters, 2009, 34: 1738.

[51] Liu J F, Sun X C, Camacho-Aguilera R, et al. Ge-on-Si laser operating at room temperature. Optics Letters, 2010, 35(5): 679-681.

[52] Wirths S, Geiger R, von den Driesch N, et al. Lasing in direct-bandgap GeSn alloy grown on Si. Nature Photonics, 2015, 9: 88-92.

[53] Elbaz A, Buca D, von den Driesch N, et al. Ultra-low-threshold continuous-wave and pulsed lasing in tensile-strained GeSn alloys. Nature Photonics, 2020, 14: 375-382.

[54] Luo J W, Li S S, Sychugov I, et al. Absence of redshift in the direct bandgap of silicon nanocrystals with reduced size. Nature Nanotechnology, 2017, 12: 930-932.

[55] Wang D C, Zhang C, Zeng P, et al. An all-silicon laser based on silicon nanocrystals with high optical gains. Science Bulletin, 2018, 63(2): 75-77.

[56] Rong H, Liu A, Jones R, et al. An all-silicon Raman laser. Nature, 2005, 433(7023): 292-294.

[57] Rong H, Jones R, Liu A, et al. A continuous-wave Raman silicon laser. Nature, 2005, 433(7027): 725-728.

第6章　硅基光学调制

光学调制，利用其他能量形式改变光信号的特征，是光电子学中的一个重要环节。传统的光学调制通常采用铌酸锂、III-V族半导体或其他材料作为载体，其主要原因是这些材料的线性泡克耳斯电光效应非常显著，易于实现高速调制。然而用这些材料制作的器件体积大、成本高，而且与硅基微电子工艺不兼容，无法进行大规模生产。近年来，硅基电光调制在理论和技术上获得巨大突破，其带宽已经从MHz进入到10GHz范畴。硅基高速调制不仅是未来光交叉（optical cross-connect，OXC）和光分插复用（optical add-drop multiplexer，OADM）系统中的核心技术，而且在芯片互连和光电计算技术中也具有很大的应用前景。因此对硅基光学调制进行系统的研究意义重大。

本章从一般性的光学调制入手，系统阐述了几种硅基光学调制的原理和机制，给出了调制器件设计的重要考查指标，并结合几个具体调制器的设计对物理原理如何在器件中实现给予了阐释，并由此对新型调制器设计给出了一些提示。

6.1　光学调制原理

光学信号可以由强度、振幅、频率、相位、偏振、传播方向等特征参数来表征。光学调制则是改变光学信号的一个或多个特征参数的过程。由于人的眼睛以及大部分的光学探测器对光的强度（振幅）非常敏感，而且其他光学参数如频率、相位、偏振等的变化也都可以通过强度（振幅）的变化来表达，因此光学调制的最终效果是通过光的强度（振幅）的变化来检测的。

正如光在材料中的行为可以通过材料的折射率变化来预测一样，光学调制的过程实际上也是一个材料折射率变化的过程。光学调制的原理也就是利用各种能量形式使材料折射率发生变化的理论。下面简单介绍一下电光、热光、声光调制。

6.1.1　电光调制

电光效应指的是外加电场引起的材料折射率的变化，也就是电场对材料光学性质的调制——电光调制。外加电场通过改变原子或分子中电子的运动规律，或者材料的晶体结构，使得原本各向同性的材料变成各向异性，并由此产生材料的双折射效应。这种材料折射率对外加电场的依赖关系可以表示为

$$n' = n'(E) \tag{6-1}$$

其泰勒展开式为

$$n' = n + a_1E + a_2E^2 + a_3E^3 + \cdots \tag{6-2}$$

其中

$$\Delta n_1 = a_1E_1 \tag{6-3}$$

$$\Delta n_2 = a_2E^2 = (\lambda K)E^2 \tag{6-4}$$

被分别称为泡克耳斯效应和克尔(Kerr)效应。在泡克耳斯效应中,外加电场引起的晶体折射率变化正比于电场强度,因此又称作线性电光效应。而克尔效应也被称为二阶非线性电光效应,因为外加电场引起的晶体折射率变化正比于电场强度的平方。式(6-4)中,λ 为光波长,K 为克尔系数。一般来说,材料的克尔效应强度远低于泡克耳斯效应强度。

从式(6-3)和式(6-4)可以得到:

①对于非晶材料和具有对称性的晶体,其介电特性是各向同性的,因此,由正电场和负电场引起的折射率变化相等,这意味着 $\Delta n_1 = a_1E = a_1(-E)$,从而 $a_1 = 0$;对这些材料,不存在泡克耳斯效应。

②对于那些具有非对称中心的晶体,泡克耳斯效应是存在的。

③无论外加电场是正还是负,a_2 总不等于 0;这表明无论对什么材料,只要有外加电场,就会有克尔效应产生。

6.1.2　热光调制

对应于材料所处的温度不同,其分子或晶体结构发生变化,从而造成材料的光学性质不同。这种物理现象称为热光效应(thermo-optic effect),可以表达为

$$n(T) = n_0 + \alpha(T) \tag{6-5}$$

其中,n_0 是该材料在某一特定温度下的折射率;α 是该材料的热光系数;T 表示温度。显然,通过人为外加的能量形式可以改变材料的温度,从而改变材料的光学性质。这个过程就叫作热光调制。

6.1.3　声光调制

声光效应[1]是弹性波与光波的相互作用所表现出来的一种物理现象。当超声波通过介质时会造成介质的局部压缩和伸长而产生弹性应变,而且该应变随时间和空间作周期性变化,从而使介质的折射率发生改变。当光通过这一受到超声波扰动的介质时就会发生衍射现象,这种现象称之为声光(acousto-optic,AO)效应。

存在于超声波中的此类介质可视为一种由声波形成的位相光栅(称为声光栅),其光栅的栅距(光栅常数)即声波波长。当一束平行光束通过声光介质时,光波就会

被该声光栅所衍射而改变光的传播方向，并使光强在空间重新分布。在声光效应中，弹性应变引起介质折射率的变化与声功率的关系为[2]

$$\Delta n = \sqrt{n^6 p^2 10^7 P_a / (2Qv_a^3 A)} \qquad (6\text{-}6)$$

其中，n 是无应力时介质的折射率；p 是介质的弹光张量；P_a 是超声驱动总功率（单位是 W）；Q 是质量密度；v_a 是声速；A 是声波场与介质的交叠区域面积。定义一个声光系数，即

$$M_2 = n^6 p^2 / Qv_a^3 \qquad (6\text{-}7)$$

表达式简化为

$$\Delta n = \sqrt{M_2 10^7 P_a / (2A)} \qquad (6\text{-}8)$$

在晶体中，声光效应主要是由晶体取向决定，也就是与 p 相关。但是即使选择最优的材料和取向，这种效应相对来说也较小。例如，光波长为 632.8nm，石英的 M_2 为 $1.51 \times 10^{-18} \mathrm{s}^3/\mathrm{gm}$，而 $LiNbO_3$ 的 M_2 为 $6.9 \times 10^{-18} \mathrm{s}^3/\mathrm{gm}$，即使声功率密度为 $100 \mathrm{W/cm}^2$，折射率的改变也只在 10^{-4} 量级。虽然折射率改变较小，但每一个声波峰值对光都会起作用，如果相位条件满足，作用的结果积累起来就可形成衍射效应。

6.2　光学调制评价

在光学调制的实际作用中，需要对调制方法以及执行调制的器件进行评价。以下是利用各种效应进行调制器设计时都必须尽量优化的性能指标。

6.2.1　调制带宽

这一指标衡量调制器往光波上加载数据能力的大小。是调制器最重要的性能指标之一。通常可以定义为透射率减小到最大值的 50% 的变化频率。目前，硅基光学调制器带宽约为几十 GHz 数量级，已经达到商用非集成光学调制器的水平。

6.2.2　调制深度

定义为调制器工作时透射率的最大值 $I_{\max}$ 与最小值 $I_{\min}$ 的比率。通常以对数形式 $10\lg(I_{\max} / I_{\min})$ 来表示。大的调制深度对于长距离传输、低误码率及高接收敏感性非常重要。

6.2.3　插入损耗

这是指把调制器作为无源器件引入系统时，器件本身对输入光能量的损耗。通常用输入和输出光强的比值来衡量。显然调制器插入损耗应当被累积进系统的整体损耗中。

6.2.4 比特能耗

调制器能耗指的是传输 1bit 的信息所需的平均能量。它是衡量器件本身竞争力的一项重要指标。比如说，如果要用硅基集成光互连系统来代替 32nm 的 CMOS 技术中的铜互连系统，光学系统的能耗必须不高于 100fJ/bit。这意味着对光学调制器这样的光输出器件，其能耗必须不超过 10fJ。

电吸收型调制器可能提供更低的比特能耗。因为它利用强量子限制斯塔克效应 (quantum confined Stark effect，QCSE)，不依赖载流子浓度的变化，因此能耗相对较低。因此，QCSE 调制器是未来降低能耗的新调制器重要考虑之一。

6.2.5 调制器几何尺度

这一指标考查调制器所耗用材料的多少、集成制造成本、能耗，以及性能。一般来说，调制器应当做得尽可能小，但不足以让调制机制失效。

6.2.6 光学带宽

这是指调制器能正常工作的光波长范围。不同的调制器结构设计对波长变化的敏感度不同。例如，MZM 的工作波长范围比共振结构型调制器宽。

6.2.7 温度和工艺的敏感度

这一指标对不同设计结构的调制器差别很大。我们尽量追求对制造工艺要求不那么高，在 $-5\sim70°C$ 范围内稳定工作的集成光调制器。

显然在以上指标中，最重要的是调制速度/调制带宽和几何尺度。这是截至目前研究所最看重的。但随着调制速度逐渐接近可接受的水平，能耗等其他指标也会变得越来越重要。

6.3 硅基电光调制

一般来说，当外加电场作用在材料上时，其折射率的实部和虚部都会发生变化。我们将实部的变化 Δn 称为电致折射，而将虚部的变化 $\Delta\alpha$ 称为电致吸收。前面提到的泡克耳斯效应和克尔效应均属于电致折射的内容。由于硅材料具有中心对称的晶体结构，没有泡克耳斯效应，而且克尔效应也非常微弱，因此通过电致折射的方法来进行电光调制是不实际的。如果希望利用硅来进行电光调制，必须采用别的方法来更有效地改变硅的折射率。本节将阐述几种有效改变硅的折射率的方法，也就是电致吸收的方法，以及相对应的电光调制机理，并介绍两种最常用的硅基电光调制器。

6.3.1　硅的光吸收及电光效应

像其他材料一样，硅材料也会对通过它的光进行吸收并产生损耗。其主要的吸收方式有两种：一种是带边吸收，发生在入射光波长不超过由导带和价带带隙决定的截止波长的情况下。一般来说，波长越短，吸收越强，如图 1.5 所示。这样的光被吸收后可以激发电子从价带到导带的跃迁，是个强吸收过程。另一种称为自由载流子吸收，是材料中的自由载流子对输入光的吸收。改变自由载流子浓度，将会改变对光的吸收，从而影响到折射率的实部和虚部。在入射光波长长于截止波长时，这一过程将占主导地位。下面介绍几种常见的与电致吸收有关的电光效应。

1.弗朗兹-凯尔迪什(Franz-Keidysh，F-K)效应

当存在外电场时，某些半导体材料的能带发生弯曲，导致导带和价带间的带隙发生变化，从而影响晶体的光吸收特性，特别是对那些波长与带隙宽度相当的光。这种影响不仅体现在电致折射上，也体现在电致吸收上，但效果都不强烈。电致折射关系图如图 6.1 所示，显示了室温下硅材料在 1.07μm 和 1.09μm 波长附近的电致折射特性[3]。可以看见，即使在高达 10^4V/cm 的电场强度下，光学特性的改变仍然很小。值得注意的是，这种效应随着波长的增长而减小。在 1.31～1.55μm 的通信波长范围内，光学特性的变化几乎可以忽略不计。

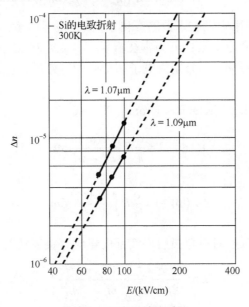

图 6.1　电致折射关系图

2. 量子限制斯塔克效应

量子限制斯塔克效应(quantum confined stark effect，QCSE)反映了量子阱结构光学吸收谱在外加垂直电场作用下的变化。在没有外加电场的情况下，量子阱结构中的电子和空穴只占据了子能带结构中的部分离散能级，因此该量子阱结构只能吸收相对应的一系列离散光波。然而，当加上外加电场时，电子能级向下移动，空穴能级向上移动，从而使该结构能够吸收的波长向长波长方向扩展。显然 QCSE 也是通过电场的存在改变材料对光的吸收特性。由于都是通过外加电场来改变材料的光学吸收特性，QCSE 和 F-K 效应具有内在的一致性。由于狭窄量子阱的存在，其势垒将允许激子存在并增强光的吸收(QCSE)。当量子阱宽度增大时，这种增强效应将迅速减弱，其极限状态就是 F-K 效应。

3. 等离子色散(plasma dispersion，PD)效应

理论与实践已经证明，材料中自由载流子的浓度对其折射率的实部和虚部都会产生影响，进而影响材料的光学性能。自由载流子的浓度对材料折射率虚部(吸收)的影响远大于对实部的影响。其对虚部(吸收)的影响可以利用德鲁德-洛伦茨(Drude-Lorenz)公式来描述，即

$$\Delta\alpha = \frac{e^3\lambda_0{}^2}{4\pi^2c^3\varepsilon_0 n}\left(\frac{\Delta N_e}{\mu_e(m_e{}^*)^2}+\frac{\Delta N_h}{\mu_h(m_h{}^*)^2}\right) \tag{6-9}$$

其中，$\Delta\alpha$ 为材料折射率中吸收系数的变化量；e 为电子电量；λ_0、c、ε_0 分别为真空中的光波长、光速和介电常数；n 为本征折射率；ΔN_e 和 ΔN_h 分别代表材料中的自由电子和空穴浓度；m_e^* 和 m_h^* 分别为电子和空穴的有效质量；μ_e 和 μ_h 分别为电子和空穴的迁移率。

通过克拉默斯-克朗尼(Kramers-Kronig)关系式

$$n_r(\omega)-1 = \frac{c}{\pi}P\int_0^\infty\frac{\alpha(\omega_1)}{\omega_1^2-\omega^2}\mathrm{d}\omega_1 \tag{6-10a}$$

$$\Delta n_r(\omega)-1 = \frac{c}{\pi}P\int_0^\infty\frac{\Delta\alpha(\omega_1)}{\omega_1^2-\omega^2}\mathrm{d}\omega_1 \tag{6-10b}$$

可以将自由载流子的浓度对材料折射率实部的影响直接表达为

$$\Delta n = \frac{-e^2\lambda_0{}^2}{8\pi^2c^3\varepsilon_0 n}\left(\frac{\Delta N_e}{m_e^*}+\frac{\Delta N_h}{m_h^*}\right) \tag{6-11}$$

式(6-9)和式(6-11)就是所谓的等离子色散效应。它表达了材料中自由载流子的

浓度变化所引起的光学特性的变化之间的定量关系。如果通过电场的改变来注入或减少载流子浓度，就可以实现电光调制。

特别地，如果利用硅材料对通信波段的光波进行调制，大量的文献数据已被总结成以下的经验公式[4]：

在 1.55μm 波段，有

$$\Delta n = \Delta n_c + \Delta n_h = -8.8\times10^{-22}\Delta N_e - 8.5\times10^{-18}(\Delta N_h)^{0.8}$$
$$\Delta \alpha = \Delta \alpha_e + \Delta \alpha_h = 8.5\times10^{-18}\Delta N_e + 6.0\times10^{-18}\Delta N_h \tag{6-12}$$

在 1.3μm 波段，有

$$\Delta n = \Delta n_c + \Delta n_h = -6.2\times10^{-22}\Delta N_e - 6.0\times10^{-18}(\Delta N_h)^{0.8}$$
$$\Delta \alpha = \Delta \alpha_e + \Delta \alpha_h = 6.0\times10^{-18}\Delta N_e + 4.0\times10^{-18}\Delta N_h \tag{6-13}$$

如果在 1.55μm 波段设定 $\Delta N_e = \Delta N_h = 5\times10^{17}$，有

$$\Delta n = -8.8\times10^{-22}\times(5\times10^{17}) - 8.5\times10^{-18}\times(5\times10^{17})^{0.8} = -1.66\times10^{-3} \tag{6-14}$$

显然，电场对硅材料光学性质的影响可以总结如下：泡克耳斯效应是零，F-K 效应几乎是零，克尔效应是 10^{-4} 数量级，而等离子体色散效应则在 10^{-3} 数量级。这就导致多数硅基电光调制器都是通过等离子体色散效应来实现的。

6.3.2　硅基电光调制机理

本节将首先从硅基光学调制所利用的物理效应出发，阐释目前常用的几种调制过程。其次，具体分析了几种典型调制器的设计结构和优缺点，从作用原理和机制上给以解释，并特别针对等离子体色散效应型调制器给出详细的分析，揭示耗尽型结构为什么能获得目前的最高调制带宽的原因。最后，对其他新型调制机理和调制器设计做简要介绍。

1. 硅基电光调制机制

硅材料中的电光效应包括克尔效应、F-K 效应、QCSE 和 PD 效应等。由于体硅材料中克尔效应和 F-K 效应都非常微弱，因此硅基高速电光调制一般都利用硅材料的 PD 效应[3]。等离子色散效应是一种间接电光效应，它利用外加电场下有源区自由载流子浓度的变化来调制输出光波的幅值和相位从而实现电光调制。但是，受到载流子本身的复合寿命的限制，器件的开关速度只能达到 MHz 量级[5]。要想提高硅基电光调制的速度，必须寻求新的调制器结构。

光学调制是对传播光束的基本特征进行调制。根据被调制特征的不同，可以简单分成幅度、相位和偏振调制。另一种划分方法是分成电致折射调制和电致吸收调制。施加外电场导致材料复折射率的变化。其中导致实部变化（Δn）叫作电致折射，

导致虚部变化($\Delta\alpha$)叫作电致吸收。通常人们都利用前面提及的克尔效应、F-K 效应来进行电光折射调制或者实现电光吸收调制。但在硅中,这些效应都非常微弱,因此大多使用等离子色散调制。

对于直接电致吸收调制,过程非常简单,只要通过电控吸收与否,改变出射光强度就可以实现。对于电致折射,有两种间接方法仍旧可以实现光的强度调制。第一种方法是折射率改变可以用来调节两路传播光的相对相位,从而使得它们实现相长或者相消干涉。这就实现了光强度调制。典型地,一个 MZM 就可以用来实现这种调制。第二种把折射率变化转化成光强度变化的方法是引入一个共振环结构,调制器折射率变化必然改变共振环与光传播路径的共振条件,由此实现器件在共振与非共振间的切换。

这样,就可以把电场在材料中导致的光性质的变化都最终能转化为光强度按电场的变化。这是电光调制的最基本过程。具体一个调制器的实现必然是按照基本物理过程和物理原理,并同时应用上述的两种机制之一来工作的。常见的硅基高速调制用的是等离子色散物理效应,调制机制用的是电致折射调制。

2. 典型调制机制分析

早期硅波导光调制器都是利用等离子色散效应,利用载流子注入来改变波导材料折射率或者吸收系数。环绕波导形成的 p-i-n(p-type/intrinsic/n-type)结构用来控制光传播路径中的空穴和电子注入。GHz 带宽的方案在 20 世纪初期就被提出。载流子注入型调制器示意图如图 6.2 所示,是 Rong 等提出的一个方案[6]。

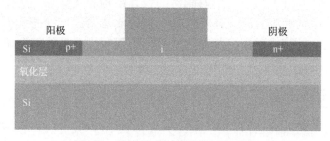

图 6.2　载流子注入型调制器示意图

突破 1GHz 调制速度也是在 2004 年实现的,载流子积累型调制器示意图如图 6.3 所示。该结构与以往不同的是波导中的载流子浓度不再是通过电控注入来改变,而是通过电控来积累。在微米尺度波导里面构造了一个介层,自由载流子在介电层两侧积累(这非常像电容器两极板上电荷的积累)。这一载流子积累型调制器优化后调制速度达到 10Gbit/s。最近 Lightwire 公司演示了它的设备在 10Gbit/s 调制速度下,消光比仍能达到 9dB[7]。载流子积累型调制器调制速度不再受材料最小载流子寿命限制,而是依赖器件的电阻和电容。这也是载流子积累型调制优于载流子注入型之处。

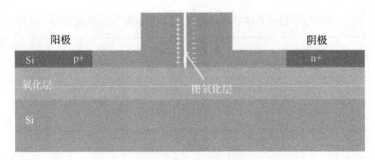

图 6.3 载流子积累型调制器示意图

后来出现的载流子耗尽方案也同样避免了载流子最小寿命的影响，载流子耗尽型调制器示意图如图 6.4 所示。这一机制利用 p-n 结的反向偏压形成的耗尽层工作。施加不同的反向偏压，形成不同宽度的耗尽区，从而光波导中的载流子密度自然不同。2007 年，Intel 利用这种机制首次实现了 30Gbit/s 的光调制器。此后继续实现了 40Gbit/s 的调制[8,9]。

图 6.4 载流子耗尽型调制器示意图

通过以上分析可以得出：如果采用等离子色散机制，通过改变载流子浓度实现电光调制，那么提高载流子浓度变化速度是提高调制速率的关键。以上三种结构（载流子注入、载流子积累、载流子耗尽）分别对应不同的微观载流子浓度变化机制，见表 6.1。在目前较为常用的 MZM 和共振型调制器中，大都采用以上三类调制机制，且以载流子耗尽型所获得的调制速度最高，见表 6.2[7]。

表 6.1 硅基电光调制器典型调制机制比较

结构	特点
载流子注入	高掺杂的 p 区和 n 区被本征区开开，波导在本征区；正偏压促使电子和空穴注入到本征波导区
载流子积累	薄 SiO_2 绝缘层把波导分成两半，形成电容结构；载流子的积累随所加电压的变化而变化
载流子耗尽	轻掺杂 p 区和 n 区相邻，形成 p-n 结；当施加的反向偏压增大时，二极管的耗尽区变大

表 6.2   目前几种调制器在不同调制机制下的性能比较

调制规律	结构	器件尺寸 /μm^2	达到的速率/(Gbit/s)	比特能耗 /(fJ/bit)	调制电压 /V	直流调制深度和插入损耗/dB	调制深度与速度之比/ (dB · $Gbit^{-1}$ · s)	工作光谱 /nm
水平 p-n 结耗尽层	MZM	-10^4	40	3×10^4	6.5	>20, −7	1/30 1/40	>20
正向偏置二极管	MZM	-10^3	10	-5×10^3	7.6	6~10, 12	—	—
正向偏置二极管	Ring	-10^2	>12.5	−300	3.5	>10, <0.5	8/16 3/18	−0.1
反向偏置二极管	Disk	20	10	85	3.5	>10, <0.5	8/16 3/18	−0.1
正偏 p-i-n 结	Ring	−10	3	86	0.5	7, 1	—	0.2
反偏二极管	Ring	−10	10	50	2	6.5, 2	8/10	−0.1

3. 新型硅基调制机制

毋庸置疑,现有的硅基调制器件较 10 年以前已经获得非常大的进步。但调制器作为一个整体性功能器件,目前各种指标以及综合性能还远不能达到预期商用水平。因此,在继续改进现有设计过程中,人们仍在试图发现新的调制机制和物理过程,从而获得性能上的突破。

在这一过程中,首先考虑和 CMOS 工艺兼容的材料,比如 Ge。随之利用 QCSE 进行电吸收调制的调制器原型的演示。2005 年,Kuo 等展示了纯 Ge 量子阱和富 Ge 的 SiGe 势垒的 QCSE[10]。目前尽管还没有波导型 QCSE 调制器演示,但高调制速度、高效率的 QCSE 调制器正在成为研究热点,QCSE 锗硅调制器结构图如图 6.5 所示[6]。其次,将来的调制也可能通过操纵硅晶体的结构,比如给晶体硅施加应力,使之丧失对称性,从而使在对称晶体硅结构中无法存在的泡克耳斯效应得以体现。

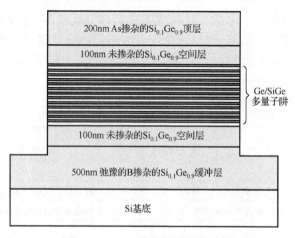

图 6.5   QCSE 锗硅调制器结构图

6.3.3　硅基电光调制器

硅基电光调制器按电学结构划分主要包括 p-i-n 结构、三端结构和 MOS 电容结构等；按光学结构划分，有 MZM 结构、FP 结构、布拉格光栅结构和微环共振结构等[4]。后三种光学结构基于输入波长谐振原理，而 MZM 结构则基于光场干涉原理。相对于谐振结构，干涉结构的调制器具有宽的调制带宽和低的温度敏感性，因此具有更广泛的应用前景[7]。硅基 MZM 是实现未来大容量、高数据密度传输的光网络和光互连通信的关键光电子器件，它的运用可以降低光网络和光互连系统的制作成本并且大大有利于未来的硅基光电集成。目前国际上已经实现的硅基高速 MZM 器件的调制速率已经超过 40Gbit/s。本小节对硅基高速 MZM 的几种常见结构、原理、性能参数进行了介绍，对不同载流子调制方式的优缺点进行了比较和评述，然后总结国内外的最新研究进展。

1. 硅基 MZM 的原理

MZM 是利用相位调制实现强度调制的器件，广泛应用于各种光调制器和光开关中，如铌酸锂调制器、硅基调制器等。MZM 结构通常由输入端、输出端、两条调制臂、两个分束器构成。分束器通常为 Y 分支、MMI 分支、或者 3dB 耦合器。两条调制臂一般为对称结构，也有非对称的情况。图 6.6(a) 所示为常见的波导调制器，结构中的两条调制臂 (modulation waveguides，MW) 为采用了载流子注入式结构、耗尽式结构或者 MOS 电容式结构的硅波导，图 6.6(b)、(c)、(d) 为前面所述三种分束/合束器。以 Y 分支结构 MZM 为例，当入射光从输入端输入，经过一个 Y 分支时，就会被分成两束，这两束强度相位都相同的光分别进入两条调制臂，两条调制臂是对称的，当没有外加电压时，这两束光的相位是完全一致的，在输出处的 Y 分支汇合时没有相位差，根据光波的干涉理论，当两束光的相位差为零时，干涉相长，从输出端输出光强最大，此时的光信号可以看作是 "1"信号；当对其中的一条调制臂外加电压进行调制时，该调制臂的有效折射率发生变化，两束光的相位不一致，在输出端 Y 分支处汇合时，存在相位差，进行干涉后，光强不是最大值，若相位差为 π，干涉相消，在输出端没有光输出，那么此时可以看作输出 "0" 信号。

下面以 MMI+MW+MMI 结构为例推导其数学表达式，说明工作原理。

MMI 传输矩阵为

$$S_{MMI} = \frac{1}{\sqrt{2}} \begin{bmatrix} \exp(j\phi_{11}) & \exp(j\phi_{21}) \\ \exp(j\phi_{12}) & \exp(j\phi_2) \end{bmatrix} = \frac{1}{\sqrt{2}} \begin{bmatrix} 1 & j \\ j & 1 \end{bmatrix} \tag{6-15}$$

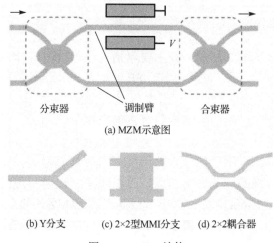

(a) MZM示意图

(b) Y分支　　　(c) 2×2型MMI分支　　(d) 2×2耦合器

图 6.6　MZM 结构

MW 传输矩阵为

$$S_{\text{MW}} = \begin{bmatrix} \exp(-\mathrm{j}\Delta\phi/2) & 0 \\ 0 & \exp(\mathrm{j}\Delta\phi/2) \end{bmatrix} \tag{6-16}$$

因此，MZM 的传输矩阵为

$$S = S_{\text{MMI}} \cdot S_{\text{MW}} \cdot S_{\text{MMI}} = \begin{bmatrix} \sin(\Delta\phi/2) & -\cos(\Delta\phi/2) \\ -\cos(\Delta\phi/2) & -\sin(\Delta\phi/2) \end{bmatrix} \tag{6-17}$$

在外加调制时，光通过调制臂后，产生的相位差为 $\Delta\phi = \Delta\beta \cdot L$，$L$ 为调制臂的长度，传输常数差 $\Delta\beta = k_0 \cdot \Delta n_{\text{eff}} = 2\pi\Delta n_{\text{eff}}/\lambda$，由此可以得出 MZM 结构调制器中，波导层的有效折射率改变在两调制臂上产生的相位差为

$$\Delta\phi = 2\pi\Delta n_{\text{eff}} \cdot L/\lambda \tag{6-18}$$

设输入 MMI 的上端输入端光强为 I_0，下端输入端光强为 0，则选取输出 MMI 上端输出端作为调制器输出波导，其光强为

$$I_{\text{out}} = I_0 \cdot \sin^2(\Delta\phi/2) = I_0 \cdot \sin^2(\pi\Delta n_{\text{eff}}L/\lambda) \tag{6-19}$$

改变调制电压，即改变 Δn_{eff}，I_{out} 也发生改变，从而实现了光强度的调制。通过合理设计调制区结构，可对调制器的调制性能进行优化。

2. 硅基电光调制器的电学结构

在硅基电光调制中，对载流子浓度调制的方式有三种：载流子注入式、载流子积累式、载流子耗尽式[7]。图 6.7 所示为硅基电光调制器的三种基本结构。根据对载流子浓度调制方式的不同，可以将硅基电光调制器分别归入这三类。

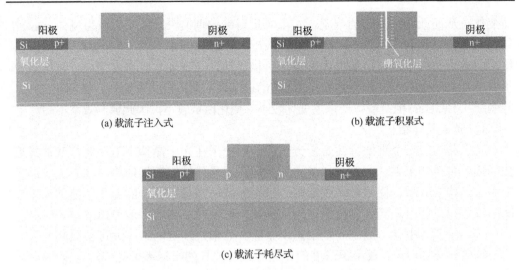

(a) 载流子注入式　　　　　　　　　　　(b) 载流子积累式

(c) 载流子耗尽式

图 6.7　硅基电光调制器的三种基本结构

(1) 载流子注入式

载流子注入式的电光调制主要有 p-n 型和 p-i-n 型两种。在 p-n 结构中，p 区和 n 区的交界处存在一个空间电荷区，当对器件施加外加正向电压时，会在 p-n 区之间建立电场，在该电场作用下，p 区的空穴向 n 区移动，n 区的电子向 p 区移动，使得中间的空间电荷区减薄，导致该区域的载流子浓度发生变化，根据等离子色散效应，折射率也会发生相应发生变化。在 p-i-n 结构中，在外加正向偏压的情况下，在 p-n 区之间建立电场，p 区的空穴、n 区的电子在电场作用下进行迁移，注入中间的 i 区，使得 i 区载流子浓度发生变化，引起波导折射率发生变化。图 6.7(a) 给出了硅基 p-i-n 型电光调制器示意图。这类结构的调制器折射率改变大，调制深度深，但受制于载流子的碰撞、复合、迁移和载流子寿命的因素，因此调制速度不高。

(2) 载流子积累式

图 6.7(b) 是载流子积累式硅基电光调制器的典型结构，它的核心部分是由一个栅介质层和分别居于栅介质层两侧的 p 型掺杂波导和 n 型掺杂波导构成的 MOS 电容结构，外加正向偏压时，由于电容的存在，在栅介质层一侧的 p 型 Si 波导区会有空穴聚集在栅介质层附近，另一侧的 n 型 Si 波导区会有电子聚集在栅介质层附近，即在栅介质层附近的波导会发生载流子浓度的变化，导致硅波导的折射率改变，从而实现调制。由于载流子浓度发生变化是由感应而来的，不存在载流子的漂移过程，因此 MOS 电容式的电光调制器速度很快，但是由于其载流子变化的区域非常小，和光场重叠的区域就非常小，因此器件的调制效率低。

(3) 载流子耗尽式

载流子耗尽式的电光调制器是利用 p-n 结的空间耗尽区随外加反向偏压的大小

而变化，从而改变载流子的浓度，实现对折射率的调制[8]。图 6.7(c)为反向 p-n 结构硅基电光调制器示意图。p-n 结区存在一个很薄的耗尽层，当外加反向电压时，结区的电子空穴分别在电场作用下向正负极运动，导致耗尽区厚度增大，结区载流子浓度发生改变，折射率改变。此种结构的硅基调制器载流子寿命短，调制速度快，能达到几十 GHz，但是载流子浓度变化较小，变化区域较小，因此调制效率不高。

(4)光子晶体结构 MZM

光子晶体的一个重要特性是慢光效应，即光子在光子晶体中运动时，其群速度会降低，直至趋于零。这样，如果人为破坏光子晶体的周期性结构，如在光子晶体中移去一些电介质，便可以产生缺陷。只有和缺陷态频率吻合的光子才能被局限在缺陷位置或只能沿缺陷位置传播，当偏离缺陷位置时，光就会迅速地衰减。这样一来，在光子晶体中就形成了点缺陷态或微腔。如果是线缺陷态，就可形成光波导。

给硅波导加电压，载流子浓度的变化导致硅波导的折射率变化 Δn，色散曲线将垂直移动 $\Delta \omega_0$。若硅波导采用光子晶体结构，由于群速度 $\mathrm{d}\omega / \mathrm{d}\beta_{\mathrm{pc}}$ 显著降低，光子晶体波导的传播常数 $\Delta\beta = \Delta\omega \mathrm{d}\beta_{\mathrm{pc}} / \mathrm{d}\omega$ 将显著增大。由相位的变化和传输常数及波导长度的关系 $\Delta\varphi = \Delta\beta_{\mathrm{pc}} \times L$，光子晶体这样一种超常的 $\Delta\beta_{\mathrm{pc}}$ 恰好可以极大地增强相位调制效率。可以很容易的使用光子晶体波导将 $\Delta\beta_{\mathrm{pc}}$ 增大 100 倍，由此得到的结果是我们可以使用一个比传统波导短 100 倍的光子晶体波导来实现相同的相位改变。小尺寸是调制器追求的一个目标，只有十几个微米长度的光调制可以降低器件的传输损耗和能耗。

运用光子晶体慢光效应的 MZM 最先由 Soljacic[11]提出，之后基于载流子注入/耗尽和电荷感应等原理的调制器相继得到报道[12-14]，不同结构的光子晶体波导 MZM 调制器结构示意图如图 6.8 所示，图 6.9 所示的归一化光强测试结果为文献[15]得到

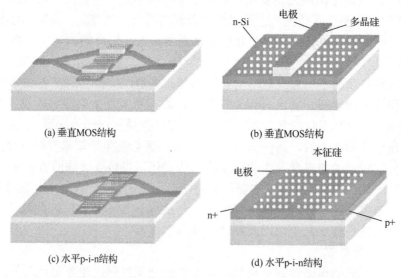

(a)垂直MOS结构　　　　　　　　(b)垂直MOS结构

(c)水平p-i-n结构　　　　　　　　(d)水平p-i-n结构

图 6.8　不同结构的光子晶体波导 MZM 结构示意图

的实验结果。采用光子晶体结构的调制器的主要优点是能够通过控制光子群速度，从而使器件尺寸降到 $100\mu m$ 量级，但是这通常需要以降低工作带宽为代价[16]。实际上，光子晶体的超常色散特性也可以用来改善器件工作带宽到 $10nm$（$1.24THz$）量级，从而便可以在更宽的波长范围内获得温度不敏感性。

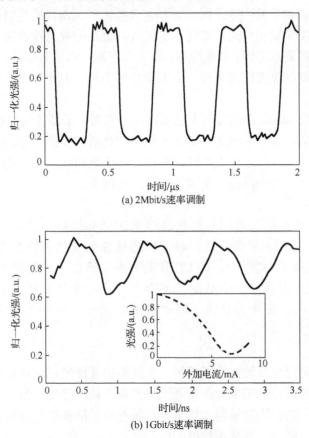

(a) 2Mbit/s速率调制

(b) 1Gbit/s速率调制

图 6.9　归一化光强测试结果

（5）采用其他技术的硅基 MZM

除了对上面提到的基于三种载流子调制方式的调制器进行优化外，一些新颖的调制器也得到了报道，它们或者运用新的电光效应，或者运用新的材料，或者运用新的结构，并获得了很好的性能。文献[6][10]报道了基于 QCSE 和 F-K 效应的 GeSi/Si 量子阱结构电光调制器。文献[17]报道了基于 Kerr 效应的电光调制器，它利用聚合物包层来克服硅里面的弱非线性效应，器件带宽达到了 $10GHz$。文献[18]报道了利用混合量子阱结构硅基调制器，速率达到 $10Gbit/s$，调制效率达到 $V_\pi L_\pi = 2V \cdot mm$。与文献[19]相比，文献[20]具有更高的调制带宽和更小的波长敏感性。

3. 硅基 MZM 的主要性能参数

(1) 调制带宽或调制速度

调制带宽或调制速度是调制器的最重要的性能指标之一。调制带宽定义为调制效率达到 50% 的调制信号频率范围。调制速度描述了调制器的传输数据的速率。调制速度通常和调制带宽正相关，宽的带宽将具有更高的数据传输速率。不同的应用对调制器的速度的要求不同，某些应用，如光互连和光通信需要高密度的数据传输，因此对调制器的调制速度的要求高，而光学传感则对调制速度要求较低。

(2) $V_\pi L_\pi$ 值

$V_\pi L_\pi$ 值是评价 MZM 性能的一个重要指标，它表征了器件的调制效率。其中 V_π 是调制器的半波电压，L_π 是调制器实现 π 相位变化所需要的长度。在实际应用中，器件尺寸越小越好，以便于获得更好的集成化和更低的插入损耗和功耗。$V_\pi L_\pi$ 越小即意味着器件的调制效率越高，所需的器件尺寸越小。

(3) 插入损耗

插入损耗定义为增加调制器给光路带来的额外损耗。它是一种无源损耗，包括反射、吸收和模式耦合损耗，对光传输链路功率预算很重要。硅基光电子的一个重要方向是减小波导尺寸到亚毫米量级，然而小的横截面积却可能导致耦合损耗的增大。而且，由于载流子的存在，会发生光损耗。因此，在对电光调制器进行设计时，要考虑载流子吸收带来的损耗，选择合适的结构、掺杂浓度和掺杂区域。

(4) 功耗

对于任何有源器件来说，功耗都是一个重要的性能指标，功耗低才能适应器件集成化的需要。这里功耗定义为传输每比特数据消耗的能量。光互连时代，对于高密度的数据传输，功耗特性显得尤其重要。目前对于硅基电光调制器来说，功耗还不能做到很低，一般在几百毫瓦量级。

6.3.4　硅基微环电光调制器

硅本身的电光效应较弱，不能高效地改变折射率，因此需要较大的光学结构尺度以实现电光调制。2004 年，Intel 制作了基于 MOS 结构的 MZM，首次实现 1GHz 的硅基电光调制器，具有重要意义。但载流子浓度改变区域与光模式分布区之间耦合较少，所以需要较长的调制长度。后来经过不断的改进，MZM 已能达到 60Gbit/s 的调制速度，但器件尺寸仍在几百微米甚至厘米量级，无法满足光电集成对于器件尺寸小型化的需求。

为解决这一问题，研究者提出了各种新型的光学结构。其中，微环谐振腔不需要反射端面或光栅等结构来提供反馈，结构紧凑，加之 SOI 高折射率差材料波导的实现，进一步减小微环尺寸，目前报道的微环最小半径已达到 1.5μm，利于实现高密度的光电子集成。此外，微环谐振腔尺寸小，其有源器件具有驱动电流小、调制频率高等优点。且微环谐振峰对折射率的改变非常敏感，波长啁啾小，适合实现高速光调制。

本小节将首先介绍硅基微环电光调制器的基本工作原理，包括电光效应、载流子浓度的改变方式及微环谐振腔理论。然后给出电光调制器的主要性能参数，并分析微环结构的引入对这些性能的影响。最后一部分是硅基微环电光调制器的最新进展。由于目前微环调制器多利用载流子注入方式实现，因此将着重介绍 p-i-n 结构的载流子注入式的微环调制器的发展，并简要介绍其他电学结构的微环调制器的情况。除了之前提到的利用等离子色散效应控制波导介质折射率实现硅基电光调制，近年来，研究者特别针对微环结构，提出了一种新的电光调制机制，也将在最后部分作简要介绍。

1. 基本原理

(1) 微环谐振腔的基本原理

类似 FP 腔，微环谐振腔是一种光学谐振器件[21]，而它更为突出的特点则是具有良好的波长选择性、腔内增强特性及高品质因数。作为一种光学基本单元，微环谐振腔具有非常广泛的应用领域，如滤波器、光缓存、传感器、激光器、调制器等。近年来，随着微纳光电子器件制作工艺的发展、SOI 等高折射率差结构波导的引入，微环谐振器的尺寸大大减小，现在已经实验制成了半径 1.5μm 的微环。器件小型化正是目前光电子器件的重要发展方向，有利于实现微纳光电子集成。对于调制器等有源器件来说，微环谐振腔尺寸小，因此具有驱动电流小、调制频率高等优点。

微环谐振腔通常包括直波导与闭合环形波导两部分，微环谐振腔的俯视平面图如图 6.10 所示，光由输入波导的输入端入射，传播至直波导与环形波导相邻处，部分以倏逝波的方式耦合进入环形波导。类似 FP 腔，如果光在环形波导中传播一圈改变的相位正好等于 2π 的整数倍，满足相干条件，光波会与新耦合进入微环的光波相互干涉产生谐振增强效应，就会产生谐振。公式为

$$2\pi R n_c = m\lambda \tag{6-20}$$

其中，R 为微环半径；n_c 为微环中光模式的有效折射率；λ 为谐振波长；m 取整数，代表谐振级次。满足谐振条件的光留在环形波导中，而不满足谐振条件的光从输出波导耦合输出。

微环谐振腔的特性主要是微环波导与信道波导之间的耦合系数，可以通过调整微环波导与信道波导之间的间隙来控制。

(2) 微环调制器的工作原理

由微环谐振条件公式经过变化可得谐振波长，即

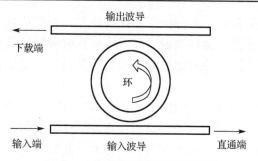

图 6.10　微环谐振腔的俯视平面图

$$\lambda = \frac{2\pi R n_c}{m} \tag{6-21}$$

可见谐振波长与波导的有效折射率成正比关系,利用电光效应改变微环折射率,即可使谐振波长发生漂移,实现微环电光调制器。很小的折射率改变就可以导致显著的谐振峰偏移,且波长啁啾小,适合实现高速的光调制。

如图 6.11 所示是一个基于 p-i-n 结的硅基微环电光调制器[19]。微环部分由 p-i-n 脊形结构波导构成,中间部分由本征硅作为波导。两边分别为 p 型和 n 型重掺杂区域。该器件通过载流子注入机制实现电压对载流子浓度的调制。

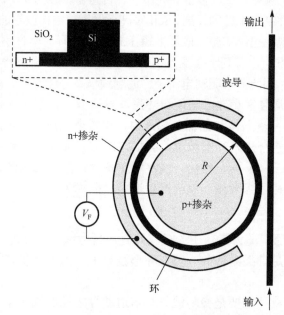

图 6.11　基于 p-i-n 结的硅基微环电光调制器结构示意图

当 p-i-n 结加不同大小的偏压时,波长在 1574nm 波段的微环谐振腔的透射率改变,图 6.12 展示了实验测得的透射率频谱。当所加正向电压为 0.58V 时,远小于结的内建电场,此时通过结区的电流非常小,载流子浓度基本不变,微环谐振腔保持原有的透射光谱图样。随着在 p-i-n 结所加的正向偏压增大,波导(本征区)中的载流子浓度增加,有效折射率减小,微环的谐振频率蓝移。所加正向电压越大,谐振波长的凹陷更浅一些,这是因为载流子浓度增大,导致光损耗增大。当给器件加不同电压时,某一固定波长处的透射率发生改变,从而实现电信号到光信号的转换。

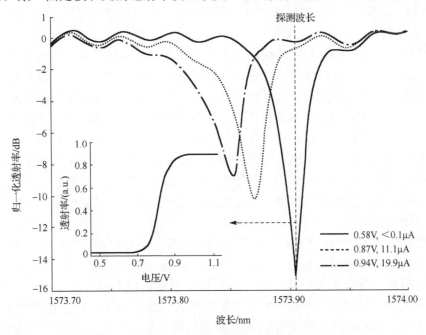

图 6.12 实验测得的透射率频谱

2. 微环电光调制器的主要性能及微环结构带来的影响

电光调制器有多个性能参数,包括调制速度和调制深度、器件损耗和器件功率损耗等。由于目前多数微环调制器采用的是载流子注入方式(p-i-n 结构),本节将着重分析微环结构对 p-i-n 式的电光调制器各性能参数的作用与影响。

(1)调制速度

对于基于等离子色散效应的硅基电光调制器来说,调制速度主要由载流子浓度的改变速度决定。与其他结构相比,载流子注入式的 p-i-n 结构一般被认为最不易实现高速调制,但微环谐振腔的引入却能够对这一性能有一定的改善。在 p-i-n 结构中,载流子的抽运是通过反向偏压条件下的漂移运动实现的,抽运时间只需几十 ps 量级,而真正限制调制速度的是载流子的注入过程,它通过载流子的扩散实现,通常需要 10ns 量级的时间。然而,由于微环谐振腔的谐振波长对折射率的变化非常敏感,实验数据表明[6],当所加电压较高时,在 p-i-n 结中载流子浓度的变化达到稳态之前,光透射率就非常接近最大值 1 了。这意味着，光信号的上升时间可以远小于电信号的上升时间（约 10ns），这对实现高速调制具有重要意义。

（2）调制深度

对于光互连等应用，通常要求调制深度在 7dB 以上，而对整体系统链路预算来说，4～5dB 的调制深度就足够了。p-i-n 结载流子浓度变化区与光场分布区耦合较大，加之微环谐振频率对波导折射率的变化非常敏感，因此利于实现大的调制深度。

（3）器件损耗

器件损耗可包括由调制器的接入所带来的插入损耗以及光信号在调制器中传输的损耗。插入损耗通常由反射、吸收以及模式耦合损耗等组成。而光信号在调制器中传输时的损耗则主要来源于波导对光的吸收等。事实上，硅波导在通信波段对光的吸收比较小，SOI 波导单模条件下，损耗最低可小于 0.01dB/cm。然而在硅基电光调制器中，由于载流子的存在，会产生自由载流子吸收损耗，比材料本身所产生的损耗大得多，一般大于 1dB，因此在器件设计时，要格外注意重掺杂区与光模式存在区域的距离。例如，在 p-i-n 结构中，掺杂区距离微环硅波导接近 1μm，就是为了尽量减小光谐振模式的空间分布与掺杂区之间的耦合，以减小吸收损耗。

（4）器件能耗

相较于 MZM，微环电光调制器具有最小的尺寸，有望实现低能耗。然而，微环谐振腔的谐振峰宽度非常窄（单环结构约 0.1nm，高阶环结构为 0.5～2nm），加之硅材料的热光效应系数较大，微环电光调制器对温度非常敏感。因此，为了保证工作温度的稳定，需要额外增加热电温度控制装置[20]，增大了整个器件的能耗。有文章提出，多环级联的方式可以减弱温度漂移问题[22]，但只适用于较窄的光频范围。

3. 研究现状

硅基微环电光调制器的研究历史并不算长，2004 年由美国康奈尔大学 Lipson[23] 首次提出。随后的几年，这一领域一直是国内外的研究热点，除了康奈尔大学，南加州大学[24]、北京大学、浙江大学、上海交通大学、中国科学院半导体研究所等都在积极开展相关研究。

（1）基于载流子注入方式（p-i-n 结构）的硅基微环电光调制器

以 Lipson 教授课题组的研究工作为代表，目前大多数硅基微环电光调制器仍采用的是 p-i-n 结构。如前所述，这种电学结构的最大缺陷在于难以实现较高的调制速度，因此相关的研究工作主要集中在提高调制速度方面。此外，继续减小器件尺寸及器件功耗也是重要的研究方向。

图 6.13 是 SEM 下硅基微环电光调制器的结构。微环直径为 12μm，比当时的其他结构的硅基电光调制器在尺度上减小三个数量级。调制速率为 1.5Gbit/s。虽然器件尺

有了显著减小，但调制速率与同时期的其他硅基电光调制器相比还有一定差距。Intel 公司也已制成调制速度达到 10Gbit/s 的 MOS 结构电光调制器，但仅有源区长度就长达 4.5mm。

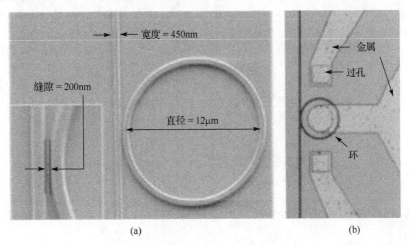

图 6.13　SEM 下硅基微环调制器结构

2007 年，研究者对器件进行了改进和优化[25]。与之前的结构相比，微环直径减小到 5μm，在直波导另一侧加了一块 n 型重掺杂区域，在耦合区域也能形成近似 p-i-n 结的结构。并将 p-i-n 结构的重掺杂区域与本征区波导之间的距离减小到近 300nm。此外，更重要的一个突破是使用了预强调驱动信号，进一步减小了载流子浓度上升与下降的响应时间，将调制速度提升至 12.5Gbit/s，如图 6.14 所示。在硅基材料中使用预增强驱动信号的方法是由 Png 等于 2004 年首次提出的[26]，这种方法基于光信号响应速度小于电信号响应速度的事实，通过巧妙地控制驱动信号的形状来减小器件达到稳态的时间，提高调制速度。

调制器的速度是非常重要的性能指标之一，但在实际应用中，特别是光互联等光电子集成领域，器件功耗也是很重要的性能指标。2010 年，研究者在保证一定的调制速度(1Gbit/s)的前提下针对驱动电压这一性能指标对器件进行了优化，实现了峰峰值 150mV 的超低驱动电压[27]，这是目前的硅基调制器在 Gbit/s 量级的调制速率能实现的最小驱动电压。如图 6.15 所示，器件结构仍是基于 p-i-n 结的单个微环与单个直波导构成的微环谐振腔，通过载流子注入的方式改变载流子浓度。器件尺寸有进一步的减小，模式体积($2μm^3$，$\sim 0.52\lambda^3$)和占用面积($20μm^2$)是目前硅基微环调制器的最小尺寸。实现超低驱动电压的关键技术在于合理选择电荷注入时机。通过研究电压改变值与电荷注入量的关系，发现在偏压为 1V 左右有一个最佳的电荷注入区域，此时 100mV 的电压改变量就可以引起 $2\times10^{17}/cm^3$ 量级的载流子浓度改变，相应的波导折射率变化为 7.7×10^{-4}。纳米光电子调制器驱动电压的减小进一步促进了未来低功耗微纳光电子集成的实现。

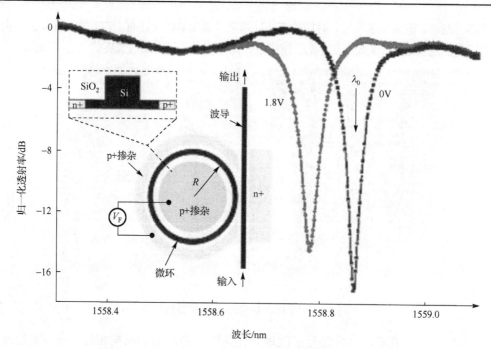

图 6.14　12.5Gbit/s 载流子注入式硅基微环电光调制器[9]

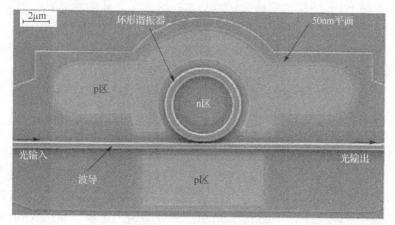

图 6.15　超低驱动电压、超小模式体积的硅基微环电光调制器[28]

(2)基于载流子耗尽机制的硅基微环电光调制器

除了 p-i-n 结构,有的微环调制器是通过载流子耗尽结构实现的。目前报道的基于载流子耗尽原理实现的微环调制器最高调制速度超过了 35GHz[29],具有热光调制对称性 MZI 结构的高速载流子耗尽式微环电光调制器如图 6.16 所示。

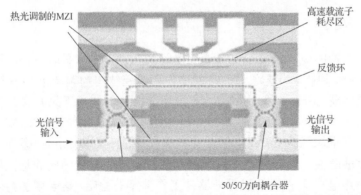

图 6.16　具有热光调制对称性 MZI 结构的高速载流子耗尽式微环电光调制器

(3) 其他调制机制

利用等离子色散效应通过电注入控制波导介质折射率是目前实现硅基电光调制器的一种最普遍的方式。这种方法适用于多种光学结构，包括 MZM、布拉格光栅、微环等，分别结合不同的电学结构及电驱动信号方式，满足不同的性能需求。然而，对于本书主要讨论的微环结构，近年来有学者提出了独特的调制机制[30]。

推挽式微环调制器如图 6.17 所示，在微环谐振腔中嵌入了一个 MZI 结构，MZI 与微环波导通过耦合器相连。通过推挽式电压信号控制光信号在 MZI 的传播特性，从而改变微环谐振腔与直波导间的耦合系数，进而实现对光信号的调制，解决了传统调制方式的啁啾问题。这种结构早有报道，但将其应用在电光调制器方面是由上海交通大学的叶通等在 2009 年才首次提出的。随后，作者又对这个结构进一步改进[31]，减小其功耗，双环结构如图 6.18 所示。

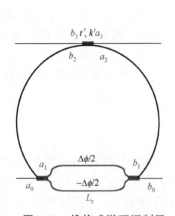

图 6.17　推挽式微环调制器

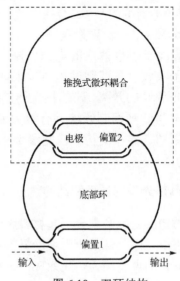

图 6.18　双环结构

4. 问题与展望

虽然微环结构的引入给硅基电光调制器的某些性能带来显著改善,同时也有许多问题。与 MZM 相比,谐振条件的限制使得谐振腔结构的调制带宽小得多。例如,在 MZM 中能实现 20nm 以上的结构,在微环谐振腔的情形下只有大约 100pm。窄带器件的应用会受到一定的限制。此外,微环结构对工艺制作精度要求较高。例如,微环波导的宽度平均每改变 1nm,就会使谐振频率改变近 0.25nm。微环谐振频率具有很高的温度敏感性,而硅材料本身的热光效应比较明显,因此硅基微环电光调制器需要额外的热电冷却/控制器以保证器件工作温度的稳定,这会增加整个器件的能量消耗,违背了减小器件耗能的初衷。

通过回顾硅基微环电光调制器的发展历程可以发现,无论是选用不同的电学结构还是采用不同的电信号驱动方式,提高器件性能的工作主要集中在电学性能方面的研究与改进,这正是限制光电子器件各方面性能进一步提高的主要问题。新型光学结构(如多环级联)与新的调制机制的应用则为微环调制器的发展注入新的血液,具有广阔发展前景。

6.4　硅基热光调制

硅基光波导具有良好的光学传输性能,同时又与传统的硅加工工艺兼容,因此近来在光电子器件及集成方面得到广泛的应用。由光波导构成的强度调制器是光电集成中的重要器件之一,广泛应用在高速数模转换、光学逻辑回路、光传感技术等方面。但硅是中心对称的晶体,直接电光效应很弱,只能通过等离子色散效应[4]、热光效应和声光效应来进行折射率调制。

基于等离子色散效应的电光调制[4]速度快,其缺点是注入的高浓度载流子会产生载流子吸收,在调制过程中带来能量的损耗,而且由大电流注入引起的发热会降低电光调制的效率。硅基热光调制速度相对较慢,但由于硅的热光系数很高,它在低成本和低频调制领域具有很大的吸引力。本小节主要对国内外硅基热光调制的基本原理、器件结构、性能参数进行阐述,有关声光调制部分将在下节作详细介绍。

6.4.1　硅基热光调制原理和结构

众所周知,温度升高会引起材料膨胀和极化。而硅材料的热膨胀系数相对极化系数来说很小,因此硅的折射率受材料极化影响较大。我们把硅材料的折射率随温度变化而变化的现象称为热光效应[32]。根据硅材料的特性,其热光效应可以简单的表达为

$$\frac{\mathrm{d}n}{\mathrm{d}T} = 1.86 \times 10^{-4}/\mathrm{K} \tag{6-22}$$

由上式可知，如果温度上升 6°C，硅折射率变化为 1.1×10^{-3}。这个变化已经可以与等离子体色散引起的电光效应相媲美了。因此，只要设计制作一种硅基光子器件，使其能利用任何能量形式使硅材料的温度发生变化，并对通过的光信号进行调制，这也就是最基本的硅基热光调制器。

硅基热光调制器的结构很多，但主要有 MZM 干涉型、光子晶体结构型、微环形等，下面我们主要对这三种结构进行介绍。

1. MZM 干涉型

干涉型主要以 Y 分支热光 MZM 为主，MZM 干涉型热光调制原理图如图 6.19 所示。

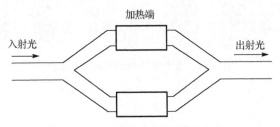

图 6.19　热光 MZM 调制原理图

这种结构基于 SOI 的硅基波导，在硅波导上加一层二氧化硅层，再在二氧化硅层上加一个金属电极加热，热通过二氧化硅层再传到硅层，改变硅的折射率，从而实现热光调制。但是二氧化硅的导热性较差，所以热从二氧化硅层传到硅层很慢，这样就使得调制速度很低。改进的办法是将加热电极层直接加到硅上，这样的加热电极结构使得调制器的速度大大提高。由热光效应引起的光的相位变化与调制器的臂长以及硅温度的变化可以表示为

$$\Delta\phi = \frac{2\pi}{\lambda}\left(\frac{\mathrm{d}n_{\mathrm{eff}}}{\mathrm{d}T}\right)\Delta TL \tag{6-23}$$

其中，λ 是工作波长；n_{eff} 是波导的有效折射率；ΔT 是硅材料的温度变化；L 是调制臂的臂长；$\dfrac{\mathrm{d}n_{\mathrm{eff}}}{\mathrm{d}T}$ 大约等于材料的热光系数。对于确定的调制器，L 的值是确定的。只要知道温度的变化，就可以得出相位的变化。在输出端两个臂产生干涉从而实现光调制。

这种热光调制具有结构紧凑、制作容差大、偏振不敏感等优点，成为热光调制的热点。

2. 光子晶体结构型

光子晶体是具有 PBG 特性的人造周期性电介质结构,光子带隙是指某一频率范围的波不能在此周期性结构中传播,即这种结构本身存在"禁带"。

光子晶体热光调制原理图如图 6.20 所示,其中中间是光波导,深色区域是加热区域,当光通过加热区域时,热光效应导致该区域折射率发生改变,进而引起禁带的截止波长的改变,实现调制功能[33]。优点:截止波长变化范围大,调制的频率范围广,消光比高,插入损耗小。缺点:制作工艺复杂。

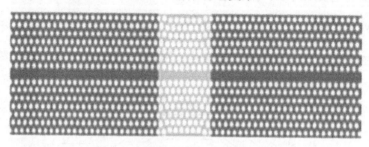

图 6.20　光子晶体热光调制原理图

3. 微环形

微环形热光调制器[34]原理同样是由温度引起折射率的改变,从而改变微环谐振腔的谐振波长,达到调制的作用。微环谐振方程为

$$\frac{2\pi}{\lambda} R N_{\text{eff,ring}} = m \tag{6-24}$$

其中,λ 是光波长;R 是环半径;$N_{\text{eff,ring}}$ 是通过环的光模式有效折射率;m 是谐振级次。温度改变引起折射率的改变,从而引起有效折射率的改变,使得谐振波长漂移,漂移量[35]为

$$\delta\lambda_C = \frac{\lambda \Delta N_{\text{eff}}}{N_{\text{eff,ring}}} \tag{6-25}$$

其原理与微环电光调制类似,差别在于引起折射率改变的外界能量。微环形热光调制器具有低驱动电压、高调制效率、高调制速度等优点而被广泛研究,缺点是制作工艺要求高,对环境影响敏感。

6.4.2　主要性能指标

1. 调制速率

热光调制器的调制速率可定义为温度变化引起光强度变化的反应时间,也就是调制器的响应时间。由于材料温度的变化速度有限，因此热光调制带宽有限。微环形热光调制由于驱动电压低，其调制速率最高。

2. 功耗

功耗是热光调制中一个不可忽视的参数，热光调制的功耗低，效率高，损耗就少，对环境温度的影响小；效率不高的热光调制器所浪费的热功率将会对热光调制器产生影响，降低调制度。

3. 调制度

调制度是调制器中基本的性能参数，定义为

$$\eta = \frac{P_m - P}{P_m} \tag{6-26}$$

其中，P_m 是没有加调制时候的光功率；P 是调制时的最小光功率；η 越接近 1，调制效果越好。

6.4.3 热光调制研究进展

由于热光调制速度的限制，热光调制器只能在低频中应用，如利用 Y 分支来分束/合束热光 MZM[36]，其消光比达到−16.5dB，上升时间为 10μs，下降时间为 20μs，实现 π 相移功耗 0.39W。

光子晶体结构的热光调制由于其大的消光比以及宽的调制范围，一般用来设计通信波长的截止频率。Tinker 等采用图 6.20 所示的结构在通信波长 1550nm 处实现截止波长的移动达到 60nm，消光比达到−50dB 的光子晶体热光调制。截止波长的漂移与温度的关系如图 6.21 所示[33]。

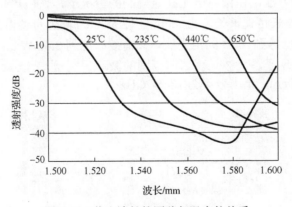

图 6.21 截止波长的漂移与温度的关系

　　由于微环的高 Q 值及高敏感特性，也被应用到热光调制中。微环热光调制可用于微环滤波器、微环开关阵列，也可制作微环调制器。Geuzebroek 等采用微环热光调制功能实现了功耗 10mW、开关速率 2kHz 的微环光开光[34]。2008 年美国 Sandia 国家实验室 Watts 等提出了采用掺杂离子的方法将热极做在微环中的方法[35]，高速热光微环调制器结构原理图如图 6.22 所示，谐振腔加宽的区域是 n 掺杂形成热源接触点，通过高掺杂的类似于细链的绝热却导电的导电线连接到一个钨丝盘底，再接到外加电极的铝线上，实现电加热，从而改变微环折射率，达到热光调制的效果；调谐低功耗能达到 4.4μW/GHz，调谐的热速度能达到1μs[37]。

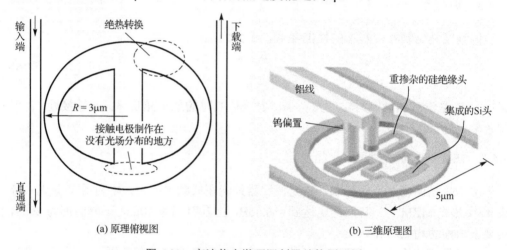

(a) 原理俯视图　　　　　　　　　　　　　　(b) 三维原理图

图 6.22　高速热光微环调制器结构原理图

　　由于硅的热光效应比电光效应引起的折射率改变量大得多，因此可用热光效应来做微环电光调制波长的可调谐。2010 年 Dong 等采用图 6.23 所示的热可调谐微环电光调制器结构的方法，在微环电光高速调制的情况下，采用热光效应实现调制波长的移动,实现了波长可调谐长度为 8nm 的 12.5Gbit/s 高速可调谐微环电光调制器，驱动电压 3V 时就能达到−6dB 的消光比，调谐效率达到 2.4mW/nm[38]。2007 年 Gan 等利用热光效应实现了最大波长可调谐范围的微环调制器，FSR 为 16nm，而最大可调谐范围可达到 20nm，调谐效率为 28μW/GHz[39]。

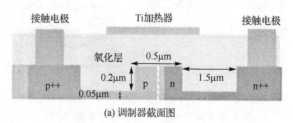

(a) 调制器截面图

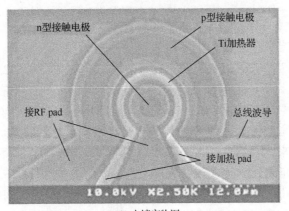

(b) 电镜实物图

图 6.23　热可调谐微环电光调制器

6.4.4　小结

通过热光效应介绍了几种结构的热光调制的结构、工作原理及性能参数，阐述了各结构的优缺点，并分别对各种结构的应用进行了介绍，总结了国内外热光调制应用及发展状况。

6.5　硅基声光调制

声光效应是弹性波与光波的相互作用所表现出来的一种物理现象。当超声波通过介质时会造成介质的局部压缩和伸长而产生弹性应变，而且该应变随时间和空间作周期性变化，从而使介质的折射率发生改变。当光通过这一受到超声波扰动的介质时就会发生衍射现象，这种现象称之为声光效应。

6.5.1　声光调制原理

在超声波作用下的此类介质可视为一种由声波形成的位相光栅(称为声光栅)，其光栅的栅距(光栅常数)即声波波长。当一束平行光束通过声光介质时，光波就会被该声光栅所衍射而改变光的传播方向，并使光强在空间作重新分布。由弹性应变引起介质折射率的变化与声功率的关系为[2]

$$\Delta n = \sqrt{n^6 p^2 10^7 P_a / (2Q v_a^3 A)} \tag{6-27}$$

其中，n 是无应力时介质的折射率；p 是介质的弹光张量；P_a 是超声驱动总功率(单位是瓦)；Q 是质量密度；v_a 是声速；A 是声波场与介质的交叠区域面积。定义声光系数 $M_2 = n^6 p^2 / Q v_a^3$，表达式简化为

$$\Delta n = \sqrt{M_2 10^7 P_a / (2A)} \tag{6-28}$$

在晶体中，声光效应主要由晶体取向决定，也就是与 p 相关。但是即使选择最优的材料和取向，这种效应相对来说也较小。例如，光波长为 632.8nm，石英的 M_2 为 $1.51 \times 10^{-18} s^3/gm$，而 $LiNbO_3$ 的 M_2 为 $6.9 \times 10^{-18} s^3/gm$，即使声功率密度为 $100W/cm^2$，折射率的改变也只在 10^{-4} 量级。虽然折射率改变较小，但每一个声波峰值都会在不同的空间改变介质的折射率，因此如果相位条件满足，不同峰值共同作用的结果积累起来就可形成衍射效应，从而对光场产生较大的影响。

光波衍射效应可通过体声波或声表面波(surface acoustic wave，SAW)相互作用产生。硅基光波导只有几毫米厚，因此在光集成应用中，如声光调制器或声光开光，都是用声表面波产生光衍射。

声光衍射主要分为布拉格衍射和拉曼-奈斯(Raman-Nath)衍射两种类型。前者通常声频较高，声光作用程较长；后者则反之。理论上布拉格衍射的衍射效率可达 100%，拉曼-奈斯衍射中一级光的最大衍射效率仅为 34%左右，所以实用的声光器件一般都采用布拉格衍射。下面分别对两种衍射型调制器进行分析。

1. 拉曼-奈斯型调制

拉曼-奈斯型调制器的基本结构如图 6.24 所示。光沿 z 方向入射，经过声光通道相位改变为

$$\Delta \phi = \frac{\Delta n 2 \pi l}{\lambda_0} \sin\left(\frac{2\pi y}{\Lambda}\right) \tag{6-29}$$

其中，Δn 是声光效应引起的折射率改变；l 是相互作用的长度；Λ 是声波波长也就是光栅常数；y 的零点设在入射光束的中心。

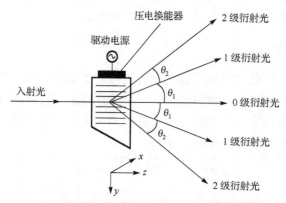

图 6.24　拉曼-奈斯型调制器的基本结构

拉曼-奈斯型衍射发生在低声频和当声光相互作用长度不太大的情况下，产生的

条件为

$$l \ll \frac{\Lambda^2}{\lambda} \tag{6-30}$$

由于相互作用长度大，因此没有多重衍射发生，入射光被衍射成为一系列不同级次的光，分别以不同角度出射，即

$$\sin\theta = \frac{m\lambda_0}{\Lambda}, \quad m = 0, \pm 1, \pm 2, \cdots \tag{6-31}$$

这些级次光的强度与没有声光作用时的光强 I_0 之比为

$$I/I_0 = \begin{cases} [J_m(\Delta\phi')]^2/2, & |m| > 0 \\ [J_0(\Delta\phi')]^2, & m = 0 \end{cases} \tag{6-32}$$

其中，J_m 是 m 阶贝塞尔函数；$\Delta\phi'$ 是 $\Delta\phi$ 的最大值。一般而言，拉曼-奈斯型调制器都采用零阶模或一阶模输出，衍射输出的光波振幅受到了超声功率的调制，可用此来做小信号的调制器。

调制度定义为

$$\eta_{\mathrm{RN}} = \frac{[I_0 - I(m=0)]}{I_0} = 1 - [J_0(\Delta\phi')]^2 \tag{6-33}$$

一般地，拉曼-奈斯型调制器的调制度比布拉格调制器的调制度小，而且由于拉曼-奈斯型调制器的衍射光以不同的角度分散在不同的地方，因此拉曼-奈斯型衍射不适合用来做开关，也很少在集成光学中应用。

2. 布拉格型调制

布拉格衍射声光调制器原理图如图 6.25 所示，当入射光以一定的角度入射时，衍射光谱由相应于 $m=0$ 和 $m=1$ 的极值组成，负的第一级和高级的衍射极值是不存在的，第一级的强度将为最大。

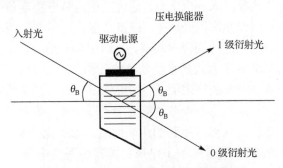

图 6.25　布拉格衍射声光调制器原理图

布拉格衍射发生在声与光相互作用长度大和频率高的情况下，需同时满足入射角和声光作用长度的条件，即

$$\sin\theta_B = \lambda / 2\varLambda \tag{6-34}$$

$$l \gg \frac{\varLambda^2}{\lambda} \tag{6-35}$$

其中，θ_B 称为布拉格角。0 级和 1 级输出相对光强为

$$I_0 = \cos^2(\Delta\phi / 2) \tag{6-36}$$

$$I_1 = \sin^2(\Delta\phi / 2) \tag{6-37}$$

当 $\Delta\phi = \pi$ 时，1 级衍射效率为 100%。

一般地，以 0 级光束为输出调制，调制度为

$$\eta_B = \frac{I_0 - I}{I_0} = \sin^2\left(\frac{\Delta\phi'}{2}\right) \tag{6-38}$$

布拉格衍射型体调制器现在已经被广泛应用。集成光学中硅基波导声光调制器现阶段也在发展，其工作方法与体调制器相似，而且还具有较小的驱动超声功率的优点，硅基声光调制器主要采用布拉格衍射实现。

6.5.2　硅基声光调制器结构参数及性能指标

1. 结构参数

声光调制器由声光介质、电声换能器、吸声装置及驱动源组成。传统声光调制的声光介质有熔融石英、重火石玻璃、钼酸铅晶体、氧化锌薄膜等，一般由具有高的声光效应的材料制作，在硅基中有采用铝砷化镓、石英[40]等。

换能器为由射频压电换能器组成的超声波发生器。压电换能器是声光器件的重要组成部分，它的作用是接收输入的电信号，通过逆压电效应将电信号转换成相应的声信号，并把声信号传入声光互作用介质中。硅基换能器一般都采用交叉式金属薄膜制成，这种方式能很好地将电能转换为声功率，从而引起介质弹性形变，使得折射率发生改变。一般的单周期的普通方式的换能器结构如图 6.26 所示，使用精确的光刻技术制作的换能器能产生 1GHz 的声表面波，如果想得到更高频率的声表面波就需要精度更高的电子束刻蚀。换能器的制作对材料要求也非常高，要求材料有高的机电耦合系数，产生强的压电效应，从而产生强的声表面波，如氧化锌薄膜。

驱动源用以产生调制电信号施加于电声换能器的两端电极上，驱动电声换能器将电功率转换成声功率。吸声器用以吸收已通过介质的声波，超声波呈行波状态；为使超声场呈驻波状态，吸声装置应换成反射型装置。

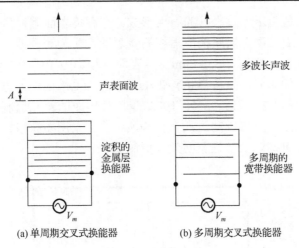

图 6.26　换能器结构

2. 性能指标

(1) 调制带宽

声光调制带宽受超声功率的影响，也受声光相互作用的长度 l 的影响。减少互作用长度 l，减少衍射效率，可以增加带宽，这也需要更高的超声功率。如 Tsai 研究的 $LiNbO_3$ 衬底 2μm 厚光波导，声表面波频率为 700MHz，l 为 3mm，入射光波长为 632.8nm 时调制 3dB 带宽为 34MHz；而将波导设计为 1μm 厚，声表面波为 1GHz，l 为 0.2mm 时调制带宽增加到 380MHz[40]。

也可采用多周期交叉式换能器来提高调制带宽，如图 6.26(b) 所示，多周期换能器在不同的地方产生不同的声波波长，从而增加全带宽[41]。

(2) 调制度

调制度类同于消光比，它是调制器性能好坏的一个指标，调制度越接近于 1 越好，输出的光最小值越接近零，调制深度就越深。

(3) 驱动功率

驱动功率就是实现调制所需要的最小的电功率，它与换能器密切相关，换能器好，即使在小的驱动功率下，也能产生强的声表面波。

(4) 换能器效率

换能器的一个重要性能指标是换能器效率，换能器高效率转换，损耗的功率小，所需功耗低，散发的热量小，系统性能稳定。

6.5.3　声光调制研究进展

第一个波导布拉格型声光调制器 (图 6.27) 被报道于 1970 年[42]，由 IBM 的 Kuhn

等设计实现，衬底是由压电效果好的石英形成，在石英表面溅射形成一层 0.8μm 厚的玻璃薄膜波导，交叉型金属膜换能器在石英表面产生声表面波，由于机械接触，波导形成光栅，入射光波长为 632.8nm，声表面波频率为 191MHz，波长为 16μm，实现调制度为 70%的调制。随后 Wille 和 Hamilton 等采用同样的方法实现了布拉格型等声光调制，调制度提高到 93%。1973 年单片集成的声光调制器被研制出来，Chubachi 等将声表面波直接驱动进入氧化锌波导中，采用布拉格衍射方式产生调制器，达到调制深度 90%以上，且驱动效率更高[43]。

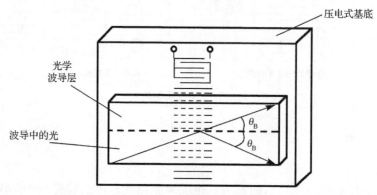

图 6.27　布拉格型声光调制器

1973 年另一种利用声光互作用产生模式之间的耦合方法被提出，随后很多采用模式耦合方法的调制被研制，发现声光调制有实现在 GHz 进行调制的潜在能力[44]，通过声光效应产生光传输介质的折射率的改变可实现光强度调制[45]，Gorecki 等在硅基上利用声表面波相位调制做出声光 MZM，声光相位调制结构图如图 6.28 所示，在 2.5μm 的 ZnO 薄膜上沉积一层铝来实现交叉式电极，通过 ZnO 薄膜换能器来产生声表面波，MZM 的一个臂的光受声表面波的影响，产生相位变化，从而在输出端产生干涉[46,47]。

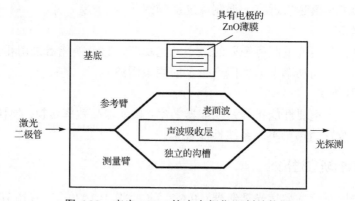

图 6.28　声光 MZM 的声光相位调制结构图

德国学者 Lima 等于 2006 年在Ⅲ-Ⅴ族上利用声光效应实现了 GHz 量级的光强度操作。声光 MZM 调制原理图如图 6.29 所示。他在之前日本学者的成果基础上做了两点改动，一是声表面波对 MZM 的两个臂都产生影响，MZM 两臂间距是声表面波半波长的奇数倍，由于声表面波是行波，输出的两束光在输出端能产生干涉调制，而且调制的频率能达到声表面波的两倍；另一个是采用更集中化的交叉式换能器，产生一个更窄更强的声表面波，提高功耗，减少尺度[48]。

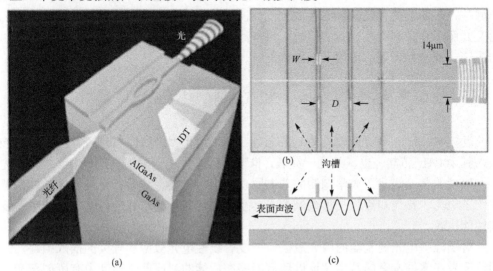

图 6.29　声光 MZM 调制原理图

在硅基上真正实现的第一个声光调制器是美国康奈尔大学的 Sridaran 和 Bhave。硅基微环声光调制原理图如图 6.30 所示。射频在左边环中产生超声，引起左边环

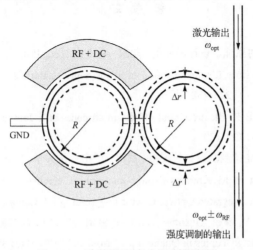

图 6.30　硅基微环声光调制原理图

的机械谐振，通过中间耦合束引起右边光谐振环的半径变化，从而引起波导透射光谐振波长的变化，实现光强调制的功能，在 1550nm 光下能实现 288MHz 的声光调制[49]。

6.5.4 小结

该节通过声光效应介绍了几种传统结构的声光调制结构和工作原理，并由此介绍硅基声表面波的声光调制结构成分及性能参数，主要以布拉格型声光调制为主，后又介绍了几种利用声光效应引起折射率改变从而实现调制功能的调制器，最后总结了国内外声光调制的应用及发展状况。

6.6 本 章 小 结

近年来，硅基电光调制在理论和技术上获得了巨大突破，其带宽已经从 MHz 进入到 10GHz 范畴。也正是这一突破，推动了硅基光电子学的高速发展。本章首先从一般性的角度阐述了光学调制的基本原理和评价标准，然后针对硅基光学调制器介绍了电光、热光和声光三种调制方式，重点描述了不同形式的硅基电光调制器及其性能比较。

对于硅基电光调制器的两大短板——没有线性电光效应和较大的插入损耗，则期待读者在掌握本章的基本理论以后，能够在后续的科研教学活动中有所创新和突破，将硅基电光调制的带宽带入 100GHz 甚至 THz 范畴，使硅基光电子学的发展迈向更高的层次。

参 考 文 献

[1] 徐介平. 声光器件的原理、设计和应用. 北京: 科学出版社, 1982.

[2] Pinnow D A. Guide lines for the selection of acoustooptic materials. IEEE Journal of Quantum Electronics, 1970, 6(4): 223-238.

[3] Soref R A, Bennett B R. Electrooptical effects in silicon. IEEE Journal of the Electron Devices Society, 1987, 23(1): 123-129.

[4] 毛岸. 高速硅基 MZI 调制器设计与模拟. 武汉: 华中科技大学, 2008.

[5] Soref R A, Bennett B R. Kramers-Kronig analysis of electro-optical switching in silicon// Proceedings of SPIE, Integrated Optical Circuit Engineering IV, Cambridge, 1987: 32-37.

[6] Rong Y, Ge Y, Hu Y, et al. Quantum-confined Stark effect in Ge/SiGe quantum wells on Si. IEEE Journal of Selected Topics in Quantum Electronics, 2010, 16(1): 85-92.

[7] Mashanovich G, Thomson D J, Reed G T, et al. Silicon optical modulators. Nature Photonics,

2010, 4: 518-526.

[8] Liao L, Liu A, Rubin D, et al. 40Gbit/s silicon optical modulator for high-speed applications. Electronics letter, 2007, 43(2): 1196-1197.

[9] Liu A, Liao L, Rubin D, et al. High-speed optical modulation based on carrier depletion in a silicon waveguide. Optics Express, 2007, 15(2): 660-668.

[10] Kuo Y H, Lee Y K, Ge Y, et al. Strong quantum-confined Stark effect in germanium quantumwell structures on silicon. Nature, 2005, 437(7063): 1334-1336.

[11] Soljacic M, Johnson S G, Fan S, et al. Photonic-crystal slow-light enhancement of nonlinear phase sensitivity. Journal of the Optical Society of America B-Optical Physics, 2002, 19(9): 2052-2059.

[12] Gu L, Jiang W, Chen X, et al. High speed silicon photonic crystal waveguide modulator for low voltage operation. Applied Physics Letters, 2007, 90(7): 71105.

[13] Tanabe T, Nishiguchi K, Kuramochi E, et al. Low power and fast electro-optic silicon modulator with lateral p-i-n embedded photonic crystal nanocavity. Optics Express, 2009, 17(25): 22505-22513.

[14] Chen X, Chen Y, Zhao Y, et al. Capacitor-embedded 0.54pJ/bit silicon-slot photonic crystal waveguide modulator. Optics Letters, 2009, 34(5):602-604.

[15] Jiang W, Gu L, Chen X, et al. Photonic crystal waveguide modulators for silicon photonics: Device physicsand some recent progress. Solid-State Electronics, 2007, 51(10): 1278-1286.

[16] Li J, White T P, O'Faolain L, et al. Systematic design of flat band slow light in photonic crystal waveguides. Optics Express, 2008, 16(9): 6227-6232.

[17] Hochberg M, Baehr-Jones T, Wang G X, et al. Terahertz all-optical modulation in a silicon-polymer hybrid system. Nature Materials, 2006, 5(9): 703-709.

[18] Chen H, Kuo Y, Bowers J E, et al. High speed hybrid silicon evanescent Mach-Zehnder modulator and switch. Optics Express, 2008, 16(25): 20571-20576.

[19] Xu Q, Schmidt B, Pradhan S, et al. Micrometre-scale silicon electro-optic modulator. Nature, 2005, 435(7040): 325-327.

[20] Manipatruni S, Dokania R, Schmidt B, et al. Wide temperature range operation of micrometer-scale silicon electro-optic modulators. Optics Letters, 2008, 33(19): 2185-2187.

[21] Reed G T. Silicon Photonics: The State of the Art. West Sussex: Wiley, 2008.

[22] Vlasov Y, Green W M J, Xia F. High-throughput silicon nanophotonic wavelength insensitive switch for on-chip optical networks. Nature Photonics, 2008, 2(4): 1-3.

[23] Michal Lipson. Cornell nanophotonic group website. http://nanophotonics.ece.cornell.edu/index.html [2020-12-21].

[24] OCLAB. Optical communications laboratory of university of southern california. http://oclab.

usc.edu/index.html[2020-12-21].

[25] Xu Q, Manipatruni S, Schmidt B, et al. 12.5Gbit/s carrier-injection-based silicon micro-ring silicon modulators. Optics Express, 2007, 15(2): 430-436.

[26] Png C E. Silicon-on-insulator phase modulators. Guildford: University of Surrey, 2004.

[27] Manipatruni S, Preston K, Chen L, et al. Ultra-low voltage, ultra-small mode volume silicon microring modulator. Optics Express, 2010, 18(17): 18235-18242.

[28] Gardes F Y, Reed G T, Emerson N G, et al. A sub-micron depletion-type photonic modulator in silicon on insulator. Optics Express, 2005, 13(22): 8845-8854.

[29] Douglas M G, Rasras M, Kun Y, et al. Internal bandwidth equalization in a CMOS-compatible Si-ring modulator. IEEE Phtonics Technology Letters, 2009, 21(4): 200-202.

[30] Ye T, Zhou Y, Yan C, et al. Chirp-free optical modulation using a silicon push-pull coupling microring. Optics Letters, 2009, 34(6): 785-787.

[31] Ye T, Cai X. On power consumption of silicon-microring-based optical modulators. Journal of Lightwave Technology, 2010, 28(11): 1615-1623.

[32] Wang X, Liu J, Yan Q, et al. SOI thermo-optic modulator with fast response. Chinese Optics Letters, 2003, 1(9): 527-528.

[33] Tinker M T, Lee J B. Thermo-optic photonic crystal light modulator. Applied Physics Letters, 2005, 86(22): 221111.

[34] Geuzebroek D H, Klein E J, Kelderman H. Wavelength tuning and switching of a thermo-optic microring resonator// Proceedings of the 11th European Conference on Integrated Optics (ECIO), Prague, 2003: 395-398.

[35] Watts M R, Trotter D C, Young R W, et al. Ultralow power silicon microdisk modulators and switches// The 5th IEEE International Conference on Group IV Photonics, 2008.

[36] 魏红振, 余金中, 夏金松, 等. 快速响应 SOI 马赫曾德热光调制器. 半导体学报, 2002, 23(5): 509-512.

[37] Watts M R. Adiabatic resonant microrings (ARMs) with directly integrated thermal microphotonics// Conference on Lasers and Electro-Optics and Conference on Quantum electronics and Laser Science Conference, Baltimore, 2009: CPDB10.

[38] Dong P. Wavelength-tunable silicon microring modulator. Optics Express, 2010, 18(11): 10941-10946.

[39] Gan F, Barwicz T, Popovic M A, et al. Maximizing the thermo-optic tuning range of silicon photonic structures// Proceedings of the IEEE Photonics in Switching, San Francisco, 2007: 67-68.

[40] Tsai C S. Guided-wave acousto-optic Bragg modulators for wide-band integrated optic communications and signal processing. IEEE Transactions on Circuits and Systems, 1979,

26(12): 1072-1098.

[41] Pavesi L, Lockwood D J. Silicon Photonics. Berlin: Springer, 2004.

[42] Kuhn L, Dakss M L, Heidrich P F, et al. Deflection of an optical guided wave by a surface acoustic wave. Applied Physics Letters, 1970, 17(6): 265-267.

[43] Chubachi N, Kushibiki J, Kikuchi Y. Monolithically integrated Bragg deflector for an optical guided wave made of zinc-oxide film. Electronics Letters, 1973, 9(10): 193-194.

[44] Shah M L. Fast acousto-optical waveguide modulators. Applied Physics Letters, 1973, 23(2): 75-77.

[45] Feng N N, Feng D, Liao S, et al. 30GHz Ge electro-absorption modulator integrated with 3μm silicon-on-insulator waveguide. Optics Express, 2011, 19(8): 7062-7067.

[46] Gorecki C, Chollet F, Bonnotte E, et al. Silicon-based integrated interferometer with phase modulation driven by surface acoustic waves. Optics Letters, 1997, 22(23): 1784-1786.

[47] Bonnotte E, Gorecki C, Toshiyoshi H, et al. Guided-wave acoustooptic interaction with phase modulation in a ZnO thin-film transducer on an Si-based integrated Mach-Zehnder interferometer. Journal of Lightwave Technology, 1999, 17(1): 35-42.

[48] de Lima M M, Beck M, Hey R, et al. Compact Mach-Zehnder acousto-optic modulator. Applied Physics Letters, 2006, 89(12): 121104.

[49] Sridaran S, Bhave S. Silicon monolithic acousto-optic modulator// The IEEE 23rd International Conference on Micro Electro Mechanical Systems (MEMS), Hong Kong, 2010: 835-838.

第 7 章　硅基光电探测

　　光电探测器是将入射光能量转化为电信号的一种光电子器件，它不像激光器那样必须是直接带隙的材料，因此硅虽然是间接带隙材料，也可以制备探测器。但由于硅的禁带宽度是 1.12eV，对 1.1μm 以上的红外光是透明的，因此单纯体硅不适合做光通信波段常用的红外探测器，具有良好光响应特性的硅基红外光探测器也因此成为目前研究的重点。其中，锗在红外波段具有高的响应特性，同时其制备技术和 CMOS 工艺兼容，因此锗硅探测器成为目前最有前景的硅基红外光电探测器。本章首先介绍了光电探测器的基本原理；然后分析了硅基光电探测器的结构和特征参数；最后在此基础上着重介绍了三类探测器：体硅光电探测器、锗硅光电探测器和新型硅基探测器。在锗硅光电探测器方面，主要介绍了 PIN、雪崩光电二极管(avalanche photodiode，APD)和金属-半导体-金属(metal-semiconductor-metal，MSM)三种结构的波导型锗硅光电探测器；在新型硅基探测器方面主要介绍了硅基-二维材料探测器和硅基-III-V 探测器。

7.1　光电探测的基本原理

7.1.1　半导体材料对光信号的吸收

　　光电探测对光信号的吸收主要有三种方式：带间光吸收、自由载流子光吸收和双光子吸收。

　　1.　带间光吸收[1,2]

　　能量为 hv 的光入射到直接带隙为 E_g 的半导体材料上，如果入射光的光子能量比半导体的禁带宽度 E_g 大，则位于价带的电子就可能吸收光子的能量而被激发至导带中，这一过程称之为带间光吸收。在传播介质中，$x=0$ 处光强为 I_0 的光沿着 X 轴方向传播一段距离 x 后，其光强会因介质的光吸收而下降为 $I(x)$，可表达为

$$I(x) = I_0 e^{-\alpha x} \tag{7-1}$$

其中，α 为吸收系数。当光传输了一段距离 $d=1/\alpha$ 时，$I_d=I_0/e$，即光强正好为原来的 $1/e$，d 为光波的穿透深度。图 7.1 给出了实验测得的 Si、Ge 和 GaAs 的光吸收系数同光波波长和光穿透深度的关系[1]。由图可见，光波波长越小，光吸收系数越大，

光穿透深度越小，实验表明 α 同波长平方根的倒数成正比关系。硅和锗是间接带隙半导体，所以曲线缓慢变化到截止波长，而 GaAs 是直接带隙半导体，所以在截止波长曲线比较陡直。

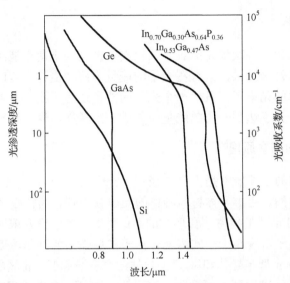

图 7.1　实验测得的 Si、Ge 和 GaAs 的光吸收系数同光波波长和光穿透深度的关系

上述讨论中，只考虑导带的形状对吸收系数的影响。在实际的半导体中，既要考虑导带形状的影响，还要考虑价带形状、杂质能级等对光吸收的影响。掺杂半导体中，对于施主能级 E_D 和受主能级 E_A，无论是 E_D-E_v、E_c-E_v、还是 E_D-E_A 都小于带隙 E_g。当电子吸收光子的能量实现电子由 E_A 到 E_c 或 E_v 到 E_D 的杂质-带边的跃迁，或 E_A 到 E_D 的杂质-杂质的跃迁，都会在价带或导带中产生自由载流子，使杂质能级电离。这种杂质能级参与的过程叫杂质能级光吸收。在间接带隙半导体中，光吸收过程还会有声子参与，因此需要采用二级微扰理论来处理光子吸收问题，这就变得复杂得多。

2. 自由载流子光吸收[1]

当入射光的光子能量 $h\nu$ 小于带隙 E_g 时，虽然不会造成带间跃迁的本征吸收，但在光场作用下，导带和价带中的载流子产生运动，也会出现光吸收现象，即自由载流子光吸收。如果半导体中自由载流子浓度为 N，介电常数为 ε_0，电子的有效质量和迁移率分别为 m_e 和 μ_e，理论分析得出自由载流子的光吸收系数为

$$\alpha = \frac{e^3\lambda^2}{4\pi^2 c^2 n\varepsilon_0}\frac{N}{m_e\mu_e} \tag{7-2}$$

可见自由载流子光吸收系数正比于自由载流子浓度，自由载流子浓度越高，则其光

吸收越强。同时，自由载流子吸收系数同波长的平方成正比，波长越大，吸收越大，表明自由载流子对长波长吸收更为严重。对于硅来讲[3]，$\alpha=10^{-18}n_{fc}\lambda^2$，当$n_{fc}=10^{19}\text{cm}^{-3}$，$\lambda=1.55\mu\text{m}$，$\alpha=24\text{cm}^{-1}$。

3. 双光子吸收

通常原子从低能级跳跃到高能级必须吸收一份相当于两个能级之差的能量。如果这份能量由光辐射来提供，只有在光子的能量为两个能级之差时才会被原子所吸收。但是在高功率的光束下，虽然一个光子的能量还达不到两个能级之差，但原子可以同时吸收两个光子达到一定的能量而完成一次跃迁，这就是双光子吸收。

7.1.2 光电探测的基本原理[4]

目前光电探测的主要器件是光电二极管(photodiode)和雪崩光电二极管。它们是由半导体材料制作的。由半导体材料制作的光电二极管，其核心部分是p-n结。p-n结是p型半导体和n型半导体结合形成的。p型半导体中空穴浓度高于电子浓度，而n型半导体中电子浓度高于空穴浓度。由于扩散作用始终是浓度高的向浓度低的方向进行，因此当p型半导体和n型半导体结合在一起时，p区的空穴将扩散到n区，而n区的电子将扩散到p区，使p变负而n变正。电荷堆积在p-n结两侧形成一自建电场，其方向由n指向p。p区的电子和n区的空穴在自建电场的作用下分别向n区和p区做漂移运动，同时p-n结的自建电场会阻止电子和空穴进一步向对方扩散而达到平衡，于是在p-n结区形成耗尽层。

为了提高光电二极管的响应速度，我们希望光生电子空穴对的产生尽量发生在耗尽层内，因为在这一区域内一旦产生电子空穴对，电子和空穴立即被p-n结内强烈的自建电场分开而各自向相反方向作漂移运动，如图7.2所示。由于自建电场很强，因此电子和空穴漂移运动的速度很快。如果光生电子空穴对在耗尽层外部产生，由于耗尽层外不存在强烈的自建电场，电子和空穴只能靠扩散运动到达p-n结区，而扩散运动比漂移运动的速度低得多，因此将影响探测器的响应速度。为了进一步提高响应速度，在实际使用时是将光电二极管反向偏置的，即将n接正，p接负，外加电场方向与p-n结内自建电场方向一致。这一外加电场使p-n结两侧的势垒差进一步加大，耗尽层宽度进一步加大，允许更多的光生电子空穴对在高场强区产生，同时减小了二极管的结电容，从而进一步提高光电二极管的响应速度和灵敏度。图7.2所示的是光电二极管的工作原理。

总之，半导体光电探测器是利用内光电效应进行光电探测，通过吸收光子产生电子空穴对，从而在外电路产生光电流。光电探测器的基本工作机理包括3个过程：材料在入射光照射下产生光生载流子；载流子输运或在电流增益机制下的倍增；光电流与外围电路之间相互作用并输出电信号。

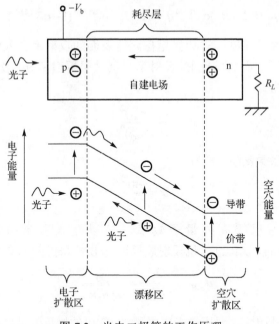

图 7.2　光电二极管的工作原理

7.2　光电探测的特性和结构

7.2.1　光电探测的特征参数[5]

1. 量子效率

量子效率可分为内量子效率和外量子效率，它们是半导体光电探测器最重要的特性参数。内量子效率定义为吸收一个入射光子能够产生的电子-空穴对的个数，即

$$\eta_{内} = \frac{产生的电子-空穴对的个数}{入射光子数} \tag{7-3}$$

由于 η 与材料的吸收系数 α，以及吸收层的厚度 W 相关，因此可表示为

$$\eta_{内} = 1 - e^{-\alpha(\lambda)W} \tag{7-4}$$

其中，$\alpha(\lambda)$ 是对应波长 λ 的吸收系数。由上式可见材料的吸收系数越大，或者吸收层越厚，光电探测器的量子效率就越高。在实际的光电探测器中，光不可能直接由材料表面达到吸收层，而是要经过一定厚度的重掺杂接触层，在这个区域内会造成一部分光子损耗，同时在光电探测器表面的反射作用也会损失部分入射光。基于这些因素，定义外量子效率为

$$\eta_{外} = (1-R_f)\mathrm{e}^{-\alpha(\lambda)d}\eta_i = (1-R_f)\mathrm{e}^{-\alpha(\lambda)d}(1-\mathrm{e}^{-\alpha(\lambda)W}) \tag{7-5}$$

其中，d 为前端接触层厚度；R_f 为光电探测器表面的反射率。入射的一部分光线会由于界面的折射率不同而造成反射，反射率与接触层折射率 n_{SC} 及接触层消光系数 κ 有关。R_f 可以表示为

$$R_f = \frac{(1-n_{SC})^2 + \kappa^2}{(1+n_{SC})^2 + \kappa^2} \tag{7-6}$$

消光系数 κ 与吸收系数 α 的关系为

$$\alpha = \frac{4\pi\kappa}{\lambda_0} \tag{7-7}$$

为了减小端面反射以提高外量子效率，可以在入射界面涂一层抗反射膜(anti-reflection coating，ARC)，抗反射膜厚度与波长和折射率有关，即

$$d_{ARC} = \frac{\lambda_0}{4n_{ARC}} = \frac{\lambda_0}{4\sqrt{n_S n_{SC}}} \tag{7-8}$$

其中，n_S 为吸收层的折射率，对于硅光电探测器，常用的抗反射膜材料为 SiO_2 和 Si_3N_4。

2. 响应度

入射到吸收区的光子产生的光生载流子在耗尽区内建电场的作用下，向探测器的两极漂移运动，并在输出端形成光电流。通常在实际工作中，用单位入射光功率与产生光电流的关系，即响应度来表示，即

$$R = \frac{I_P}{P} \tag{7-9}$$

根据对量子效率的定义，可得

$$\eta = \frac{I_P / q}{P / h\nu} \tag{7-10}$$

将式(7-10)代入式(7-9)中，可得

$$R = \eta\frac{q}{h\nu} \tag{7-11}$$

其中，q 为电子电荷。

3. 灵敏度

光电探测器的灵敏度是在系统一定的传输带宽和传输速率下所能检测到的最小光信号，它是光电探测器光电转换特性、光电转换的光谱特性以及频率特性的量度。常用的单位是 dBm。灵敏度又分为积分灵敏度 R，光谱灵敏度 R_λ 和频率灵敏度 R_f 三种[6]。

4. 响应速度

光电二极管的响应速度是由探测信号的上升时间或下降时间来衡量的，通常取两者之间较大的值，响应速度是光电二极管的一个重要参数。在光纤通信中要能够检测高频调制的光信号，从而提高响应速度和信噪比，降低系统的误码率。

5. 响应时间

当光入射到半导体的光电探测器上，入射光通过表面层进入半导体内，产生光生载流子，自由电子-空穴对，电子和空穴会在电场的作用下运动，分别朝相反的电极流去。只有电子空穴到达电极并形成光电流之后才能在外电路上探测出来，这整个过程需要一定的时间。由入射光转变为光电流所需的时间就是响应时间，影响光电探测器响应时间的主要因素如下。

(1) 耗尽区外载流子扩散时间 t_{diff}

载流子扩散运动较慢，而且大部分产生在耗尽区外的载流子寿命较短，很快就会复合。只有在耗尽区附近的部分载流子能够扩散进入耗尽区，并在电场作用下才能形成光电流。设载流子扩散系数为 D_c，则扩散距离 d 所需要的时间为

$$t_{\text{diff}} = \frac{d^2}{2D_c} \tag{7-12}$$

(2) 耗尽区内载流子的渡越时间 t_{drift}

当耗尽区内的电场达到饱和时，载流子以最大漂移速度 v_d 运动，设定耗尽区宽度 W，则渡越时间为

$$t_{\text{drift}} = \frac{W}{2v_d} \tag{7-13}$$

其中，W 的大小取决于施主和受主杂质的浓度；v_d 的大小取决于所加的偏置电压，并与材料有一定的关系。

(3) 光电二极管的 RC 时间常数 t_{RC}

$$t_{\text{RC}} = (R_L + R_S)C_P \tag{7-14}$$

其中，R_L 为外部负载电阻；R_S 为内部串联电阻；C_P 是寄生电容。加大探测器本征层的宽度对提高量子效率和减小探测器寄生电容是一致的，而增大宽度意味着载流子在吸收区内的渡越时间会增加。减小探测器的面积可以有效减少结电容和暗电流，但是小面积探测器给光纤的有效耦合带来了难度。因此，为了优化响应速度，需要选择适当的吸收层厚度和探测器面积。

6. 暗电流

当没有光照射时，理想情况下光电探测器应无光电流输出。但是实际上由于 p-n

结内热效应产生的电子-空穴对、宇宙射线及放射性物质的激励，光电探测器仍有电流输出，这种电流称为暗电流。它主要由耗尽层中载流子的产生-复合电流和耗尽层边界的少数载流子扩散电流，以及表面漏电流构成。暗电流的大小与偏压和光电二极管的结面积有关，当偏压增大时，暗电流增大；与光电二极管的结面积成正比，故常用单位面积上的暗电流(暗电流密度)来衡量。一般取偏压是 0.9V 时，对应的电流值为器件的电流值。除了与偏置电压有关外，暗电流还随器件温度的增加而增加。要减小器件的暗电流，首先应选择好的单晶材料；其次要选定良好的表面钝化层，隔绝周围气体对器件的污染，在异质结光电二极管的设计中，有意将高场区移到宽禁带材料去，也是减小暗电流的有效措施。

7. 噪声

光电探测器的主要噪声源有散粒噪声、产生-复合散粒噪声、光子噪声、热噪声和 $1/f$ 噪声。散粒噪声是在无光照下由热激发作用而随机产生的电子所造成的起伏。产生-复合噪声的产生，是由于在光电导探测器中，载流子热激发产生电子-空穴对，当电子和空穴运动时，也存在严重的复合过程，而复合过程本身也是随机的。因此，不仅有载流子产生的起伏，而且还有载流子复合的起伏，这样就使起伏加倍。虽然其本质也是散粒噪声，但为强调产生和复合两个因素，取名为产生-复合散粒噪声。光子噪声的产生是由于光激发的载流子也是随机的，也要产生起伏噪声。因为强调光子起伏，所以称为光子噪声。它是探测器的极限噪声，不论是信号光还是背景光，都要伴随着光子噪声，而且光功率越大，光子噪声越大。热噪声的产生是由于光电探测器本质上可用一个电流源来等价，这就意味着探测器有一个等效电阻 R，因此探测器的噪声可以用电阻器 R 两端随机起伏的电压来说明，这个起伏电压是由电阻中自由电子的随机热运动引起的。最后的 $1/f$ 噪声主要出现在大约 1kHz 以下的低频频域，而且与光辐射的调制频率 f 成反比，故称为低频噪声或 $1/f$ 噪声，实验发现，探测器表面的工艺状态(缺陷或不均匀等)对这种噪声的影响很大，所以有时也称其为表面噪声或过剩噪声。

7.2.2　PN 光电二极管

p-n 结在外加反向偏压的情况下使用时，反向偏压能够大大加强原有耗尽区中的自建电场，同时进一步增大耗尽区的宽度，对于增大光吸收面积、加快载流子扩散速度、减小结电容都有明显的帮助。

当半导体 p-n 结受到能量大于禁带宽度 E_g 的光照射时，光子能量被吸收，价带中的电子跃迁至导带称为自由电子，同时在价带中留下了自由空穴，即产生了电子-空穴对。在耗尽区中的强反向电场作用下，两种光生载流子分别向两个相反的方向漂移参与导电，从而在外部电路中产生电流，这就是 PN 光电二极管在光照条件下产生的光电流。由于光电流是光生载流子的移动产生的，而光生载流子的数目又直接取决于入射光照的强度，因此在二极管未达到饱和状态之前，电流大小通常是比例于照射光功率的。

PN 光电二极管是最基础的光探测形式之一，但其性能也颇为平庸，尤其是存在响应时间的瓶颈，并不适用于要求越来越高的高速信息传输与处理系统，因此在 PN 光电二极管的基础上，发展出了多种改进的探测器结构。

7.2.3　PIN 光电探测器

为了改善和提高 PN 光电二极管的性能，可在 p 区和 n 区之间形成一个本征 i 区 (intrinsic region)，构成所谓 PIN 光电二极管。

当在 PN 光电二极管的 p-n 结间插入一层非掺杂或轻掺杂的半导体材料时，就可以增大耗尽区宽度来减小载流子的扩散运动，提高响应速度。图 7.3 为 PIN 光电二极管的器件结构和反偏工作时的电场分布。中间层本征材料具有高阻抗性质，使大部分电压加于其上，因此中间层存在一个较强的电场。实质上耗尽区可扩展到 i 区之外，其宽度 W 可在制造过程中通过控制中间层厚度来调节。由于 PIN 光电二极管中大部分入射光在 i 区被吸收，在这里产生的光生电子-空穴对将立即被电场分离，并快速漂移运动。它与 PN 光电二极管主要区别在于光电流的漂移分量相对于扩散分量占支配地位；耗尽层的加宽也明显地减小了结电容 C_j，从而使电路的时间常数减小；由于在光谱响应的长波区硅材料的吸收系数明显减小，因此耗尽层的加宽还有利于对长波区光辐射的吸收，从而提供了较大的光接收面积，有利于量子效率的改善。PIN 光电二极管的上述优点使它在光通信、光雷达及其他快速光电自动控制领域得到了非常广泛的应用。

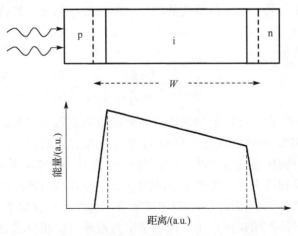

图 7.3　PIN 光电二极管的器件结构和反偏工作时的电场分布

　　另外，虽然 W 增大可提高响应度，但是过大的 W 将导致响应速度变慢。因此，W 要考虑灵敏度和带宽这两个指标合理折中选取。

7.2.4　雪崩光电探测器

　　雪崩光电探测器(avalanche photodiode，APD)[7]是借助强电场作用产生载流子倍增效应(雪崩倍增效应)的一种高速光电器件。一般来说，硅和锗雪崩光电探测器的电流增益可达 $10^2 \sim 10^3$，因此这种光电探测器的灵敏度很高且响应速度快，响应时间只有 ns 量级，相应的响应频率可达 100GHz，噪声等效功率为 10^{-15}W。它广泛应用于光纤通信、弱信号检测、激光测距、星球定向等领域。

　　任何探测器都存在一个保证正常工作的最小电流，也就存在一个最小入射功率 $P_{in}=I_p/R$，其中 R 为响应度。探测器的响应度越高，其最小探测功率就越低。PIN 管的响应度在 $\eta=1$ 时，达到最大值 $R=q/h\nu$。而 APD 与光电倍增管类似存在内部电流增益，因此具有更高的响应度，能够探测更小功率的光信号，它通常应用在光功率比较小的场合中。

　　APD 能够提供电流增益的物理机制在于碰撞电离。APD 在结构设计上就使其能承受高反向偏压，因此在 p-n 结内部形成一高电场区($\approx 3 \times 10^5$V/cm)。一次光生的电子空穴对经过高电场区时会被加速，从而获得了足够的能量。它们在高速运动过程中与晶格碰撞，使晶体中的原子发生电离，从而激发出新的电子空穴对，这个过程称为碰撞电离。通过碰撞电离产生的电子-空穴对称为二次电子-空穴对。新产生的电子和空穴在高电场区又被加速，又可能与晶格发生碰撞，使原子发生电离，产生新的电子-空穴对。这样多次碰撞电离的结果，使载流子迅速增加，反向电流迅速加大，形成雪崩倍增效应。APD 就是利用这种雪崩倍增效应使一次光生电流获得放大。倍增率取决于两个参数：电子和空穴的碰撞电离系数 α_e 和 α_h，其值决定于半导体材料和电场强度。

　　定义倍增系数为

$$M = \frac{1-k_A}{\exp[-(1-k_A)\alpha_e d]-k_A} \tag{7-15}$$

其中，$k_A=\alpha_h/\alpha_e$。可见，APD 的电流增益与碰撞电离系数之比密切相关。通过研究可知，k_A 越小，APD 的性能越高。APD 与 PIN 光电二极管的不同主要表现在增加了一个附加层，以实现碰撞电离产生二次电子-空穴对。图 7.4 所示为 APD 的结构和电场分布。在反偏时夹在 i 层和 n 层间的 p 层中存在高电场，该层称为倍增区或增益区。大部分光子仍在耗尽层(i 层)中被吸收，并产生一次电子-空穴对。耗尽层产生的电子空穴对经过增益区产生二次电子空穴对即可以获得增益。

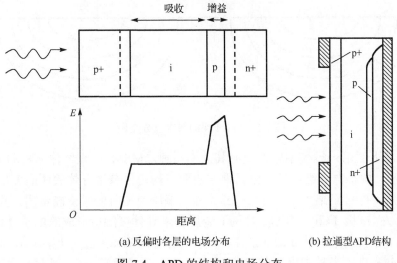

(a) 反偏时各层的电场分布   (b) 拉通型APD结构

图 7.4 APD 的结构和电场分布

7.2.5 MSM 光电探测器[7]

MSM 结构的光电探测器本质上是一个背对背串联的两支金属半导体接触二极管。MSM 光电探测器器件结构如图 7.5 所示。

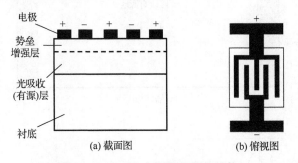

(a) 截面图   (b) 俯视图

图 7.5 MSM 光电探测器器件结构

为了提高金属电极与有源层之间的肖特基势垒高度，有源层上面还有一层薄的势垒增强层，然后是用剥离技术形成的交叉指状金属电极，最后是在电极上面淀积的绝缘薄膜，起到钝化保护和抗反射作用。图 7.5(b) 为其俯视图，可以看出交叉指状的金属电极形状。当外加偏压时一个结为正偏置，另一个结为反偏置。MSM 探测器器件内电位分布如图 7.6 所示。

施敏等在 1971 年给出了 MSM 结构的经典理论表述。当入射光通过电极之间的部分进入半导体内，产生光生载流子。如果两个电极上加有一定的电压，光生载流子会在电场作用下运动，自由电子/空穴会分别流向不同的两个梳状金属电极，形成

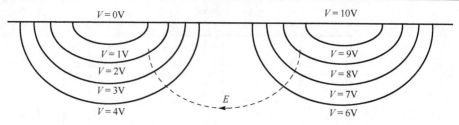

图 7.6　MSM 探测器电位分布图

光生电流。下面用一维模型定性说明其工作原理。MSM 一维器件结构和能带图如图 7.7 所示。图 7.7(a)给出了一维器件结构图，均匀掺杂半导体的两面各形成金属-半导体接触，电极距离为 L。图 7.7(b)为外加偏压为零时的平衡能带图，其中 ϕ_{n1} 和 ϕ_{n2} 分别为左(电极 1)和右(电极 2)两面金属和半导体接触所形成的电子肖特基势垒高度，而 V_{D1} 和 V_{D2} 分别为其内建势。对于同样金属则 $\phi_{n1}=\phi_{n2}$，$V_{d1}=V_{d2}$，而 ϕ_p 表示空穴的势垒高度。当外加电压时(如右方为正，左方为负)，这一对背对背的二极管

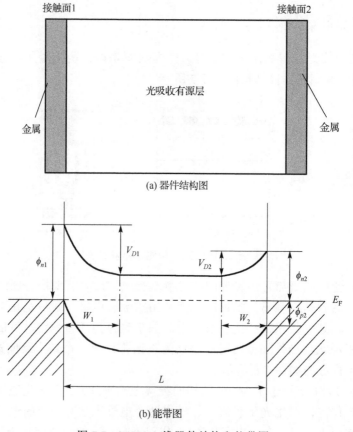

图 7.7　MSM 一维器件结构和能带图

中，结 1 为反偏置，结 2 为正偏置。其耗尽层宽度分别为 W_1 和 W_2。随着外加电压的增加，反偏置的耗尽层宽度 W_1 增大，而正偏置的耗尽层 W_2 减小，但是其总的耗尽层宽度逐渐增加。

当使两耗尽层相接触时，相应的电压称为穿通电压 V_{RT}。穿通条件下器件的电场分布和能带图如图 7.8 所示。而且 $W_1+W_2=L$ 在 x_0 点电场为 0，其左方电场为负方向，右方电场为正方向，这时仅有很小电流。当电压继续增加时，使正电极一边 $x=L$ 处的能带为平带，电场为 0，整个器件内全部耗尽，而且电场指向同一个方向从右向左，相应的电压称为平带电压 V_{FB}。此时电子电流仍很小，但是由于空穴势垒下降，从正偏置处开始有空穴注入。当电压超过 V_{FB} 时，能带进一步变陡，内部电场增加，直到在反偏置的电极 1 处电场最大点发生雪崩击穿，使电流激增。图 7.9 绘出了平带电压 V_{FB} 下器件的电场分布和能带图。通常器件工作在平带电压 V_{FB} 与击穿电压之间。

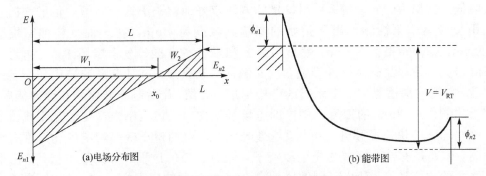

图 7.8　穿通条件下器件的电场分布和能带图

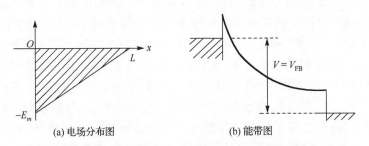

图 7.9　平带电压 V_{FB} 下器件的电场分布和能带图

7.3　体硅光电探测器[8]

硅材料能对 850nm 波段光有很好的响应，因此在 500～1000nm 波段，体硅光电探测器是理想的选择对象。

目前，研究最多的高速硅基光电探测器结构主要有两种：PIN 和 MSM 探测器。对于 PIN 探测器，又可以分为垂直结构和水平结构。硅对 850nm 光的吸收系数很低，只有 $0.06\mu m^{-1}$。一般的垂直结构硅 PIN 探测器的响应度和响应速度将相互制约。要获得高的响应度，则必须有长的光吸收长度，也就是说在 p 型层和 n 型层中间要有厚的低掺杂 i 层，这会使光生载流子的渡越时间增大，器件的响应速度下降。这一制约关系不解除，则难于制作出高速、具有合适光响应度的硅基光电探测器。水平结构的 PIN 探测器和 MSM 探测器使光的传播方向与光生载流子的运动方向垂直，从而可以分别控制光吸收长度和光生载流子的渡越长度。但是一般的水平结构的 PIN 和 MSM 探测器的电场分布集中在样品的表面，由表面向内部迅速减小。虽然它们可以达到高的光响应，但只有在近表面产生的光生载流子可以在强电场作用下迅速到达电极，较深层处的载流子会在低电场的情况下缓慢地到达探测器的电极，才对光电流产生贡献，这将使探测器的响应速度大大降低。IBM 的 Yang 等[9]采用挖槽的办法较好地解决了这一问题。他们在硅片上用反应离子刻蚀制作出叉指状的深槽，深度为 $7\mu m$，在表面处槽的宽度为 0.35nm，指间距离为 $3.3\mu m$。然后用掺 P 和掺 B 的非晶硅分别填满深槽，再进行高温退火，使非晶硅结晶成多晶，同时激活掺杂杂质。并使杂质向硅中作一定的扩散，在离开深槽界面一定距离的硅中形成 p-n 结，最后制作硅化物和金属接触。深槽的制作在 $7\mu m$ 的深度范围内的电场强度均匀，该范围内产生的光生载流子在强电场下能快速漂移到达电极。这使光电探测器的量子效率和响应速度都有所提高，但还是有部分深层的光生载流子要通过扩散的过程才能到达电极，这会影响器件的响应速度。他们研制的器件在 845nm 处的响应度为 0.47A/W，频率响应谱有低频拖尾，6dB 带宽为 1.5GHz。在 670nm 处，3V 下的 3dB 带宽为 2.5GHz。

　　为了提高硅光电探测器的速度，必须使光生载流子处于可以使它们达到饱和漂移速度的强电场中，同时采取措施将不在强电场中的光生载流子屏蔽掉，避免这一部分载流子通过慢过程的漂移或扩散到达光电探测器的电极，影响其响应速度。当然，这会牺牲器件的量子效率，所以在量子效率和响应速度之间要作出合理的折中考虑。一种方法是将探测器制作在硅薄膜上。图 7.10 为美国科罗拉多大学的 Lee 等[10]研制的在有纹理结构的硅薄膜上的 MSM 结构光电探测器，硅薄膜的厚度为 $3\sim7\mu m$，具有纹理结构的不平整下表面是为了提高器件的响应度。更常用的手段是将探测器制作在 SOI 上，利用埋层的 SiO_2，避免在其下面的硅衬底内的光生载流子被探测器收集，影响其速度。目前报道的最快响应的硅探测器是 Liu 等用 SOI 材料研制的 MSM 型探测器，他们所用的 SOI 材料顶层硅厚度为 100nm，在 780nm 下响应度为 5.7mA/W，带宽为 140GHz。虽然速度很快，但低的响应度使它难于在实际中得到应用。要提高器件的响应度，可以适当增加顶层硅的厚度，同时牺牲一点带宽。

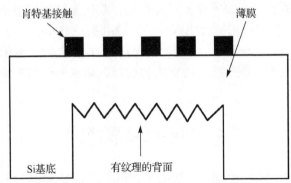

图 7.10 制作在有纹理结构的 Si 薄膜上的高速 MSM 光电探测器

要研制实用化的高速硅基光电探测器,解除探测器量子效率与响应速度的制约,人们提出了一些新的思路。其中之一就是制作具有微结构的硅表面,利用光在微结构硅表面处的全内反射,增加光吸收。来自加州大学圣地亚哥分校的 Zhang 等于 2010 年提出了一种垂直刻蚀的单晶硅纳米线光电探测器,使用纳米压印光刻技术在硅基底上大规模刻蚀纳米线阵列[11]。硅纳米线阵列在宽波段、宽入射角范围内具有优异的减反射性能,能够为器件带来极高的内部增益、高的量子效率和频谱向红外的拓宽作用,在室温条件下,其探测的灵敏度可下探到亚 10^{-15}W(可见光)或 10^{-12}W(红外光),具有可观的频响范围和高灵敏度。科罗拉多大学的 Lee 等研制出了硅薄膜型 MSM 的光电探测器[10],他们将薄膜表面用等离子刻蚀成一些微结构,用以增加对光的吸收,提高量子效率。贝尔实验室的 Levine 等用 SOI 为材料,用高密度等离子源刻蚀表面,使表面粗糙化,形成尺度约 0.1μm 的微结构,3μm 厚的硅对进入其中的 880nm 光的吸收效率超过 50%[12]。

另一个有效方法是制作 RCE 结构,即将光吸收响应介质材料置于法布里-珀罗腔中,符合共振条件的光将在腔中产生共振,被共振增强吸收。这样,即使是较薄的光吸收材料也能得到较大的量子效率。最简单的硅 RCE 探测器可以用 SOI 来实现,适当设计顶层硅和 SiO_2 层的厚度。由于硅与 SiO_2 的折射率差较大,在它们的界面处可以形成下反射,而硅表面与空气界面可以形成上反射,因此可以实现 RCE-PD 结构。但是 SOI 材料只有一层 SiO_2,形成的下反射的反射率低,所以有必要进一步提高下反射的反射率。美国波士顿大学的 Emsley 等[13]用键合和智能剥离的方法制作了具有双 SiO_2 层的 SOI 衬底,反射率达到 90% 以上。利用该材料研制的 RCE 探测器工作波长为 800nm,量子效率达到 40%,响应时间 29ps,带宽可以超过 10GHz。人们还研究了多种制作高反射率下反射镜的方法,以便制作高性能的硅基 RCE-PD,包括合并外延层过生长多次氧注入形成 SiO_2 埋层和硅外延制作多周期 Si/SiO_2 反射镜、乳胶键合与智能剥离相结合、将薄层单晶硅制作在高反射率的 Si/SiO_2 反射镜上等。同时,也有研究组在引入并优化多共振腔、多反射镜这个方向上下工夫,例如多个研究组都研究了三反射镜、双共振腔的模型结构[14-16],在正常 RCE-PD 的基础上,在其底部额外引入一个过滤共振腔(filtering cavity),通过合理地设计各共振腔、反射镜的参数,逐渐克服两个共振腔之间存在的共振耦合问题,从而实现了高量子效率、超窄频率线宽的效果,在高速光通信系统中的应用有着不错的前景。

7.4　锗硅光电探测器

制作高响应速度、高响应度、低暗电流、响应波长在通信波段 1.3~1.5μm 的近红外光电探测器,并最终实现高带宽的光电集成接收机芯片,一直是人们追求的目标[17,18]。由于能带结构的固有特性,Si 单晶材料对近红外光存在吸收系数低、对 1.1μm 以上波段没有响应等问题。传统的 III-V 族半导体材料在 1.3~1.5μm 有着高吸收系数,基于 III-V 族的光电探测器也已投入商用;但是,III-V 族半导体材料价格相对昂贵,热导性和热机械特性较差;另外,III-V 族材料的制造工艺不能和当前的成熟 CMOS 工艺兼容,极大限制了它在光电集成中的应用。Ge 的半导体带隙为 0.66eV,因此可以探测波长小于 1.87μm 的光[19]。另外,Ge 比 Si 的迁移率大,相应电子器件的响应速度快。同时更为重要的是它的制备工艺和 CMOS 工艺兼容。Si 基 Ge 外延材料以其优良的加工性、低廉的价格、优良的光电特性、灵活优异的集成性等特点,可在微电子学、光子学、光电集成和高效太阳能电池等方面发挥重要作用。

7.4.1　锗硅材料的基本物理特性

Ge 与 Si 同属 IV 族元素,尽管 Ge 和 Si 具有相同的金刚石结构,但它们的晶格常数不同,其中 Si 的晶格常数为 0.5431nm,Ge 的晶格常数为 0.5657nm,因此 Si 衬底上外延生长 Ge 时,其晶格失配度达 4.2%。由于 Ge-Ge 键比 Si-Si 键弱,因此 Ge 具有比 Si 小的表面能。在 Si 上生长 Ge 时,开始时满足浸润条件(即薄膜表面能和界面能之和总是小于衬底的表面能),生长是层状生长,然而随着生长厚度的增加,由于晶格失配,应变能增加,浸润条件不再满足,生长将转化为岛状生长,因此 Si 衬底上生长 Ge 是典型的岛状-层状生长模式(Stranski-Krastanov 生长模式,简称 SK 生长模式)。因此,在 Si 上直接淀积纯 Ge 层所形成的 Ge/Si 异质结构材料将会不可避免地遇到很大应力,积聚应变能。其能量随着厚度增加而线性增长。当应变层达到一定的临界厚度时,积聚在应变层中的应变能就将会以位错或者表面起伏的形式释放出来,这称为应变弛豫[20,21]。位错为电子空穴对提供复合中心,故而提高电子空穴对的复合概率,于是暗电流变大,最终降低光电探测器的性能;另一方面,为了获得较高的响应度,我们又不得不需要一定厚度的 Ge 吸收层。因此,必须尽量拓展 Ge 吸收层的临界厚度，这样所得到的较厚的高质量 Ge 层，便可解决暗电流与响应度之间的矛盾问题。根据 People 等的动态模型[22]，得到 Ge_xSi_{1-x}/Si 材料的临界厚度的理论计算公式为

$$h_c = \frac{1.9 \times 10^{-3}}{f_m^2} \ln\left(\frac{h_c}{0.4}\right) \tag{7-16}$$

其中，f_m 是失配率；h_c 的单位是 nm。同样地，在 Ge_xSi_{1-x} 衬底上淀积一层 $Ge_ySi_{1-y}(y>x)$，临界厚度的计算同样也如式 (7-16)，不过 f_m 改成了相应衬底与吸收层的失配率。理论计算表明使用 Ge_xSi_{1-x} 代替 Si 作为 Ge 吸收层的缓冲层的话，将会显著地改善 Ge 的质量和厚度，对探测器的性能有着重要提升作用。

7.4.2　锗硅波导光电探测器

波导型探测器在保持吸收区厚度的前提下可以大大增加吸收长度，将探测器设计成波导型，由于光的传播和吸收沿着波导方向，而载流子输运沿着与之相垂直的方向，因此这种结构允许波导集成的光电探测器显示出高的速率，同时可以达到接近 100% 的内量子效率。另外，波导集成的光电探测器的器件面积可以仅为自由区域的光电探测器的约 1/10，所以对于同样的暗电流密度来说，其绝对暗电流是非常低的。同时波导集成也改善了 Ge 光电探测器的灵敏度。

1. PIN Ge 波导探测器

一般而言，将波导中的光耦合到 Ge 材料吸收层主要有两种方法：倏逝波耦合 (evanescent coupling) 和对接耦合 (butt coupling)。因此，波导探测器可能有三种结构：第一种是把波导集成到 Ge 探测器的顶端，光以倏逝波的形式耦合到 Ge 探测器上；第二种是在探测器下面制作出波导，光也是以倏逝波的形式耦合到探测器上；第三种是把波导端口对准到探测器上，使得探测器成为波导向外延伸的一部分。近年来，人们对 PIN Ge 波导探测器的研究取得了不小的进展，目前报道的不同结构的 PIN Ge 探测器性能如表 7.1 所示。

对于倏逝波耦合的 PIN Ge 探测器，2008 年新加坡的 Wang 等[29,30]针对波导侧向倏逝波耦合和垂直倏逝波耦合两种方式，设计了一系列的结构来比较两者的优劣。基于研究结果，他们认为侧向的耦合方式要优于垂直方式，不过响应度不够高、带宽不大始终是其缺点。近年来倏逝波耦合型探测器在这两个性能指标上取得了不错的进步，例如比利时微电子研究中心的 Chen 研究组于 2016 年展示了一种垂直倏逝耦合的锗硅 PIN 探测器[28]（图 7.11），通过在 SOI 波导和 Ge 层之间额外添加一个多晶硅锥形波导优化了入射光的耦合，得到了均衡的探测器性能。

表 7.1 不同结构的 PIN Ge 探测器性能

研究组	SOI 基底	耦合结构	尺寸 d(厚度)/μm, A(对于表面积而言, 宽度×长度)/μm²	暗电流 I_{dark}/μA, 暗电流密度 J_{dark}/(mA/cm²)	响应度 R/(A/W), 外量子效率	电容 C/fF	-3dB 带宽/GHz
Yin 等[23]	是	Rib 波导垂直倏逝耦合	d=0.7μm, A_1=4.4×100μm², A_2=7.4×50μm²	@-2V, A_1:267nA;74 A_2:169nA;51	@-2V, λ=1.55μm A_1:1.16;93% A_2:0.89;71%	A_1:72.8 A_2:66.7	@-2V, A_1:29.4 A_2:31.3
Wang 等[24]	是	波导横向倏逝耦合	d=0.22μm, W=2.4μm 电极间距=0.8μm	15nA@l=5μm 30nA@l=10μm 45nA@l=15μm 60nA@l=20μm	@-1V, λ=1.55μm; 内量子效率 0.4@l=5μm 0.5@l=10μm 0.58@l=15μm 0.65@l=20μm	0.8 (耗尽区)	18@-1V
Vivien 等[25]	是	Rib 波导垂直对接耦合	d=0.34μm, A=3×15μm²	0.018@-1V 1.3@-2V 33@-4V	λ=1.55μm 1@-1V～-4V	—	12@0V 28@-2V 42@-4V
Vivien 等[26]	是	Rib 波导横向对接耦合	d>1μm, A=10×10μm²	4@-1V 8×10⁴@-1V	λ=1.55μm 0.78@0V 0.8@-0.1V～-2V	—	~120@-2V
Lischke 等[27]	是	波导垂直倏逝耦合	— A=3×20μm²	100nA@-1V 1×10³@-1V	λ=1.55μm 0.84@0V 1@-1V	10.5	40@0V 70@-1V
Chen 等[28]	是	渐变波导垂直倏逝耦合	— A=0.5×14.2μm²	4nA@-1V	0.74@1550nm 0.93@1310nm	6.8@-1V	@-1V 67@1550nm 44@1310nm

由图 7.11 可看出，器件的制备过程中避免了在 Ge 层上进行掺杂或生长电极。该探测器的暗电流仅有 nA 级别，同时其响应度于–1V 偏压下在 1550nm 和 1310nm 的波长下分别为 0.72A/W 和 0.98A/W；器件的 3dB 带宽也很不错，通过开关键控数据传输实验，50Gbit/s 和 56Gbit/s 的速率下在 C 波段和 O 波段均得到了清晰的眼图。总的来说，近年来倏逝波耦合型 Ge 探测器逐渐克服了低响应度、低带宽的缺点，表现出了优秀的高速应用能力。

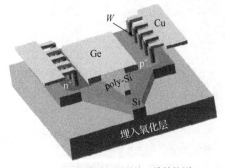

(a) Si-PIN锗硅探测器的三维结构图

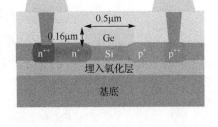

(b) Si-PIN锗硅探测器的侧视图

图 7.11   垂直倏逝耦合的锗硅 PIN 探测器

除了倏逝波耦合，对接耦合也逐渐成为一大焦点，这是因为纯 Si 和纯 Ge 的折射率差别不大，因此光反射影响较小，光场分布相似，这便为对接耦合提供了前提条件。相较于倏逝波耦合方式，对接耦合更简单，效率更高。目前对接耦合型 Ge 探测器的响应度指标不错，例如 Vivien 等[31]设计了脊波导垂直对接耦合 Ge 光电探测器，在–4V 的偏压下响应度在 1.55μm 处达到 1A/W，虽然暗电流也呈指数上升达到 33μA，同时偏压较大是另一大缺点；Feng 等[32]设计和制备了脊波导侧向对接耦合 Ge 光电探测器，如图 7.12 所示。

(a) 三维结构图

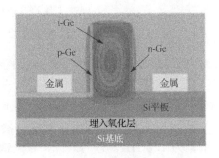

(b) 侧向对接耦合结构

图 7.12   脊波导侧向对接耦合 Ge 光电探测器

这种结构的电流响应性能很好：暗电流较低(1.3μA@−1V)，响应度对偏振不敏感，在 1.55μm 处 TE、TM 均达到 1A/W 以上。

至于高速带宽，对接耦合型探测器表现出了比倏逝波耦合型更优异的性能，例如 2012 年来自法国 IEF 研究所的 Vivien 研究组制作了一种如图 7.13 所示的对接耦合横向 PIN Ge 探测器，展现出了 120GHz 的惊人 3dB 带宽性能[26]。

(a) 对接耦合横向PIN Ge探测器的结构示意图

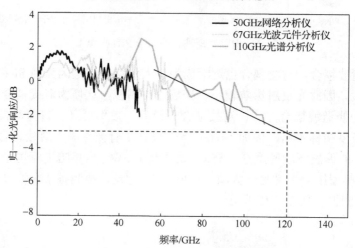

(b) −2V偏压下的1550nm归一化频率响应曲线

图 7.13 对接耦合横向 PIN Ge 探测器

在实际的器件性能测试中，虽然器件在−1V 偏压下的暗电流密度达到了 80A/cm^2，这方面性能较差，但该探测器在 1550nm 处从 0 到−2V 的偏压下均测得了约 0.8A/W 的稳定响应度。同时从图 7.13(b) 可看出该探测器具有非常高的带宽性能，前两种 3dB 带宽的测试均超出了测量仪器的性能范围，通过第三种测量方式可大致估计其带宽为 120GHz。总的来说，对接耦合型 Ge 探测器在带宽与电流性能上还存在一定的制约作用，如何设计并制造出高带宽、高响应度、低暗电流的对接耦合探测器是未来的一个探索方向。

2. MSM Ge 波导探测器

在金属和未经掺杂或掺杂浓度很低的半导体区域之间形成直接的接触，这样在金属和半导体交界区域便产生肖特基势，得到 MSM 结构。当入射光子被材料吸收，产生的电子-空穴对在电场作用下向着极板区域移动，克服肖特基势被电极吸收产生光电流，完成 MSM 光电转换，形成了 MSM 光电探测器。

早期的 MSM Ge 光电探测器多为表面入射型，除了有反射的困扰外，较多的电极阴影效应也制约了探测性能。由于电子-空穴对需要克服较大的肖特基势，因此在较低偏置条件下，正负电极间距很小（200～300nm）以形成强电场，众多电极形成交叉的叉指，这使得金属电极反射了很大部分入射光，限制了响应度的提高，如文献[33]所述，其量子效率的理论值也就因此不高，即

$$\eta = (1-r)\left(\frac{L}{L+W}\right)(1-e^{-\alpha d}) \tag{7-17}$$

其中，W 为每个叉指的宽度；L 为指间距；α 为吸收系数；d 为 Ge 层厚度；r 表征反射系数。这很不利于探测器性能的进一步优化设计。但如果我们采用波导耦合方式，这些问题就迎刃而解了。基于此，最新的 MSM Ge 探测器大部分都采用波导耦合方式来实现。MSM Ge 波导探测器的制造没有较为繁琐的掺杂过程，因此相对 PIN Ge 探测器较为简单，表 7.2 列出了不同 MSM Ge 探测器结构性能比较。

总而言之，MSM Ge 探测器自诞生之初就面临着两大问题，一是暗电流过大，一方面可以通过改进淀积 Ge 材料的方法来消除，但需要注意与 CMOS 工艺的兼容问题，另一方面通过在 Metal/Ge 交界处加入一层肖特基势垒增强层（Schottky barrier enhancement layer）来遏制暗电流[38,41]，这方面已有一些不错的工作；二是倏逝波耦合响应度太低。这两个问题影响着 MSM Ge 探测器的进一步的突破，但近年来的一些成果已经让我们看到了解决这两个顽疾的一些希望。

3. 雪崩 Ge 波导探测器

传统的雪崩探测器（主要是 III-V 族 APD）需要很高的偏压（-20V）以实现雪崩放大效应。这虽然可取得较高的增益，但是会不可避免地遇到噪声放大的不利后果。

在 Ge 探测器制造成吸收区-电荷区-倍增区分离多层结构（separate absorption，charge，and multiplication，SACM）的工艺还不太成熟的时候，非一致性场 APD 是一个重大突破。通过产生非一致性的电场，碰撞电离区域缩短至 30nm，并能有效减少噪声。更重要的是，如此薄的 APD 意味着偏压可以足够小但却能引发雪崩增益，同时器件速度也会很快。另外，集成将变得容易实现[28]。如图 7.14 所示，在这个结构中，厚度为 140nm、宽度为 750nm 的 Ge 层淀积在 SiON 隔离层上，在隔离层下有约 100nm 厚的波导。一系列的金属叉指淀积在 Ge 层上，间隔约 200nm。因为 Ge 的折射率稍高于 Si，因此光能成功地通过倏逝波耦合到 Ge 层。在非常靠近电极处，电场竟可以超过 120kV/cm，如此强的电场将足够诱导产生碰撞离子化过程。

表 7.2 不同 MSM Ge 探测器结构性能比较

研究者	SOI 基底	耦合结构	尺寸 (D, A=W×L), 电极间距 (S)	暗电流 I_{dark}/μA	响应度 R(A/W), 外量子效率 (EQE), 内量子效率 (IQE)	电容 C/fF	-3dB 带宽/GHz
Vivien 等[34]	SOI 基底 Rib 波导	横向对接耦合	D=330nm, S=1μm, A=1×10μm²	130@-1V, 300@-5V	λ=1.55μm, 1±0.2; 80%	RC<4ps	8.5@-0.5V, 10@-1V, 15@-2V, 17@-3V, 25@-6V
Chen 等[35]	SOI 基底波导	横向倏逝波耦合	D=250nm, S=750nm, L=30μm	0.1@-1V～-4V	0.44@λ=1.527μm, 0.3@λ=1.55μm	2	45@S=500nm, 25@S=1μm
Chen 等[36]	SOI 基底波导	横向倏逝波耦合	D=260nm, S=600nm, A=1.5×30μm²	4@-5V	—	2.4	50@-5V
Assefa 等[37]	SOI 基底波导	倏逝波耦合	D=100nm, S=200nm, W=500nm	90@-1V	V_r=-1V, 0.42@λ=1.31μm, EQE=39%, 0.14@λ=1.5μm, IQE=12±3%	10±2	35@-2V, S=300nm
Miura 等[38]	SOI 基底波导	横向倏逝波耦合	S=0.8μm, A=7×30μm²	70nA@-1V, 145nA@-5V	@-1V, 1.0@1550nm	—	8.5@-5V, 12.5@-10V
Dhyani 等[39]	SOI 基底波导	横向倏逝波耦合	纳米线直径=30, 60, 100nm	~0.2@-1V, 直径 30nm	@-2V, 1.75@850nm, 直径 30nm	—	—
Dushaq 等[40]	SOI 基底波导	横向倏逝波耦合	A=100×100μm²	76nA@-1V, $7.6×10^{-4}$A/cm²	@-1V, 0.8@1310nm		—

图 7.14　非一致性场 Ge APD 结构示意图

其 3dB 带宽和雪崩增益随偏置电压的变化如图 7.15 所示，优异的结果显示了其巨大的潜力。

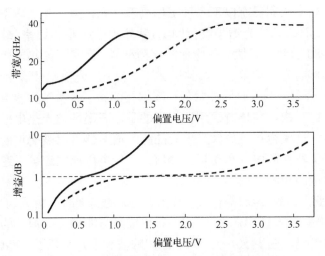

图 7.15　带宽和雪崩增益随偏置电压的变化

近年来，随着工艺的逐渐成熟，出现了很多 SACM 多层结构雪崩 Ge 波导探测器[42,43]。例如，Huang 等在 2017 年报道了 Ge APD 结构。该结构在 RCE 的基础上作出了创新，在本征 Si 层与重掺杂 Si 接触层之间还有一层 n-Si 层，同时加入了背向金属反射层来形成垂直入射下的 RCE APD 结构。该结构的关键在于 Ge 层在 Si 层上的高质量生长，需要尽量降低 Ge-Si 交界处的穿透位错密度，避免与位错相关的深层缺陷的形成。经过实际的实验测试，在 −11～−18.3V 的电压工作范围内和 25°C 的工作温度下，该探测器的暗电流仅为 0.81μA，增益为 8，测得的 1310nm

响应度为 0.7A/W;在理想条件下的 3dB 带宽最大为 34.5GHz(此时的增益为 3.5)。其性能得到了 25.78Gbit/s 系统的验证,展现出了很高的灵敏度(-23.5dBm@10^{-12}BER)。后续的温度变化测试还表明,在$-40\sim85°$C 的工业操作温度区间内,整个器件的灵敏度、暗电流均不会出现剧烈的变化。

7.5　新型硅基光电探测器

7.5.1　硅基-二维材料探测器

近几年以硅基为基础,将二维材料与硅基结合从而提高器件性能的研究也愈发增多。以石墨烯为代表的二维材料具有不同于体材料的特殊性质,它们在光电领域具有特殊的性质,如超宽光带宽、可通过层数调节的带隙结构、超高的载流子迁移率等。以这些二维材料为基础的硅基集成探测器是最近几年兴起的研究方向。

目前石墨烯光电探测器有以下多种工作机理:光伏型、光热电型、辐射型和表面等离子辅助型。石墨烯的光谱吸收范围宽(紫外到远红外)、速率(最大约 270GHz)和内量子效率(>80%)潜力巨大,是绝佳的探测材料。而基于光热电效应的石墨烯探测器是传统探测器的有力竞争者,其原因如下:首先,光热电效应中的电子-空穴对产生(<50fs)和复合(2~4ps)时间非常低,其本征的光子开关速率极高,有利于制造高带宽的探测器;其次,与传统探测器不同的是,石墨烯的光热电效应将光子能量直接转化为电压,这使得传统放大光电流的跨阻放大器可以被简单的电压放大器取代,这大大降低了器件的成本和功耗;最后,直接电压产生还可以避免光伏效应下暗电流对信号质量的影响。

来自哥伦比亚大学的 Gan 等报道了片上可集成的宽带高速集成金属-石墨烯结波导探测器[44],如图 7.16 所示。利用金属-石墨烯结与波导边缘耦合的方式,实现了宽带高速的光探测器。在 1450~1590nm 之间的波长下,实现了 20GHz 的响应速率和 0.1A/W 的响应度。

近几年发现的具有层状结构的黑磷,是理想的用于光探测器的材料。因为其具有有限窄带隙,从而可以大大减小暗电流。2015 年,Youngblood 等制作了硅基黑磷探测器[45]。这种结构基于光栅压效应,通过调节黑磷顶端介质表面与石墨烯相连电极的强度,可以实现对黑磷探测器极性的改变,从而控制光电流的产生与大小。他们将整个探测器集成在了 MZI 结构的一个相移臂上,在制作的 11.5nm 和 100nm 厚的两种黑磷调制器里达到了 135mA/W 和 657mA/W 的响应度,实验测试到了 3GHz 的探测响应带宽。

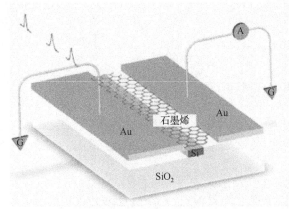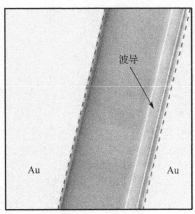

图 7.16 宽带高速集成金属-石墨烯结波导探测器

除了石墨烯和黑磷外，新型的过渡金属二硫化物(transition-metal dichalcogenides，TMD)材料则可以通过 CMOS 后道工艺(back-end-of-the-line，BEOL)直接集成在硅基片上光互联的器件中。

7.5.2 硅基-III-V 探测器

在硅基-III-V 族材料红外光电探测器中，以硅基 InGaAs/InP 探测器为主，因为一方面硅基 InSb、InAs 探测器室温条件下暗电流很大，需要低温以抑制热噪声；而另一方面 $In_{1-x}Ga_xAs$ 是直接带隙半导体材料，通过调节组分 x 可覆盖 1~3μm 红外波段。

由于传统 p-i-n 结构的探测器在强光入射条件下受空间电荷效应的影响，其电流输出能力和带宽严重劣化。近年来硅基-III-V 探测器的一个重要发展方向就是高速、高功率的探测。来自埃因霍温理工大学的 Shen 等于 2016 年展示了一种 InP-Si 单行载流子探测器(uni-traveling carrier photodetector，UTC-PD)结构[46]，InP-Si 单行载流子探测器侧面结构图如图 7.17 所示。通过硅上磷化铟薄膜平台 (indium-phosphide membranes on silicon，IMOS)，在硅上异质集成了 InP 薄膜，使得该探测器结构具有可比肩传统锗硅探测器的带宽——67GHz，同时保持了 0.7A/W 的响应度。同时由于 UTC-PD 特有的单载流子特点，该器件在速率与功率方面均具有一定的优势。

对于硅基-III-V 雪崩探测器来说，其结构有 p-i-n 型和吸收区-梯度区-电荷区-倍增区分离多层结构(separate absorption，grading，charge，and multiplication，SAGCM)型。SAGCM 结构的光生载流子是空穴，相比 p-i-n 结构可以降低器件的噪声，因此 InGaAs/InP APD 一般采用 SAGCM 结构。

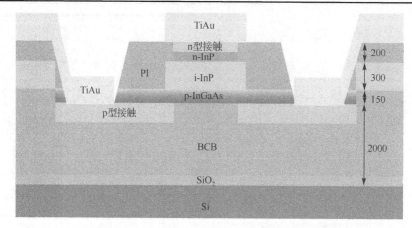

图 7.17　InP-Si 单行载流子探测器侧面结构图

　　III-V 硅混合集成技术在近年已经成功应用到了普通结构的探测器上,但在 APD 这个方向上的混合集成却一直困难重重。为了得到与硅光技术兼容的 III-V 雪崩探测器,多个研究组在这个方面做出了探索。2019 年,来自弗吉尼亚大学的 Yuan 研究组通过在 InP/Si 样板上直接异质外延生长 III-V SACM 结构 APD[47],在这个方面取得了不错的进展。InP/Si 基底的 InGaAs/InAlAs SACM 雪崩探测器侧面结构图如图 7.18 所示。该雪崩探测器初步展现出了不错的性能,例如低暗电流、大于 20 倍的增益和大于 40% 的外量子效率,同时其噪声特性也非常突出,能够低到与 InP 基 InAlAs APD 一个水平。

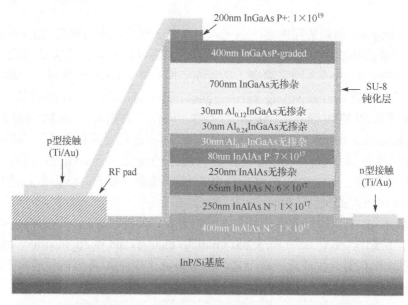

图 7.18　InP/Si 基底的 InGaAs/InAlAs SACM 雪崩探测器侧面结构图

7.6　本　章　小　结

本章首先介绍了光吸收的三种主要方式——带间光吸收、自由载流子光吸收和双光子吸收，然后描述了三种基本的光电探测器结构——PIN、APD 和 MSM 的工作原理和优缺点。在此基础上介绍了三类探测器——体硅光电探测器、锗硅光电探测器和新型硅基光电探测器，其中重点介绍了在近红外波段具有良好光响应特性的锗硅红外探测器，并从 Ge/Si 材料的基本物理特性出发介绍了主流的三种波导型锗硅探测器的发展。在本章的最后，又介绍两类新型硅基光电探测器——硅基-二维材料探测器和硅基-III-V 族材料探测器。

参 考 文 献

[1] 余金中. 半导体光电子技术. 北京: 化学工业出版社, 2003.

[2] 张季熊. 光电子学教程. 广州: 华南理工大学出版社, 2009.

[3] Lockwood D J, Pavesi L. Silicon Photonics. Berlin: Springer, 2004.

[4] 周志文. Si 基 SiGe-Ge 弛豫衬底生长及其 Ge 光电探测器研制. 厦门: 厦门大学, 2009.

[5] 安毓英, 曾晓东. 光电探测原理. 西安: 西安电子科技大学出版社, 2004.

[6] 唐天同. 集成光电子学. 西安: 西安交通大学出版社. 2005.

[7] 张宇. 光波导 GeSi 光电探测器的研究. 天津: 天津工业大学, 2007.

[8] 成步文. Si 基高速 OEIC 光接收机芯片的研究. 光电子·激光, 2003, 14(6): 659-664.

[9] Yang M, Rim K, Rogers D L, et al. A high-speed, high-sensitivity silicon lateral trench photodetector. IEEE Electron Device Letters, 2002, 23(7): 395-397.

[10] Lee H C, van Zeghbroeck B. A novel high-speed silicon MSM photodetector operating at 830nm wavelength. IEEE Electron Device Letters, 1995, 16(5): 175-177.

[11] Zhang A, Kim H, Cheng J, et al. Ultrahigh responsivity visible and infrared detection using silicon nanowire phototransistors. Nano Letters, 2010, 10(6): 2117-2120.

[12] Levine B F, Wynn J D, Klemens F P, et al. 1Gb/s Si high quantum efficiency monolithically integrable λ=0.88μm detector. Applied Physics Letters, 1995, 66(22): 2984-2986.

[13] Emsley M K, Dosunmu O, Unlu M S. High-speed resonant-cavity-enhanced silicon photodetectors on reflecting silicon-on-insulator substrates. IEEE Photonics Technology Letters, 2002, 14(4): 519-521.

[14] Li G, Duan X, Huang Y, et al. Ultra-narrow linewidth resonant cavity enhanced photodetector based on 3-mirrors-2-cavities structure// Asia Communications and Photonics Conference. Optical Society of America, Chengdu, 2019: 278.

[15] Zhong Y, Pan Z, Li L, et al. Proposition of a nearly rectangular response resonant cavity enhanced (RCE) photodetector// Semiconductor Optoelectronic Device Manufacturing and Applications. International Society for Optics and Photonics, Nanjing, 2001: 74-78.

[16] Huang H, Ren X, Wang X, et al. Theory and experiments of a tunable wavelength-selective photodetector based on a taper cavity. Applied Optics, 2006, 45 (33): 8448-8453.

[17] Ishikawa Y, Wada K, Liu J, et al. Strain-induced enhancement of near-infrared absorption in Ge epitaxial layers grown on Si substrate. Journal of Applied Physics, 2005, 98 (1): 13501.

[18] Luryi S, Kastalsky A, Bean J C. New infrared detector on a silicon chip. IEEE Transactions on Electron Devices, 1984, 31 (9): 1135-1139.

[19] Samavedam S B, Currie M T, Langdo T A, et al. High-quality germanium photodiodes integrated on silicon substrates using optimized relaxed graded buffers. Applied Physics Letters, 1998, 73 (15): 2125-2127.

[20] Tersoff J, LeGoues F K. Competing relaxation mechanisms in strained layers. Physical Review Letters, 1994, 72 (22): 3570-3575.

[21] Tromp R M, Ross F M, Reuter M C. Instability-driven SiGe island growth. Physical Review Letters, 2000, 84 (20): 4641-4645.

[22] People R, Bean J C. Calculation of critical layer thickness versus lattice mismatch for Ge_xSi_{1-x}/Si strained-layer heterostructures. Applied Physics Letters, 1985, 47 (3): 322-324.

[23] Yin T, Cohen R, Morse M M, et al. 31GHz Ge n-i-p waveguide photodetectors on silicon-on-insulator substrate. Optics Express, 2007, 15 (21): 13965-13971.

[24] Wang J, Loh W Y, Chua K T, et al. Low-voltage high-speed (18GHz/1V) evanescent-coupled thin-film-Ge lateral PIN photodetectors integrated on Si waveguide. IEEE Photonics Technology Letters, 2008, 20 (17): 1485-1487.

[25] Vivien L, Osmond J, Fédéli J M, et al. 42GHz p-i-n germanium photodetector integrated in a silicon-on-insulator waveguide. Optics Express, 2009, 17 (8): 6252-6257.

[26] Vivien L, Polzer A, Marris-Morini D, et al. Zero-bias 40Gbit/s germanium waveguide photodetector on silicon. Optics Express, 2012, 20 (2): 1096-1101.

[27] Lischke S, Knoll D, Mai C, et al. High bandwidth, high responsivity waveguide-coupled germanium p-i-n photodiode. Optics Express, 2015, 23 (21): 27213-27220.

[28] Chen H, Verheyen P, de Heyn P, et al. −1V bias 67GHz bandwidth Si-contacted germanium waveguide p-i-n photodetector for optical links at 56Gbps and beyond. Optics Express, 2016, 24 (5): 4622-4631.

[29] Wang J, Loh W Y, Chua K T, et al. Evanescent-coupled Ge p-i-n photodetectors on Si-waveguide with SEG-Ge and comparative study of lateral and vertical p-i-n configurations. IEEE Electron Device Letters, 2008, 29 (5): 445-448.

[30]　Wang J, Loh W Y, Chua K T, et al. Low-voltage high-speed（18GHz/1V）evanescent-coupled thin-film-Ge lateral PIN photodetectors integrated on Si waveguide. IEEE Photonics Technology Letters, 2008, 20（17）: 1485-1487.

[31]　Vivien L, Osmond J, Fédéli J M, et al. 42GHz p-i-n germanium photodetector integrated in a silicon-on-insulator waveguide. Optics Express, 2009, 17（8）: 6252-6257.

[32]　Feng D, Liao S, Dong P, et al. High-speed Ge photodetector monolithically integrated with large cross-section silicon-on-insulator waveguide. Applied Physics Letters, 2009, 95（26）: 261105.

[33]　Colace L, Masini G, Galluzzi F, et al. Metal-semiconductor-metal near-infrared light detector based on epitaxial Ge/Si. Applied Physics Letters, 1998, 72（24）: 3175-3177.

[34]　Vivien L, Rouvière M, Fédéli J M, et al. High speed and high responsivity germanium photodetector integrated in a silicon-on-insulator microwaveguide. Optics Express, 2007, 15（15）: 9843-9848.

[35]　Chen L, Dong P, Lipson M. High performance germanium photodetectors integrated on submicron silicon waveguides by low temperature wafer bonding. Optics Express, 2008, 16（15）: 11513-11518.

[36]　Chen L, Lipson M. Ultra-low capacitance and high speed germanium photodetectors on silicon. Optics Express, 2009, 17（10）: 7901-7906.

[37]　Assefa S, Xia F, Bedell S W, et al. CMOS-integrated high-speed MSM germanium waveguide photodetector. Optics Express, 2010, 18（5）: 4986-4999.

[38]　Miura M, Fujikata J, Noguchi M, et al. Differential receivers with highly-uniform MSM germanium photodetectors capped by SiGe layer. Optics Express, 2013, 21（20）: 23295-23306.

[39]　Dhyani V, Das S. High speed MSM photodetector based on Ge nanowires network. Semiconductor Science and Technology, 2017, 32（5）: 55008.

[40]　Dushaq G, Nayfeh A, Rasras M. Metal-germanium-metal photodetector grown on silicon using low temperature RF-PECVD. Optics Express, 2017, 25（25）: 32110-32119.

[41]　Ang K W, Zhu S, Yu M, et al. High-performance waveguided Ge-on-SOI metal-semiconductor-metal photodetectors with novel silicon-carbon（Si:C）Schottky barrier enhancement layer. IEEE Photonics Technology Letters, 2008, 20（9）: 754-756.

[42]　Huang M, Li S, Cai P, et al. Germanium on silicon avalanche photodiode. IEEE Journal of Selected Topics in Quantum Electronics, 2017, 24（2）: 1-11.

[43]　Dong Y, Wang W, Xu X, et al. Germanium-tin on Si avalanche photodiode: Device design and technology demonstration. IEEE Transactions on Electron Devices, 2014, 62（1）: 128-135.

[44]　Gan X, Shiue R J, Gao Y, et al. Chip-integrated ultrafast graphene photodetector with high responsivity. Nature Photonics, 2013, 7（11）: 883-887.

[45]　Youngblood N, Chen C, Koester S J, et al. Waveguide-integrated black phosphorus photodetector

with high responsivity and low dark current. Nature Photonics, 2015, 9(4): 247-252.

[46] Shen L, Jiao Y, Yao W, et al. 67GHz uni-traveling carrier photodetector on an InP-membrane-on-silicon platform// 2016 Conference on Lasers and Electro-Optics (CLEO). IEEE, San Jose, 2016: 1-2.

[47] Yuan Y, Jung D, Sun K, et al. III-V on silicon avalanche photodiodes by heteroepitaxy. Optics Letters, 2019, 44(14): 3538-3541.

第8章　硅基表面等离激元

近几十年来，集成电路的规模按照摩尔定律所预期的速度迅速增大，商用微电子芯片制程已经进入 5nm 时代。然而，光波导的横向尺寸却由于衍射极限的制约被限制在光波长的量级，光电子单元器件的大小被限制在数十至数千波长的范围。随着微纳加工技术不断发展，以硅基光电子为代表的光电子集成技术取得了长足的进步。为了研制集成度更高、功能更强、能耗更低的硅基光电子器件和芯片，研究者相继提出 SOI 和光子晶体等材料平台，力图获得体积更小的单元器件。然而，基于高折射率差的传统硅波导在原理上仍受到光衍射极限的制约，对光场的束缚能力十分有限；而光子晶体需要缺陷周边至少有数个周期才能形成对光场的禁带限制作用，使得光子晶体器件尺寸在横向和纵向方向无法达到真正的亚波长或纳米量级。

SPP 是局域在金属或者半金属表面的一种自由电子与光子相互耦合形成的混合激发态，其突出特点之一就是具有将光场能量限制在纳米尺度范围的能力。SPP 在集成光学与器件方面有着极大的应用潜力，被认为是最有希望实现超小尺寸的硅基光电集成器件的信息载体。SPP 已在纳米金属小孔阵列透射增强、纳米光学成像、纳米光刻和高灵敏生化传感等领域获得了激动人心的结果，但在光传输与控制领域的研究仍十分有限，远不能满足研制和开发高性能光电集成器件的迫切要求。目前对 SPP 研究已成为一门学科，称为表面等离子学(plasmonics)，是当前硅基光电子学的重要分支之一。

本章首先概述 SPP 的基本概念和特性，然后分析金属/电介质界面 SPP 的局域增强特性。最后介绍一些有代表性的 SPP 器件，包括 SPP 源、SPP 波导、SPP 偏振调控器件、SPP 模式复用器件和 SPP 调制器等。

8.1　表面等离激元概述

SPP 研究最早可追溯到 19 世纪末，当时 Sommerfeld 与 Zenneck 共同给出了在射频波段沿着有限电导率导体的表面传输的表面波的数学表达。1902 年，Wood 首先观察到可见光入射到金属光栅时其反射光谱存在反常衍射现象，并且对这种现象进行了描述。1941 年，Fano[1]用金属与空气界面的表面电磁波激发模型对这一现象进行了解释。将金属光栅的反常衍射现象与之前 Sommerfeld 的理论工作联系起来，人们提出了表面等离子波的概念。1957 年，Ritchie[2]利用电子束透过金属薄片时的衍射，记录了电子与金属表面发生相互作用时伴随能量损失的现象。1968 年，Kretschmann 等通过棱镜耦合的办法实现了可见光波段的 Sommerfeld 表面波[3]，由此关于以上所有这些现象的统一理论解释——SPP 理论就建立起来了。

随着微纳加工技术及表征手段的进步，以及人们对超小型光电子集成器件需求的日益提升，近年来 SPP 得到了研究者极大的关注。关于 SPP 的两篇重要文章发表于 1997 年，其中一篇首次表征了 SPP 模式在金属线或纳米孔结构中具有突破衍射极限的光场限制能力[4]，另一篇则提出了利用 SPP 模式实现纳米聚焦的概念[5]。1998年，法国学者 Ebbesen 等发表了关于金属薄膜亚波长小孔阵列远场透射增强效应的论文[6]，这标志着 SPP 研究开启了新时代。近几年来，SPP 超强的光场限制能力和局域场增强特性在硅基光电子集成技术中得到了广泛的研究，并发挥了其独特作用。

8.2　表面等离激元基本特性

8.2.1　金属的光学特性

SPP 本质上是电磁波，可以通过经典 Maxwell 电磁理论进行求解。与传统介质不同，导体或者说金属在近红外波段有着特殊的特性。由于 SPP 与金属的存在直接相关，对金属的介质常数及其色散模型的讨论显得尤为重要。

金属中的电磁特性可以通过其复介质常数来描述，并且在相当宽的频域范围内，可以通过 Drude 模型来解释。金属 Drude 模型是自由电子气体模型，它假设除了在金属表面层受到电势作用外，传导电子在金属中是完全自由的，如同理想气体中的分子。表面电势的作用是将传导电子限制在金属内部。在此模式中，密度为 n 的自由电子在正离子的背景中运动，晶格结构对电子运动的影响包含在电子的有效质量中。电子在外界电磁场的作用下产生振荡，电子之间的相互作用通过碰撞频率 γ 来描述。$\gamma = 1/\tau$，τ 为自由电子的弛豫时间，在室温下通常为 10^{-14}s 数量级。

自由电子气中的电子在沿 x 方向的一维外界电场 E 的作用下的运动方程可表示为(由于只考虑一维方向上的电场和材料响应，下述方程和物理量以标量形式表示)

$$m\frac{\mathrm{d}x^2}{\mathrm{d}t^2} + m\gamma\frac{\mathrm{d}x}{\mathrm{d}t} = -eE \tag{8-1}$$

其中，m 为自由电子质量；x 为电子位移；e 为电子电量。假设电场 E 是以时谐波 $E = x_0\mathrm{e}^{-\mathrm{i}\omega t}$ 的形式存在，那么式(8-1)的一个描述电子振动的特解为 $x(t) = x_0\mathrm{e}^{-\mathrm{i}\omega t}$。将此特别解代入到式(8-1)中可以得到

$$x(t) = \frac{e}{m(\omega^2 + \mathrm{i}\gamma\omega)}E(t) \tag{8-2}$$

从而，自由电子运动对电极化强度带来的贡献 $P = -nex$ 可以精确表示为

$$P = -\frac{ne^2}{m(\omega^2 + i\gamma\omega)}E \tag{8-3}$$

再根据电位移 D 与 P 的关系 $D = \varepsilon_0 E + P$（其中 ε_0 为真空中的介电常数）可以得到

$$D = \varepsilon_o\left(1 - \frac{\omega_p^2}{\omega^2 + i\gamma\omega}\right)E \tag{8-4}$$

其中，$\omega_p^2 = ne^2/(\varepsilon_0 m)$，$\omega_p$ 称为金属的等离子体频率。

到此，金属的相对介电常数为

$$\varepsilon_m(\omega) = 1 - \frac{\omega_p^2}{\omega^2 + \gamma^2} + i\frac{\gamma}{\omega}\frac{\omega_p^2}{\omega^2 + \gamma^2} \tag{8-5}$$

金属的相对介电常数是一个复数，即 $\varepsilon_m = \varepsilon_m' + i\varepsilon_m''$，其中 ε_m' 和 ε_m'' 分别是 ε_m 的实部和虚部，阻尼系数由方程 $\gamma = q^2\omega^2/6\pi\varepsilon_0 mc^3$ 决定。将电子电量 q、电子质量 m、光速 c 和光的角频率 $\omega = 10^{15}$ rad/s 等物理常数代入以上方程式，可得到 $\gamma \approx 10^7$ Hz。在可见光与近红外光波段，金属的相对介电常数的实部是一个绝对值较大的负数，虚部是一个较小的正数，即 $\varepsilon_m' < 0$，$|\varepsilon_m'| \gg \varepsilon_m''$。

另外，金属的相对介电常数可以简化为

$$\varepsilon(\omega) = 1 - \frac{\omega_p^2}{\omega^2 + i\gamma\omega} \tag{8-6}$$

其实部 $\varepsilon_m'(\omega)$ 与虚部 $\varepsilon_m''(\omega)$ 分别为

$$\begin{cases} \varepsilon_m'(\omega) = 1 - \dfrac{\omega_p^2}{\omega^2 + \gamma^2} \\[3mm] \varepsilon_m''(\omega) = \dfrac{\omega_p^2\gamma}{\omega(\gamma^2 + \omega^2)} \end{cases} \tag{8-7}$$

下面对金属在不同频率下的电磁特性做简单的讨论。由式(8-6)可知，在电磁波频率 $\omega \gg \gamma$ 的条件下，式(8-7)中的 ε_m' 可近似为 $1 - \omega_p^2/\omega^2$。由此可以看出，若 ω 小于 ω_p，则金属介电常数实部为一负值并且其虚部为 $\varepsilon_m''(\omega) \approx \gamma\omega_p^2/\omega^3 \ll |\varepsilon_m'|$。对于金、银和铜等金属而言，其 ω_p 值都位于紫外光频率范围，且 γ 远小于可见光频率，所以这些金属的介电常数在可见光频率范围内皆可符合上述条件。譬如银，在可见光和红外光波段内，ω_p 近似为 1.374×10^{16} rad/s，γ 近似为 3.21×10^{13} rad/s。当 ω 远小于 ω_p 时，其介电常数的实部通常是一个绝对值很大的负数，可以认为是负无穷大，而虚部则很小，可以忽略不计。因此，银可以被看作理想的具有 SPP 效应的金属。

在光波段，物质的光学性质通常由其折射率来描述。金属的折射率仍然为复数，

定义为 $\tilde{n} = \eta + i\kappa = \sqrt{\varepsilon(\omega)}$ ，则 η 与 κ 分别为

$$\begin{cases} \eta = \left[\dfrac{1}{2}(\sqrt{\varepsilon_1^2 + \varepsilon_2^2} + \varepsilon_1) \right]^{1/2} \\ \kappa = \left[\dfrac{1}{2}(\sqrt{\varepsilon_1^2 + \varepsilon_2^2} - \varepsilon_1) \right]^{1/2} \end{cases} \tag{8-8}$$

当 ω 在小于 ω_p 且大于 γ 的范围内时，κ 值将远大于 η 值。由于电磁波随空间与时间变化正比于 $e^{i(k \cdot r - \omega t)} = e^{-k_i \cdot r} e^{i(k_r \cdot r - \omega t)}$ ，其中 k_r 与 k_i 分别表示波向量的实部与虚部，其大小分别表示为 $k_r = \eta \omega / c$ 与 $k_i = \kappa \omega / c$ ，因此对于此波段电磁波而言，其在金属内部的传播性质主要由波失向量虚部所主导，即电磁场振幅或能量将会很快地随着传播距离呈指数衰减而无法深入穿透至金属内部。此外，从式(8-6)也可以看出，当 ω 大于 ω_p 之后，金属介电常数或复数折射率的实部为小于 1 的正数，且虚部将趋近于零，在此频率范围的电磁波将可以穿透金属内部而传播。

为了描述电子带间跃迁对金属介电常数带来的影响，人们对 Drude 模型做了一定修正，用 ε_∞ 来描述当 $\omega \gg \omega_p$ 时的 $\varepsilon(\omega)$ 值，这个值也就是电子带间跃迁引起的介电常数值。这样，金属的介电常数可以修正为

$$\varepsilon(\omega) = \varepsilon_\infty - \frac{\omega_p^2}{\omega^2 + i\gamma\omega} \tag{8-9}$$

该式能更好地描述金属的实际情况，从而被广泛应用于 SPP 研究中对金属的描述。除了能对金属的介电常数作出理论解释外，Drude 模型的另一个重要的优点就是它可以被引入到时域的电磁计算方法中，比如时域有限差分法，用于在较宽频谱范围内对材料物理参数的描述，从而可以通过分析结构对脉冲的响应而快速得到频域上宽频内的结果。

8.2.2　表面等离激元色散关系

SPP 是光在金属/电介质界面处感应出的表面波。一般来说，金属是指金、银、铜和镍等能够支持与激发 SPP 的贵金属；电介质一般包括空气、二氧化硅和硅等材料。如果表面波在垂直于金属表面方向上的电场分量不为零，那么金属表面的自由电子密度就会发生集体起伏和振荡，形成电荷密度波，从而感生出 SPP，金属/电介质界面处的 SPP 如图 8.1 所示。

SPP 在平行于金属/电介质界面方向传播，而在垂直于金属/电介质界面方向呈指数衰减。金属中的自由电子在外界光场的作用下相对金属中的正离子发生相对位移，带来电子密度的重新分布。从电磁场的基本方程出发，可以推导出金属/电介质界面上 SPP 色散关系。如图 8.1 所示的结构，$z>0$ 的半空间为介电常数为 ε_d 的电介质；

而 $z<0$ 的半空间为金属，介电常数为 $\varepsilon_m(\omega)$。假设 SPP 沿着 x 方向传播，传播常数为 β。

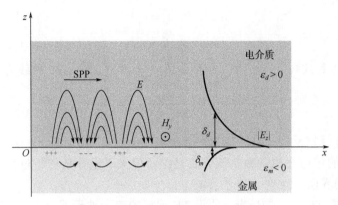

图 8.1　金属/电介质界面处的 SPP[7]

首先考虑 TM 偏振，磁场沿着 y 方向分布。考虑到 SPP 沿着 $z>0$ 及 $z<0$ 分别呈指数分布，即 $H_y = A_2 e^{i\beta x} e^{-k_2 z}(z>0)$，$H_y = A_1 e^{i\beta x} e^{k_1 z}(z<0)$，其中 $k_i(i=1.2)$ 为波矢在 z 方向上在两种电介质中的分量，A_1 和 A_2 为待定系数，则在 $z>0$ 的半空间的场分布为

$$\begin{cases} H_y(z) = A_2 e^{i\beta x} e^{-k_2 z} \\ E_x(z) = -i\dfrac{1}{\omega\varepsilon_0\varepsilon_2}\dfrac{\partial H_y}{\partial z} = iA_2 \dfrac{1}{\omega\varepsilon_0\varepsilon_2} k_2 e^{i\beta x} e^{-k_2 z} \\ E_z(z) = -\dfrac{\beta}{\omega\varepsilon_0\varepsilon_2} H_y = -A_2 \dfrac{\beta}{\omega\varepsilon_0\varepsilon_2} e^{i\beta x} e^{-k_2 z} \end{cases} \tag{8-10}$$

而在 $z<0$ 的半空间中，同样可以得到各个场的量分别为

$$\begin{cases} H_y(z) = A_1 e^{i\beta x} e^{k_1 z} \\ E_x(z) = -iA_1 \dfrac{1}{\omega\varepsilon_0\varepsilon_1} k_1 e^{i\beta x} e^{k_1 z} \\ E_z(z) = -A_1 \dfrac{\beta}{\omega\varepsilon_0\varepsilon_1} e^{i\beta x} e^{k_1 z} \end{cases} \tag{8-11}$$

根据在界面 $z=0$ 处的 H_y 连续可以得到 $A_1 = A_2$。再根据 $z=0$ 处电位矢量在 z 方向的分量连续（$D_{z1} = D_{z2}$）可以得到

$$\frac{k_2}{k_1} = -\frac{\varepsilon_d}{\varepsilon_m} \tag{8-12}$$

由此可见，SPP 只存在于相对介电常数符号相反的两种材料之间的界面，而在光波

段金属与电介质之间的界面正好满足这种条件。根据金属与电介质中的波矢关系，可以得到

$$\begin{cases} \beta^2 + (\mathrm{i}k_1)^2 = \varepsilon_m k_0^2 \\ \beta^2 + (\mathrm{i}k_2)^2 = \varepsilon_d k_0^2 \end{cases} \tag{8-13}$$

将式(8-13)代入到式(8-12)中可以得到金属/电介质界面中 SPP 曲线为

$$\beta = \sqrt{\frac{\varepsilon_m \varepsilon_d}{\varepsilon_m + \varepsilon_d}} \tag{8-14}$$

由于 ε_m、ε_d 符号相反，式(8-14)有解必须满足 $\varepsilon_d + \varepsilon_m < 0$，即 $\varepsilon_m(\omega) < -\varepsilon_d$。也就是说，只有金属的相对介电常数实部为负且绝对值大于电介质的相对介电常数时，在金属/电介质的界面上才有 SPP 的存在。

接下来分析 TE 偏振的情况，假设 TE 偏振的表面波形式存在，电场沿着 y 向分布，则在 $z > 0$ 区域的场分布情况为

$$\begin{cases} E_y(z) = A_2 \mathrm{e}^{\mathrm{i}\beta x} \mathrm{e}^{-k_2 z} \\ H_x(z) = -\mathrm{i}A_2 \dfrac{1}{\omega\mu_0} k_2 \mathrm{e}^{\mathrm{i}\beta x} \mathrm{e}^{-k_2 z} \\ H_z(z) = A_2 \dfrac{\beta}{\omega\mu_0} \mathrm{e}^{\mathrm{i}\beta x} \mathrm{e}^{-k_2 z} \end{cases} \tag{8-15}$$

在 $z < 0$ 的场分布为

$$\begin{cases} E_y(z) = A_1 \mathrm{e}^{\mathrm{i}\beta x} \mathrm{e}^{k_1 z} \\ H_x(z) = \mathrm{i}A_1 \dfrac{1}{\omega\mu_0} k_1 \mathrm{e}^{\mathrm{i}\beta x} \mathrm{e}^{k_1 z} \\ H_z(z) = A_1 \dfrac{\beta}{\omega\mu_0} \mathrm{e}^{\mathrm{i}\beta x} \mathrm{e}^{k_1 z} \end{cases} \tag{8-16}$$

$z = 0$ 处的电场 E_y 及磁场分量 H_x 连续，可以得到 $A_1(k_1 + k_2) = 0$。由于假设 TE 偏振时同样是以表面波的形式存在，这就说明 k_1、k_2 都为正值，因此上面这个条件只有 $A_1 = 0$ 才能够满足，然后可以推得 $A_1 = A_2 = 0$。这说明 TE 偏振的表面波形式并不存在。SPP 只能以 TM 偏振形式存在是它的一个重要性质。

下面根据 SPP 色散方程对其传播性质进行分析。为了方便讨论，假设金属为理想导体，忽略金属 Drude 模型中的电子碰撞，画出电介质-理想金属 SPP 的色散关系曲线如图 8.2 所示。当 $\omega > \omega_p$ 时，金属与电介质一样表现出对电磁波的"透明性"，介电常数的实部 $\varepsilon'_m > 0$。此时电磁波能量能够透过金属，SPP 表现为一种非局域的辐射模。当 $\omega_p / \sqrt{1 + \varepsilon_d} < \omega < \omega_p$ 时，金属介电常数的实部满足 $-\varepsilon_d < \varepsilon'_m < 0$，此时 SPP

模式的传播常数 β 为纯虚数，其模式无法传播，可以看作一种准束缚模。当 $\omega < \omega_p / \sqrt{1+\varepsilon_d}$ 时，金属介电常数的实部 $\varepsilon_m' < -\varepsilon_d$，此时电磁波能量能够被局域在电介质-金属界面附近，形成束缚模。图中的虚线代表光锥线，反映的是光在电介质中的色散关系，SPP 在这一频率范围内的色散曲线与光锥线在原点相切且没有相交，这意味着同一频率下 SPP 的波矢大于光在电介质中的波矢，所以若不使用棱镜或光栅等改变波矢的光学元件，电介质-金属平板波导的 SPP 模式很难被激发。但是对于引入多层结构的 SPP 波导，色散曲线能够被某些低折射率层改变以满足波矢匹配，并通过电介质波导端面或定向耦合的方法直接激发。随着频率逐渐增大至 $\omega_p / \sqrt{1+\varepsilon_d}$，波矢趋近于无穷，相速则趋近于 0，此时的模式出现一种局域振荡的状态，因此这个频率也被称作 SPP 频率 ω_{sp}。

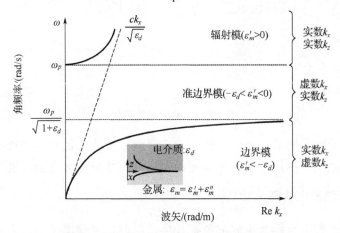

图 8.2　电介质-理想金属 SPP 的色散曲线图

当然，以上讨论是以理想金属为前提展开的，实际考虑金属损耗后的色散曲线在 SPP 频率 ω_{SPP} 处对应的波矢不再是无穷大，且在图 8.2 所示的准束缚区域内（$\omega_p / \sqrt{1+\varepsilon_d} < \omega < \omega_p$）会存在波矢随频率的增大而减小的反常色散现象，这是光频段实现等效负折射率材料的基础。

下面简单地讨论一下 SPP 的激发条件，如图 8.3 所示。根据 $k_{\text{SPP}} = k_0 \sqrt{\varepsilon_m \varepsilon_d / (\varepsilon_m + \varepsilon_d)}$，光频区金属的 $\varepsilon_m < 0$，$|\varepsilon_m| \gg 1$。有 $|\varepsilon_m + \varepsilon_d| < |\varepsilon_m|$，故 $k_{\text{SPP}} > k_0$。从图 8.3(b) 可以看到，相同频率下，除了 $k = 0$ 外，入射光和 SPP 的色散曲线没有相交点，因此自由空间光直接照射到金属表面不能激发 SPP。只有采用特殊的手段，例如，通过金属光栅结构提供一个额外的光栅动量 G 来满足其动量守恒激发 SPP，如图 8.3(a) 所示。

一般采用以下两种常用方法在金属/电介质界面中激发 SPP：

①棱镜耦合，可以使用电介质棱镜使入射光和 SPP 在棱镜和金属界面之间发生耦合作用。

②衍射光栅耦合，可以在金属表面使用周期性"光栅"结构。当光入射到这带有光栅结构的金属表面，入射光会被这种光栅结构所散射。散射光的表面成分会从周期性的光栅结构中得到一个额外的"动量"。这种额外的动量能够使散射光的表面成分有助于 SPP 的激发。

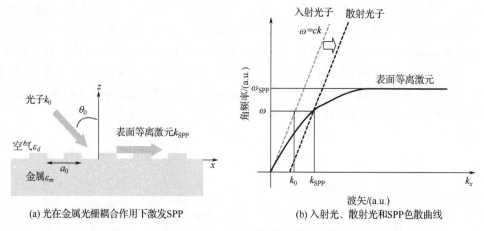

(a) 光在金属光栅耦合作用下激发SPP　　　　　(b) 入射光、散射光和SPP色散曲线

图 8.3　SPP 的激发条件

除棱镜与衍射光栅耦合外，SPP 还有多种激发方式，如采用强聚焦光束激发、采用近场光学激发、利用带电粒子碰撞激发、利用波导边界处的倏逝波激发等。

8.2.3　表面等离激元特征尺寸

SPP 传播过程中有四个重要的特征长度，同时也是等离子体纳米光学器件设计的重要参考指标。分别是 SPP 传播长度(δ_{SPP})、SPP 波长(λ_{SPP})以及 SPP 场穿透进入电介质和金属中的趋肤深度 δ_d 和 δ_m。SPP 在金属/电介质界面中传播的四个特征长度如图 8.4 所示。

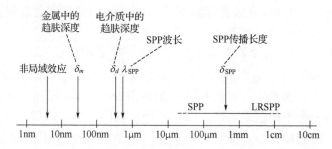

图 8.4　SPP 在金属/电介质界面中传播的四个特征长度

(1) λ_{SPP}

金属的介电常数 $\varepsilon_m(\omega)$ 是一个与 ω 有关的函数。它是一个复数，即 $\varepsilon_m = \varepsilon_m' + \mathrm{i}\varepsilon_m''$，

其中 ε_m' 和 ε_m'' 分别是实部和虚部。同样，波矢 k_{SPP} 也是一个复数，即 $k_{SPP} = k_{SPP}' + \mathrm{i}k_{SPP}''$。从 SPP 波矢的实部 $k_{SPP}' = k_0\sqrt{\varepsilon_d\varepsilon_m'/\varepsilon_d + \varepsilon_m'}$ 可计算 SPP 波长 $\lambda_{SPP} = 2\pi/k_{SPP}'$，有

$$\lambda_{SPP} = \lambda_0\sqrt{\frac{\varepsilon_d + \varepsilon_m'}{\varepsilon_d\varepsilon_m'}} \tag{8-17}$$

由此可见，λ_{SPP} 总是稍小于真空中光波长 λ_0。如果在金属表面上加工成各种周期性调制结构(布拉格散射体)则可以实现对 SPP 的控制，那么这个结构的周期必须与 λ_{SPP} 同一数量级，或者几倍于 λ_{SPP}。

(2) δ_{SPP}

SPP 的传播距离 δ_{SPP} 决定于 SPP 波矢的虚部 k_{SPP}''，即

$$k_{SPP}'' = k_0\frac{\varepsilon_m''}{2(\varepsilon_m')^2}\sqrt{\left(\frac{\varepsilon_m'\varepsilon_d}{\varepsilon_m' + \varepsilon_d}\right)^3} \tag{8-18}$$

δ_{SPP} 定义为当电磁模的功率/强度降到初始值的 1/e 时，SPP 沿表面所通过的距离，即

$$\delta_{SPP} = \frac{1}{2k_{SPP}''} = \lambda_0\frac{(\varepsilon_m')^2}{2\pi\varepsilon_m''}\sqrt{\left(\frac{\varepsilon_m' + \varepsilon_d}{\varepsilon_m'\varepsilon_d}\right)^3} \tag{8-19}$$

当金属的损耗很低时，则有 $|\varepsilon_m'| \gg |\varepsilon_d|$，$\delta_{SPP}$ 可以近似地表示为

$$\delta_{SPP} \approx \lambda_0\frac{(\varepsilon_m')^2}{2\pi\varepsilon_m''} \tag{8-20}$$

图 8.5 所示的曲线分别是在可见光和近红外光频率范围内归一化的 λ_{SPP} 及 δ_{SPP} 与光波长的关系。采用银的介电常数，可以估算出在可见光和近红外光波长范围内银表面激发的 SPP 波长分别为 0.5μm 和 1μm，而其在空气/银界面上传播长度分别为 20μm 和 500μm。

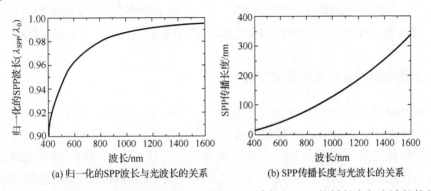

(a) 归一化的 SPP 波长与光波长的关系　　(b) SPP 传播长度与光波长的关系

图 8.5　可见光和近红外光频率范围内归一化的 SPP 波长和 SPP 传播长度与光波长的关系

δ_{SPP} 决定了 SPP 器件和回路的最大尺寸上限。要使 δ_{SPP} 增长，则要求金属的介电常数具有一个大的负实部 ε'_m 和小的虚部 ε''_m，即低损耗的金属材料。要增长 δ_{SPP} 的主要办法是采用耦合的 SPP 电磁模。另外，要求满足 $\delta_{\mathrm{SPP}} \gg \lambda_{\mathrm{SPP}}$，这意味着在金属表面可以通过刻蚀周期性光栅结构或各种褶皱结构(周期～λ_{SPP})来操控 SPP 的传播。此时 SPP 电磁模容许与许多周期内精细结构发生耦合作用。

(3) δ_d 和 δ_m

考虑由一平坦平面构成的金属/电介质界面，利用前面推算出的色散关系式(8-14)，可以容易地计算出 SPP 场穿透入电介质中的趋肤深度 δ_d 和场穿透入金属中的趋肤深度 δ_m 分别为

$$\delta_d = \frac{1}{k_0} \left| \frac{\varepsilon'_m + \varepsilon_d}{\varepsilon_d^2} \right|^{1/2} \tag{8-21}$$

$$\delta_m = \frac{1}{k_0} \left| \frac{\varepsilon'_m + \varepsilon_d}{(\varepsilon'_m)^2} \right|^{1/2} \tag{8-22}$$

图 8.6 所示的曲线分别表示在可见光和近红外光波长范围内 SPP 在空气中穿透趋肤深度 δ_d 和在金属中穿透趋肤深度 δ_m 与光波长的关系。

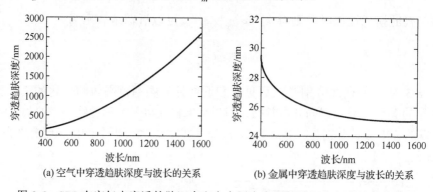

(a) 空气中穿透趋肤深度与波长的关系　　　(b) 金属中穿透趋肤深度与波长的关系

图 8.6　SPP 在空气中穿透趋肤深度和在金属中穿透趋肤深度与光波长的关系

8.2.4　表面等离激元局域场增强特性

由于 SPP 具有表面局域和近场增强特性，其与光的相互作用时的局域增强特性会随着金属表面的亚波长纳米结构改变而发生变化，因此备受人们广泛关注。目前国际上实现超越衍射极限的光场调控主要方法之一就是利用 SPP 的局域场增强特性。近场光的增强程度取决于金属的介电常数、表面粗糙程度引起辐射损耗以及金属薄膜的厚度等因素。譬如，表面增强传感、提高二极管发光效率及太阳能电池效

率、纳米天线等方面的应用都基于其空间局域近场增强效应。此外，SPP 在微纳传感探测、纳米光子器件设计及其集成等纳米光子学领域具有重要应用。

在金属表面传播的 SPP 电场可以表示为[8]

$$E_{SPP} = E_0 e^{k_{SPP}x - k_z|z|} \tag{8-23}$$

该式表明 SPP 具有表面局域特性，其电场强度沿着垂直金属表面方向指数衰减。根据 Maxwell 方程和边界条件，可以解出理想光滑平面上 SPP 最大可能场增强为

$$\begin{cases} \dfrac{E_{SPP}^{z=0}}{E_{light}} = \dfrac{2}{\varepsilon_d} \dfrac{|Re\,\varepsilon_m|^2}{Im\,\varepsilon_m} \dfrac{a}{1+|Re\,\varepsilon_m|} \\ a^2 = |Re\,\varepsilon_m|(\varepsilon_s - 1) - \varepsilon_s \end{cases} \tag{8-24}$$

其中，E_{light} 是入射光的电场；ε_s 是金属膜下面用于激发 SPP 全反射棱镜的介电常数；ε_d 是金属膜上层介质的介电常数。由式(8-24)可算出，60nm 厚的银膜在红光照射下的场增强达两个数量级。

利用 SPP 局域特性可以调控光与物质相互作用并增强材料的光学非线性[9]，例如金属微纳结构可以用来增强表面拉曼显微镜(surface-enhanced Raman spectroscopy，SERS)信号，用于单分子探测[10]。如果金属膜的表面非常粗糙或是金属曲面结构(如球体、柱体等)，其 SPP 不能以波的形式沿界面传播，而是被局域在这些结构表面附近，这就是 SPP 局域化。在这种特殊的情况下，SPP 被称作局域型表面等离激元(localized surface plasmon，LSP)。

如图 8.7 所示，当尺寸接近或小于光波长的金属颗粒被光照射后，其振荡电场使金属颗粒的电子云相对于核心发生位移，电子云和核心间库仑引力作用产生恢复力，引起电子云在核心周围的振荡，这种电子的集体振荡被称为 LSP 共振[11]。振荡的频率主要由金属的电子密度、有效电子质量、颗粒的尺寸和形状、周围介质等因素决定。LSP 共振在金属纳米颗粒光学性质中扮演着关键的角色。

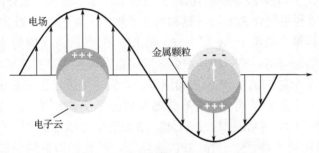

图 8.7　金属球体的 LSP 振荡示意图

8.3　表面等离激元器件

自从 1998 年 Ebbesen 等发现 SPP 引起超强光学透射现象[12]和 2001 年 Thio 等发现亚波长孔径凹槽结构具有光集束功能后[13]，科学领域涌起了对 SPP 器件研究的热潮。研究表明，SPP 器件能突破传统光学器件受衍射极限制这一瓶颈。其在现代信息光电子、绿色能源、微波和太赫兹波等领域表现出潜在的应用前景。常见的SPP 器件包括有源(如 SPP 光源、SPP 调制器)和无源(如 SPP 波导、SPP 偏振调控器、SPP 模式复用器)两大类。

8.3.1　表面等离激元源

严格来说，SPP 源是一种能够激发 SPP 的金属-电介质纳米结构，一般包括电致和光致 SPP 源两类器件。利用 SPP 来增强发光材料和器件量子效率的有源器件也是一种SPP 源，它是目前材料发光领域中的一个研究热点。SPP 一个重要特性就是它能与满足一定耦合条件的电磁波发生耦合，使电磁波能量转化为 SPP 能量；也能通过适当的条件，使 SPP 转化为普通电磁波。因此，SPP 可以融入一系列发光现象的研究中。

SPP 对光场的限制能力可以有效减小光源的尺寸。2003 年，Bergman 和 Stockman首先提出 SPP 放大器[14]这一概念，SPP 可以通过受激辐射进行放大。随后 Maslov等[15]采用金属微腔结构，可以使激光器工作于介质光学模式和 SPP 模式，有效降低了的激光器的物理尺寸，同时满足了激光器对光场限制、反馈、电极接触、热管理的需求。图 8.8 显示了三种最先被提出的 SPP 光源结构。原始的 SPP 光源采用的是纳米金属壳的局域 SPP 结构(图 8.8(c))，包括作为 SPP 源核心的金属纳米球，金属球外包裹了增益介质(染料分子)。该器件是目前最小的相干光源，尺寸仅为几十个纳米。图 8.8(a)显示了一种金属-绝缘体-金属(metal-insulator-metal，MIM)波导结构的SPP 源[16]。电泵浦的半导体增益材料(InGaAs)位于波导核心区，尺寸小于衍射极限。由于材料的增益大于 MIM 波导的损耗，因此可以实现工作波长为 1.55μm 的激光出射。2009 年，Oulton 等利用混合 SPP 波导结构实现了纳米尺度的 SPP 激光器(图 8.8(b))。高增益材料硫化镉纳米线位于 Ag 层上方，纳米线和金属 Ag 之间为 5nm 厚的 MgF_2。从辐射寿命测量结果来看，SPP 的场增强效应将自发辐射速率提高了 6 倍。

此后，各种纳米结构的 SPP 源被相继提出。图 8.9 显示了一些比较有代表性的SPP 源研究进展。采用的结构包括分布式布拉格金属反射腔[18]、双面金属微腔[19]、单晶 Ag 膜上的核-壳型纳米线[20]、Ag-CdSe 纳米线定向耦合器[21]、半导体金属同轴腔体[22]、金属微盘量子阱[23]、一维 SPP 晶体[24]、钙钛矿覆盖的金属微盘[25]、金属沟槽型法布里-珀罗谐振器[26]、二维表 SPP 晶体[27]等。在短距离光互连、近场光谱分析和传感、生物系统的光学探测等应用领域，SPP 源具有广阔的应用前景。

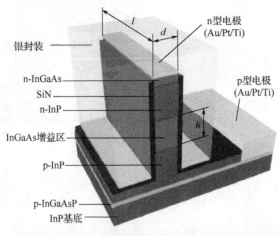

(a) MIM波导结构SPP源

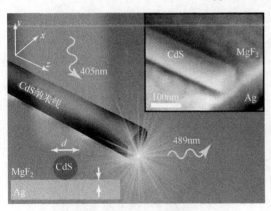

(b) 混合SPP波导结构激光器

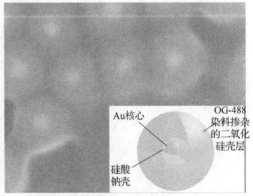

(c) 纳米金属壳局域SPP结构

图 8.8 三种最先被提出的 SPP 光源结构

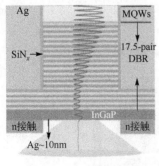

(a) 分布式布拉格金属反射腔

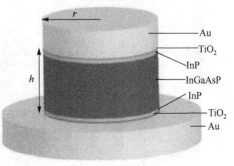

(b) 双面金属微腔

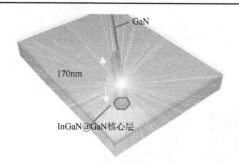

(c) 单晶银膜的核壳型纳米线激光器

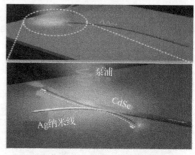

(d) Ag-CdSe纳米线定向耦合器

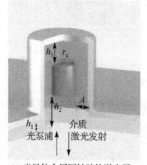

(e) 半导体金属同轴腔体激光器

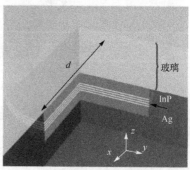

(f) 金属微盘量子阱激光器

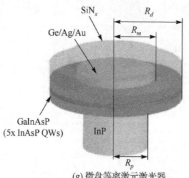

(g) 微盘等离激元激光器

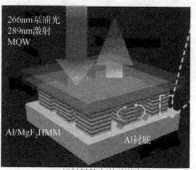

(h) 超材料等离激元激光器

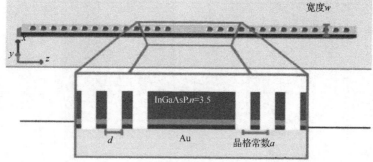

(i) 一维等离激元晶体激光器

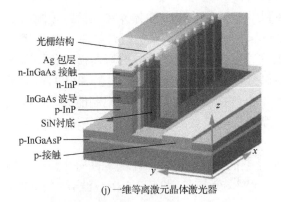

光栅结构
Ag 包层
n-InGaAs 接触
n-InP
InGaAs 波导
p-InP
SiN衬底
p-InGaAsP
p-接触

(j) 一维等离激元晶体激光器

(k) 一维等离激元晶体激光器

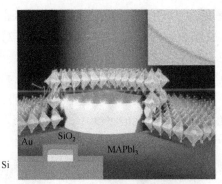

Au　SiO$_2$
Si
MAPbl$_3$

(l) 钙钛矿覆盖的等离激元激光器

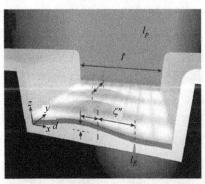

(m) 金属沟槽法布里-珀罗腔激光器

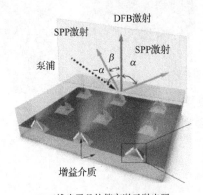

DFB激射
SPP激射
SPP激射
泵浦
增益介质

(n) 二维光子晶体等离激元激光器

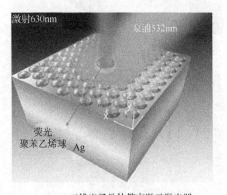

激射630nm
泵浦532nm
荧光
聚苯乙烯球　Ag

(o) 二维光子晶体等离激元激光器

图 8.9　已报道的一些 SPP 光源[17]

8.3.2　表面等离激元波导

波导是光电子集成回路中最基本的结构，它不仅可以连接各个元件，还是许多功能器件的基本结构。SPP 波导是一种利用 SPP 作为信号载体并在光衍射极限以下的区域内进行传输的新型波导器件。在设计 SPP 波导时,人们既希望在 SPP 传播方向的垂直截面上的波导结构对光场的束缚性要好,以降低波导的弯曲损耗和提高光电子芯片中元件的密度;又希望波导能保持较低的传输损耗,以提高 SPP 的传播距离。增加波导光场中 SPP 模式的占比可以有效提高波导对光场的限制能力,但这又导致金属的吸收损耗显著增大。因此,需要优化波导的几何形态,来平衡相互制约着的传输损耗和光场尺寸。

经过多年的发展,研究人员结合平面工艺的特点提出了三种经典的 SPP 波导结构(图 8.10),包括金属条形(metal strip)波导[28]、金属狭缝(metal slot)波导[29]、HPW 波导[30,31]。

对于金属条形波导,它的基本结构是绝缘体-金属-绝缘体(insulator-metal-insulator,IMI)结构[28]。金属作为波导的芯层被放置在低折射介质中间,内部只存在少量的光场。大部分的光场能量都分布在金属周围的低折射率介质中。等效模斑尺寸为 $10\sim100\mu m^2$ 的量级,对光场的限制能力弱。低折射率电介质中大量的光场分布减少了与金属之间的相互作用,波导中光场的传输距离可以达到毫米量级,支持长程 SPP 传播。显然,在对光场的束缚能力和传播损耗的平衡中,金属条形波导选择牺牲对光场的束缚能力来换取尽可能小的传播损耗。

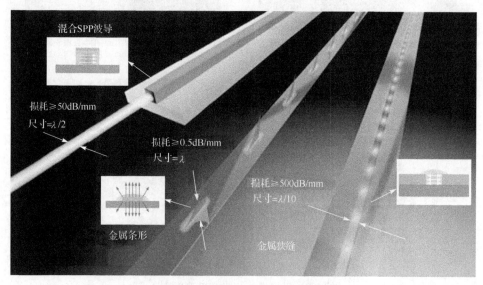

图 8.10　三种经典的 SPP 波导结构

对于金属狭缝波导,它的基本结构是 MIM 结构[29]。和介质沟道波导类似,低折射率材料被夹在两个金属薄膜之间。随着狭缝宽度的减小,金属薄膜边缘的模场将发生重叠,并最终导致大部分的光场被束缚在低折射率狭缝当中,其等效模斑尺

寸可以达到 $0.01\sim0.1\mu m^2$。由于狭缝中的场增强效应增大了金属对光的吸收损耗，波导中光场的传播距离只有 $10\mu m$ 的量级，支持短程 SPP。相比前面提到的金属条形波导，金属狭缝波导选择牺牲传播距离来换取对光场的强束缚效果，因此只适用于片上回路的功能器件(如高速调制器)当中。

不同于以上两种波导结构，为了更好地平衡光场的限制能力和传播损耗，Oulton 等[32]于 2008 年提出了基于电介质-柱状金属结构的混合 SPP 波导。Dai 等[31]在 2009 年提出了硅基混合 SPP 波导，如图 8.11 所示。它的经典结构如图 8.11(a)所示，金属层位于介质层之间，通过在高折射率材料 Si 和金属之间添加低折射率材料(SiO_2)薄层，有效减小了通信波长的波导传输损耗，增大了模式传播距离($100\mu m$ 量级)。在低折射率区存在着光场局域特性极强的 SPP 模式，在高折射率区(Si 层)是普通介质波导光学模式，整个模式分布可以看成这两种模式的叠加，混合 SPP 波导光场耦合示意图如图 8.12 所示。该结构不但具有百纳米尺度光场限制能力，而且由于混合模式中的电介质波导光学模式与金属的相互作用较弱而损耗较小，可以很好地平衡限制能力与损耗之间的关系。

下面讨论 HPW 的色散关系。由于 HPW 的界面数较多，为了简化一些运算，本书采用传输矩阵的方法进行分析[33]。假设 SPP 沿着 y 方向传播，在 SiO_2 薄层($j=1$)和 Si 波导层($j=2$)的电磁场可以写为

$$\begin{cases} \boldsymbol{H}_j = \hat{\boldsymbol{x}}H_{xj}(z)\mathrm{e}^{\mathrm{i}\gamma y} \\ \boldsymbol{E}_j = [\hat{\boldsymbol{y}}E_{yj}(z) + \hat{\boldsymbol{z}}E_{zj}(z)]\mathrm{e}^{\mathrm{i}\gamma y} \end{cases} \tag{8-25}$$

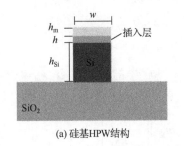

(a) 硅基HPW结构

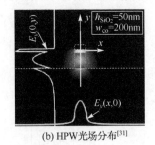

(b) HPW光场分布[31]

图 8.11　硅基混合 SPP 波导

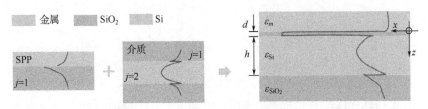

图 8.12　混合 SPP 波导光场耦合示意图

其中，$\gamma = k_0(N_{\text{eff}} + \mathrm{i}K_{\text{eff}})$为复传播常数，$k_0 = 2\pi/\lambda_0$为真空中的波数，$\lambda_0$为真空中的波长，$N_{\text{eff}}$和$K_{\text{eff}}$分别代表相位常数和衰减常数(已归一化)。

根据 Maxwell 旋度方程，即

$$\begin{cases} \boldsymbol{H}_j = \hat{\boldsymbol{x}}H_{xj}(z)\mathrm{e}^{\mathrm{i}\gamma y} \\ \boldsymbol{E}_j = [\hat{\boldsymbol{y}}E_{yj}(z) + \hat{\boldsymbol{z}}E_{zj}(z)]\mathrm{e}^{\mathrm{i}\gamma y} \end{cases} \tag{8-26}$$

$$\begin{cases} \nabla \times \boldsymbol{E} = \mathrm{i}\omega\mu_0\boldsymbol{H} \\ \nabla \times \boldsymbol{H} = -\mathrm{i}\omega\varepsilon_0\varepsilon_r\boldsymbol{E} \end{cases} \tag{8-27}$$

联立式(8-25)可得

$$\frac{\mathrm{d}^2 H_{xj}(z)}{\mathrm{d}z^2} + k_j H_{xj}(z) = 0 \tag{8-28}$$

其中，$\varepsilon_{\text{SiO}_2}$和$\varepsilon_{\text{Si}}$分别为 SiO_2 和 Si 的介电常数；k_j 是第 j 层的横波数，$k_1 = (\varepsilon_{\text{SiO}_2}k_0^2 - \gamma^2)^{1/2}$，$k_2 = (\varepsilon_{\text{Si}}k_0^2 - \gamma^2)^{1/2}$。相对应的电场可以写为

$$\begin{cases} E_{yj}(z) = -\dfrac{\mathrm{i}}{\omega\varepsilon_0\varepsilon_{rj}}\dfrac{\mathrm{d}H_{xj}(z)}{\mathrm{d}z^2} \\ E_{zj}(z) = -\dfrac{\gamma}{\omega\varepsilon_0\varepsilon_{rj}}H_{xj}(z) \end{cases} \tag{8-29}$$

其中，$\varepsilon_{r_1} = \varepsilon_{\text{SiO}_2}$；$\varepsilon_{r_2} = \varepsilon_{\text{Si}}$。对于 y 方向传播的 TM 模式，因为金属和 SiO_2 基底中的磁场是随着离开界面距离指数衰减，其磁场可以表示为

$$\begin{cases} H_{xm}(z) = A_m\mathrm{e}^{k_m z}\mathrm{e}^{\gamma y}, & z < 0 \\ H_{xs}(z) = A_s\mathrm{e}^{-k_s[z-(h+d)]}\mathrm{e}^{\gamma y}, & z > h+d \end{cases} \tag{8-30}$$

其中，$H_{xm}(z)$ 和 $H_{xs}(z)$ 分别为金属和 SiO_2 基底中的磁场。令 $k_m = (\gamma^2 - \varepsilon_m k_0^2)^{1/2}$，$k_s = (\gamma^2 - \varepsilon_{\text{SiO}_2} k_0^2)^{1/2}$，$A_m$ 和 A_s 是两个常数，它们的关系为

$$\begin{bmatrix} A_m \\ \dfrac{A_m k_m}{\varepsilon_m} \end{bmatrix} = \begin{bmatrix} m_{11} & m_{12} \\ m_{21} & m_{22} \end{bmatrix} \begin{bmatrix} A_s \\ -\dfrac{A_s k_s}{\varepsilon_{\text{SiO}_2}} \end{bmatrix} \tag{8-31}$$

其中

$$\begin{bmatrix} m_{11} & m_{12} \\ m_{21} & m_{22} \end{bmatrix} = \begin{bmatrix} \cos(k_1 h) & -\dfrac{\varepsilon_{\text{SiO}_2}}{k_1}\sin(k_1 h) \\ \dfrac{k_1}{\varepsilon_{\text{SiO}_2}}\sin(k_1 h) & \cos(k_1 h) \end{bmatrix} \begin{bmatrix} \cos(k_2 d) & -\dfrac{\varepsilon_{\text{Si}}}{k_2}\sin(k_2 d) \\ \dfrac{k_2}{\varepsilon_{\text{Si}}}\sin(k_2 d) & \cos(k_2 d) \end{bmatrix} \tag{8-32}$$

最后，利用式(8-30)再结合边界条件消去 A_m 和 A_s，得到 HPW 的色散关系为

$$\frac{k_m}{\varepsilon_m} m_{11} + \frac{k_s}{\varepsilon_{SiO_2}} m_{22} - m_{21} - \frac{k_m k_s}{\varepsilon_m \varepsilon_{SiO_2}} m_{12} = 0 \tag{8-33}$$

除此之外，硅基 HPW 波导还具有以下几个特点：第一，金属层的存在使得 HPW 具有很强的双折射效应。混合模式中的 SPP 模式具有天然的偏振敏感性，HPW 的模式（特别是 TM 模式）必然与普通电介质波导对偏振态的响应不同。通过合理设计结构参数，可以实现小尺寸、高性能的偏振复用器件。第二，SPP 具有很强的光场局域特性，可以对模式分布、模式有效折射率、色散关系等进行调控。可以通过改变金属的位置、金属形貌等方式对整个 HPW 光场进行调控。区别于单一电介质波导结构增加了新的调控自由度，为高性能光电子器件的研究提供了新的方向。第三，实验可行性好。波导结构相对简单，与目前标准的 SOI 工艺兼容。由于 Si 波导的存在，HPW 可以与普通介质波导直接进行端面耦合，为 SPP 与其他纯介质光电子器件的混合集成提供条件。

8.3.3　表面等离激元偏振调控器件

偏振是光的重要基本属性之一，偏振问题几乎存在于光学相关的各种系统及应用中。随着硅基光电子集成技术蓬勃发展，SOI 材料平台也获得了广泛的采用。其主要优势之一就是硅和 SiO_2 之间的高折射率差对光具有很强的空间限制能力，大大提高了集成度。然而，偏振敏感问题也随之产生。

从图 8.13 条形波导 TE 和 TM 基模有效折射率随波导宽度变化可以看出，不同偏振态的导模（TE 模式、TM 模式）的模场分布和有效折射率具有较大的差异，导致了一系列偏振相关的效应，例如偏振相关损耗、偏振模式色散等，严重降低了器件和回路性能。目前解决光电集成链路中的偏振问题的方法大致可以分为两种：偏振多样性系统（polarization diversity）（图 8.14）和单偏振态系统。

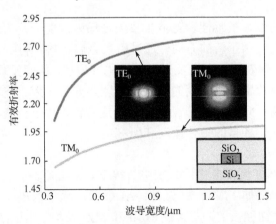

图 8.13　条形波导 TE 和 TM 基模有效折射率随波导宽度变化图

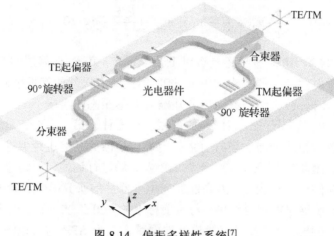

图 8.14　偏振多样性系统[7]

　　偏振多样性系统片上偏振复用器件包括：偏振分束/合束器、偏振旋转器、偏振旋转分束/合束器以及起偏器。根据模式正交原理，入射光可以看成两种偏振态的叠加，每个偏振态都携带一路信息。这里，两种偏振态为 TE 模和 TM 模。入射光信号经过偏振分束器被分离成 TE 和 TM 两种偏振态，TM 偏振态通过偏振旋转器被旋转为 TE 偏振态。在出射端口，TE 偏振态被旋转为 TM 偏振态，经过偏振合束器后与另一路信号合为一束继续传播。通过这样的方式，功能型器件只需要在同一种偏振态下工作，极大降低了设计复杂度。

　　单偏振系统相对简单，即在系统中加入偏振滤波器(或起偏器)来滤掉不需要的偏振光。这虽然会损失部分能量，但非常简单灵活，适用于系统中仅需要一种偏振状态，或原本入射光中一种偏振态占主导、另一种成分很少的情况。有时在偏振分束器、偏振旋转器之后也可以再串联起偏器来进一步提高输出偏振态的纯度。

　　SPP 具有天然的偏振敏感性和亚波长量级光场限制能力，为超小型片上偏振调控器件的研究和实现提供了新的方向。通过引入金属材料，利用 SPP 的强光场限制能力，可以对波导的有效折射率以及光场分布进行调控，从而显著增强双折射效应，减小器件尺寸。当前片上偏振控制的基本要素主要分为分束、旋转和起偏，所涉及的偏振控制器件包括：偏振分束/合束器、偏振旋转器、片上起偏器和其他偏振控制器件，下面将阐述它们各自的工作原理和研究现状。

　　(1)偏振分束/合束器

　　偏振分束/合束器在偏振多样性系统中有很重要的应用。有许多混合 SPP 结构都可以实现偏振分束，例如 MMI、Y 分支、ADC 等。以往的电介质结构由于双折射效应较弱，器件尺寸往往很大，尤其是 MMI 和 MZI 结构。由于结构设计比较简单，同时性能良好，非对称定向耦合器被广泛采用到偏振分束/合束器的研究中。为了实现高消光比，当某一偏振态满足相位匹配条件时，另外一个偏振态应当尽可能地失配。Bai 等[34]实现了高消光比、小尺寸的混合 SPP 弯曲波导型偏振分束器，如图 8.15 所示。通过合理选择硅波导以及混合 SPP 波导的宽度和弯曲半径，使 TM 偏振态满足相位匹配条件，即

$$N_m k_0 R_m = N_d k_0 R_d \tag{8-34}$$

其中，k_0 为真空中的传播常数；N_d 和 N_m 分别为介质波导（dielectric waveguide，DW）和 HPW 的有效折射率；R_m 和 R_d 分别为 HPW 和 DW 的弯曲半径，两者的关系为 $R_d = R_m + W_m/2 + W_g + W_d/2$，$W_d$ 和 W_m 分别为 DW 和 HPW 的宽度。SPP 的引入打破了传统定向耦合结构的对称性，大幅提高了结构双折射效应。在整个 C 波段（1525～1575nm），消光比 $ER_{TE} > 25$dB，$ER_{TM} > 16.9$dB。器件尺寸只有 8.1μm×2.6μm。

（2）偏振旋转器

偏振旋转器的功能是将一种偏振态改变成另外一种。由于涉及偏振态之间的转换，偏振旋转器的设计更加复杂。从工作原理上，偏振旋转器可以大致分为模式演化型和模式干涉型两类。模式演化结构通常需要很长的尺寸才能实现高效的模式转换。模式干涉结构是利用非对称结构来打破传统条形波导的对称性，使得波导结构的光轴发生偏转。非对称波导结构支持的两个本征模式发生相互干涉，经过合适的长度后出射光的偏振态将旋转为另一个偏振态。Zhang 等[35]利用 SPP 波导实现了一个长度仅为 3μm 的偏振旋转器。由于金属 Al 直接沉积在硅波导上方，器件的插损极大。为了降低器件损耗，Caspers 等[36]增加了 140nm 厚的 SiO₂ 作为插入层。器件的长度为 3.7μm，但是消光比仅为 13.5dB。

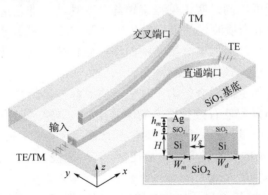

图 8.15　混合 SPP 弯曲波导型偏振分束器示意图[34]

2015 年，Gao 等在 SOI 平台上使用非对称混合 SPP 波导实现了片上 SPP 偏振旋转器[37]，如图 8.16 所示。Si 波导的宽度为 400nm，高度为 250nm，插入层为 30nm 厚的 SiO₂。金属（Au）条带部分覆盖在 Si 波导上方，形成了非对称结构。TE 偏振态输入将激发出两个具有不同传播常数 β_1 和 β_2 正交的本征模式。旋转区的长度 L 由

相位差确定，即

$$\Delta\varphi = |\beta_1 - \beta_2|L \qquad (8\text{-}35)$$

当选择一个合适的长度 L 使 $\Delta\varphi$ 等于 π 时，输出光将旋转为 TM 偏振态。1.55μm 工作波长下，实验测得的 TE-TM 偏振转换效率高达 99.2%。偏振旋转区长度仅为 2.5μm，是目前已知的最小长度。

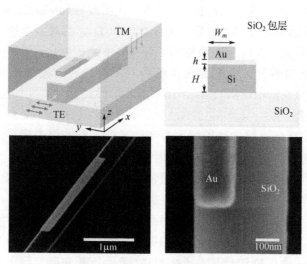

图 8.16　片上 SPP 偏振旋转器

(3)偏振旋转分束/合束器

偏振旋转分束器可以同时实现偏振旋转与分束功能，非常适用于高集成度的光电子集成回路。传统电介质波导的双折射效应较弱，TE 模式缺少纵向场分量，导致偏振交叉耦合系数很小，所以电介质结构的偏振旋转分束器尺寸普遍很大。有两个方式可以减小器件尺寸。

第一是采用非对称定向耦合结构，打破结构对称性，增加双折射效应。第二是增大耦合系数，比如采用低有效折射率的波导结构，增大倏逝场的交叠。然而 TE 模式本身缺少纵向场分量，这些方式效果并不显著。而 TM 模式纵向场分量占主导，如果可以增大 TE 模式本身的纵向场分量比例，有可能极大提高 TM-to-TE 的耦合系数，进而大大减小器件尺寸。

图 8.17 显示了一种超小尺寸的非对称定向耦合型混合 SPP 偏振旋转分束/合束器[38]。该结构利用 SPP 光场限制特性增大了偏振交叉耦合系数，实现了多项国际领先的性能指标。为了实现高偏振转化效率，优化了两根波导的宽度，满足相位匹配条件，即

$$n_{d\_\text{TM}} = n_{m\_\text{TE}} \qquad (8\text{-}36)$$

其中，n_{d_TM} 和 n_{m_TE} 分别为 DW 中 TE 模式有效折射率和 HPW 中 TE 模式有效折射率。在理想波长 1550nm 处，器件 TM-TE 偏振转化效率高达 99.4%，TE 和 TM 偏振态的消光比分别为 $ER_{TM}=50.9dB$，$ER_{TE}=28.2dB$。耦合长度 L_c 仅为 7.7μm，也是当时已知最短的耦合长度。

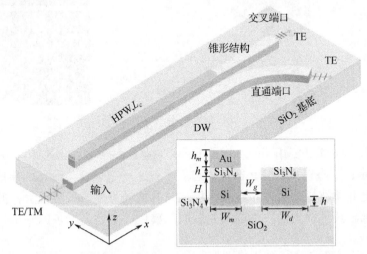

图 8.17　非对称定向耦合型混合 SPP 偏振旋转分束/合束器

(4) 片上起偏器

片上起偏器是一种简单有效的器件。利用起偏器可以有效滤除不需要的偏振态，同时保留需要的偏振态在系统之中。起偏器可以放置于功能型器件之前或者偏振分束器之后，进一步提高偏振态的纯度，提升消光比。片上起偏器分为 TE 通过型和 TM 通过型两种，可根据需求进行选择。近年来，利用 SPP 所具有亚波长光场限制能力和极强的偏振敏感性，研究者提出了多种基于 SPP 的片上起偏器结构。但是这些器件普遍存在插入损耗大，或者加工难度高等问题。

为了解决器件插入损耗大的问题，可以采用混合等离子体光栅(hybrid plasmonic grating，HPG)，如图 8.18 所示，它可以很好地支持 TM 模式的传输，同时反射 TE 模式[39]。从模式相似性和有效折射率两个角度进行分析，SPP 的场局域效应导致 TE 模式在电介质波导和混合 SPP 波导中的场分布差异很大，这种巨大的差异引起显著的散射和反射。相比之下，TM 模式在两种不同波导中的模式相似性差异则小很多，能够较好支持 TM 模式通过。通过合理的参数设计，最终起偏器在 1.55μm 波长处的消光比为 $ER=25.6dB$，插损为 $IL_{TM}=0.09dB$。消光比大于 10dB 的波长范围为 1520~1800nm，在整个 C 波段，插损 $IL_{TM}<0.1dB$。

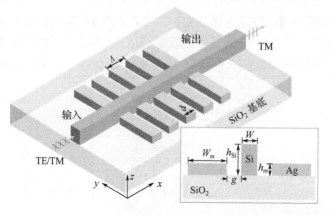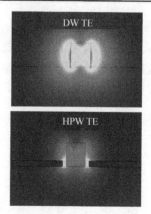

图 8.18　混合等离子体光栅

除此之外，Bai 等还提出了一种大对准容差 HPG 型 TE 模式通过型起偏器结构[40]，如图 8.19 所示。一直以来，SPP 器件加工的难点之一是金属与波导的精确对准。金属光栅位于电介质波导的上方，金属光栅在波导横向维度的长度很大，并不需要非常严格的对准。真正决定器件性能的是表面粗糙度、金属光栅条的缺陷以及插入层的厚度控制。

在 $1.52\sim1.58\mu m$ 的波长范围内测得的消光比 ER 在 $24\sim33.7$dB 之间变化，IL_{TE} 为 $2.8\sim4.9$dB。在 $1.55\mu m$ 波长处，IL_{TE} 为 4.7dB。从损耗的来源分析，金属和波导界面的粗糙、金属和波导距离过近是造成插入损耗过大的主要因素。通过优化工艺步骤和选择损耗更低的材料，插入损耗有望进一步降低。

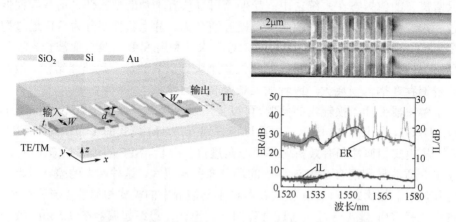

图 8.19　大对准容差 HPG 型 TE 模式通过型起偏器

8.3.4　表面等离激元模式复用器件

模式转换器在片上光互连系统中得到应用广泛。其中，实现从基模偏振态交叉耦合到高阶模的模式转换器尤其重要，可用于构成诸如偏振分束器、偏振旋转器等模式调控器件。目前，此类模式转换器普遍存在尺寸和性能无法兼顾的问题。无论是基于混合 SPP 波导还是电介质波导的方案，所采用的都是模式演化原理。电介质波导例如非对称脊波导[41]或侧壁倾斜的条形波导[42]，都是通过不对称结构来引起模式的绝热转变，插入损耗较小，但是往往需要很长的转换长度。反观采用倒锥形混合 SPP 波导的方案，虽然能够令器件长度缩减到 11μm，但很大的插入损耗(~4.2dB)极大地降低了模式转化效率，不利于器件的实际使用。为了解决由模式演化原理所带来的尺寸与性能之间的瓶颈，模式干涉原理已被证明是一种有效的手段，例如 Deng 等[43]利用浅刻蚀沟道波导，可以实现 TM_0 到 TE_1 的偏振交叉耦合。

　　基于模式干涉原理，Chen 等[44]提出了一种新型的混合 SPP 模式转换器(图 8.20)，它使用了一种混合 SPP 狭缝波导——金属被放置在电介质狭缝波导的两侧。金属能够在尽可能减小与光场之间相互作用的同时，引入明显的结构不对称性。该波导具有丰富的输入输出模式对应关系，能够利用模式干涉原理，实现超小尺寸的 TE_{00} 到 TM_{01} 的高效偏振交叉耦合，在缩短长度的同时，兼顾器件的消光比和插损性能。该器件实现了到目前为止 TE_{00}-TM_{01} 最短的模式转换长度(7μm)，消光比在中心波长 1.55μm 处高达 25.6dB，且器件的插损也被很好地控制在了 2.34dB 以内。通过降低 SOI 顶层硅的厚度，该器件的模式转换效率等性能指标还能得到进一步的提升。

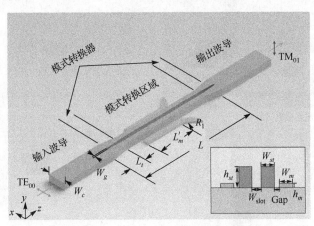

图 8.20　混合 SPP 模式转换器示意图[44]

8.3.5　表面等离激元调制器

　　SPP 纳米尺度光场限制能力可以有效缩小光电子器件的尺寸，提高系统集成度；另一方面，电介质-金属表面的场增强效应能够加强光场与物质之间的相互作用(包括电光[45]以及非线性效应[46])，提升器件性能。

　　SPP 波导型调制器研究进展如图 8.21 所示。2014 年，苏黎世 ETH 研究组实现了一种基于非线性聚合物中的泡克耳斯效应的超紧凑型硅基 SPP 相位调制器（图 8.21(a)）[46]。该器件的长度仅为 29μm，工作速率为 40Gbit/s，是当时最紧凑的高速相位调制器。经测试，器件的调制频率响应高达 65GHz，可以在以 1.55μm 为

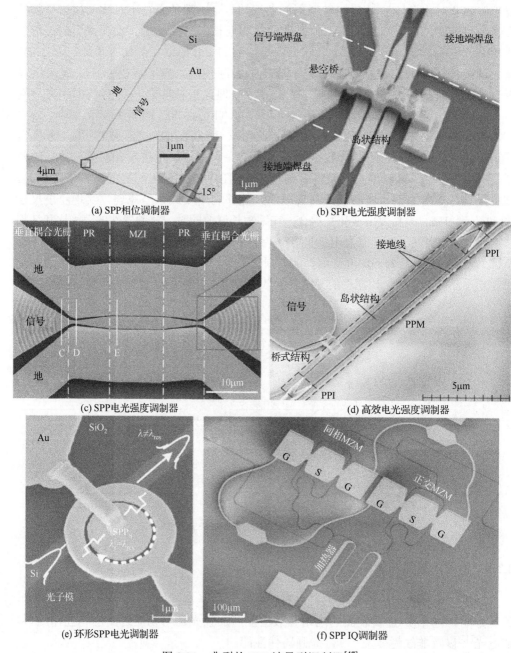

(a) SPP相位调制器

(b) SPP电光强度调制器

(c) SPP电光强度调制器

(d) 高效电光强度调制器

(e) 环形SPP电光调制器

(f) SPP IQ调制器

图 8.21　典型的 SPP 波导型调制器[47]

中心的 120nm 带宽范围内工作。同时，SPP 与电介质波导光场之间的高效模式转换器 PPI（图 8.21（d））显著提高了硅基片上集成的兼容性，既能通过缩小片上功能区域的尺寸来提高集成度，又能减小功能区域对整体回路的损耗影响。2015 年 Haffner 等[48]实验实现了一种高速 SPP 型 MZM（图 8.21（b）），可以实现大于 70Gbit/s 的调制速率，且其能耗仅为 25fJ/bit，大大超过了传统硅基 MZM 的性能。2017 年，Ayata 等实现了一种全 SPP 光电调制器（图 8.21（e））[49]。所有的单元器件，包括垂直光栅耦合器、偏振分束器、偏振旋转器和移相器都在单层金属结构中，可以实现 116Gbit/s 的信息传输。2018 年，Haffner 等在《自然》杂志上报道了一种超低损耗的 SPP 电光强度调制器（图 8.21（b）），通过使用"谐振开关"来绕开欧姆损耗。光仅在需要衰减的时候进入关闭状态（共振），即耦合到有损耗的 SPP 波导中，以确保打开和关闭状态之间的高消光比，切换时间仅在亚皮秒量级。在开启状态（无共振）下，相消干涉会阻止光耦合到器件的有损 SPP 波导部分。该电光调制器的带宽超过 100GHz，在 72Gbit/s 数据传输速率下，能耗仅为 12fJ/bit。2019 年，Heni 等[50]实现了超小型的 SPP IQ 调制器（图 8.21（f）），在 1V 的驱动电压下器件能够以 100Gbit/s 的速率运行，占用的面积仅为 4×25μm×3μm（4 个相位调制器，每个占地面积为 25μm×3μm）。计算表明，在 50Gbit/s 速率下，能耗低至 0.07fJ/bit。这种新型的 SPP IQ 调制器实现方案利用了硅基光电子学、有机电光学和 SPP 光场限制能力，为超高速、高消光比、低能耗的电光调制设计提供了全新思路。

8.4　本 章 小 结

随着理论研究的深入和现代微纳加工技术的进步，SPP 研究已成为一门新兴学科方向。SPP 具有独特的光学特性，在新型光源、偏振调控、高速光电调制和探测等方面有着重要的应用前景，因此成为当前国内外学者十分重视的研究热点。SPP 是一种特殊电磁表面波模式，它沿着金属-电介质（满足特定的条件）的分界面传播，而在垂直于界面方向则以指数形式向两侧的电介质内衰减。总的来说，SPP 包括以下三个特点：

①SPP 场分布在垂直界面方向是高度局域的，是倏逝波，在金属场分布比在电介质中分布更集中，一般分布深度与波长量级相同。

②在平行于表面的方向，SPP 场是可以传播的，由于损耗存在，在传播过程中会有衰减，传播距离有限。

③SPP 色散曲线通常处在电磁波色散曲线的右侧，在相同频率的情况下，其波矢大于自由空间电磁波的波矢。

SPP 的上述特点为硅基光电子学的发展提供了难得的新机遇。具体包括以下三个方面：

①硅基 SPP 芯片。基于 SPP 的发展有望研发硅基表面等离激元芯片，用作超小

型、超低损耗的互连元件。硅基 SPP 芯片具有输出、输入端口，这些端口通过 SPP 波导或耦合器连接到传统的衍射受限的光子器件上。

②硅基 SPP 调制器和开关元件。要实现 SPP 调制器及开关功能，则需要对 SPP 进行主动调控。例如，通过改变温度、磁场、电场或者借助于外部光的激发，进行开关操作。

③硅基 SPP 激光光源。用于形成能够独立工作的 SPP 光电集成芯片。

总的来说，SPP 研究是一个很有意义的工作，目前有许多值得研究的新方向，也出现了许多新成果，除以上介绍的应用外，在其他很多领域都有着重要的应用。随着微纳加工技术的发展，将会有越来越多的硅基 SPP 器件进入市场，服务人类。

参 考 文 献

[1]　Fano U. The theory of anomalous diffraction gratings and of quasi-stationary waves on metallic surfaces (Sommerfeld's waves). Journal of the Optical Society of America, 1941, 31(3): 213-222.

[2]　Ritchie R H. Plasma losses by fast electrons in thin films. Physical Review, 1957, 106(5): 874-881.

[3]　Kretschmann E, Raether H. Radiative decay of non-radiative surface plasmons excited by light. Zeitschrift Fur Naturforschung Section A-A Journal of Physical Sciences, 1968, 23(12): 2135-2136.

[4]　Takahara J, Yamagishi S, Taki H, et al. Guiding of a one-dimensional optical beam with nanometer diameter. Optics Letters, 1997, 22(7): 475-477.

[5]　Nerkararyan K V. Superfocusing of a surface polariton in a wedge-like structure. Physics Letters A, 1997, 237(1-2): 103-105.

[6]　Ebbesen T W, Lezec H J, Ghaemi H F, et al. Extraordinary optical transmission through subwavelength hole arrays. Nature, 1998, 391(6668): 667-669.

[7]　Zhou Z, Bai B, Liu L. Silicon on-chip PDM and WDM technologies via plasmonics and subwavelength grating. IEEE Journal of Selected Topics in Quantum Electronics, 2018, 25(3): 1-13.

[8]　Zayats A V, Smolyaninov I I, Maradudin A A. Nano-optics of surface plasmon polaritons. Physics Reports, 2005, 408(3-4): 131-314.

[9]　Yu H, Peng Y, Yang Y, et al. Plasmon-enhanced light-matter interactions and applications. NPJ Computational Materials, 2019, 5(1): 1-14.

[10]　Fang W, Jia S, Chao J, et al. Quantizing single-molecule surface-enhanced Raman scattering with DNA origami metamolecules. Science Advances, 2019, 5(9): 4506.

[11] Amendola V, Pilot R, Frasconi M, et al. Surface plasmon resonance in gold nanoparticles: A review. Journal of Physics: Condensed Matter, 2017, 29(20): 203002.

[12] Ebbesen T W, Lezec H J, Ghaemi H F, et al. Extraordinary optical transmission through sub-wavelength hole arrays. Nature, 1998, 391(6668): 667-669.

[13] Thio T, Pellerin K M, Linke R A, et al. Enhanced light transmission through a single subwavelength aperture. Optics Letters, 2001, 26(24): 1972-1974.

[14] Bergman D J, Stockman M I. Surface plasmon amplification by stimulated emission of radiation: Quantum generation of coherent surface plasmons in nanosystems. Physical Review Letters, 2003, 90(2): 27402.

[15] Maslov A V, Ning C Z. Size reduction of a semiconductor nanowire laser by using metal coating// Proceedings of SPIE, The International Society for Optical Engineering, San Jose, 2007: 6468.

[16] Hill M T, Marell M, Leong E S, et al. Lasing in metal-insulator-metal sub-wavelength plasmonic waveguides. Optics Express, 2009, 17(13): 11107-11112.

[17] Azzam S I, Kildishev A V, Ma R, et al. Ten years of spasers and plasmonic nanolasers. Light: Science & Applications, 2020, 9(1): 1-21.

[18] Lu C, Chang S, Chuang S L, et al. Metal-cavity surface-emitting microlaser at room temperature. Applied Physics Letters, 2010, 96(25): 251101.

[19] Yu K, Lakhani A, Wu M C. Subwavelength metal-optic semiconductor nanopatch lasers. Optics Express, 2010, 18(9): 8790-8799.

[20] Lu Y, Kim J, Chen H, et al. Plasmonic nanolaser using epitaxially grown silver film. Science, 2012, 337(6093): 450-453.

[21] Wu X, Xiao Y, Meng C, et al. Hybrid photon-plasmon nanowire lasers. Nano Letters, 2013, 13(11): 5654-5659.

[22] Nezhad M P, Simic A, Bondarenko O, et al. Room-temperature subwavelength metallo-dielectric lasers. Nature Photonics, 2010, 4(6): 395-399.

[23] Kwon S, Kang J, Seassal C, et al. Subwavelength plasmonic lasing from a semiconductor nanodisk with silver nanopan cavity. Nano Letters, 2010, 10(9): 3679-3683.

[24] Keshmarzi E K, Tait R N, Berini P. Single-mode surface plasmon distributed feedback lasers. Nanoscale, 2018, 10(13): 5914-5922.

[25] Huang C, Sun W, Fan Y, et al. Formation of lead halide perovskite based plasmonic nanolasers and nanolaser arrays by tailoring the substrate. ACS Nano, 2018, 12(4): 3865-3874.

[26] Zhu W, Xu T, Wang H, et al. Surface plasmon polariton laser based on a metallic trench Fabry-Perot resonator. Science Advances, 2017, 3(10): 1700909.

[27] Zhang C, Lu Y, Ni Y, et al. Plasmonic lasing of nanocavity embedding in metallic nanoantenna

array. Nano Letters, 2015, 15(2): 1382-1387.

[28] Burke J J, Stegeman G I, Tamir T. Surface-polariton-like waves guided by thin, lossy metal films. Physical Review B, 1986, 33(8): 5186-5201.

[29] Pile D F, Ogawa T, Gramotnev D K, et al. Two-dimensionally localized modes of a nanoscale gap plasmon waveguide. Applied Physics Letters, 2005, 87(26): 261114.

[30] Oulton R F, Sorger V J, Genov D A, et al. A hybrid plasmonic waveguide for subwavelength confinement and long-range propagation. Nature Photonics, 2008, 2(8): 496-500.

[31] Dai D, He S. A silicon-based hybrid plasmonic waveguide with a metal cap for a nano-scale light confinement. Optics Express, 2009, 17(19): 16646-16653.

[32] Oulton R F, Sorger V J, Genov D A, et al. A hybrid plasmonic waveguide for subwavelength confinement and long-range propagation. Nature Photonics, 2008, 2(8): 496-500.

[33] Alam M Z, Aitchison J S, Mojahedi M. Theoretical analysis of hybrid plasmonic waveguide. IEEE Journal of Selected Topics in Quantum Electronics, 2013, 19(3): 4602008.

[34] Bai B, Deng Q, Zhou Z. Plasmonic-assisted polarization beam splitter based on bent directional coupling. IEEE Photonics Technology Letters, 2017, 29(7): 599-602.

[35] Zhang J, Zhu S, Zhang H, et al. An ultra-compact polarization rotator based on surface plasmon polariton effect// Optical Fiber Communication Conference, Optical Society of America, Los Angeles, 2011: 1-3.

[36] Caspers J N, Aitchison J S, Mojahedi M. Experimental demonstration of an integrated hybrid plasmonic polarization rotator. Optics Letters, 2013, 38(20): 4054-4057.

[37] Gao L, Huo Y, Zang K, et al. On-chip plasmonic waveguide optical waveplate. Scientific Reports, 2015, 5(1): 1-6.

[38] Bai B, Liu L, Zhou Z. Ultracompact, high extinction ratio polarization beam splitter-rotator based on hybrid plasmonic-dielectric directional coupling. Optics Letters, 2017, 42(22): 4752-4755.

[39] Bai B, Liu L, Chen R, et al. Low loss, compact TM-pass polarizer based on hybrid plasmonic grating. IEEE Photonics Technology Letters, 2017, 29(7): 607-610.

[40] Bai B, Yang F, Zhou Z. Demonstration of an on-chip TE-pass polarizer using a silicon hybrid plasmonic grating. Photonics Research, 2019, 7(3): 289-293.

[41] Dai D, Zhang M. Mode hybridization and conversion in silicon-on-insulator nanowires with angled sidewalls. Optics Express, 2015, 23(25): 32452-32464.

[42] Cheng Z, Wang J, Yang Z, et al. Broadband and high extinction ratio mode converter using the tapered hybrid plasmonic waveguide. IEEE Photonics Journal, 2019, 11(3): 1-8.

[43] Deng Q, Liu L, Zhou Z. Experimental demonstration of an ultra-compact on-chip polarization controlling structure. https://arxiv.org/abs/1705.10275[2017-05-26].

[44] Chen R, Bai B, Yang F, et al. Ultra-compact hybrid plasmonic mode convertor based on

unidirectional eigenmode expansion. Optics Letters, 2020, 45(4): 803-806.

[45] Sorger V J, Lanzillotti-Kimura N D, Ma R, et al. Ultra-compact silicon nanophotonic modulator with broadband response. Nanophotonics, 2012, 1(1): 17-22.

[46] Melikyan A, Alloatti L, Muslija A, et al. High-speed plasmonic phase modulators. Nature Photonics, 2014, 8(3): 229-233.

[47] Heni W, Kutuvantavida Y, Haffner C, et al. Silicon-organic and plasmonic-organic hybrid photonics. ACS Photonics, 2017, 4(7): 1576-1590.

[48] Haffner C, Heni W, Fedoryshyn Y, et al. All-plasmonic Mach-Zehnder modulator enabling optical high-speed communication at the microscale. Nature Photonics, 2015, 9(8): 525-528.

[49] Ayata M, Fedoryshyn Y, Heni W, et al. High-speed plasmonic modulator in a single metal layer. Science, 2017, 358(6363): 630-632.

[50] Heni W, Fedoryshyn Y, Baeuerle B, et al. Plasmonic IQ modulators with attojoule per bit electrical energy consumption. Nature Communications, 2019, 10(1): 1-8.

第 9 章　硅基非线性光学效应

9.1　硅基非线性光学简介

非线性光学是伴随激光器的发明而诞生的，激光以其高相干性、高亮度的特点非常适合于光学非线性效应的产生，而非线性机制成为人们获得新激光频率的重要手段，特别是在缺少激光发光材料的波段。随着非线性光学技术的发展，更复杂的系统得以研制开发，例如光学频率梳系统[1]和啁啾脉冲放大系统[2]应运而生，不仅极大加深了人们对光物理现象的理解，也衍生出很多重要的工程应用，从而分别获颁 2005 年和 2018 年的诺贝尔物理学奖。与干涉、衍射、耦合等线性光学效应不同，非线性效应的显著特点之一是过程中有新频率产生，而新频率可作为新的信息载体(信号载波)来使用，从这个意义上讲，非线性光学效应可有效地扩展光波所能够携带的信息带宽(即容量)。因此，非线性光学的发展深刻地影响着信息光学技术。然而，传统非线性光学系统大多是基于自由空间分立光学元件或者光纤器件，体积相对庞大，系统稳定性和便携性受到限制，这大大降低了非线性光学走出实验室、走进生产生活的机会，而硅基光电子学的发展及其与非线性光学的融合能够使超宽带信息技术迎来重大机遇期。

1985 年，硅基光电子技术的潜力首次在 SOI 光波导的研究中得到认可[3]，随后于 1989 年在压力传感器等方面实现商业化[4]，紧接着商业化的目标转向波分复用光通信器件等方面。目前硅基光电子学的应用覆盖通信、传感、成像、信号处理、医疗等领域，它运用了和集成电路一样成熟的加工工艺，即 CMOS 技术，可以非常低成本地制备微纳米尺度的器件结构。硅基光电子学与丰富多彩的非线性光学现象相结合，使得两个传统领域衍生出新的学科分支。非线性光学能够极大地丰富硅基光电器件的功能，可被用来制作激光器、放大器、调制器、信号再生器、波长转换器等新型光电器件。反之，硅基器件平台可以从材料和结构两方面变革非线性光学的发展轨迹，高非线性材料和亚波长尺度光束缚能力使得非线性光学获得前所未有的发展前景。而且，硅基光电子技术使得芯片集成的非线性器件具有尺寸小、重量轻、能效高、成本低、稳定性强和便携性好的优势，为非线性光学的研究走向实际应用提供了令人期待的发展空间[5,6]。

本章主要讲解了非线性光学的概念和基础理论、硅基平台上的非线性光学材料特性，同时汇总了当今硅基非线性光学的发展现状和一些里程碑式的研究成果，及其应用前景。

9.2　非线性效应基础理论

9.2.1　极化强度、极化率和非线性折射率

非线性光现象源自光波与物质的相互作用，电场作用于原子的核外电子，产生了极化强度。极化强度矢量 P 与所在电场 E 之间的关系为[7]

$$P = \varepsilon_0(\chi^{(1)} \cdot E + \chi^{(2)} : EE + \chi^{(3)} \vdots EEE + \cdots) \tag{9-1}$$

其中，ε_0 是真空中的介电常数；$\chi^{(i)}$ 是 i 阶极化率。一阶极化率的实部与折射率的实部相联系，而虚部表示衰减或者增益。对于晶格是中心对称结构的晶体硅而言，二阶极化率是缺失的，但对于电光调制器的应用而言，二阶极化率的作用非常重要。目前有很多种手段可以破坏晶体硅晶格的中心对称性，来获得二阶极化率。例如，在硅的上面覆盖能产生应力的表层[8-10]或者外加电场[11]。三阶极化率在硅基非线性光学中起着非常重要的作用，它能够衍生出多种非线性效应(如自相位调制、四波混频等)[7]。通常，包含非线性贡献的材料折射率可以表示为[5]

$$n = n_0 + n_2 I - \mathrm{i}\frac{\lambda}{4\pi}(\alpha_0 + \alpha_2 I) \tag{9-2}$$

其中，I 为光强。

$$n_2 = \frac{1}{cn_0^2\varepsilon_0}\frac{3}{4}\mathrm{Re}(\chi^{(3)}) \tag{9-3}$$

$$\alpha_2 = \frac{-\omega}{c^2 n_0^2 \varepsilon_0}\frac{3}{2}\mathrm{Im}(\chi^{(3)}) \tag{9-4}$$

由此可见，n_2 的出现表示非线性效应是通过增加光强而带来的额外的折射率实部变化(即相位变化)来产生作用的。通常，可以采用性能指数(figure of merit，FOM)来衡量材料非线性特性，即

$$\mathrm{FOM} = \frac{1}{\lambda}\frac{n_2}{\alpha_2} \tag{9-5}$$

其中，α_2 与材料的双光子吸收(two photon absorption，TPA)现象相关联。FOM 越大，材料的非线性特性越好。这是因为，双光子吸收作为一种非线性吸收效应，其吸收光的能力(折射率虚部的大小)随着光强的增加而增加，从而抑制了提高输入光强的效果，常被认为是对非线性效应不利的现象。不同材料的非线性特性将在后面的部分汇总。对于硅而言，在 1550nm 处非线性折射率 $n_2 = (4.5\pm1.5)\times10^{-18}\mathrm{m}^2/\mathrm{W}$，由于双光子吸收的存在，FOM 值较小[5]。

9.2.2　色散特性

材料的折射率对频率有着依赖关系，该效应被称为色度色散，简称色散，一般用赛迈尔(Sellmeier)公式表示[12]。对于硅材料，折射率作为波长的函数，可表示为

$$n_0(\lambda) = \sqrt{\varepsilon_r} + \frac{A}{\lambda^2} + \frac{B\lambda_1^2}{\lambda^2 - \lambda_1^2} \tag{9-6}$$

其中，相对介电常数 ε_r=11.6858；系数 A=0.939816μm^2；系数 B=8.10461×10^{-3}；λ_1=1.1071μm。考虑光在介质中传输时，多用传播常数在脉冲的中心频率 ω_0 处的泰勒展开式来描述和解释色散，即

$$\beta(\omega) = n(\omega)\frac{\omega}{c} = \beta_0 + \beta_1(\omega - \omega_0) + \frac{1}{2}\beta_2(\omega - \omega_0)^2 + \cdots \tag{9-7}$$

其中

$$\beta_m = \left(\frac{\mathrm{d}^m\beta}{\mathrm{d}\omega^m}\right)_{\omega=\omega_0}, \quad m = 0,1,2,\cdots \tag{9-8}$$

对于一阶和二阶色散，有

$$\beta_1 = \frac{1}{v_g} = \frac{n_g}{c} = \frac{1}{c}\left(n + \omega\frac{\mathrm{d}n}{\mathrm{d}\omega}\right) \tag{9-9}$$

$$\beta_2 = \frac{1}{c}\left(2\frac{\mathrm{d}n}{\mathrm{d}\omega} + \omega\frac{\mathrm{d}^2n}{\mathrm{d}\omega^2}\right) \tag{9-10}$$

其中，v_g 为光脉冲群速度；n_g 为群折射率。二阶色散是群折射率对频率的一阶导数，代表群速度色散。工程应用中，特别是在光通信领域，还常用色散参量 D 表示色散，单位是 ps/(nm·km)，可方便人们快速计算不同波长处的光脉冲传输了一段距离后的群时延差是多少。D 与 β_2 的关系可表示为

$$D = \frac{\mathrm{d}\beta_1}{\mathrm{d}\lambda} = -\frac{2\pi c}{\lambda^2}\beta_2 = -\frac{\lambda}{c}\frac{\mathrm{d}^2n}{\mathrm{d}\lambda^2} \tag{9-11}$$

对于微环谐振腔而言，色散会导致腔的谐振频率在频域上非等间距地排列，对于在某一谐振频率 ω_0 旁边的第 μ 个谐振频率，可以表示为

$$\omega_\mu = \omega_0 + D_1\mu + \frac{1}{2}D_2\mu^2 + \cdots \tag{9-12}$$

其中，D_1 与谐振腔在 ω_0 处的 FSR 对应。D_2 和 β_2 的关系为

$$D_2 = -\frac{c}{n_0 D_1^2 \beta_2} \tag{9-13}$$

在硅基波导中，色散除了包括作为材料本身特性的材料色散外，还包括由光波导对光模式场的束缚带来的波导色散，二者共同对色散产生作用。由于硅基光波导对于光场具有较强的约束能力，取决于硅基光波导结构的波导色散不可忽略。最为常见的波导结构为条形波导，通过改变条形波导的宽度和高度，显著地影响色散曲线[13]。除此之外，对于槽型波导结构，中间槽厚度的改变同样为改变色散增添了一个可调节的维度[14]。进一步地，也有工作研究了条形/槽型混合型波导结构对于色散的影响[15-17]，展示出了丰富的色散曲线调节及将色散平坦化的技术手段。

9.2.3　麦克斯韦方程组

光学材料的非线性极化率是隐含在麦克斯韦方程组中的[18]，即

$$\nabla \times \boldsymbol{E} = -\frac{\partial \boldsymbol{B}}{\partial t} \tag{9-14}$$

$$\nabla \times \boldsymbol{H} = \boldsymbol{J} + \frac{\partial \boldsymbol{D}}{\partial t} \tag{9-15}$$

$$\nabla \cdot \boldsymbol{D} = \rho_f \tag{9-16}$$

$$\nabla \cdot \boldsymbol{B} = 0 \tag{9-17}$$

其中，$\boldsymbol{E}$ 为电场强度矢量；$\boldsymbol{H}$ 为磁场强度矢量；$\boldsymbol{D}$ 为电位移矢量；$\boldsymbol{B}$ 为磁感应强度矢量；$\boldsymbol{J}$ 为电流密度矢量；ρ_f 为电荷密度。$\boldsymbol{D}$、$\boldsymbol{B}$、$\boldsymbol{E}$、$\boldsymbol{H}$ 之间的关系通过物质方程联系起来，即

$$\boldsymbol{D} = \varepsilon_0 \boldsymbol{E} + \boldsymbol{P} \tag{9-18}$$

$$\boldsymbol{B} = \mu_0 \boldsymbol{H} + \boldsymbol{M} \tag{9-19}$$

其中，ε_0 为真空中的介电常数；μ_0 为真空中的磁导率；$\boldsymbol{P}$ 和 $\boldsymbol{M}$ 是感应电极化和磁极化强度，$\boldsymbol{P}$ 是与非线性极化率相关联的。麦克斯韦方程是描述光传播的基本方程，以下小节中描述光传输的方程都是基于麦克斯韦方程组得到的。

9.2.4　光脉冲传输方程

光脉冲在波导中的基本传输方程可表示为[19]

$$\left(\frac{\partial}{\partial z} + \frac{\alpha}{2} + \mathrm{i}\sum_{m=2}^{\infty} \frac{(-\mathrm{i})^m \beta_m}{m!} \frac{\partial^m}{\partial t^m} \right) A = K(A) + R(A) \tag{9-20}$$

其中，$A = A(z, t)$ 是光场的复振幅；α 是传输损耗；β_m 是 m 阶色散，非线性克尔效应（光场与原子核外电子的三阶非线性相互作用）和拉曼效应（光场与原子核的非弹性散射相互作用）分别表示为

$$K(A) = -\mathrm{i}\gamma_{\mathrm{K}} \left(1 - \mathrm{i}\tau_{\mathrm{shock\_K}} \frac{\partial}{\partial \tau} \right) A|A|^2 \tag{9-21}$$

$$R(A) = -\mathrm{i}\gamma_{\mathrm{R}} \left(1 - \mathrm{i}\tau_{\mathrm{shock\_R}} \frac{\partial}{\partial \tau} \right) \left[A \int_{-\infty}^{\tau} h_{\mathrm{R}}(\tau - \tau')|A|^2 \,\mathrm{d}\tau' \right] \tag{9-22}$$

其中，γ_{K} 为克尔非线性系数；γ_{R} 为拉曼增益系数；h_{R} 为拉曼响应函数；$\tau_{\mathrm{shock\_R}}$ 和 $\tau_{\mathrm{shock\_K}}$ 分别代表着克尔自陡效应及拉曼自陡效应。需要指出的是，尽管在式(9-22)中，非线性项中只包含了自相位调制效应项，但如交叉相位调制、调制不稳定、四波混频、级联的四波混频等非线性效应均可以被认为是广义的脉冲内的自相位调制效应[7]，都已被包括在传输方程内。

在式(9-21)中，γ_{K} 与 n_2 的关系为

$$\gamma_{\mathrm{K}} = \frac{n_2 \omega_0}{c A_{\mathrm{eff}}} \tag{9-23}$$

其中，A_{eff} 是有效模场面积，与对应波长的平方近似成正比，具体表示为

$$A_{\mathrm{eff}} = \frac{\left(\iint_{-\infty}^{\infty} |F(x,y)|^2 \,\mathrm{d}x\mathrm{d}y \right)^2}{\iint_{-\infty}^{\infty} |F(x,y)|^4 \,\mathrm{d}x\mathrm{d}y} \tag{9-24}$$

式中，$F(x, y)$ 为波导中模场的分布。值得注意的是，式(9-23)中 n_2 和 A_{eff} 也随频率的改变而改变，因此在宽带非线性效应的研究中，必须考虑非线性系数 γ_{K} 的频率依赖性。

9.2.5 Lugiato-Lefever 方程

在谐振腔中的非线性光学效应(例如光频率梳产生)通常通过其腔内光场的动态演化方程 Lugiato-Lefever 方程(Lugiato-Lefever equation，LLE)来描述[20]，即

$$t_{\mathrm{R}} \frac{\partial E}{\partial t} = \sqrt{\kappa_0} E_{\mathrm{in}} + l\left[K(E) + R(E) \right] - \left(\frac{\alpha}{2} + \frac{\kappa}{2} - \mathrm{j}\delta_0 + \mathrm{j}l \sum_{m=2}^{\infty} \frac{(-\mathrm{j})^m \beta_m}{m!} \frac{\partial^m}{\partial \tau^m} \right) E \tag{9-25}$$

其中，$E=E(\tau, t)$ 为谐振腔中的光场；E_{in} 为输入的光场；t_{R} 是光在谐振腔中传输一周所用的时间；τ 和 t 分别是快时间和慢时间；α 是光在微环腔中传播一周所经历的损耗；κ_0 是耦合系数；$\delta_0 = \tau_0(\omega_n - \omega_0)$ 表示泵浦激光的相位调谐量，ω_0 为初始泵浦波长；β_m 是 m 阶色散。式(9-25)中的克尔项和拉曼项表示为

$$K(E) = -\mathrm{i}\gamma_{\mathrm{K}} \left(1 - \mathrm{i}\tau_{\mathrm{shock\_K}} \frac{\partial}{\partial \tau} \right) E|E|^2 \tag{9-26}$$

$$R(E) = -\mathrm{i}\gamma_{\mathrm{R}} \left(1 - \mathrm{i}\tau_{\mathrm{shock\_R}} \frac{\partial}{\partial \tau} \right) \left[E \int_{-\infty}^{\tau} h_{\mathrm{R}}(\tau - \tau') |E|^2 \, \mathrm{d}\tau' \right] \tag{9-27}$$

与式 (9-21)、式 (9-22) 相同，在式 (9-26)、式 (9-27) 中，γ_{K} 为克尔非线性系数，γ_{R} 为拉曼增益系数，h_{R} 为拉曼响应函数，$\tau_{\mathrm{shock\_R}}$ 和 $\tau_{\mathrm{shock\_K}}$ 分别代表着克尔自陡效应及拉曼自陡效应。通常用 X 值作为归一化的泵浦强度[21]，$X = 8E_{\mathrm{in}}^2 \gamma_{\mathrm{K}} L \kappa_0 / (\alpha + \kappa_0)^3$，当泵浦激光器的调谐量 $\Delta = 2\delta_0 / (\alpha + \kappa_0)$ 达 $\pi^2 X / 8$ 时，达光孤子调谐量的最大值[21]。值得注意的是，此方程成立的前提是谐振腔中形成光脉冲 (图 9.1) 所对应的空间尺寸要小于谐振腔的周长[22]。

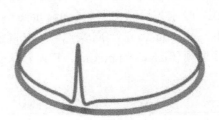

图 9.1　微环谐振腔中的脉冲示意图

9.2.6　克尔效应

三阶非线性效应中的克尔效应在硅基非线性光学中具有非常重要的地位。对于一个包含三个频率分量 (ω_k) 的输入光场，即

$$E(\boldsymbol{r},t) = \sum_{k=1}^{3} E_k = \frac{1}{2} \sum_{k=1}^{3} (E_{\omega_k}(\boldsymbol{r}, \omega_k) \mathrm{e}^{\mathrm{i}\omega_k t} + c.c.) \tag{9-28}$$

其中，$c.c.$ 代表复共轭。将式 (9-28) 代入式 (9-1) 中，可得到三阶极化强度公式，即

$$P^{(3)} = \frac{3}{4} \varepsilon_0 \chi^{(3)} \left[\left| E_{\omega_1} \right|^2 E_1 + \because \right] \qquad\qquad 自相位调制$$

$$+ \frac{6}{4} \varepsilon_0 \chi^{(3)} \left[\left(\left| E_{\omega_2} \right|^2 + \left| E_{\omega_3} \right|^2 \right) E_1 + \because \right] \qquad 交叉相位调制$$

$$+ \frac{1}{4} \varepsilon_0 \chi^{(3)} \left[(E_{\omega_1}^3 \mathrm{e}^{\mathrm{i}3\omega_1 t} + c.c.) + \because \right] \qquad\qquad 三次谐波产生$$

$$+ \frac{3}{4} \varepsilon_0 \chi^{(3)} \left[\frac{1}{2} (E_{\omega_1}^2 E_{\omega_2} \mathrm{e}^{\mathrm{i}(2\omega_1 + \omega_2)t} + c.c.) + \because \right] \qquad 四波混频$$

$$+ \frac{3}{4} \varepsilon_0 \chi^{(3)} \left[\frac{1}{2} (E_{\omega_1}^2 E_{\omega_2}^* \mathrm{e}^{\mathrm{i}(2\omega_1 - \omega_2)t} + c.c.) + \because \right] \qquad 四波混频$$

$$+\frac{6}{4}\varepsilon_0\chi^{(3)}\left[\frac{1}{2}(E_{\omega_1}E_{\omega_2}E_{\omega_3}^*\mathrm{e}^{\mathrm{i}(\omega_1+\omega_2-\omega_3)t}+c.c.)+\therefore\right]\qquad\text{四波混频}$$

$$+\frac{6}{4}\varepsilon_0\chi^{(3)}\left[\frac{1}{2}(E_{\omega_1}E_{\omega_2}E_{\omega_3}\mathrm{e}^{\mathrm{i}(\omega_1+\omega_2+\omega_3)t}+c.c.)+\therefore\right]\qquad\text{四波混频}\quad(9\text{-}29)$$

我们默认 ω_1 频率处的光波具有相对于 ω_2 和 ω_3 处更高的功率,从而自相位调制和三次谐波产生是以 ω_1 频率处的光波为主,交叉相位调制是以 ω_2 和 ω_3 频率处的光波为主,但如果 ω_2 和 ω_3 频率处的光波也具有足够高的功率,其产生的各种非线性效应项也可以类似地写出,这里仅用符号"$\therefore$"涵盖。图 9.2 展示了多种三阶非线性效应中的偶极子跃迁图,分别为自相位调制(self-phase modulation,SPM)、TPA、交叉相位调制(cross-phase modulation,XPM)、三次谐波产生(third harmonics generation,THG)、四波混频(four-wave mixing,FWM)和受激拉曼散射(stimulated Raman scattering,SRS)。

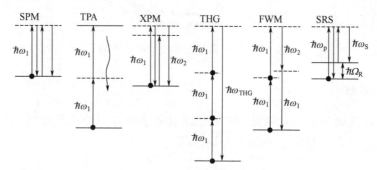

图 9.2　多种三阶非线性效应中的偶极子跃迁图[5]

1. 自相位调制

自相位调制是来自三个光子激发的偶极子跃迁,是信号光强的瞬时变化(例如光脉冲的上升沿和下降沿)引起其自身的相位调制,会改变原信号光中频谱的组成。自相位调制效应会导致脉冲频谱展宽,但在忽略群速度色散的情况下,脉冲的时域波形保持不变,且在脉冲波形的不同位置处产生新频率的大小不同,与脉冲的具体形状有关,即自相位调制会给脉冲带来频率啁啾,而且啁啾随传播距离的增大而增强。若此时色散不可忽略,则色散和自相位调制共同作用,可对脉冲形状产生压缩或展宽[7,23]。

2. 交叉相位调制

交叉相位调制涉及两个脉冲在介质中传输的情况。此时折射率不仅受到自身脉冲强度的调制,同时还与另一个共同传播的脉冲强度有关。换句话说,交叉相位调制描述了一个光脉冲与物质相互作用所带来的折射率变化被另外一个脉冲所感受到的现象。另外，从式(9-29)可以看出，在相同光强的情况下，交叉相位调制产生的非线性相移是自相位调制的两倍。

3. 四波混频

在四波混频过程中，两个频率分别是 ω_1 和 ω_2 的泵浦光和一个频率为 ω_S 的信号光一同在非线性介质中传播，并产生一个新的频率为 ω_i 的闲频光。而它们之间必须满足能量守恒关系 $\omega_1+\omega_2=\omega_S+\omega_i$。若 $\omega_1=\omega_2$，则此时为简并四波混频，否则为非简并的四波混频。

在自相位调制效应中，光脉冲的频谱里面总可以分解出多个频率分量，而它们之间也会发生很多组交叉相位调制和四波混频效应，但值得注意的是，在光脉冲非线性传输方程中并不会添加相应的交叉相位调制和四波混频项。这是因为，脉冲内部频谱分量间的交叉相位调制和四波混频实际上已经包含在该脉冲的自相位调制效应中。换句话说，上述提到的光脉冲光强的瞬时变化(例如上升沿和下降沿)引起的自相位调制是从时域理解这一过程，而考虑其频谱分量间的交叉相位调制和四波混频是从频域去描述同一物理过程。建立起对这一等效性的理解对读者是非常重要的，因为在光频率梳的数值模型中，读者可以发现，人们所采用的 LLE 方程里面是用自相位调制项来描述整个频率梳的演化，而不是对频率梳的各个谱线列出所有可能的交叉相位调制项和四波混频项。

9.2.7　受激拉曼散射

受激拉曼散射效应是拉曼在 1928 年首次提出的。如图 9.2 所示，一束频率为 ω_p 的泵浦光打入非线性介质中，会被散射成频率为 ω_S 的更低频的光，这个低频光被称为斯托克斯光。当泵浦能量较强时，泵浦光中的大部分能量都会被转移到斯托克斯光中。$\Omega_R=\omega_p-\omega_S$ 是泵浦光与斯托克斯光的频率差，斯托克斯光在介质中的增强可表示为[7]

$$\frac{dI_S}{dz}=g_R I_p I_S \tag{9-30}$$

其中，I_S 和 I_p 分别为斯托克斯光和泵浦光的光强；g_R 为拉曼增益系数，与三阶极化率的虚部项有关，表示拉曼增益中最重要的量；在不同的频移量 Ω_R 处，g_R 也不同，在增益谱峰值所对应的频移量 Ω_R 被称为拉曼频移(或斯托克斯频移)。当只有一束频率为 ω_p 的泵浦光入射的时候，增益谱峰值所对应的频率分量增长得最快。值得注意的是，对于芯片集成的单晶硅光波导，由于晶格方向的原因，TM 模式的光不会引起拉曼散射效应[24]，只有 TE 模式的光才可以激发受激拉曼散射。

9.2.8　受激布里渊散射

1922 年，布里渊预言了光波和声波之间的非弹性散射过程。与声光调制器之类的设备不同，受激布里渊散射(stimulated Brillouin scattering，SBS)是机械波和电磁波之间的双向相互作用，这种相互作用的强度在很大程度上取决于入射光的强度。布里渊散射过程产生于光子和声子(可来源于外部驱动，光激发或固有热声子)的相互作用，该过程的物理基础包括热力学相关的电致伸缩过程(电介质在电场中发生弹性形变)、光力现象(波导表面受到辐射压力而产生形变)以及光弹性效应(材料密度改变导致介电常数发生变化)。其典型的作用过程是，两束入射光波在波导内互相干涉产生强弱分布不均的光场分布，由于电致伸缩效应和光力现象，该光场分布使材料产生内部的密度波动和外部形变并传播，此波动与波导的本征模式共振，进而激发波导的本征声振动，被放大的声振动通过光弹性效应产生移动的光栅，使入射的高频光被反射，并且在多普勒效应下可以转化为低频入射光，增强的低频入射光继续与高频入射光干涉，继续增强波导中的声振动，声振动的放大又反过来增加入射高频光向低频光转化的能量，如此循环，对于足够长的光波导和足够高的输入功率，SBS 可以产生 100%的反向散射。与受激拉曼散射效应类似，SBS 效应也属于三阶光学非线性。

9.3　常见硅基非线性材料特性

当谈及硅基非线性材料的时候，可能广泛地包含了与硅相关的一系列材料，例如单晶硅、非晶硅、氮化硅(包括富硅氮化硅)、氧化硅、碳化硅以及锗等，因此有时也会称之为四族非线性光学。更加广义的范畴甚至包含氮化铝、氧化铝、氧化钛、氧化铪、铌酸锂等材料，它们的引入带来了如下优点：第一，可针对不同的应用波段选择具有相应光透明窗口的材料作为波导芯区和包层，从而尽量避免双光子吸收效应；第二，可辅助实现不同的波导芯包折射率差，便于设计不同类型的波导(如条形波导、脊型波导和沟槽型波导)和调控对应的波导色散；第三，具有近似折射率的不同材料可对应不同的加工工艺，如氮化硅和氧化铪、碳化硅和氧化钛，从而提供了更灵活的工艺流程设计。在材料选择过程中，常遵循下列原则：

首先，波导芯包折射率差是一个重要指标。在 1550nm 波长处，硅的折射率约 3.48，常被用于制作波导的芯区，二氧化硅的折射率约 1.44，它和空气常被用作波导的上包层。这种高折射率对比度可以将光场很好地束缚在较小尺寸的芯区内，从而将光学器件大规模集成在同一芯片上。同时，小的芯区尺寸能够在光波导中得到大的能量密度，有利于非线性效应产生。然而，折射率对比度大往往意味着更大的波导散射损耗，其来自加工过程中引入的波导侧壁粗糙度，在一些损耗敏感的非线性应用（如基于微腔的光频率梳产生）中，构建波导和微腔采用的折射率宜于适中或者偏小。

其次，所选波导芯区和包层材料的光学透明窗口应尽量重合，这可以提供较大的透明波段来产生非线性效应。这里提到的透明波段往往指非线性意义上的透明，即双光子吸收效应可以忽略，由于波导包层中光强相对较小，对包层材料中双光子吸收强弱的要求可以适当降低。

再次，体材料的非线性系数也是重要指标。尽管通过引入模场的强限制可以提高光功率密度，但值得注意的是，不同材料的非线性系数可能有量级上的区别。富硅氮化硅的材料非线性比单晶硅高近一个量级[25]，而单晶硅比标准氮化硅高近一个量级，比氧化硅高近两个量级[26]。这种量级上的非线性强弱改变是难以通过束缚模式场来实现的。

最后，材料的热导率也往往需要关注。因为非线性效应的产生通常要求输入高功率的泵浦光，芯片单位面积上的功率密度可能远大于基于自由空间分立元件和光纤的非线性系统，因此集成光器件的发热和温漂可能严重影响非线性性能。硅材料具有较高的热导率（149W • m/K），但包层材料的热导率往往成为非线性光学器件是否便于散热的决定性因素。

需要指出的是，通过统计大量的已知光学材料，人们发现材料的线性折射率和非线性系数之间存在着粗略的关联关系[27,28]，这被称作米勒法则。同时，低折射率电介质材料的透明窗口更趋向于短波长，这也为非线性光学材料的选择提供了借鉴和参考。

9.4　硅基非线性效应的应用

作为非常重要的光学分支，非线性光学是频率转换、放大、光孤子形成及压缩、超连续谱产生、光频率梳产生等领域的核心技术，在光谱分析、成像、传感、医疗、通信、计量[29,30]等领域有着广泛应用。图 9.3 展示了常见的基于非线性光学现象的输入和输出光谱。其中图 9.3（a）表示波长转换及参量放大现象，高功率泵浦光、低功率信号光和低功率闲频光入射，若三者频率之间的关系满足动量守恒，即 $2\omega_p = \omega_s + \omega_i$，且信号光和闲频光频率在增益谱（虚线）范围内，则泵浦光的部分能量被转移至信号光及闲频光，实现光参量放大。若只输入泵浦光与信号光，则可以产生闲频光，从而实现波长转换。图 9.3（b）表示超连续谱的产生，输入的是带宽较小的频谱，而输出的是被显著展宽后的频谱。图 9.3（c）表示光学频率梳的产生，通过采用窄线宽连续光泵浦一个非线性谐振腔，在频率域得到具有等间隔谱线的梳齿状频谱。图 9.3（d）表示受激拉曼放大及受激布里渊放大，通过输入一束强泵浦光及一束在其长波长端增益谱（虚线）范围内的信号光，实现从泵浦光至信号光的能量转移。

需要指出的是，上述几种现象需满足在频率域的动量和能量守恒关系。以下我们将重点描述非线性光学现象在硅基芯片上的发展和应用。

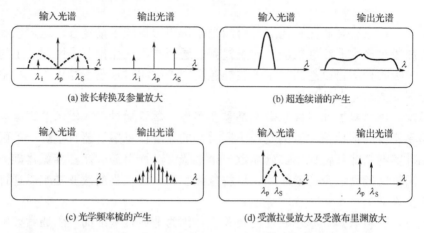

(a) 波长转换及参量放大　　　　　　　　　　(b) 超连续谱的产生

(c) 光学频率梳的产生　　　　　　(d) 受激拉曼放大及受激布里渊放大

图 9.3　基于非线性光学现象的输入和输出光谱(虚线表示相应的增益谱)

9.4.1　克尔效应在硅基波导中的应用

波长转换的实现主要利用 FWM 效应，近些年在光纤通信领域得到广泛关注。基于硅波导以 10Gbit/s 的速率、−10dB 转化效率的波长转换功能已在多项工作中被验证[31]。如图 9.4 所示，通过调节波导尺寸来设计色散，可实现超过 150nm 带宽的波长转换[32]。在近红外波段硅波导中 TPA 明显，在更高速率下的转换效率受限于 TPA 带来的进一步载流子吸收效应。为此，可在硅波导[33]两端设置反向的 p-i-n 结来主动移除产生的自由载流子，减小载流子寿命，从而将在 40Gbit/s 速率条件下的转换效率提升至−8.6dB。在另一项实验中，利用氢化非晶硅(a:Si-H)波导，有效避免了 TPA，实现了 490nm 带宽、−11.4dB 转换效率的波长转换[34]。

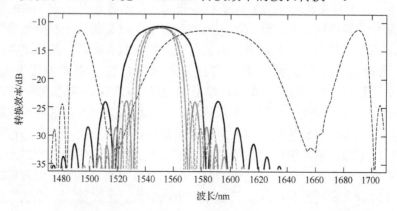

图 9.4　通过调节波导尺寸设计色散，得到超过 150nm 带宽的波长转换[32]

基于 FWM 的参量放大可以得到宽带增益(图 9.5),但需要精准的色散控制去满足宽带相位匹配条件。如图 9.5(a)所示,2006 年人们设计硅波导的相位匹配曲线,实验上得到近红外波段带宽达 28nm 的参量放大[35]。在 2μm 波段,利用硅波导实现了峰值 25.4dB、带宽超过 200nm 增益的光参量放大[36];如图 9.5(b)、(c)所示,2011年,光参量放大带宽被提升至 580nm,增益峰值超过 40dB[37]。另外,利用氢化非晶硅(a:Si-H)波导,实现了 26.5dB 增益的参量放大[38]。

超连续谱产生指的是在多种光学非线性效应共同作用下,超宽带光源的产生。1970 年,超连续谱产生现象首次在玻璃中被发现,随后此现象在多种非线性介质中获得广泛研究,如固体、有机材料、气体及多种类型的波导等。芯片上硅基光波导相对于传统光纤而言,具有更大的材料非线性系数和更宜于实现的色散控制。因此,人们深入研究了片上集成的超连续谱光源。

基于硅波导,在 2007 年,人们实现了 1550nm 波段的谱宽超过 350nm 的超连续谱[39]。2014 年,超连续谱范围拓展至 1200~1700nm 波段[40]。硅在近红外具有较强的 TPA,超连续谱的谱宽会受到一定的限制。为此,通过设计具有 4 个色散零点的波导,进而得到宽达 1 个倍频程(1200~2400nm)的超连续谱[23]。同时,基于硅波导超连续谱产生研究在中红外波段展开。2011 年,通过在 2μm 附近泵浦,产生了1535~2525nm 波段的超连续谱[41]。随后在 2015 年,利用仅为 16pJ 的泵浦脉冲,仍可拓展频谱至 3μm[42]。传统的二氧化硅基底材料在 4μm 以外的中红外波段具有强烈吸收性质,限制了超连续谱在中红外波段的继续拓展,人们提出了不同的解决手段。2015 年,通过采用蓝宝石基底,实现了 1.9~6μm 的超连续谱[43]。2018 年,采用悬空的硅波导结构,得到了 2~5μm 的超连续谱[44]。需要指出的是,人们常将低于频谱峰值能量 30dB 或 40dB 范围内的频谱宽度定义为超连续谱的谱宽,但其中能量较低的部分在实际应用中往往难以利用。

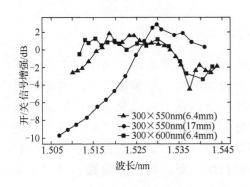
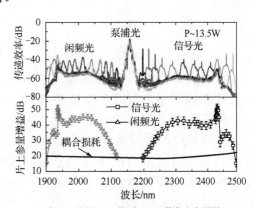

(a) 近红外波段 FWM 得到 28nm 光参量增益　　　(b) 在 2μm 波段 FWM 得到 580nm 带宽光参量增益

图 9.5　基于 FWM 的参量放大得到宽带增益

虽然氮化硅相较于硅的非线性系数偏低，但其在可见光至中红外波段具有宽带透明窗口，且具有 CMOS 工艺兼容的优点，也受到广泛关注。2012 年，采用具有两个零色散波长的氮化硅波导，在两个正常色散区分别产生色散波，得到 665～2025nm(约 1.6 个倍频程)的超连续谱[45]。2015 年，利用自相位调制和色散对泵浦飞秒脉冲进行有效压缩，得到了 1550nm 波段相干度高的 1.4 个倍频程的超连续谱[46]。同年，通过提升氮化硅加工工艺，优化波导色散，实现了谱宽超过 495THz 的超宽带超连续谱[47]。类似于硅波导，在中红外波段超连续谱产生的研究中，在氮化硅波导方面也取得进展[48-50]。此外，基于富硅氮化硅[51,52]、硫系[53-55]、铌酸锂[56]、二氧化钛[57]等材料的超连续谱产生研究也广泛开展。

超连续谱的产生涉及多种非线性效应，从产生的物理机制上大致可以分为以下几大类型：孤子分裂、脉冲压缩、调制不稳定、脉冲自陡以及光波分裂。其中后两种类型的超连续谱均产生在正常色散区域。

利用孤子分裂产生超连续谱是在波导中入射飞秒的高阶孤子，在高阶色散的扰动作用下，其传播过程中不断分裂释放出若干基阶孤子。这些基阶孤子由于高阶色散的存在，在波导中的传播速度略有不同，互相分开，对应的频谱也被调制，同时基阶孤子中的一部分能量被转移到满足相位匹配条件的色散波中。典型的由孤子分裂产生超连续谱的时域与频域输出如图 9.6 所示。由于分裂出的基阶孤子在传播中独立演化，利用该方式产生的超连续谱的频谱相干性较低[58]。

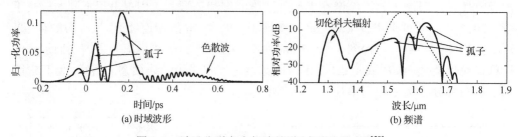

图 9.6　孤子分裂产生超连续谱(虚线为输入)[58]

脉冲压缩技术[59]是实现超连续谱产生的另一种主要方法，如图 9.7 所示。它需要在波导中入射飞秒或皮秒脉冲，得到较强的自相位调制效应，同时通过调控所需的反常色散，使之与自相位调制相配合，从而实现显著的时域脉冲压缩，及相对应的频谱展宽。图 9.7(a)、(b)分别展示了在硅波导中基于脉冲压缩技术的超连续谱频谱产生过程及脉冲压缩前后的对比[23]。利用此方法可以得到相干性较好的超连续谱，且在波导中所传播长度较短，可以有效减小硅波导中 TPA 带来的负面影响。

基于调制不稳定效应产生超连续谱是在反常色散区入射皮秒甚至纳秒级的泵浦脉冲，由自发四波混频(spontaneous four-wave mixing, SFWM)增益来放大噪声，从而对泵浦脉冲产生高频调制，导致快速变化的时域波形，进而通过自相位调制带来更大范围的谱展宽。图 9.7(c)、(d)展示了氮化硅波导中的超连续谱产生过程。利用皮秒脉冲产生近三个倍频程且平坦度在 5dB 以内的超连续谱。

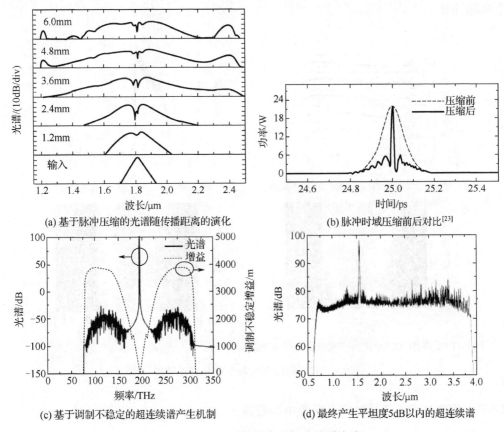

(a) 基于脉冲压缩的光谱随传播距离的演化

(b) 脉冲时域压缩前后对比[23]

(c) 基于调制不稳定的超连续谱产生机制

(d) 最终产生平坦度5dB以内的超连续谱

图 9.7 脉冲压缩技术实现超连续谱产生

如图 9.8 所示，利用脉冲自陡效应产生超连续谱则需要波导具有低且平坦的正常色散。在脉冲传播时，非线性系数的频率依赖性导致群速度与强度相关，从而脉冲峰值速度不同于前后沿，使脉冲后沿逐步变陡。进而，下降沿由自相位调制产生大量高频（蓝移）分量，且由于色散较低，下降沿各频率分量走离少，高频分量结合自陡效应进一步形成更陡的下降沿，产生更蓝移的高频分量[19,60]。图 9.8(a)、(b)展示了在氮化硅波导中用自陡效应实现两个倍频程超连续谱的过程及最终下降沿陡峭的脉冲[19]。利用此方式产生超连续谱，要避开材料 TPA 波段，来保证较强自陡效应的发生。

在全部正常色散情况下，也可利用自相位调制及光波分裂效应产生超连续谱。在具有全正常色散的氮化硅波导中，在 1.55μm 波长处入射峰值功率 5kW 的泵浦光，频域及时域随距离的演化如图 9.8(c)、(d)所示。在传播伊始，频谱由于自相位调制作用在频域上对称地展宽，随后长波长传播速度快于短波长，不同频率分量的光在时域上重叠，且重叠部分由于光波分裂效应产生了原频谱两侧新的边带频谱，最终形成超连续谱[50]。

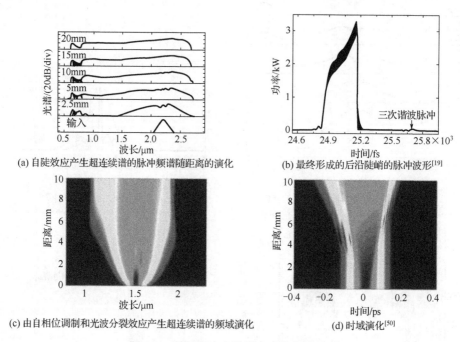

(a) 自陡效应产生超连续谱的脉冲频谱随距离的演化　　　　(b) 最终形成的后沿陡峭的脉冲波形[19]

(c) 由自相位调制和光波分裂效应产生超连续谱的频域演化　　　　(d) 时域演化[50]

图 9.8　利用脉冲自陡效应产生超连续谱

9.4.2　克尔效应在硅基微环谐振腔中的应用

1. 芯片集成的微环谐振腔

微谐振腔按照形状大致可分为球形、圆柱形、盘形及集成环形等[61]。基于不同材料的集成微环谐振腔如图 9.9 所示。对于集成环形谐振腔，常见组成材料有硅、氮化硅、氮化铝、金刚石等[62,63]。通常光从芯片一端被耦合进总线波导，随后通过倏逝场进入谐振腔。被耦合进的光波在谐振腔中传播一周，相位随之积累，若积累的相位为 2π 的整数倍，则光能在谐振腔中谐振，能量积累。

在腔中谐振的频率可以表示为

$$\omega_m = \frac{2\pi mc}{n_{\text{eff}}(\omega_m)L} \tag{9-31}$$

其中，整数 m 表示了谐振序数；n_{eff} 表示有效折射率，是谐振频率的函数，记为 $n_{\text{eff}}(\omega_m)$；c 是真空中的光速；L 是谐振腔的腔长。

衡量微环谐振腔的品质因数定义为

$$Q = \frac{\omega_m}{\Delta\omega} \tag{9-32}$$

其中，$\Delta\omega$ 是谐振峰的半高全宽（full width at half maxima，FWHM）；Q 值表征了谐振腔储存光能量的能力，具有高 Q 值的微环谐振腔有利于非线性效应的发生[64,65]。另外总的 Q 值（Q_{tot}）又由固有 Q 值（Q_{int}）及外在 Q 值（Q_{ext}）组成，三者满足

$$\frac{1}{Q_{tot}} = \frac{1}{Q_{int}} + \frac{1}{Q_{ext}} \tag{9-33}$$

当 $Q_{int} > Q_{ext}$ 时，腔的耦合系数大于损耗系数，微环处于过耦合状态；当 $Q_{int} = Q_{ext}$ 时，腔的耦合系数等于损耗系数，微环处于临界耦合状态；当 $Q_{int} < Q_{ext}$ 时，微环处于欠耦合状态。加工的工艺水平决定了腔的损耗系数，而耦合系数的大小通常由总线波导与谐振腔的间距所决定。

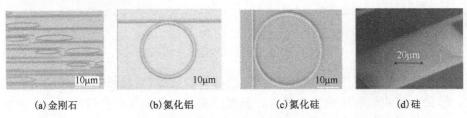

(a) 金刚石　　　　　(b) 氮化铝　　　　　(c) 氮化硅　　　　　(d) 硅

图 9.9　基于不同材料的集成微环谐振腔[62,63]

2. 基于微环谐振腔的光学频率梳产生

基于微环谐振腔的光学频率梳如图 9.10 所示。光学频率梳是频域上一系列等间距的谱线所组成的梳状结构[1]。如图 9.10(a) 所示，f_0 为初始频率偏移（或载波频率偏移），f_r 为相邻谱线的间距，n 为整数。在时域，模式锁定的频率梳表现为周期相等的脉冲序列，周期为 $1/f_r$[66]。基于微腔的光频梳产生过程如图 9.10(b)、(c) 所示，单频可调谐泵浦光在经过放大器后耦合进总线波导，再耦合进入微腔中。当光在微腔中谐振，能量积累达到非线性阈值后，由简并 FWM 产生泵浦两侧的第一对边频，随后发生级联四波混频，最终形成宽谱锁模的光频梳[67]。

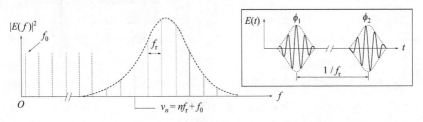

(a) 光学频率梳在时域和频域上的表现[66]

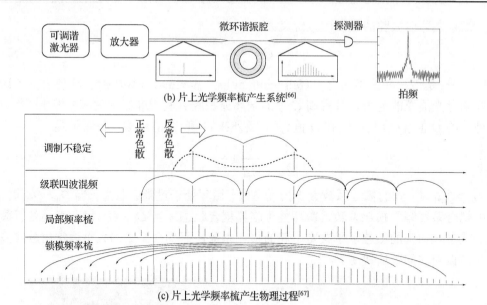

(b) 片上光学频率梳产生系统[66]

(c) 片上光学频率梳产生物理过程[67]

图 9.10   基于微环谐振腔的光学频率梳

在产生光频梳过程中,泵浦波长需要由谐振峰蓝端(短波长端)缓慢调谐至红端(长波长)处,来克服腔中由克尔效应、温度漂移等使谐振峰红移带来的负面影响。光频梳的锁模过程如图 9.11 所示,随着泵浦波长调谐,谐振腔先进入调制不稳定状态(Ⅳ)[22,68,69],随后能量骤降,腔中达到锁模的腔孤子状态,台阶状的腔内能量下

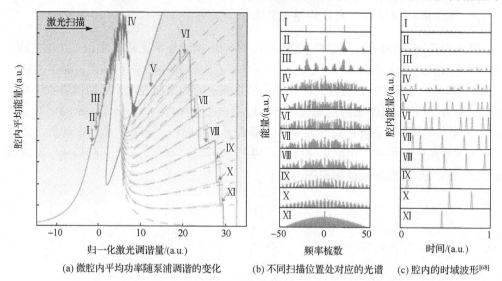

(a) 微腔内平均功率随泵浦调谐的变化   (b) 不同扫描位置处对应的光谱   (c) 腔内的时域波形[68]

图 9.11   光频梳的锁模过程

降代表着腔中孤子的数目减少[68]。另外，还有正向加反向调谐法[70]、热调谐法[71]、压电调谐法[72]、辅助激光法[73]、能量刺激法[74]等多种锁模光频率梳产生方法。

3. 光学频率梳的新进展

对于硅材料的微腔光频梳的研究工作主要在中红外波段展开，在 2014 年的一项研究工作中通过加入反向 p-i-n 结缩短由三光子吸收产生载流子的寿命[75]，实现了 2.1～3.5μm 红外宽谱光学频率梳产生。随后在 2016 年，在硅材料的微环中进一步产生 2.4～4.3μm 锁模的光频梳，并验证了通过控制载流子寿命实现锁模光频梳的方法[76]。

基于氮化硅微腔的光频梳在近年有着长足的发展。2017 年，实现了 FSR 为 1THz、谱宽为一个倍频程的光频梳[77]。但 1THz 较难用光电探测器探测，难以实现 f-2f 自参考的应用。2018 年，用同一激光泵浦，在氮化硅微环和二氧化硅微环中分别产生 FSR 为 1THz 的宽谱光频梳和 22GHz 的窄谱光频梳，并将两个光频梳合成，实现了在 f-2f 自参考探测的应用[78]。2020 年，分别在 10GHz 和 5GHz 微环谐振中产生了 1550nm 波段上 3dB 带宽内超过 300 根谱线的光学频率梳，拓展了其在微波光子学中的应用[79]。在中红外波段，2015 年，依靠高 Q 腔及波导色散的设计，产生了 2.3～3.5μm 的光学频率梳[80]。同时，利用片上光源产生集成光频梳的研究工作也在近年开展[81-83]，如图 9.12 所示。另外，在通信[84,85]、雷达[86]等应用方面的研究也在进行中。

对微腔光孤子稳定性的研究也逐步深入。2017 年，由材料吸收、模式耦合等带来的频域上的局域损耗对腔孤子的影响被探讨[87]。2018 年，研究者报道了基于锗的混合色散微环，在中红外波段有望产生超过一个倍频程光频梳，如图 9.12(c)、(d) 所示[88]。同年，研究者发现了在混合色散条件下(包含多个零色散波长)，腔孤子的稳定性及由此带来的泵浦功率要求的降低，如图 9.12(e)、(f) 所示[89]。以上多项工

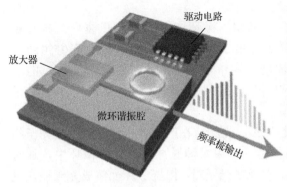

(a) 片上光源泵浦的集成光频梳产生系统

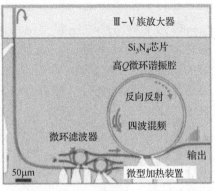

(b) 显微镜图像[81]

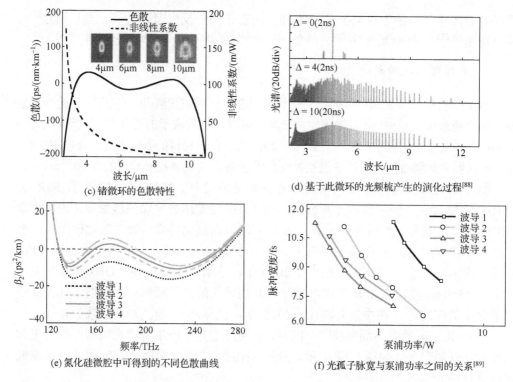

(c) 锗微环的色散特性

(d) 基于此微环的光频梳产生的演化过程[88]

(e) 氮化硅微腔中可得到的不同色散曲线

(f) 光孤子脉宽与泵浦功率之间的关系[89]

图 9.12 片上光源产生集成光频梳的研究工作新进展

作表明了谐振腔光孤子相比于光纤和波导中的光孤子，具有更强的稳定性和抗干扰能力。另外，基于二氧化硅[90,91]、金刚石[92]、铌酸锂[93]等材料的微腔光频梳产生研究也方兴未艾。

4. 基于微环谐振腔纠缠量子对的产生

纠缠光子对的产生主要是运用了 SFWM。微环谐振腔相比于波导，具有更宽的色散补偿的频率范围，因此研究者开展了许多基于微环谐振腔产生纠缠光子对的研究[94]。2011 年，在硅基微环谐振腔中基于 FWM 产生窄带光子对的理论揭示了通过设计宽带色散补偿区域，可在 1.3~1.8μm 的波段上产生纠缠光子频率梳[95]。

2016 年，另一项研究工作展示了芯片集成光频梳在产生多个双光子及多光子纠缠量子比特的应用。其中，具有不同相位的两束泵浦脉冲光入射到微环中，通过 SFWM 在光频梳上产生时域双光子纠缠对及多光子对，拓展了片上集成光频梳在量子领域的应用，如图 9.13 所示[96]。

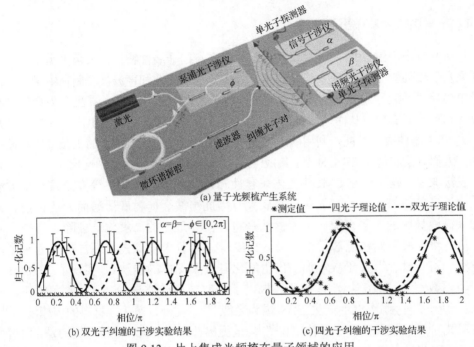

(a) 量子光频梳产生系统

(b) 双光子纠缠的干涉实验结果

(c) 四光子纠缠的干涉实验结果

图 9.13　片上集成光频梳在量子领域的应用

9.4.3　拉曼放大及拉曼激光

采用 SRS 去实现放大器和激光器的优势在于输出波长和放大波长具有较好的可选择性[97]。2003 年，首次报道了在硅波导中的 SRS 效应，并在 1542nm 处得到 0.25dB 的放大[98]。2004 年，首次实现了全硅的脉冲拉曼激光器，通过在硅脊波导两边加入反向 p-i-n 结，消除了载流子效应的影响[99]。2005 年，英特尔公司报道了硅基连续光拉曼激光器[100]，如图 9.14 所示，在 25V 的反向偏压下，得到 4.3% 的斜率效率。

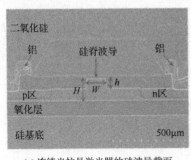

(a) 连续光拉曼激光器的硅波导截面

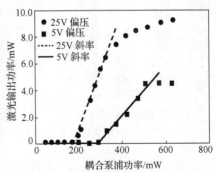

(b) 在不同偏压下连续光拉曼激光器的输出功率随输入泵浦功率的变化[100]

图 9.14　硅基连续光拉曼激光器

9.4.4　布里渊放大及布里渊激光

传统光纤中产生 SBS 的强度仅决定于材料本身的非线性特性，故至少需要数十米光纤来实现较强的 SBS 效应，但近年来，人们发现当光波和声波被限制在纳米尺度的波导中传播时，波导边界上的辐射压力可显著放大声光相互作用，并且该力会受到波导尺寸和形状的影响，从而提高 SBS 强度，得以在厘米级传播长度上产生 SBS，使片上集成 SBS 器件成为可能。利用硫系玻璃较大的非线性系数、较小的机械刚度和高折射率，人们首次实现了 SBS 的片上集成[101]，并已实现多项集成光学应用。

长远来看，硅波导在 CMOS 工艺兼容性和片上大规模集成性等方面具有很大潜力。由于硅的机械刚度比二氧化硅衬底大，因此声波会向衬底泄漏而无法传播。为了增大硅波导中的声子寿命，主流做法是将硅波导下方的二氧化硅去除，将波导悬空，从而将声波限制在硅芯层中传播。2012 年，耶鲁大学课题组通过仿真证明了这个方法的可行性[102]，并于次年加工出由氮化硅薄膜支撑的硅波导，实现了 2328/m/W 的增益系数[103]。2016 年，该课题组报道了悬空脊型硅波导的 SBS 放大效应，如图 9.15 所示，使利用 SOI 产生 SBS 成为可能[104]。此外，基于硅材料的沟槽波导[105]和条形波导[106]，以及声光子晶体波导[107]均被提出并广泛研究，值得一提的是，研究人员已基于硅波导中的 SBS 实现了布里渊激光器[108]。此外，片上 SBS 还可用于片上微波产生和信号处理、声光调控、布里渊冷却和光机械等领域，具有广阔的发展前景。

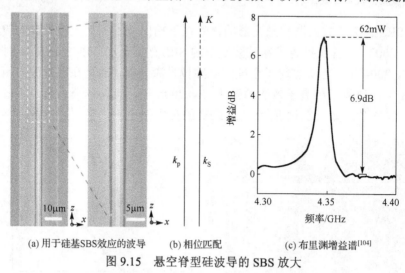

(a) 用于硅基SBS效应的波导　　(b) 相位匹配　　(c) 布里渊增益谱[104]

图 9.15　悬空脊型硅波导的 SBS 放大

9.5　本 章 小 结

如前所述，尽管非线性光学在传统材料体系平台(如晶体、陶瓷、光纤等)中已经历了几十年的发展，硅基光电集成芯片中的非线性现象研究仍然为非线性光学注入了新的发展动力。特别是考虑到在芯片级非线性器件中，借助于微纳米结构对光波物理参数的控制能力，色散操控和非线性增强两方面都可以产生远超传统材料体系的特性，这极大地促进了芯片上非线性光学特性的研究，从而扩展了传统非线性光学的物理参数空间。同时，突破了原有非线性光学系统体积和能耗巨大所带来的应用条件上的束缚，硅基光电集成芯片中的非线性器件更加具有体积更小、重量更轻、稳定性更好、成本更低、便携性更强等特点，这极大地带动了将非线性器件和系统产业化的进展，使片上集成非线性器件走出实验室、走进千家万户成为可能。从这个意义上讲，硅基非线性光学的发展在基础研究和应用扩展两个方面都真正促进了相关学科领域的发展。

参 考 文 献

[1] Udem T, Holzwarth R, Hänsch T W. Optical frequency metrology. Nature, 2002, 416(6877): 233-237.

[2] Strickland D, Mourou G. Compression of amplified chirped optical pulses. Optics Communications, 1985, 53(3): 219-221.

[3] Soref R A, Lorenzo J P. Single-crystal silicon: A new material for 1.3 and 1.6μm integrated-optical components. Electronics Letters, 1985, 21(21): 953-954.

[4] Rickman A. The commercialization of silicon photonics. Nature Photonics, 2014, 8: 579-582.

[5] Leuthold J, Koos C, Freude W. Nonlinear silicon photonics. Nature Photonics, 2010, 4: 535-544.

[6] Borghi M, Castellan C, Signorini S, et al. Nonlinear silicon photonics. Journal of Optics, 2017, 19: 93002.

[7] Agrawal G P. Nonlinear Fiber Optics. San Diego: Academic Press, 2007.

[8] Cazzanelli M, Bianco F, Borga E, et al. Second-harmonic generation in silicon waveguides strained by silicon nitride. Nature Materials, 2012, 11: 148-154.

[9] Jacobsen R, Andersen K, Borel P, et al. Strained silicon as a new electro-optic material. Nature, 2006, 441: 199-202.

[10] Avrutsky I, Soref R. Phase-matched sum frequency generation in strained silicon waveguides using their second-order nonlinear optical susceptibility. Optics Express, 2011, 19(22): 21707-21716.

[11] Timurdogan E, Poulton C V, Byrd M J, et al. Electric field-induced second-order nonlinear optical effects in silicon waveguides. Nature Photonics, 2017, 11: 200-207.

[12] Marcues D. Light Transmission Optics. New York: van Nostrand Reinhold, 1982.

[13] Turner A C, Manolatou C, Schmidt B S, et al. Tailored anomalous group-velocity dispersion in

silicon channel waveguides. Optics Express, 2006, 14(10): 4357-4362.

[14] Almeida V R, Xu Q, Barrios C A, et al. Guiding and confining light in void nanostructure. Optics Express, 2004, 29(11): 1209-1211.

[15] Zheng Z, Iqbal M, Liu J. Dispersion characteristics of SOI-based slot optical waveguides. Optics Communications, 2008, 281(20): 5151-5155.

[16] Zhang L, Yue Y, Beausoleil R G, et al. Flattened dispersion in silicon slot waveguides. Optics Express, 2010, 18(19): 20529-20534.

[17] Zhang L, Yue Y, Beausoleil R G, et al. Silicon waveguide with four zero-dispersion wavelengths and its application in on-chip octave-spanning supercontinuum generation. Optics Express, 2012, 20(2): 1685-1690.

[18] Diament P. Wave Transmission and Fiber Optics. New York: Macmillam, 1990.

[19] Zhang L, Yan Y, Yue Y, et al. On-chip two-octave supercontinuum generation by enhancing self-steepening of optical pulses. Optics Express, 2011, 19(12): 11590-11594.

[20] Zhang L, Lin Q, Kimerling L C, et al. Self-frequency shift of cavity soliton in Kerr frequency comb. https://arxiv.org/abs/1404.1137[2014-04-04].

[21] Coen S, Erkintalo M. Universal scaling laws of Kerr frequency combs. Optics Letters, 2013, 38(11): 1790-1792.

[22] Haelterman M, Trillo S, Wabnitz S. Dissipative modulation instability in a nonlinear dispersive ring cavity. Optics Communications, 1992, 91(5-6): 401-407.

[23] Zhang L, Lin Q, Yue Y, et al. On-chip octave-spanning supercontinuum in nanostructured silicon waveguides using ultralow pulse energy. IEEE Journal of Selected Topics in Quantum Electronics, 2012, 8(6): 1799-1806.

[24] Lin Q, Painter O J, Agrawal G P. Nonlinear optical phenomena in silicon waveguides: Modeling and applications. Optics Express, 2007, 15(25): 16604-16644.

[25] Minissale S, Yerci S, Dal N L. Nonlinear optical properties of low temperature annealed silicon-rich oxide and silicon-rich nitride materials for silicon photonics. Applied Physics Letters, 2012, 100(2): 21109.

[26] Zhang L, Agarwal A M, Kimerling L C, et al. Nonlinear group IV photonics based on silicon and germanium: From near-infrared to mid-infrared. Nanophotonics, 2014, 3(4-5): 247-268.

[27] Monro T M, Ebendorff-Heidepriem H. Progress in microstructured optical fibers. Annual Review of Materials Research, 2006, 36: 467-495.

[28] Price J H V, Monro T M, Ebendorff-Heidepriem H, et al. Mid-IR supercontinuum generation from nonsilica microstructured optical fibers. IEEE Journal of Selected Topics in Quantum Electronics, 2007, 13(3): 738-750.

[29] Mayer A S, Klenner A K, Johnson A R, et al. Frequency comb offset detection using

supercontinuum generation in silicon nitride waveguides. Optics Express, 2015, 23(12): 15440-15451.

[30] Klenner A, Mayer A S, Johnson A R, et al. Gigahertz frequency comb offset stabilization based on supercontinuum generation in silicon nitride waveguides. Optics Express, 2016, 24(10): 11043-11053.

[31] Rong H, Kuo Y H, Liu A, et al. High efficiency wavelength conversion of 10Gb/s data in silicon waveguides. Optics Express, 2006, 14(3): 1182-1188.

[32] Foster M A, Turner A C, Salem R, et al. Broad-band continuous-wave parametric wavelength conversion in silicon nanowaveguides. Optics Express, 2007, 15(20): 12949-12958.

[33] Lee B G, Biberman A, Turner-Foster A C, et al. Demonstration of broadband wavelength conversion at 40Gb/s in silicon waveguides. IEEE Photonics Technology Letters, 2009, 21(3): 182-184.

[34] Wang K Y, Foster A C. Ultralow power continuous-wave frequency conversion in hydrogenated amorphous silicon waveguides. Optics Letters, 2012, 37(8): 1331-1333.

[35] Foster M A, Turner A C, Sharping J E, et al. Broad-band optical parametric gain on a silicon photonic chip. Nature, 2006, 441: 960-963.

[36] Liu X, Osgood R M, Vlasov Y A, et al. Mid-infrared optical parametric amplifier using silicon nanophotonic waveguides. Nature Photonics, 2010, 4: 557-560.

[37] Kuyken B, Liu X, Roelkens G, et al. 50dB parametric on-chip gain in silicon photonic wires. Optics Letters, 2011, 36(22): 4401-4403.

[38] Kuyken B, Clemmen S, Selvaraja S K, et al. On-chip parametric amplification with 26.5dB gain at telecommunication wavelengths using CMOS-compatible hydrogenated amorphous silicon waveguides. Optics Letters, 2011, 36(4): 552-554.

[39] Hsieh I W, Chen X, Liu X, et al. Supercontinuum generation in silicon photonic wires. Optics Express, 2007, 15(23): 15242-15249.

[40] Leo F, Gorza S P, Safioui J, et al. Dispersive wave emission and supercontinuum generation in a silicon wire waveguide pumped around the 1550nm telecommunication wavelength. Optics Letters, 2014, 39(12): 3623-3626.

[41] Kuyken B, Liu X, Osgood R M, et al. Mid-infrared to telecom-band supercontinuum generation in highly nonlinear silicon-on insulator wire waveguides. Optics Express, 2011, 19(21): 20172-20181.

[42] Kuyken B, Ideguchi T, Holzner S, et al. An octave-spanning mid-infrared frequency comb generated in a silicon nanophotonic wire waveguide. Nature Communications, 2015, 6: 6310.

[43] Singh N, Hudson D D, Yu Y, et al. Midinfrared supercontinuum generation from 2 to 6μm in a silicon nanowire. Optica, 2015, 2(9): 797-802.

[44] Kou R, Hatakeyama T, Horing J, et al. Mid-IR broadband supercontinuum generation from a suspended silicon waveguide. Optics Letters, 2018, 43(6): 1387-1390.

[45] Halir R, Okawachi Y, Levy J S, et al. Ultrabroadband supercontinuum generation in a CMOS-compatible platform. Optics Letters, 2012, 37(10): 1685-1687.

[46] Johnson A R, Mayer A S, Klenner A, et al. Octave-spanning coherent supercontinuum generation in a silicon nitride waveguide. Optics Letters, 2015, 40(21): 5117-5120.

[47] Epping J P, Hellwig T, Hoekman M, et al. On-chip visible-to-infrared supercontinuum generation with more than 495THz spectral bandwidth. Optics Express, 2015, 23(15): 19596-19604.

[48] Martyshkin D, Fedorov V, Kesterson T, et al. Visible-near-middle infrared spanning supercontinuum generation in a silicon nitride waveguide. Optical Materials Express, 2019, 9(6): 2553-2559.

[49] Guo H, Herkommer C, Billat A, et al. Mid-infrared frequency comb via coherent dispersive wave generation in silicon nitride nanophotonic waveguides. Nature Photonics, 2018, 12: 330-335.

[50] Ahmad H, Karim M R, Rahman B M A. Dispersion-engineered silicon nitride waveguides for mid-infrared supercontinuum generation covering the wavelength range 0.8-6.5μm. Laser Physics, 2019, 29(2): 25301.

[51] Liu X, Pu M, Zhou B, et al. Octave-spanning supercontinuum generation in a silicon-rich nitride waveguide. Optics Letters, 2016, 41(12): 2719-2722.

[52] Choi J W, Sohn B U, Chen G F R, et al. Soliton-effect optical pulse compression in CMOS-compatible ultra-silicon-rich nitride waveguides. APL Photonics, 2019, 4: 110804.

[53] Ahmad H, Karim M R, Rahman B M A. All-normal-dispersion chalcogenide waveguides for ultraflat supercontinuum generation in the mid-infrared region. IEEE Journal of Quantum Electronics, 2017, 53(2): 7100106.

[54] Yu Y, Gai X, Ma P, et al. Experimental demonstration of linearly polarized 2-10μm supercontinuum generation in a chalcogenide rib waveguide. 2016, 41(5): 958-961.

[55] Lamont M R E, Luther-Davies B, Choi D Y, et al. Supercontinuum generation in dispersion engineered highly nonlinear (γ=10/W/m) As_2S_3 chalcogenide planar waveguide. Optics Express, 2008, 16(19): 14938-14944.

[56] Phillips C R, Langrock C, Pelc J S, et al. Supercontinuum generation in quasi-phase-matched $LiNbO_3$ waveguide pumped by a TM-doped fiber laser system. Optics Letters, 2011, 36(19): 3912-3914.

[57] Hammani K, Markey L, Lamy M, et al. Octave spanning supercontinuum in titanium dioxide waveguides. Applied Sciences, 2018, 8(4): 543-553.

[58] Yin L, Lin Q, Agrawal G P. Soliton fission and supercontinuum generation in silicon waveguides. Optics Letters, 2007, 32(4): 391-393.

[59] Rudolph W, Wilhelmi B. Light Pulse Compression. New York: Harwood Academic, 1989.

[60] Fang Y, Bao C, Wang Z, et al. Three-octave supercontinuum generation using SiO₂ cladded Si₃N₄ slot waveguide with all-normal dispersion. Journal of Lightwave Technology, 2020, 38(12): 3431-3438.

[61] Vahala K J. Optical microcavities. Nature, 2003, 424: 839-846.

[62] Bogaerts W, Heyn P D, Vaerenbergh T V, et al. Silicon microring resonators. Laser Photonics Reviews, 2012, 6(1): 47-73.

[63] Kippenberg T J, Gaeta A L, Lipson M, et al. Dissipative Kerr solitons in optical microresonators. Science, 2018, 361: 8083.

[64] Xuan Y, Liu Y, Varghese L T, et al. High-Q silicon nitride microresonators exhibiting low-power frequency comb initiation. Optica, 2016, 3(11): 1171-1180.

[65] Pfeiffer M H P, Liu J, Raja A S, et al. Ultra-smooth silicon nitride waveguides based on the damascene reflow process: Fabrication and loss origins. Optica, 2018, 5(7): 884-892.

[66] Kippenberg T J, Holzwarth R, Diddams S A. Microresonator-based optical frequency combs. Science, 2011, 332: 555-559.

[67] Lamont M R E, Okawachi Y, Gaeta A L. Route to stabilized ultrabroadband microresonator-based frequency combs. Optics Letters, 2013, 38(18): 3478-3481.

[68] Herr T, Brasch V, Jost J D, et al. Temporal solitons in optical microresonators. Nature Photonics, 2014, 8: 145-152.

[69] Hansson T, Modotto D, Wabnitz S. Dynamics of the modulational instability in microresonator frequency combs. Physical Review A, 2013, 88(2): 23819.

[70] Guo H, Karpov M, Lucas E, et al. Universal dynamics and deterministic switching of dissipative Kerr solitons in optical microresonators. Nature Physics, 2017, 13: 94-103.

[71] Joshi C, Jang J K, Luke K, et al. Thermally controlled comb generation and soliton modelocking in microresonators. Optics Letters, 2016, 41(11): 2565-2568.

[72] Liu J, Tian H, Lucas E, et al. Monolithic piezoelectric control of soliton microcombs. Nature, 2020, 583: 385-390.

[73] Zhou H, Geng Y, Cui W, et al. Soliton bursts and deterministic dissipative Kerr soliton generation in auxiliary-assisted microcavities. Light: Science & Applications, 2019, 8: 50.

[74] Brasch V, Geiselmann M, Pfeiffer M H P, et al. Bringing short-lived dissipative Kerr soliton states in microresonators into a steady state. Optics Express, 2016, 24(25): 29312-29320.

[75] Griffith A G, Lau R K W, Cardenas J, et al. Silicon-chip mid-infrared frequency comb generation. Nature Communications, 2014, 6: 6299.

[76] Yu M, Okawachi Y, Griffith A G, et al. Mode-locked mid-infrared frequency combs in a silicon microresonator. Optica, 2016, 3(8): 854-860.

[77] Pfeiffer M H P, Herkommer C, Liu J, et al. Octave-spanning dissipative Kerr soliton frequency

combs in Si_3N_4 microresonators. Optica, 2017, 4(7): 684-691.

[78] Spencer D T, Drake T, Briles T C, et al. An optical-frequency synthesizer using integrated photonics. Nature, 2018, 557: 81-88.

[79] Liu J Q, Lucas E, Raja A S, et al. Photonic microwave generation in the X- and K-band using integrated soliton microcombs. Nature Photonics, 2020, 14: 486-491.

[80] Luke K, Okawachi Y, Lamont M R E, et al. Broadband mid-infrared frequency comb generation in a Si_3N_4 microresonator. Optics Letters, 2015, 40(21): 4823-4826.

[81] Stern B, Ji X, Okawachi Y, et al. Battery-operated integrated frequency comb generator. Nature, 2018, 562(7727): 401-408.

[82] Raja A S, Voloshin A S, Guo H, et al. Electrically pumped photonic integrated soliton microcomb. Nature Communications, 2019, 10: 680.

[83] Shen B, Chang L, Liu J, et al. Integrated turnkey soliton microcombs. Nature, 2020, 582(7812): 365-369.

[84] Pfeifle J, Brasch V, Lauermann M, et al. Coherent terabit communications with microresonator Kerr frequency combs. Nature Photonics, 2014, 8: 375-380.

[85] Marin-Palomo P, Kemal J N, Karpov M, et al. Microresonator-based solitons for massively parallel coherent optical communications. Nature, 2017, 546: 274-281.

[86] Riemensberger J, Lukashchuk A, Karpov M, et al. Massively parallel coherent laser ranging using a soliton microcomb. Nature, 2020, 581: 164-180.

[87] Wang J, Han Z, Guo Y, et al. Robust generation of frequency combs in amicroresonator with strong and narrowband loss. Photonics Research, 2017, 5(6): 552-556.

[88] Guo Y, Wang J, Han Z, et al. Power-efficient generation of two-octave mid-IR frequency combs in a germanium microresonator. Nanophotonics, 2018, 7(8): 1461-1467.

[89] Wang J, Guo Y, Liu H, et al. Robust cavity soliton formation with hybrid dispersion. Photonics Research, 2018, 6(6): 647-651.

[90] Suh M G, Vahala K. Gigahertz-repetition-rate soliton microcombs. Optica, 2018, 5(1): 65-66.

[91] Lee S H, Oh D Y, Yang Q F, et al. Towards visible soliton microcomb generation. Nature Communications, 2017, 8: 1295.

[92] Hausmann B J M, Bulu I, Venkataraman V, et al. Diamond nonlinear photonics. Nature Photonics, 2014, 8: 369-374.

[93] Wang C, Zhang M, Yu M, et al. Monolithic lithium niobate photonic circuits for Kerr frequency comb generation and modulation. Nature Communications, 2019, 10: 978.

[94] Caspani L, Xiong C, Eggleton B J, et al. Integrated sources of photon quantum states based on nonlinear optics. Light: Science & Applications, 2017, 6: 17100.

[95] Chen J, Levine Z H, Fan J, et al. Frequency-bin entangled comb of photon pairs from a

silicon-on-insulator micro-resonator. Optics Express, 2011, 19(2): 1470-1483.

[96]　Reimer C, Kues M, Roztocki P, et al. Generation of multiphoton entangled quantum states by means of integrated fre quency combs. Science, 2016, 351: 1176-1180.

[97]　Ferrara M A, Sirleto L. Integrated Raman laser: A review of the last two decades. Micromachines, 2020, 11(3): 330-348.

[98]　Claps R, Dimitropoulos D, Raghunathan V, et al. Observation of stimulated Raman amplification in silicon waveguides. Optics Express, 2003, 11(15): 1731-1739.

[99]　Boyraz O, Jalali B. Demonstration of a silicon Raman laser. Optics Express, 2004, 12(21): 5269-5273.

[100]Rong H, Jones R, Liu A, et al. A continuous-wave Raman silicon laser. Nature, 2005, 433: 725-728.

[101]Pant R, Poulton C G, Choi D Y, et al. On-chip stimulated brillouin scattering. Optics Express, 2011, 19(9): 8285-8290.

[102]Rakich P T, Reinke C, Camacho R, et al. Giant enhancement of stimulated Brillouin scattering in the subwavelength limit. Physical Review X, 2012, 2(1): 11008.

[103]Shin H, Qiu W, Jarecki R, et al. Tailorable stimulated Brillouin scattering in nanoscale silicon waveguides. Nature Communications, 2013, 4: 1944-1953.

[104]Kittlaus E A, Shin H, Rakich P T. Large Brillouin amplification in silicon. Physics, 2016, 39(5): 1242-1245.

[105]van Laer R, Kuyken B, van Thourhout D, et al. Analysis of enhanced stimulated Brillouin scattering in silicon slot waveguides. Optics Letters, 2014, 39(5): 1242-1245.

[106]van Laer R, Kuyken B, van Thourhout D, et al. Interaction between light and highly confined hypersound in a silicon photonic nanowire. Nature Photonics, 2015, 9(3): 199-203.

[107]Zhang R, Chen G, Sun J. Analysis of acousto-optic interaction based on forward stimulated Brillouin scattering in hybrid phononic-photonic waveguides. Optics Express, 2016, 24(12): 13051-13059.

[108]Otterstrom N T, Behunin R O, Kittlaus E A, et al. A silicon Brillouin laser. Science, 2018, 360(6393): 1113-1116.

第 10 章　硅基光电子器件工艺及系统集成

硅基光电子技术结合了以微电子为代表的集成电路技术的超大规模、超高精度的特性和光子技术超高速率、超低能耗的优势。相比于传统的化合物半导体，硅在光通信或光互连中与传统的 CMOS 工艺兼容性更好，利于集成，且硅对通信波段透明，光学损耗低。硅基光电子集成技术给光子技术带来了希望，可突破硅基半导体技术产业面临的瓶颈问题。因此，将光子技术和微电子技术结合起来，基于 CMOS 工艺开发面向硅基光电子芯片的工艺是硅基光电子技术快速面向市场应用的最优方法。

10.1　硅基光电子工艺特殊性及难点

硅基光电子和微电子都是基于硅材料的半导体工艺，因此将光电子集成工业基于微电子工业之上，将使全球历时 50 年、投入数千亿美元打造的微电子芯片制造基础设施可以顺利地进入光电子集成市场，将成熟、发达的半导体集成电路工艺应用到光电子集成上来，光电子集成的工业水平会得到极大提高，这正是目前发展良好的硅基光电子技术的发展思路。然而，硅基光电子相对于微电子工艺有其特殊性，不作任何修改的微电子工艺平台无法制备出高性能的硅基光电子器件和芯片。因此，CMOS 只能提供硅基光电子加工设备，具体的工艺制备流程仍需开发。相对于微电子工艺，硅基光电子特殊性主要表现在以下几个方面：

(1)总体路径

硅基光电子当前的发展水平相当于 20 世纪 80 年代初微电子的水平，自动化、系统化和规模化都远远不够。硅基光电子的发展也不是像微电子一样延续尺寸和节点减小的发展路径。目前硅基光电子的特征尺寸约为 500nm，最小尺寸在 100nm 左右，相对于微电子大得多，更小的工艺节点对硅基光电子器件本身没有像集成电路等比缩小这样有特别大的意义，当然更小工艺节点的半导体设备对工艺控制得更好，能在一致性、重复性和成品率等方面体现优势。

(2)版图特点

硅基光电子器件尺寸差别大，尤其存在许多不规则结构，这在微电子版图里是基本没有的。另一方面，硅基光电子器件的特征尺寸(∼500nm)并不是最小尺寸(∼100nm)，这和集成电路是不同的。工艺过程中往往既需要对最小尺寸进行控制，又更需要对特征尺寸进行控制，也对工艺监测和优化提出了更高的要求。

（3）工艺特殊性

硅基光电子材料相对于平面波导链路(planar lightwave circuit，PLC)和磷化铟 (indium phosphide，InP)等材料体系具有更大的折射率差，因此波导尺寸可以非常小。然而，其带来的缺点是硅基光电子器件对尺寸和工艺误差非常敏感，1nm 的工艺误差足以对硅基光电子器件性能带来明显的影响，因此硅基光电子工艺需要非常严格的尺寸精度控制。大部分光学器件都是基于光学的相干原理，满足相位匹配公式

$$L \cdot n_{\text{eff}} = m \cdot \lambda \tag{10-1}$$

其中，L 为长度或长度差；n_{eff} 为波导中的有效折射率；m 为干涉级次；λ 为光波波长。分别对波导的宽度、高度和角度做微分，可以得出硅基光电子器件特征工作波长对器件尺寸变化的敏感性，如图 10.1 所示。

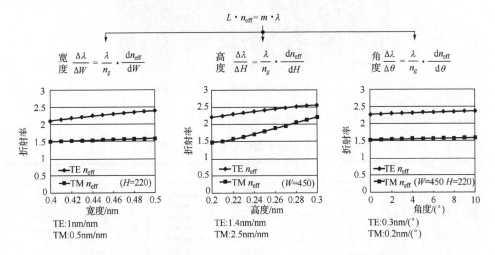

图 10.1　硅基光电子器件特征工作波长对器件尺寸变化的敏感性

可以看到，硅基光电子器件对尺寸的敏感性很高[1]，1nm 的工艺误差能带来约 1nm 的特征波长漂移。而一般的工艺误差在其工艺特征参数的 5%～10%左右，如 100nm 深的硅刻蚀，其最终深度偏差在 5～10nm 左右。这就导致频谱窄的硅光器件需要非常苛刻的工艺控制，甚至仅仅靠工艺控制都无法满足要求，如微环器件通常需要反馈系统保证其正常工作。图 10.2 显示了硅基光电子器件对工艺敏感性的案例，在同一个晶片上相邻很近的三个相同的微环，其串联结果特征波长都无法完全重合。

除了尺寸精度控制，硅基光电子器件侧壁粗糙度也对波导损耗带来巨大影响[2]，详见 10.3 节内容。而且，由于硅材料高的热光系数，硅基光波导对温度也有很大的敏感性。硅基光电子器件，尤其是热光器件需要考虑通道间的串扰和温度稳定性问题。工艺上需要考虑局部隔离镂空、负热光系数材料等技术问题。

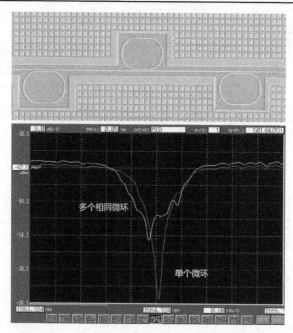

图 10.2　硅基光电子器件对工艺敏感性的案例

综上，硅基光电子器件敏感性及对工艺要求如表 10.1 所示。

表 10.1　硅基光电子器件敏感性及对工艺要求

参数		敏感性	对工艺要求
450nm × 220nm @1550nm	厚度 h	$d\lambda/dh\approx2nm/nm$	材料、刻蚀
	宽度 w	$d\lambda/dw\approx1nm/nm$	光刻和刻蚀、一致性
	侧壁角度 θ	$d\lambda/d\theta\approx0.3nm/(°)$	刻蚀形貌
	粗糙度 Ra	$\alpha\approx1dB/cm(2nm)$	光刻、刻蚀
	温度 T	$d\lambda/dT=0.08nm/°C$	局部镂空、负热光系数材料

(4)材料特殊性

从光电子材料本身的特性来看，硅材料并不是最好的选择。由于不是直接间隙半导体材料，硅基发光一直是一个巨大的难题。硅没有一阶线性电光效应，因此也不是最佳的调制器材料。而且，硅对 1.1μm 以上波长透明，无法作为通信波段光探测器材料。为了实现硅基器件性能的突破，以硅材料为基底引入多材料是硅基光电子的必然选择。如硅基引入 Ge 材料制作 GeSi 探测器已成为一项标准工艺，需要解决外延生长过程中大的晶格失配，研究者通过高低温两步生长工艺较好地解决了该问题。

(5)在线检测特殊性

硅基光电子规模生产需要对光电子器件进行晶片级快速检测和参数提取。但光学特征的快速提取还存在较大困难，如波导有效折射率测量，需要对阵列结构测试结果进行分析处理后得到。因此，硅基光电子器件的在线检测也存在特殊性和挑战。

10.2　从研发到大规模生产

10.2.1　硅基光电子工艺模式

随着硅基光电子技术和市场的发展，高校、科研院所和产业界对工艺平台提出了越来越多的需求[3-7]。根据不同的定位和需求，硅基光电子工艺平台整体上可以分为三种类型：

①科研线：许多高校和科研院所都建设有自己的科研生产线，能够进行包括光刻/电子束光刻、刻蚀、生长等制备工艺。但这类平台大多基于某类科研项目建立，同时考虑到工艺的灵活性和多样性，一般无量产能力，很少具备有源硅光器件的加工能力。其优点是一般采用电子束曝光，无需制备掩模版，生产周期很短，因此一般用于科研生产、功能性实验和单元器件的快速验证，无法转型到批量生产。

②中试线：中试线有时也叫先导线(pilot line)，规模介于科研线与工业线之间，一些大型的研究机构拥有自己的中试线。中试平台一般具备完善的工艺和设备能力，能够进行小批量生产和关键技术研发，目前是硅基光电子工艺研发和生产的主要机构，如比利时 IMEC[8]、法国 LETI、美国 AIM、中国的联合微电子中心、中国科学院微电子研究所等。

③工业线：工业线一般进行大规模生产，由于看到硅基光电子未来的爆发趋势，近年来越来越多的 CMOS 工厂逐渐开展硅基光电子业务，如 ST、Freescale、Global Foundry[9]、TSMC 等。

表 10.2 对三类工艺线的能力、周期、产能、成本和定位等进行对比分析。

表 10.2　科研线、中试线和工业线对比

工艺线	能力	周期	产能	成本/美元		定位	代表性机构
				无源	有源		
科研线	大多缺乏有源器件加工能力，无量产能力	2 周~1 月	/	<1 万/片	/	科研、功能性实验、单元器件快速验证	高校、科研院所的实验线
中试线	完备工艺和特殊工艺	3~8 月	几百~几万晶片/年	几万/几十片	几十万/几十片	硅光关键技术研发、产品前验证、小批量生产	IMEC、LETI、AIM、CUMEC、CompoundTek、VTT

续表

工艺线	能力	周期	产能	成本/美元		定位	代表性机构
				无源	有源		
工业线	完备工艺,但缺乏硅光工艺理解	视产线和订单情况	几十万晶片/年	几百万/(几万~几十万片)		大批量生产(关键技术专利)	GF、ST、TSMC、SMIC

按照不同的流片模式可以分为电子束曝光、多项目晶片流片(multi project wafer,MPW)、定制化流片、小批量生产和大批量生产。一般的产品开发过程也是大致按照这个顺序进行的,当然并不是每一种流片模式都要涉及,某些模式可以跳过。最开始的原理验证阶段可以通过电子束曝光来快速迭代获得。原理验证完成后需要验证批量生产的可行性和稳定性,有 MPW 和定制化流片两种方式。MPW 也是微电子流片中非常成熟的模式,一般由工艺厂每年提供固定的几次流片窗口,多家流片客户共同参加分担掩模版和工艺费用,大大降低了研发初期的成本。由于其成本优势和较稳定及先进的工艺,许多原理性验证的工作也选择 MPW 的模式进行,其缺点是较长的流片周期、不灵活的流片时间点及无法进行特殊工艺的开发,但仍然不影响 MPW 成为硅基光电子在目前阶段的主要流片模式,用户设计版图参与 MPW 流片如图 10.3 所示。如果客户的器件需要修改固定的工艺参数或增加特殊工艺就要采用定制化流片,定制化流片的开发费用比 MPW 高得多,单次流片费用通常在 10 倍以上。经过良率提升和工艺固化后转到小批量生产,甚至大规模批量生产。然而,硅基光电子的市场应用还有待开发,目前未能走到大规模生产的阶段,无法完全享受 CMOS 大规模制造带来的巨大成本优势。

图 10.3　用户设计版图参与 MPW 流片

10.2.2　成本分析

　　硅基光电子成本分析包含两个方面：一是开发成本，二是批量生产后芯片的成本。硅基光电子芯片的开发同微电子一样，有着相似的规律。由于两者在厂房建设、设备配置和基本流程的同源性，IC 芯片的设计成本可以作为硅基光电子芯片开发成本的参考。图 10.4 显示了一款 IC 芯片的开发成本随工艺节点的变化情况，硅基光电子目前大多采用 130nm 左右工艺节点，并有逐步往 90nm、45nm 发展的趋势。虽无明确的统计数据表明一款硅基光电子芯片开发费用需要 2000 万美元，但从多方数据和分析表明：一款完善的硅光芯片产品的开发费用至少在千万美元量级，主要包括了设计费用、工艺费用和良率改善等费用。

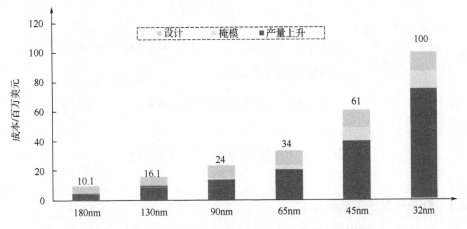

图 10.4　IC 芯片的开发成本随工艺节点的变化情况

　　单从工艺成本的角度考虑，硅基光电子芯片的成本高于相同工艺节点下 IC 芯片的成本[10]。主要有以下几个原因：

　　①SOI 衬底材料相比 IC 用的体硅材料贵，同尺寸下大约是 10 倍，而这部分费用是无法随着批量生产分摊掉的。

　　②硅光芯片一般较大，芯片占用面积与成本成正比，如一款商用的高速光收发芯片尺寸至少为 5mm×5mm。

　　③硅光芯片的测试成本相对较高。

　　④硅光芯片的良率。

　　图 10.5 所示为单个硅光芯片价格走势图，目前绝大部分的硅光产品量还不大，小于 100 张晶片。随着量的增大，掩模版的费用逐步分担掉，其最终成本的制约因素还是主要受限于以上四个方面。可见，为了进一步降低硅光芯片的成本，可以从几个方面着手，如减小器件尺寸，目前硅光芯片采用的 MZM 占据整个芯片的一半

以上，如果采用新型的调制结构可望大幅减小芯片面积，从而降低成本。另外，SOI 材料成本的降低、测试的标准化、良率提升等都将进一步降低硅光芯片成本。这也为硅基光电子芯片设计和工艺发展提供了方向。

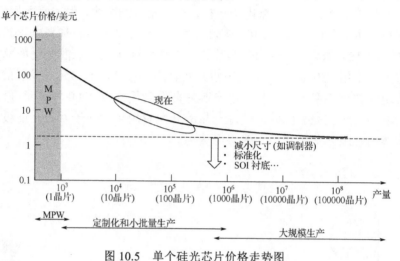

图 10.5　单个硅光芯片价格走势图

10.3　硅基光电子工艺开发

10.3.1　硅基光电子工艺要求

(1)SOI 衬底

硅基光电子器件要形成波导结构，使光信号在硅波导中传播，通常使用 SOI 衬底，如图 10.6 所示。SOI 技术是在顶层硅和背衬底之间引入了一层埋氧化层，最早这种在绝缘体上形成半导体薄膜是为了提升电学性能。基于 SOI 制成的集成电路还具有寄生电容小、集成密度高、速度快、工艺简单、短沟道效应小及特别适用于低

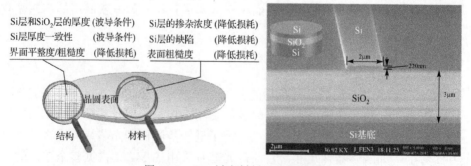

图 10.6　SOI 衬底材料及 SOI 波导

压低能耗电路等优势，是深亚微米的低压、低能耗集成电路的主流技术之一。而在硅基光电子应用中，对 SOI 衬底提出了不同的要求：

对材料来说，硅基光电子顶层硅的掺杂浓度、离子注入带来的损伤缺陷和表面粗糙度要求尽可能小，从而降低硅波导的传输损耗。

对结构来说，硅层和埋层氧化硅(buried oxide，BOX)层的厚度需要满足波导条件，光波导是光信号在芯片中传输的基本单元，材料、工艺、设计等都会影响波导的传输性能。硅基光波导传输损耗已经从最初的几十 dB/cm 下降到了 1～2dB/cm。硅基光波导一般采用 SOI 材料作为衬底，顶层硅用来制作光波导器件。目前大部分的使用者采用 220nm 厚的顶层硅，但有些研究者认为 220nm 并非最佳的衬底厚度[11]。由于不同的应用，使用者也会选择不同的衬底，常见的顶层硅厚度有 220nm、340nm、3μm 等[12]。为了达到更好的性能或与电子器件集成，甚至使用双层 SOI 来满足应用需求[13]。常用的硅基光电子 SOI 规格如表 10.3 所示。

表 10.3　硅基光电子 SOI 规格

SOI 规格参数		使用者	选择理由
Si 层	BOX 层		
220nm	2～3μm	大多科研机构，IMEC、IME、AIM、CUMEC 等	波导紧凑、历史原因
160nm	2μm	Global Foundry	光电单片集成
310nm	～800nm	Luxtera/Oracle、LETI	有源器件性能、光栅耦合
3μm	～300nm	Kotura、Rockley、VTT	偏振不敏感
1.5μm	～2μm	Skorpios	激光器耦合

SOI 硅片目前最大直径可以达到 300mm(12 英寸，1 英寸=25.4mm)，主流的 SOI 制备技术包括注氧隔离(SIMOX)、Smart-Cut、硅片键合和反面腐蚀 BESOI 等。注氧隔离技术是通过离子注入和退火的方法直接在硅片表面下某深处形成特定厚度的二氧化硅。该技术受到美国 IBM 公司的极力推崇，是迄今为止比较先进和最为成熟的 SOI 制备技术。但它的缺点是只能形成比较薄的上硅层和二氧化硅层，对于较厚的顶层硅或二氧化硅结构一般采用硅片键合的方法。反面腐蚀技术无法满足硅基光电子器件对各层厚度和均匀性的要求，Smart-Cut 工艺制备的 SOI 衬底是目前硅基光电子衬底材料的主要来源。前面已经提到，硅基光电子对波导尺寸非常敏感，因此 SOI 顶层硅厚度的不均匀性会对器件一致性带来影响，进而影响芯片的良率。以 Soitec 的商用 8 英寸 SOI 晶片为例，220nm 厚的硅层的不均匀性约为 ±5nm。对某些应用场景人们希望进一步控制硅层的厚度，如采用 trimming 的技术来改善厚度的不均匀性。如图 10.7 的 SOI 晶片平整度改善工艺流程所示，先测量出 SOI 原片顶层硅的厚度分布，依据该厚度分布通过离子束扫描刻蚀顶层硅，厚的区域多刻，薄的

区域少刻，使得整个晶片表面厚度基本一致。最后通过热氧化和湿法腐蚀改善由于trimming 刻蚀带来的表面粗糙度。由于刻蚀和热氧化都要消耗硅层的厚度，因此 SOI 原片的顶层硅厚度要比目标厚度高。随着 SOI 材料技术的进步，目前已经能购买到顶层硅厚度不均匀性在±1nm 的 12 英寸 SOI 材料，能满足大部分硅基光电子器件的要求。

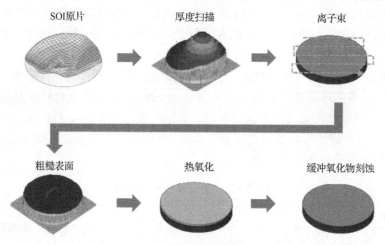

SOI原片　　　　　　　厚度扫描　　　　　　　离子束

粗糙表面　　　　　　　热氧化　　　　　　　缓冲氧化物刻蚀

图 10.7　SOI 晶片平整度改善工艺流程

　　目前，硅基光电子采用的 SOI 衬底主要有 6 英寸、8 英寸和 12 英寸，其中 8 英寸是主流，12 英寸是许多高端硅基光电子平台发展的方向[13-15]。采用 12 英寸主要有以下好处：

　　①从量和成本的角度来看：采用多大的晶片首先要考虑到产品量的大小，在量较小时，小的晶片尺寸由于工艺成本低，综合下来单个芯片成本较低；在达到一定量的大规模生产情况下，越大的晶片包含的芯片数越多，晶片尺寸越大单个芯片成本越低。图 10.8 是 InP 芯片成本与晶片尺寸的关系[16]，随着量的增大，转向更大的晶片尺寸能降低芯片成本。硅基光电子芯片有着类似的规律，数据分析表明，当年芯片需求量超过千万只的时候，12 英寸平台比 8 英寸平台芯片成本更有优势，瞄准硅基光电子未来的巨大市场，许多平台也在逐步转向 12 英寸晶片。

　　②从芯片性能的角度来看：随着衬底尺寸的增大和工艺节点的减小，硅基光电子器件的性能会更好。主要表现在三个方面：一是波导损耗会随着工艺节点的减小而降低，波导损耗是硅基光电子器件最重要的性能指标。数据表明，45nm 工艺节点下波导损耗明显优于 130nm 工艺节点。二是工艺稳定性大幅提升，硅基光电子器件对工艺波动非常敏感，12 英寸工艺平台能提供更好的工艺控制和稳定性。三是原材料性能更好，市场上 8 英寸 SOI 晶片衬底质量远低于 12 英寸晶片衬底，因此 12 英寸平台条件下各方面的综合性能高于 8 英寸平台。

　　③从芯片良率的角度来看：硅基光电子器件相对微电子器件工艺上最大的不同

是对工艺误差和工艺控制要求更高，几个纳米的尺寸或形貌偏差有时会带来器件的性能大幅下降甚至无法工作。正是由于 12 英寸工艺平台从原材料、工艺控制、工艺误差各方面领先，因此从良率的角度考虑，12 英寸工艺平台是硅基光电子发展的必然选择。同时良率的提升将进一步降低芯片的成本。

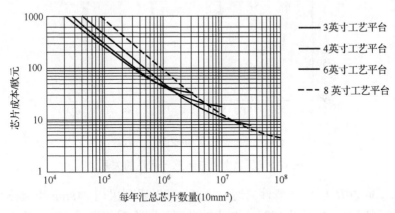

图 10.8　InP 芯片数量与价格之间的关系

　　④从应用的角度来看：硅基光电子芯片在数据中心中的应用已经被证实，8 英寸 130nm 的工艺平台基本能满足数据中心的需求。近年来，越来越多的应用对工艺平台提出了更高的要求。如人工智能光计算，大的计算能力需要更高性能的器件和更大的网络，对晶片尺寸和工艺节点提出了更高的要求，如 Cerebras 报道用一张 12 英寸晶片制备人工智能芯片。

　　(2)工艺节点

　　毫无疑问，工艺节点尺寸越小，加工精度越高，工艺控制能力也越好。图 10.9 所示为工艺节点与工艺一致性的关系。在一张 8 英寸晶片不同位置上放上相同的

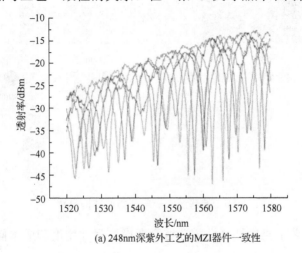

(a) 248nm深紫外工艺的MZI器件一致性

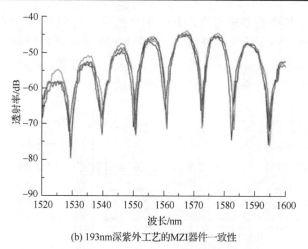

(b) 193nm深紫外工艺的MZI器件一致性

图 10.9　工艺节点与工艺一致性的关系

MZI,测试不同位置上 MZI 器件的通光光谱。可以看到采用 248nm 深紫外光刻不同位置光谱差别很大,而采用 193nm 深紫外光刻不同位置的光谱基本能重合,通过提高光刻精度,工艺的一致性会越好。

　　然而,更高的工艺节点意味着更高的开发和工艺成本,工艺节点的选择要依据器件的需求来定。硅基光电子的基本结构尺寸在几百纳米量级,对 220nm 硅光器件来说,波导宽度通常在 500nm 左右,端面耦合器(inverted taper)、光子晶体、微环等器件要求最高,尺寸最小要求约为 100nm。硅基光电子典型器件结构尺寸如图 10.10 所示。因此硅基光电子工艺节点的选择要满足这些基本器件的工艺要求。

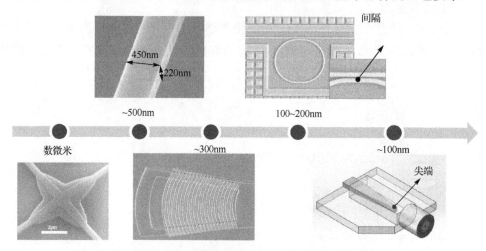

图 10.10　硅基光电子典型器件结构尺寸

硅基光电子工艺节点的选择还需要综合考虑到尺寸精度和成本问题,如果需要与电子器件的单片集成还需考虑到高速电子器件对工艺节点的要求。硅基光电子工艺节点选择如图 10.11 所示，一般来说，硅基光电子器件至少需要 180nm 以下的工艺节点才能保证绝大部分结构的制备。同时，90nm 工艺节点是 8 英寸和 12 英寸工艺的分界点，12 英寸对硅光芯片的量产规模和工艺厂房建设设备投资提出了更高的要求，在目前的市场需求下大部分代工厂都选择 8 英寸硅光工艺，如 IMEC、AMF(IME)、LETI 等选用 8 英寸 130nm 工艺节点，Global Foundry 选用 8 英寸 90nm工艺节点，正升级到 12 英寸 45nm 工艺节点[17]。从工艺优选方面来看，更小的工艺节点能提高器件性能和改善工艺一致性。但随着工艺节点的进一步减小，成本急剧增加，而硅基光电子器件又没有显著的类似微电子的尺寸缩减效应，所以综合认为90~45nm 是较优的硅基光电子工艺窗口(45nm 以下要采用浸润式光刻)。

　　当然，如果考虑到极致的器件性能和工艺稳定性，或高速电子器件与硅光器件的单片集成，硅基光电子需要选择更小的工艺节点，如 Intel 公司发布其 400G 硅光传输模块采用 28nm 工艺制程。

　　(3)CMOS 兼容性

　　前面我们用了大量篇幅来阐述硅基光电子与微电子的关系，硅基光电子诱人的优势和前景很大程度上来源于它与 CMOS 工艺的兼容性或继承性。离开 CMOS 工艺体系单纯讨论硅基光电子工艺是没有意义的，因此在开发硅基光电子工艺的过程中要考虑到与 CMOS 工艺的兼容性问题，并尽量减少对标准 CMOS 工艺的修改。

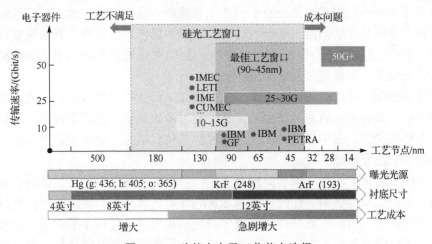

图 10.11　硅基光电子工艺节点选择

10.3.2　硅基光电子工艺流程

　　硅基光电子基本器件包括光栅耦合器、端面耦合器、条形波导、脊形波导、调制器、探测器、热调(heater)等，为了提高无源器件性能和扩展应用，同时由于氮化硅材料与 CMOS 工艺非常好的兼容性，许多平台也将氮化硅波导加入进来。一套典型的硅基光电子芯片工艺截面图如图 10.12 所示。

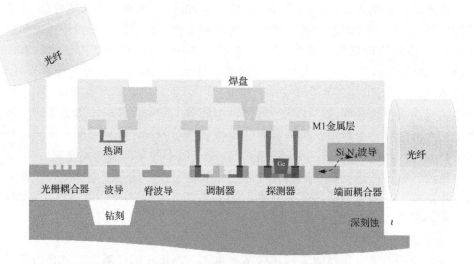

图 10.12　典型的硅基光电子芯片工艺截面图

硅基光电子工艺流程开发需要遵循以下几个基本原则：

①温度预算：每一步高温工艺的加入都会引起整个工艺流程热预算的改变，需要综合考虑。另外，很重要的一点是整个工艺流程中高温工艺放在前面，低温工艺放在后面，否则后面的高温工艺会对前面的结构和器件产生影响，甚至造成破坏性的结果。如 Ge 生长工艺一般在 700°C 左右，Ge 工艺需要放在硅离子注入和退火工艺之后。后道工艺不能超过 400°C 等。

②污染控制：可能引入污染的工艺放在后面，而且需要严格控制工艺流程，该道工序以后，晶片不能再回到前面的工序。最基本的如铜工艺后不能回到前道工艺流程。对硅光来说，后面可能引入工艺流程的其他材料尤其要考虑这个问题，并制定严格的工艺流程规范。

③关键工艺保证：对一整套流程而言，一般会有几道工序是最关键的，精度要求最高，会很大程度影响器件的性能和芯片的良率。对硅光来说，波导的光刻和刻蚀工艺非常关键，因此一般来说需将波导的光刻和刻蚀工艺放在最前面。这样做的好处是一方面没有其他工艺引入的干扰，另一方面表面的平整度最好，高精度光刻景深较小，可以最大限度保证光刻的精度。

④尽量减少对 CMOS 工艺流程的修改：CMOS 工艺经过了多年的投入和经验积累，有些工艺能直接用于硅光工艺，有些工艺需要做一定的修改。一套好的硅光工艺流程应该尽量借鉴 CMOS 工艺，并减少对 CMOS 工艺的修改，包括工序前后的修改。有的研究小组提出 "CMOS zero-change" 的硅基光电子工艺，就是希望硅基

光电子最大程度利用 CMOS 的工艺基础。

由于硅基光电子器件需求本身的特殊性，完全不做修改的 CMOS 工艺无法实现硅光器件性能的最优化。基于标准 CMOS 工艺流程，引入硅光特殊工艺，对现有工艺模块进行适当修改是硅光工艺流程建立的可行途径。以 220nm 顶层硅厚度 SOI 的硅光工艺流程为例，图 10.13 是一套典型硅光工艺流程[18]。

标准 CMOS 工艺流程一般有以下模块和顺序：浅槽隔离（STI）形成各晶体管单元间的电学隔离，通过离子注入形成较深的阱（well），通过 SiO_2 和多晶硅完成栅氧和栅极（gate）工艺，氮化硅工艺实现侧墙保护（spacer），接下来是源/漏（S/D）的离子注入工艺，硅化物（silicide）形成欧姆接触，后道工艺（BEOL）完成金属互连。

硅基光电子工艺在该基本流程上需要增加一些特殊的工艺模块，如：

①多层部分刻蚀工艺：这在常规 CMOS 工艺里是没有的，需要精确控制没有停止层的硅刻蚀，形成波导、光栅等结构器件。

②锗生长工艺：利用局部选择性外延生长纯锗或少量掺硅的 SiGe 材料，形成探测器或电吸收调制器的有源层。

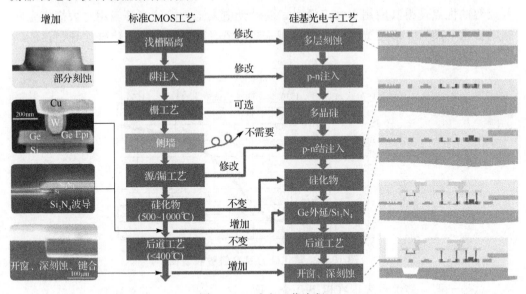

图 10.13　硅光工艺流程

③开窗和深刻蚀工艺：硅基光电子器件与外部光纤或激光器耦合需要将端面或表面介质去除，提高偶和效率，因此一般在工艺最后还要加上开窗和深刻蚀工艺，实现硅光的光栅和端面耦合器界面。

④其他工艺：根据应用的需要，可能还需要增加其他的工艺模块，如热调、氮化硅波导、衬底镂空工艺、键合等。

现有的 CMOS 基本工艺也需要做一定的优化改进，才能适合硅光器件的要求。如浅槽隔离的线性氧化层(liner oxide)工艺不能用于硅基光电子工艺流程，各级离子注入的浓度和深度需要根据硅光器件要求进行修改，微电子中非常关键的栅极工艺在硅基光电子中只是一个可选项(IMEC 利用多晶硅层提高光栅和探测器的耦合效率)，而且要求不高，侧墙工艺在硅光工艺中没有需求，silicide 工艺和后道工艺基本可以转移到硅光工艺中。

值得一提的是，氮化硅作为一种波导材料和硅波导相比有着其特殊优势，比如说损耗、温度敏感性、耦合损耗等，因此有专门提供氮化硅晶片流片的机构，如 LioniX、Ligentec[19-20]等。同时由于氮化硅与硅工艺天然的兼容性，越来越多的硅光代工厂集成了氮化硅工艺。氮化硅生长过程中会形成 N-H 键，使得氮化硅波导在 1550nm 波长附近有个较大的吸收峰。氮化硅的 N-H 键吸收谱线如图 10.14 所示。如何通过工艺减小该吸收峰是氮化硅波导材料生长的关键。氮化硅的生长工艺分为低压化学气相沉积法(low-pressure chemical vapor deposition，LPCVD)和 PECVD 两种，前者可以实现较低的波导损耗，如 0.1dB/cm 以下，但是需要高温生长，很难与硅光工艺流程整合。PECVD 生长的波导损耗相对较高，但其低温工艺和与硅光流程兼容的优点使得其应用更为广泛[21]。随着光电人工智能计算等应用对大规模光网络的需求发展[22]，多层光互连的需求越来越激烈，硅光中集成氮化硅波导是该驱动下最好的选择。

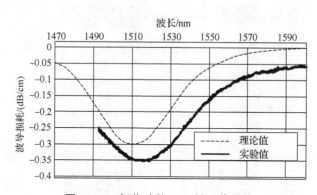

图 10.14　氮化硅的 N-H 键吸收谱线

总结一下，其优点表现在以下几个方面：

①氮化硅波导作为端面耦合器，有着更好的性能。

②氮化硅波导作为无源器件，损耗更低，工艺容差和可靠性更好。

③氮化硅波导器件温度敏感性较硅波导低，可用于波分器件[23]。

④氮化硅耐受光功率比硅波导高，在一些需要大功率输入的应用中，可以在氮化硅层进行功率分配后，再耦合进硅波导，避免直接输入硅波导产生非线性效应。

⑤氮化硅方便集成，可以实现光波导的三维互连网络，大大提高系统灵活性。

10.3.3 硅基光电子器件及工艺

图 10.15 为一个典型的硅基光电子系统示意图,该系统是一个高速光收发系统,在硅光芯片上集成了激光器、无源波导器件、调制器、探测器、耦合器等光电器件。传统的方案中这些单元器件是分立的,可能采用不同的材料和工艺,硅基光电子技术将它们集成在一起就需要考虑工艺集成的问题,下面对这些核心器件一一展开讨论。激光器集成将放在系统集成章节中讨论。

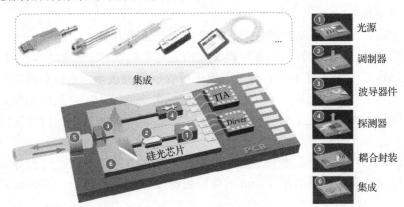

图 10.15　典型的硅基光电子光收发系统

1. 波导

硅基光波导有不同的种类,其应用场合和损耗如图 10.16 所示。

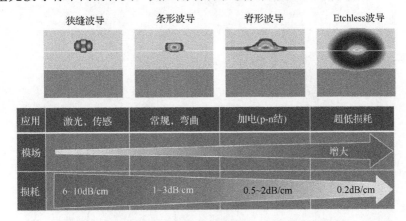

图 10.16　硅基光波导种类(TE 模)、应用场合和损耗

一般来说,模场尺寸和损耗成反比。模场越小,波导侧壁粗糙度带来的影响越大,传输损耗也越大。狭缝波导(slot waveguide)由两个靠的很近的硅线组成,损耗

比较大，一般不作为常规波导使用，但由于它可以将光场集中在约 100nm 宽的低折射率的狭缝里，在激光和传感等领域具有较多应用。条形波导(stripe/channel waveguide)刻到 BOX 层，光场大部分限制在硅中，具有尺寸小，弯曲半径小的等特点，是常见的硅波导结构。脊形波导(rib/ridge waveguide)硅层部分刻蚀，光场部分在 slab 区，损耗更小，可以用在低损耗和模场转换等场合，在 p-n 结需要加电的地方(如调制器)也必须用到脊形波导。还有一些其他形态的波导，如 Etchless 波导、Hollow 波导等。在这里我们重点关注条形波导和脊形波导，也是硅基光电子最常见的两种波导结构。

如图 10.17 所示，硅基光波导损耗主要来源于三个方面：

①吸收损耗：包括材料的本征吸收和掺杂载流子吸收。硅材料的本征吸收很小，在波长 1.1μm 以上可忽略不计。掺杂载流子吸收一般也很小，选用高阻硅材料可以进一步降低掺杂载流子吸收。有一种情况是必须考虑的，为实现高的调制效率，硅基调制器的工作原理决定了必须在波导中注入一定浓度的载流子，因此其损耗会比较大。

②散射损耗：波导界面和侧壁粗糙度带来的光散射损耗是硅基光波导损耗的主要来源。理论和实验数据表明：2nm 的侧壁粗糙度将可以带来 2～3dB/cm 的波导传输损耗。

③辐射损耗：波导弯曲或者模场转换过程带来的损耗，一般通过设计可以减小。

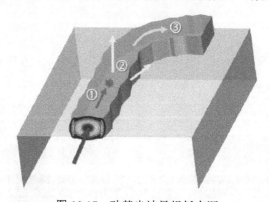

图 10.17　硅基光波导损耗来源

由工艺带来的波导粗糙度引起的散射损耗是硅波导损耗的主要来源，可以表述为

$$\alpha_S = \frac{\cos^3\theta}{2\sin\theta}\left[\frac{4\pi n_1(\sigma_u^2 + \sigma_l^2)}{\lambda_0}\right]\left(\frac{1}{h + \frac{1}{k_{y,u}} + \frac{1}{k_{y,l}}}\right) \tag{10-2}$$

其中，σ_u 和 σ_l 分别表示波导表面和侧壁的粗糙度；$k_{y,u}$ 和 $k_{y,l}$ 表示光波表面和侧壁沿 y 方向的波数；h 表示波导的宽度。可以看到，波导粗糙度越大，波导宽度越小，波导的损耗就越大。我们测试发现在相同的工艺条件下，宽波导的损耗明显低于窄波导。在直波导区域，通常也利用较宽的波导来降低整个链路的损耗。考虑到单模条件，通常选用刚好满足单模截止条件的最大宽度作为硅波导的线宽，比如对 220nm 厚顶硅的 SOI，通常选用 450nm 作为 TE 波导的宽度。读者可以思考一下：为什么链路需要考虑单模条件？什么情况下多模波导可以用于硅光系统？事实上，多模波导在硅基光电子中有着非常丰富的应用，研究者也做过很多有意义的研究。由于不是本章重点，这里不展开讨论，读者可以参考其他章节相关内容。

硅基光波导需要多层套刻刻蚀，对光刻刻蚀的精度和套刻的对准精度都有很高的要求，一般放在工艺的前端。光波导的制备通常有两种方案：非自对准工艺和自对准工艺，如图 10.18 所示。两者各有优缺点，两种工艺方案都有代工厂采用，目前也没有明显的数据显示两种方案导致器件性能的变化。非自对准工艺缺点是要求高的套刻精度和掩模版精度，优点是各层工艺和版图可单独优化，光刻和刻蚀误差不累积，对几次刻蚀的先后顺序无要求。自对准工艺相反，优势是不要求高的套刻精度，只需一层高精度掩模版，缺点是各层光刻和刻蚀误差累积，尤其对第一层光刻刻蚀要求高(尺寸、密度相差大)，刻蚀深度先浅后深。

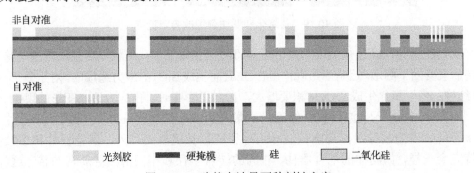

图 10.18　硅基光波导两种刻蚀方案

由光刻和刻蚀引起的硅波导的粗糙度也可以通过后续工艺进行一定程度的改善，如高温退火、激光处理等。最有效的方式是热氧化，以光子晶体为例，利用热氧化加湿法腐蚀可以非常有效地改善光子器件侧壁粗糙度，如图 10.19 所示。可以看出，经过热氧化工艺后，波导光子晶体的粗糙度大为改善，衬底由离子轰击造成的颗粒现象也有明显改善(见波导去氧化层后的对比图)。同时注意到，经过热氧化工艺后，光子晶体的孔径明显变大，波导的宽度相应减小，而且直角的地方变得圆滑。这是因为热氧化是利用氧和硅的反应生成 SiO_2，此过程是消耗硅的。这种化学反应引起的硅的消耗量由理论计算出来，大约是最终氧化层的厚度的 44%。热氧化消耗硅的速度是不均匀的，时间越长速度越慢，因此用该方法获得非常厚的 SiO_2 层是很困难的。其速度已经有很好的理论模型，而且与实验值符合得很好，可以参考获得。因此，在有该后续工艺时，为了获得希望的尺寸，我们需要计算氧化和腐蚀产生的尺寸变化并对版图进行相应的调整。

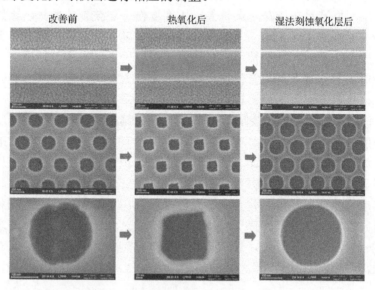

改善前　　　　　　　　热氧化后　　　　　　　湿法刻蚀氧化层后

图 10.19　热氧化和湿法刻蚀改善粗糙度

　　我们注意到，经过热氧化后光子晶体的圆孔变成了方孔形状，而湿法刻蚀去除氧化层后又变回了圆形。这是由热氧化后在 Si 表面生成 SiO_2 的应力造成的。对于弧形(孔型)结构，由于氧化生成 SiO_2 体积要增大，在向里膨胀时，由应力造成变形的现象。

　　如图 10.20 所示，波导损耗的测量通常采用截断法(cut-back)。在同一个芯片上制备不同长度的波导组，注意该波导组除了波导长度不同以外，其他器件和参数要保持完全一样，如同样的耦合器件、相同的转弯半径和相同的波导转弯数目。这样，通过测试不同长度下波导链路的总损耗，剔除相同因素即可得出波导的传输损耗。图 10.20(a) 为一组用来测试波导损耗的器件显微镜照片，每一条波导长度不同。为了更好地测试，波导长度差也需要选择适当，波导长度差太大会导致损耗大，噪声影响大，而且版图占用面积也会增大(该结构通常会放在工艺监测单元中，因此对面积有一定的要求)；波导长度差太小会导致不同长度波导链路损耗没有明显区分，测试数据也不准，甚至无法测出数据。以该测试单元为例，一组 5 根波导长度分别为 2mm、11.74mm、21.5mm、41.58mm、70.55mm，测得其链路总损耗如图 10.20(b) 所示，明显随着长度增加，链路损耗增加。去除掉光栅特性可以计算出波导损耗约为 1.1dB/cm。

　　光波导另外两个重要的参数是有效折射率和群折射率。群折射率可以用一组

MZI 输出光谱测得。有效折射率的测试比较复杂，工艺波动误差对结果影响较大。波导群折射率和有效折射率测试如图 10.21 所示。通常需要多组精心设计的不同臂长差的 MZI 阵列测试结果，通过多组数据直线拟合得出。具体的测试方法这里不展开讨论，一般 220nm 厚度、450nm 宽度的硅光波导在 1550nm 附近的有效折射率为 2.3 左右，群折射率为 4.3 左右。

(a) 测试器件

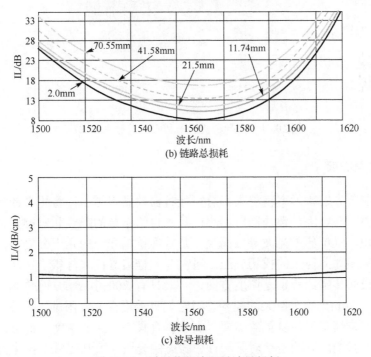

(b) 链路总损耗

(c) 波导损耗

图 10.20 采用截断法测量波导损耗

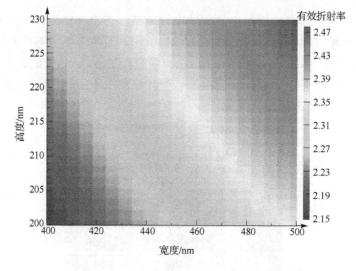

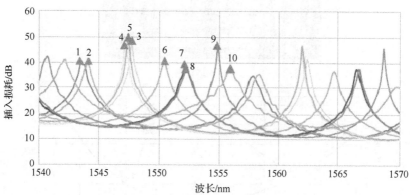

图 10.21　波导群折射率和有效折射率测试

2. 光栅耦合器

硅材料非常大的折射率使得人们有可能将器件做得更小，将更多的光电子功能器件集成在同一芯片上。但是同时，小的尺寸也给系统的耦合和对准带来很大的困难。一般来说，SOI 集成光波导截面尺寸是普通单模光纤的几十分之一，即使拉锥光纤也无法克服如此巨大的模场失配。通常 SOI 硅波导的尺寸很小，从而保证波导中只有一个模式传播，特别是厚度方向，一般只有 200 多 nm。而传统单模光纤的纤芯直径约为 9μm。这个巨大的差异使得它们直接耦合非常困难。另外，我们希望获得大的带宽来满足大信息量的需要，要求耦合具有一定的带宽。而且，在光通信网络中，一般我们用到的是针对某一种偏振态的光波，而从光纤中出来的光波的偏振态是无法预测的，并且随着光在光纤中传输，其偏振态也随之发生变化。如果输入光的偏振态不正确,器件的工作也会受到影响。因此,解决光纤和光波导耦合间的偏振问题也是一个重要的课题。如图 10.22 所示,光通过样片表面以衍射的形式耦合进波导。相对于端面耦合,它最大的优点是不需要对耦合端进行解理、抛光、镀膜等,可以在光路中的任何地方实现信号的上载下载,大大加强了系统设计灵活度和降低了系统封装测试成本。光栅耦合是最常用和最有潜力的面耦合方法,光栅耦合有时也被人们叫作垂直耦合。注意这里所说的垂直只是表示光纤方向和样片表面的一种关系,大多时候并非完全的垂直关系。

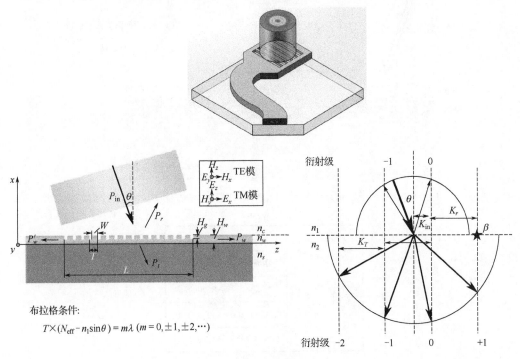

布拉格条件:

$$T \times (N_{eff} - n_1 \sin\theta) = m\lambda \ (m = 0, \pm1, \pm2, \cdots)$$

图 10.22　光栅耦合器

　　光栅是一种周期性结构的器件,其耦合最基本的理论是布拉格条件[24]。入射光波波矢量与光栅矢量的整数倍叠加后的所得波矢的方向为衍射级的方向。在光栅耦合器中,当某个衍射级 m 的波矢刚好满足波导某模式 r 传输条件时(波矢量大小等于传输常数大小),我们便说此时 m 级的衍射光经过光栅耦合成为 r 阶的光波导模。注意,布拉格条件不能解答光栅的耦合效率问题。典型的光栅耦合器设计流程如图 10.23 所示。

　　光栅耦合器对工艺的敏感性主要表现在结构尺寸的偏移上,由于光栅结构是硅基光电子器件结构中少有的高密度小尺寸结构,同时刻蚀工艺没有停止层,因此在尺寸上极易出现偏离。光栅结构尺寸的偏移一方面会引起耦合效率的变化,另一方面会引起光栅中心波长的偏移。从光栅耦合的布拉格条件可以得出光栅中心波长与尺寸偏移之间的关系，实验测试结果和理论计算结果基本吻合。如图 10.24 光栅耦合器对工艺的敏感性所示，材料的厚度和刻蚀深度误差对光栅耦合器的波长偏移影响较大，同时也是工艺中较难控制的因素。

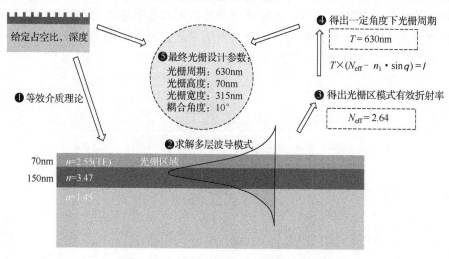

图 10.23　典型的光栅耦合器设计流程

光栅耦合器	参数	敏感性
	光栅周期 Λ	+1.5nm/nm
	线宽 w	+0.2nm/nm
	刻蚀深度 d	-1.9nm/nm
	材料厚度 h	+1.8nm/nm

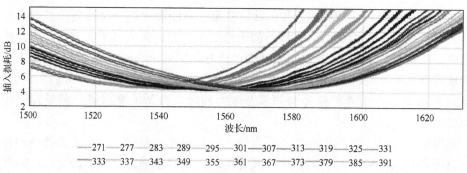

图 10.24　光栅耦合器对工艺的敏感性

关于光栅耦合器的结构，人们也做了很多的研究，包括多层光栅、倾斜光栅、多步刻蚀光栅等。但考虑到工艺复杂性和兼容性，多层光栅、非一致性光栅和增强反射镜光栅这三种方案得到最多采用。同时，为了克服光栅耦合器的强偏振相关性，二维光栅通常作为接收耦合器来使用。二维光栅这种类似光子晶体的结构对工艺提出了新的要求，通常需要用单独的图层来描绘二维光栅，在工艺上进行特殊优化(如后面章节讨论到的光学临近修正技术)。表 10.4 对各种光栅耦合器的结构、性能及工艺进行对比。

从性能提高的角度来看，多层光栅、非一致性光栅和增强反射镜光栅的有效性逐步提升，但同时对工艺要求的难度也逐步增大。例如，增强反射镜光栅是提高反射率的最有效方式，理论和实验表明，通过在光栅底部适当位置增加反射镜可以将光栅耦合器的损耗降低到 1dB 以下。但是对商用 SOI 衬底材料，很难在衬底内部加工反射镜，有的方案通过多次键合来实现，成本太高。在光栅顶部加工反射镜，背面入射的耦合结构也能达到相似的效果。虽也用到键合工艺，但可以在材料后期工艺完成。图 10.25 是在常规光栅耦合器顶部增加反射镜的结果，可以看见耦合损耗可以由 4dB 降到 1dB 左右。

表 10.4　光栅耦合器结构、性能及工艺对比

	结构	典型损耗	工艺及说明	工艺难度
普通光栅		4dB	普通双层刻蚀	+
二维光栅		6dB	类光子晶体结构，需要光学临近修正等技术修正	+++
多层光栅		3dB	多一层材料生长(如 poly)，多一次高精度套刻	++
非一致性光栅		2dB	通常最小尺寸要求较好，同时对刻蚀线宽宽度要求较高	+++
增强反射镜光栅		1dB	反射镜可以为金属或多层介质膜，可以在光栅下方也可以在上方(背面入射)	++++

反射镜的材料可以是金属(如 TiN、Al 等)，也可以是多层介质膜(如 poly-SiO$_2$、Si$_3$N$_4$/Si 等)。反射镜离光栅的距离是一个非常重要的参数，而且对不同的波长该距离也不一样，因此这也在一定程度上降低了其实用性。

光栅耦合器损耗和光谱带宽的测量通常和硅波导损耗的测量同时进行，用一组不同长度的硅波导输出光谱同时解出光波导损耗和光栅耦合损耗(测试方法见前述内容)。光栅耦合器的 1dB 光谱带宽通常为 30nm 左右(图 10.25 光栅测试结果)，可以满足大部分的应用需求。对准容差是光栅耦合器的另一个重要指标参数，表示光

栅耦合器对耦合对准误差的容忍度，是封装测试的一个重要考量指标。如图 10.26 所示，可以由电机精确控制的位移台来测试光纤偏离最佳耦合不同距离时耦合损耗的变化，光栅耦合器的 1dB 对准容差约为 3μm。

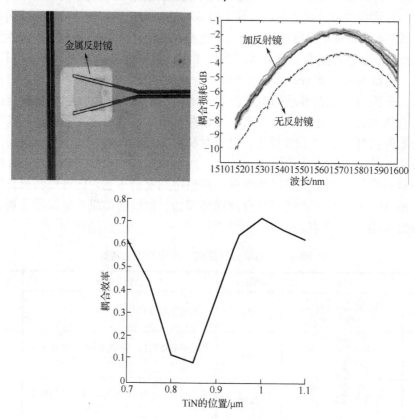

图 10.25　反射镜增强的光栅耦合器

3. 端面耦合器

光栅耦合器的对准容差如图 10.26 所示。光栅耦合器工艺相对简单，可以方便进行晶片级的测试，同时对准容差较大，可以方便进行阵列耦合封装，因此是一种很受欢迎的耦合技术。但光栅耦合器有几大缺点：

①偏振相关性：高的偏振相关性使得光栅耦合器很难作为接收端口，而二维光栅损耗太大，工艺复杂，实用性不强。

②光谱带宽：一般来说，光栅耦合器的 1dB 光谱带宽为 30nm 左右，3dB 光谱带宽为 80nm 左右，在光谱范围较宽的应用(如 4 通道以上的波分复用系统)中受限。

③损耗：总体来说，光栅耦合器损耗相对较大。

④反射：光栅表面的反射较大，通常约为−20dB 左右，某些系统应用受限。

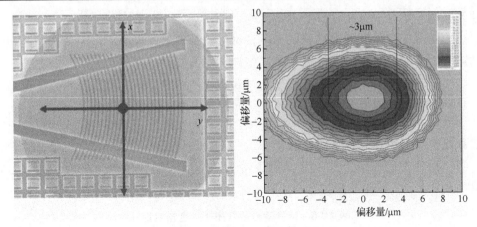

图 10.26　光栅耦合器对准容差

另外，一种耦合器件为端面耦合器[25]（图 10.27），通过倒锥形的结构将光场从小尺寸的硅波导过渡到大尺寸的二氧化硅波导，与光纤进行匹配。

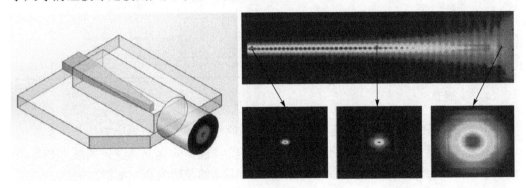

图 10.27　端面耦合器

端面耦合器对工艺的难度要求主要有两点：一是小的硅波导尖端结构，通常在 100nm 左右，需要高精度的光刻刻蚀来完成；二是厚的上下二氧化硅包层，防止光场向衬底泄漏。由于常规单模光纤的模场尺寸大约在 9μm 左右，工艺很难实现如此厚的上下包层，一种折中的方案是与小模场的光纤（如 3μm 模场）耦合，但是会大大增加系统成本。最佳方案是与大模场光纤耦合的端面耦合器。

为了进一步提高耦合效率、改善性能和封装等问题，人们对端面耦合器也有一些新的结构设计：

①亚波长结构：将端面倒锥形结构改为亚波长结构，进一步提高与光纤模场的匹配度。需要更高精度的光刻和刻蚀工艺[26]。

②衬底镂空：由于硅光常规 SOI 衬底材料 BOX 厚度为 2～3μm，光容易泄漏到衬底高折射率的硅中，因此需要将端面耦合器底部的硅材料掏空。但掏空会带来可

靠性等问题，不是一种最佳解决方案。

③端面深刻蚀：端面需要露出与外界对接，如果芯片端面不抛光的话必须通过深刻蚀等工艺保证端面的光滑性，通常刻蚀深度在百微米左右。

④V 形槽：通过在 SOI 衬底上制备 V 型槽，可以作为光纤的对准槽，实现高精度自对准，通常利用硅的晶向各向异性，需要用到湿法工艺。

⑤氮化硅多层波导：为进一步降低耦合效率，实现与大模场光纤的匹配，引入多层氮化硅波导也是一种常用做法。

端面耦合器的测试方法与光栅耦合器类似。端面耦合器与光栅耦合器对比如表 10.5 所示。

表 10.5　端面耦合器与光栅耦合器对比

	端面耦合器	光栅耦合器
耦合效率	1～2dB	1～4dB
耦合容差(3dB)	～3μm	～5μm
偏振相关性	小	大
耦合带宽(3dB)	～200nm	～80nm
晶片级测试	特殊探针	方便
耦合反射	低	～−20dB

4. 调制器

由于直调激光器在高速调制时出现啁啾、调制失真、低消光比等缺点，高速调制器在硅基光电子单元器件中扮演着非常重要的角色[27]。电光调制器的核心是离子注入 p-n 结，与 CMOS 工艺中离子注入兼容，不同的是硅光调制器对离子注入的结构、深度和浓度不同。

电光调制器基本原理是等离子色散效应，由于离子注入同时导致材料的折射率和损耗变化，在 1550nm 波长处可以表示为[28]

$$\Delta n = \Delta n_c + \Delta n_h = -8.8\times10^{-22}\Delta N_e - 8.5\times10^{-18}(\Delta N_h)^{0.8}$$
$$\Delta \alpha = \Delta \alpha_e + \Delta \alpha_h = 8.5\times10^{-18}\Delta N_e + 6.0\times10^{-18}\Delta N_h \tag{10-3}$$

因此，离子注入浓度的选择对调制器来说是一个综合考虑的结果，同时影响到调制器的带宽、调制效率和损耗。一个典型的电光调制器 p-n 结注入浓度如图 10.28 所示。

另外，从式(10-3)可以看出，在相同损耗引入的情况下，空穴注入引起的折射率变化远高于电子注入引起的变化。因此，通常尽量使用 p 区调制来提高调制效率，即使 p 区更多与光场重合。因此，设计上经常使 p-n 结中心往 n 区方向偏移，需要高精度的 p-n 结注入对准和套刻精度。p-n 结需要采用快速热退火来保证 p-n 结的形貌。

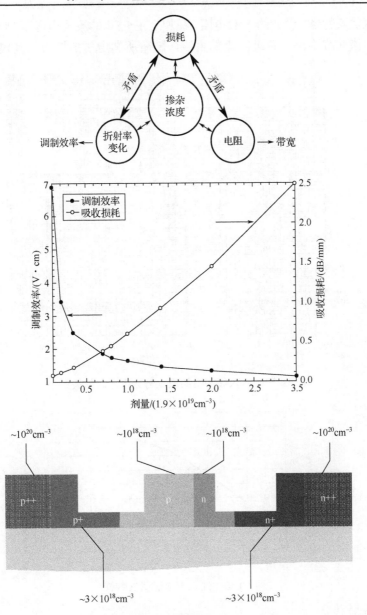

图 10.28　电光调制器 p-n 结注入浓度

　　注入浓度通常没法直接测量，可以通过测试方阻来计算，硅中注入不同浓度的硼和磷对应的方阻可以查表得到，如图 10.29 所示。

　　因此，高注入浓度的硅可以作为电阻器件使用，这也是硅基光电子器件中常用的方法之一，如使用离子注入波导作为调制器匹配电阻、加热电阻等。需要注意的是，利用这种方法制备的电阻在不同的电压下，电阻值有微小的变化。图 10.30 是注入型电阻伏安特性,设计的 50Ω 电阻,在加上 1~5V 的不同电压下测得的电流值。可以看出,该曲线不是一条过零点的直线,随着所加电压的增大,其电阻值增大。

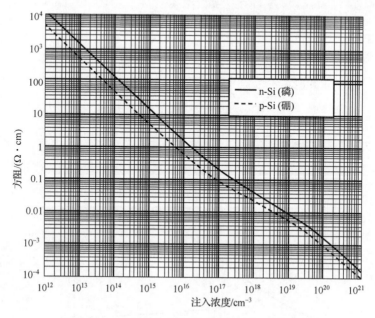

图 10.29　注入硼和磷的浓度与方阻之间的关系

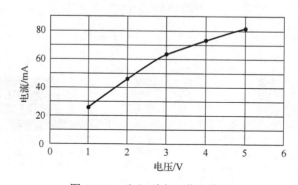

图 10.30　注入型电阻伏安特性

5. 热调器件

如表 10.6 所示,硅是相对热光系数较高的材料,因此采用热光效应对硅光器件进行调制可以获得比平面光波导、氮化硅等器件更高的调制效率。

采用加热来调制相位最大的优点是损耗低,在热调的过程中几乎不引入额外的损耗。图 10.31 所示为金属离硅波导表面距离与波导传输损耗之间的关系,可以看出:当加热电极距离硅波导表面 500nm 以上时,由于金属引入的光场吸收损耗可以忽略不计，因此综合考虑损耗和调制效率因素，一般加热电极距离硅波导表面的高度在 600nm～1μm 之间，如图 10.12 所示，热调位于硅波导与第一层金属 M1 层之间。

表 10.6　三种材料热光系数对比

材料	SiO$_2$	Si$_3$N$_4$	Si
折射率(n@1550nm)	1.46	2.05	3.47
热光系数(dn/dT)	$0.1\times10^{-4}/^\circ C$	$0.4\times10^{-4}/^\circ C$	$1.86\times10^{-4}/^\circ C$

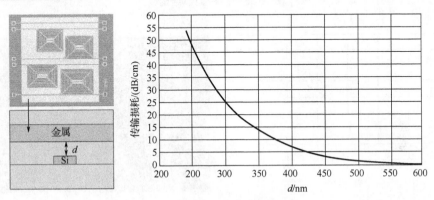

图 10.31　金属离硅波导表面距离与波导传输损耗之间的关系

　　如图 10.32 所示，等效电路由引线电阻 R_L 和加热电阻 R_H 串联组成。引线电阻为加热区到 PAD 之间导线的电阻，也叫 Lead 电阻。加热电阻为波导上方加热区域导线的电阻，也叫 Heater 电阻。从加热效率的表达式可以看出，Heater 电阻与 Lead 电阻之比越大，加热效率越高。因此，为了提高加热调制效率，一方面可以尽量加大热场与光场的作用，即在不影响损耗的前提下减小 d 值；另一方面在满足工艺许可的前提下，减小 Lead 电阻，增大 Heater 电阻。

图 10.32　加热等效电路

　　通常加热结构有两种，如图 10.33 所示：(a)采用金属作为加热电阻，如 W、TiN 等；(b)采用掺杂波导作为加热电阻。

　　当前主流的热光移相器中的加热单元 π 相位移动的功率 P_π 普遍在 20.0mW 左右，加热时间范围为 19.1～43.4μs，散热时间范围为 39.8～75.8μs，可以用于低速几十兆赫兹的相位调制，如图 10.34 所示。

(a)金属加热电阻　　　　　　(b)掺杂波导加热电阻

图 10.33　两种加热结构

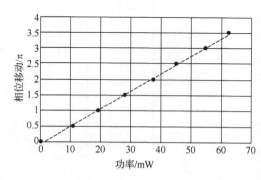 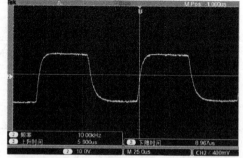

图 10.34　热调效率及热调速率

为了提高热光移相器的效率,很多研究机构提出了通过增加隔热槽和悬臂梁的结构来减少热量的散发,提高热量的利用率。在工艺上需要最后增加钻刻工艺,与微机电系统(micro-electro-mechanical system,MEMS)工艺中的释放工艺类似。值得注意的是,隔热槽在提高加热效率的同时降低了热调速率,因此在一些同时需要一定速率的场合需综合考虑[29]。

6. 探测器

硅基光电子学所用波段主要是近红外波段,因此单纯体硅不适合做硅基光电子学所需要的探测器。锗在红外波段具有高的响应,同时其制备技术和 CMOS 工艺兼容,因此锗硅探测器成为目前最有前景的硅基光电探测器。

锗硅探测器由于其结构和应用不同可以分为三大类:MSM、PIN 和 APD 二极管。锗硅探测器的分类及结构如图 10.35 所示。

波导型 PIN 锗硅探测器在硅基光电子系统中应用最为广泛[30],APD 应用于高灵敏度的探测系统,但工艺更为复杂。在探测器的制备流程中,硅上锗外延工艺为整个探测器工艺开发的核心,其锗外延层的质量直接影响了探测器的性能。锗硅集成的方法有如下几种,经过多年的发展,选择性外延减压化学气相沉积(reduced pressure chemical vapor deposition,RPCVD)成为了硅基光电子工艺中锗集成的主流工艺。

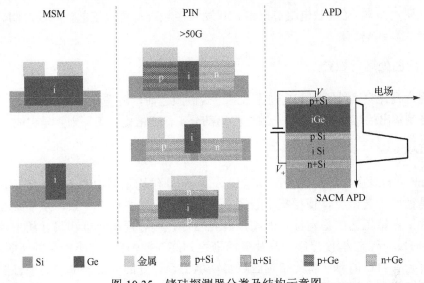

图 10.35　锗硅探测器分类及结构示意图

　　硅基光电探测器是在硅基衬底上引入锗材料作为探测材料而制作的，而锗与硅之间存在较大的晶格失配(～4.2%)，在锗材料上直接外延生长锗材料会引入大量的缺陷，从而影响硅基光电探测器的性能。通过在锗和硅材料之间生长一层锗硅缓冲层可以有效解决锗硅晶格失配的问题，然而锗硅缓冲层的厚度太大，无法满足锗探测器对高速率性能的要求。Kimerling 研究小组通过低温生长一层较薄的高位错层，高温生长较厚的锗吸收层，两步生长工艺较好地解决晶格失配的问题，成为目前大部分硅光工艺厂采用的工艺。

　　另外，由于锗材料的特殊性，工艺上需要重点考虑——锗工艺在整个流程中的预算问题、锗材料外延界面的处理、获得优异表面形貌的干法-湿法相结合的优化刻蚀工艺等，从而降低锗硅光电探测器的暗电流。锗硅集成技术如图 10.36 所示。进

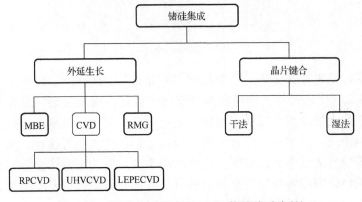

图 10.36　锗硅集成技术(RMG：快速熔融生长)

一步深入研究金属-锗接触电阻等问题，开发锗接触层和退火工艺，降低电阻，以实现探测器的高速响应。

10.3.4　版图处理及检查

在用户设计完器件版图并交到代工厂正式制版之前，还需要进行一些处理，从而保证最终制备出的芯片的性能和一致性，这部分工作通常由代工厂来主导完成。

1. Dummy

Dummy 一般由一些周期性图案组成。Dummy 结构示例如图 10.37 所示。其主要作用是调整工艺密度，使得整个版图区域图形密度基本保持一致，从而提高工艺的一致性，保持工艺的稳定性。例如，硅光器件在波导层的密度和尺寸相差很大，通过添加 Dummy 结构使得整个晶片表面密度始终保持恒定，减小刻蚀的负载效应。代工厂有一套自己的算法将无结构区域自动填上设计好的一定密度的周期性图形，通常在刻蚀层和金属层都有，而每一层的图案和密度一般不同。注意，有些硅光器件结构，如阵列波导光栅，存在较大面积的无刻蚀功能区域，在制版时一定要加以标记，否则该区域有可能自动加上 Dummy 结构，导致器件失效。

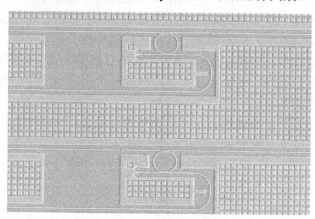

图 10.37　Dummy 结构示例

在金属层，铜电镀完成后，需要化学机械抛光(chemical mechanical polishing，CMP)工艺将二氧化硅槽外的铜抛磨掉并进行平坦化，形成互连。硅光芯片的器件密度较小，芯片上需要铜布线的区域相对较小，而 CMP 工艺要求避免大面积的电镀铜，两者相矛盾。虽然可以通过增加 Dummy 铜的方式进行优化，但是在深槽刻蚀区域和开窗口等区域不允许有铜，这样的单个窗口面积可高达上万平方微米。在如此大的区域内将铜和钝化层完全抛磨掉且互连部分的厚度以及均匀性符合要求是硅光有别于 CMOS 铜工艺的困难和挑战。

2. 光学临近修正(optical proximity correction，OPC)技术

OPC 技术是一种使光刻以及刻蚀工艺后的实际图形尽可能接近设计图形的一种光罩修正技术。在曝光过程中，由于掩模版上的相邻图形之间存在干涉和衍射效应，投影到晶片上的图形和掩模版上的图形不一样。随着掩模版上的图形尺寸缩小，这种相邻图形之间的干涉和衍射效应更加明显，曝光后图形的偏差更大。修正的办法是人为地对掩模版上的图形进行修改，以抵消这种偏差，使曝光后获得的图形符合设计要求。OPC 首先于 250nm 技术节点时被引入到半导体光刻工艺中。一般来说，晶片上图形的线宽小于曝光波长时，必须对掩模版上的图形做邻近效应修正。

传统 CMOS 工艺制造的芯片图形大多采用"曼哈顿原则"进行设计，即横平竖直的规则，而硅光器件则有较多环形或曲线等不规则图形，需采用"非曼哈顿"设计规则进行设计。传统 OPC 模型的建立是基于少量有代表性的经典的 OPC 测试图形(如传统基于规则的 OPC 测试图形)进行数据收集并建模，而在硅光器件中，各种特殊的"非标"图形占了绝大多数，比如环形波导、光栅等。此类不规则形状的器件对于光刻工艺而言难以控制其图形精确度和侧壁粗糙度。而且由于光刻工艺是针对整片晶片的，如工艺条件针对关键的条形波导进行优化，则不规则器件的光刻效果很难保证和调节。OPC 技术则可以针对芯片内不同区域的图形分别进行优化[31]。图 10.38 所示为 OPC 对尖端结构进行修正前后的结果对比。

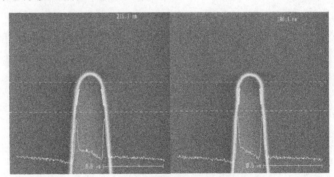

图 10.38　OPC 对尖端结构进行修正前后的结果对比

3. 设计规则检查(design rule check，DRC)

DRC 的目的是保证设计者提交的版图满足代工厂制定的版图设计规则。晶片代工厂通常对各自不同工艺参数制定出满足芯片制造良率的同一工艺层及不同工艺层之间几何尺寸的约束，这些尺寸规划的集合就是版图设计规则，如最小线宽定义、最小间距定义、图层间结构的关系等。DRC 的主要目的是检查版图中所有由违反设计规则而引起潜在失效的物理验证过程。设计规则并不代表芯片制造成功与失败的

硬性分水岭,也许会看到一个违反某些设计规则的版图在流片后仍然能够正常工作,反之,一个满足所有设计规则的版图却不一定能够正确工作。所以,设计规则是保证在流片后获得较高良率的统计结果。

　　硅光代工厂通常会有一套 DRC 检查脚本来快速检测版图设计中违反设计规则的地方,通常会放在工艺设计开发包中(见 10.3.5 节),不同代工厂对 DRC 的严格性和准确性也不同。针对硅光器件的完善的、准确的、快速的 DRC 也需要大量的工作。需要开发适用于硅光器件的检查脚本,主要检查内容包含图层结构尺寸、间距、顶角,图层间关系,工艺密度等,并针对硅光器件中特殊需求,如弧形结构、密周期结构进行针对性设计,优化输出结果。硅光器件有大量的弧形结构,这在CMOS 工艺中会大量报错,而在硅光中是允许的。需要对其开发专用的 DRC 脚本,减小误报率,提高检查效率。

10.3.5　工艺设计开发包

　　工艺设计开发包(process design kit,PDK)是由工艺线制定,如图 10.39 所示。PDK 面向用户发布的一系列工艺线设定文件[32],主要包括以下几个部分:

　　①工艺文档,用于描述工艺能力、工艺流程、设计规则、设计指导等。

　　②经过验证的标准器件库/IP,帮助用户提升设计的可靠性。

　　③自动化脚本,用于自动化设计软件的设定,包括设计规则设定、器件库导入等。

图 10.39　PDK

　　PDK 是工艺线与用户沟通的桥梁,也是硅光开发流程的核心。其目的是帮助用户更好了解工艺线能力,在遵循设计规则的前提下完成自定义设计,从而使工艺人员和用户采用同一“标准语言”进行沟通。PDK 提供的标准器件库是工艺线能力的展示,也是用户设计的基础,可以帮助用户将更多的精力集中于自定义设计,对器件模型、链路仿真、版图设计等环节提供支撑。物理验证作为 PDK 的重要组成部分，可以保证用户设计的有效性，大幅减少设计与流片的迭代次数。而封装模版的提供可以帮助用户实现面向封装的设计，是可制造设计(design for manufacturing)的重要一环。

　　需要注意的是，用户不是等到版图上交的时候才使用 PDK，应该是在一开始设计的时候就要确定好代工厂，拿到其 PDK，根据其 PDK 内容和规则进行设计。

10.4　系　统　集　成

10.4.1　多材料集成

　　硅是一种优良的半导体材料，但却不是最佳的光电子材料。表 10.7 展示了各种光学材料性能对比，如光源材料最好的是 InP，电光调制材料最好的是 $LiNbO_3$[33]。因此，在一些系统应用中不可避免地需要引入其他某些光学性能更好的材料，研究这些材料和功能器件与硅光的集成方法[34]。

表 10.7　各种光学材料性能对比

	InP	SOI	Si_3N_4	SiO_2	$LiNbO_3$	Polymer
损耗	3	3	5	5	3	3
光源	5	1	0	0	0	0
调制	5	4	1	1	5	5
探测	5	4	0	0	0	0
耦合	4	3	5	5	5	5
光谱范围	3	3	5	5	5	5
偏振特性	3	1	3	5	1	5
可靠性	4	5	5	5	5	1
尺寸	4	5	4	1	1	1
大规模集成	3	5	3	2	1	1
典型应用	光源	大规模集成	可见光传感	分速器、AWG	调制器	低成本互连

　　注：0～1　困难　2～3　一般　4～5　优良

　　由于硅是间接带隙的半导体，发光效率不高，一直以来被认为不适合制作光源材料。光源的集成一直被认为是硅基光电子亟待解决的巨大问题[35]。如图 10.40 所示，硅基光电子中引入光源主要有以下几种方案：

　　①外部光源：通过端面耦合或光栅耦合的方式耦合进波导当中。其优点是光源成熟，性能和散热好，可选厂商多；缺点是耦合封装要求苛刻，成本高，并非集成方案。

②贴装光源:一般是指通过 FCB 等方式将激光器芯片贴装在硅光芯片上,通过端面耦合或光栅耦合的方式耦合进波导当中。其优点是激光器成熟,可实现 C2W(芯片到晶片)的耦合封装;缺点是耦合精度要求高,散热设计困难。目前大部分硅光产品都采用这种方案,如 Luxtera、Mellanox 等。

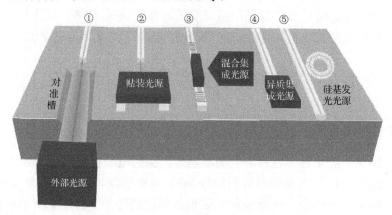

图 10.40　硅基光电子中引入光源的方案

图 10.41 列出了几种激光器与硅光芯片耦合的代表性方案。图 10.41(a)为 Luxtera 将激光器、隔离器、透镜、波片和反射镜组装在一个 MEMS 结构中,通过光栅耦合进硅波导[36]。值得注意的是这种方案的激光器几乎采用传统的气密封装方案,可靠性高,但同时成本较高。图 10.41(b)为 MACOM 采用的自对准方案(self aligning etched facet technology),实现激光器芯片与硅光芯片的对准[37]。激光器和硅光芯片上制备相应的对准槽,通过机械定位实现自对准。图 10.41(c)为 IBM 采用台阶辅助实现激光器与硅光芯片的对准[38]。图 10.41(d)为 Skorpios 设计 a-Si 波导作为耦合结构,提高耦合效率,降低反射[39]。

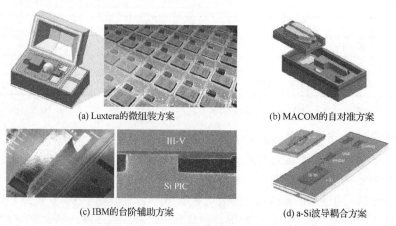

图 10.41　激光器与硅光芯片耦合的代表性方案

③混合集成光源：这种方案是一种 W2W(晶片到晶片)的集成方案，经过生长的 III-V 材料晶片键合到硅光晶片表面，剥离衬底，然后在硅光兼容的工艺线上制备出光源器件。其优点是可实现晶片级对准，易于大规模集成；缺点是激光器性能难以保证，耦合散热困难，未广泛使用。由于是一种更高集成度的方案，许多研究所和高校投入大量精力研究。

④异质集成光源：或者称为外延生长光源，与混合集成光源的不同之处是 III-V 材料直接通过硅光晶片表面外延生长实现。其优点是集成度更高，散热好，无需对准；缺点是材料的外延生长困难，与 CMOS 工艺兼容性差。作为最有潜力的硅基光源方案还处于研究阶段。

⑤硅基发光光源：硅基直接发光一直是人们的梦想，大量科研人员对其进行了探索，包括硅掺 GeSn、硅掺 Er、硅纳米颗粒等。但目前看性能难达到实用阶段。

10.4.2　光电集成

另一方面，IC 与硅光的集成也是硅基光电子发展的必然方向。硅光器件与电子器件单片集成存在几个主要难点：第一，硅光器件和电子器件对衬底要求不一致；第二，硅光器件和电子器件对工艺节点、工艺控制要求不一致；第三，硅光器件和电子器件互相影响，协同设计困难。

图 10.42 是硅光器件与电子器件的集成方案及对比，最可行的方案是前端集成方案。前端单片集成工艺是指光学器件在电子器件工艺开始的同时集成在芯片上，因此这种单片集成方案中的光学器件和电子器件是混合在一起的。到目前为止，前端

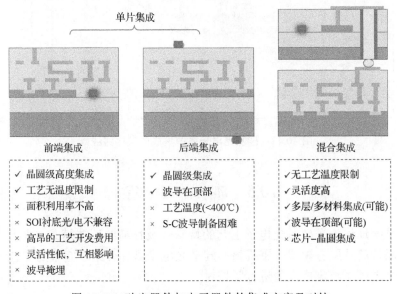

图 10.42　硅光器件与电子器件的集成方案及对比

单片集成方案的可行性已经被实验证明，如 IBM 开发的体硅上的多晶硅光波导、SUMSUNG 的固相外延的局部单晶硅波导、IHP 的 BiCMOS 光电单片集成工艺等[40]。

　　虽然光电单片前端集成有着很诱人的前景，但目前大部分公司仍然采用混合集成的方案，例如 Luxtera 早在 2006 年就已实现了硅光器件与电子器件单片集成，现在采用混合集成的方案。主要原因还是在于成本和设计难度：高速电子器件需要的工艺节点在 28nm 以下，而硅光器件通常 90nm 已经足够。硅光芯片本身尺寸也比高速电子器件大几倍，采用昂贵的工艺来制备硅光芯片带来巨大的工艺成本。推动光电单片集成技术的进步与应用将出现在两大方面：第一，片间和片内互连，必须要求光电单片集成；第二，未来出现一些新的机理能大幅缩小现有硅光器件特征尺寸，使之与电子器件工艺节点匹配。

10.4.3　系统集成发展

　　硅基光电子系统集成的最终目标是硅光、电、其他材料(主要指 III-V)等的单片异质集成。硅基光电子系统集成的发展路线如图 10.43 所示。

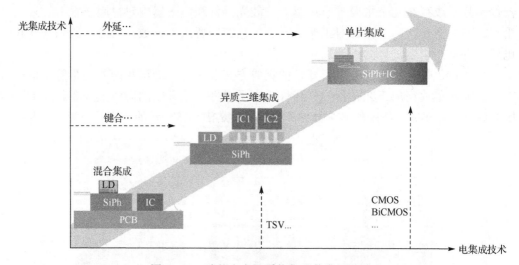

图 10.43　硅基光电子系统集成的发展路线

10.5　本　章　小　结

　　本章系统地讨论了硅基光电子工艺的特殊性及目前的工艺模式，尤其是 MPW 的多项目晶片流片服务模式，围绕核心硅基光电子器件介绍了完整的工艺流程，最后对硅基光电子系统集成发展进行了探讨。

参 考 文 献

[1] Horikawa T, Shimura D, Jeong S H, et al. The impacts of fabrication error in Si wire-waveguides on spectral variation of coupled resonator optical waveguides. Microelectronic Engineering, 2016, 156:46-49.

[2] Morichetti F, Canciamilla A, Ferrari C, et al. Roughness induced backscattering in optical silicon waveguides. Physical Review Letters, 2010, 104(3): 033902.

[3] Rahim A, Spuesens T, Baets R, et al. Open-access silicon photonics: Current status and emerging initiatives. Proceedings of the IEEE, 2018, 106(12): 2313-2330.

[4] Dumon P, Khanna A. Foundry technology and services for Si photonics// IEEE Conference on Lasers and Electro-Optics Pacific Rim (CLEO-PR), Kyoto, 2013: 1-2.

[5] Chen X, Milosevic M M, Stankovic S, et al. The emergence of silicon photonics as a flexible technology platform. Proceedings of the IEEE, 2018, 106(12): 2101-2116.

[6] Lim A E. Review of silicon photonics foundry efforts. IEEE Journal of Selected Topics in Quantum Electronics, 2014, 20(4): 405-416.

[7] Lo G Q, Teo S H G, Yu M B, et al. The foundry model for silicon photonics-Technology, challenges, and opportunities// IEEE Conference on Lasers & Electro-Optics, San Jose, 2012: CM4A.3.

[8] IMEC. IMEC's integrated silicon photonics platform (ISIPP50G). https://www.imec.be [2021-01-24].

[9] McLellan P. GF silicon photonics: Fiber attach is the secret sauce. https://community.cadence.com/ cadence_blogs_8/b/breakfast-bytes/posts/globalfoundries-silicon-photonics[2017-03-09].

[10] Europractice IC services. https://www.europractice-ic.com[2021-01-24].

[11] Xu D X, Schmid J H, Reed G T, et al. Silicon photonic integration platform-Have we found the sweet spot? IEEE Journal of Selected Topics in Quantum Electronics, 2014, 20(4): 189-205.

[12] Aalto T, Cherchi M, Harjanne M, et al. 3 micron silicon photonics// Proceedings of the Optical Fiber Communication Conference, San Francisco, 2018: 1-3.

[13] Giewont K, Nummy K, Anderson F A, et al. 300-mm monolithic silicon photonics foundry technology. IEEE Journal of Selected Topics in Quantum Electronics, 2019, 25(5): 8200611.

[14] Boeuf F, Cremer S, Temporiti E, et al. Recent progress in silicon photonics R&D and manufacturing on 300mm manufacturing// Proceedings of the IEEE Optical Fiber Communications Conference, Los Angeles, 2015: W3A.1.

[15] Selvaraja S K, Heyn P D, Winroth G, et al. Highly uniform and low-loss passive silicon photonics devices using a 300mm CMOS platform// Proceedings of the IEEE Optical Fiber

Communications Conference, San Francisco, 2014: Th2A.33.

[16] Smit M, Leijtens X, Ambrosius H, et al. An introduction to InP-based generic integration technology. Semiconductor Science and Technology, 2014, 29(8): 1-41.

[17] Assefa S, Shank S, Green W, et al. A 90nm CMOS integrated nano-photonics technology for 25Gbps WDM optical communications applications// Proceedings of the IEEE International Electron Devices Meeting, San Francisco, 2012: 33.8.1-33.8.3.

[18] 郭进, 冯俊波, 曹国威. 硅光子芯片工艺与设计的发展与挑战. 中兴通讯技术, 2017, 23(5): 7-10.

[19] Blumenthal D J, Hei D M R, Geuzebroek D, et al. Silicon nitride in silicon photonics. Proceedings of the IEEE, 2018, 106(12): 2209-2231.

[20] Roeloffzen C G H, Hoekman M, Klein E J, et al. Low loss Si_3N_4 TriPleX optical waveguides: Technology and applications overview. IEEE Journal of Selected Topics in Quantum Electronics, 2018, 24(4): 1-21.

[21] Subramanian A, Dhakal A, Selvaraja S, et al. Low-loss singlemode PECVD silicon nitride photonic wire waveguides for 532-900nm wavelength window fabricated within a CMOS pilot line. IEEE Photonics Journal, 2013, 5(6): 2202809.

[22] Shen Y, Harris N C, Skirlo S, et al. Deep learning with coherent nanophotonic circuits. Nature Photonics, 2017, 11(7): 441-446.

[23] Wilmart Q, Sciancalepore C, Fowler D, et al. Si-SiN photonic platform for CWDM applications// IEEE International Conference on Group IV Photonics, Cancun, 2018: 1-2.

[24] Taillaert D, Bogaerts W, Bienstman P, et al. An out-of-plane grating coupler for efficient butt-coupling between compact planar waveguides and single-mode fibers. IEEE Journal of Quantum Electronics, 2002, 38(7): 949-955.

[25] Almeida V R, Panepucci R R, Lipson M. Nanotaper for compact mode conversion. Optics Letters, 2003, 28(15): 1302-1304.

[26] Cheben P, Bock P J, Schmid J H, et al. Refractive index engineering with subwavelength gratings for efficient microphotonic couplers and planar waveguide multiplexers. Optics Letters, 2010, 35(15): 2526-2528.

[27] Reed G T, Png C E J. Silicon optical modulators. Materials Today, 2005, 8(1): 40-50.

[28] Soref R, Bennett B R. Electrooptical effects in silicon. IEEE Journal of Quantum Electronics, 1987, 23(1): 123-129.

[29] Harjanne M, Kapulainen M, Aalto T. Sub-μs switching time in silicon-on-insulator Mach-Zehnder thermooptic switch. IEEE Photonics Technology Letters, 2004, 16(9): 2039-2041.

[30] Virot L, Benedikovic D, Szelag B, et al. Integrated waveguide PIN photodiodes exploiting lateral

Si/Ge/Si heterojunction. Optics Express, 2018, 25(16): 19487-19496.

[31] Huang Z, Zheng Z, Chen S, et al. Preliminary round of OPC development in 180nm node silicon photonics MPW platform// 2020 International Workshop on Advanced Patterning Solutions (IWAPS), Chengdu, 2020: 1-3.

[32] 联合微电子中心. 工艺设计开发包. https://service.cumec.cn/[2021-01-24].

[33] Lin C, Pfeiffer M H P, Nicolas V, et al. Heterogeneous integration of lithium niobate and silicon nitride waveguides for wafer-scale photonic integrated circuits on silicon. Optics Letters, 2017, 42(4): 803.

[34] Komljenovic T, Davenport M, Hulme J, et al. Heterogeneous silicon photonic integrated circuits. Journal of Lightwave Technology, 2016, 34(1): 20-35.

[35] Zhang J, Haq B, O'Callaghan J, et al. Transfer-printing-based integration of a III-V-on-silicon distributed feedback laser. Optics Express, 2018, 26(7): 8821-8826.

[36] Luxtera Transceivers. https://www.luxtera.com/[2021-01-24].

[37] MACOM. Self aligning etched facet technology. https://www.macom.com/technologies/saeft[2021-01-24].

[38] Nah J, Martin Y, Kamlapurkar S, et al. Flip chip assembly with sub-micron 3D re-alignment via solder surface tension// Proceedings of the IEEE Electronic Components and Technology Conference, San Diego, 2016: 35-40.

[39] Silicon Photonics-Skorpios Technologies. https://www.skorpiosinc.com/silicon-photonics/[2021-01-24].

[40] Knoll D, Lischke S, Zimmermann L, et al. Monolithically integrated 25Gbit/sec receiver for 1.55μm in photonic BiCMOS technology// Proceedings of the IEEE Optical Fiber Communications Conference, San Francisco, 2014: Th4C.4.

第二部分 应 用 篇

第 11 章   硅基光通信和光互连

大数据和移动互联网的蓬勃发展，对通信的速率和容量提出了更高的要求和挑战。光通信和光互连技术被普遍认为是解决这一问题的根本途径。硅基光电子器件具有大带宽、低损耗、低成本、CMOS 工艺兼容等特点。近年来，将硅基光电子器件用于不同场景的光通信和光互连，结合多维复用和相干通信等技术来提升传输容量和系统吞吐量，并降低成本和能耗，取得了显著成效。

本章介绍硅基光通信和光互连，从原理技术、关键芯片，以及不同应用场景三个方面展开讨论。首先，在介绍硅基光电子器件用于光通信和光互连意义的基础上，引出用于光发射、光接收和光学多维复用的关键硅基光电子芯片。然后，依据传输距离的不同，重点介绍用于长距离相干光通信、中等距离光接入/无线光通信、短距离数据中心光互连，以及甚短距离计算机光互连的硅基光电子芯片和相关技术。最后，对硅基光通信和光互连技术的研究现状做出总结，并对未来发展趋势做出展望。

11.1   背景及概述

11.1.1   光通信和光互连应用背景

光通信利用光作为载波进行数据的传输与通信。1970 年，康宁公司研制出损耗小于 20 dB/km 的单模光纤，掀起了光纤通信的研究浪潮。目前单模光纤的损耗可达到 0.2～0.4 dB/km。相比于以铜线为传输媒介的电互连，光通信和光互连具有大带宽、高速率、大容量、低成本、低能耗、抗电磁干扰等优势，是满足巨大数据通信需求的最佳解决方案[1, 2]。

21 世纪是信息爆炸的时代。随着大数据时代的发展，人们对数据使用量、传输量和处理量的需求都飞速增长。这给现有的光纤通信系统带来极大的挑战。为了拓展通信系统的传输容量，一些复用技术相继被提出，包括波分复用[3]、光时分复用 (optical time division multiplexing, OTDM)[4]、偏振复用 (polarization division multiplexing, PDM)[5]和空分复用 (space division multiplexing, SDM)[6]等。其中，WDM 技术已经广泛地应用于长距离和短距离光通信系统，是目前最成熟的复用方式。WDM 技术以多个波长为载波，每个信道采用不同波长的载波携带独立信号，多个信道同时在单根光纤中传输。OTDM 技术是在不同时间维度上加载不同信道的信号。PDM 技术是把不同信号加载到同一载波的两个正交偏振态上。SDM 技术是在空间维度上实现信号的复用，可以采用多芯光纤的方案，也可以采用多模光纤利用其中相互正交的模式加载信号。这种技术被称为模分复用(mode division multiplexing，MDM)。近年来正交频分复用(orthogonal frequency division multiplexing，OFDM)技术因其频谱效率高、抗多径效应能力强、易实现数字信号处理等优点得到了广泛的关注。它将不同通道的信号调制在频域正交的子载波上实现复用[7]。除了复用技术，还可以通过采用高级调制格式，例如多级幅度调制[8]、多级相位调制[9]和多级幅度及相位混合调制[10]来提高单个信道的传输速率，从而提高整体的通信容量。常见的调制方式有二进制开关键控(on-off keying，OOK)、差分相移键控(differential phase shift keying，DPSK)、正交相移键控(quadrature phase shift keying，QPSK)和正交幅度调制(quadrature amplitude modulation，QAM)等。先进高级调制格式可以与各类复用技术兼容。

光纤通信技术已经在长距离相干通信网络中占据统治地位，在中等距离光接入网也逐步实现光纤布局。2016 年，全球光纤累积用量约 30 亿芯公里，其中我国光纤就敷设了 13 亿芯公里。在长距离相干通信网络中，采用先进调制和相干接收等技术，可以实现几 Tbit/s 的传输速率[11]。从 2015 年开始，全球 IP 流量以 27%的复合年增长率增长，2020 年达到 15.3 泽字节(1 泽字节=10^{21} 字节)。面对海量的数据，强大的仓库级数据中心应运而生。数据中心的互连包括数据中心内部的、数据中心之间的和数据中心到用户的互连，其中数据中心内部通信占到 77%。数据中心由成千上万的服务器组成。服务器间需要高性能和低延迟的互连网络相互通信。在数据中心内部，集成电路负责数据处理。它们之间的距离相隔几十厘米到几公里不等。传统的集成电路之间通过金属线缆通信，但金属线缆损耗和能耗都很大。因此，短距离数据中心可以采用光互连的方式提高传输速率、降低能耗。随着单个集成电路芯片上晶体管数量的增加，工艺特征尺寸的进一步减小，电互连的能耗、延迟、串扰、带宽等问题越来越严重。采用光互连替代电互连可以突破高性能集成电路发展的这些限制。光通信和光互连的应用领域从长距离相干光通信和中等距离光接入网扩展到短距离数据中心和甚短距离计算机，相对于电互连，可以有效提升通信系统的带宽和能效。

11.1.2 硅基光电器件用于光通信和光互连意义

利用硅基光电器件实现光通信和光互连主要有以下几个优点。

(1)低损耗。硅材料对波长为 1.1～1.7 μm 的光，特别是通信波段常用的波长 1.55 μm 吸收很低，可以在硅基芯片上实现低损耗数据处理和传输。

(2)集成度高。硅基芯片的芯层(硅材料)和包层(二氧化硅材料)在 1.55 μm 波长处的有效折射率差较大，光场被紧紧束缚在波导芯层中，有利于实现大规模高密度集成。

（3）低成本。硅材料是微电子产业中广泛使用的基底材料，基于硅基光芯片的制作工艺可以与微电子行业的 CMOS 工艺兼容，因此可以实现大批量生产。

（4）低能耗。由于硅材料对通信波段的光吸收很少，且光电器件的尺寸很小（几微米到几百微米），因此器件工作需要的能耗很低。

（5）多功能。硅光芯片除了可以用来制作丰富的无源器件，还可以实现很多其他功能。例如，通过在无源硅波导上沉积金属加热电极，可以构成 MZI 或微环结构，实现片上低速调制或者光交换的功能（几十毫秒）；通过在硅波导中掺杂构成 p-n 结，还可以构成硅基高速调制器。

（6）高兼容度。硅基光电器件可以与其他材料相结合实现更优异和丰富的功能，如 III-V 族材料、二维材料和低成本的聚合物材料等，还可与集成电路实现光电混合集成。

（7）性能优异。硅基光电器件经过多年的研究，发展已经相当成熟，如具有优异性能的光纤与芯片的耦合器件（水平模斑转换器和垂直光栅耦合器）、调制器（微环调制器（microring modulator，MRM）、马赫-曾德尔型调制器等）、复用器件（WDM、MDM 等）、光开关光交换器件、光电探测器，以及一些其他常见功能的无源器件（交叉波导、分光器等）。

基于以上优势，硅基光电集成器件可以为长距离光通信提供进一步降低光通信模块体积和能耗的解决方案，也可以为日益增长的短距离通信、芯片间通信和芯片内通信的应用需求提供一种大带宽和低能耗的解决方案。

11.2　硅基光发射、复用和光接收

一个完整的光通信系统由光发射机、通信信道和光接收机构成。下面以光纤通信系统（图 11.1）为例进行介绍。光发射机的作用是将信息加载到光载波上，实现信号的发送。光纤作为通信信道，它的作用是传输光信号，在远距离传输时通过光放大器和中继器对衰减和劣化的光信号进行再处理。经过传输后的光信号经过光接收机将光信号转换成电信号，在受信者处还原出与信息源相同的信号。

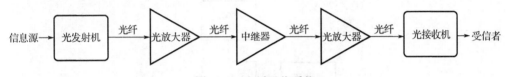

图 11.1　光纤通信系统

不同距离的通信需要采用不同的技术。在骨干网和城域网等长距离光通信中，由于庞大的用户数，以及对数据需求量呈现爆发式的增长，要求通信系统具有极大的通信容量和超高的数据传输速率。长距离光纤通信网中的收发机采用高级调制格式，如 QPSK 和 QAM，配合 PDM 和 WDM 复用技术，结合相干探测技术提高每个波长通道的频谱效率，增加收发机的通信容量。长距离光通信的数据传输速率可达到 400 Gbit/s，未来将提高到 Tbit/s 的量级[12]。在短距离数据中心，光互连以其大带宽的优势逐步取代电互连，但是对成本和能耗要求较高，主要采取幅度调制格式和直接检测的方式，结合 CWDM 技术，数据传输速率基本可达到 100 Gbit/s，目前正在向 400 Gbit/s 发展。在甚短距离芯片级互连中，随着芯片处理数据量的飞速增长，预计芯片间和芯片内的互连在未来十年将迎来 100 倍，乃至 1000 倍的增长，采取光互连的方式可以解决电互连的带宽和能耗问题对芯片性能的限制，有望实现高传输速率和低至 10^{-12} J/bit 的能耗水平。

　　光发射机、复用/解复用器件和光接收机是光通信和光互连的核心器件。充分利用硅基光电子器件具有集成度高，与成熟的 CMOS 工艺相兼容的优点，相关光器件和光模块不断向低成本和小尺寸的方向发展。硅基集成光发射机和光接收机在不同传输距离的应用领域中已经有很多报道，如 Intel、Cisco、Luxtera、Oracle、IBM、贝尔实验室等。11.2.1 节和 11.2.2 节分别介绍硅基光发射机和光接收机的基本结构和研究现状。11.2.3 节介绍硅基多维复用技术的典型芯片。

11.2.1　硅基光发射芯片

　　光发射机将电信号加载到光载波上，可以实现信号调制和发送的功能。硅基光发射机主要采用外调制方式，其基本构成单元有激光器、驱动电路和调制器，如图 11.2 所示。激光器发出连续光，驱动电路将输入的电信号放大并加载到调制器上。调制器是实现光电信号转换的关键器件。硅基光调制器常采用 MZM 和 MRM。前者具有大带宽的特点，调制方式有幅度键控(amplitude shift keying，ASK)和相移键控(phase shift keying，PSK)。已报道的大多数硅基光发射机均采用 MZM 架构。后者具有尺寸小和能耗低的优势。近几年涌现出许多高性能硅基 MRM 的报道。其主要调制方式为 ASK，在短距离光通信和光互连中具有很大的发展潜力。

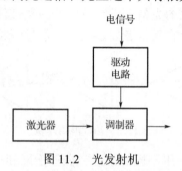

图 11.2　光发射机

随着全球数据中心流量爆发式的增长，硅基光通信和光互连技术是解决数据中心内部和数据中心之间高速、低成本通信的极佳选择。基于数据中心应用需求的推动，许多研究机构相继报道了硅基光发射机的研究工作。其主流的思想是采用 ASK 和直接检测的方式，再结合 WDM 技术或者利用并行多通道的方案增加通信容量。2007 年，Luxtera 提出基于 WDM 技术的硅基光发射机，其传输速率可达 4×10 Gbit/s[13]。2012 年，Luxtera 将硅基光发射机的传输速率提高到 4×28 Gbit/s[14]。采用并行多通道的光发射机可以减少光源芯片的数量，具有成本优势。2016 年，Intel 推出用于 100G 通信的硅基并行 4 通道可插拔光收发模块（100G PSM4 QSFP28），如图 11.3（a）所示。然而，将单个光源芯片分成 4 路信号导致光功率预算不足，限制了其传输距离。2020 年，Intel 推出用于 100G 通信的 CWDM 硅光收发模块（100G CWDM4 QFSP28），如图 11.3（b）所示。

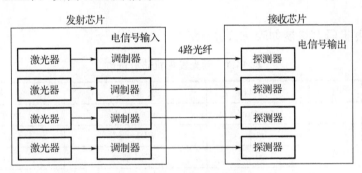

(a)并行4路硅光收发模块示意图

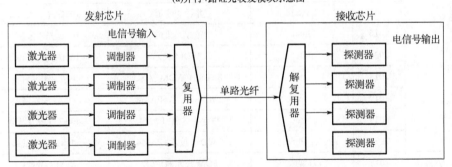

(b)基于CWDM技术的硅光收发模块示意图

图 11.3 Intel 推出的光收发模块

随着 400G 时代的到来，硅基光发射机的传输速率需求进一步提高，然而单通道传输速率难以突破 56 Gbit/s。其主流思想是采用四电平脉冲幅度调制（4-level pulse amplitude modulation，PAM4）的格式进一步提升通信容量。2019 年，Macom 实现了基于 PAM4 的 400G 硅基发射机，采用 4 通道 CWDM 技术，当单通道 53 GBaud 信号传输 2 km，误码率为 2×10⁻⁴ 时，最低接收功率为–7.4 dBm[15]。同年，Intel 发布基于 PAM4 的并行 4 通道 400G 硅光收发模块(400G QSFP-DD DR4)。2020 年，Analog Photonics 和 Intel 分别展示了采用 CWDM 技术和并行 4 通道方案的 400G 硅光发射机。它们均采用 PAM4 调制格式，可工作在大范围温度下[16,17]。然而，PAM4 调制格式需要更多的功率预算，因此限制了信号的传输距离。

MZM 既可以实现 ASK 信号的产生，也可以实现 PSK 信号的产生。除了在短距离数据中心的应用以外，在长距离相干光通信中也有很大的应用价值。100G 相干光通信主要采用 PDM 技术结合 QPSK 调制格式。下一代相干光通信会采用更高阶的调制格式，如 16QAM。2012 年，贝尔实验室使用硅基 IQ 调制器实现了 PDM-QPSK 硅光发射机，实现了 112 Gbit/s 的传输速率[18]。2013 年，贝尔实验室使用两对硅基 IQ 调制器提出 PDM-16-QAM 硅光发射机，实现了 224 Gbit/s 的传输速率[19]。

硅光发射机研究进展如表 11.1 所示。

表 11.1 硅光发射机研究进展

发射机类型	年份	研究机构	技术方案	产品/传输速率
早期硅光发射机	2007	Luxtera	WDM 技术	4×10 Gbit/s
	2010	Intel	CWDM 技术	4×10 Gbit/s
100G 硅光发射机	2012	Luxtera	WDM 技术	4×28 Gbit/s
	2015	Aurrion 和 IBM	WDM 技术	4×28 Gbit/s
	2015	Luxtera	并行 4 通道	100G 光收发模块
	2016	Intel	并行 4 通道	100G 光收发模块
	2020	Intel	CWDM 技术	100G 光收发模块
400G 硅光发射机	2018	Intel	8 通道 CWDM 技术	400G 光发射机
	2019	Macom	CWDM 技术+PAM4	400G 光发射机
	2019	Intel	并行 4 通道+PAM4	400G 光收发模块
	2020	Analog Photonics	CWDM 技术+PAM4	400G 光收发机
相干通信硅光发射机	2012	贝尔实验室	PDM 技术+QPSK	112 Gbit/s
	2013	贝尔实验室	PDM 技术+16QAM	224 Gbit/s

11.2.2 硅基光接收芯片

光接收机的作用是将接收到的光信号解调并实现信号的光电转换。硅基光接收机(图 11.4)的基本构成单元有探测器、互阻抗放大器(transimpedance amplifier, TIA)、信号处理电路。在光接收机中，光信号经过光电探测器转化为光电流，再由 TIA 将产生的光电流转化为对应的电压信号，由信号处理电路将电压信号转化为高低电平的数字序列。探测器是光接收机中实现光电信号转换的关键器件。锗硅探测器是常见的硅基光电探测器，可分为锗硅 PIN 光电探测器和锗硅 APD。锗硅 PIN 光电探测器经过多年的研究，基本可以实现超过 50 GHz 的 3 dB 电学带宽[20]。APD 具有雪崩效应，可以给信号带来增益，为通信链路提供足够的功率预算。相比于 PIN 光电探测器可以增加通信距离，其在硅基光通信和光互连中具有极大的商业价值[21]。

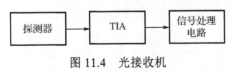

图 11.4　光接收机

在短距离数据中心、甚短距离芯片间及芯片内的光互连中，硅基光接收机提供直接检测的方案，待探测信号一般为 ASK 信号。对于并行多路的光接收机而言，直接由探测器接收 ASK 信号，最终转化为高低电平的电信号。对于采用 CWDM 技术的光接收机，接收到的光信号先经过解复用器解复用成多路信号，每路信号再分别由探测器接收。2012 年，Luxtera 实现了 4×28 Gbit/s WDM 光接收机[14]。对于 400G 的应用需求，截至 2020 年，包括 Macom、Intel 和 Analog Photonics 在内的多家公司，实现了用于 CWDM 系统 PAM4 光接收机[16]。11.2.1 节提到并行多路和基于 CWDM 技术的硅光收发模块，并介绍了用于 100G/400G 光互连系统的商用硅光收发模块，在此不赘述。

长距离骨干网和城域网通常采用 PDM 技术和相干光通信技术。与采用直接检测方案的光接收机不同，相干接收机需要对偏振态相互正交的信号解复用，并对多进制 PSK 信号进行解调。现阶段，100G/200G 相干光通信技术已经十分成熟，硅基相干接收机体积小、能耗低，具有很大的发展前景。其通常采用偏振分束器和 90 度混频器实现偏振分集和相位分集。2010 年，贝尔实验室提出基于二维光栅的硅基相干接收机，实现了对 112 Gbit/s 的 PDM-QPSK 信号的接收[22]。2015 年，SiFotonics 推出完全基于 CMOS 工艺的硅基 100G 相干接收机芯片 CR4Q01。2014 年，Acacia 发布了首款具有完整相干光收发功能的 100G 硅光芯片。2018 年，国家信息光电子创新中心等四个单位联合研发的 100G 硅光收发芯片投产使用，实现了 100G/200G 硅基相干光收发芯片的量产。目前 100G 硅基相干光收发芯片已经实现了一定规模的商用。

11.2.3　硅基多维复用技术及芯片

采用多维复用技术可以提高光通信系统的通信容量[23]，增大光通信容量的物理维度如图 11.5 所示。对偏振、频率、幅相正交性、时间和空间这五个物理维度进行利用，不仅可以极大地扩展传输容量，还可以提升数据在芯片上的处理速度[24-27]。下面对硅基 WDM、PDM 和 SDM 涉及的器件和芯片进行介绍。

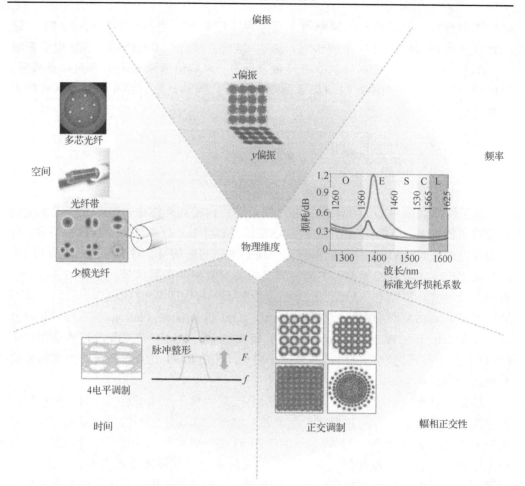

图 11.5　增大光通信容量的物理维度

WDM 技术可以使不同波长的载波在一根单模光纤中传输。WDM 器件的作用是在波长维度实现光信号的复用。常见的器件包括 MZI、AWG、分级衍射光栅 (echelle diffraction grating，EDG) 和微环谐振器 (microring resonator，MRR) 等。MZI 是双光束干涉器件，级联 MZI 可用作光学梳状滤波器[28]。AWG、EDG 和微环是常见的多光束干涉器件。AWG 由输入波导、阵列波导、输出波导和自由传播区域 (free propagation regions，FPR) 构成，作为解复用器时，不同波长的光从输入波导注入，经过 AWG 后在输出波导输出对应波长的光。2010 年，新加坡微电子研究院的 Fang 等提出 32 通道的硅光 AWG 芯片，通道间隔为 200 GHz，插入损耗为 2.5 dB，通道不均衡度小于 3 dB，串扰小于 -18 dB，如图 11.6(a) 所示[29]。EDG 的主要结构是反射光栅，其性能受到侧壁垂直度、光栅反射面的反射效率、波导厚度变化和光栅位置偏差的影响。作为解复用器时，不同波长的光输入后，经过光栅反射面反射到不同的输出波导位置，实现波分解复用。2010 年，比利时根特大学的 Bogaerts 等提出 30 个通道的硅基 EDG，通道间隔为 400 GHz，插入损耗为 3 dB，通道不均衡度小于 4 dB，串扰小于–15 dB，如图 11.6(b)所示[30]。MRR 是常见的滤波器，其性能主要受波导传输损耗、微环半径和耦合系数的影响。基于微环的 WDM 系统的总带宽将受到微环的自由光谱范围(free spectral range，FSR)的限制，增大 FSR 可以容纳更多波长通道，从而提高系统的总带宽。

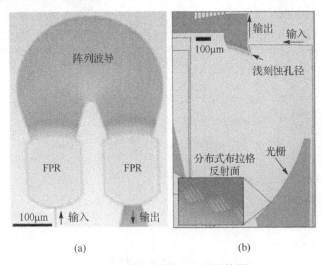

(a) 　　　　　　　　　　　(b)

图 11.6　AWG 和 EDG 显微镜图

　　PDM 技术利用同一波长的两个正交偏振态携带信息。偏振相关器件的作用是实现两个正交偏振态的复用、解复用或者相互转换，主要包括偏振合束器、偏振分束器、偏振旋转器和偏振分束旋转器。PBC 和 PBS 的作用是使处于正交偏振态的两束光合束和分束，即实现复用和解复用。PR 的作用是使波导中的光的偏振态旋转为与之正交的偏振态。硅基 PBC 和 PBS 可由多模干涉仪、定向耦合器、MZI 等构成。其中，DC 以其结构简单而备受青睐[31]，如图 11.7(a)所示。2011 年，浙江大学的 Dai 等提出一种基于超小尺寸的弯曲 ADC 结构的 PBC/PBS，器件尺寸仅 9.5 μm，带宽可达 200 nm，消光比大于 10 dB[32]。其结构如图 11.7(b)所示。硅基 PR 主要利用非对称波导结构中混杂模干涉或者模式演化的原理[33]，偏振分束旋转器结合了偏振分束和偏振旋转的功能。二维光栅是天然的 PSR 器件，可以将光纤中相互正交的两种偏振态同时耦合进片上，形成两个通道的 TE 模[34]。波导 PSR 器件也可由 DC 构成，利用模式杂化和非对称波导相位匹配，实现波导中两种偏振态的分束和旋转[31]。双层 taper 结构则利用模式杂化和模式演化，在实现偏振分束的同时进行偏振旋转[35]。其结构如图 11.7(c)所示。

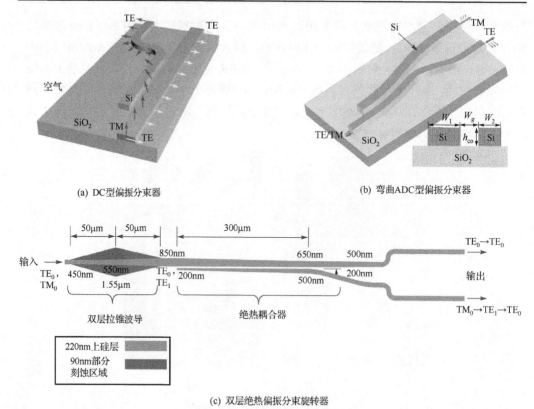

(a) DC型偏振分束器

(b) 弯曲ADC型偏振分束器

(c) 双层绝热偏振分束旋转器

图 11.7　硅基偏振相关器件

　　SDM 技术利用并列波导或者同一波导中不同模式并行传输不同信道的信号,在不同波导中传输的信号或不同模式的信号相互正交和独立。SDM 器件的作用是在空间维度上实现光信号通道的复用或解复用。硅基平台常见的是利用多模波导来实现模式复用。硅基模式复用器的设计一般遵循多模干涉、相位匹配和模式演变三种原理。2012 年,Uematsu 等提出基于 SOI 平台上的多模干涉结构的模式复用器[36]。基于相位匹配原理的模式复用器的结构更为简单。2013 年,Dai 等利用相位匹配原理的 ADC 设计制作了 4 通道的模式复用器,插入损耗小于 1 dB,串扰不超过 23 dB[37]。其结构图与显微镜图如图 11.8 所示。采用拉锥波导结构可以提高器件的工艺容差,Ding 等同年提出拉锥 ADC 型模式复用器,将工艺容差提高到 20 nm,插入损耗为 0.3 dB,串扰小于 16 dB[38]。基于模式演变原理的绝热耦合器型模式复用器也具有大工艺容差、大带宽的优点。2015 年,Wang 等提出利用模式演变原理的 3 通道模式复用器,实现了 180 nm 的 1 dB 带宽[39]。

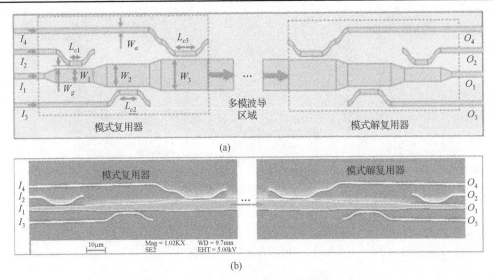

图 11.8　ADC 模分复用器结构显微镜图

　　进一步,把波长、偏振和模式这三个维度的复用技术相互结合,可以实现混合复用技术,进一步提升硅基光通信系统的通信容量。2015 年,Dai 等利用 AWG和模式复用器实现了 64 通道的波长和模式的混合复用系统[40]。2017 年,他们进一步利用模式复用器和 PBS 实现了 4 个 TM 模和 6 个 TE 模的通道复用[41]。2020年,Su 等利用基于亚波长光栅的反向耦合器,实现了偏振、波长、模式的混合复用系统,支持 8 个通道的复用[42]。其结构图与显微镜图如图 11.9 所示。2020 年,Yu 等提出一种模式透明的 PBS,实现了 13 个通道(7 个 TE 模式,6 个 TM 模式)的混合复用。

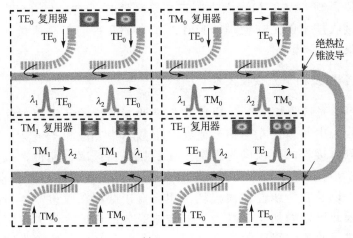

(a)

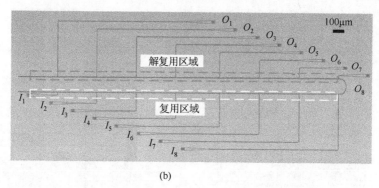

(b)

图 11.9 偏振、模式、波长混合复用系统结构图和显微镜图

11.3 硅基相干光通信

随着全球光通信容量的增加，超宽带大容量光传输技术的发展迫在眉睫。从传输的角度来看，有三个途径可以增加传输的信息量：一是采用更高的符号速率，二是采用更多的并行通道数，三是采用高阶调制。现阶段，硅基光学集成器件的波特率基本可以满足 28 GBaud 的应用需求，并逐渐达到了 56 GBaud。11.2.3 节介绍的是通过硅光平台基于复用技术和高阶复杂调制格式提升通信容量。本节介绍利用幅度和相位两个维度来承载更多调制信息的相干光通信。采用高阶调制格式的相干光通信可以提高带宽利用率，从而提升传输效率，因此在长距离光通信系统中被广泛使用。11.3.1 节介绍用于表征高阶调制格式的星座图、IQ 调制器基本概念和工作原理，并在此基础上介绍常见的相干调制格式，即四进制相位调制 QPSK 和十六进制正交幅度调制 16QAM 的产生方法，然后介绍相干光接收技术的工作原理。11.3.2 节介绍几种硅基高速相干光传输芯片的代表性成果。

11.3.1 先进调制及相干光接收技术

下面从相干光接收机的工作原理和先进调制格式的产生两方面进行介绍。在相干光接收机中，本振光与信号光在光混频器中完成相干混频，得到的混频光由光电探测器接收，可以同时探测出光的振幅、频率、相位，以及偏振态携带的信息，并且可以通过数字信号处理来补偿信号在传输过程中的群速度色散、偏振模色散，以及其他线性传输损耗。相比直接探测接收机，相干接收机的灵敏度更高，因此可以增加光信号无中继传输距离；通信容量大，可以支持多种高级调制方式，并能实现密集波分复用，充分利用光纤的传输带宽。因此，相干光接收机具有更加广阔的应用前景。下面以 QPSK 信号为例，介绍相干光接收机的工作原理。QPSK 信号相干解调器件为 90 度混频器，其基本结构如图 11.10(a)所示，由 4 个 3 dB 耦合器和 1 个 90 度相移器构成，也有 4×4 MMI 型 90 度混频器[43]。信号光 E_S 和本地振荡光 E_L 分别从两端口输入，四个端口输出。电场可用矩阵表示为

$$\begin{bmatrix} E_{out1} \\ E_{out2} \\ E_{out3} \\ E_{out4} \end{bmatrix} = \frac{1}{2} \begin{bmatrix} 1 & 1 \\ 1 & j \\ 1 & -1 \\ 1 & -j \end{bmatrix} \begin{bmatrix} E_S \\ E_L \end{bmatrix} = \frac{1}{2} \begin{bmatrix} E_S + E_L \\ E_S + jE_L \\ E_S - E_L \\ E_S - jE_L \end{bmatrix} \tag{11-1}$$

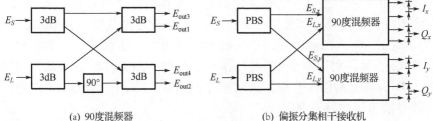

(a) 90度混频器　　　　　　(b) 偏振分集相干接收机

图 11.10　90 度混频器和偏振分集相干接收机 90 度混频器解调原理

对输出端口 1 和 3，输出端口 2 和 4 进行平衡探测，可以得到 QPSK 信号的 I(in-phase，同相)分量和 Q(quadrature，正交)分量。在偏振复用的系统中，为了处理两个偏振态上的信号光，还需要利用偏振分集的相干接收机。下面结合图 11.10(b) 来说明一种常见的偏振分集相干接收机。信号光 E_S 和本振光 E_L 都首先经过 PBS 分成偏振态相互正交的 x 方向和 y 方向的光，相同的偏振方向再进入两个 90 度混频器解调后进行平衡探测即可得到两种偏振态的 I 分量和 Q 分量。对 I 分量和 Q 分量进行正交化与归一化、色散补偿、偏振均衡、频差估计和载波相位恢复等，最终可以恢复出 QPSK 信号。

相干接收能探测载波的多维度信息。这些信息在发射端一般采用 IQ 调制器加载，产生相应的高级调制格式。下面介绍用于表征先进调制格式的星座图(图 11.11)。图 11.11 中包括幅度调制信号(OOK 和 4-ASK)和相位调制信号(DPSK 和 8-PSK)。星座图中横轴为光场中的实部，对应光幅度；纵轴为光场中的虚部，对应光相位。可见，OOK 信号有两种幅度分布，4-ASK 信号有四种幅度分布，它们对应的相位均相同；DPSK 信号有两种相位分布，8-PSK 信号有八种相位分布，都均匀分布在以光幅度为半径的圆周上。

IQ 调制器是产生先进调制格式的基本构成单元。IQ 调制技术已广泛应用于相干光通信，可以完成符号到矢量坐标系(星座图)的映射。矢量坐标系的每一个

坐标点对应一个符号，具有实部和虚部，即幅度和相位信息。实部称为 I 分量，将虚部称为 Q 分量。每个坐标点对应一个 I 分量和一个 Q 分量，二者构成一个矢量。目前 100G 的通信网络选择 PDM 的 QPSK 码型。未来 400G 的通信网络可能采用 PDM 的 16QAM 码型。下面以 QPSK 和 16QAM 信号为例来，说明 IQ 调制器产生先进调制格式的方法。一个 IQ 调制器可由两个 MZM 和一个 π/2 相移器构成，两个 MZM 分别位于 MZI 结构的两臂，其中一臂 MZM 后接一个 π/2 相移器。这两臂分别对应矢量坐标系的 I 轴和 Q 轴。两路 MZM 分别将信号调制到 I 轴和 Q 轴，再合成为矢量信号。图 11.12(a) 所示为用 IQ 调制器产生 QPSK 信号的示意图。上臂 MZM 1 调制的 DPSK 信号对应矢量坐标系的 I 轴，下臂 MZM 2 调制的 DPSK 信号经过一个 π/2 相移器后对应矢量坐标系的 Q 轴，再经过一个 3 dB 耦合器将两信号合成 QPSK 信号。一个 QPSK 符号携带两比特信息。16QAM 信号也可以通过 IQ 调制器产生，产生的方法有很多，这里介绍其中一种方案，如图 11.12(b) 所示。利用两个 IQ 调制器分别产生两路 QPSK 信号，再将下路信号衰减 6 dB 后与上路信号合成，即可产生星座图呈方形的 16QAM 信号。一个 16QAM 符号携带四比特信息。

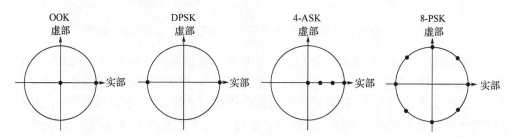

图 11.11　先进调制格式星座图

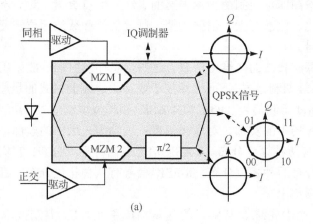

(a)

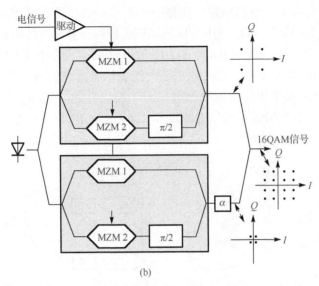

(b)

图 11.12 QPSK 信号和 16QAM 信号产生示意图

11.3.2 硅基高速相干光传输芯片

硅基高速相干光传输芯片可以满足下一代长距离相干光通信低成本、低能耗和小体积封装的要求，具有极大的市场需求，引起国内外研究者的广泛关注。基于11.3.1 节信号产生和相干接收的工作原理，本节介绍硅基高速相干光传输芯片的构成和已实现的典型方案。高速相干光通信通常结合 PDM 技术提高通信容量，一个典型的双偏振硅基相干光传输收发芯片原理图如图 11.13 所示。光学器件包括光源LD、高速调制器 MZM、光电探测器 PD、PBS/PBC、PR 和 90 度混频器等。集成电子器件包括模数转换器（analog-to-digital converter，ADC）、数模转换器（digital-to-analog converter，DAC）和数字信号处理器（digital signal processing，DSP）。ADC 和 DAC 可以实现模拟电信号和数字电信号的转换，而 DSP 用来完成信号处理。在发射端，光源 Tx LD 输出连续光，调制器在驱动器的驱动下调制光信号，经过 IQ调制器产生 QPSK 或 16QAM 信号，其中一路光信号经过 PR 后偏振态旋转，两路偏振态相互正交的光经过 PBC 合束后发射，即完成光信号的产生和发射。在接收端，接收到的光信号与本地振荡光 Rx LO 同时经过两个 PBS 分束，然后通过两个 90 度混频器实现光信号的解调，由 PD 探测转换光电流，经过 TIA 后转换为电压信号，经后续电路处理即完成光信号的接收和处理。

2012 年，Dong 等利用硅基 MZM 产生 50 Gbit/s 的 QPSK 信号，在理论误码为10^{-3} 的情况下，实现 2.7 dB 的光信噪比，首次基于硅基 MZM 实现高级调制格式信号的产生。硅基 MZM 产生 QPSK 信号的调制器如图 11.14 所示[44]。2010 年，Doerr

等提出基于硅基光电子集成的偏振分集相干接收机，包括两个 PBS、两个 90 度混频器和四对平衡探测锗硅 PD，利用 2D 光栅耦合器将光纤中两种偏振态的光分别耦合到不同波导中，完成了 43 Gbit/s 和 112 Gbit/s QPSK 信号的探测[22]。2012 年，他们提出的 PDM-QPSK 硅基相干光接收机进一步优化了器件的误码率(bit-error rate，BER)，达到与商用相干接收机相媲美的水平[45]。2013 年，Dong 等利用基于硅基 PIC 的芯片实现了 112 Gbit/s PDM-QPSK 和 224 Gbit/s PDM-16QAM 信号的发射和接收[19]。

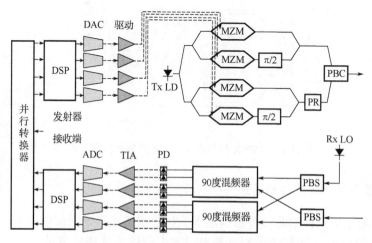

图 11.13　硅基相干光传输收发芯片原理图

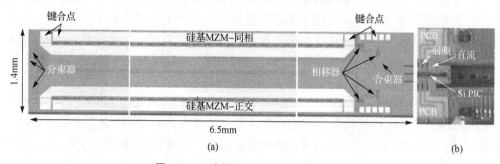

图 11.14　硅基 MZM 产生 QPSK 信号

2020 年，Buchali 等基于最大取样速率为 128GSa/s 的硅锗 DAC，实现了单载波 128Gbaud 概率星系整形(probabilistically constellation shaping，PCS)格式的 64QAM/256QAM 信号的传输，在背靠背、80km 标准单模光纤(standard single mode fiber，SSMF)和 240km SSMF 上实现的最高速率分别为 1.55Tbit/s、1.52Tbit/s 和 1.46Tbit/s。这是目前单载波相干光通信里最高的单波传输速率，也是单个 DAC 方案能实现的最高波特率传输记录[46]。图 11.15 所示为实验装置图。

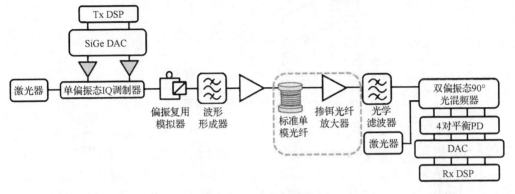

图 11.15　实验装置图

11.4　硅基光接入和无线光通信

5G 时代正向人们走来，基于 5G 技术的移动网络将在全球范围内大规模部署。5G 移动网络的发展会使单位面积内的用户数量大大增加。对光接入网和无线光通信来讲，用户数量和通信容量的增加对传输的成本、延迟量、灵活性，以及光模块的能耗和尺寸都提出了新的要求和挑战。硅基光电集成器件无疑是应对 5G 挑战的最佳选择。本节介绍硅基光电子器件在光接入网和无线光通信中的应用。

11.4.1　用于光接入网的硅基芯片

接入网是骨干网络与用户终端之间的通信网络，长度一般为几百米到几公里，被称为"最后一公里"。接入网有铜线接入、光纤接入、混合接入和无线接入等几种接入方式。无源光网络(passive optical network，PON)是一种常见的光接入网形式，可以避免电磁干扰，提高系统可靠性，具有维护运营成本低的优势，已经在光接入网中占据主导地位。PON 的基本拓扑结构是点对多点的网络，将用户和基站通过被分束的光纤连接起来。基站和用户的终端设备分别被称为光线路终端(optical line terminal，OLT)和光网络单元(optical network unit，ONU)。OLT 作为控制中心，是 PON 接入主干网的网关，而 ONU 为终端用户提供服务。顾名思义，PON 中 OLT 和 ONU 之间没有需要电源的设备，其中涉及的光学器件都是无源器件。为了提高通信容量，结合时分和波分复用的 TWDM-PON(time and wavelength division multiplexing-PON，TWDM-PON)是一种极具潜力的技术(图 11.16)。在 ITU-T G.989 系列标准中定义了 TWDM-PON，它采用 1524~1544 nm 波段的光作为上传信号 (ONU 到 OLT 方向)，1596~1603 nm 波段的光作为下载信号(OLT 到 ONU 方向)，四路 10 Gbit/s 的光信号经过波分复用后达到 40 Gbit/s 的总通信速率。

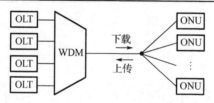

图 11.16　TWDM-PON 示意图

2019 年，日本 Oki 电气工业有限公司提出用于 TWDM-PON 的硅光芯片。该芯片包含光发射机、光接收机、波分复用器和解复用器。如图 11.17(a)[47]所示，一方面，上传光从激光器(laser diode，LD)阵列中输出经过波分复用器(WDM2)、调制器(modulator，Mod)、上传下载处波分复用解复用器(WDM1)和模斑转换器(spot size converter，SSC)后，输出到光纤中。另一方面，下载光信号需要一个偏振分集结构来消除偏振相关性，首先从光纤中通过 SSC 耦合到芯片上，再经过 WDM1 和 PBS。PBS 将输入光分成 TE 和 TM 两个偏振分量。TM 偏振分量的光通过偏振旋转器(PR)转换成 TE 偏振态。两个 TE 偏振分量的光分别通过两个 AWG 解复用后被 PD 阵列探测。图 11.17(b)是该芯片的显微镜图，集成光路的尺寸为 5 mm ×3.5 mm。该方案中，SSC 耦合效率为–2.2 dB，WDM1 插入损耗小于 0.2 dB，AWG 插入损耗为 1.2 dB，通道间隔为 100 GHz，串扰为–16 dB。

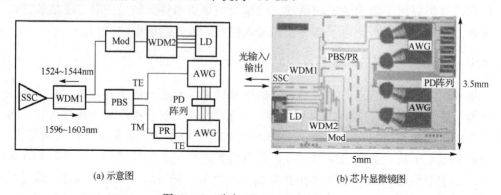

(a) 示意图　　　　　　　　　　　　　　(b) 芯片显微镜图

图 11.17　硅光 TWDM-PON ONU

11.4.2　用于无线光通信的硅基芯片

由于通信数据量暴增、物联网的持续发展和当前射频通信技术受到局限，无线光通信技术一直是研究的热点。基于射频的传统 WiFi 技术只能达到 600 Mbit/s 的带宽。毫米波和多输入多输出(multi-input multi-output，MIMO)技术可以将带宽扩大到几 Gbit/s，但仍然很难达到 5G 和未来 6G 通信的带宽要求。无线光通信技术具有更高的载波频率，可以满足 5G 通信对带宽的要求。对于实现室内的 5G 无线光通信网络，光束转向是一项核心的功能。光学相控阵(optical phased array，OPA)是一种有效控制激光光束转向，实现高速数据传输的装置。硅基 OPA 具有尺寸小、能耗低、转向范围大的优点。OPA 一般由光分束器、相移器和光发射天线构成。现简述其基本原理：一束光经过分束器分为多路，各光路之间不存在相位差时，光到达等相位面的时间相同，此时光经过天线发射后，不会发生波束偏转；通过对各光路的相移器施加附加相移时，光经过天线发射后，满足等相位条件的波束会相干相长，不满足等相位条件的光束会相干相消，波束方向发生偏转，它的指向将垂直于等相位面。如图 11.18 所示，OPA 由分束模块、移相阵列和天线阵列构成。OPA 原本是为了激光雷达和图像传感的应用而开发的。近年来，将硅基 OPA 用于无线光通信的应用领域也有了一些研究。

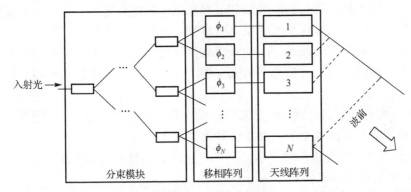

图 11.18　OPA 原理图

　　2018 年，Wang 等提出基于硅基光学集成回路的无线光通信系统，利用 4 路移相阵列和倒锥结构的水平发射天线，在距离为 1.4m 的自由空间内，通信速率可达 12.5Gbit/s[48]。Spector 等提出硅基 16×16 阵列的 OPA，在距离为 2m 的自由空间内实现了 10Gbit/s 的通信速率[49]。2019 年，Poulton 等增大了硅基 OPA 的规模，利用 512 通道 OPA，在距离为 50m 的自由空间内实现了 1Gbit/s 的通信速率。其光电封装照片如图 11.19 (a) 所示[50]。2020 年，Rhee 等提出 64 通道硅基 OPA，在距离为 3m 的自由空间实现了 32Gbit/s 的通信速率。其芯片显微镜图如图 11.19 (b) 所示。

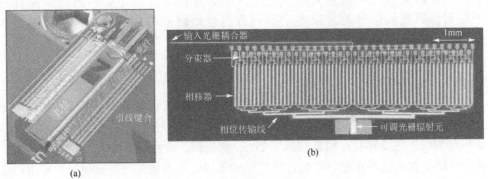

图 11.19　硅光 512 通道 OPA 光电封装照片和硅光 64 通道 OPA 芯片显微镜图

11.5　硅基数据中心和计算机光互连

大数据时代的信息存储和处理离不开可靠的数据中心和高性能的计算机。在信息社会飞速发展了数十年后的今天,传统电互连技术的局限性开始显现,延时大、能耗大、传送速率和距离有限等弊端限制了数据中心和高性能计算机的进一步发展。光互连技术以其特有的优势走进人们的视野。光的速度极快,可实现低延时传输;光的频率极高,可极大地提高互连网络的带宽;光抗电磁干扰性能强;光可并行传输信号而不造成串扰;光传输的能耗和散热极低,比电互连方式低几个数量级。基于这些优异的性能,光互连技术无疑具有更加广阔的应用前景。

光互连的概念是 Goodman 在 1984 年首次提出的。广义上,只要是利用光载波连接信源和信宿的情况都可以定义为光互连。一般地,光互连按照链路结构,可以分为以下五类。

(1)通信设备之间的互连。机架与机架或计算机之间的光互连,一般采用光纤连接。互连长度为几米到几十米,互连线数为数十条。

(2)板间互连。电路板与电路板之间的光互连,一般采用光纤连接。互连长度为1米左右,互连线数为数百条。

(3)模块与模块之间的光互连。例如,光发射模块和光接收模块的互连,一般采用光纤连接。互连长度为半米以内,互连线数达到千条。

(4)片间互连。芯片与芯片之间的光互连,采用自由空间或者光波导连接。互连长度为1~10厘米之间,互连线数达到万条。

(5)片上互连。芯片内光互连,也称片内光互连,必须采用光波导连接。互连长度为1厘米以内,互连线数达到十万条。

以上五种互连在数据中心和计算机光互连中都是存在的。作为片上光互连的基石,硅基光电芯片的应用可为数据中心和计算机提供更小的能耗和更高的集成度。目前这个方向的研究重点在于两个方面,一方面是如何进一步提升数据中心和计算机的信号处理带宽,另一方面是如何为芯片间的互连提供更高效可靠的数据传输链路。

11.5.1　数据中心光互连芯片

在信息社会,数据中心承载着各行业基础服务的底层保障业务。它的核心功能是对海量数据的计算、交换和存储。这些功能的实现大部分还是依赖电芯片。但近年来,硅基平台制作工艺成熟且性能良好的调制器、探测器、各类无源器件,以及具有计算、交换、存储功能的硅基光电芯片也已被实现和报道。可以预见,下一代的数据中心必定离不开光电集成芯片。下面介绍实现计算、交换和存储的硅基功能芯片。

2015 年,加州大学伯克利分校、麻省理工学院、科罗拉多大学联合 IBM 在 *Nature* 上报道了世界首例基于光传输、电处理的微型处理单元[51],展示了一种能完全兼容 CMOS 工艺的方案,通过光栅耦合的方式,在一个 3 mm×6 mm 的 SOI 芯片上集成了 7000 万个晶体管、850 个光子和光电子器件,将调制器、探测器、滤波器、芯片-光纤耦合器,以及电控制处理的内存单元和运算单元全部单片集成在一起。该系统使用光发射器和光接收器实现处理器和内存芯片之间的光传输,用 CMOS 电路实现电处理。在演示中,该系统通过光学连接运行指令,控制一个图形程序进行 3D 图像的展示和操作,最终实现 300 Gbit/s 的传输速率。这一报道对实现光电集成芯片的实际应用和大规模生产具有里程碑式的意义。图 11.20 所示为其制作的光电单片集成芯片的整体结构和细节照片。

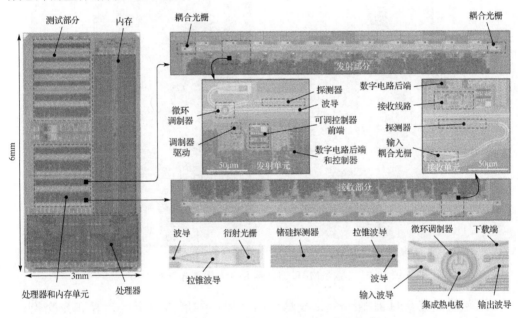

图 11.20　光电单片集成芯片的整体结构和细节照片

数据中心的信息交换依赖由基础开关单元组成的大规模开关网络。硅基光开关是目前公认的低成本开关技术,在电信网络、数据中心和高性能计算领域具有非常广泛的应用前景。硅基光开关的结构有很多种,比较典型的是 MZI 型、MRR 型和自由空间微电子机械系统(micro-electro mechanical systems,MEMS)驱动波导型。MZI 型光开关是最简单的大宽带干涉型开关引擎。由于不受信道间隔和网格配置的限制,它非常适用于 WDM 系统中多波长复用光链路的空间端口切换场景。MRR 型光开关是具有波长选择性的谐振型开关引擎。它凭借更低的能耗和更小的体积受到关注。图 11.21 所示为哥伦比亚大学在 2017 年研发报道的基于

MRR 的硅基 8×8 无阻塞光开关网络[52]。该网络实现了插损与路径无关,这对开关网络来说十分重要。MEMS 型开关区别于 MZI 型和 MRR 型,是最常用和最成熟的自由空间开关器件。它的优势在于,光信号的重定向功能与光开关节点处的直通传输功能解耦。损耗和串扰不会在交换结构中积累,但其响应时间较慢。数据中心的开关选择取决于应用侧重的指标,如驱动能耗、开关重构时间、功率代价等。

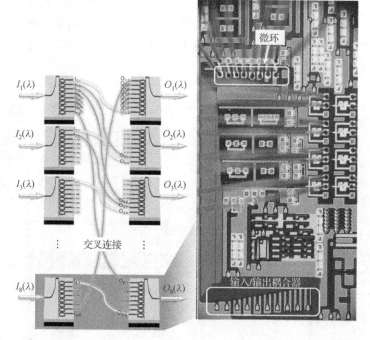

图 11.21 基于 MRR 的硅基 8×8 无阻塞光开关网络

光存储的实现目前是一个比较棘手的问题,发展落后于光计算和光交换。在电子存储中,其机理可以分为两类:一类是以电容等储能器件为核心的存储器件(如随机存取存储器);另一类是以信号内部循环的方式进行的电存储器件(如触发器和门电路构成的环路)。对于光来说,采用第一类方式,由于光子是玻色子,没有静质量,因此无法构造与电容功能相同的光容器件。目前采用类似光容机理的技术主要是利用光信号的传输延时,如利用光纤延迟线和慢光实现光信号的延时存储。因此,从光的本质来讲,目前光存储的方案主要是利用光信号的循环。例如,2010 年 IMEC 实验室发布的基于尺寸超小、能耗超低的硅基全光触发器的光存储单元(图 11.22)[53]。触发器利用的是微盘激光器的震荡模式(顺时针模式和逆时针模式)实现光学双稳态。

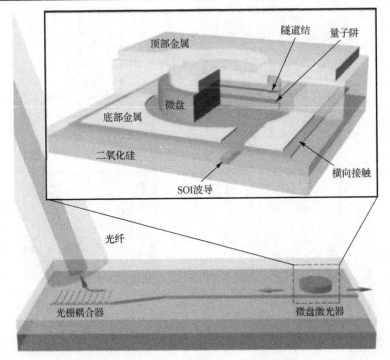

图 11.22　硅基全光触发器的光存储单元

11.5.2　片间及片上光电互连芯片

光电互连芯片是指在芯片级尺寸上，将各种光学功能器件，如光源、放大器、调制器、解调器、探测器、光开关、分路器等与传统的电学器件、模块或者电路集成在一起，形成一个完整的具有综合功能的光电集成网络。按照光电连接的方式，我们可以将其分为片上光信号间的互连、片上光信号与电信号间的互连、光芯片与光芯片间的光信号互连、光芯片与光芯片之间的电信号互连，以及电芯片与电芯片间的光信号互连等。一般地，光电互连芯片会涉及一种或一种以上的光电互连方式，本小节将主要介绍一些具有代表性的光电互连芯片和互连方案。

图 11.23 所示是一种用于实现开关或者广播网络的典型光电互连芯片，其中的光电连接主要包括片上光信号间的互连以及光信号与电信号间的互连。该芯片是 2014 年 Dong 等首次报道的基于大规模硅基集成电路的 10×10Gbit/s 的 WDM 光链路[54]。核心器件包含 10 个调制器、10 个探测器，以及 10 个解复用器。其中调制器和解复用器都是基于微环结构，因此芯片尺寸很小，仅有 5 mm×3 mm。芯片的光电互连依托 20 个微型加热器，分别用于加热 10 个微环调制器和 10 个微环解复用器。这个工作验证了在单片紧凑芯片上实现大容量 WDM 互连网络的可行性，为未来芯片上实现更多的、更先进的光电功能网络打下了基础。

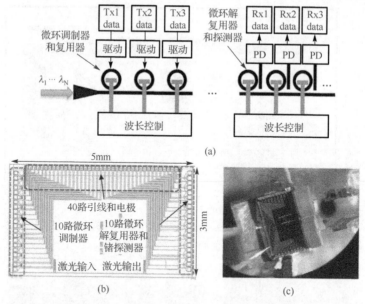

图 11.23　基于微环结构的 WDM 光电互连芯片

　　传统光芯片间的互连必须通过光-电-光转换的方式实现，即光芯片与光芯片间的电互连。这样既增加了互连成本，也限制了互连的速度，因此人们期望直接实现从光到光的互连。光芯片间的全光互连一般包括自由空间光互连和光波导光互连两种方式。自由空间光互连是芯片间的光直接在空气中传播。光波导光互连是通过介质波导来导引光的传输。这个问题在光模块之间也经过了相当长时间的研究。因为尺寸的差异，硅基光芯片的光互连需要的精度和使用的技术与光模块相比也具有一定的差别。图 11.24(a)所示为一种自由空间光互连[55]，通过调控液晶阵列选择芯片阵列间的互连。图 11.24(b)所示为一种通过硅的悬臂梁波导连接芯片的方式[56]。

　　对于计算机系统中的核心器件，例如中央处理器和动态随机存取存储器目前还不能被光学器件代替，但是用光连接其中的电学器件或者芯片也可以大大提升信号处理的速度，降低器件间或者芯片间的延迟。图 11.25 给出了一种基于 WDM 点对点光互连网络来连接 4×4 处理器阵列的网络结构，以及利用光学邻近通信(OPxC)的互连方案[57]。可以看到，每个处理器单元都被分为 4 组 16 个光发射器。每组由 4 路不同波长的光信号组成，每一组首先在顶层复用到 WDM 波导中，通过波导路由到每一列，每一列中的 4 路信号进入底层，通过滤波的方式到达目的处理器。相比传统芯片间的电互连，片间的光互连可以为未来的大规模集成带来便利和支持。

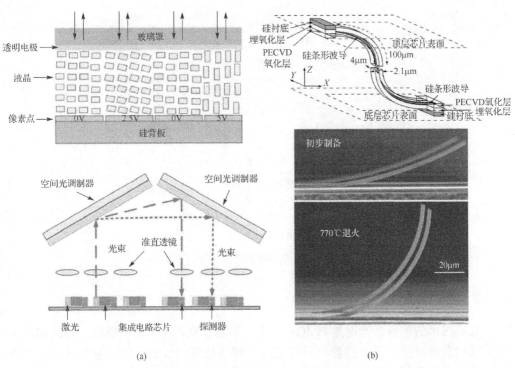

图 11.24　光芯片片间互连的两种方式

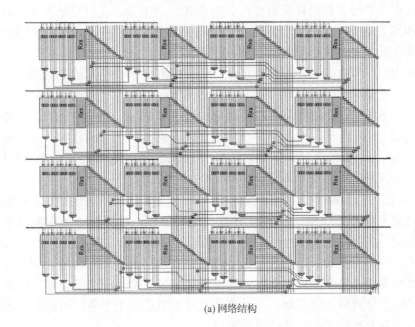

(a) 网络结构

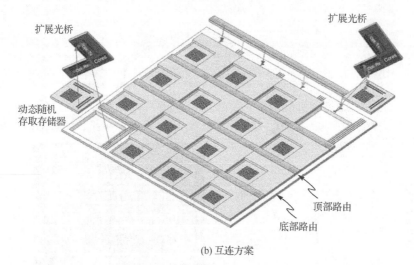

扩展光桥

扩展光桥

动态随机
存取存储器

顶部路由

底部路由

(b) 互连方案

图 11.25　基于 WDM 的点对点光互连网络

11.5.3　光电集成微系统

电子技术的革新,特别是 CMOS 工艺的不断发展,对计算、通信、传感和成像等领域的发展产生了巨大的影响。随着互联网与数据中心对通信容量需求的不断增长,硅基集成器件以其与 CMOS 兼容,以及大折射率差的特性,并且兼具高速率、低成本、小尺寸的优点而备受研究人员的青睐。近年来,人们充分发挥了硅基光学器件 CMOS 工艺兼容的优势,将电学器件与光学器件集成在一起并分别优化,得到高集成度、低成本、高性能的光电集成微系统。

早在 2010 年,Luxtera 公司就报道了基于 CMOS 的光电互连 PIC 芯片,将光学耦合器件、光波导等无源器件,以及 MZM 和 Ge 探测器集成在单片硅上,与外部的光源、电学驱动、TIA 等电学器件封装在同一个 PCB,形成初级的光电集成微系统[58]。如图 11.26 所示,该系统可以用于实现 4 路光学信号的收发,每路速率可达到 10 Gbit/s。由于系统中的大部分器件都是光学器件,它是当时能耗最小的收发器,每 Gbit/s 的传送成本不到 1 美元。

2018 年,Atabaki 提出商业级电光芯片解决方案,即采用新型的多晶硅沉积工艺,在衬底上单片集成光子/光电子器件与电子器件。电光集成处理器微系统如图 11.27 所示[59]。这种使用多晶硅层的工艺与 CMOS 平台上较为先进的 FinFET 和 TBFD-SOI 技术相兼容。他们利用这一多晶硅沉积层来实现光波导、谐振器、高速光调制器和雪崩光电探测器,并在光总线边上集成了数百万个晶体管,实现了光电混合集成的波分复用光收发器。它的工作速度可以达到十千兆比特每秒,满足数据中心对高带宽光互连和高性能计算的需求。

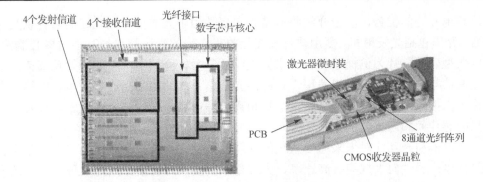

图 11.26　光电集成 4 通道收发微系统

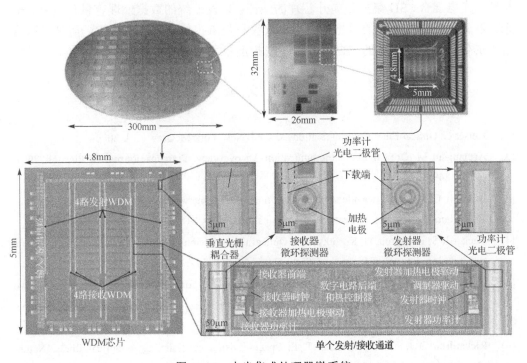

图 11.27　电光集成处理器微系统

11.6　本　章　小　结

各种新兴业务的出现为通信网络的发展带来新的机遇和挑战，具体表现在对通信网络的信息传输、接收和处理能力提出了更高的要求。以光通信和光互连为核心的光传输网络技术逐渐取代传统的电通信和电互连技术，成为下一代通信系统发展的主流方向。本章首先从光通信和光互连的应用背景出发，阐述其相对于传统的电通信和电互连的优势，着重介绍将硅基光电器件用于光通信与光互连的研究意义。然后，介绍包括光发射机、复用器件和光接收机在内的光通信与光互连的核心器件，并以典型硅基芯片为例概述各自的研究现状。最后，介绍用于不同传输距离情形下的光通信与光互连技术，涵盖用于长距离光通信系统的相干光通信技术、中等距离传输的光接入网和无线光通信技术、短距离数据中心内部的光互连技术，以及甚短距离的芯片间和芯片内的光互连技术。

　　光通信和光互连对未来通信系统的发展意义重大，未来的发展趋势主要集中在如何从单一器件向大规模、高速率、大容量的集成芯片发展，如何实现从单一的收发功能向可重构完整系统发展，如何实现有源、无源器件的单片集成，如何利用新材料、光电混合、3D 集成等提升芯片的性能，以及系统的数据处理容量和效率。未来，我们期望光在现代的信息网络中不仅仅只是承担信息的传输功能，而是在网络节点的信息交换和终端的数据中心中也能扮演不可或缺的角色。

参 考 文 献

[1]　Keiser G. Optical Fiber Communications. 3rd ed. New York:McGraw-Hill, 2000.

[2]　Arumugam M. Optical fiber communication-An overview. Pramana Journal of Physics, 2001, 57(5): 849-869.

[3]　Brackett C A. Dense wavelength division multiplexing networks: Principles and applications. IEEE Journal on Selected Areas in Communications, 1990, 8(6): 948-964.

[4]　Tucker R S, Eisenstein G, Korotky S K. Optical time-division multiplexing for very high bit-rate transmission. Journal of Lightwave Technology, 1988, 6(11): 1737-1749.

[5]　Hayee M I, Cardakli M C, Sahin A B, et al. Doubling of bandwidth utilization using two orthogonal polarizations and power unbalancing in a polarization-division-multiplexing scheme. IEEE Photonics Technology Letters, 2001, 13(8): 881-883.

[6]　Richardson D J, Fini J M,Nelson L E. Space-division multiplexing in optical fibres. Nature Photonics, 2013, 7(5): 354-362.

[7]　Shieh W,Athaudage C. Coherent optical orthogonal frequency division multiplexing. Electronics Letters, 2006, 42(10): 587-589.

[8]　Walklin S,Conradi J. Multilevel signaling for increasing the reach of 10 Gbit/s lightwave systems. Journal of Lightwave Technology, 1999, 17(11): 2235.

[9]　Griffin R A,Carter A C. Optical differential quadrature phase-shift key (oDQPSK) for high capacity optical transmission//Optical Fiber Communication Conference & Exhibition, Anaheim, 2002: 367-368.

[10]　Hayase S, Kikuchi N, Sekine K, et al. Proposal of 8-state per symbol (binary ASK and QPSK)

30-Gbit/s optical modulation/demodulation scheme//European Conference and Exhibition on Optical Communication, London, 2003: 1-2.

[11] Gnauck A H,Winzer P J. Optical phase-shift-keyed transmission. Journal of Lightwave Technology, 2005, 23(1):115.

[12] Winzer P J. Beyond 100G Ethernet. IEEE Communications Magazine, 2010, 48(7): 26-30.

[13] Pinguet T, Analui B, Balmater E, et al. Monolithically integrated high-speed CMOS photonic transceivers//2008 5th IEEE International Conference on Group IV Photonics, Cardiff, 2008: 362-364.

[14] de Dobbelaere P, Abdalla S, Gloeckner S, et al. Si photonics based high-speed optical transceivers//European Conference and Exhibition on Optical Communication, Amsterdam, 2012: 1-5.

[15] Zhong K, Mo J, Grzybowski R, et al. 400 Gbp/s PAM-4 signal transmission using a monolithic laser integrated silicon photonics transmitter//Optical Fiber Communications Conference & Exhibition, San Diego, 2019: 1-3.

[16] Timurdogan E, Su Z, Shiue R, et al. 400G silicon photonics integrated circuit transceiver chipsets for CPO, OBO, and pluggable modules//Optical Fiber Communications Conference & Exhibition, San Diego, 2020: 1-3.

[17] Yu H, Doussiere P, Patel D, et al. 400Gbit/s fully integrated DR4 silicon photonics transmitter for data center applications//Optical Fiber Communications Conference & Exhibition, San Diego, 2020: 4-8.

[18] Dong P, Xie C, Chen L, et al. 112-Gbit/s monolithic PDM-QPSK modulator in silicon. Optics Express, 2012, 20(26): B624-B629.

[19] Dong P, Liu X, Chandrasekhar S, et al. 224-Gbit/s PDM-16-QAM modulator and receiver based on silicon photonic integrated circuits//Optical Fiber Communication Conference/National Fiber Optic Engineers Conference, Anaheim, 2013:1-6.

[20] Virot L, Benedikovic D, Szelag B, et al. Integrated waveguide PIN photodiodes exploiting lateral Si/Ge/Si heterojunction. Optics Express, 2017, 25(16): 19487-19496.

[21] Huang M, Cai P, Li S, et al. 56GHz waveguide Ge/Si avalanche photodiode//Optical Fiber Communication Conference & Exhibition, San Diego, 2018: 1-3.

[22] Doerr C R, Winzer P J, Chen Y K, et al. Monolithic polarization and phase diversity coherent receiver in silicon. Journal of Lightwave Technology, 2010, 28(4): 520-525.

[23] Winzer P J. Making spatial multiplexing a reality. Nature Photonics, 2014, 8(5): 345-348.

[24] Liu Y, Ding R, Li Q, et al. Ultra-compact 320 Gbit/s and 160 Gbit/s WDM transmitters based on silicon microrings//Optical Fiber Communications Conference & Exhibition, San Francisco, 2014: 1-3.

[25] Yu Y, Chen G, Sima C, et al. Intra-chip optical interconnection based on polarization division multiplexing photonic integrated circuit. Optics Express, 2017, 25(23): 28330-28336.

[26] Sun C, Wu W, Yu Y, et al. De-multiplexing free on-chip low-loss multimode switch enabling reconfigurable inter-mode and inter-path routing. Nanophotonics, 2018, 7(9): 1571-1580.

[27] Zhou D, Sun C, Lai Y, et al. Integrated silicon multifunctional mode-division multiplexing system. Optics Express, 2019, 27(8): 10798-10805.

[28] Horst F, Green W M J, Assefa S, et al. Cascaded Mach-Zehnder wavelength filters in silicon photonics for low loss and flat pass-band WDM (de-)multiplexing. Optics Express, 2013, 21(10): 11652-11658.

[29] Fang Q, Liow T Y, Song J F, et al. WDM multi-channel silicon photonic receiver with 320 Gbp/s data transmission capability. Optics Express, 2010, 18(5): 5106-5113.

[30] Bogaerts W, Selvaraja S K, Dumon P, et al. Silicon-on-insulator spectral filters fabricated with CMOS technology. IEEE Journal of Selected Topics in Quantum Electronics, 2010, 16(1): 33-44.

[31] Liu L, Ding Y, Yvind K, et al. Silicon-on-insulator polarization splitting and rotating device for polarization diversity circuits. Optics Express, 2011, 19(13): 12646-12651.

[32] Dai D, Bowers J E. Novel ultra-short and ultra-broadband polarization beam splitter based on a bent directional coupler. Optics Express, 2011, 19(19): 18614-18620.

[33] Zhang J, Yu M, Lo G, et al. Silicon-waveguide-based mode evolution polarization rotator. IEEE Journal of Selected Topics in Quantum Electronics, 2010, 16(1): 53-60.

[34] Taillaert D, Harold C, Borel P I, et al. A compact two-dimensional grating coupler used as a polarization splitter. IEEE Photonics Technology Letters, 2003, 15(9): 1249-1251.

[35] Sacher W D, Barwicz T, Taylor B J F, et al. Polarization rotator-splitters in standard active silicon photonics platforms. Optics Express, 2014, 22(4): 3777-3786.

[36] Uematsu T, Ishizaka Y, Kawaguchi Y, et al. Design of a compact two-mode multi/demultiplexer consisting of multimode interference waveguides and a wavelength-insensitive phase shifter for mode-division multiplexing transmission. Journal of Lightwave Technology, 2012, 30(15): 2421-2426.

[37] Dai D, Wang J, Shi Y. Silicon mode (de)multiplexer enabling high capacity photonic networks-on-chip with a single-wavelength-carrier light. Optics Letters, 2013, 38(9): 1422-1424.

[38] Ding Y, Xu J, Da Ros F, et al. On-chip two-mode division multiplexing using tapered directional coupler-based mode multiplexer and demultiplexer. Optics Express, 2013, 21(8): 10376-10382.

[39] Wang J, Xuan Y, Qi M, et al. Broadband and fabrication-tolerant on-chip scalable mode-division multiplexing based on mode-evolution counter-tapered couplers. Optics Letters, 2015, 40(9): 1956-1959.

[40] Dai D, Wang J, Chen S, et al. Monolithically integrated 64-channel silicon hybrid demultiplexer enabling simultaneous wavelength- and mode-division-multiplexing. Laser & Photonics Reviews, 2015, 9(3): 339-344.

[41] Dai D, Li C, Wang S, et al. 10-channel mode (de)multiplexer with dual polarizations. Laser & Photonics Reviews, 2018, 12(1): 1700109.

[42] He Y, Zhang Y, Wang H, et al. Design and experimental demonstration of a silicon multi-dimensional (de)multiplexer for wavelength-, mode- and polarization-division (de)multiplexing. Optics Letters, 2020, 45(10): 2846-2849.

[43] Halir R, Roelkens G, Ortega-Moñux A, et al. High-performance 90° hybrid based on a silicon-on-insulator multimode interference coupler. Optics Letters, 2011, 36(2): 178-180.

[44] Dong P, Chen L, Xie C, et al. 50-Gbit/s silicon quadrature phase-shift keying modulator. Optics Express, 2012, 20(19): 21181-21186.

[45] Doerr C R, Fontaine N K, Buhl L L. PDM-DQPSK silicon receiver with integrated monitor and minimum number of controls. IEEE Photonics Technology Letters, 2012, 24(8): 697-699.

[46] Buchali F, Aref V, Chagnon M, et al. 1.52 Tb/s single carrier transmission supported by a 128 GSa/s SiGe DAC//Optical Fiber Communication Conference & Exhibition, San Diego, 2020: 11-13.

[47] Sasaki H. Development of silicon photonics integrated circuits for next generation optical access networks//2019 2nd International Symposium on Devices, Circuits and Systems, Higashi-Hiroshima, 2019: 1-3.

[48] Wang K, Nirmalathas A, Lim C, et al. High-speed indoor optical wireless communication system employing a silicon integrated photonic circuit. Optics Letters, 2018, 43(13): 3132-3135.

[49] Spector S J, Lane B F, Watts M R, et al. Broadband imaging and wireless communication with an optical phased array//Conference on Lasers and Electro-Optics, San Jose, 2018: 1-3.

[50] Poulton C V, Byrd M J, Russo P, et al. Long-range LiDAR and free-space data communication with high-performance optical phased arrays. IEEE Journal of Selected Topics in Quantum Electronics, 2019, 25(5): 1-8.

[51] Sun C, Wade M T, Lee Y, et al. Single-chip microprocessor that communicates directly using light. Nature, 2015, 528(7583): 534-538.

[52] Nikolova D, Calhoun D M, Liu Y, et al. Modular architecture for fully non-blocking silicon photonic switch fabric. Microsystems & Nanoengineering, 2017, 3(1): 16071.

[53] Liu L, Kumar R, Huybrechts K, et al. An ultra-small, low-power, all-optical flip-flop memory on a silicon chip. Nature Photonics, 2010, 4(3): 182-187.

[54] Dong P, Chen Y K, Gu T Y, et al. Reconfigurable 100 Gbit/s silicon photonic network-on-chip//Optical Fiber Communications Conference & Exhibition, San Francisco,

2014: 1-3.

[55] Sultana S, Shahriar F M,Hasan M K. Chip-to-chip free-space optical interconnection using liquid-crystal-over-silicon spatial light modulator//Technological Developments in Networking, Education and Automation, Dordrecht, 2010: 507-510.

[56] Sun P,Reano R M. Vertical chip-to-chip coupling between silicon photonic integrated circuits using cantilever couplers. Optics Express, 2011, 19(5): 4722-4727.

[57] Krishnamoorthy A V, Ho R, Zheng X, et al. Computer systems based on silicon photonic interconnects. Proceedings of the IEEE, 2009, 97(7): 1337-1361.

[58] Narasimha A, Abdalla S, Bradbury C, et al. An ultra low power CMOS photonics technology platform for H/S optoelectronic transceivers at less than $1 per Gbps//Optical Fiber Communication Conference & Exhibition, San Diego, 2010: 1-3.

[59] Atabaki A H, Moazeni S, Pavanello F, et al. Integrating photonics with silicon nanoelectronics for the next generation of systems on a chip. Nature, 2018, 556(7701): 349-354.

第12章　硅基光交换

随着数据通信和电信通信的迅速发展，光通信在数据传输和通信中的作用变得更加重要。光交换作为光通信和数据传输网络中不可或缺的重要组成部分，可以减少光通信网络在传统电交换模式中必需的电光、光电转换，以及电交换能耗和延迟，大幅提升光网络的交换速度和网络简洁度，被寄予越来越高的期望。近年来，随着可高度集成的硅基光电子芯片及器件的发展，大规模光交换器件的实现和应用越来越接近现实。本章将立足于数据通信和电信通信对于光交换网络的基本需求，深入分析光交换和硅基光电子集成技术的融合可能和发展，介绍硅基光交换器件的研究进展和最新研究动态，结合具体器件的研究和控制测量方法等，全面地对硅基光交换器件进行系统的介绍，并对其中待完善的问题和该技术的发展趋势展开讨论。

12.1　硅基光交换的研究及产业背景

12.1.1　光交换背景介绍

随着光通信和光传输的迅速发展，从上万公里的跨洋光缆，到几公里或几米距离的数据中心、机柜与机柜之间的高性能计算机，到几十厘米距离的电路板与电路板之间，乃至几厘米距离的芯片与芯片之间，甚至几毫米距离的芯片内，光作为信息和数据的传输手段，越来越受到人们青睐，远程光通信、短距光互连已经成为信息化硬件设备的标准配置。光交换应用场景如图 12.1 所示。

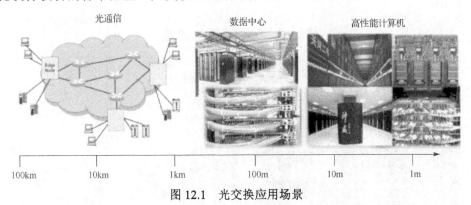

图 12.1　光交换应用场景

与此同时，信息传输路径的变更和交换也随着光传输的展开提出崭新的要求。

长期以来，由于缺乏光路直接切换核心器件，光传输的信息路径切换通常需要经过光电转换把光信号转换为电信号后，通过电交换切换信息路径，再通过电光转换恢复光信号进入新的光路径传输。这样的交换方式(图 12.2)需要耗费大量的电能在光电转换和电光转换上，给光传输网络带来巨大的发展瓶颈，无法适应更高速、更大容量的光传输网络建设。

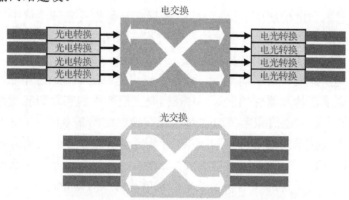

图 12.2　电交换与光交换[1]

为了改变信号途径交换局限于电域，给远程通信和数据通信的全光网普及带来极大困难的局面，作为核心器件，一个光信号途径可以不经光电/电光转换直接切换的光交换器件成为光网络发展急需的突破点。早年间，日本电报电话公司(Nippon Telegraph and Telephone，NTT)公司曾经开发过 128×128 的大型平面光波导(planar lightwave circuit，PLC)光交换阵列，但是由于其较大的能耗并没有得到广泛的使用[2]。其他很多研究单位也曾经推出基于钢磷化合物(InP)材料、锆钛酸铅镧(lead lanthanum zirconate titanate，PLZT)材料、硅材料波导等各种波导型光开关器件[3-5]，如图 12.3 所示。这些器件都因为其端口数规模、插入损耗等在进入实用产品的过程中遇到很大的困难，所以没有展开规模应用。

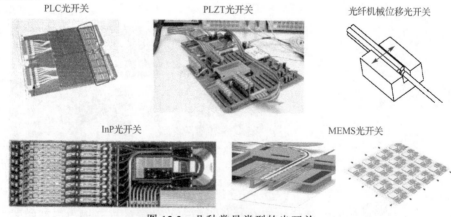

图 12.3　几种常见类型的光开关

在多种波导型光交换器件的核心技术没有得到突破之前，低插损、大端口数规模的 MEMS 光开关器件成为数据中心完成光交换功能的主要核心器件，在数据中心等领域得到了一定的应用。然而，由于体积、振动和成本问题，大规模 MEMS 光开关器件的应用也受到很多局限。不同类型光开关的性能对比如表 12.1 所示。

表 12.1　不同类型光开关器件性能对比

开关类型	开关速率	单元尺寸	消光比	单元功耗	防振性
光纤机械位移	毫秒级	厘米级	60dB	/	差
MEMS	毫秒/微秒级	微米级	50dB	140mW	差
PLZT 波导	纳秒级	毫米级	16dB	/	好
二氧化硅波导	毫秒级	毫米级	50dB	850mW	好
InP 波导	纳秒级	毫米级	45dB	大于 100mW	好
硅基波导	微秒/纳秒级	微米级	30dB	小于 5mW	好

虽然远程光通信和数据光通信发展十分迅速，但是由于核心光交换器件的缺失和由此引来的主流数据交换架构的缺失，目前的数据中心具有各异的网络交换架构和协议，给统一标准和减少建设成本上也带来一些影响。

因此，无论是远程通信还是短程数据通信，随着数据容量和传输速度的提升，光作为传输媒介的光网络应用越来越广，也必然带来对光交换器件越来越多的要求，具体体现在交换规模、交换速度、交换能耗、交换时间、控制复杂度等多个方面。随着对于光交换器件研发的投入，相信在不久的将来，更多形式的适应于各种应用场景的多种光交换器件将逐渐被开发出来，而更好的器件技术和更多的器件选择又将带来更多的应用可能，从而拓宽应用市场。以光交换器件的兴起带来全光交换网络的发展，进一步推动基于远程通信和数据通信应用为主要基础的信息社会从硬件到应用发展到新高度。

12.1.2　硅基光交换介绍

为满足光网络信号传输路径交换的需要，光交换器件的基本发展方向是向着输入/输出端口数大规模化、低插入损耗、低能耗、偏振无关、易于控制等，更进一步的发展方向可能是更智能化、传输路径和传输容量的智能调配或调节上。在满足光交换器件最基本的需求上，光波导器件遇到很多困难，在硅基光电子器件研究起步以前，人们使用 PLZT、InP 和 PLC 波导器件尝试制作过多种光交换器件，但是在器件集成规模、传输损耗、成本、能耗等方面遇到了一些难以解决的问题。2004 年后，随着硅基光电子集成技术的发展，硅光波导的硅波导芯层和二氧化硅包层材料折射率差较大、波导的光学束缚性较好，波导弯曲半径小集成度高的优势引起众多研究者的注意，与硅基光电子集成技术利用 CMOS 工艺加工技术及产线,可实现低成本、高成品率量产的优势一同为实现大规模集成光交换器件带来希望。由于硅材料较大的热光效应系数,热光控制的光交换器件在能耗上也会有两三个数量级的降低。

尽管利用硅基光电子技术可实现大规模低成本光电器件芯片集成,硅基光交换器件从研究走向产品开发和应用也遇到种种问题,如光纤耦合、偏振无关、传输损耗、工艺控制等问题,同时 CMOS 步进式光刻工艺超单个光刻面积光刻也带来成本控制问题。随着硅基光电子技术的迅猛发展,一部分问题得到解决,另一部分问题也越来越清晰,人们逐渐认识到,硅基光电子技术目前已经成为大规模光交换器件实现的最可能和最理想的发展途径。更多的研究机构和人员投入到这个领域进行相关技术的研究和开发。硅基光电收发器件的发展,以及硅基光电子和微电子芯片集成的光电融合集成技术也促进和带动了硅光交换器件的发展。

硅基光交换器件按照工作原理可以分成光开关阵列、光波长路由交换、模式变换选择交换等方式。考虑大端口数规模集成,波长资源和模式资源有限,目前更多研究的是路径切换式光开关阵列形成的光交换器件。

自 2004 年第一个 GHz 硅基调制器被报道以来[6],基于 SOI 基板和亚微米截面尺寸的现代硅基光电子集成技术进入了高速发展时期。以往基于大尺寸微米级截面尺寸硅波导光器件的集成度、能耗等多方面性能和其他波导器件相比并无明显优势。其与亚微米级硅光波导器件区别开来成为历史。现在统称的硅基光电子器件泛指以亚微米级截面尺寸波导器件为主的硅基光电子器件。

基于新型 CMOS 兼容工艺技术和亚微米级截面波导器件的硅光波导光开关器件最早来自类似 InP 光子晶体波导光开关的工作。2004 年,日本电气股份有限公司(Nippon Electronic Company, NEC)和东京大学的研究人员使用硅基光子晶体波导实现了如图 12.4 所示的硅基光子晶体光开关[7]。随后美国得州大学的研究人员利用类似的器件结构重现了类似的工作,并展示了光子晶体慢光效应在其中的作用。然而,硅基光交换器件是一个被业界充满期待的器件。其属性决定了其不能停留在光子晶体波导器件的功能验证和物理特性探索方面。真正有实质性意义的硅光开关器件出现在 2005 年,也是由日本 NEC 和东京大学的团队推出的(图 12.5)。这个器件使用亚微米级硅光波导代替前一个工作中的硅基光子晶体波导,可以在百微米级的芯片面积内实现 PLC 和 InP 器件需要更大面积才能实现的 1×4 光开关阵列,开启了高密度集成光交换器件研究的方向[8]。日本产业技术综合研究所(National Institute of Advanced Industrial Science and Technology, AIST)、贝尔实验室和 IBM 等单位在这个方向上持续开展研究,各种研究报道层出不穷。

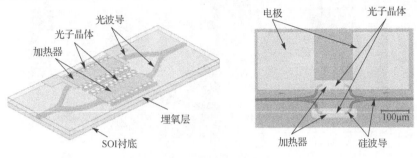

图 12.4　硅基光子晶体光开关

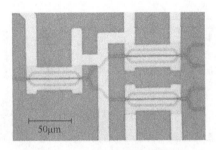

图 12.5　硅基 1×4 光开关器件

在一段时间内，光开关研究一直停留在单元器件研究和小规模集成，在大规模集成方面没有取得突破性的进展。2012 年，贝尔实验室推出了 8×8 热光无阻塞光开关[9]，如图 12.6 所示。2014 年，日本 NEC 推出后续 8×8 热光无阻塞光开关阵列，在串扰和单元插损上都达到较好的水平[10]，如图 12.7 所示。2015 年，AIST 的研究人员推出 32×32 热光开关阵列，成为当时世界上最大的光开关阵列芯片。如图 12.8 所示，这个光开关芯片采用完全无阻塞的 Cross-bar 网络架构，具有近千个 MZI 单元组成几十级阵列，是一个规模空前的硅光集成芯片，在系统插损和芯片封装上获得突破[11]。此后，该研究组围绕 32×32 硅光开关阵列报道了大量研究成果和进展。

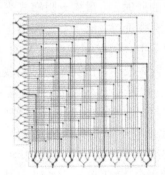

图 12.6　8×8 热光无阻塞光开关

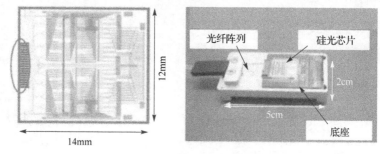

图 12.7　后续 8×8 热光无阻塞光开关

图 12.8　32×32 热光开关芯片

　　尽管 32×32 完全无阻塞硅光开关阵列可以满足开关路径切换时不中断非切换路径的传输信号就可以实现路径切换的功能,但是在很多场合,器件繁多、封装和控制电路复杂的完全无阻塞光开关阵列会给系统带来过大的成本和链路复杂性负担。特别是,当输入/输出端口数目进一步增加,开关单元数以端口数平方级增加时,也给开关规模的上升带来巨大的困难。因此,在多数场合,光开关的阵列更倾向于采用各种阻塞性网络或者可重构无阻塞网络架构,以达到减少单元数,降低开关阵列复杂性,满足特定需求。

　　在无阻塞式光开关突破集成和封装困难的同时,可重构无阻塞式光开关却没有取得明显的进展,长期停留在 4×4 的开关集成规模阶段。这主要是因为工艺误差与网络检测产生的技术瓶颈。在亚微米硅光波导加工中,工艺误差造成 MZI 单元的输出不确定。可重构无阻塞网络中的开关单元数目虽然减少,但其拓扑结构复杂。众多不确定输出的 MZI 单元的输出误差信号在网络的阵列输出不像在完全无阻塞网络中那样简单地追溯和确定来源,从而带来网络开关排列集成容易、难以测试使用的关键问题,影响其研究发展。2016 年,意大利的研究团队和上海交大的研究团队采用每个 MZI 单元加监测单元的方法突破同类开关阵列 8×8 的规模瓶颈,实现 16×16 的光开关阵列[12](图 12.9)。对于更大规模的光开关,给每个 MZI 单元附加监测器的做法会明显带来芯片面积和测试成本的巨大负担,同时带来成品率和可靠性的降低。

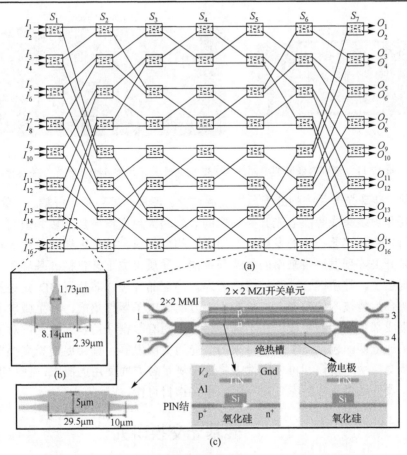

图 12.9　带有开关单元检测结构的 16×16 电光开关阵列

2015 年起，中国科学院半导体研究所的科研团队报道了基于 Benes 可重构无阻塞网络的可迭代网络单元检测法，以及使用该方法实现的 8×8、16×16、32×32、64×64 的硅基 Benes 网络光开关阵列[13-15]，如图 12.10 和图 12.11 所示。通过与输入或输出端口数相同的内嵌监测单元，他们成功测定了网络中每个 MZI 的最佳预置工作点，证明了这种方法对不同规模光开关的适应性，并使光开关阵列工作获得了较好的串扰特性。

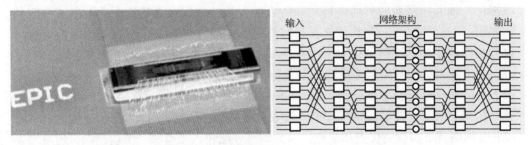

图 12.10　带有内嵌监测单元的 16×16 电光开关芯片

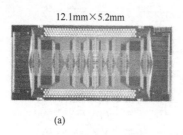

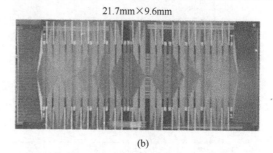

图 12.11　带有内嵌监测单元的 32×32 电光开关芯片和 64×64 热光开关芯片

目前，硅基光开关阵列处于急剧发展前夕。各种问题包括光纤耦合、偏振控制、传输损耗和封装集成等随着光开关规模的急剧增大也变得更加严峻和迫切。同时，随着新材料和新工艺技术的发展，石墨烯、相变材料、硅基铌酸锂薄膜等材料的加入也给光开关阵列发展带来新的机遇和可能。异质集成工艺包括硅基异质 III-V 族材料外延生长、异质键合、高精度倒装焊，乃至晶片级、芯片级 3D 先进封装技术和光电融合封装技术的发展，也给成千上万的光电子器件集成，乃至微电子器件的大规模集成都带来新的手段。在不远的将来，随着数据通信和远程通信对于光交换的要求更加迫切，包括 5G 通信带来的全光通信网发展，都会促使光交换器件迅速发展，从交换网络规模和可使用性上将更加满足各方面使用的需求，使关键技术得到攻克。器件逐步从实验室走向实际应用将指日可待。

12.2　硅基光交换研究

12.2.1　光交换网络与硅光

与电交换器件一样，光开关阵列式交换器件由多个开关交换单元组成。这些开关式交换单元完成单次光路的切换，通过一级级切换的串联实现光路的转换，因此开关单元必然要遵循某种网络架构进行构建才能实现光路的切换。经过几十年的长期发展，各种各样的网络架构，包括 Mesh[16]、Cross-bar、Benes、Select switch[9]等被提出，而且随着新时代通信格式和特点的变化，这些网络架构还在不断地被研究和提出，与交换单元一起构成光交换网络的基础硬件体系，再与数据或通信交换协议匹配来满足实际通信网络对于交换网络的需求。

光交换网络的网络架构虽然有很多种，但是目前使用较多的常聚焦于图 12.12 所示 Mesh、Cross-bar、Benes、Select switch。这些网络结构各有优缺点。Mesh 网络拓扑结构简单明了，控制算法简单，但是要求单元数目多，遇到故障无法迂回传输。Select switch 网络具备类似的优点和缺点，因为均等分配输入光至每一个输出口，还对输入有相当大的功率要求。Cross-bar 网络在路径切换时与 Mesh 和 Select switch 网络相同，不会影响更多无关的路径传输，有利于最大限度地保持传输通畅，遇到故障也可通过牺牲非关键路径迂回传输，但是该网络也需要非常多的开关切换单元。例如，对于一个 $N \times N$ 的开关网络，其开关单元数需要 $N \times N$，从而对控制电路的复杂性和光开关器件的集成度提出很高的要求。前三种都是完全无阻塞网络。Benes 及类似的可重构无阻塞网络在切换中通过对整个网络开关的重新配置，可以完成整个网络的无阻塞传输。该网络架构简单，开关单元数目远少于其他网络体系。对于一个 $2N \times 2N$ 规模的 MZI 网络，其网络单元 MZI 个数只有 $N \times (2N-1)$，控制电路也相应大幅简化。其对于网络开关单元的重新配置将造成整个交换网络传输的短暂停顿，而且对于不同的输入/输出路径切换要求，计算找出路由表并重新配置整个开关交换网络也需要较高的算力和一定的时间。不同光交换网络结构的对比如表 12.2 所示。

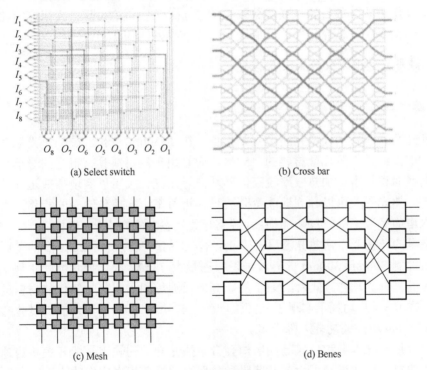

(a) Select switch　　　　　　　　　　　(b) Cross bar

(c) Mesh　　　　　　　　　　　　　　(d) Benes

图 12.12　4 种常见光交换网络架构

表 12.2　不同光交换网络结构的对比

网络类型	单元数(以 128×128 端口为例)	控制电路	故障回避	芯片面积	成品率	成本
Select switch	32512	复杂	不可	大(>10 倍)	低	高
Cross bar	16384	复杂	可	大(>10 倍)	低	高

网络类型	单元数(以 128×128 端口为例)	控制电路	故障回避	芯片面积	成品率	成本
Mesh	16384	复杂	不可	大(>10 倍)	低	高
Benes	832	简单	可	小(为基准 1)	高	低

　　各种光交换网络各有优缺点，进行硅基光交换器件研制时应考虑硅基光电子集成技术本身的特点。硅基光电子集成技术适合大规模集成。由于硅基波导片上损耗较大，片上集成 III-V 族光放大器困难，大规模集成复杂交换网络还存在较大的困难。如果异质 III-V 族材料器件在硅基上的集成问题得以解决，英国布里斯托大学团队提出的硅基 III-V 族混合集成 Mesh 网络将是一个非常好的可以解决片上传输损耗和高速开关的 Mesh 光交换网络，同时 Cross-bar 网络架构也可能进入更大规模集成阶段。在目前阶段，考虑传输损耗和无片上放大器支持的问题，硅基光交换阵列研究更多聚焦于单元数目和串联级数较少的 Benes 等类似的可重构无阻塞网络，以牺牲网络切换时的传输保持性能换取大规模光交换网络的实现。

12.2.2　硅基光交换研究分类及优缺点

1. 基于热光效应的硅基光交换

　　硅基光开关的研究最早从热光开关起步，在 1550nm 波长，硅的热光系数高达 $1.86 \times 10^{-4}/\text{K}$，约是二氧化硅材料的 15 倍，而且由于硅材料具有很好的导热系数，硅波导的截面积较小、加热效率较高，硅基波导热光开关可以实现高效迅速的热光开关调控。热光开关可以独立地改变硅波导的折射率，实现传输光的相移，而不会额外引入诸如载流子吸收等附加损耗，避免开关状态切换中引起的额外光功率变化。

　　在最早的硅基亚微米热光波导开关上，NEC 的研究人员用 2μm 宽的薄膜钛白金加热器控制 300nm×300nm 的硅波导，只用最大 25mW 的调控功耗就实现了相移臂相移 π 的光开关动作。此后，NTT 的研究人员通过引入隔热二氧化硅材料的硅波导开关，在 0.6mW 功耗下实现了光开关动作。其功耗比 NTT 开发的二氧化硅波导热光开关 200mW 开关功耗下降很多。

　　然而，热传导本身和任何隔热结构会带来热光开关的缺点，即开关响应速度较慢。一般的热光硅波导开关由于其薄膜加热器与波导芯层之间由防止光被薄膜加热器金属吸收的二氧化硅薄层隔开，热传导存在一定的距离和损失，开关的上升时间和下降时间一般表现为十几微秒到百微秒数量级。部分研究利用脊型硅波导两侧的平板波导形成掺杂电阻，利用硅材料的良好热传导效应直接加热硅波导，对提高速度和节省能耗有一定的效果。华中科技大学的研究人员利用加热石墨烯薄膜直接接触硅波导芯层，也能起到类似的效果。中国科学院半导体研究所的研究人员采用预加重驱动电路，使热光开关响应速度达到亚微秒水平。在线路开关应用中，这个速度一般可以满足通信回路中建立新链路需要 50ms 的延迟要求，但是对于效率要求更高的数据包传输，远远达不到纳秒，甚至皮秒级要求。

　　硅基热光开关在不引入额外传输损耗的情况下，利用硅材料的热光效应实现光开关动作。面向对开关速度要求不高的线路开关等应用场合，它可以比较方便地构成大规模阵列开关，完成光交换功能。目前以日本 AIST 为代表的大规模硅光开关集成芯片研究也多采用热光控制方式。在未来一段比较长的时间内，硅基热光开关的研究还会继续优化，并有可能在一些特定的应用中展开。

　　2. 基于等离子色散效应的硅基光交换

　　硅材料本身不具备线性电光效应。基于材料中载流子浓度变化引起材料折射率和吸收系数变化的等离子色散效应是控制硅基波导器件的主要物理效应。通常利用等离子色散效应形成硅基可调器件的结构形式主要有反向 p-n 结、正向 p-i-n 结、MOS 结构。其中，反向 p-n 结为抽取耗尽区载流子型结构，调制效率较低，但是易于实现高速工作，更多被用于高速调制器制作。MOS 结构器件能耗小，工作速度也较快，但是器件结构及制作工艺较复杂，应用领域受限。正向 p-i-n 结利用注入载流子到本征区内调控，调制效率较高，速度较慢。注入载流子对于传输光的吸收较小，更适合对开关速度要求有限的光开关使用，因此，大多数电光开关是基于正向 p-i-n 结波导构造相移器实现的。图 12.13 所示为反向 p-n 结和正向 p-i-n 结结构。

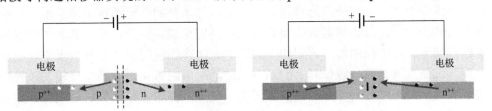

图 12.13　反向 p-n 结和正向 p-i-n 结结构

　　基于 p-i-n 结构造的硅基光开关在开关单元和小规模，如 8×8 以下规模的阵列方面的研究较多。其中，以 IBM 研究团队为主推出了一系列研究成果[17, 18]，但更大规模阵列的研究较少。受限于载流子吸收引起的光传输损耗，相移开关单元损耗居高不下，影响了大规模阵列集成的预期。另外，这也与完全无阻塞网络阵列单元数目过大，而单元数目较少的可重构无阻塞网络因内部单元状态和工作点监测困难而难以实现也有很大关系。2016 年，上海交通大学的研究团队发表了 16×16 电光开关阵列成果[12]。同年，中国科学院半导体研究所的研究团队解决了大规模阵列中单元器件工作点监测的问题，发表 32×32 的电光开关阵列的相关研究结果[13]。其开关单元开关时间达到 1ns 以下。

相较于热光开关，硅基电光开关通常具有较小的开关能耗，一般在几毫瓦，同时电光开关工作速度较快，一般可达到几纳秒，甚至亚纳秒水平，因此可以满足一部分突发开关或者数据包切换的交换需求。对于目前高性能计算中多个 CPU 组成的超节点内部数据交换，其速度已经足够满足在几十纳米内建立交换链接的需求。

电光开关具有高速、低能耗特性，在未来的硅基光开关研究中将逐渐占据主流地位。由于载流子注入对光吸收的缺点，在构建大规模阵列时，电光开关的传输损耗将成为必须克服的困难，因此引入 III-V 族片上集成光放大器，兼顾开关速度和低损耗需求的相移臂设计将是电光开关阵列研究的主要方向。

3. 其他光开关

随着新材料的不断发现和开发，其与硅基结合形成新型器件的研究也层出不穷。近些年比较典型的有石墨烯等二维材料与硅基波导结合形成开关器件的报道。这些器件虽然在体积、速率等特性上表现出传统硅材料波导不具备的特性，但是在制备工艺、器件成熟度，以及大规模集成方面还存在诸多问题。因此，相关研究仍停留在材料物理特性和器件制备探索阶段，将来存在很多发展可能。

另外，铌酸锂晶体通过硅基板键合形成薄膜铌酸锂材料会显示出优良的电光特性和巨大的规模集成潜力。由于铌酸锂材料本身优异的线性电光特性，薄膜铌酸锂波导开关可以高速工作，其速度可达纳秒，甚至皮秒级别。同时，薄膜铌酸锂开关在开关动作中不会引入额外的光传输损耗，其波导本身的传输损耗也非常小，可达 0.03dB/cm 以下[19]，具备构建大规模光开关阵列的可能。但是，目前薄膜铌酸锂波导器件的加工工艺比较困难，需要较多的探索。薄膜铌酸锂材料波导由于光场束缚能力较弱，而且调制效率较低(约为 2V·cm)，用来制备光开关相移臂较长，较低的集成度对于大规模阵列集成也有负面影响。但是，薄膜铌酸锂材料的电光特性和超低传输损耗决定了其仍然是最有希望的材料。随着加工工艺和器件结构设计的进一步发展，相信器件制备和调制效率的难题都会被破解，硅基薄膜铌酸锂材料构建大规模硅基光开关也会逐渐实现[20]。

12.3 硅基光交换单元器件研究关键技术

大规模硅基光开关阵列由多个单独的光电子器件单元构成。以常见的 MZI 光开关阵列为例，其主要单元构件包括波导、相移器、功率合束/分束器、交叉波导、偏振分离旋转器件，以及光纤耦合器件等。这些器件的性能最终决定光开关单元及阵列的性能，下面分别进行介绍。

12.3.1　低损耗波导技术

在大规模光开关阵列中，光传输波导连接各个单元器件，形成网络架构。各个单元器件内部也存在一部分传输波导，因此降低各处波导的光传输损耗可以有效降低光开关阵列的整体损耗。

在硅基光开关中，波导多数由硅材料单模波导构成。限于单模条件和干法刻蚀工艺，单模硅波导的损耗在 CMOS 工艺条件下通常处于 1.5dB/cm 量级。作为解决方法，在直波导处换用超出单模条件的宽波导，可以减少波导侧壁对于波导内传输光的散射，降低损耗。该方法效果较好，但会增加器件的面积和设计的复杂度。比较有代表性的是 2012 年，麻省理工学院的研究人员实现了传输损耗仅为 2.7dB/m 的宽硅波导。其波导结构如图 12.14(a) 所示，但是其微环器件的弯曲半径达到 2.45mm[21]。在传统尺寸的硅基波导研究方面，日本光电子融合基础技术研究所使用 ArF 浸没式光刻技术将 440nm×220nm 的硅基光波导损耗降至 0.4dB/cm[22]，如图 12.14(b) 所示。

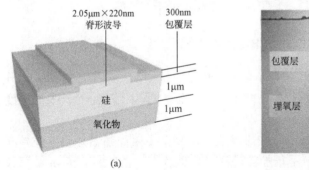
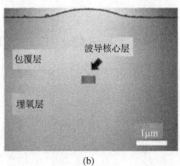

图 12.14　大尺寸宽硅波导和高精度光刻工艺硅波导

同样作为硅基波导，SiN 材料和 SiON 材料的波导损耗就可以大幅度降低至 0.03～0.04dB/cm[23, 24]。因为 SiN 材料和 SiON 材料波导不能作为电光或高效热光相移臂使用，所以需要增加硅波导耦合结构。一般采用耦合损耗可低至 0.01dB 的倏逝波耦合结构，从而带来额外的耦合损耗，使结构复杂化[25]。不同材料光波导之间的层间耦合如图 12.15 所示。

硅基薄膜铌酸锂材料波导经实验证明可实现 0.03dB/cm 以下的传输损耗，同时又可进行电光调控，是理想的候选光开关波导，但是铌酸锂材料本身难以加工刻蚀，需要在制备工艺上进一步探索优化。此外，薄膜铌酸锂材料在兼容 CMOS 工艺和制造产线上还存在较大的困难，使用将受到很大地局限。

因此，硅基波导的低损耗化将随着规模光开关的发展越来越重要，也将成为一个主要研究难点。片上放大器在放大信号的同时将引入噪声。未来超大规模光开关芯片是基于片上波导形式,还是空间面阵形式,很大程度上将取决于低损耗波导的研究进展。

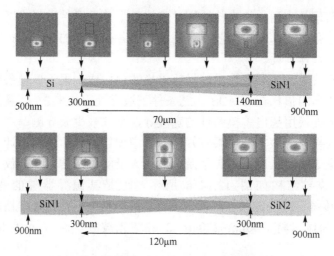

图 12.15　不同材料光波导之间的层间耦合

12.3.2　相位调节等开关基本动作控制器件

大部分光开关器件利用相位调节器改变光波的相位,形成干涉消光实现开关动作,因此相移器是光开关中的主要功能单元,在很大程度上决定光开关的速度、能耗、消光比和器件大小。

传统的热光开关通过薄膜电阻加热器或者硅掺杂电阻加热器加热硅波导来改变光波相位,具有高效、低速、不增加额外损耗但能耗较大的特点。p-i-n 结相移器通过载流子注入改变光波相位和波导的光吸收率,具有效率较低、高速、引入额外损耗和较低功耗的特点。其他,如薄膜铌酸锂相移器利用线性电光效应等改变光波相位,具有线性度好、低功耗、效率低、固有损耗小且不引入额外损耗的特点。随着石墨烯、相变材料等新材料的加入,各种相移器都各具特点,可以对应不同的开关应用需求。实现普遍意义上的高速、低功耗、低损耗光开关,则需要进一步的特性挖掘和优化。

在光学结构上,采用布拉格光栅、微环谐振腔等结构构建相移器可以增强电场与光场相互作用、提高调制效率,但是会引入波长敏感性,使光开关的光学带宽大幅度缩小,严重限制开关的适用范围。光子晶体的慢光效应理论上可以增强相移臂的调制效率。由于光子晶体波导中的慢光传输损耗急剧上升,相移臂的损耗可能无法接受。例如,北京大学的研究人员采用环形镜或偏振转换使传输光多次通过相移臂的设计。虽然这种设计多数出现在调制器的设计中,但考虑追求高速的调制器和调制效率的光开关的目标功能区别,这种光波折返结构的器件设计在光开关上有可借鉴之处。

12.3.3　功率合束/分束器

由于多数光开关采用相移干涉消光结构实现光开关动作,因此光开关中包含光功率分束、合束器件。在典型的 MZI 光开关中,光功率分束/合束器件决定光开关的消光比,影响光开关的插入损耗。特别是,在大规模光开关阵列中,由于光分束/合束器件数目众多,其引入的损耗不容忽视。在日本 AIST 研制的 32×32 完全无阻塞光开关阵列中[11],研究人员牺牲光学带宽,采用光学带宽窄但插入损耗较小的方向性耦合器作为分束/合束器件。此外,光学带宽较大的 2×2 MMI 因插入损耗较难降低到 0.1dB 以下,对构建大规模光开关阵列有较大的影响。2016 年,华为报道了 CMOS 工艺兼容的 2×2 MMI 器件,在 1550nm 波段,损耗小于 0.15dB。这基本是传统结构 2×2 MMI 器件的损耗极限[26]。目前单独对于 2×2 MMI 器件的损耗报道并不多,通常将两个 2×2 MMI 器件及中间的相位调制结构作为一个开关单元来考察。IBM 报道了将电光 p-i-n 结构开关单元的损耗整体降至 0.8dB 的结果[27]。如果牺牲一定的开关速度,开关单元的损耗可以进一步降低,上海交通大学通过优化 p-i-n 结的结构,研制出损耗仅为 0.38dB 的电光开关单元[28]。

随着仿真和设计方法的发展,无源光子器件的设计逐渐变得更加容易,低插损 2×2 MMI 的设计也有了一些进展。其插损有望实际降至 0.05dB 以下,乃至 0.02dB 左右,将对大规模 MZI 光开关阵列的构建起到关键作用。

12.3.4　交叉波导

大规模光开关阵列中存在大量光路交叉,在电路板上需要用多层布线解决。由于光波导交叉的存在,可以改由单层光波导利用交叉波导元件来实现。然而,由于过多的交叉波导可能需要串联,例如一个有 256 输入端口的 Benes 网络结构的光开关阵列的最长链路需要 494 个交叉波导元件串联,交叉波导本身的损耗带来了难以解决的问题。光路交叉的实现方式也在结合交叉波导的基础上呈现出多种解决方案。

这些方案中最直接的解决方案仍然是单层交叉波导的级联。对于大规模阵列来说,交叉波导的单元损耗做到 0.1dB 以下也难以满足需求。华为公司的研发人员使用模式重构的方法把交叉波导损耗做到了 0.007dB,几乎达到交叉波导的极致,也为利用单层平面交叉波导制作几百以上输入输出端口的光开关阵列提示了可能性[29](图 12.16)。

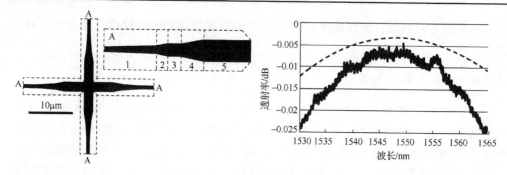

图 12.16　低损耗交叉波导

　　尽管单层交叉波导的损耗有可能做到 0.01dB 以下，但是对于更大规模，如千端口以上的光开关阵列，考虑更多设计可能无法优化达到很好的水平，在单层光交叉波导以外引入多层光波导交叉可能是更简单和有效的做法。通过个别单层交叉波导结合经倏逝波耦合的沉积 SiN 层波导，可以实现如图 12.17 所示的近似双层电路板的光波导布线，使上层 SiN 波导轻易跨越多根底层硅或 SiN 波导实现超低损耗交叉，而且可以得到很好的低串扰特性。这种双层交叉波导在更多情况下只是单纯的处于不同层的光传输波导，在设计和工艺实现上都比单层交叉波导要更加简单和易于达到好性能。这当然也会增加工艺的复杂性。2017 年，多伦多大学设计了一种 3 层 Si-SiN-SiN 交叉波导结构，在 140nm 波长范围内损耗小于 3.1mdB，最小可达 0.28mdB，多层波导间的耦合也仅为 0.15dB，为低损耗大规模的交叉波导阵列提供可行的解决方案[25]。2019 年，日本的 AIST 报道了一种双层结构的 Si-SiN 层间交叉结构，交叉损耗仅为 3.2mdB，并在 32×32 光开关阵列进行了验证，但是 1.5μm 的层间高度间隔也带来了较大的层间耦合损耗，约为 1dB[30]。

　　大规模光开关阵列对于单层或多层交叉波导提出了更多的要求，这是目前硅基光电子芯片中对交叉波导数量要求最多和性能要求最高的应用。随着硅基大规模光电子集成芯片的发展，交叉波导、光波导多层布线，以及连接多层波导间的光通孔将成为硅光芯片的普遍需求。硅基光开关阵列中交叉波导的工作为将来硅基光电子大规模集成芯片的工作做了很好的准备。

12.3.5　偏振无关设计

　　与光收发器中一些设计不同，光交换器件最普遍的应用设定就是连接光纤网络，实现光路径转换。因此，接收光纤传来的光信号是光交换器件首先要有的功能，而光纤传过来的信号往往因光纤的盘绕呈现变化不定的偏振态。为了完整接收光纤的光信号并切换传输至目标端口输出，理想的光交换器件应该是偏振无关器件。然而，由于硅波导的高折射率差和小尺寸波导截面，硅光开关一般面向 TE 模式偏振光设计，因此输入信号的偏振态预处理问题成为光开关芯片的必须功能之一。

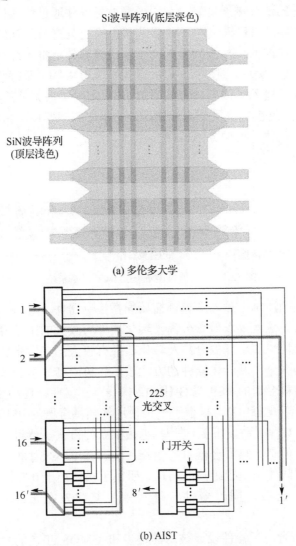

(a) 多伦多大学

(b) AIST

图 12.17 超低损耗多层结构交叉波导

对待偏振不确定的输入光信号，偏振无关光开关是理想的解决方案。然而，偏振无关波导一般具备较大尺寸微米级波导截面积，会相应地大幅增加器件的面积大小，而且利用合适截面积的硅波导设计偏振无关光开关也需要较高的设计能力。因此，除了 NEC 公司推出的 8×8 偏振无关光开关采用独特设计的硅偏振无关波导，大部分光开关研究团队回避了这个问题，而多半直接采用 TE 模式光作为光开关。

当然，这样的设计在功能上是有欠缺的，不能满足实际需求。

　　虽然偏振无关波导光开关器件的研制有一定的困难，但是由于硅基偏振分离器件和偏振旋转器件的研究进展良好，利用无源波导器件通过绝热楔形波导等器件实现模式转化，可以实现 TE 模式和 TM 模式偏振光的分离与相互转化。因此，通过预置在光开关回路前面的偏振控制器件，可以比较容易地将光纤输入光的绝大部分转换为 TE 模式偏光。然后，进入 TE 模式适用的光开关阵列处理切换。这样整个光开关器件不再受光纤输入光偏振状态的影响，可以实现偏振无关的光信号切换处理。如图 12.18 所示，系统包括偏振分离转换器件、相位调制器件、3dB 分束器件、3dB 耦合器件，其核心部件为偏振分离转换器件。

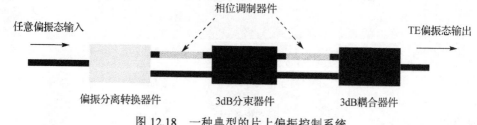

图 12.18　一种典型的片上偏振控制系统

　　对于光交换系统，每个输入端口都需要偏振控制器件，端口越多，其在芯片上分布的区域就越大。这就要求偏振分离及转化器件有较大的工艺容差。同时，光开关系统宽带宽的特性也要求偏振分离及转化器件有较大的光学带宽。目前实现大工艺容差宽带宽的偏振分离及转化器件的方案较多。2017 年，新加坡国立大学报道了一种使用弯曲定向耦合器的 PSR 器件(图 12.19(a))，器件损耗小于 0.4dB，带宽可达 100nm[31]。同年，文献[32]也报道了一种使用绝热耦合器的 PSR 器件，损耗小于 0.33dB，可在 O、C、L 波段下工作[32]。绝热耦合的方式虽然可以获得大带宽、低损耗性能的器件，但是绝热耦合器自身较长，使器件整体尺寸相对较大。中国科学院半导体研究所团队使用捷径绝热的结构，研制了损耗小于 0.7dB，带宽达 100nm，长度仅为 150μm 左右，同时器件特征尺寸工艺容差在 ±20nm 的 PSR 器件(图 12.19(b))[33]。

　　随着硅基光子/光电子器件设计技术的进步和 CMOS 工艺的发展，可用于光交换阵列的更为紧凑和性能更高的 PSR 器件被研发出来。如图 12.20 所示，浙江大学团队报道了一种一维亚波长结构的 PSR 器件，损耗小于 1dB，带宽达 300nm，器件尺寸仅有 33.6μm[34]。哈尔滨工业大学将图 12.21 所示的器件尺寸减小至 7.92μm，损耗小于 0.3dB，带宽为 40nm，工艺容差为 ±10nm[35]。

　　随着硅基片上偏振控制器件的研究，将为片上光开关提供集成度更高、损耗更小、控制更灵活的偏振解决方案。

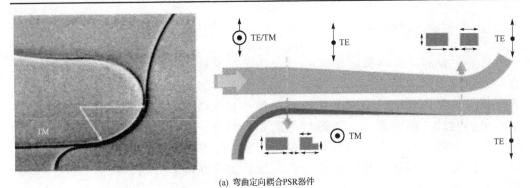

(a) 弯曲定向耦合PSR器件

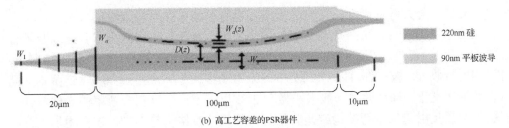

(b) 高工艺容差的PSR器件

图 12.19　不同结构的偏振旋转分离器件

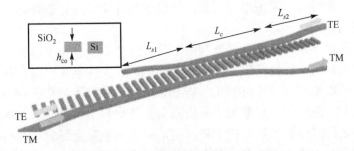

图 12.20　一维亚波长结构的 PSR 器件

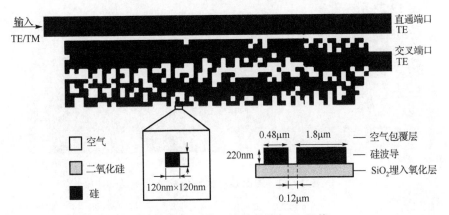

图 12.21　二维亚波长结构 PSR 器件

12.3.6　光纤耦合器件

对于所有的硅光器件，最大的瓶颈在于实现硅波导器件和光纤的低损耗耦合。处于接收端的芯片因为需要偏振无关地接收光纤传过来的光信号，还有低偏振相关损耗的要求。这对于波导截面尺寸在亚微米量级的硅波导和十微米尺寸的单模光纤之间的耦合，困难可想而知，因此一直是硅光芯片实用化最大的困难之一。特别是，对于硅光开关阵列器件，还存在需要实现几十、几百，甚至上千的光线阵列和波导阵列耦合的问题，因此在耦合方式和封装方式上都需要新的思路。

硅光芯片与光纤的耦合一般有光栅垂直耦合和波导端面耦合两种方案。

光栅垂直耦合具备可有效利用芯片表面面积，利于大规模阵列耦合，以及耦合容差大等优点，但是耦合损耗偏大(一般大于 1.5dB)，通常只适用于 TE 模式偏振光。可以同时接收 TE 模式和 TM 模式两个偏振态的偏振分离光栅制作和设计困难，同时在普通工艺下，耦合效率一般很难做到 2dB 以下[36, 37]。高耦合效率的光栅器件需要引入金属反射镜、悬臂结构或是其他材料的周期性结构等[38-40]，这会增加工艺的复杂程度和器件的不稳定性。此外，大规模的光栅耦合会占用部分芯片的表面空间，给芯片表面的电学封装带来困难。因此，光栅耦合方案可能更适合芯片的输出端，而不是输入端耦合。

另外，光纤和波导端面耦合只能利用芯片的边缘制作波导末端模斑变换器，通过扩大波导模场和光纤模场匹配来降低耦合损耗，在大规模阵列耦合时可能遇到芯片边缘长度不够光纤排列的问题。新加坡先进微晶片厂[41](Advanced Micro Foundry, AMF)和 IBM[42]分别推出了利用悬臂梁结构和超表面材料制成的波导端面模斑变换器，是目前效果比较好的实施案例，同标准单模光纤的耦合损耗均可小于 1.4dB，但是悬臂梁存在端面机械强度的问题未得到产品应用。两种端面耦合结构如图 12.22 和图 12.23 所示。

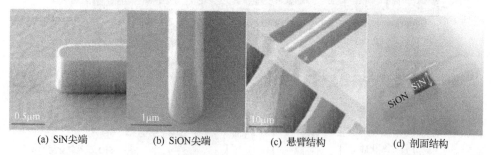

(a) SiN尖端　　　　(b) SiON尖端　　　　(c) 悬臂结构　　　　(d) 剖面结构

图 12.22　端面耦合结构(AMF)

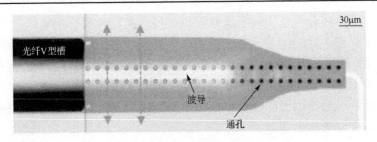

图 12.23　端面耦合结构(IBM)

　　中国科学院西安光学精密机械研究所的研究人员设计的端面模斑变换器可以使光纤耦合损耗降低到 0.8dB 左右,但是这种模斑变换器只停留在与 SiON 波导耦合,与硅波导耦合的实验及工艺制备还需进一步的实验。除了在芯片端面设计制作模斑转换器这种较为常见的方式,通过一些特殊的技术手段也可以实现光纤同芯片的端面耦合。日本的 AIST 利用特殊设计的 PLC 光波导芯片作为硅光芯片和高数值孔径光纤之间的连接通道,可以达到减小模斑失配的目的,单端口耦合损耗在 1.4~1.6dB[43],结构如图 12.24(a)所示。德国卡尔斯鲁厄理工学院使用 3D 打印技术制作了类似于电气互连金丝引线的光子引线,直接将光波导与光纤进行连接,单端口耦合损耗约为 1.7dB[44],如图 12.24(b)所示。虽然这种耦合方式的损耗相对较大,但是提供了一种高密度、灵活、可三维实现的硅光芯片与光纤之间的耦合方式。日本 NTT 发明了一种图 12.24(c)所示的直写对准耦合方案,通过使用 405nm 光在硅光器件和光纤之间自动构建光路固化特种树脂来形成空间的三维 taper 结构,实现每端口 0.7dB 的耦合损耗[45]。

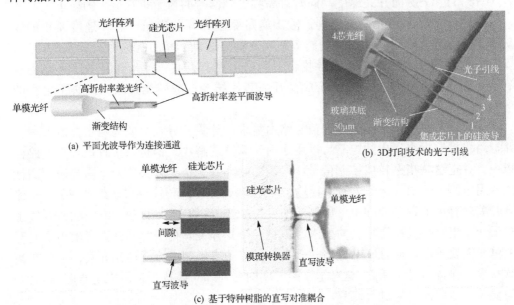

(a) 平面光波导作为连接通道

(b) 3D打印技术的光子引线

(c) 基于特种树脂的直写对准耦合

图 12.24　各种特殊结构的端面耦合方案

理论上，端面耦合可以实现极低偏振相关损耗的光学耦合。实际上，在设计和工艺控制中还存在一定的困难。在大规模阵列光纤和波导耦合方案中，耦合效率、工艺可实现性、芯片的可利用面积及长度等都是需要考虑的要素，从发展的角度看，易于实现偏振无关、大耦合容差的端面耦合应该是未来的发展主要方向，但是易于大面积阵列组装的光栅也可能有其存在的需要。这两种方案各有优长，因此其对创新性设计的需求也更加迫切。

12.4　控制与封装

12.4.1　电学信号控制技术

目前的光交换阵列基本采用电学信号进行控制和路径交换。该方案在有效的全光控制光交换阵列得到验证前不会改变，全光控制交换暂时还停留在新材料开发探索阶段。因此，同步硅基大规模光交换阵列的研究进展，研制相应的电学控制技术将面临急迫的显示需求。

目前，大规模光交换阵列芯片的研究已经达到上百端口的规模，最高集成度的光开关阵列芯片中已有千个以上的电控单元。预计随着开关阵列规模的增大，包括偏振控制单元阵列、内部监测单元阵列、电控开关单元阵列的电学监测控制单元数目将上升到几千，乃至上万的规模。与速度较慢的热光开关不同，电光开光要求几百 MHz 乃至 GHz 的开关速度，同时对高频控制信号的质量也有更高的要求。

因此，为了驱动光开关阵列，输出满足驱动光开关电压电流和速度要求的驱动信号，满足大阵列驱动的大规模多路高速输出驱动和串行控制数据输入的电路，以及根据光路变换需求，计算寻找合适的路由控制方案，输出光开关阵列路由控制信号的电路是与硅基光电子集成光开关芯片结合构成硅光开关系统必不可少的部分。

在控制电路中，了解输入光信号路由需求，计算并寻找合适的路由控制方案，并把路由控制指令发出的电路可以用通用计算系统解决。但是，接收串行高速路由指令，并把这些指令转成控制信号，发送并驱动每一个光开关单元，需要研制高性能专用电路。例如，一个电路串行输入 40Gbit/s，分路输出控制 80 路光开关，每路光开关就有可能达到 500MHz 的开关速度。40Gbit/s 的串行通信和 80 路的并行输出对于一个电路来说是比较高的要求，但是一个光开关阵列很容易就拥有上千个光开关单元需要控制，而且驱动电路既要提供足够的电压和电流驱动光开关，又要在高频布线上保持信号的质量,这对于极高密度的器件和布线排列应用来说难度相当大，需要投入专门的力量进行研究。

12.4.2　光学电学封装技术

当硅基大规模芯片集成技术在超低损耗波导和放大器件片上集成得到突破后，硅基光交换网络研究的焦点将转向大规模光电混合封装。由于硅基光电子集成密度高、芯片面积小，与芯片结合的成百上千根光纤构成的耦合光纤阵列，以及成千上万个开关单元、监测器件及其他控制器件的电学引出线的对外封装连接问题就成为重大难点。由硅光技术的超高密度集成带来的大规模光电混合封装成为大规模光交换器件发展的最后一个瓶颈。

1. 高密度大容差光学封装技术

大规模光开关阵列的主要功能是完成多输入/输出端口切换任务。通常能够覆盖的输入/输出端口数越多，意味着光交换阵列的切换能力越强。因此，输入/输出端口数代表光交换阵列的切换能力，会随着通信与数据传输对光交换的需求而趋向增大，同时带来光纤光学封装问题。

硅光芯片对光纤的耦合封装一直是硅光芯片应用的主要发展瓶颈。其主要问题在于亚微米截面尺寸硅基波导对微米级直径光纤的光场模斑匹配困难；垂直于芯片表面的耦合光栅具有较大的耦合容差，但有偏振相关、光学带宽窄等问题；波导端面通过模斑变换器将波导模斑扩大到和光纤匹配的尺寸实现高效的端面耦合，具备偏振无关、大光学带宽和低耦合损耗的可能，但在制作实现上存在较大困难。目前，光栅耦合和端面耦合虽然在满足多方面性能上存在一定的不足，但是在硅光芯片对光纤耦合上能达到基本可用的水平。

使用光纤阵列同芯片上的光栅阵列进行耦合封装是一种简单易于实现的硅光芯片光学封装形式，如图 12.25 所示[46]。随着光学端口数量的增加，光纤阵列的尺寸也会变大，占用大量的芯片表面积，挤占电学引脚的封装空间。

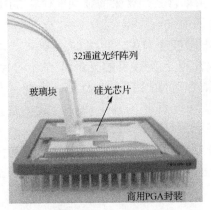

图 12.25　常见光纤阵列同硅光芯片封装形式

标准单模光纤的直径为 125μm。在端口数目较大的情况下，相比于集成光芯片，光纤阵列自身的端口密度很难再提高。在这种情况下，IBM 最早提出在光纤阵列和硅基片上端面耦合器之间增加一种三维多通道变换器件，将芯片端的光学端口间隔降低至 25μm，实现了 12 通道的光学封装，单通道附加损耗小于 1dB[47]。之后，IBM 将这种高密度的光学封装模式做成图 12.26 所示的可插拔模块，使用聚合物材料制作模场可变的多通道连接器，一端同标准单模光纤进行耦合，另一端同硅光芯片上的端面耦合结构实现低损耗倏逝波耦合。模块整体结构较为复杂，技术要求较高，单通道损耗小于 1.4dB，10 个端口之间的耦合损耗变化在 0.7dB 以内[48]。

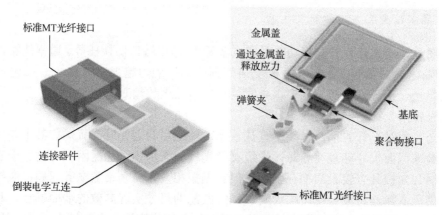

标准MT光纤接口　　连接器件　　倒装电学互连

金属盖　　通过金属盖释放应力　　弹簧夹　　基底　　聚合物接口　　标准MT光纤接口

图 12.26　高密度光学封装模块

使用飞秒激光器对光学材料进行三维加工，制作高密度的三维光路连接器也是一种光学封装方式。华为公司报道了使用飞秒激光器依照设计的光路对玻璃基底进行精细加工，改变其内部部分材料的折射率，形成空间波导。通过使用这种技术，可以实现图 12.27 所示的侧面 84 路端面耦合器和表面 84 路光栅阵列同多芯光纤的耦合封装。各个端口之间由耦合封装带来的损耗变化在 3dB 范围内，封装密度可以达到 24 通道/mm 以及 12 通道/mm²[49]。

对于大规模光交换阵列芯片来说，更大的困难来自大规模输入/输出光纤阵列与光芯片的耦合封装，几百上千数目的光纤阵列和芯片波导之间的耦合封装。这会带来大阵列光纤的耦合对准误差，以及芯片表面面积或边缘长度资源不足的问题。因此，对于大规模光纤阵列片上耦合封装，垂直光栅耦合和端面耦合方式可能无法满足未来超大规模阵列的需求。科研人员为此进行了新的耦合及封装方式的探索。随着硅光芯片本身集成规模的增大和大规模光交换芯片在该方向的率先研究，相信适合大规模光纤阵列封装的耦合封装形式和工艺实现方式将有创新性突破。

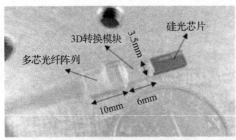
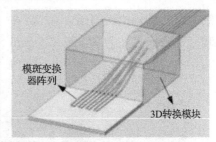
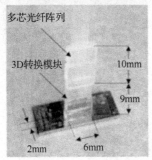
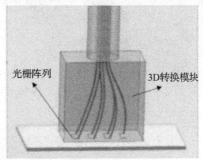

图 12.27　使用三维空间光学连接器件的封装方式

2. 电学封装技术

　　大规模光交换芯片通常包含巨大阵列的光交换单元，需要控制才能完成多端口的交换路由功能，因此在目前由电信号提供交换路由的控制方式下，需要提供几千，乃至几万的电学端口对接芯片上的光交换单元进行光交换控制。在光学芯片和电学芯片或转接板之间做到这么大数目的电学端口数目对接，对于电学封装来说是一个相当大的挑战。特别是，高速电光开关芯片需要传输 GHz 速度的高速电信号，考虑发热对光芯片工作状态的影响，封装形式、封装方法和封装技术都需要得到提升或改进。

　　光开关芯片尺寸和规模较小的时候，可以使用类似图 12.28 所示的金丝引焊封装方式，将光开关芯片上的电学引脚连接到外部驱动板[12]，也可以使用精度更高，线宽更小的多层陶瓷电路板实现多层金丝引焊封装[50]，如图 12.29 所示。

　　以 32×32 阵列光开关系统为界，更大规模的开关系统将含有更多数量的开关单元、光功率监测单元和片上其他需要电信号调控的功能单元，以 Benes 网络结构的 128×128 阵列光开关为例，预计将有近 2000 个需要单独控制的电学引脚，但是芯片的边缘已经没有足够的位置供这些电学引脚进行排布。此外，对于电光开关，过长的金丝引线会带来额外的高速信号恶化，降低电光开关单元的响应速度。日本 AIST 使用一种电学中间介质层技术将硅基光电子芯片上间隔为 0.18mm 的电学引脚扩展为间隔为 0.5mm 的栅格阵列(land grid array, LGA)封装引脚，再将 LGA 引脚直接与控制电路板进行电学封装,完成了对 32×32 阵列热光开关芯片的封装(图 12.30)。电学封装部分的尺寸为 36 mm×25 mm[11]。

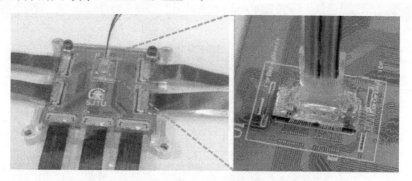

图 12.28　16×16 阵列电光开关芯片封装

图 12.29　32×32 阵列热光芯片的金丝引焊封装

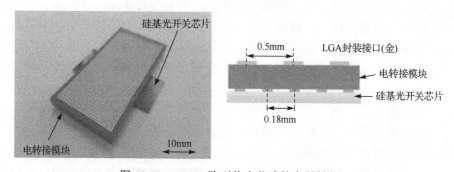

图 12.30　32×32 阵列热光芯片的电学封装

大规模光电集成芯片的集成密度非常高,普通工艺条件下的倒装焊键合的焊球大小、焊球密度已经难以满足较大规模光交换阵列芯片的电学封装要求,如果通过陶瓷转接板等工艺,板上的引线布线密度也会成为瓶颈,因此基于硅基板和硅通孔(through silicon via,TSV)工艺的转接板或者微电子控制芯片的倒装焊键合将成为较小规模光交换芯片的主要电学封装形式。对于倒装焊密度已经无法满足需求的更大规模的光交换芯片电学封装，基于几微米至十微米连接间隔密度的芯片级和晶圆级先进封装工艺将迅速发展，成为大规模光电子芯片集成发展的主要方向。这种技术将首先在大规模光交换芯片得到应用和验证。

12.5　测试与表征

大规模光交换芯片从结构上可以分为不同的功能器件单元。由于光学器件彼此之间的互相干扰较小，工作独立性很强，因此测试和优化可以从单个功能器件起步。

12.5.1　电学测试

1. 开关单元状态切换及功耗测试

光开关阵列中开关单元的光学端口前后彼此相连，无法从外部接入测试，一般通过测试同一芯片上相同结构的光开关单元对阵列中单元的性能进行评估。开关单元的开关特性和功耗较容易测得，因此往往作为最先考察的物理量。

如图 12.31 所示，输入端口标记为 I_1、I_2，输出端口标记为 O_1、O_2。理想状态下，在没有加载电信号时，开关单元为 Cross 状态，光信号由 I_1 口输入，O_2 口输出；当在相移臂上加载电信号，两臂的相位差为 π 时，开关单元为 Bar 状态，光信号由 I_1 口输入，O_1 口输出，两个状态之间的切换即开/关状态切换。实际开关单元设计中，往往将开关单元的初始状态置于 Cross 和 Bar 状态之间，可以达到降低功耗和串扰的效果[13]。通过在相移臂上加载连续的电压信号，可以测得开关单元特定端口输出光功率随电压的变化曲线，即开关单元的开关特性和功耗。

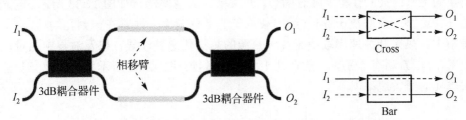

图 12.31　MZI 类型光开关单元结构及开关状态示意图

图 12.32 所示为 MZI 型电光和热光开关单元较为典型的光功率-电压曲线。图中 I_1 为光信号输入端口。电光开关单元为双臂推挽驱动型，即加载电压后，一臂的相位增大，同时另一臂的相位减小，在一定电压范围内形成对称的 Cross 和 Bar 状态。两种状态下开关单元加载的电压与电流的乘积为其功耗值。热光

开关单元为单臂驱动型，加载电压之后，其中一臂的相位发生变化，通常选取 O_2 端口的第一个极小值点及之后的极大值点作为 Bar 和 Cross 状态点。这是因为一般使用半导体工艺制作出来的器件与理想情况总会有一些偏差，如 MMI 器件尺寸误差、波导长度误差等，无法保证在不加电的状态下 O_2 端口处于光功率极值点。同样，在 Cross 和 Bar 状态下的加载电压与电流的乘积为热光开关单元的功耗。

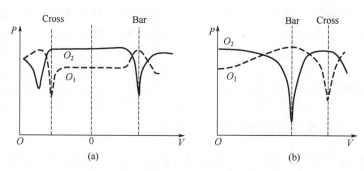

图 12.32　MZI 型电光和热光开关单元的光功率-电压曲线

2. 开关单元速率

光开关在高速电信号的控制下从一种状态切换到另外一种状态的时间即开关速率。开关单元器件比较容易通过高速探针加载高速变化的电信号，评估同一芯片上同样物理结构光开关阵列的开关速率。

测试中一般使用高速方波信号对开关单元进行驱动，使其在两个状态之间快速切换。通过特定端口后端连接的光电探测器可以测得输出光功率的波形，得到光开关切换的上升时间 (T_r) 和下降时间 (T_f) 开关单元的速率测试如图 12.33 所示。电光开关的开关速率一般取决于 p-i-n 结中载流子的漂移速度，通常在一到几纳秒，T_r、T_f 相差不大。热光开关速率取决于片上热源的热量传递到波导，以及波导中热量耗散的速率，T_r、T_f 略有差别，一般在几十到一百微秒。图 12.34 所示为实测电光和热光开关单元的开关速率[1]。

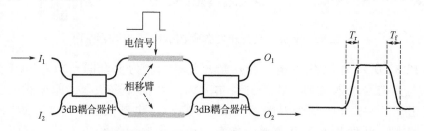

图 12.33　开关单元的速率测试

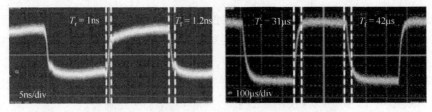

图 12.34 实测电光和热光开关单元的开关速率

12.5.2 光学测试

1. 开关单元的串扰

光开关的光学测试包括开关单元的光学性能测试和光开关阵列的相关光学参量测试。一般先从同样物理结构的开关单元进行测试。

光开关单元的损耗往往相对较小。单独测试一个单元无法准确评估其损耗，可以通过测试特定路径的损耗，除去交叉波导以及连接波导，得到单元器件的损耗。通过对光开关单元的测试可以得到单元器件的串扰值，为光开关阵列的测试提供参考。

以 MZI 结构光开关单元为例，光信号由 I_1 口输入，在 Cross 状态下由 O_2 口输出，测得的光功率为 P_{O_2}，O_1 口输出的光功率为 P_{O_1}，测试光谱，则 Cross 状态下的开关单元的串扰值为

$$\text{Crosstalk}_{\text{cross}} = \frac{P_{O_1}}{P_{O_2}} \tag{12-1}$$

光开关单元的串扰如图 12.35 所示。

Bar 状态下的串扰值以同样的方式测得。改变输入光信号的波长，可以得到一定光谱范围内的开关单元串扰特性。

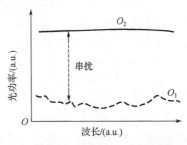

图 12.35 光开关单元的串扰

2. 开关阵列的损耗和串扰测试

光开关阵列的损耗和串扰测试较为复杂。理想情况下需要对光开关中可能构建

的路径进行损耗和串扰的测试。以无阻塞的 8×8 开关阵列为例，阵列中的每个光开关都有 Cross 和 Bar 两种状态，每个开关单元在任一状态下都可以构建无阻塞的光通路，使光开关输入端口与输出端口对应，称为开关阵列的一个状态。对于 8×8 的无阻塞阵列来讲，共有 8! =40320 种状态。取其中一种状态，假设输入与输出端口的对应关系如图 12.36 所示(仅用于说明，并非实际对应关系)。

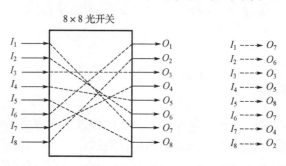

图 12.36　8×8 光开关阵列示意

固定入射光功率大小，依次测试经过各个路径的后的光功率值，可以得到各个路径的损耗，以及当前路径通光时其他各个输出端口的光功率值，即当前路径对其他输出端口的串扰，进而得到各个输出端口的串扰。例如，通过以上测试，我们可以得到从 O_2 到 O_8 输出路径通光时对 O_1 端口的串扰，记为 $P_{O_{21}}$，$P_{O_{31}}$，$\cdots$，$P_{O_{81}}$，记 O_1 端口输出的光功率为 P_{O_1}，则在这个开关阵列状态下，输出端口 O_1 的串扰为

$$\mathrm{Crosstalk}_{O_1} = \frac{\sum_{i=2}^{7} P_{O_i}}{P_{O_1}} \tag{12-2}$$

其他端口的串扰同样可由式(12-2)计算得到。

由此可见，光开关阵列的损耗和串扰测试的工作量非常大，日本 AIST 对研发的 8×8 热光开关阵列进行了全部开关状态下的串扰测试[51]，结果如图 12.37 所示。

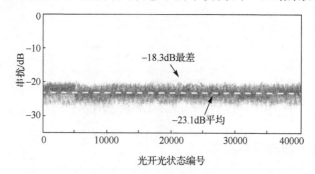

图 12.37　8×8 热光开关阵列全状态下串扰测试结果

　　这种测试方式虽然能够较为全面地评估开关阵列的性能，但是在 8×8 阵列规模下，测试工作量已经非常巨大，当开关的端口数量上升到 32、64，甚至更多时，使用这种测试方法进行评估已经不切实际。

　　从 16×16 光开关阵列开始，通常选取两个比较有代表性的开关状态，即阵列中所有的开关单元处于 Cross 状态和所有的开关单元处于 Bar 状态，通过测试一定波长范围内的各个端口的传输光谱评估开关阵列的损耗和串扰性能。上海交通大学和中国科学院半导体研究所团队分别在 16×16 和 32×32 电光开关阵列的测试中使用了这种方法[12, 13]。如图 12.38 所示。

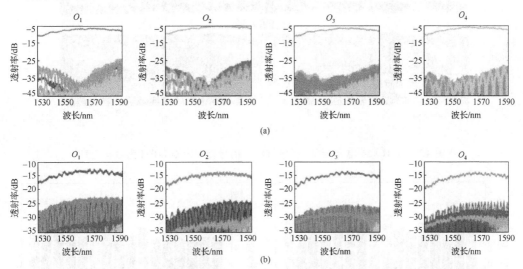

图 12.38　16×16 电光开关阵列在 Cross 状态和 Bar 状态下前 4 个输出端口的传输光谱

3. 光信号传输质量测试

　　光通信链路中传输的是以各种调制方式加载到光波上的数字信号，因此需要考察光开关阵列对于经由其传输的数字光信号质量的影响。高速数字信号加载到光波上有两种基本的方法，即信号调制在光波幅度上的 OOK 调制格式，信号调制在光波相位上的 QPSK 调制格式。

　　使用 OOK 信号对光开关性能进行评估，考察经过特定状态下光开关路径之后，如全 Cross 或者全 Bar 状态，用测得的信号眼图衡量光开关对信号传输质量的影响。上海交通大学团队对他们研制的 16×16 电光开关阵列进行了 OOK 信号传输测试[12]。结果（图 12.39）显示，光开关对幅度调制光信号的传输影响非常微小。

　　QPSK 信号传输测试与 OOK 信号传输测试类似，通过输出端口 QPSK 信号的误差矢量幅度衡量光开关对于相位调制信号的影响。参考图 12.40 所示的测试结果，相比原始信号 8.57% 的 EVM 值，16×16 电光开关阵列在全 Cross 状态和全 Bar 状态下输出端口最差的 EVM 值为 11.3%，表明光交换阵列对相位调制信号的畸变影响极小。

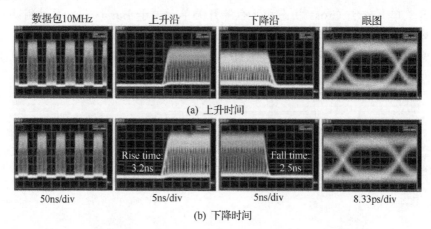

图 12.39　16×16 电光开关阵列的 OOK 信号传输测试(10M 为数据包)

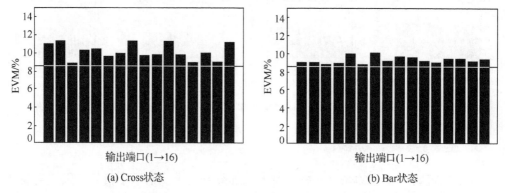

图 12.40　16×16 电光开关阵列的 QPSK 信号传输测试(背靠背 EVM 值为 8.57%)

12.5.3　规模阵列器件测试

虽然 CMOS 工艺有极好的工艺均匀性和稳定性，但是规模阵列器件有较大的面积，使得在阵列的不同位置，同样结构的开关单元性能相差较大，甚至可能处于相反的工作状态。为了提高整个开关系统的性能，需要对阵列的各个开关单元进行测试和校准。图 12.41 中展示了 32×32 电光开关在 Cross 状态和 Bar 状态下 144 开关单元的功耗。

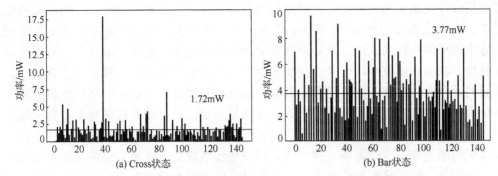

图 12.41　32×32 电光开关在 Cross 状态和 Bar 状态下 144 个开关单元的功耗

在光开关阵列中，无法单独对其加载电信号和光信号，通常是在对整个开关阵列完成光电封装之后，通过片上预留的监测端口，顺序对选定路径上的开关单元进行测试和校准。

片上监测端口是规模阵列测试的关键，华为团队[52]以及上海交通大学团队[12]在阵列中每个开关单元上都设置了光功率监测点对开关单元进行校准。中国科学院半导体研究所团队使用可迭代网络单元检测法，仅用少量的监测点就可以完成大规模开关阵列中各个单元的测试和校准[13]。

硅基波导器件对温度的变化较为敏感。规模阵列芯片上每个开关单元在调控的时候都是一个热源。热源高密度集中在集成芯片，会对开关系统带来不可预知的影响。因此，为避免其他不确定因素对系统性能产生影响，需要在短时间内完成对规模阵列器件的相关测试。此外，随着规模阵列的增大，对其中各个开关单元进行测试校准，以及对各个输出端口的串扰进行测试仅靠手动操作已经无法完成。自动化的大规模光交换阵列测试平台可以快速、准确地完成系统测试，但是目前尚无成熟的自动测试平台，因此需要进行研发。

12.6　本章小结

随着硅基光电子集成技术的发展，以及通信、数据传输对光交换芯片的需求不断提高，利用硅光集成技术解决光交换芯片的需求和希望越来越强烈，世界各地的科研人员在这个领域也做出很多的工作。目前，32×32 以上的电光硅基交换芯片、64×64 以上的热光硅基光交换芯片和光电子单片集成的 8×8 光交换芯片的研究成果都已经得到发表，更大规模的光交换阵列芯片和集成度更高、集成形式更多样的大规模光交换芯片也正在研发中。硅基光交换芯片，乃至硅基光电子集成芯片的核心技术难关，包括光纤耦合、片上光放大等问题也在逐步地被攻克和解决。

硅基光交换的主要问题将从单元器件、基础硅基光电子技术逐渐转移到大规模光电集成片上系统的共性问题，包括超大规模光电子芯片和微电子芯片的高集成度集成、大规模集成的热/光/电串扰的隔离、抑制和调控、先进封装工艺在光电融合集成中的应用和技术改进，以及最终光电子器件和微电子器件的单片平面集成技术研究等。在这些研究中，硅基光交换器件在硅基光电子集成芯片领域将比其他方向的研究更早面对问题，面临更高的要求。由于更多的科研力量集中在硅光收发器件的研究中，硅基光交换器件的研究力量还略显不足，但是随着硅基光电子集成技术整体的发展和光通信光互连，以及应用器件更广泛的展开，对于光交换器件的重视程度会得到更进一步的提高，技术难点将被逐步地攻克，硅基光交换芯片集成技术将更加成熟，器件将更加贴近实用化，并且最终将成为数据中心、高性能计算机等数据通信领域和远程光通信网中光交换的标准器件。

参 考 文 献

[1] 乔雷. 硅基大规模光开关阵列的研究. 北京: 中国科学院大学, 2017.

[2] Goh T, Takahashi H, Watanabe T, et al. Scalable 128×128 optical switch system composed of planar lightwave circuit and fiber sheet for optical crossconnect//2002 28th European Conference on Optical Communication, Copenhagen, 2002: 1-2.

[3] Seok T J, Quack N, Han S, et al. Large-scale broadband digital silicon photonic switches with vertical adiabatic couplers. Optica, 2016, 3(1): 64-70.

[4] Nashimoto K, Kudzuma D, Han H. High-speed switching and filtering using PLZT waveguide devices//OECC 2010 Technical Digest, Sapporo, 2010: 540-542.

[5] Nicholes S C, Mašanović M L, Lively E, et al. An 8×8 monolithic tunable optical router (MOTOR) chip in InP//Integrated Photonics and Nanophotonics Research and Applications, Honolulu, 2009: IMB1.

[6] Liu A, Jones R, Liao L, et al. A high-speed silicon optical modulator based on a metal-oxide-semiconductor capacitor. Nature, 2004, 427(6975): 615-618.

[7] Chu T, Yamada H, Ishida S, et al. Thermo-optic switch based on 2D-Si photonic crystals//First IEEE International Conference on Group IV Photonics, Hong Kong, 2004: 174-176.

[8] Chu T, Yamada H, Ishida S, et al. Compact 1×N thermo-optic switches based on silicon photonic wire waveguides. Optics Express, 2005, 13(25): 10109-10114.

[9] Chen L, Chen Y K. Compact, low-loss and low-power 8×8 broadband silicon optical switch. Optics Express, 2012, 20(17): 18977-18985.

[10] Nakamura S, Yanagimachi S, Takeshita H, et al. Compact and low-loss 8×8 silicon photonic switch module for transponder aggregators in CDC-ROADM application//Optical Fiber Communication Conference, Los Angeles, 2015: M2B. 6.

[11] Tanizawa K, Suzuki K, Toyama M, et al. Ultra-compact 32×32 strictly-non-blocking Si-wire optical switch with fan-out LGA interposer. Optics Express, 2015, 23(13): 17599-17606.

[12] Lu L, Zhao S, Zhou L, et al. 16×16 non-blocking silicon optical switch based on electro-optic Mach-Zehnder interferometers. Optics Express, 2016, 24(9): 9295-9307.

[13] Qiao L, Tang W, Chu T. 32×32 silicon electro-optic switch with built-in monitors and balanced-status units. Scientific Reports, 2017, 7(1): 1-7.

[14] Qiao L, Tang W, Chu T. 16×16 non-blocking silicon electro-optic switch based on Mach-Zehnder interferometers//Optical Fiber Communication Conference, Anaheim, 2016: Th1C. 2.

[15] Chu T, Qiao L, Tang W. High-speed 8×8 electro-optic switch matrix based on silicon PIN structure waveguides//2015 IEEE 12th International Conference on Group IV Photonics, Vancouver, 2015: 123-124.

[16] Goh T, Himeno A, Okuno M, et al. High-extinction ratio and low-loss silica-based 8×8 strictly nonblocking thermooptic matrix switch. Journal of Lightwave Technology, 1999, 17(7): 1192.

[17] Lee B G, Rylyakov A V, Green W M J, et al. Monolithic silicon integration of scaled photonic switch fabrics, CMOS logic, and device driver circuits. Journal of Lightwave Technology, 2014, 32(4): 743-751.

[18] Yang M, Green W M J, Assefa S, et al. Non-blocking 4×4 electro-optic silicon switch for on-chip photonic networks. Optics Express, 2011, 19(1): 47-54.

[19] Zhang M, Wang C, Cheng R, et al. Monolithic ultra-high-Q lithium niobate microring resonator. Optica, 2017, 4(12): 1536-1537.

[20] Gao S, Xu M, He M, et al. Fast polarization-insensitive optical switch based on hybrid silicon and lithium niobate platform. IEEE Photonics Technology Letters, 2019, 31(22): 1838-1841.

[21] Biberman A, Shaw M J, Timurdogan E, et al. Ultralow-loss silicon ring resonators. Optics Letters, 2012, 37(20): 4236-4238.

[22] Horikawa T, Shimura D, Mogami T. Low-loss silicon wire waveguides for optical integrated circuits. MRS Communications, 2016, 6(1): 9-15.

[23] Jared F B, Martijn J R H, Demis J, et al. Ultra-low-loss high-aspect-ratio Si_3N_4 waveguides. Optics Express, 2011, 19(4): 3163-3174.

[24] Shimoda T, Suzuki K, Takaesu S, et al. Low-loss, polarization-independent silicon-oxynitride waveguides for high-density integrated planar lightwave circuits//2002 28th European Conference on Optical Communication, Copenhagen, 2002: 3-5.

[25] Sacher W D, Mikkelsen J C, Dumais P, et al. Tri-layer silicon nitride-on-silicon photonic platform for ultra-low-loss crossings and interlayer transitions. Optics Express, 2017, 25(25): 30862-30875.

[26] Dumais P, Wei Y, Li M, et al. 2×2 multimode interference coupler with low loss using 248 nm photolithography//Optical Fiber Communication Conference, Anaheim, 2016: W2A. 19.

[27] Nicolas D, Jonathan E P, Herschel A, et al. Nanosecond photonic switch architectures demonstrated in an all-digital monolithic platform. Optics Letters, 2019, 44(15): 3610-3612.

[28] Xie J, Zhou L, Li Z, et al. Seven-bit reconfigurable optical true time delay line based on silicon integration. Optics Express, 2014, 22(19): 22707-22715.

[29] Dumais P, Goodwill D, Celo D, et al. Three-mode synthesis of slab Gaussian beam in ultra-low-loss in-plane nanophotonic silicon waveguide crossing//2017 IEEE 14th International Conference on Group IV Photonics, Berlin, 2017: 97-98.

[30] Konoike R, Suzuki K, Tanizawa K, et al. SiN/Si double-layer platform for ultralow-crosstalk multiport optical switches. Optics Express, 2019, 27(15): 21130-21141.

[31] Tan K, Huang Y, Lo G Q, et al. Experimental realization of an O-band compact polarization splitter and rotator. Optics Express, 2017, 25(4): 3234-3241.

[32] Tan K, Huang Y, Lo G Q, et al. Ultra-broadband fabrication-tolerant polarization splitter and rotator//Optical Fiber Communication Conference, Los Angeles, 2017: Th1G. 7.

[33] Guo D, Chu T. Broadband and low-crosstalk polarization splitter-rotator with optimized tapers. OSA Continuum, 2018, 1(3): 841-850.

[34] Li C, Dai D, Bowers J E. Ultra-broadband and low-loss polarization beam splitter on silicon//Optical Fiber Communication Conference, San Diego, 2020: Th1A. 4.

[35] Liu Y, Wang S, Wang Y, et al. Subwavelength polarization splitter–rotator with ultra-compact footprint. Optics Letters, 2019, 44(18): 4495-4498.

[36] Shi R, Guan H, Novack A, et al. High-efficiency grating couplers near 1310 nm fabricated by 248nm DUV lithography. IEEE Photonics Technology Letters, 2014, 26(15): 1569-1572.

[37] Mekis A, Gloeckner S, Masini G, et al. A grating-coupler-enabled CMOS photonics platform. IEEE Journal of Selected Topics in Quantum Electronics, 2010, 17(3): 597-608.

[38] Benedikovic D, Alonso-Ramos C, Pérez-Galacho D, et al. L-shaped fiber-chip grating couplers with high directionality and low reflectivity fabricated with deep-UV lithography. Optics Letters, 2017, 42(17): 3439-3442.

[39] Sacher W D, Huang Y, Ding L, et al. Wide bandwidth and high coupling efficiency Si_3N_4-on-SOI dual-level grating coupler. Optics Express, 2014, 22(9): 10938-10947.

[40] van Laere F, Roelkens G, Ayre M, et al. Compact and highly efficient grating couplers between optical fiber and nanophotonic waveguides. Journal of Lightwave Technology, 2007, 25(1): 151-156.

[41] Jia L, Song J, Liow T Y, et al. Mode size converter between high-index-contrast waveguide and cleaved single mode fiber using SiON as intermediate material. Optics Express, 2014, 22(19):

23652-23660.

[42] Barwicz T, Peng B, Leidy R, et al. Integrated metamaterial interfaces for self-aligned fiber-to-chip coupling in volume manufacturing. IEEE Journal of Selected Topics in Quantum Electronics, 2018, 25(3): 1-13.

[43] Hasegawa J, Ikeda K, Suzuki K, et al. 32-port 5.5%-Δ silica-based connecting device for low-loss coupling between SMFs and silicon waveguides//2018 Optical Fiber Communications Conference and Exposition (OFC), San Diego, 2018: 1-3.

[44] Lindenmann N, Dottermusch S, Goedecke M L, et al. Connecting silicon photonic circuits to multicore fibers by photonic wire bonding. Journal of Lightwave Echnology, 2015, 33(4): 755-760.

[45] Saito Y, Shikama K, Tsuchizawa T, et al. Tapered self-written waveguide between silicon photonics chip and standard single-mode fiber//Optical Fiber Communication Conference, San Diego, 2020: W1A. 2.

[46] Kopp C, Bernabe S, Bakir B B, et al. Silicon photonic circuits: On-CMOS integration, fiber optical coupling, and packaging. IEEE Journal of Selected Topics in Quantum Electronics, 2010, 17(3): 498-509.

[47] Doany F E, Lee B G, Assefa S, et al. Multichannel high-bandwidth coupling of ultradense silicon photonic waveguide array to standard-pitch fiber array. Journal of Lightwave Technology, 2010, 29(4): 475-482.

[48] Barwicz T, Lichoulas T W, Taira Y, et al. Automated, high-throughput photonic packaging. Optical Fiber Technology, 2018, 44: 24-35.

[49] Zhao Q, Song X, Dong Z, et al. Ultra-dense, low-loss, universal optical coupling solution for optical chip scale package//2016 IEEE CPMT Symposium Japan (ICSJ), Kyoto, 2016: 231-234.

[50] Celo D, Goodwill D J, Jiang J, et al. 32×32 silicon photonic switch//2016 21st OptoElectronics and Communications Conference (OECC) Held Jointly with 2016 International Conference on Photonics in Switching (PS), Niigata, 2016: 1-3.

[51] Suzuki K, Tanizawa K, Matsukawa T, et al. Ultra-compact 8×8 strictly-non-blocking Si-wire PILOSS switch. Optics Express, 2014, 22(4): 3887-3894.

[52] Dumais P, Goodwill D J, Celo D, et al. Silicon photonic switch subsystem with 900 monolithically integrated calibration photodiodes and 64-fiber package. Journal of Lightwave Technology, 2017, 36(2): 233-238.

第 13 章　硅基光电计算

硅基光电计算是建立在硅基光电子学基础上的一种新型计算体系(图 13.1)，是探讨微纳米量级光子、电子、光电子器件在不同材料体系中的新颖工作原理，并使用与硅基集成电路工艺兼容的技术和方法，将它们异质集成在同一硅衬底上，形成一个完整的具有综合运算功能的大规模集成芯片的一门科学。

近年来，硅基光电子技术在计算领域迎来重要突破和应用进展。硅基光电计算的理念吸引了国内外学术和产业界的广泛关注，逐渐发展成为一个结合光电子学、数学、算法、计算机硬件系统等的新型交叉学科。

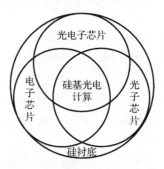

图 13.1　硅基光电计算体系

13.1　光计算的发展历程

13.1.1　微电子摩尔定律趋于失效

硅基光电计算是后摩尔时代维持计算性能快速发展的关键潜在技术。传统的硅基微处理器基于冯·诺依曼二进制逻辑架构，通过简洁、经典、易于规模扩展的二进制逻辑运算和存储单元等，实现复杂多样化的计算机硬件系统。然而，近年来硅基微电子处理器面临性能提升的多方面瓶颈。图 13.2 为近 50 年的硅基微电子处理器的发展历程。早期晶体管在登纳德定律的启示下呈现微型化的发展趋势，时钟频率不断提升，器件能耗不断下降。随着摩尔定律的引领，单芯片的晶体管数量呈现指数增长，实现了大规模的片上集成。近年来，受到微加工技术的瓶颈和量子隧穿效应等物理因素的制约，晶体管的摩尔定律增速逐渐变缓，面临失效的困境。与此同时，受限于铜导线带宽和硅基晶体管器件的频率响应极限，微处理器的时钟频率逐渐趋于饱和，开始通过多核心并行计算提升处理器的性能，如图 13.3 所示。然而，在阿姆达尔定律的约束下，并行计算也存在理论上的性能提升极限。

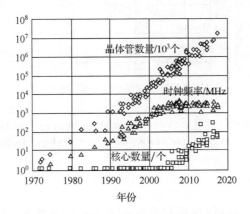

图 13.2　近 50 年硅基微处理器发展历程

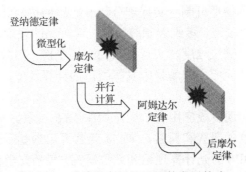

图 13.3　硅基微电子处理器的发展策略

如图 13.4 所示，在 2012～2020 年的 8 年间，深度人工神经网络的浮点计算量呈惊人的速率增长，约每 3.4 个月翻一倍，远超集成电路摩尔定律的增长速率[1]。数据量的急速增长对硬件系统的信息处理效率、延迟和能耗提出了更高的要求。通过二进制拓展的微电子处理器存在计算效率的瓶颈处理时间、内存、输入/输出、能耗等多方面的瓶颈，面对海量数据的人工智能应用，如自动驾驶、机器视觉、自然语言处理等，往往需要专门的加速硬件，如图像处理单元和专用集成电路等，进行高强度实时的人工智能处理。例如，英伟达公司主导的基于大量流处理器的图像处理单元，可以进行大规模低精度的通用并行处理运算[2]，通过提升并行程度来提高计算算力；谷歌公司开发的基于大规模脉动阵列的张量处理单元，通过减少数据存取的能耗开支实现低能耗的矩阵乘法计算等[3]。

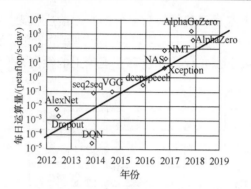

图 13.4　深度人工神经网络的计算需求(VGG 为 visual geometry group；DQN 为 deep Q network；NMT 为 neural machine translation；NAS 为 neural architecture search)

13.1.2　光计算的兴起

在硅基微电子处理器性能瓶颈和计算需求的双重压力下，后摩尔定律时代需要寻找新的物理机制，实现进一步高性能、高效率的计算处理[4]。光具有多方面的优势，可以构筑新的计算物理机制，实现部分特殊问题的快速计算。光的优势体现在低损耗、低延迟、超宽频带、多维调制等方面，通过光的强度、幅度、相位、模式、波长、角动量等不同电磁波维度，实现复杂的光场变换、等效映射、复杂拟合和高速互联等，在特定的计算应用和场景中发挥突出的计算性能，是后摩尔时代具有潜力的高性能计算技术。

传统光计算理念在现阶段应用中的困难如图 13.5 所示。早在 20 世纪中后期，光计算的概念就有丰富的研究和探索，如 50 年代开启的基于光学信息处理(optical information process，OIP)的光计算理论和系统研究，包括光学相关器、傅里叶变换、雷达信号处理、衍射光学处理和光缓存等领域的光计算研究[5]，经过半个世纪的发展，已经有丰富的研究进展。例如，在傅里叶光学中，可通过简单直观的 2f 透镜系统光速的实现 $O(nlogn)$ 时间复杂度的快速傅里叶变换运算[6]。1996 年，Goodman[7]提出斯坦福矩阵向量乘法器，通过一组互相垂直的柱透镜的光学变换实现向量矩阵乘法运算。2018 年，Lin 等[8]通过多层空间衍射光学的方法实现深度学习的手写数字分类应用，首次将光学信息处理概念应用到人工智能深度学习应用中。

在光学晶体管方面，1975 年 McCall 等[9]首次提出基于晶体双折射的光学晶体管器件；1976 年 Jain 等[10]提出基于二阶谐波产生的非线性光学晶体管；2019 年 Zasedatelev 等[11]通过聚合物的等离激元效应增大光与物质的相互作用，实现了带增益可级联的全光晶体管，试图通过光的带宽优势实现超高频率的数字或模拟信号的逻辑处理元件，组成全光计算机体系研究，颠覆并取代微电子的计算机[12]。

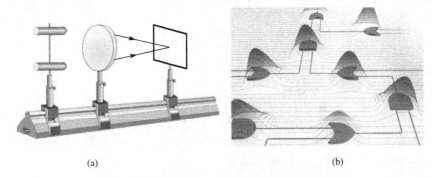

(a)　　　　　　　　　　　　　　　　　　(b)

图 13.5　传统光计算理念在现阶段应用中的困难

上述的通过空间光学信息处理实现计算和数据处理，或者通过光学晶体管元件实现超高带宽的通用逻辑计算和计算机系统等这些传统的光计算方案在现阶段仍存在应用上的困难。

(1) 在粒子物理层面，电子是费米子，电子之间存在明显的相互作用，而光子是波色子，光子之间无法便捷地实现相互作用，往往需要光学晶体或聚合物等非线性介质来实现晶体管等逻辑器件，对能耗的要求较高。

(2) 由于衍射极限的限制，光电器件往往需要较大的器件尺寸，在集成度、能耗、芯片系统规模等方面很难达到现有微电子芯片的水平。

(3) 高性能的计算将产生大量数据，传统的光计算缺乏有效的高速互联和数据缓存途径，内存墙等制约计算机系统整体性能瓶颈的关键因素仍未解决。

13.1.3　硅基光电计算

传统光计算存在多方面的局限和应用困难，高性能的计算离不开信息处理、数据存储、单元控制、能耗管理、输入/输出等多方面的功能支撑，因此单独依赖空间光学元件或全光逻辑器件等不能满足高性能计算的复杂功能需求。实现高性能的光电计算需要结合微电子在数据存储、逻辑运算和单元控制等方面的成熟技术，同时引入光电器件在光学信息处理和高速光互联上的优势，形成一个光电优势互补的计算平台。硅基光电计算是建立在光子、电子，以及光电子器件上形成的新型计算体系，发挥多种器件的特点实现优势互补，提高处理器的计算性能，是近年光电计算的共识和发展趋势[13]。

我们从人工智能处理器和光量子逻辑门的等热门光电计算应用，对现阶段硅基光电计算的发展进行简要介绍，并阐述光电在特定计算应用场景中发挥的难以替代的重要作用。其中，MZI 是广泛应用的基础光学元器件，可以便捷地对光的路径、振幅和相位进行调节，进而实现乘加运算、相干探测和信号处理。

13.2　光电计算的器件基础

13.2.1　集成马赫-曾德尔干涉仪

MZI 是一种基础的光电元器件,最早由奥地利科学家路德维希·马赫和瑞士科学家路德维希·曾德尔在 1891 年和 1892 年提出并改进,是经典光学中实现相干探测和量子光学中实现量子信息处理的重要光学元件。

硅基集成的 MZI 是硅基光电计算中组成大规模级联光电网络的基本器件单元,应用硅基光电子技术可以便捷地制备传输损耗小于 1dB/cm 的低损耗级联 MZI 光电网络。如图 13.6 所示,MZI 器件结构由硅基光波导、50:50 方向耦合器、移相器等组成。MZI 器件的功能通过相干光在硅基光波导中的传输和干涉实现,从 1、2 端口输入相干的光信号,经过两个 50:50 方向耦合器的分束和合束作用,在 3、4 端口输出干涉后的光信号。在分束和合束过程中,通过移相器调控光波导的有效折射率,进而调节双臂光信号的相位关系,同时不引进额外的光学损耗,为搭建大规模、低损耗的级联 MZI 光电网络提供可能。

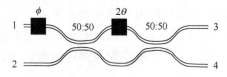

图 13.6　基础的 MZI 器件结构图

基于级联 MZI 光电网络的传输和干涉信号处理,已经有丰富的研究和总结[14, 15]。在单个 MZI 的器件中,如果从 1、2 端口输入相干的光信号 E_1 和 E_2,经 MZI 器件的传输和干涉之后,3、4 端口的光信号为 E_3 和 E_4,那么可得

$$\begin{bmatrix} E_3 \\ E_4 \end{bmatrix} = A \begin{bmatrix} e^{i\phi}\sin\theta & \cos\theta \\ e^{i\phi}\cos\theta & -\sin\theta \end{bmatrix} \begin{bmatrix} E_1 \\ E_2 \end{bmatrix} \tag{13-1}$$

$$U_{\mathrm{MZI}} = \begin{bmatrix} e^{i\phi}\sin\theta & \cos\theta \\ e^{i\phi}\cos\theta & -\sin\theta \end{bmatrix} \tag{13-2}$$

其中,E_1 和 E_2 为相干光信号复振幅;E_3 和 E_4 为光信号复振幅;A 为与波导输损耗相关的常数;U_{MZI} 为 MZI 器件的传输矩阵,与光波导的相位调制器有关。

在双臂中引入的 2θ 和 ϕ 的两个相位调制器,可以对硅波导中的光信号进行相位调制。在不考虑波导传输损耗的情况下,MZI 是一个四端口无损耗的电磁波网络,传输矩阵 U_{MZI} 在形式上是一个二阶酉矩阵。

13.2.2　级联酉矩阵光电网络

在光电计算中，通常将多个基础 MZI 器件级联，通过相干光信号在级联 MZI 光电网络中的相干传输可以实现光速、低延迟的高阶酉矩阵等效运算。这在人工智能矩阵运算和光量子信息处理中起着重要作用[16]。

通过级联 MZI 光电网络进行酉矩阵乘法运算之前，需要分析光电网络矩阵与各个 MZI 期间相位调控之间的函数映射关系。为便于分析，下面以如图 13.6 所示的 5×5 的级联 MZI 网络为例进行函数映射关系的推导。在 5×5 的级联 MZI 网络中，可通过传输矩阵的形式表示输入端口到输出端口的映射关系，即

$$E_{\text{out}} = A^5 U_{\text{MZI}} E_{\text{in}} \tag{13-3}$$

其中，E_{in} 为从输入端依次输入的相干光信号的复振幅阵列；E_{out} 为经过酉矩阵乘法运算后的光信号复振幅阵列；A 为单个 MZI 器件的光波导传输损耗常数；U_{MZI} 为级联 MZI 光电网络的等效高阶酉矩阵，可以通过各个 MZI 的 2θ 和 ϕ 的相移值进行等效映射。

Clements 等[17]提出级联 MZI 光电网络与酉矩阵的运算关系。在图 13.7(a) 所示的级联 MZI 光电网络(其简化标记的图形如图 13.7(b) 所示)中，其等效的酉矩阵可通过单个 MZI 传输矩阵的连乘进行计算，即

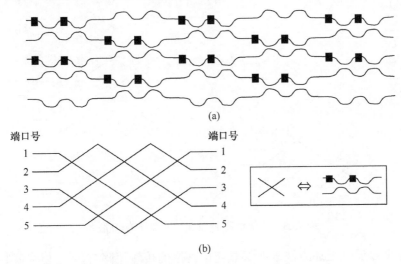

(a)

(b)

图 13.7　5×5 的级联 MZI 光电网络

$$U_{\text{MZI}} = \prod_{(m,n) \in S} T_{m,n} \tag{13-4}$$

其中，单个 MZI 的传输矩阵 $T_{m,n}$ 为

$$T_{m,n}(\theta,\phi) = \begin{pmatrix} 1 & 0 & \cdots & 0 & 0 & \cdots & 0 & 0 \\ 0 & 1 & \cdots & 0 & 0 & \cdots & 0 & 0 \\ \vdots & \vdots & & \vdots & \vdots & & \vdots & \vdots \\ 0 & 0 & \cdots & e^{i\phi}\sin\theta & \cos\theta & \cdots & 0 & 0 \\ 0 & 0 & \cdots & e^{i\phi}\cos\theta & -\sin\theta & \cdots & 0 & 0 \\ \vdots & \vdots & & \vdots & \vdots & & \vdots & \vdots \\ 0 & 0 & \cdots & 0 & 0 & \cdots & 1 & 0 \\ 0 & 0 & \cdots & 0 & 0 & \cdots & 0 & 1 \end{pmatrix} \tag{13-5}$$

其中，$T_{m,n}$ 为第 m 个和第 n 个端口之间的 MZI 的传输矩阵，对应的 MZI 的矩阵元素位于第 m 行和第 n 行之间。

因此，计算级联 MZI 网络酉矩阵的方法如图 13.8 所示。在 5×5 端口的级联 MZI 网络中，可以通过从右下角往左上角的逐步拆解和连乘的方式，得到的级联 MZI 光电网络的高阶酉矩阵与级联 MZI 器件的调控相位之间的映射关系为

$$U = T_{3,4}T_{4,5}T_{1,2}T_{2,3}T_{3,4}T_{4,5}T_{1,2}T_{2,3}T_{3,4}T_{1,2} \tag{13-6}$$

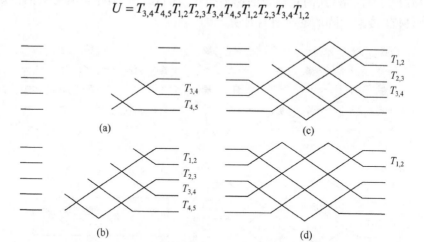

图 13.8　计算级联 MZI 网络酉矩阵的方法

因此，可以通过上述方法求解级联光电网络的传输矩阵与 MZI 相位调制之间的映射关系，为后续的人工智能深度学习芯片和量子逻辑门提供数学理论和电光调控的基础。

13.3　深度学习芯片

13.3.1　人工神经网络与矩阵乘法

深度学习是以人工神经网络为架构,对数据进行表征的机器学习算法。深度学习的神经网络具备多个隐藏层,因此能为复杂非线性系统提供拟合建模,且丰富的隐藏层可以为模型提供更高的抽象层次,因此可以提高模型的拟合能力[18]。

通过硅基光电计算平台实现人工智能深度学习的高性能计算,是近年来的研究热门。光电计算的优势是通过大规模光电网络的线性传输,可以低延迟、低损耗的等效矩阵的乘法运算。现阶段,在硅基光电子平台上,通过级联 MZI 进行光电矩阵运算是最具可行性的方案之一,也是较为普遍的做法。硅基光电计算可以胜任人工智能深度学习运算,有以下几方面的原因。

(1) 人工智能运算过程通过人工神经网络等模型实现数据的拟合和分类,而非严格的逻辑运算和代数运算。同时,在人工智能分类和决策中,并不需要严格精确的数字编码运算,在不影响人工智能的分类和决策的合理误差范围内,可以通过低精度的数字编码或模拟编码进行计算。

(2) 在现有硅基光电子器件的工艺下,制备传输损耗小于 1dB/cm 的硅基光波导,借助热光等无源调制方式,实现大规模低损耗的级联 MZI 光传输网络。光在光电网络中的传输接近光速,可以实现近乎零延迟的高阶矩阵运算。此外,光学相干过程并不额外消耗能量,有潜力降低人工智能运算的能耗水平。

(3) 硅基光电子平台可以综合光子、光电子、微电子等不同集成器件的优势。对不适合光电计算处理的过程,如非线性激活函数、数据时延、缓存、存储等,可以在微电子系统中实现。同时,硅基光电子平台兼有光电子的数据互联通信优势,可以提升运算的数据通量。

在深度学习的人工神经网络架构中,一个人工神经元的数学模型结构如图 13.9(a) 所示。一个人工神经元结构由线性的权重信息输入和非线性的激活函数组成。当线性运算完成后,再进行非线性激活函数的运算,当人工神经元达到激活函数的阈值时,即可对外发射信息。在线性权重信息输入部分,一个人工神经元可以有具有多个神经元信息的输入,如 a_1, a_2, a_3 等,用于模拟大脑皮层神经细胞有多个轴突信息输入。同时,不同的突触信息输入有对应的权重信息,如 w_{i1}, w_{i2}, w_{i3} 等,因此可得第 i 个神经元 b_i 获得的总输入信息,即

$$b_i = w_{i1}a_1 + w_{i2}a_2 + \cdots + w_{in}a_n \tag{13-7}$$

如图 13.9(b) 所示的二层全连接人工神经网络结构,可以简写为

$$
\begin{bmatrix} b_1 \\ b_2 \\ \vdots \\ b_m \end{bmatrix} = \begin{bmatrix} w_{11} & w_{12} & \cdots & w_{1n} \\ w_{21} & w_{22} & \cdots & w_{2n} \\ \vdots & \vdots & & \vdots \\ w_{m1} & w_{m2} & \cdots & w_{mn} \end{bmatrix} \begin{bmatrix} a_1 \\ a_2 \\ \vdots \\ a_n \end{bmatrix} \tag{13-8}
$$

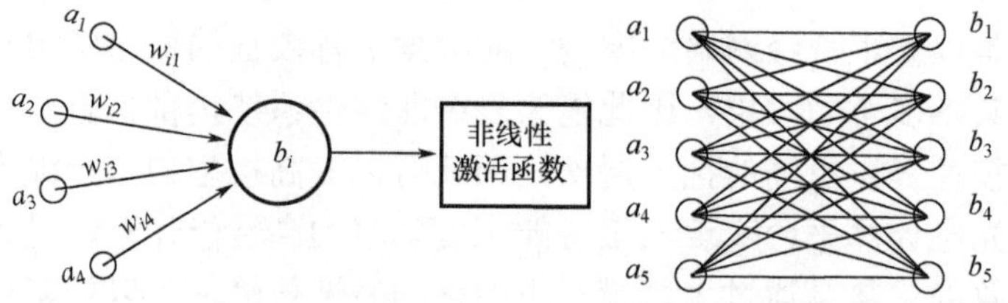

(a) 数学模型　　　　　　　　　　　(b) 网络结构

图 13.9　人工神经元的数学模型和二层全连接人工神经网络结构

　　人工网络的层间线性信息传递部分可以通过权重矩阵乘法进行运算,如图 13.10 所示。在光电运算过程中,矩阵乘法的运算操作可以通过级联的 MZI 网络实现根据线性代数的奇异值分解原理,层间传输的权重矩阵 W 可以分解成两个酉矩阵和一个对角特征值矩阵相乘,如图 13.10(a)所示,即

$$
W = U\Sigma V^{\mathrm{T}} \tag{13-9}
$$

其中,酉矩阵 U 和 V 可通过级联 MZI 光电网络实现;对角特征矩阵 Σ 可通过可调的光衰减器或光放大器实现。

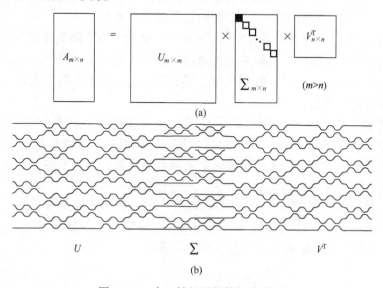

(a)

(b)

图 13.10　人工神经网络的矩阵乘法

13.3.2　光电计算的算力与能耗分析

上述级联 MZI 光电网络可以实现光速、低延迟的任意矩阵乘法，实现神经层间的信息传递。深度学习神经网络模型中往往具备多个隐藏层，也称多层感知器 (multi-layer perceptron，MLP) 神经网络，如图 13.11 所示。2017 年，Shen 等[19]通过引入多级的级联 MZI 光电网络与可饱和吸收材料的非线性激活函数 NL 实现深度的 MLP 神经网络的拟合和分类功能。

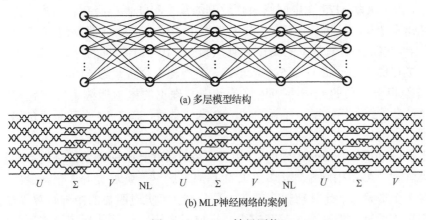

(a) 多层模型结构

U　Σ　V　NL　U　Σ　V　NL　U　Σ　V

(b) MLP神经网络的案例

图 13.11　MLP 神经网络

算力和能耗是光电计算中备受关注的核心问题。从实际应用的角度，需要对光电计算的算力和能耗进行深入评估。硅基光电计算芯片的直接竞争对手是进行大规模并行计算的专用集成电路芯片。

在微电子芯片中，进行 INT8 或 FP16 精度的基本矩阵运算的能效约为 pJ/MAC 量级，即每运行一次乘加器 (multiply accumulate，MAC) 运算，需耗费 pJ 量级的能量。其中包含运算过程中的 I/O、控制、缓存、逻辑运算等计算硬件整体能耗。一般而言，若硅基光电的矩阵运算在算力或能效上不能超越现有微电子的性能指标，那么光电矩阵运算的研究和探索将是无意义的；反之，若能突破现有微电子芯片的能效瓶颈，那么将是硅基光电运算芯片的重要发展机遇。在能耗上需要对硅基光电计算系统的能耗进行全面分析，一般而言，基于级联 MZI 光电网络的硅基光电子矩阵运算的整体能耗需涵盖以下多方面的能耗。

(1) 激光相干光源的能耗。现阶段硅基光电子芯片通常采用外部耦合的方式集成高品质相干光源，需提供足够的能量克服激射阈值，实现电光转换。

(2) 光电硬件系统 I/O 和数字信号本地缓存等能耗。硅基光电计算硬件需要通用数据接口实现信息输入和运算结果输出，数字通信传输和本地缓存等需要消耗能量。

(3)数模转换、模拟缓存等的能耗。光电矩阵运算基于光学相干的模拟运算,因此需要高速数模转换进行运算信号加载。同时,高速调制配套的并串转换电路等也要消耗能量。

(4)级联 MZI 光电网络动态运算的能耗。例如,级联 MZI 光电网络的动态响应、器件开关、误差补偿控制等消耗的能量。

(5)光电探测器的光电转换、模数编码等提取运算结果所需的能耗,以及光电运算中模拟缓存电路等所需的能耗。

其中,关于级联 MZI 光电网络矩阵运算的算力和能耗已经有较为丰富的研究和阐述。Shen 等[19]认为,通过级联 MZI 光电网络实现的常规规模 MLP 人工神经网络运算,结合 100GHz 物理带宽的高速调制,可达到 10^{18} MAC/s 的等效矩阵运算算力,比专用集成电路微电子芯片快 5 个数量级,而能耗 2 个数量级。Hamerly 等[20]认为,在基于自差相干探测的光电乘加运算单元中,理论的模拟矩阵运算能耗在 $100\sim1000$ zJ/MAC 量级,相比微电子运算的 pJ/MAC 量级,有 $3\sim4$ 个数量级的潜在能效提升空间。

如表 13.1 所示,Ramey[21]认为,基于 MZI 级联光电网络的矩阵运算相比微电子的脉动阵列,可在相同矩阵运算芯片面积的情况下,延迟提升 3 个数量级、运算频率提升 1 个数量级、计算功耗降低 3 个数量级,可实现明显的矩阵运算性能提升。此外,在矩阵运算的能耗增长趋势方面,微电子的矩阵运算能耗随矩阵运算单元的面积线性增长;在光电矩阵运算中,矩阵运算的能耗是随着光电矩阵的边长线性增长,在运算能效上更具有优势。综合来看,基于硅基光电子的模拟矩阵运算在能耗或算力上似乎具有颠覆微电子处理器的潜力。

表 13.1　光电矩阵计算和微电矩阵计算的性能对比[21]

指标	光电矩阵运算	微电矩阵运算	潜在性能提升
延迟	100ps	100ns	10^3 倍
频率	20GHz	2GHz	10 倍
功耗	1μW	1mW	10^3 倍
芯片面积	2500μm^2	2500μm^2	1 倍

13.3.3　卷积神经网络

卷积神经网络是一种特殊的人工神经网络架构。一个典型的卷积神经网络由共享权重的卷积核、多个卷积层、池化层和后续的全连接层组成。相比于 MLP 神经网络的全连接层,卷积神经网络卷积层的人工神经元只响应覆盖范围内的部分神经元,通过层间部分连接和参数共享,在减少待优化模型参数和计算量的同时,可以获得较好的分类和预测能力,在图像分类和语音识别应用中有出色的表现。

卷积神经网络计算包含大量的矩阵运算，如矩阵乘法、点乘内积和乘加器计算等。如图 13.12 所示，卷积神经网络的卷积层通过卷积核与特征图的卷积进行特征提取，卷积神经网络的全连接层通过矩阵乘法实现分类预测。当矩阵维度较大时，微电子处理器进行的二进制矩阵运算效率较低、延迟较高，不利于高速实时的人工智能应用。

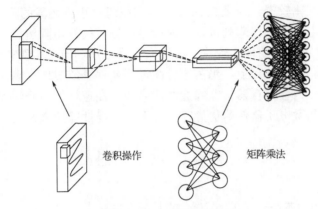

图 13.12　卷积神经网络系统

典型的卷积神经网络通过参数共享的卷积核进行卷积操作，参数共享的特性一方面可以减少模型的参数数量，另一方面大量重复参数的矩阵乘法运算也便于通过硅基光电子平台实现，且卷积矩阵乘法的运算延迟足够小，可以满足图像识别、语音识别的实时应用需求。这使硅基光电计算平台具有潜在卷积神经网络高效运算的特性。

通过硅基光电子平台实现高效的卷积神经网络的运算，需要利用微电子器件的逻辑运算和缓存优势，同时结合光电子器件的相干矩阵运算和高速互联等优势，才能实现大算力、低能耗的硅基光电计算硬件，超越传统微电子处理器的计算性能。图 13.13 所示为 Bagherian 等[22]提出基于硅基光电子的卷积神经网络系统。该系统具有以下内容。

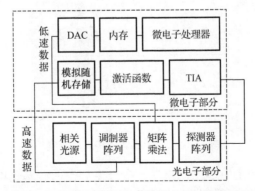

图 13.13　基于硅基光电子的卷积神经网络系统

(1)相干光信号在级联 MZI 光电网络中的等效矩阵运算，可以提升算力、降低延迟和能耗，是突破传统微电子处理器性能极限的新物理机制。

(2)现阶段硅基光电子芯片通常采用外部耦合的方式集成高品质相干光源，可以实现光电运算。

(3)在卷积神经网络的矩阵卷积运算中，由于卷积核的参数共享特性，级联 MZI 光电网络的参数变化较慢。与级联 MZI 光电网络进行矩阵运算的阵列相干光信号，则需通过高速的电光调制器阵列进行高速信号调制，提升矩阵运算的算力。

(4)光电器件可以便捷地实现片上线性光信号处理，但在实现非线性信号处理、信号时延、缓存和逻辑处理上，仍需通过微电子器件系统实现。因此，仍需要微电子逻辑处理单元、内存寄存器、非线性激活函数、高速模拟信号缓存(ARAM)等，通过光电子器件和微电子器件的优势互补实现处理器性能的提升。

13.4　硅基光量子信息处理

13.4.1　量子逻辑门基础

基于硅基光电子平台的集成光量子逻辑门是近十年来的研究热点。传统硅基微处理器基于二进制逻辑架构，配合二进制的软件算法实现通用的计算体系。然而，二进制的计算体系在部分复杂算法和数学问题求解中，难以实现高效的处理。

如图 13.14 所示，光子相比电子具有更多可控的调制和复用维度，如路径、相位、波长、偏振、横向模式等，可以具有丰富的本征量子态，在多比特量子计算上具有先天的优势。有别于 0 和 1 组成的二进制计算体系，单个光子可以携带多比特的信息，构建多比特的计算体系进行多比特的量子逻辑运算，再配套相应的软件算法，在数论、图论、密码学等数学和计算机领域，求解复杂数学问题，具有重要的应用前景。

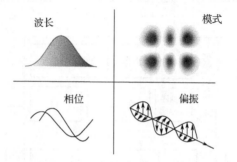

图 13.14　光子的调制和复用维度

在硅基光电子平台上，通过低损耗、多维度调控的硅基光电子器件库，可以实现基础光量子逻辑门的大规模集成化。通过硅基光电子的高集成度突破现有量子逻辑门的实验规模，可以避免空间光学元件的空间占用，提升光电系统的稳定性，有利于光量子逻辑计算的大规模实用化应用。

13.4.2　集成硅基光电量子逻辑门

通常量子态可以利用狄拉克符号表述，如一个单比特量子态，可以表示为

$$|a\rangle = v_0|1\rangle + v_1|0\rangle \Leftrightarrow \begin{bmatrix} v_0 \\ v_1 \end{bmatrix} \tag{13-10}$$

其中，v_0 和 v_1 为量子比特的复数概率振幅，决定量子测量中 $|0\rangle$ 和 $|1\rangle$ 不同本征量子态的概率。

多比特的量子态可以通过单比特的量子态的张量乘法计算求得，如

$$|ab\rangle = |a\rangle \otimes |b\rangle = v_{00}|00\rangle + v_{01}|01\rangle + v_{10}|10\rangle + v_{11}|11\rangle \Leftrightarrow \begin{bmatrix} v_{00} \\ v_{01} \\ v_{10} \\ v_{11} \end{bmatrix} \tag{13-11}$$

通过量子逻辑门的形式可以改变微观粒子的量子态。表 13.2 所示为常见的多比特量子逻辑门，可对多比特量子态进行量子比特操作。一个 n 比特的量子态，通常需要 $2^n \times 2^n$ 的酉矩阵逻辑门进行操作。其中，以受控非门(controlled NOT，CNOT)逻辑门为例，CNOT 是基础简单的二比特逻辑门之一，原理上通过第一个量子态是否为 $|1\rangle$ 决定是否对第二个量子态进行 NOT 门操作。

2003 年，O'Brien 等[23]首次实现基于空间光学的量子受控非门(图 13.15(a))，通过实现基于偏振和路径的二比特量子态，利用偏振分束镜、半透半反分束镜等光学元件实现二比特量子态单光子的 CNOT 逻辑门运算处理。然而，基于体光学的方法实现量子逻辑门的操作，在应用和推广过程中会面临巨大的困难。光量子逻辑计算和量子比特处理等操作，对实验的器件指标、传输媒介等提出了较高的要求，如需要高质量的光学元件、光学系统的稳定性等。2007 年，Politi 等[24]首次实验展示了基于硅基光电子的集成量子逻辑门，(图 13.15(b))，将传统自由空间实现的光量子信息处理和逻辑门操作集成到光电子芯片上处理。大规模光电子器件集成既可以扩大光量子计算的规模，稳定的片上集成平台也有利于光量子计算的落地和普及应用等。光电集成量子逻辑门的出现标志着量子光学从分离元件走向集成。

表 13.2　常见的量子逻辑门

多比特逻辑操作	逻辑门			矩阵形式
泡利-X 门(X)	—[X]—	或	—⊕—	$\begin{bmatrix} 0 & 1 \\ 1 & 0 \end{bmatrix}$

续表

多比特逻辑操作	逻辑门	矩阵形式
泡利-Y 门(Y)	Y	$\begin{bmatrix} 0 & -i \\ i & 0 \end{bmatrix}$
泡利-Z 门(Z)	Z	$\begin{bmatrix} 1 & 0 \\ 0 & -1 \end{bmatrix}$
哈达玛门(H)	H	$\dfrac{1}{\sqrt{2}}\begin{bmatrix} 1 & 1 \\ 1 & -1 \end{bmatrix}$
相位门(S)	S	$\begin{bmatrix} 1 & 0 \\ 0 & i \end{bmatrix}$
$\pi/8$ (T)	T	$\begin{bmatrix} 1 & 0 \\ 0 & e^{i\pi/4} \end{bmatrix}$
受控非门(CNOT)		$\begin{bmatrix} 1 & 0 & 0 & 0 \\ 0 & 1 & 0 & 0 \\ 0 & 0 & 0 & 1 \\ 0 & 0 & 1 & 0 \end{bmatrix}$
受控 Z 门 (CZ)	Z　或	$\begin{bmatrix} 1 & 0 & 0 & 0 \\ 0 & 1 & 0 & 0 \\ 0 & 0 & 1 & 0 \\ 0 & 0 & 0 & -1 \end{bmatrix}$
SWAP	✕　或　✕	$\begin{bmatrix} 1 & 0 & 0 & 0 \\ 0 & 0 & 1 & 0 \\ 0 & 1 & 0 & 0 \\ 0 & 0 & 0 & 1 \end{bmatrix}$
托佛利门		$\begin{bmatrix} 1 & 0 & 0 & 0 & 0 & 0 & 0 & 0 \\ 0 & 1 & 0 & 0 & 0 & 0 & 0 & 0 \\ 0 & 0 & 1 & 0 & 0 & 0 & 0 & 0 \\ 0 & 0 & 0 & 1 & 0 & 0 & 0 & 0 \\ 0 & 0 & 0 & 0 & 1 & 0 & 0 & 0 \\ 0 & 0 & 0 & 0 & 0 & 1 & 0 & 0 \\ 0 & 0 & 0 & 0 & 0 & 0 & 0 & 1 \\ 0 & 0 & 0 & 0 & 0 & 0 & 1 & 0 \end{bmatrix}$

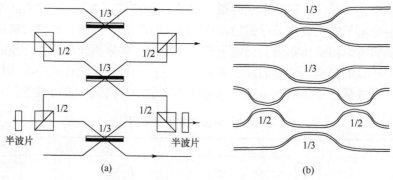

图 13.15　CNOT 二比特量子逻辑门

13.4.3 大规模光电量子信息处理芯片

近年来，随着硅基光电子技术的发展，基于硅基光电子的可编程量子逻辑门逐渐成为研究热点。可编程量子逻辑门通过大规模级联的 MZI 光电子器件，实现可重构的量子逻辑信息处理功能。2016 年，Harris 等[25, 26]设计了可编程硅基光电子量子逻辑门芯片。前述的 CNOT 量子逻辑门也可通过级联 MZI 光电网络来实现(图 13.16)。可编程的量子逻辑门可以极大地提升量子逻辑门的量子信息处理自由度，并为搭建复杂功能的量子信息处理提供可能。

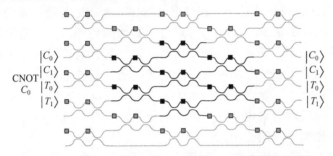

图 13.16　通过级联 MZI 光电网络实现可编程量子逻辑门

此后，在硅基光电子平台上通过高集成度的优势，可以实现复杂多样的量子逻辑门和量子纠缠信息处理。2018 年，Wang 等[27]利用纠缠光子光源、延迟线、MZI 等 550 个硅基光电子器件实现双光子纠缠光量子芯片平台，通过硅基光电子的低损耗传输和稳定的调控特性，进行可编程的多维量子纠缠光子的产生、控制和分析等。2018 年，Qiang 等[28]通过片上集成的 200 多个光电子器件，实现了 CNOT、受控泡利门 CZ、受控阿达马门 CH 等双比特量子逻辑门等操作。大规模集成的光电量子芯片是量子计算技术走向实用的里程碑。

13.5　本　章　小　结

基于硅基光电子的光电计算技术是近年的研究热点。本章回顾了近年来硅基光电计算在人工智能矩阵运算和集成量子逻辑门等应用方面的研究进展和攻关突破。在人工智能的矩阵运算中，通过光的相干传输和低延迟处理优势，可以实现低能耗的光学矩阵处理，为人工智能神经网络的应用提供可行的加速解决方案。光电集成量子处理器可以发挥光的多维调制优势，使片上集成可拓展、稳定可靠的多量子态操控和量子信息处理成为可能。

综上所述，硅基光电计算是未来提高处理器算力、减少能耗、降低数据处理和通信延迟的关键技术，具有重要的战略意义。然而，现阶段高性能计算在研究过程中存在目标不明确、发展路线规划混乱等现象，我们认为下面三点需要在业界达成共识。

(1)明确光电计算的特点和需求。光由于自身的特点，例如难以便捷高效地实现光缓存和逻辑运算，在集成度方面也不能达到现有微电子集成电路的水平，因此用光计算来全面取代电子计算，是不合理且非理性的。与传统的基于冯·诺依曼架构的二进制计算机不同，光电计算不能简单依赖二进制器件的组合实现复杂的功能。光电计算是光电子学、数学、算法、计算机硬件系统等深度交融的新型交叉学科，需要光子、光电子和微电子器件通过软件、硬件的深度融合设计才能实现高性能。

(2)明确光电计算发展的趋势。在光电计算中，光和电是密不可分的整体。随着硅基光电子技术的不断成熟，光电一体融合是必然的趋势。光子器件计算功能的实现离不开电的编程控制，计算产生的海量数据也依赖光实现硬件 I/O 和互连传输。光电计算与传统微电子计算之间并非互斥关系，通过与硅基集成电路工艺兼容的技术和方法，可以将光子、光电子和微电子器件集成在同一硅基芯片平台上，形成优势互补的整体，突破现有微电子芯片的性能极限。只有摆脱光电分离的观念误区，才能更好地推动光电计算的应用。

(3)硅基光电计算初级系统。如图 13.17 所示，光电计算单元(optoelectronic computing unit，OECU)是光电计算系统的关键核心，作为微电子处理器的性能突破和功能扩展，用来实现高速的矩阵运算和模拟计算等。一些不适用于光电计算的操作，如时域延迟、数据存储和非线性运算等，仍需要在微电子单元中实现，如计算与逻辑单元(arithmetic and logic unit，ALU)、控制单元(control unit，CU)、寄存器、缓存等。计算、控制和存储单元之间的大容量互连和硬件系统 I/O 等则通过光收发机(optical transceiver，OTRX)实现有效通信。该系统中光电计算和微电计算的优势互补，单元之间，以及单元与外界的光电互连是最终实现计算系统整体性能提升的关键。

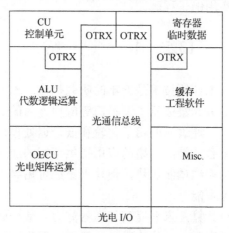

图 13.17　硅基光电计算的初级系统

参 考 文 献

[1]　OpenAI. AI and Compute. https://openai.com/blog/ai-and-compute/[2020-12-21].

[2]　NVIDIA. CUDA. https://en.wikipedia.org/wiki/CUDA [2020-12-21].

[3]　Jouppi N P, Young C, Patil N, et al. In-datacenter performance analysis of a tensor processing unit//Proceedings of the International Symposium on Computer Architecture, Toronto, 2017: 1-12.

[4]　Kitayama K I, Notomi M, Naruse M, et al. Novel frontier of photonics for data processing-Photonic accelerator. APL Photonics, 2019, 4(9): 90901.

[5]　Ambs P, Optical computing: A 60-year adventure. Advances in Optical Technologies, 2010, (1): 372652.

[6]　MacFaden A J , Gordon G S D, Wilkinson T D. An optical Fourier transform coprocessor with direct phase determination. Scientific Reports, 2017, 7(1): 1-8.

[7]　Goodman J W. Introduction to Fourier optics. New York: McGraw-Hill, 1996.

[8]　Lin X, Rivenson Y, Yardimci N T, et al. All-optical machine learning using diffractive deep neural networks. Science, 2018, 361(6406): 1004-1008.

[9]　Mccall S L , Gibbs H M , Venkatesan T N C. Optical transistor and bistability. Journal of the Optical Society of America, 1975, 65: 1-3.

[10]　Jain K, Pratt G W, Optical transistor. Applied Physics Letters, 1976, 28(12): 719-721.

[11]　Zasedatelev A V, Baranikov A V, Urbonas D, et al. A room-temperature organic polariton transistor. Nature Photonics, 2019, 13(6): 378-383.

[12]　Miller D A B. Are optical transistors the logical next step. Nature Photonics, 2010, 4(1): 3-5.

[13]　周治平, 许鹏飞, 董晓文. 硅基光电计算. 中国激光, 2020, 47(6): 600001.

[14]　Miller D A B. Self-configuring universal linear optical component. Photonics Research, 2013, 1(1): 1-19.

[15]　Madsen C K, Zhao J H. Optical Filter Design and Analysis. New York: Wiley, 1999.

[16]　Perez D, Gasulla I, Fraile F J, et al. Silicon photonics rectangular universal interferometer. Laser and Photonics Reviews, 2017, 11(6): 1700219.

[17]　Clements W R, Humphreys P C, Metcalf B J, et al. Optimal design for universal multiport interferometers. Optica, 2016, 3(12): 1460-1465.

[18]　Sze V, Chen Y H, Yang T J, et al. Efficient processing of deep neural networks: A tutorial and survey. Proceedings of the IEEE, 2017, 105(12): 2295-2329.

[19]　Shen Y, Harris N C, Skirlo S, et al. Deep learning with coherent nanophotonic circuits. Nature Photonics, 2017, 11(7): 441-446.

[20] Hamerly R, Bernstein L, Sludds A, et al. Large-scale optical neural networks based on photoelectric multiplication. Physical Review X, 2019, 9(2): 1-12.

[21] Ramey C. Silicon photonics for artificial intelligence acceleration//2020 IEEE Hot Chips 32 Symposium (HCS), San Francisco, 2020: 1-26.

[22] Bagherian H, Skirlo S, Shen Y, et al. On-chip optical convolutional neural networks. https://arxiv. org/abs/1808.03303[2018-12-20].

[23] O'Brien J L, Pryde G J, White A G, et al. Demonstration of an all-optical quantum controlled-NOT gate. Nature, 2003, 426: 374-378.

[24] Politi A, Cryan M J, Rarity J G, et al. Silica-on-silicon waveguide quantum circuits. Science, 2008, 320(5876): 646-649.

[25] Harris N C, Carolan J, Bunandar D, et al. Linear programmable nanophotonic processors. Optica, 2018, 5(12): 1623-1623.

[26] Harris N C, Bunandar D, Pant M, et al. Large-scale quantum photonic circuits in silicon. Nanophotonics, 2016, 5(3): 456-468.

[27] Wang J, Paesani S, Ding Y, et al. Multidimensional quantum entanglement with large-scale integrated optics. Science, 2018, 360(6386): 285-291.

[28] Qiang X, Zhou X, Wang J, et al, Large-scale silicon quantum photonics implementing arbitrary two-qubit processing. Nature Photonics, 2018, 12(9): 534-539.

第 14 章　硅基图像传感

硅基图像传感器是一种典型的硅基光电子大规模集成电路，主要完成光子信息向电子信息的转换，实现对光信号的探测。随着 CMOS 集成电路加工工艺和集成电路设计技术的不断进步，CMOS 图像传感器已成为目前应用最为广泛的硅基图像传感器，具有低功耗、低成本、高集成度等优势。得益于人脸识别、机器视觉与安防监控等应用的快速发展，以及多摄像头手机的广泛普及，CMOS 图像传感器的市场规模不断扩大。本章对 CMOS 图像传感器的基本工作原理、主要特性评价指标、片内读出电路基本结构进行介绍，同时介绍 CMOS 图像传感器技术的最新进展。

14.1　CMOS 图像传感器的基本原理

14.1.1　CMOS 图像传感器的主要结构

CMOS 图像传感器通常由成百上千万个光电探测单元，以及大量的模拟和数字电路组成，是当今电子工业中最为复杂的混合信号集成电路之一。CMOS 图像传感器的主要结构如图 14.1 所示。它由像素阵列、垂直地址解码电路、行驱动电路、列并行读出电路、数据接口电路组成[1]。CMOS 图像传感器中的每一个像素均由光电探测半导体器件，以及若干个用于输出信号的晶体管组成，是 CMOS 图像传感器的核心。其性能直接决定 CMOS 图像传感器成像质量的高低。像素阵列在垂直地址解码电路和行驱动电路的控制下完成曝光、选通与读出过程。列并行读出电路包括列并行相关双采样(correlated double sampling，CDS)电路和模数转换器。模数转换器输出的数字信号最终通过数据接口电路输出至传感器芯片外。CMOS 图像传感器常用的数据接口电路有移动产业处理器接口(mobile industry processor interface，MIPI)、低电压差分信号(low-voltage differential signaling，LVDS)、数字视频接口(digital video port，DVP)等。

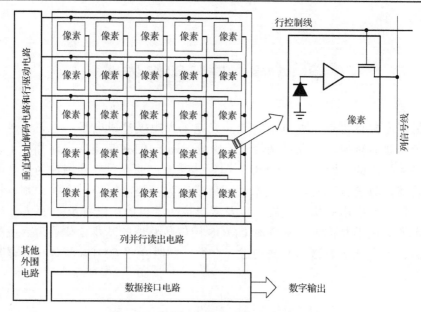

图 14.1　CMOS 图像传感器的主要结构

14.1.2　CMOS 图像传感器中的光电探测半导体器件

当光入射到半导体上时,一部分入射光被反射,其余部分被半导体吸收。吸收的光线在半导体内部激发电子-空穴对,如图 14.2 所示。由光激发产生的电子-空穴对称为光生载流子。半导体对光吸收的过程可以通过一个与光强度无关的比例系数 α 来描述。α 定义为光功率的衰减量占总功率的比值,称为半导体的光吸收系数。光吸收系数 α 是一个关于光子能量 $h\nu$ 和波长 λ 的函数,其中 h 为普朗克常数,ν 为光的频率[1]。基于吸收系数的定义,光功率与入射深度 z 之间的关系为

$$P(z) = P_0 e^{-\alpha z} \tag{14-1}$$

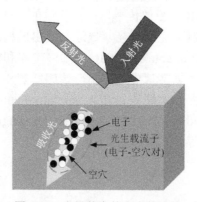

图 14.2　半导体中的光生载流子

CMOS 图像传感器中的光电探测半导体器件基于半导体光吸收的原理工作，是像素的重要组成部分。光电二极管是最常见的光电探测半导体器件。下面对 PD 的基本工作原理进行介绍。

PD 结构由一个工作在反偏状态下的 p-n 结组成，图 14.3 所示为光电二极管能带图及光生载流子的移动过程[2]。在 PD 结构中，光照条件下产生的总电流来自两个区域，分别是有电场的耗尽区和无电场的中性区。耗尽区如图中 $L_{depletion}$ 所示，中性区位于耗尽区两侧，如图中 L_p、L_n 所示。对于耗尽区，产生的载流子由于内建电势的存在而被有效地分离，且载流子的漂移速度相对较快，电子空穴对的复合可以忽略不计，因此总电流贡献较大。准中性区没有电场，产生的少数载流子只有部分可以扩散到耗尽区中被收集，因此电流贡献较小。为了降低像素暗电流，PD 结构通常被优化设计为钳位光电二极管(pinned photodiode，PPD)结构。该结构将 p-n 结埋在一个高度掺杂浅注入的 p$^+$薄层之下。

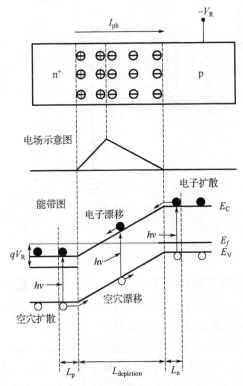

图 14.3　光电二极管能带图及光生载流子的移动过程

14.1.3　CMOS 图像传感器的基本像素结构

第一个商用化的硅基 CMOS 图像传感器是基于无源像素结构实现的，但是由于信噪比等问题，其应用受到极大限制，因此基于有源像素结构的 CMOS 图像传感器应运而生。有源像素以其在像素内使用有源器件而得名，能够实现像素内电荷信号向电压信号的转换和输出。本节简要介绍无源像素、三管(3 transistors，3T)有源像素、四管(4 transistors，4T)有源像素结构及工作原理。

1. 无源像素

无源像素结构非常简单，包含一个 PD 和一个开关，如图 14.4 所示。由于像素结构简单，无源像素可以实现较大的填充因子，即 PD 面积占整个像素面积的比例较大。在无源像素发展的最初阶段，曝光期间积累的信号通过开关控制，以电流的形式输出到一个电阻或者一个跨阻放大器上，但是这种工作方式会带来较大的时域噪声、列级固定模式噪声(fixed pattern noise，FPN)等问题。因此，无源像素随着有源像素的出现迅速退出了历史舞台。

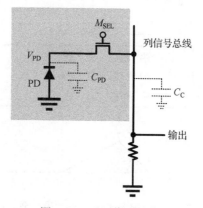

图 14.4　无源像素结构

2. 3T 有源像素

3T 有源像素基本结构与原理如图 14.5 所示[1]。与无源像素直接将积累的信号电荷传输到像素外部相比，有源像素在像素内部引入缓冲器，将积累的信号电荷转换成电压信号输出，可以在像素级提高图像质量。

3T 有源像素的工作原理如下，首先复位晶体管 M_{RS} 开启，然后 PD 被复位到电压 $V_{DD}\text{-}V_{th}$(V_{th} 表示 M_{RS} 的阈值电压)，最后 M_{RS} 关断，PD 处于电学上的浮空状态。当光线入射到 PD 时，PD 中激发的光生电荷被收集并保存在 p-n 结电容 C_{PD} 中，电荷的积累导致 PD 处电势随着输入光强的增加而降低。经过一段时间的曝光，选择晶体管 M_{SEL} 被打开，在垂直输出线上读出像素中的输出信号。当读出过程完成后，M_{SEL} 被关闭，M_{RS} 再次被打开。

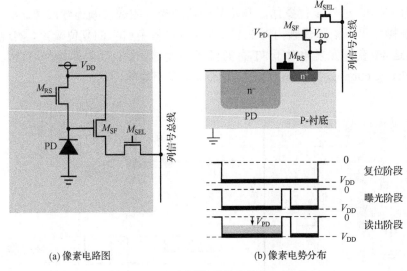

(a) 像素电路图　　　　　　　　　　(b) 像素电势分布

图 14.5　3T 有源像素基本结构与原理

尽管有源像素克服了无源像素信噪比低的问题，但是 3T 有源像素仍然存在一些固有的问题，例如难以抑制复位过程引入的复位噪声。3T 有源像素的光电探测和电荷电压转换过程均在 PD 内实现。考虑 PD 的满阱容量和 PD 的电容 C_{PD} 成正比，而电荷信号到电压信号的转换增益和 C_{PD} 成反比，因此在 PD 设计过程中，满阱容量和转换增益之间具有折中关系，即动态范围和灵敏度之间存在相互制约的现象。这给像素设计带来新的难题。

3. 4T 有源像素

针对 3T 有源像素中存在的问题，为了进一步提高成像质量，人们开发了 4T 有源像素。在 4T 有源像素中，光电探测区域和光电转换区域是分离的。积累的光生载流子被转移到一个浮空扩散 (floating diffusion, FD) 节点，电荷信号被转换成一个电压信号后经像素内缓冲器输出。因为在像素结构中增加了一个晶体管用于控制 PD 中积累的光生电荷到 FD 节点的转移，像素内晶体管的数量相对于 3T 有源像素增加到了 4 个，所以这种像素结构称为 4T 有源像素。

4T 有源像素基本结构与原理如图 14.6 所示[1]。其基本工作过程如下，首先假设在初始阶段，PD 处于完全耗尽的状态，即 PD 中的电荷被完全清空，在曝光过程中开始逐渐积累电荷。然后，在对曝光过程中产生的信号电荷进行转移之前，打开复位晶体管 M_{RS} 对 FD 进行复位。在此期间，选择晶体管 M_{SEL} 保持开启状态。这个复位信号被读出电路读出，用于 CDS 操作。复位信号读出后，传输管 M_{TG} 开启，PD 中积累的信号电荷通过 M_{TG} 转移到 FD 节点，转换为电压信号后经像素内缓冲器 M_{SF} 及 M_{SEL} 读出。此时读出的信号为光信号，完成 CDS 操作。最后，复位管 M_{RST} 和

M_{TG} 打开，对 PD 进行复位操作，开始新一轮曝光，完成多帧连续成像。4T 有源像素的 CDS 操作可以消除像素内对 FD 节点复位过程中引入的复位噪声，实现低噪声读出。这是 4T 有源像素相对于 3T 有源像素的关键优势，其噪声性能可以与电荷耦合器件(charge coupled device，CCD)图像传感器相媲美。

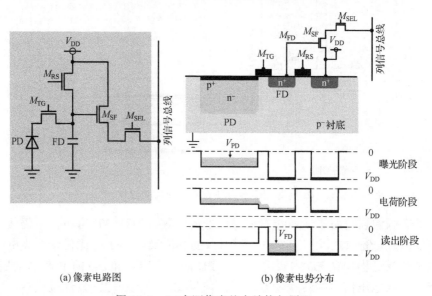

(a) 像素电路图　　　　　　　　(b) 像素电势分布

图 14.6　4T 有源像素基本结构与原理

14.1.4　CMOS 图像传感器曝光方式

在 CMOS 图像传感器中，图像通过光在像素内转换成的电信号获得。光强和曝光时间均会对最终产生的信号有很大的影响。因此，像传统的胶片相机一样，CMOS 图像传感器也需要某种形式的快门来控制曝光时间，通常采用电子快门。电子快门模式可以分为滚动快门和全局快门。下面简要说明这两种电子快门的工作原理，并说明它们的主要区别。

1. 滚动快门

如图 14.7 所示，在滚动快门模式下，像素复位信号逐行传递，控制像素行依次曝光，从最上面一行开始，直到最后一行。经过短时间的延迟，复位信号向下移动到特定行时，读出过程开始。其行之间传递速度和方式与复位过程相同。复位过程和信号读出过程之间的延迟时间则为像素的曝光时间。通过调整复位信号和读取信号之间的间隔可以实现曝光时间的控制功能。基于这种滚动曝光和读出模式，整个传感器阵列的每一行都是在不同的时间曝光并积分的，导致在图像捕获过程中，物体或相机的移动造成图像出现几何畸变的现象，即图像可能出现歪斜伸长等变形现象。这些现象都会使图像的视觉质量严重下降[3]。

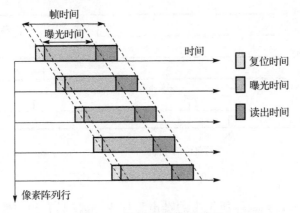

图 14.7　滚动快门工作原理

为了详细描述和分析滚动快门模式，以图 14.8 中典型的 PPD 型 4T 有源像素为例，图 14.9 给出了三种控制信号（M_{RST}、M_{TG} 和 M_{SEL}），以及采样开关 $S1$、$S2$ 的时序图。

首先，在像素曝光结束后，列读出期间将信号脉冲 M_{SEL} 应用于垂直寻址所选的行，FD 节点的电压通过源极跟随器 M_{SF} 读出。在读出时间内，M_{RST} 信号首先对 FD 节点复位，通过开关 $S2$ 采样 FD 复位电压 V_{RESET} 并保存在电容 C_2 上，它携带了 FD 节点的复位噪声。然后，在复位电压采样后，传输管 M_{TG} 打开，曝光期间入射光产生的信号电荷从 PD 内转移到 FD 节点。最后，当电荷转移过程结束时，M_{TG} 关闭，光信号 V_{SIGNAL} 经开关 $S1$ 采样到电容 C_1 中。与复位电压采样过程相同，它也携带来自 FD 节点的复位噪声。

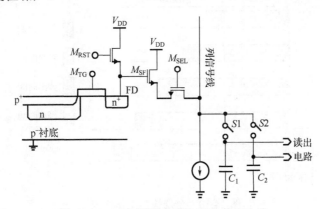

图 14.8　4T 有源像素结构及其采样电路

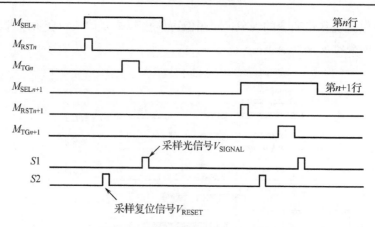

图 14.9　滚动快门像素工作时序

由图 14.9 可知,V_{RESET} 所携带的噪声等与 V_{SIGNAL} 具有相关性。因此,通过对两次采样信号做差的 CDS 操作,可以完全消除复位噪声[4]。

2. 全局快门

全局快门模式通过同步曝光整个像素阵列中的所有像素来解决滚动快门模式下存在的图像质量下降问题。更具体地说,在整个阵列复位后,PD 开始曝光并积累电荷。如图 14.10 所示,在曝光时间结束时,每一行电荷被转移到 FD 节点。FD 节点可以存储积分电荷,并且不具有感光能力。最后,所有的光信号被逐行读出,其读出过程与滚动快门模式下的读出过程相同。同样以图 14.8 中典型的 PPD 型 4T 有源像素为例,图 14.11 给出了全局快门模式下三种控制信号(M_{RST}、M_{TG} 和 M_{SEL}),以及采样开关 $S1$、$S2$ 的时序图。

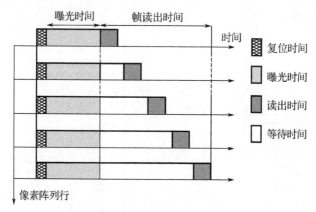

图 14.10　全局快门工作原理

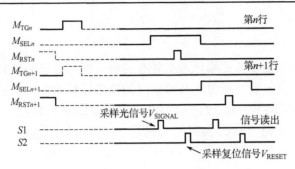

图 14.11　全局快门像素工作时序

首先，在像素曝光结束后，所有像素的电荷转移操作通过 M_{TG} 信号控制同时进行，电荷转移至 FD 节点。在读出时间内，通过控制 M_{SEL} 的通断，特定的行以滚动读出的方式寻址，FD 节点电压可以经过 M_{SF} 输出到后续电路。然后，光信号 V_{SIGNAL} 首先经开关 $S1$ 输出并保存在电容 C_1 上。最后，光信号采样完成后，将 M_{RST} 信号置位高电平，对 FD 节点进行复位，复位信号 V_{RESET} 经开关 $S2$ 输出并保存在电容 C_2 上。

与滚动快门模式相比，全局快门模式下的采样操作有一个明显的区别，即第一个采样值是光信号，然后是复位信号。由于两次采样操作发生在不同的复位阶段，两次采样电压不相关的复位噪声成为像素的主要噪声源之一，因此基于 4T 有源像素结构的全局快门读出方案具有较大的像素时域噪声。

14.2　CMOS 图像传感器的基本评价指标

14.2.1　量子效率

为描述 CMOS 图像传感器将入射光子转化为电子的能力，引入量子效率（quantum efficiency，QE）的概念。假设一定曝光时间内入射到具有一定面积的像素上的光子数平均为 μ_p。其中，一部分入射光子被吸收并转换为一定电荷量 μ_e 的电子，转换为电荷的光子数与入射光子数的比，定义为量子效率[5]，即

$$\eta(\lambda) = \frac{\mu_e}{\mu_p} \times 100\% \tag{14-2}$$

考虑可见光范围内，一个光子在硅中只激发一个电子-空穴对，因此量子效率通常使用"%"作为单位来衡量。在定义中，量子效率计算采用的面积为单个像素的总面积，而不仅仅是感光面积，因此该定义中也包含填充因子和微透镜的影响。

14.2.2　噪声

CMOS 图像传感器涉及的噪声源主要有三种，即与信号强度有关的散粒噪声、由像素列级之间的非一致性和像素与像素间的偏差导致的 FPN，以及不依赖信号强度的读出噪声。本节简要介绍光子传输(photon transfer，PT)理论，以及光子传输曲线(photon transfer curve，PTC)与噪声的关系。

1. 散粒噪声

根据量子力学，光电转换的电荷数具有符合统计学规律的波动，满足泊松分布。这个波动带来的噪声称为光子散粒噪声。因此，光子电荷数的方差等于累积电荷数的平均值，即

$$\sigma_e^2 = \mu_e \tag{14-3}$$

其中，σ_e 为散粒噪声标准差(单位 e^-)；μ_e 为光生电子数(单位 e^-)。

2. 固定模式噪声

像素收集入射到图像传感器表面的光子时，光子收集与光电转换的过程存在非理想性。例如，某些像素对光子的吸收更加高效，某些像素电荷-电压转化能力更强等原因，会造成像素间灵敏度的差异。另外，像素读出电路列与列之间的输出信号存在差异，这也会造成像素输出信号列与列之间的变化。因此，在 CMOS 图像传感器中，同一帧图像中像素输出值会存在空间上的差异，帧与帧之间的空间分布相同，具有一定的固定性而不是随机出现。这种噪声称为固定模式噪声(fixed pattern noise，FPN)。

3. 读出噪声

读出噪声定义为与光信号强度无关的所有噪声的总和。其主要包括像素内源极跟随器噪声、复位噪声、暗电流噪声、列级电路噪声等。

4. 光子传输曲线

基于光子传输理论的测试方法对图像传感器具有重要作用，可用于指导设计和特性表征。对于一个给定的 CMOS 图像传感器，以其输出图像噪声的有效值为纵轴，以不同光照水平(或曝光时间)下输出信号平均值为横轴，可以在同一个坐标系中描绘输出噪声与信号的关系曲线(光子传输曲线)。如图 14.12 所示，在理想光子传输曲线中可确定图像传感器的四种不同噪声状态。

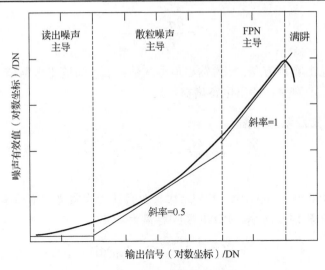

图 14.12　理想光子传输曲线

　　当光强比较低时，传感器接收到的光子数较少，光子散粒噪声也很小，噪声主要由读出噪声限制，即在完全黑暗的条件下测量的随机噪声。随着光照的增加，光子散粒噪声不断增加，对输出图像的影响逐渐超过读出噪声成为输出噪声的主导因素，即曲线中散粒噪声主导的中间区域。由于图 14.12 中的曲线是基于对数坐标，所以符合散粒噪声的特征近似为一条斜率 0.5 的直线。当光强进一步增大，散粒噪声的影响逐渐减弱，而 FPN 因为与信号同步缩放的特点，产生了以 FPN 为主导的斜率为 1 的区域，即图中 FPN 主导区域。最后一个区域发生在像素达到满阱容量的区间(14.2.4 节介绍)，在这个区域由于像素输出达到饱和值，因此噪声逐渐降低，光子传输曲线开始下降。

14.2.3　转换增益

　　转换增益(conversion gain，CG)定义为每产生一个光生电子，输出电压发生多大的变化[6]。其值与电荷电压转换节点的电容有关，根据像素结构的不同，3T 有源像素中电荷电压转换节点电容为 PD 本身的电容，4T 有源像素中电荷电压转换节点电容为 FD 点电容。转换增益的计算公式表示为

$$CG = \frac{q}{C_{CG}}(\mu V / e^-) \tag{14-4}$$

其中，C_{CG} 为电荷电压转换节点的电容；q 为元电荷所带的电荷量(1.602×10^{-19}C)。

　　转换增益可以根据光子传输曲线中散粒噪声主导的线性段斜率进行测量。在转换增益测量的过程中，其表达式为

$$CG = \frac{\partial \sigma_{\text{total}}^2}{\partial \mu} \cdot \frac{1}{A_{\text{read}}} \tag{14-5}$$

其中，σ_{total}^2 为输出噪声方差；μ 为输出信号均值；A_{read} 为读出电路信号增益(包括像素内放大器增益，列并行读出电路增益等)。

14.2.4   满阱容量及动态范围

1. 满阱容量

满阱容量(full well capacity，FWC)代表像素在一次曝光中能收集并读出的最大光生电子数。如图 14.3 所示，PD 的满阱容量为

$$\text{FWC} = \frac{1}{q} \int_{V_{\text{pix}}}^{V_{\text{PD(min)}}} C_{\text{PD}}(V_{\text{PD}})\mathrm{d}V \tag{14-6}$$

其中，q 为电子电荷；V_{pix} 为光电二极管复位电压；C_{PD} 为光电二极管电容；V_{PD} 为光电二极管电压。

对于一个特定的光电二极管，复位电压 V_{pix} 通常是由 p-n 结本身而不是外部施加的电压来设置的。图像传感器的满阱容量可以通过光子传输曲线测量得到。像素输出信号的噪声随输出信号的增加而增加，当像素达到饱和或像素输出值达到读出电路最大输出码值时，输出信号噪声开始降低，转折点处输出信号对应的电荷量被认为是图像传感器的满阱容量。

2. 动态范围

动态范围定义为像素满阱容量下输出信号与其读出噪声标准差的比值[7]，其单位通常用为 dB，表达式为

$$\text{DR} = 20\log\left(\frac{\mu_{\text{FWC}}}{\sigma_{\text{read}}}\right) \tag{14-7}$$

其中，μ_{FWC} 为满阱容量下输出信号；σ_{read} 为读出噪声标准差。

从式(14-7)可以看出，增加动态范围可以有两种方法：提高满阱容量和降低读出噪声水平。然而，对于给定的具有固定填充因子的像素，很难增加其满阱容量。因此，高动态范围(high dynamic range，HDR)CMOS 图像传感器通常采用一些特殊的像素结构和工作原理，如对数光响应、多次曝光等。

14.2.5   灵敏度

灵敏度决定 CMOS 图像传感器在一定曝光时间和光照强度下的输出信号幅度，

其单位通常为 V/lux/s。图 14.13 给出了一种典型的光响应曲线示意图。因此,灵敏度可以定义为光响应曲线线性区的斜率。

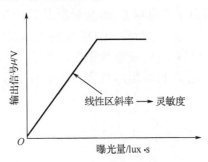

图 14.13　典型光响应曲线示意图

14.3　CMOS 图像传感器的读出电路

在 CMOS 图像传感器中,像素输出的模拟信号需要经过片内读出电路完成信号预处理与量化。读出电路主要包括模拟前端处理电路和模数转换器电路。模拟前端处理电路对像素输出的模拟信号经过降噪、放大等一系列操作之后传递给模数转换器电路,最终完成模拟电压信号向数字信号的转换。CMOS 图像传感器通过片内读出电路才能将像素产生的信号数字化后送入计算机、数字处理器等设备进行图像的处理和存储。目前,CMOS 图像传感器多采用列并行读出方式,下面重点进行介绍。

14.3.1　模拟前端处理电路

CMOS 图像传感器的读出电路中,模拟前端处理的电路主要是 CDS 电路,可以消除 4T 有源像素中的复位噪声,以及由像素工艺偏差造成的 FPN。CDS 电路结构如图 14.14 所示。该电路采用开关电容放大器结构实现,负输入端接收前级像素源极跟随器输出的信号,正输入端接参考电位,用来调整 CDS 电路的输出范围。

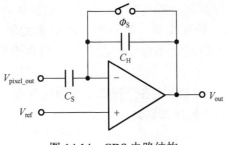

图 14.14　CDS 电路结构

4T 有源像素与 CDS 配合时序如图 14.15 所示。其基本工作原理如下，首先开关 $\varPhi_s$ 闭合，CDS 电路进入采样阶段，像素输出复位信号 $V_{rst}+V_n$，其中 V_n 为像素复位噪声和 FPN 之和，这个值由采样电容 C_S 的左极板采样，C_S 的右极板接 CDS 电路的输出电压 V_{ref} 决定；接着，开关 $\varPhi_s$ 断开，CDS 电路进入保持阶段，像素输出曝光信号 $V_{sig}+V_n$，这个值由采样电容 C_S 的左极板采样，并经过电容 C_H 放大，因此电容左极板的电压变化量为 $V_{rst}-V_{sig}$，根据运放负输入端电荷守恒，可以得到 CDS 电路最终的输出，即

$$V_{out} = \frac{C_S}{C_H}(V_{rst} - V_{sig}) + V_{ref} \tag{14-8}$$

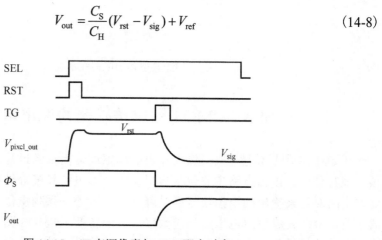

图 14.15　4T 有源像素与 CDS 配合时序

由式(14-8)可以看出，通过 CDS 操作后，输出电压中消除了像素输出的复位噪声成分。此外，如果将采样电容 C_S 设置为可编程电容阵列，CDS 电路还可以实现对像素输出信号的可变增益放大处理。

14.3.2　CMOS 图像传感器中模数转换器类型

CMOS 图像传感器中采用的 ADC 类型可以分为芯片级 ADC、列并行 ADC、像素级 ADC[8]。芯片级 ADC 是全芯片共用，工作时控制电路将像素阵列依次选通，逐个送入 ADC 进行量化。列并行 ADC 是一列像素共用，因此列并行 ADC 的个数等于像素的列数。控制电路一次选通一行像素的输出，将其送入 ADC 同时进行量化。像素级 ADC 是处于像素内部，工作时各个模数转换器只量化其对应的像素信号。

如表 14.1 所示，列并行 ADC 在各个指标上均表现优良，也是目前大多数 CMOS 图像传感器采用的片内模数转换结构。

表 14.1　各种 ADC 性能指标对比

性能指标	像素级 ADC	列并行 ADC	芯片级 ADC
转换速度	好	中	差
噪声	好	中	差
FPN	差	中	好
面积	差	中	好
功耗	差	中	好

14.3.3　CMOS 图像传感器中主要列并行模数转换器

CMOS 图像传感器片内集成的列并行 ADC 主要有单斜式模数转换器(single slope analog-to-digital converter，SS ADC)、循环式模数转换器(cyclic analog-to-digital converter，Cyclic ADC)、逐次逼近式模数转换器(successive approximation register analog-to-digital converter，SAR ADC)。下面分别介绍这几种类型 ADC 的基本工作原理。

1.　SS ADC

SS ADC 主要包括斜坡发生器、比较器、计数器。其基本结构如图 14.16 所示。斜坡发生器的作用是产生一个斜率固定的随时间上升或者下降的参考斜坡电压信号。像素的输出接比较器的正输入端。斜坡发生器的输出电压接比较器的负输入端。以上升的斜坡为例，其工作过程如图 14.17 所示。当斜坡开始上升时，计数器开始计数。当斜坡电压与比较器输入信号电压相同时，比较器的输出翻转，控制计数器停止计数，根据计数器的输出，即可求出待测电压。

对于 SS ADC 来说，假设计数器的时钟周期为 T，其量化时间最大为 $2^N T$。在时钟频率 $f=1/T$ 不变的情况下，SS ADC 的精度越高，所需要的量化时间就越长。因此，在高精度要求下，SS ADC 的速度成为制约其性能的重要因素。此外，斜坡信号的精度也直接决定 SS ADC 的精度。SS ADC 中的斜坡发生器可采用数模转换器实现，常用的结构有电容型数模转换器和电流舵型数模转换器。

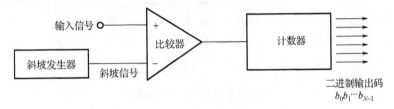

图 14.16　SS ADC 基本结构

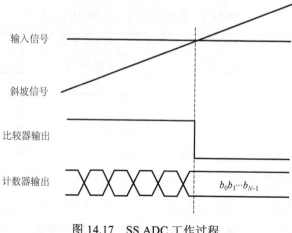

图 14.17　SS ADC 工作过程

2. Cyclic ADC

Cyclic ADC 的结构主要包括采样保持电路、精确乘 2 电路、子 ADC、子 DAC、减法器，如图 14.18 所示。Cyclic ADC 工作时，输入电压 V_{in} 经过采样保持电路输入子模数转换器，得到最高位的输出 b_{N-1}，将 b_{N-1} 送入子数模转换器得到一个电压 V_{N-1}，将输入电压 V_{in} 与子数模转换器的输出做差，得到 $V_{in}-V_{N-1}$，送入精确乘 2 电路，即完成一个周期的循环。然后，将精确乘 2 电路的输出作为输入信号再次送入循环式模数转换电路。这样每循环一次就得到一位的输出，逐次循环直到达到精度要求。因此，精度为 N 位的循环式模数转换器量化过程中所需的时间为 N 个时钟周期。

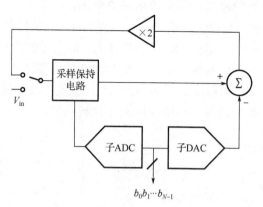

图 14.18　Cyclic ADC 结构

Cyclic ADC 每完成 N 位数据转换需要 N 个时钟周期，相比于 SS ADC 需要 2^N 个时钟周期，其转换速率快了很多，因此通常应用在读出时间非常短的 CMOS 图像传感器中，如超高分辨率 CMOS 图像传感器、超高帧率 CMOS 图像传感器。但是，Cyclic ADC 中的精确乘 2 电路需要通过具有较高增益和带宽的运算放大器实现，因此 Cyclic ADC 的功耗通常相对较高。

3. SAR ADC

SAR ADC 的结构包括采样保持电路、DAC、比较器、逻辑控制电路，如图 14.19 所示。逐次逼近型 ADC 在工作时采用二进制搜索的模式，N 位的逐次逼近型 ADC 在工作时，首先将最高位 b_{N-1} 置为 1，使输出在量化范围的中间位置，若比较器的输出为 1，则说明输入电压高于当前的输出电压，因此保持最高位 b_{N-1} 的码值不变，将次高位 b_{N-2} 的码值置为 1，进入下一个比较周期；若比较器的输出为 0，则说明输入待测电压低于当前的输出电压，因此将最高位 b_{N-1} 的码值置为 0，将次高位 b_{N-2} 的码值置为 1，进入下一个比较周期。如此经过 N 个量化周期后，就可以得到 N 位的量化结果 $b_0 b_1 \cdots b_{N-1}$。

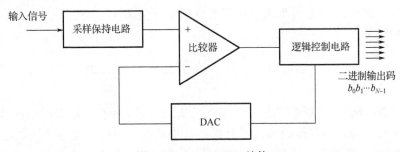

图 14.19　SAR ADC 结构

SAR ADC 每完成 N 位数据转换需要 N 个时钟周期，其转换速率与 Cyclic ADC 相同，因此同样适合读出时间较短的 CMOS 图像传感器中。但是，当 SAR ADC 作为列并行模数转换器使用时，每列转换器均需要集成一个独立的数模转换器，而该数模转换器通常采用电容型结构实现，占据的芯片面积较大。

14.3.4　数字相关双采样及相关多采样

1. 数字相关双采样

在实际的列并行 ADC 中，由于电路的失调电压、复位噪声和时钟延时，都会在每一次量化中引入一个固定的误差 V_{error}，但是每一列模数转换器的 V_{error} 是不一样的。若各列的读出电路之间都存在一个误差，则会造成最终成像中出现列条纹，即 FPN。通常可以采用数字双采样(digital double sampling，DDS)技术来消除这一误差[9]。DDS 技术通常基于 SS ADC 实现。DDS 工作原理如图 14.20 所示。首先，

复位开关 Φ_{rst} 闭合,将比较器的失调和复位噪声存储在电容 C_1 和 C_2 上。然后,Φ_{rst} 断开,斜坡电压 V_{ramp} 上跳,以留出余量对非理想因素进行量化。最后,V_{ramp} 开始下降,完成对比较器失调、复位噪声,以及时钟延迟等非理想因素 V_{error} 的量化。此时计数器的输出为

$$C_{out1} = \frac{V_{error}}{V_{LSB}} \tag{14-9}$$

其中,V_{LSB} 为模数转换器可分辨的最小电压值。

V_{ramp} 返回最高点,比较器的输入端下降 $V_{rst} - V_{sig}$ 的幅度,将计数器的输出按位取反可得

$$C_{out2} = -\frac{V_{error}}{V_{LSB}} \tag{14-10}$$

由于失调电压和复位噪声仍然储存在电容 C_1 和 C_2 上,且计数器时钟的延迟时间与第一次量化时的相等,此次被量化的模拟电压值为 $V_{rst} - V_{sig} + V_{error}$,因此计数器最终的输出为

$$C_{out3} = \frac{-V_{error} + (V_{rst} - V_{sig} + V_{error})}{V_{LSB}} = \frac{V_{rst} - V_{sig}}{V_{LSB}} \tag{14-11}$$

通过 DDS 操作,可以将 SS ADC 引入的失调、复位噪声,以及时钟的传输延迟等非理想因素消除,更好地提升列并行模数转换器的一致性,进而降低 CMOS 图像传感器的 FPN。值得注意的是,在 DDS 过程中,计数器会输出负值,因此计数器需要采用带符号位二进制编码。

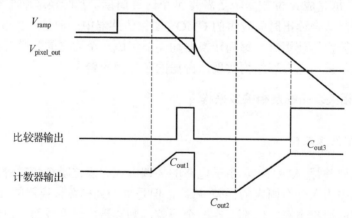

图 14.20　DDS 工作原理

2. 数字相关多采样

CDS 和 DDS 技术只能消除复位噪声和固定模式噪声，无法消除在时域随机变化的读出噪声。如图 14.12 所示，对于工作在低照度的 CMOS 图像传感器来说，读出噪声是噪声的主要来源。尤其是，像素内源级跟随器引入的读出噪声，因为其处于读出链路的最前端。相关多采样(correlated multiple sampling，CMS)技术是一种能够有效抑制读出噪声的方法[10]。

读出噪声的来源主要是电路中晶体管的热噪声和 $1/f$ 噪声。热噪声是高斯白噪声，其功率谱密度为常数。概率密度曲线符合均值为 0 的正态分布。$1/f$ 噪声的功率谱密度函数是一个反比例函数。概率密度曲线同样符合均值为 0 的正态分布。因此，对像素输出的信号进行多次采样量化，并将全部量化结果进行平均化处理，读出噪声的能量会降低。具体来说，在 DDS 的基础上，在对像素输出的信号进行采样的过程中，分别对像素输入的复位电平 V_{rst} 和信号电平 V_{sig} 进行 M 次采样。CMS 工作原理如图 14.21 所示(图中 $M=3$)。理想状态下最终 ADC 输出的量化结果为

$$C_{out3} = \frac{\sum\limits_{i=1}^{M}[V_{rst}(i) - V_{sig}(i)]}{V_{LSB}} \tag{14-12}$$

其中，$V_{rst}(i)$ 和 $V_{sig}(i)$ 分别为第 i 次采样得到的复位电平和信号电平。

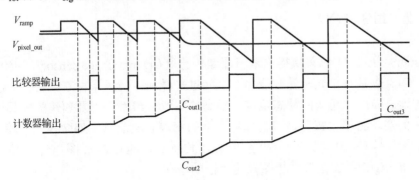

图 14.21　CMS 工作原理

由式 (14-12) 可知，在采样过程中，电路引入的部分固定误差可以通过 $V_{rst}(i) - V_{sig}(i)$ 完全消除。

若计及采样过程中采样到的随机读出噪声，设其均方根电压为 $\overline{v_n}$，经过 M 次采样后 ADC 的输出可表示为

$$C_{out3} = \frac{\sum\limits_{i=1}^{M}[V_{rst}(i) - V_{sig}(i)] + \sqrt{M} \cdot \overline{v_n}}{V_{LSB}} = \frac{M(\overline{V_{rst}} - \overline{V_{sig}}) + \sqrt{M} \cdot \overline{v_n}}{V_{LSB}} \tag{14-13}$$

将 M 次采样的输出取平均，最终的量化结果为

$$C_{\text{out}} = \frac{(\overline{V_{\text{rst}} - V_{\text{sig}}}) + \dfrac{\overline{v_n}}{\sqrt{M}}}{V_{\text{LSB}}} \tag{14-14}$$

由此可知，经过 M 次采样后，随机读出的噪声被降低 $1/M$。

14.4　CMOS 图像传感器的最新进展

自 20 世纪 90 年代有源像素结构被发明，CMOS 图像传感器技术便进入快速发展状态。近十年间，CMOS 图像传感器经历了正照式(front-side-illuminated，FSI)、背照式(back-dide-illuminated，BSI)、3D 堆叠 BSI 和多层堆叠 BSI 的技术演进。得益于 CMOS 集成电路加工工艺和设计技术的不断进步，CMOS 图像传感器在性能和功能两个方面不断进步。最近出现的量子图像传感器和仿生视觉图像传感器进一步提升了图像传感器的灵敏度和速度等性能指标。飞行时间(time of flight，ToF)图像传感器可以实现三维深度信息成像，扩展 CMOS 图像传感器的功能。下面对量子图像传感器、仿生视觉图像传感器和 ToF 图像传感器展开介绍。

14.4.1　量子图像传感器

Fossum[11]于 2011 年首次提出量子图像传感器(quanta image sensor，QIS)概念。他指出，QIS 应具有单光子计数能力、空间过采样和时间过采样三大特征。QIS 具备超低的读出噪声、超大的动态范围、超高的图像分辨率，以及超快的帧频速率，因此 QIS 的实现将极大提升许多特殊环境下的图像获取质量，如微弱光环境成像、高速运动物体捕获、高对比度成像等。相较于传统高性能 CMOS 图像传感器或 CCD 图像传感器，QIS 更加接近理想图像传感器的概念。

QIS 由一种亚衍射极限像素组成。该像素对单个光子敏感。每帧每个像素的输出为 0 或 1 的二进制码值，0 代表像素在这一帧内没有光子入射，1 代表至少有 1 个光子入射。这种像素结构被称为 jot，该词来源于希腊语，有微小、少量的意思。因为 jot 尺寸很小，通常小于镜头的衍射极限，因此 QIS 中可以集成数亿，甚至数十亿个 jot。同时，QIS 的读出速率非常快，每秒可达 1000 个子帧以上，即每帧每个 jot 的平均入射光子数量很少。如图 14.22 所示，QIS 通过对 jot 输出的光子计数值在空间和时间上进行累加操作，以输出高质量图像。

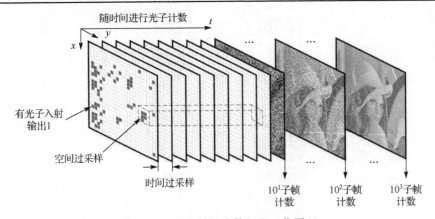

图 14.22　QIS 的基本特征和工作原理

14.4.2　动态视觉图像传感器

在传统图像传感器中，无论像素单元的值变化与否，每一帧都会输出来自像素阵列所有单元的图像信息。高度数据冗余使图像的实时传输和处理成为一项重大的挑战。基于生物视觉的特点，人们摒弃帧的概念，提出一种动态图像传感器(dynamic vision sensor，DVS)。2002 年，第一款 DVS 像素结构由 Kramer 提出[12]。2017 年，韩国三星公司提出一种全同步数字分组地址-事件表示(address-event representation，AER)行扫描读出结构[13]，并行处理事件信息，可以显著提高事件读出速度。

DVS 像素结构与工作原理如图 14.23 所示。光接收级电路仿照人眼对光强呈对数响应的特性，将输入光电流对数转换为输出电压 V_p。差分放大电路放大 V_p 的变化量，放大倍数为电容比率 C_1/C_2，并输出电压 V_{diff}。一个在复位电平上的负向 ON 脉冲和正向 OFF 脉冲，当 V_{diff} 变化超过预设的阈值电压时，阈值比较器电路将该段时间上的变化编码为负向 ON 脉冲事件和正向 OFF 脉冲事件。

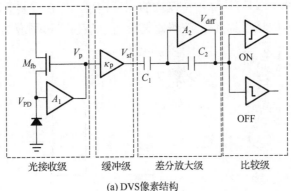

(a) DVS像素结构

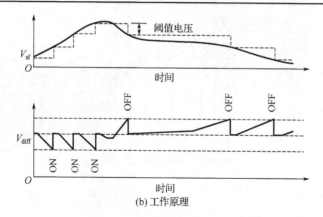

(b) 工作原理

图 14.23　DVS 像素结构与工作原理

传统 CMOS 图像传感器将运动场景量化为图像序列，而 DVS 仅输出变化像素单元的光强信息，将动态场景量化为微秒级精度的事件流。在某段时间产生的所有事件按照地址划分，表现为二维分布的点阵在时间轴上的延伸，事件流包含物体的位置信息，可应用于高速运动物体追踪，同时大大降低数据量。

14.4.3　ToF 图像传感器

二维成像技术仅能产生物体或场景的灰度和颜色信息，不能获取深度信息，但是三维成像技术能够弥补这一不足。传统的三维成像技术主要分为结构光法和双目立体视觉法。它们都是基于光学三角测距原理实现的，都存在计算量大、稳定性差和易受环境干扰等问题。

20 世纪 90 年代，美国桑迪亚国家实验室首次提出 ToF 三维成像技术。ToF 三维成像技术基本原理如图 14.24 所示。发射器产生一个红外激光脉冲信号，该信号经待测物体表面反射后，沿着几乎相同的路径反向传回接收器，对比光脉冲从发出到接收的时间偏差(飞行时间)即可计算出待测物的深度信息。与扫描装置结合，对整个待测物进行扫描就可以得到待测物体的三维距离信息。该技术最早应用在激光雷达上。

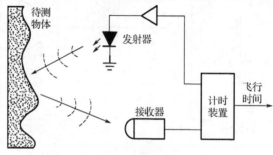

图 14.24　ToF 三维成像技术基本原理

近年来，人们已通过 CMOS 图像传感器技术实现单片集成的 ToF 图像传感器。传感器内部集成接收器阵列及其相应读出电路，无需进行机械扫描即可获取一帧深度信息图像。ToF 图像传感器具有相对较高的集成度、分辨率、探测精度和稳定性，而且功耗较低，可以广泛应用在生物特征识别、虚拟现实、增强现实、行为检测、机器避障等应用领域。

14.5　本章小结

本章主要介绍 CMOS 图像传感器的基本原理与最新技术进展。CMOS 图像传感器由像素阵列、垂直地址解码电路、行驱动电路、列并行读出电路、数据接口电路组成。常见的光电探测半导体器件，即光电二极管，是像素的重要组成部分。CMOS 图像传感器中的像素结构经历了无源像素、3T 有源像素、4T 有源像素的发展过程。CMOS 图像传感器存在两种电子快门，分别是滚动快门和全局快门。CMOS 图像传感器的基本评价指标包括量子效率、噪声、转换增益、满阱容量、动态范围和灵敏度等。这些指标主要通过光子传输曲线获得。CMOS 图像传感器的读出电路可采用 CDS、DDS 和 CMS 技术实现噪声抑制。得益于 CMOS 集成电路加工工艺和设计技术的不断进步，CMOS 图像传感器在性能和功能两个方面不断地进步。量子图像传感器、仿生视觉图像传感器和 ToF 三维图像传感器的出现扩展了 CMOS 图像传感器的功能。

参 考 文 献

[1] Ohta J. Smart CMOS Image Sensors and Applications. New York: CRC Press, 2010.

[2] 刘恩科，朱秉升，罗晋生. 半导体物理学. 北京: 电子工业出版社, 2012.

[3] Velichko S，Hynecek J J，Johnson R S，et al. CMOS global shutter charge storage pixels with improved performance. IEEE Transactions on Electron Devices, 2016, 63 (1): 106-112.

[4] Liang C K, Chang L W, Chen H H. Analysis and compensation of rolling shutter effect. IEEE Transactions on Image Processing, 2008, 17 (8): 1323-1330.

[5] European Machine Vision Association. EMVA Standard 1288. Barcelona: EMVA, 2010.

[6] Wang C C. A study of CMOS technologies for image sensor applications. Cambridge: Massachusetts Institute of Technology, 2001.

[7] Chamberlain S G, Lee J P Y. A novel wide dynamic range silicon photodetector and linear imaging array. IEEE Transactions on Electron Devices, 1984, 31 (2): 175-182.

[8] Nakamura J. Image Sensors and Signal Processing for Digital Still Cameras. New York: CRC Press, 2005.

[9]　Liu Q, Edward A, Kinyua M, et al. A low-power digitizer for back-illuminated 3-D-stacked CMOS image sensor readout with passing window and double auto-zeroing techniques. IEEE Journal of Solid-State Circuits, 2017, 52(6): 1591-1604.

[10]　Chen Y, Xu Y, Mierop A J, et al. Column-parallel digital correlated multiple sampling for low-noise CMOS image sensors. IEEE Sensors Journal, 2012, 12(4): 793-799.

[11]　Hondongwa D, Ma J, Fossum E R. Quanta image sensor (QIS): Early research progress//Optical Social America Topical Meeting on Imaging Systems, Arlington, 2013: 1-3.

[12]　Kramer J. An integrated optical transient sensor. IEEE Transactions on Circuits and Systems II: Analog and Digital Signal Processing, 2002, 49(9): 612-628.

[13]　Son B, Suh Y, Kim S, et al. A 640×480 dynamic vision sensor with a 9μm pixel and 300Meps address-event representation//IEEE International Solid-State Circuits Conference, San Francisco, 2017: 66-67.

第15章　硅基片上激光雷达

激光雷达是通过发射激光并测量返回时间来绘制目标场景三维特征图的技术。与传统的微波雷达相比，两者占据的电磁波谱的频段不同。激光雷达使用的波长约为微波雷达的十万分之一，可以极大地提高测距精度。激光雷达较传统微波雷达的优势还体现在角分辨率和速度分辨率高、测速范围广、对周围环境的抗干扰能力较强等方面。激光雷达尺寸相对较小，使用方便灵活，便携可移动。传统采用分立元件实现的激光雷达系统需要依靠高精度对准组装，开发周期长、可靠性低、成本昂贵。硅基光电子技术的出现促进了集成化固态激光雷达的发展。硅基光电子具备的高集成度、与 CMOS 工艺兼容、光电单片集成等特性可以为大规模、低成本量化生产硅基激光雷达收发芯片提供广阔的前景。

15.1　硅基片上激光雷达分类

硅基片上激光雷达可以根据成像的方式分为非扫描激光雷达和扫描激光雷达[1, 2]，如图 15.1 所示。常用的非扫描激光雷达是泛光面阵 (Flash) 激光雷达；扫描激光雷达包括 OPA 和 MEMS 激光雷达。Flash 激光雷达和 OPA 激光雷达没有用于激光扫描的移动部件，统称为固态激光雷达。MEMS 激光雷达是一种准固态激光雷达。它的振镜仅起到引导光束的作用，没有移动任何光学组件。图 15.2 所示为几种常用的激光雷达实现方式。几种常用硅基片上激光雷达优缺点如表 15.1 所示。多成像方式融合是未来激光雷达的一种发展趋势。

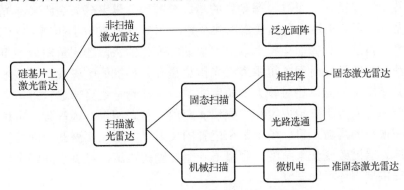

图 15.1　硅基片上激光雷达按成像方式分类

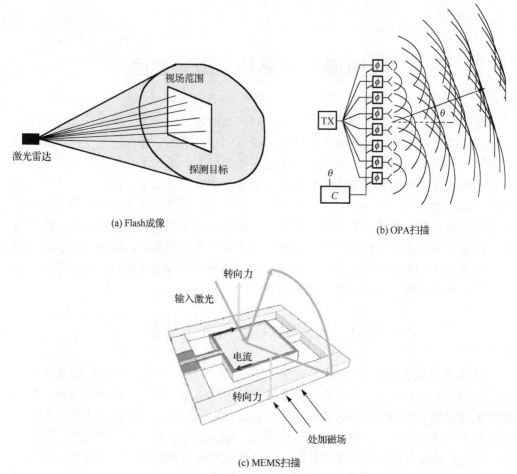

(a) Flash成像

(b) OPA扫描

(c) MEMS扫描

图 15.2　硅基片上激光雷达三种常用实现方式

　　硅基片上激光雷达也可以根据测量的最大范围和分辨率分为短距离激光雷达和远程激光雷达。短距离激光雷达通常以狭窄角度测量小于 50m 的距离。它们通常基于 Flash 激光雷达，光源照亮整个场景，借助阵列化的探测器测量图像中每个像素接收光脉冲信号的返回时间。短距离激光雷达是红外相机的改进设计，技术相对简单，但是光源发出的光以相对较大的角度发散，因此测量距离普遍较短，多见于消费类电子产品，服务于虚拟现实和增强现实应用。与之相对，远程激光雷达将准直光束聚焦在很小的区域，目标场景某个位置的反射光汇聚在探测器上就可以记录该位置的距离。通过改变光束角度，测量下一个位置的距离，可以生成整个场景的三维图像，提供周围环境的三维点云。

表 15.1　几种常用硅基片上激光雷达优缺点

类型	优点	缺点
Flash	(1)全固态，没有移动部件 (2)发射端方案较成熟，成本较低	(1)采用单脉冲测量，需要较高的能量 (2)固体激光器成本高，且闪光能量可能伤害人眼安全，受严格限制
OPA	(1)全固态，没有任何机械部件，可靠性高，扫描速度快 (2)可以实现任意位置扫描，适应不同场景下的不同扫描方式 (3)结构相对简单，精度高，体积小，成本低	(1)在主光束外易形成栅瓣和旁瓣，能量分散 (2)加工精度要求高，制作难度大 (3)信噪比较差
MEMS	(1)准固态激光扫描，微振镜振动幅度小 (2)MEMS微振镜相对成熟，成本较低、准确度高 (3)可以针对需要重点识别的物体进行精细扫描	(1)仍然存在微振镜的振动，影响整个激光雷达部件的寿命 (2)激光扫描受微振镜大小限制，扫描范围有限 (3)工作温度会对芯片中的微振镜控制产生影响

15.1.1　非扫描激光雷达

非扫描激光雷达主要是基于 Flash 技术，已经发展到中短程测距应用阶段。在 Flash 激光雷达中，通过使用脉冲光对视野中的目标物体进行照射，物体散射光被位于成像平面上的光电探测器阵列接收。阵列中的每个探测器都能检测脉冲回波，通过测量其强度和 ToF，获得目标物体距离信息。Flash 激光雷达的优点是没有活动部件，抗振动，尺寸紧凑且价格低廉。由于探测器阵列的每个像素仅接收返回激光功率的一小部分，返回光子的数量太少，因此信噪比低，会极大地限制距离测量范围。采用网格点状结构光来照明(如垂直腔面发射激光器)，可在不同方向同时发射光束，提高探测信噪比和距离。总的来说，Flash 激光雷达测量距离由激光发射功率、探测器视场范围和灵敏度等因素决定。空间角度分辨率很大程度上取决于探测器阵列密度。距离分辨率通常取决于脉冲宽度和计时电路精度，可与扫描式激光雷达媲美。Flash 激光雷达所用的探测器通常是在盖革模式下工作的 APD，能够实现单光子探测，也称为单光子雪崩二极管(single photon avalanche diode，SPAD)。Flash 激光雷达通过单脉冲发射就能捕获整个场景，且捕获速度为光速，可以有效减小振动效应和运动伪影引起的图像失真，因此在探测器和目标均移动的特定应用中具有显著优势。Flash 激光雷达发射的激光波长通常为 905nm，虽然成本较低，但功率受限，因此探测距离不够远；激光波长为 1550nm 时，接收需要更高成本的探测器。因此，Flash 激光雷达的设计需要在系统成本和人眼安全中寻求平衡。目前 Flash 激光雷达集中在中短程应用中，由于不需要光学扫描和移动元件，整个系统比较简单且可以小型化。

15.1.2　固态扫描激光雷达

非机械扫描激光雷达因为完全没有运动部件也被称为固态扫描激光雷达。OPA是一种典型的固态光束扫描技术,可实现光束的非机械偏转,具有极高的稳定性和随机波束指向能力。固态扫描激光雷达中的激光被分成并行多个光路,相位可以单独控制,通过动态调节每条光路之间的相对相位,可以形成并操控激光束发射角度。相位调控可以通过波导移相器实现。硅波导相控阵能实现大规模集成,具有 CMOS 兼容性,以及高集成度和低成本的优势。硅波导中相位调节可以通过热光效应或者载流子色散效应实现。硅波导具有较强的非线性效应,会限制出射激光功率,这个弱点可以通过采用非线性阈值更高的氮化硅材料来改进。除了 OPA,基于光开光的多发射源准直出射阵列也得到研究。这类技术借助硅光集成芯片小尺寸的特点在准直光学系统的焦平面上设置大量光发射单元,通过选通特定发射单元并由光学准直透镜转变为定向出射的激光波束。

固态激光雷达由于不存在旋转的机械结构,水平和垂直视角上的激光探测都是通过电控实现的,装配调试可以实现自动化,大幅降低成本,提高系统的耐用性。固态激光雷达可以充分利用光电子集成技术的优势,将不同的光电子器件,如激光器、调制器、探测器、滤波器、移相器等,通过同一种材料或者多种材料集成在一起[3]。目前常用的集成平台包括硅、磷化铟、二氧化硅和氮化硅平台,它们都可以大规模集成数百数千个光学元器件。不同平台的混合集成可以提供更高的性能和更灵活的设计,例如硅、氮化硅和磷化铟混合集成平台能兼容各种有源和无源器件。平面光电子集成芯片采用纳米级加工精度实现。光刻精度可确保将光路长度很好地控制在亚波长范围内,减小相位误差,保证芯片的可重复性。芯片级激光雷达可以大幅减小系统体积、重量、功耗和成本,是未来激光雷达发展的必然趋势。

15.1.3　微机械扫描激光雷达

MEMS 反射镜在投影仪、显示器和光纤通信中得到广泛的应用。MEMS 反射镜具有较小的尺寸,可以在自由空间中引导光束的反射方向。在基于 MEMS 反射镜的激光雷达中,只有 MEMS 反射镜运动,而系统中的其余组件保持静止。因此,MEMS激光雷达是固态激光雷达和机械扫描激光雷达的一种折中方案[4]。

基于 MEMS 的激光雷达使用直径为几毫米的微小反射镜对激光束进行编程调控。当施加驱动信号时,反射镜的倾斜角发生变化,通过改变入射光束的角度,可以将光束引导到目标点。采用二维光束调控能实现对目标区域的完整扫描。MEMS振镜可以根据应用场景和所需性能(扫描角度、扫描速度、功耗和封装兼容性等)采用静电、磁、热和压电等驱动。MEMS 激光雷达常用电压驱动,利用数模转换将储存器中的扫描图形转变为模拟电压驱动控制反射镜。

根据机械操作模式，MEMS 微振镜可分为共振型和非共振型。非共振 MEMS 反射镜也称准静态 MEMS 反射镜，能提供更大的调节自由度，可以在大范围内实现具有恒定扫描速度的理想扫描轨迹。与共振式 MEMS 反射镜相比，它的扫描角度非常有限。共振 MEMS 反射镜能够在高频下提供更大的扫描角度和相对简单的控制设计。然而，其扫描速度不均匀，扫描轨迹是正弦曲线。因此，设计时需要将扫描角度、谐振频率和反射镜尺寸进行优化组合来保证扫描的高分辨率和各参数的平衡。

MEMS 扫描成像激光雷达用尺寸更小的微振镜代替机械扫描件，因为没有 360° 全视场旋转的机械部件，视场范围会变小，但通过使用多个通道融合拼接可以扩大视场。此外，MEMS 扫描成像激光雷达通常具有比常见机械振动更高的共振频率，可以确保整个系统的稳定性。MEMS 扫描成像激光雷达具有重量轻、结构紧凑和功耗低的优点，因此 MEMS 激光雷达在自动驾驶汽车中的应用受到越来越多的关注。

尽管采用 MEMS 对光束进行调控具有很多优点，但仍有一些问题需要解决。机械负载周期应力下会发生机械断裂、疲劳、静摩擦、磨损和污染等故障。常规周期性负载(包括相对湿度和温度的变化)会使 MEMS 元件的寿命降低三个数量级。有时微小污染物的存在也会引起短路，从而恶化 MEMS 器件的机械和电学性能。此外，MEMS 反射镜的制造和组装比较复杂，这也增加了 MEMS 扫描成像激光雷达的成本。

15.2　硅基片上激光雷达构成

15.2.1　整体系统考虑

激光雷达设计首先需要关注激光波长的选择，考虑人眼安全性、与大气的相互作用、可选用的激光器，以及可选用的光电探测器。由于照射在目标上的激光将以漫反射形式返回接收机，长距离激光探测和测距的信噪比要求激光发射功率足够高，但高功率激光会对人眼构成安全问题。激光雷达通常使用 0.8~1.55μm 的波长，可以利用大气传输窗口避免水汽吸收。光源可以分为三个波长区域。

(1) 0.8~0.95μm 的波段，主要由半导体激光器产生，同时可以与硅基光电探测器结合。

(2) 1.06μm 波段，主要由光纤激光器产生，也可用硅探测器测量。

(3) 1.55μm 波段，由半导体激光器或光纤激光器产生，但需要锗(Ge)或砷化镓铟(InGaAs)探测器。

当前脉冲激光雷达的主流波长为 905 nm。其主要优点是探测器可以采用硅材料制作，比砷化镓铟光电探测器便宜。脉冲宽度是脉冲激光器的一个关键性能指标，

硅基光电子学(第二版)

较小的脉冲宽度可实现较高的峰值功率，但平均功率小且曝光时间短，对眼睛比较安全。连续波的长距离激光雷达系统倾向于采用对人眼安全的长波长(如 1550 nm)，激光出射功率可以更大。

大气衰减、空气中粒子散射，以及目标物理表面反射都依赖波长。在现实的环境中，由于 1550 nm 水汽吸收比 905 nm 的更强，因此 905 nm 的光损失更少。光波经过空气传播从目标处反射回到探测器的光功率可以表示为

$$P(R) = P_0 \rho \frac{A_0}{\pi R^2} \eta_0 e^{-2\gamma R} \tag{15-1}$$

其中，P_0 为激光发射功率；ρ 为目标反射率；A_0 为接收器的孔径面积；R 为目标距离；η_0 为接收系统光学传输效率；γ 为大气衰减系数。

激光雷达系统采集的总数据量可以表示为

$$N = \frac{\text{HFOV}}{\Delta\theta} \frac{\text{VFOV}}{\Delta\phi} Q \tag{15-2}$$

其中，HFOV 为水平视场方位角；VFOV 为垂直视场方位角；$\Delta\theta$ 为水平角分辨率；$\Delta\phi$ 为垂直角分辨率；Q 为刷新率。

如果刷新率是 10Hz，水平视场和垂直视场角度范围分别为 100°和 30°，角度分辨率为 0.1°，那么单位时间的采集点数为 300 万点。考虑光的传播时间，探测一次的时间需要至少大于光束往返时间 t_{OF}，因此单位时间内完成的探测点数为

$$N_{\text{pts}} = \frac{1}{t_{OF}} = \frac{c}{2R} \tag{15-3}$$

假设目标物体位于 300m 处，则单位时间探测点数为 50 万个。由此可见，获取三维目标场景所需的点数与可以扫描的物理点数之间存在很大的差异。一种解决方法是采用多个激光器并行扫描不同区域，因此需要 6 个激光器才能满足所需点云密度要求。

15.2.2 关键性能指标

衡量激光雷达性能的技术指标主要包括以下几个[5]。

(1)线束：指激光雷达中同时发射和接收的激光束数目。为获得尽量详细的点云图，激光雷达必须快速采集目标物体的数据。采用并行探测方式可以提高整体数据采集速度，例如 64 线激光雷达就可以在每秒内采集百万的数据点。

(2)方位角(field of view，FOV)：包括水平方位角和垂直方位角，指激光雷达在水平和垂直方向的角度探测范围。

(3)探测距离：指激光雷达的最大测量距离。对于脉冲激光雷达，发射信号重复周期决定激光雷达能实现的最大无模糊距离，只有在重复周期内被接收到的回波信

号才能解调出正确的距离信息，超出重复周期的回波信号与后续回波无法区分从而导致距离模糊。对于 FMCW 相干激光雷达，最大探测距离还受到发射光信号的相干长度影响。超出相干长度的目标回波信噪比大幅减小会导致无法检测。

(4) 测量精度：指激光雷达单次测量中可区分的目标间最小距离。对于脉冲激光雷达，测量精度取决于激光脉宽和计时电路精度。对于 FMCW 激光雷达，距离分辨率与调频带宽成反比，同时也受调频线性度的影响。

(5) 角分辨率：指激光雷达在单次探测中把不同角度的目标区分开的能力。光束发散角 θ 满足 $\theta = 1.27\lambda/d$，其中 d 为光束直径，λ 为激光波长。在测量距离为 R 时，可区分的最小径向距离 $2R\sin(\theta/2)$。在波长固定的情况下，增加发射阵列孔径可以减小光束发散角，提高角分辨率。

(6) 距离和角度测量准确度：指激光雷达测得的距离分布的均值与真实距离之间的差距。在 FMCW 相干激光雷达中，光源频率调制的线性度和测量系统校准会距离测量准确度。发射端激光转向扫描的准确性会影响角度测量的准确度。

(7) 测量速率：指激光雷达每秒获得的探测数据量，即每秒生成的激光点数。其测量速率主要受限于调制信号重复速率。高重复速率和长可探测距离是两个互相制约的因素。

(8) 扫描帧频：指激光雷达点云数据更新频率。

15.2.3　芯片集成平台

光电子集成平台按照材料分类可分为 SiO_2、$LiNbO_3$、InP、SOI 等。二氧化硅波导折射率差较小，具有加工难度低、易与光纤耦合等优点，但是由于波导弯曲半径大，限制了其大规模集成的发展。此外，二氧化硅材料的热光系数小（$10^{-5} K^{-1}$），移相器的功率高，不利于大规模集成。铌酸锂材料具有较大的线性电光效应，被广泛应用于高速调制器。不过传统铌酸锂波导采用质子交换的方式制备，器件尺寸通常在厘米量级，这限制了它面向集成化发展。近几年，薄膜铌酸锂 (lithium niobate on insulator，LNOI) 材料可以把波导尺寸降低至亚微米量级。薄膜铌酸锂调制器的带宽已经达到 100 GHz，但是其制备工艺较难，大规模集成能力还有待开发。磷化铟等 III-V 族波导多用于制造激光器、调制器、探测器等有源器件，能够实现光电子器件的单片集成。但是，磷化铟材料晶片尺寸小、价格高，并且不同器件工艺差异大，导致集成工艺难度高，因此 III-V 族集成器件成本高，不适合大规模集成应用。

硅基光电子集成技术使用 CMOS 兼容工艺，将各类功能器件集成在同一个 SOI 平台上，具有尺寸小、成本低等优点。近些年，硅光平台的工艺技术越发成熟，广泛用于各类光电子器件集成中。硅光平台与其他各类材料相比具有以下优势。其一，硅波导具有较高的折射率差，因此波导尺寸小，弯曲半径低至微米量级，可以有效地提高芯片集成度、压缩加工成本。其二，硅材料具有较高的热光系数，并且可以利用载流子色散效应实现高速相位调节,可以集成各种不同的无源和有源器件,实现复杂的功能。硅材料与III/V族材料进行混合集成,可以为硅光平台提供更广泛的应用。其三,磷化铟和铌酸锂等材料无法与 CMOS 工艺兼容,相较于这些材料,硅基平台可以很好地与 CMOS 工艺兼容,通过使用现有成熟的制备工艺加工,可以大大降低加工成本,提高芯片成品率。

硅基光电子集成平台除了可以采用硅波导,也可以集成 SiN 或 SiON 波导。硅波导只能传输大于其禁带波长(1.1 μm)的光,而氮化硅在可见光和近红外光波段都是透明的。由于硅和氮化硅波导通常采用二氧化硅作为包层,可以避免氧化硅吸收,工作波长应小于 3.7 μm。使用硅波导的激光雷达芯片可采用光通信波段,例如 C 波段(1530~1565 nm)或 O 波段(1260~1360 nm),以充分利用为光通信开发的成熟光子器件。基于氮化硅波导的激光雷达芯片可以在 800~1100 nm 范围内工作,可采用成熟的垂直腔面发射激光器光源。与硅波导相比,氮化硅波导具有更低的传输损耗,非常适合用来实现各类无源器件,但氮化硅热光效应比硅低近一个数量级,因此热光移相器功耗更高。

激光雷达芯片需要传输高功率激光,波导非线性效应是设计中需要考虑的重要因素。硅波导中的非线性效应主要是 TPA 和 SPM 等[3]。对于常规 220nm 高、500nm 宽的硅波导,1550nm 波长 TPA 引起的损耗约为 2dB/(cm·W)。TPA 会产生自由载流子。自由载流子会进一步对光产生吸收损耗(free-carrier absorption,FCA)。因此,硅波导传输百毫瓦的光时会导致较大损耗。通过反偏 PIN 二极管可以将自由载流子抽走,减小硅波导非线性损耗。SPM 引起的相移取决于光强,对于脉冲光,SPM 相移随时间变化产生啁啾。由于波导色散,脉冲在波导中传输后逐渐展宽。相比较而言,氮化硅波导允许更高的光功率而没有明显的非线性效应。

硅和氮化硅有各自的优缺点。氮化硅波导在波长选择方面更加灵活,非线性光功率阈值高,硅波导在高密度集成方面更具优势,且存在高效和快速热光和电光移相。这两种波导都能在 CMOS 兼容工艺中制备,可以通过多层波导集成来综合利用它们的优点[6]。

随着硅基光电子各种分立器件性能的提升,人们越来越不满足于单一功能的器件,需要将大量电子和光子器件集成在同一芯片上,实现更复杂的系统功能。激光雷达为硅基光电子集成提供了一个非常好的应用领域。

15.2.4　激光测距和成像

激光雷达的两个主要功能是测距和扫描成像。测距可以采用脉冲光或连续光。基于脉冲光的 ToF 测距根据反射光脉冲的传输时间计算距离。这是激光雷达目前最常用的方法。测距精度和脉冲宽度相关,测距范围和脉冲功率相关。随着硅基 SPAD 的成熟,高灵敏度接收器获得了巨大发展。在连续光测距中,激光光源采用调幅连续波(amplitude-modulated continuous wave,AMCW)或调频连续波(frequencymodulated continuous wave，FMCW）。AMCW 以一定的频率调制光波幅度，根据反射光的相移来计算距离，也称相移 ToF。FMCW 中光波频率随时间线性变化，根据发射光和反射光的拍频计算距离。它要求激光器具有窄线宽，并且在目标范围内具有良好的时间相干性和调频线性线度。

　　光束扫描成像可以采用多种不同方式。在 MEMS 扫描中，硅基微反射镜通常在有限的偏转角下沿一个或两个方向振动，将光束转向不同的方向。MEMS 扫描是传统机械扫描系统的一种潜在的低成本替代方案。MEMS 微振镜的可靠性问题是激光雷达在自动驾驶中亟待解决的问题。在光路选择波束调控中，可以通过切换不同光路实现不同角度的光束发射。这种方式对目标物体进行离散点云测量，测量点数由可切换的光路数决定。OPA 成像类似于相控阵雷达，使用相控阵发射阵列形成输出波束并控制其转向。在足够大的规模下，OPA 可以生成任意波束形状，无需透镜辅助就能对波束进行连续转向调节。由于 OPA 包含大量光学和电学元件，非常适合利用硅基光电子技术实现芯片化集成。

15.3　测距实现方式

15.3.1　脉冲制式

　　最直接的激光雷达架构基于测量光脉冲到目标的往返延迟时间。脉冲激光雷达工作原理如图 15.3 所示。这种激光雷达由脉冲光源、探测器和计时电路构成[7, 8]。光在自由空间传播速度为 3×10^8m/s，要达到 10μm 以下的量程精度，计时电路必须能够测量 70fs 的脉冲延时，这对于电路设计提出了很高的要求。

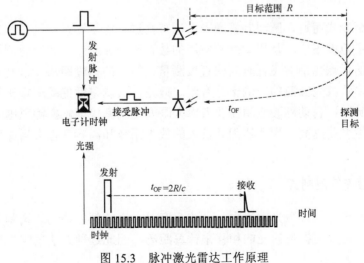

图 15.3　脉冲激光雷达工作原理

脉冲制式激光雷达通过计算光脉冲在介质中的传播时间来确定距离。光脉冲传播至目标再返回时，测得的时间是传播到目标距离的两倍，因此目标的实际距离为

$$R = c\frac{t_{OF}}{2} \tag{15-4}$$

其中，R 为目标距离；c 为自由空间中的光速；t_{OF} 为光脉冲传播到目标反射到探测器所需的时间。

距离分辨率(ΔR_{min})与时间计数分辨率(t_{min})成正比，因此距离测量的分辨率取决于计时电路的分辨率。时间间隔测量的典型分辨率在 0.1ns 内，因此测距分辨率为 1.5cm。最大可测量范围(R_{max})仅受最大时间间隔(t_{max})的限制，这个时间间隔理论上可以足够大，但实际最大可测量范围受其他因素限制。光脉冲能量在传播过程中逐渐损耗，探测器只能接收微弱的返回信号。这就使信噪比成为脉冲激光雷达中实际测量范围的主要限制因素。对于固定目标物体来说，这不是一个大问题，因为一系列脉冲的平均回波可以扩展其范围。激光雷达发出 10000 个脉冲可以测量 300m 的范围。但是，对于移动目标物体，每个点仅发射一个脉冲，因此无法获得足够的光束回波能量。对于反射率为 10% 的黑暗物体，其量程最大仅为 30~40m。另一个限制最大可测量距离的因素是模糊距离，即飞行中不能同时出现一个以上的脉冲，这与激光的脉冲重复率有关。采用兆赫兹重复频率的激光脉冲，最大测量范围可达 150m。

脉冲法直接测量光脉冲发射和回波之间的时间差，因此脉冲需要尽可能短(几纳秒到数十纳秒)，同时脉冲也需要较大的峰值功率。当发射的激光脉冲从物体上返回时，只有一小部分光能被探测器接收。假设目标是漫反射体，反射回探测器的光脉冲能量非常低，需要使用基于硅材料的高灵敏 CMOS SPAD 检测接收到的微弱光脉冲信号。

单就测距制式而言，脉冲制式激光雷达直接进行能量测量。这是一种非相干探测方法，测量范围很广，从自动驾驶应用的数百米距离到航空或地面测绘应用的数十公里。它的优点包括对飞行时间的直接测量，较长的模糊距离，以及由于使用高能激光脉冲，背景光辐照的影响十分有限。但是，其测量性能受信噪比的限制，因此需要强光脉冲，自动驾驶应用需要考虑人眼安全功率极限。探测范围越大，所需探测器的灵敏度就越高。探测器因其较大的放大系数和高频率也会增加后端计时电路的复杂性。

15.3.2　调幅连续波制式

在调幅连续波制式激光雷达中，光波幅度以一定的频率调制。调制周期大于往返行程时间，可以根据反射光的相移来计算距离，因此这种方法也叫相移飞行时间

制式。调幅连续波激光雷达飞行时间相位测量原理如图 15.4 所示。激光发射的光束以恒定频率 f_M 调制，因此发射的光束是频率为 f_M 的正弦波或方波。从探测器接收到的目标反射信号和发射信号之间的相移 $\Delta\phi$ 能够推导出目标距离 R，即

$$R = \frac{c}{2}\frac{\Delta\phi}{2\pi f_M} \tag{15-5}$$

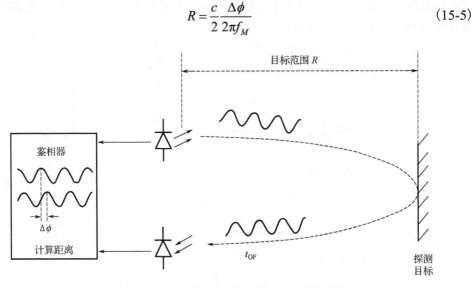

图 15.4　调幅连续波激光雷达飞行时间相位测量原理

在调幅连续波方法中，距离测量分辨率由测距信号频率和相位计分辨率共同决定。增加调幅信号频率，分辨率会随之增加，但回波信号相位经过 2π 相移后开始重复，会减小测距范围。因此，最大距离范围和测量分辨率之间存在互相制约关系。典型的调制频率通常在 1MHz 范围内。通过对光束施加非周期性的幅度调制，可以避免测量范围和测量精度间的相互制约。AMCW 调制通常使用 LED 作为光源。其有限的光功率和信噪比限制了探测距离，因此该技术通常在室内使用，包括视听、界面交互和视频游戏等。

15.3.3　调频连续波制式

FMCW 激光雷达是一种相干激光雷达，通过将从物体反射回来的光与来自相干激光发射的参考光混合产生中频信号测量物体距离。运动目标会产生多普勒频移，因此通过单次测量就可以同时获得目标物体的距离和速度，从而得到场景的三维位置和速度信息[9, 10]。

图 15.5 所示为 FMCW 激光雷达的基本结构，由可调激光器和相干接收器组成。激光发射的光波频率随时间呈周期性线性变化，返回信号和本地激光信号间存在频率差 f_r。对于静态目标，该频率差取决于时间延迟和线性调频的变化率。返回信号

与本地激光信号相干混频得到的拍频信号频率等于它们的频率差，可以直接推导返回信号的时延和目标距离。与相干光通信一样，它使用相干接收技术来提高信号的信噪比，以及对背景光的抗干扰能力。

如果激光频率随时间线性变化，则拍频频率差 f_r 与光束往返时间 t_{OF} 成正比，即与目标距离 R 成正比。频率差为

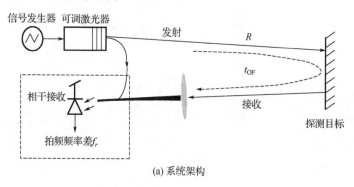

(a) 系统架构

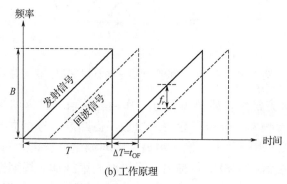

(b) 工作原理

图 15.5　FMCW 激光雷达的基本结构

$$f_r = \gamma t_{OF} = \frac{B}{T} t_{OF} = \frac{B}{T} \frac{2R}{c} \tag{15-6}$$

其中，γ 为激光调频斜率；B 为调频带宽；T 为调频周期；c 为自由空间光速。

目标距离可以表示为

$$R = f_r \frac{cT}{2B} \tag{15-7}$$

通过快速傅里叶变换将拍频信号从时域转换到频域，拍频的峰值就可以转换成测量距离。

激光调频也可以采用三角波。图 15.6 所示为三角波 FMCW 激光雷达工作原理。假设三角波频率为 f_m，则线性调频周期仅为三角波周期的一半，即 $T/2 = 1/(2f_m)$。在

这种情况下，所得拍频可由下式给出，即

$$f_r = \frac{2B}{T} \, t_{OF} = \frac{4RB}{cT} \tag{15-8}$$

测量距离为

$$R = f_r \frac{cT}{4B} \tag{15-9}$$

如果目标在运动，那么获得的拍频不仅与距离有关，还与目标相对于光源的运动速度有关。沿光束方向运动的目标会产生多普勒频移：目标朝向光源运动,返回信号频率增加；目标远离光源运动，返回信号频率减小。通过采用三角波线性调频，相向运动目标使信号发生多普勒蓝移，那么反射信号和本地信号之间的频率差在线性调频的上升段变小，下降段变大，如图 15.6(c)所示。两个拍频信号之间的频率差由多普勒频移决定，这样可以检测出运动目标的速度。

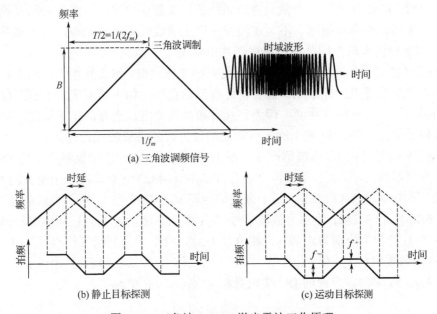

(a) 三角波调频信号

(b) 静止目标探测   (c) 运动目标探测

图 15.6 三角波 FMCW 激光雷达工作原理

考虑速度方面的贡献，引入多普勒频率 f_d 后，拍频分量 f_d 被叠加到 f_r，那么在上升段和下降段拍频频率变为

$$f^+ = f_r + f_d$$
$$f^- = f_r - f_d \tag{15-10}$$

在这种情况下，距离可以通过以下公式计算获得，即

$$R = \frac{cT}{4B} \frac{f^+ + f^-}{2} \tag{15-11}$$

相对速度及其方向也可以利用多普勒效应计算，即

$$v_r = \frac{\lambda}{2} f_d = \frac{\lambda}{4}\left(f^+ - f^-\right) \tag{15-12}$$

与 ToF 方法相比，FMCW 测距具有许多优势。第一，由于使用外差检测，该系统不受阳光和附近运行的其他激光雷达系统的干扰。它只放大与本地激光信号相干的光，与本地激光不匹配的光不会被探测到，可以阻挡来自太阳光、人造光或其他车辆上的激光雷达的噪声。相比之下，ToF 无法筛选出非相干光，这会干扰返回信号。第二，FMCW 可以通过检测接收信号的多普勒频移直接测量运动物体的速度。第三，容易实现高精度距离探测，因为距离探测精度取决于线性调频带宽和探测信噪比，而接收端不需要很高工作带宽。在 ToF 测量方法中，距离精度受接收器带宽限制。第四，FMCW 非常适合激光雷达系统的硅基集成化发展。因为它的高检测灵敏度，激光功率不需要很高，不会在波导中产生非线性效应。此外，它不需要用到 APD 和高速检测电路，因此易在集成芯片中实现。

FMCW 激光雷达在室外环境中具有更好的工作效果，然而其相干检测也对激光光源提出更高的要求，即激光器需要良好温度稳定性，相干长度应大于测距往返行程，调频应具有很高的线性度。因为它具有超高灵敏度、固有的抗干扰性，以及逐点速度检测能力，FMCW 相干激光雷达逐渐成为硅基集成的优先选择。

FMCW 信号可由 IQ 调制器产生。图 15.7 所示为基于 IQ 调制器产生的 FMCW 信号的原理示意图。该调制器由两个并行 MZM1 和 MZM2 嵌套在一个更大的 MZI3 中构成。其中 MZM1 和 MZM2 用于微波信号调制。MZI3 用于调控微波信号的相位关系。MZM1 和 MZM2 分别由微波信号 V_{RF1} 和 V_{RF2} 驱动，具有相同频率和幅度，V_{RF1} 和 V_{RF2} 的相位分别为 ϕ_1 和 ϕ_2，相位差为 $\Delta\phi$，两个子调制器工作点(即 DC 移相器)分别由偏置电压 V_{b1} 和 V_{b2} 调节，MZI3 的工作点(即 DC 移相器)由偏置电压 V_{b3} 调节，V_{b1}、V_{b2} 和 V_{b3} 对应的 DC 移相器相位为 ϕ_{b1}、ϕ_{b2} 和 ϕ_{b3}。

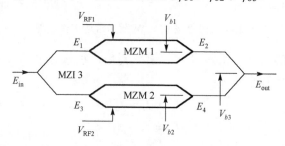

图 15.7　基于 IQ 调制器产生的 FMCW 信号的原理示意图

对于工作于推挽状态下的 MZM1 调制器，它的传递函数可以表示为

$$\frac{E_2}{E_1} = \frac{1}{2}e^{-i\phi_1} + \frac{1}{2}e^{i(\phi_1 + \phi_{b1})} \tag{15-13}$$

其中 ϕ_1 和 ϕ_{b1} 为 V_{RF1} 和 DC 移相器的相位，即

$$\phi_1 = \pi\frac{V_{RF1}}{2V_\pi} \tag{15-14}$$

$$\phi_{b1} = \pi\frac{V_{b1}}{V_{\pi,DC}} \tag{15-15}$$

其中，V_π 和 $V_{\pi,DC}$ 为 MZM1 调制器和 DC 移相器的半波电压。

当调制器的工作偏置点是最小传输时，即 $\phi_{b1}=\pi$ 时，上式可以简化为

$$\frac{E_2}{E_1} = -i\sin\phi_1 \tag{15-16}$$

如果 V_{RF1} 驱动信号是单频信号，即 $V_{RF1}=V\cos(\omega_1 t)$，那么有（忽略高次谐波项）

$$\frac{E_2}{E_1} = -iJ_1(a)(e^{i\omega_1 t} + e^{-i\omega_1 t}) \tag{15-17}$$

其中，V 为微波信号 V_{RF1} 的振幅；$J_1(*)$ 为一阶贝塞尔函数；a 为调制指数，即

$$a = \pi\frac{V}{2V_\pi} \tag{15-18}$$

类似地，MZM2 调制器驱动信号为 $V_{RF2}=V\cos(\omega_1 t+\Delta\phi)$ 时，那么可得

$$\frac{E_4}{E_3} = -iJ_1(a)\left[e^{i(\omega_1 t+\Delta\phi)} + e^{-i(\omega_1 t+\Delta\phi)}\right] \tag{15-19}$$

IQ 调制器的传递函数为 MZM1 和 MZM2 传递函数的叠加，即

$$\frac{E_{out}}{E_{in}} = \frac{1}{2}\left(\frac{E_2}{E_1} + \frac{E_4}{E_3}\right) \tag{15-20}$$

将式 (15-17) 和式 (15-19) 代入上式，可得

$$\frac{E_{out}}{E_{in}} = \frac{1}{2}\left[-iJ_1(a)(e^{i\omega_1 t} + e^{-i\omega_1 t}) - iJ_1(a)(e^{i(\omega_1 t+\Delta\phi)} + e^{-i(\omega_1 t+\Delta\phi)})e^{i\phi_{b3}}\right] \tag{15-21}$$

当满足 $\Delta\phi + \phi_{b3}=\pi$ 时，有

$$\frac{E_{out}}{E_{in}} = -J_1(a)e^{i\phi_{b3}}\sin(\phi_{b3})e^{-i\omega_1 t} \tag{15-22}$$

由此可见，调制后只产生 -1 阶边带（忽略其他奇次高阶边带）。类似地，如果满足

$\phi_{b3}-\Delta\phi = \pi$ 时，有

$$\frac{E_{out}}{E_{in}} = -J_1(a)e^{i\phi_{b3}}\sin(\phi_{b3})e^{i\omega_1 t} \qquad (15\text{-}23)$$

这说明，调制后产生+1 阶边带。如果 RF 驱动信号为线性调频信号，即

$$V_{RF1} = V\cos(2\pi f_1 t + \pi K_r t^2) \qquad (15\text{-}24)$$

其中，f_1 为起始调制频率，K_r 是调频速率。对输入载波频率为 f_0 的激光（$E_{in} = E_0 e^{i2\pi f_0 t}$），调制后即可得到激光雷达需要的 FMCW 光波信号（$\phi_{b3} = \pi/2$，$\Delta\phi = \pi/2$），即

$$E_{out} = -iJ_1(a)e^{i(2\pi f_0 t + 2\pi f_1 t + \pi K_r t^2)} \qquad (15\text{-}25)$$

上式说明调制后的光束频率满足随时间呈线性变化的特性，即

$$f_{op} = f_0 + f_1 + K_r t / 2 \qquad (15\text{-}26)$$

15.4　波束调控方式

15.4.1　相控阵波束调控

近年来，作为传统的机械式扫描以及 MEMS 波束调控技术的替代品，OPA 引起了广泛关注。它完全没有惯性，在高速扫描下依然可以实现具有高方向增益的随机指向[11-14]。OPA 利用多种微结构波导控制光束。它的工作原理与微波相控阵相同，通过调整发射阵元之间的相位关系，发射光在远场中干涉会形成特定方向增益的干涉图案。

在 OPA 系统中，光学移相器能够控制光通过波导的相位，从而控制波前的形状和方向，实现光束偏转。OPA 可以实现非常稳定、快速和精确的光束调控。与机械式扫描方式相比，固态扫描通过使用光电集成组件控制激光输出，可以摆脱对运动部件的依赖，更加坚固耐用，大幅减小激光雷达的重量和尺寸。其扫描速度增加两到三个数量级，允许以极高的速度(GHz)进行大角度扫描。由于没有任何运动部件，任意时刻的扫描方向只由当前调用的相位查找表决定，与前一时刻的扫描方向无关，所以在角向工作范围内可以做到任意指向，进而在任务价值高的角向范围内进行高密度扫描，在其他区域进行稀疏扫描。OPA 在结构上只需要一个光源和一个光电探测器即可进行严格意义的光束扫描，解决光路选择型激光雷达的扫描盲区，并且支持 μrad 量级的波束控制。

由于 OPA 包含大量光学元件，采用硅基光电子技术实现激光雷达具有许多优

势。硅光能提供所需的各种片上光学器件，集成化使激光雷达更耐受各种机械冲击和振动，能在恶劣环境中工作。硅光制造工艺与现有的 CMOS 工艺兼容，可以大大降低工艺制作成本。采用硅光平台制作相控阵可以采用硅波导或者氮化硅波导。氮化硅材料具有更大的透明窗口，在波长选择方面更具灵活性，而且其非线性阈值高，能传输更高功率的光信号，但热光系数比硅小一个数量级，热调效率比较低。相比之下，硅波导可以进行有效的热光相位调节，但不能在 1.1μm 以下波段工作，且常规单模条形波导只能工作于 100mW 光功率以下。硅波导具有更大的折射率对比度，相控阵整体尺寸比氮化硅更小，更易集成。硅波导较高的折射率使其模场分布更加集中，从而减小发射波导间距，增加角度调节范围。

OPA 的拓扑结构如图 15.8 所示。一维阵列通过调节波导相位可以实现出射光束在一个角度方向的转向；二维阵列通过调节波导相位可以控制波束在两个角度方向的扫描。为确保整个阵列发射光的相干性，相控阵使用单个激光源并均匀分布馈送到发射阵列。

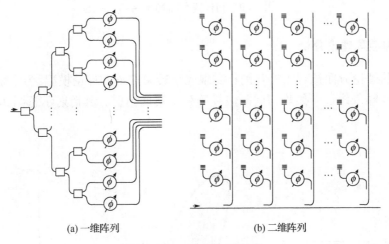

(a) 一维阵列　　　　　　　　　　　　　(b) 二维阵列

图 15.8　OPA 的拓扑结构

激光输入馈送到末端光学天线发射器可以采用不同的分布网络结构（图 15.9）[15]。最简单、最直接的相控阵架构是树型架构，其中 1：N 光功分器将输入光均分到 N 个波导中，每个波导都连接移相器和光学天线。由于树形结构需要 N 个独立的移相器实现视场范围内所有可能的波束指向，因此需要的输入输出端口密度非常大。为了降低接口/控制复杂性，可以将光分布网络结构更改为分组树型结构。光学天线和移相器被分为 M 个子组，每个子组在功分器后都有专用的移相器，可以调整子组之间的相移。对于线性相移，可以在整个阵列上共享一组信号来控制每个子组内的移相器。分组树型结构中的独立信号数为 $M+N/M$。相控阵还可以使用级联架构。光功率分配通过沿着总线波导的一串定向耦合器实现。移相器位于耦合器之间，可以调整相对相位。对于线性扫描，相邻移相器之间的相对相位始终恒定，因此理论上只采用一个控制信号就能调整光束指向。类似于分组树型结构，该结构也可以进行分组级联，并由多个信号驱动，从而增加相位调节的灵活性。

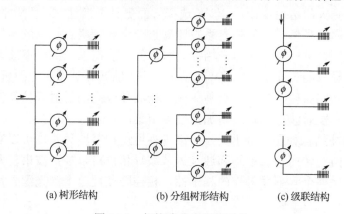

(a) 树形结构　　　　　　(b) 分组树形结构　　　　　(c) 级联结构

图 15.9　相控阵分布网络结构

15.4.2　相控阵理论分析

下面从理论方面推导相控阵调相实现光束转向扫描的理论模型。为了便于分析，假设相控阵输入经过一维均匀间隔波导阵列从端面出射。其衍射示意图如图 15.10 所示。

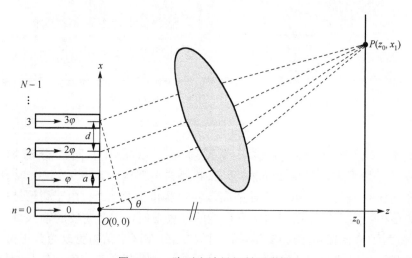

图 15.10　阵列光波导衍射示意图

N 根发射波导沿 x 方向排布，波导宽度为 a，排列间距为 d，相邻单元之间的相位差为 φ。在距离发射阵列 z_0 处的观察平面观测，取观测点为 $P(z_0, x_1)$，其中 $z_0 \gg x_1$，

则近似有

$$\sin\theta \approx \tan\theta = \frac{x_1}{z_0} \tag{15-27}$$

将波导端面发射近似为矩形均匀发射，则一维波导阵列的近场电场可表示为

$$e(x) = \sum_{n=0}^{N-1} \text{rect}\left(\frac{x-nd}{a}\right) e^{jn\varphi} \tag{15-28}$$

远场电场分布是近场的傅里叶变换，因此可以求得 P 观测点电场强度，即

$$e(x_1) = a\,\text{sinc}\left(\frac{ka\sin\theta}{2}\right)\left[\frac{\sin\dfrac{N(kd\sin\theta-\varphi)}{2}}{\sin\dfrac{kd\sin\theta-\varphi}{2}}\right] e^{j\left[(N-1)\frac{kd\sin\theta-\varphi}{2}\right]} \tag{15-29}$$

令 $\alpha = \dfrac{1}{2}ka\sin\theta$，$\chi = kd\sin\theta$，代入式(15-29)，化简可得

$$e(x_1) = a\,\text{sinc}(\alpha)\left[\frac{\sin\dfrac{N(\chi-\varphi)}{2}}{\sin\dfrac{\chi-\varphi}{2}}\right] e^{j\left[(N-1)\frac{\chi-\varphi}{2}\right]} \tag{15-30}$$

P 点的光强为

$$I(x_1) = I_0\left[\text{sinc}(\alpha)\right]^2\left[\frac{\sin\dfrac{N(\chi-\varphi)}{2}}{\sin\dfrac{\chi-\varphi}{2}}\right]^2 \tag{15-31}$$

其中，$I_0 = a^2$，表示阵列波导无相位调制时，远场衍射角为 0°时 P 观测点的光强；第二项和波导衍射远场分布相关，定义为波导衍射因子；最后一项为干涉因子。

空间中的强度谱呈现为等间隔的明暗条纹。理论上，转向范围受到至少两个因素的限制，即混叠和衍射包络。混叠为除主方向以外的高阶干涉。衍射包络为单波导的远场衍射角度范围。

单波导衍射只与波导尺寸相关，不会受调相的影响，而多波导干涉则受调相的影响。相位差变化后干涉主峰的位置也会随着移动。借助波导阵列干涉模型可以分析调相的作用，结合式(15-31)可知调相作用下，波导阵列干涉主峰满足的方程为

$$\chi - \varphi = kd\sin\theta - \varphi = 2n\pi, \quad n = 0, \pm 1, \pm 2, \cdots \tag{15-32}$$

其中，n 为对应的各级主极大位置，当相位差 φ 一定时，不同的 n 值对应不同的远场衍射角 θ，在远场观测屏上就会观测到等间隔亮度一致的条纹(不考虑单波导衍射

包络)，如图 15.11 所示。一般定义 $n=0$ 时的衍射角 θ 对应的亮条为中央主峰，即

$$\theta = \arcsin\left(\frac{\varphi}{kd}\right) \tag{15-33}$$

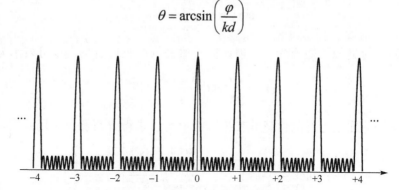

图 15.11　波导阵列干涉强度分布示意图

相邻主峰 $n=-1$ 处对应的衍射角为

$$\theta_{-1} = \arcsin\left(\frac{\varphi-2\pi}{kd}\right) \tag{15-34}$$

两个主峰之间的衍射角度间隔为

$$\Delta\theta = \theta - \theta_{-1} = \arcsin\left(\frac{\varphi}{kd}\right) - \arcsin\left(\frac{\varphi-2\pi}{kd}\right) \tag{15-35}$$

当调相使中央主峰在视场中的偏转角度最大，即 $\theta = \pi/2$ 时，可得调相的固定相位差 $\varphi = kd$，代入式(15-35)可得

$$\Delta\theta = \frac{\pi}{2} - \arcsin\left(\frac{kd-2\pi}{kd}\right) \tag{15-36}$$

代入波数 $k = 2\pi/\lambda$ 可得

$$\Delta\theta = \frac{\pi}{2} - \arcsin\left(1 - \frac{\lambda}{d}\right) \tag{15-37}$$

当 $d \leqslant \lambda/2$，$n=-1$ 时的干涉峰不会出现在视场中。因此，当波导间隔满足小于半波长条件时，视场内只有一个干涉峰存在，通过调相只会使它在视场中移动，从而实现最大扫描角度范围，消除相邻干涉峰造成的混叠现象。

对于一般的情况，当视场中有其他栅瓣存在时(即有混叠)，观测屏中两个相邻亮条纹之间有很多暗条纹(零点)，结合式(15-31)中多缝干涉因子可知，这些暗条纹需要满足下式，即

$$\frac{\chi-\varphi}{2} = \frac{n\pi}{N}, \quad n = 1, 2, \cdots, N-1 \tag{15-38}$$

由此式可知，两个干涉主峰之间有 $N–1$ 个零点，进而可知两个主峰之间有 $N–2$ 个次主峰。相邻两个零点之间的角度差为

$$\Delta\theta_0 = \frac{\lambda}{Nd\cos\theta} \tag{15-39}$$

主极大与相邻零点的角度差与式(15-39)一致，一般定义主极大的半角宽度为 $\Delta\theta_0$。这个值在激光雷达中主要用来衡量光束精细度，与扫描精度密切相关。因此，为了增大扫描精度，需要增大发射孔径尺寸 $D = Nd$。

由于远场受波导衍射因子调制的影响，波导阵列干涉各级主峰移动的同时，其幅度也受波导衍射因子包络的限制。这里以无相位调制时的阵列波导衍射模型为例进行分析，将静态远场中央主极大强度最大值定义为干涉主瓣强度，相邻受包络调制的干涉主峰强度最大值定义为栅瓣强度，栅瓣抑制比(side-mode suppression ratio, SMSR)定义为主瓣强度和旁瓣强度的比值。根据式(15-31)可得主峰强度，即

$$I_c = I_0 \tag{15-40}$$

栅瓣强度为

$$I_s = I_0\left[\mathrm{sinc}\left(\frac{a}{d}\pi\right)\right]^2 \tag{15-41}$$

则栅瓣抑制比为

$$\mathrm{SMSR} = \frac{I_c}{I_s} = \left[\mathrm{sinc}\left(\frac{a}{d}\pi\right)\right]^{-2} \tag{15-42}$$

一般以取对数表示，即

$$\mathrm{SMSR} = -20\log_{10}\left[\mathrm{sinc}\left(\frac{a}{d}\pi\right)\right] \tag{15-43}$$

可见，栅瓣抑制比与波导发射孔径尺寸和波导阵列间隔密切相关。

15.4.3　光路选通波束调控

利用不同位置发射光源进行光路选择是最直接的激光光束调控方案。如图 15.12(a)所示，光路选择波束调控结构由片上集成光路和成像透镜构成[16],其中片上集成光路包含 1×N 光开关阵列和光栅天线，光栅位于透镜的焦平面上。1×N 光开关阵列可由 1×2MZI 或者微环谐振腔光开关单元通过树形结构级联构成。输入光经过光开关阵列选择后进入对应的光栅天线，发射的光束经过位于光栅阵列上方的透镜变成准直光输出。光束最终发射角度由光栅在芯片上的位置决定。

角分辨率由相邻光栅所发射光束的角度差决定(图 15.12(b))，可以通过下式近

似得出角分辨率，即

$$\theta_{\text{res}} = \arctan\left(\frac{p}{f}\right) \qquad (15\text{-}44)$$

其中，f 为透镜的焦距；p 为光栅中心之间的距离。

类似可以得到光栅阵列总的扫描角度范围，即

$$\theta_{\text{scan}} = \arctan\left(\frac{l_{\text{dev}}}{f}\right) \qquad (15\text{-}45)$$

其中，l_{dev} 为光栅阵列长度。

角分辨率和扫描范围分别取决于光栅周期和光栅总长度。光栅本身的衍射角对这两个参数没有影响，光栅衍射会影响经过透镜的透光率。透镜要能收集光栅发射的所有光束，其直径 D 满足下面关系，即

$$D > l_{\text{dev}} + 2f\tan\theta_{\text{div}} \qquad (15\text{-}46)$$

其中，θ_{div} 为光栅衍射发散角。

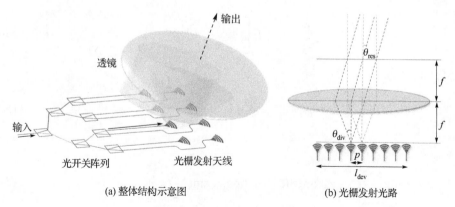

(a) 整体结构示意图　　　　　　　　　　　(b) 光栅发射光路

图 15.12　光路选择波束调控

这种通过光开关阵列选择特定光路来调控光束的方式调节功耗较低，选通一条光路需要打开 $\log_2 N$ 个光开关。如果光开关具有较大的消光比，那么不同光栅的相互串扰也会比较低。此外，该系统的另外一个优点是，可以通过更换透镜更改扫描角分辨率和扫描范围。这样可以节省系统开发时间和成本。基于该系统的激光雷达光束扫描点云数由光栅天线个数决定，要获得高清晰点云图就要增加光栅天线数目和光开关矩阵规模。

15.4.4　光学发射天线

激光束从芯片发射到目标物体需要通过片上集成光学天线来实现。波束可以通过硅

波导端面直接发射，由于波导只能在芯片平面方向大规模排布，因此只能形成一维相控阵发射阵列。此外，光束在垂直方向的衍射角比较大，需要在阵列外增加柱透镜来准直光束。另外一种方式是通过波导光栅将光束从芯片平面发射，在芯片上二维排布光栅或者利用波长色散特性可以实现对光束的二维转向调控。光栅天线需要具有一定的长度才能获得较大的发射孔径和较小的发散角。波导光栅天线可以由波导宽度扰动形成，其中受扰部分会产生局部有效折射率失配。当光传播通过该光栅时，部分光被散射到自由空间中，经过相干叠加在远场形成干涉峰，如图 15.13(a)所示。这种波导光栅天线类似于一维相控阵，发射单元之间的相对相位差由散射点之间的光路决定。由于局部折射率扰动引起的光散射比例由波导表面或者侧壁蚀刻的深度决定，为了形成均匀的发射轮廓并最大化光学天线的有效孔径，扰动需要沿光栅天线方向逐步增加。同时，为了在相邻散射点之间保持相同的光路偏移，光栅周期(Λ)也应逐渐增加。

　　波导光栅耦合器被广泛用于波导与光纤之间的耦合，从光栅发射的光束具有波长和偏振相关性，因此可以根据布拉格条件来描述光栅的衍射特性。布拉格条件定义了入射光束和衍射光束波矢量之间的关系。布拉格方程可以描述 z 轴方向光栅衍射模式的相位匹配，即

$$k_{m,z} = \beta - mK \tag{15-47}$$

其中，m 为衍射级数；$k_{m,z} = k_m \sin(\phi_1)$ 为第 m 个衍射波矢量 k_m 的 z 分量；$\beta = n_{\text{eff}}(2\pi/\lambda)$ 为波导传播常数；$K = 2\pi/\Lambda$ 为光栅矢量。

　　如果波导上包层和下包层的折射率分别为 n_1 和 n_2，则 m 阶衍射波矢量 k_m 可表示为

$$k_m = \frac{2\pi}{\lambda} n_{1,2} \tag{15-48}$$

　　可用图 15.13(b)所示的波矢图表示式(15-47)。光栅位于图的中心，半圆的半径与相应介质中光波矢 k 的大小成正比。可以通过以下方式获得 m 阶衍射光束，即将 m 倍的光栅矢量 K 叠加到波导传播常数 β 上，如果通过终点的垂直线穿过半圆，则存在 m 阶衍射光束，其矢量为从圆的中心指向到相交点；相反，垂直线和半圆之间没有相交，则不存在该阶衍射模式。当 $\Lambda > \lambda / n_{\text{eff}}$ 时，一阶衍射光束的方向为斜上方和斜下方。这种光栅可用做光学天线，实现光束从波导到自由空间的发射。由式 (15-47)可知，光束通过波导光栅后的衍射角(与垂直方向夹角)为

$$\phi_1 = \arcsin\left(\frac{m\lambda}{\Lambda} - n_{\text{eff}}\right) \tag{15-49}$$

通过调波长可以改变光束发射角，调节效率为

$$\frac{\mathrm{d}\phi_1}{\mathrm{d}\lambda} = \frac{\dfrac{1}{\Lambda} - \dfrac{\mathrm{d}n_{\mathrm{eff}}}{\mathrm{d}\lambda}}{\sqrt{1 - \left(\dfrac{\lambda}{\Lambda} - n_{\mathrm{eff}}\right)^2}} = \frac{n_{\mathrm{eff}}}{\lambda} + \frac{n_g - n_{\mathrm{eff}}}{\lambda} = \frac{n_g}{\lambda} \qquad (15\text{-}50)$$

其中，n_g 为波导群折射率。

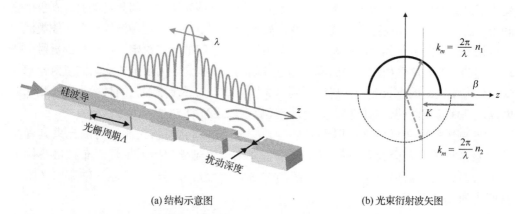

(a) 结构示意图　　　　　　　　(b) 光束衍射波矢图

图 15.13　基于波导光栅的光束发射天线

　　对于一维排布波导光栅天线，波导可以靠得非常近，因此调节相位可以获得大角度范围的波束调控。设计时通常采用较长的浅蚀刻光栅，这样可以减小光束沿波导传输方向的发散角。这样的光栅通常需要非常弱的耦合强度，即沿波导传输方向折射率扰动需要比较小，给工艺制作(光刻和刻蚀精度)带来极大地挑战。利用硅和氮化硅多层波导集成技术，在硅波导上制作氮化硅光栅可以减小对工艺的挑战[17]。在这种结构中，光还是高度限制在硅波导中，氮化硅覆盖层只是提供对硅波导的微弱扰动。与传统硅波导光栅相比，氮化硅光栅对波导光学模式的影响小很多(图 15.14)。光栅耦合强度取决于光栅占空比，以及氮化硅层的厚度和宽度，对制备工艺变化不敏感。硅波导光栅比这种氮化硅光栅工艺灵敏度高 70 倍。

　　对于二维排布的波导光栅天线，尺寸不能太大，应在两个方向上都能提供足够的波束覆盖角度范围，通常采用大小为几个微米的深刻蚀光栅。与浅蚀刻光栅不同，这种光栅在几微米的传播范围内，大多数光会往波导平面外衍射，能覆盖较大的角度范围。图 15.15(a) 所示为一种小型光栅天线，其尺寸为 2μm×5μm[14]。该光学天线由一个锥形平板和一个垂直于传播方向的多个硅条(光栅)组成。锥形平板扩展波导模式后，光栅将光辐射到自由空间中。在光栅两侧放置的与光波导平行的硅条可以将光限制在光栅天线区域中。图 15.15(b) 为该光栅天线的远场辐射图，可实现 51% 的辐射效率。

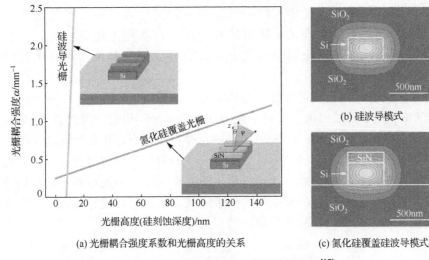

(a) 光栅耦合强度系数和光栅高度的关系

(b) 硅波导模式

(c) 氮化硅覆盖硅波导模式

图 15.14　两种波导光栅工艺敏感性比较[17]

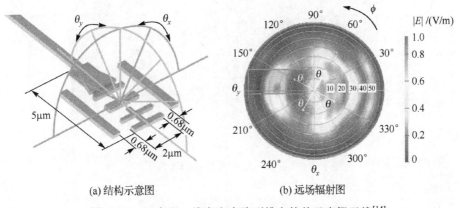

(a) 结构示意图

(b) 远场辐射图

图 15.15　可实现二维高密度阵列排布的单元光栅天线[14]

15.4.5　典型实例介绍

一维相控阵最简单的设计是使用边缘端面发射阵列，光通过终止于芯片边缘的波导阵列发射到自由空间。这种端面发射设计可以简化相控阵设计，减少损耗。波导和自由空间界面的反射损失通常小于 1dB，并且可以通过增加抗反射镀膜进一步降低反射损耗。如图 15.16 所示，基于硅光技术实现的 12 通道边沿发射阵列，可在 32° 范围内调节[18]。基于热光相位调节可以实现 100 kHz 调节带宽，比液晶调节速度高两个数量级。光束发射转向角度范围受限于波导间距，虽然采用扩散透镜可以增加转向范围，但也会增加光束发散角。光栅栅瓣的存在会降低中心主瓣的功率，在自由空间光通信等应用中也会产生不利影响，如波瓣信号容易被窃听。光学天线可以采用非均匀排布，通过将其功率分布在更宽的角度区域上可以降低光栅栅瓣的峰值幅度，实现无混叠转向。在发射端采用柱状透镜可保证光束在两个维度上均具有较小的发射角，同时通过相位调节实现一维光束转向。

利用光栅耦合器可以实现二维相控阵发射。如图 15.17 所示，该 64×64 二维相控阵由 4096 个光学天线组成[19]。光学天线间距为 9μm，远超所用波长 1.55μm 的一半，因此形成多个远场图像。所采用的发射光栅尺寸较小，具有数百纳米的带宽。通过在波导上添加热光移相器，可以对光学天线的相位进行调控，从而控制光束转向。光学天线的均匀排布导致在远场中产生非高斯光束。通过对相控阵近场分布进行切趾设计，可以获得干净的高斯远场光束形状。理论上，通过对每个光学天线辐射光的幅度和相位调节可以控制生成任意光束轮廓。

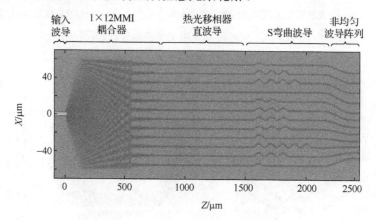

图 15.16　硅基一维端面发射相控阵[18]

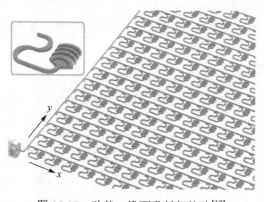

图 15.17　硅基二维面发射相控阵[19]

对于大多数应用而言，相控阵所需的移相器不需要高速调节。但是，它们应该具有小尺寸，尤其在二维阵列中，光栅天线排布紧密，移相器所占的空间非常有限。硅光集成使用的大多数移相器都是基于热光效应，可以满足小尺寸要求。除了热光效应外，移相器也可以基于 PIN 二极管实现，利用载流子注入可以调节波导相位。与热光效应相比，这种移相器速度更快，能实现 200MHz 的调节带宽，可提高激光雷达扫描速度。有些相控阵需要调控每路光信号的强度，需要用到光学可调衰减器，可以直接通过硅材料的载流子色散效应来实现，也可以通过干涉结构间接实现幅度调节。这两种方法的相位和幅度调节耦合在一起。幅度调整时，相位也需要对应调整。

虽然采用二维相控阵可以三维成像，但芯片实现中因为需要分配大量空间来集成其他器件(包括波导馈送网络、移相器和光栅天线等)，光束转向范围受到限制。目前常用的解决方案是通过相位调控光束在水平方向的转向，通过波长来调节光束在俯仰角方向的转向，实现对目标物体的三维扫描。

从之前的理论分析可知，减小光束宽度需要在 OPA 中增加发射阵列整体孔径大小。如果光学天线间隔固定，那么光束宽度与线性阵列中的光学天线数量成反比。对于由 $N \times N$ 光学天线组成的正方形二维阵列，每个光学天线都需要进行相位控制，因此需要 N^2 个移相器。这意味着，对于大规模二维相控阵，当数百个甚至数千个光学天线需要大电流和几十兆赫兹快速调谐时，电极连接和驱动将成为瓶颈。

利用光栅的色散特性可以解决这个问题。光栅天线中光发射的方向取决于光的波长。光栅周期小于光波长一半时，发射的光束只有一个衍射主峰，没有其他栅瓣。均匀光栅中的相位关系是固定线性的，光束宽度可以通过光栅长度来控制，较长的光栅对应更窄的光束。采用光栅天线通过调节波长可以实现光在光栅发射平面内的转向，而在垂直平面内光束转向则可以通过移相器控制。因此，移相器数目大幅减小，降低驱动控制电路的复杂度。

图 15.18 为采用 300mm SOI 硅光工艺制作的集成 OPA 激光雷达芯片和测试结果[11]。它包含微瓦级功耗和 2.4dB 平均损耗的小型移相器，以及在 200nm 波长范围内具有大于 90% 方向性的毫米级波导光栅天线。512 个一维波导光栅天线排列周期间隔只有 1.65μm。移相器和光学天线相同的间距设计可以保证相控阵系统的可扩展性和高孔径填充因子。该相控阵能够实现低功耗工作(总功率小于 1mW)，大转向范围(56°×15°)和高速光束转向(小于 30μs 移相器响应时间)。相控阵波束发射角为 0.04°，旁瓣抑制比 12dB，本底噪声小于 25dB，主光束具有较高的功率比。该系统能在 185m 的范围内实现二维激光扫描。三维扫描可以通过增加波长扫描实现。

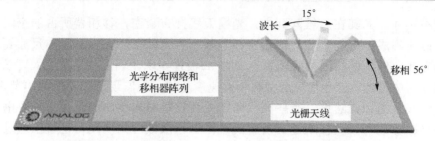

图 15.18　Analog Photonics 公司的相控阵激光雷达芯片[11]

15.5　硅基光源和探测

15.5.1　硅基外腔激光器

FMCW 相干激光雷达需要窄线宽激光器，对于具有洛伦兹光谱的激光器，相干长度 L_{coh} 与线宽成反比，即

$$L_{coh} = \frac{2\ln 2}{\pi} \frac{c}{\Delta \nu} \tag{15-51}$$

其中，c 为光速；$\Delta \nu$ 为激光线宽。

采用外腔激光器可以增加激光谐振腔长度和光子寿命，容易实现非常窄的线宽（<100kHz）。

如前所述，一种实现光束二维扫描的方式是综合使用相控阵调节和激光波长调节。这就要求激光具有大的波长调节范围。图 15.19 所示为一种大范围可调谐的硅基混合集成外腔激光器[20]。InP 反射型半导体光放大器（reflective semiconductor optical amplifier，RSOA）直接端面对接耦合到硅光芯片。RSOA 增益芯片的一个端面镀有高反射薄膜，另一个端面镀有防反射膜，波导倾斜角为 8°，可以保证 RSOA 芯片与硅光芯片耦合时的高透射和低反射。硅光芯片包含模斑转换器、移相器、级联微环滤波器和可调谐 Sagnac 反射器。要实现激光波长的大调谐范围，RSOA 要具有宽的增益频谱，同时利用双微环的游标效应来保证在这个大频谱范围内能选择一个单众模输出。另外，要同时获得窄线宽激光输出，还要求低损耗波导、高 Q 值谐振和芯片间低损耗耦合。激光波长从 1500nm 到 1660nm，全范围内边模抑制比大于 50dB。在电流为 400 mA 时，片上输出光功率为 17.5mW。图 15.19(b) 为采用外差法测量的激光线宽，通过洛伦兹拟合得到的外腔激光器的线宽约为 26 kHz。

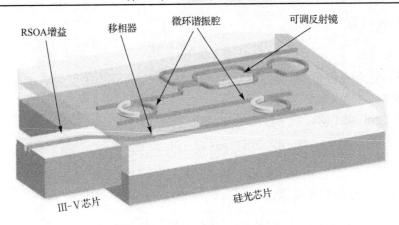

RSOA增益　　移相器　　微环谐振腔　　可调反射镜

Ⅲ–Ⅴ芯片　　　　　　　　　硅光芯片

(a) 硅基外腔激光器结构示意图

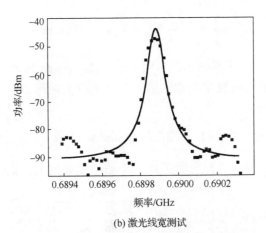

(b) 激光线宽测试

图 15.19　硅基混合集成外腔激光器[20]

15.5.2　硅基相干探测

在接收端引入相干探测可以以较低的光脉冲峰值功率达到和 ToF 同样的测试范围和分辨率。相干探测输入端存在高功率本地振荡光(local oscillator，LO)，提供相干增益，从而增加系统灵敏度。相干探测只对发射光响应，能过滤接收到的其他噪声信号，减少阳光等背景光对探测的影响。相干探测可以采用 PIN 光电探测器，便于将其集成到硅光芯片中，降低激光雷达发射功率，减小系统成本。

图 15.20 所示为相干探测结构示意图。信号光和本地光在光电探测器前通过 3dB 耦合器相干干涉。接收到的信号光可以表示为

$$E_{\text{s}}(t) = \sqrt{P_{\text{s}}} \text{e}^{\text{i}(\omega_{\text{s}}t + \phi_{\text{s}})} \tag{15-52}$$

本地光可以表示为

$$E_{\text{lo}}(t) = \sqrt{P_{\text{lo}}}\, e^{i(\omega_{\text{lo}} t + \phi_{\text{lo}})} \tag{15-53}$$

其中，P_s 和 P_{lo} 为信号光和本地光的光功率；ω_s 和 ω_{lo} 为它们的角频率；ϕ_s 和 ϕ_{lo} 为它们的初始相位。

两束光经过 3dB 耦合器干涉后的电场可以表示为

$$\begin{bmatrix} E_{I,1}(t) \\ E_{I,2}(t) \end{bmatrix} = \frac{\sqrt{2}}{2}\begin{bmatrix} E_s(t) + iE_{\text{lo}}(t) \\ iE_s(t) + E_{\text{lo}}(t) \end{bmatrix} \tag{15-54}$$

那么经过探测器得到的光电流为

$$I_{I,1} = R\left|E_{I,1}\right|^2 = \frac{1}{2}RP_s + \frac{1}{2}RP_{\text{lo}} + R\sqrt{P_s P_{\text{lo}}}\,\sin(\Delta\omega t + \phi_0) \tag{15-55}$$

$$I_{I,2} = R\left|E_{I,2}\right|^2 = \frac{1}{2}RP_s + \frac{1}{2}RP_{\text{lo}} - R\sqrt{P_s P_{\text{lo}}}\,\sin(\Delta\omega t + \phi_0) \tag{15-56}$$

其中，$\Delta\omega = \omega_s - \omega_{\text{lo}}$ 为信号光和本地光的角频率差，$\phi_0 = \phi_s - \phi_{\text{lo}}$ 为初始相位差。

式中第一项和第二项代表直接探测的信号光和本地光功率,经过平衡探测器后,它们抵消,只剩下拍频项,即

$$I_I(t) = I_{I,1} - I_{I,2} = 2R\sqrt{P_s P_{\text{lo}}}\,\sin(\Delta\omega t + \phi_0) \tag{15-57}$$

由此可知，平衡探测得到的光电流强度可以被本地光放大，提供相干增益。

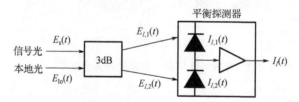

图 15.20   相干探测结构示意图

为了同时探测拍频信号的幅度和相位，可以采用 2×4 的 90° 混频器。其结构示意图如图 15.21 所示。信号光和本地光经过 90° 混频器后的四路输出光由两路平衡探测器探测得到同相和正交光电流。

光信号经过 90° 混频器的传递函数可以表示为

$$\begin{bmatrix} E_{\text{out1}}(t) \\ E_{\text{out2}}(t) \\ E_{\text{out3}}(t) \\ E_{\text{out4}}(t) \end{bmatrix} = \frac{1}{2}\begin{bmatrix} E_s(t) + E_{\text{lo}}(t) \\ E_s(t) + iE_{\text{lo}}(t) \\ E_s(t) - E_{\text{lo}}(t) \\ E_s(t) - iE_{\text{lo}}(t) \end{bmatrix} \tag{15-58}$$

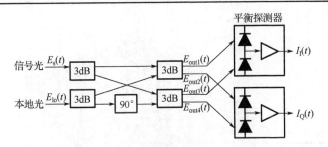

图 15.21　90°混频 IQ 探测结构示意图

干涉后的光场 $E_{out1}(t)$ 和 $E_{out3}(t)$ 由第一个平衡探测器探测，而 $E_{out2}(t)$ 和 $E_{out4}(t)$ 由第二个平衡探测器探测，因此同相和正交的光电流为

$$I_{I}(t) = R|E_{out1}|^2 - R|E_{out3}|^2 = R\sqrt{P_s P_{lo}}\cos(\phi_s - \phi_{lo}) \tag{15-59}$$

$$I_{Q}(t) = R|E_{out2}|^2 - R|E_{out4}|^2 = R\sqrt{P_s P_{lo}}\sin(\phi_s - \phi_{lo}) \tag{15-60}$$

总的电流可以表示为

$$S(t) = I_{I}(t)^2 + I_{Q}(t)^2 = R^2 P_s P_{lo} \tag{15-61}$$

相位为

$$\theta(t) = \tan^{-1}\left(\frac{I_{Q}(t)}{I_{I}(t)}\right) \tag{15-62}$$

15.6　硅基光电集成

　　将光学和电学器件单片集成在同一个 SOI 基片上可以解决激光雷达芯片电学输入/输出端口过密的问题。如图 15.22 所示为 8×8 光电集成硅基相控阵芯片[21]。它可以对 8×8 阵列编程调节，实现完全任意的动态光束整形。每个光栅天线均具有独立幅度和相位调控，总计包含 64 个移相器，64 个可调衰减器。在发射模式下，激光被耦合到输入光栅耦合器，通过硅波导分光阵列馈送到 64 个光栅天线。在接收模式下，相控阵上的入射光在被每个光栅收集后，被相干合成一束光，然后通过光栅耦合器输出。该芯片采用商业化 SOI CMOS 工艺 (IBM 7RF-SOI CMOS 工艺) 制作，包含 300 多个不同的光学元件和 74000 多个不同的电子元件。相控阵芯片在实际应用中还需要驱动电路的配合。虽然硅光芯片可以通过键合或者倒装焊的方式和驱动电路相结合，但硅光技术能提供一种单片集成能力，即可以将电学和光学元件集成在单个芯片上。

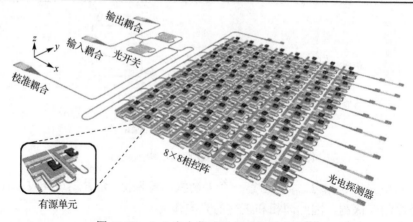

图 15.22　8×8 光电集成硅基相控阵芯片[21]

由于 CMOS 设计规则，以及可用的材料和工艺步骤，光学器件的设计受到限制。此外，光学和电学器件的并排放置往往会导致大规模阵列中的布线拥塞问题。另一种方式是采用三维异构集成[15]，典型的工艺流程如图 15.23 所示。集成过程需要用两个独立的 300mm 晶片。光学器件采用 193nm 浸没式光刻技术在厚度为 220 nm 的 SOI 晶片上制造，而电学器件使用标准 CMOS 工艺技术加工(如 65nm 低功耗体硅 CMOS 工艺)，将两个晶片面对面通过氧化物键合，然后，将光器件晶片的硅衬底整体蚀刻至掩埋氧化层(buried oxide，BOX)。在晶片键合和蚀刻之后，形成贯通氧化物通孔(through-oxide via，TOV)建立 CMOS 驱动电路与光器件之间的电学连接。TOV 可以密集地放置在任意位置，具有极低的寄生电容，可以当成 CMOS 后端工艺中的顶层金属过孔。最后，沉积背面金属形成连接。采用这种三维集成方式，通孔和金属连线布局更加灵活，互连密度比传统倒桩焊要高得多，成本也更低。

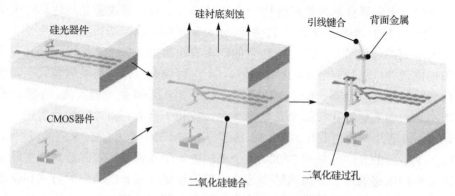

图 15.23　采用光电三维异构集成工艺流程[15]

15.7　本章小结

　　激光雷达是一种综合的光收发和探测系统。与普通雷达相比,它具有扫描精度高、没有畸变,能够提供高分辨率三维图像和物体运动速度信息的优点。激光雷达在无人驾驶领域有巨大的应用前景,凭借定位精度高等优势成为感知系统的核心,已经逐渐成为无人驾驶技术中的基本配置。但是,目前主流的机械转动式激光雷达存在扫描速度慢、机械结构可靠性弱等缺点,同时成本问题也限制了其大范围应用。固态波束扫描能克服机械式激光雷达存在的不足,具有体积小、成本低、稳定性好等优点,是激光雷达未来发展的主流趋势。相控阵激光雷达作为一种固态激光雷达,其光束指向通过调节从各个相控单元出射的光波之间的相位关系实现,可以按需扫描整个视场而无需任何移动部件,提高激光雷达的工作效率和扫描灵活性。

　　硅基光电子技术的发展可以将激光雷达中包含的大量有源和无源分立器件集成在芯片上,使激光雷达体积更小、稳定性更强、成本更低,能加快推动激光雷达在无人驾驶等领域的普及应用。硅基光电子经过二十多年的发展,在材料、设计仿真、加工制备、封装测试等各个方面均积累了大量成熟的技术,为激光雷达的发展提供了非常好的集成化平台。特别是,相干探测在光通信领域已广泛应用,相关集成器件和信号处理能较快应用于 FMCW 激光雷达系统中。光束调控方面采用固态方案是未来发展的必然趋势,但具体采用何种技术还需要综合考虑应用场景和性能指标的要求做出权衡选择。

参 考 文 献

[1]　Raj T, Hashim F H, Huddin A B, et al. A survey on LiDAR scanning mechanisms. Electronics-Switz, 2020, 9(5): 9050741.

[2]　Royo S, Ballesta G M. An overview of lidar imaging systems for autonomous vehicles. Applied Sciences, 2019, 9(19): 9194093.

[3]　Sun X C, Zhang L X, Zhang Q H, et al. Si photonics for practical lidar solutions. Applied Sciences-Basel, 2019, 9(20): 9204225.

[4]　Wang D, Watkins C, Xie H. MEMS mirrors for lidar: A review. Micromachines-Basel, 2020, 11(5): 456.

[5]　Behroozpour B, Sandborn P A M, Wu M C, et al. Lidar system architectures and circuits. IEEE Communications Magzine, 2017, 55(10): 135-142.

[6]　Konoike R, Suzuki K, Tanizawa K, et al. SiN/Si double-layer platform for ultralow-crosstalk multiport optical switches. Optics Express, 2019, 27(15): 21130-21141.

[7]　Sarbolandi H, Plack M, Kolb A. Pulse based time-of-flight range sensing. Sensors, 2018, 18(6): 1679.

[8]　Hansard M, Lee S, Choi O, et al. Time-of-flight cameras: Principles, methods and applications. New York: Springer, 2012.

[9]　Poulton C V, Yaacobi A, Cole D B, et al. Coherent solid-state lidar with silicon photonic optical phased arrays. Optics Letters, 2017, 42(20): 4091-4094.

[10]　Martin A, Dodane D, Leviandier L, et al. Photonic integrated circuit-based FMCW coherent lidar [J]. Journal of Lightwave Technology, 2018, 36(19): 4640-4645.

[11]　Poulton C V, Byrd M J, Russo P, et al. Long-range lidar and free-space data communication with high-performance optical phased arrays. IEEE Journal of Selected Topics in Quantum Electronics, 2019, 25(5): 7700108.

[12]　Heck M J R. Highly integrated optical phased arrays: Photonic integrated circuits for optical beam shaping and beam steering. Nanophotonics-Berlin, 2017, 6(1): 93-107.

[13]　Baghmisheh B B. Chip-scale lidar. California: Berkeley, University of California, 2016.

[14]　Fatemi R, Khachaturian A, Hajimiri A. A nonuniform sparse 2-d large-FOV optical phased array with a low-power PWM drive. IEEE Journal of Solid-State Circuits, 2019, 54(5): 1200-1215.

[15]　Kim T, Bhargava P, Poulton C V, et al. A single-chip optical phased array in a wafer-scale silicon photonics/CMOS 3D-integration platform. IEEE Journal of Solid-State Circuits, 2019, 54(11): 3061-3074.

[16]　Inoue D, Ichikawa T, Kawasaki A, et al. Demonstration of a new optical scanner using silicon photonics integrated circuit. Optics Express, 2019, 27(3): 2499-2508.

[17]　Zadka M, Chang Y C, Mohanty A, et al. On-chip platform for a phased array with minimal beam divergence and wide field-of-view. Optics Express, 2018, 26(3): 2528-2534.

[18]　Kwong D, Hosseini A, Zhang Y, et al. 1×12 unequally spaced waveguide array for actively tuned optical phased array on a silicon nanomembrane. Applied Physics Letters, 2011, 99(5): 51104.

[19]　Sun J, Timurdogan E, Yaacobi A, et al. Large-scale nanophotonic phased array. Nature, 2013, 493(7431): 195-199.

[20]　Guo Y, Zhou L, Zhou G, et al. Hybrid external cavity laser with a 160-nm tuning range//Conference on Lasers and Electro-Optics (CLEO), Washington D.C., 2020: 1-2.

[21]　Abediasl H, Hashemi H. Monolithic optical phased-array transceiver in a standard SOI CMOS process. Optics Express, 2015, 23(5): 6509-6519.

第16章 硅基光电生物传感

生物传感能将蛋白质、核酸、酶、细胞和其他代谢分子等生化物质相关信息转化为光、声、电等待测信号，因此在医疗诊断、药物研发、环境监测、食品安全和生命科学等领域具有非常广泛的应用。自20世纪中叶第一个生物传感器问世以来，化学、物理学、材料科学、信息技术等多学科和技术纷纷融入，各种类型的生物传感技术被相继提出，包括电化学生物传感、热敏生物传感、场效应晶体管生物传感、压电生物传感、声波生物传感，以及光学生物传感等。这些生物传感技术各具特色，适用于不同的应用场景，极大的促进了生物传感领域的发展，在现代生活中发挥着越来越重要的作用。

随着信息时代的到来，人类对半导体工艺和材料的掌握与应用日趋成熟。以硅工艺和兼容工艺为基础的半导体技术，在过去的半个多世纪遵循摩尔定律不断向前发展和迭代，底层物理器件的尺寸逐渐从类比细胞的微米尺度，逐渐缩小到类同病毒、蛋白、核酸等的纳米尺度。与此同时，半导体技术也发展出新的"超越摩尔"领域。通过融合半导体硅基光电技术和生物传感技术形成的硅基光电生物传感，不仅能提高传感器件灵敏度或检测极限，还可以借助先进的光电集成器件和微系统设计、加工的行业优势，规模化提供高度一致性、性能稳定的高质量、低成本传感芯片应对多样化的生物样品[1]。硅基光电生物传感，已经成为前沿科技和产学研领域最引人注目的方向之一。

本章首先简要概述硅基生物传感的基本概念和主要分类，然后介绍三类硅基光电生物传感技术，最后展望硅基生物传感的全集成发展趋势。

16.1 概　　述

硅基光电生物传感可以理解为利用硅基平台近场集成光学原理将待测生化物质的定量或定性信息转换为合适输出信号的技术。待测生物样本与光发生相互作用，引起光波参量，如强度、相位、偏振、频率等，或光谱分布的调制变化，传感系统中的光电转换模块再将光信号转为电信号，从而得到待测物质的信息(如浓度或具体物质)。它具有响应速度快、抗电磁干扰能力强、灵敏度高、易于集成等优点。

早期的硅基光电生物传感，直接利用成熟的硅基光电子平台和技术，采用高折射率(约3.5)的硅作为波导芯层媒介，主要工作在通信波段。这是因为硅材料在通信波段具有非常低的光传播损耗和良好的调制性能。大量基于硅波导和工作在通信波段的硅基生物传感器，已经发展的非常成熟，并且成功实现了商业化。近年来，在生命科学领域，采用支持可见光波段的折射率适中(约 2)的氮化硅材料作为波导传输媒介，也受到研究人员的广泛关注。氮化硅在可见光到近、中红外的光谱范围内，光吸收系数低，加工所得的光波导具有较小的传播损耗。基于氮化硅波导的光子集成器件工作在可见光波段时，尽管工作波长比通信波段要短，但氮化硅的折射率也相较硅的更小，因此操控可见光的氮化硅器件在尺寸上有可能接近工作在通信波段下的硅光器件。同时，氮化硅作为 MEMS 和 CMOS 工艺中的通用材料，其相关的加工设备和工艺都比较成熟。硅和氮化硅都兼容硅基半导体技术平台，一起丰富和拓展了硅基光电子生物传感技术。

根据传感原理和机制的不同，硅基光电生物传感主要包括基于波导界面折射率变化的硅基生物传感、基于荧光技术的硅基生物传感和基于拉曼技术的硅基生物传感。其中，基于折射率变化的传感又分为基于表面等离子谐振的折射率传感和基于集成光波导的折射率传感。表面等离子谐振型传感器利用金属-介质界面作为传感结构。在这个界面，横磁波模式和金属表面电子的相互耦合形成一种特殊的电磁表面波模式，即 SPP。其特点是金属材料吸附生化分子后会对 SPP 的传播特性产生显著影响，从而实现对吸附物的传感。基于集成光波导的传感器利用波导表面的倏逝波与待测样本相互作用实现传感。波导作为光传播介质，待测物质作为传感区域包层材料，光场模式不仅分布在波导芯区，也分布在包层之中。当生化分子吸附或其他因素引起包层折射率变化时，传输光的特性也会改变。光波导可以是平面光波导，也可以是圆柱形光波导——光纤。一般来说，基于平面光波导的光学传感器具有比光纤传感器更小的集成体积，也具有比表面等离子谐振型传感器更高的可集成度，并且可以直接将传感器与其他光电功能器件集成在同一芯片上。进一步，通过与微流控技术结合，可以实现传感系统的单片集成。

基于荧光技术的硅基生物传感是使用荧光材料对待测生化物质进行标记，然后在硅基平台上激发荧光，经由检测标记物的荧光信号间接获得待测物质信息的技术。基于荧光技术的硅基光电生物传感根据具体应用的不同，采取不同的荧光激发方式，包括波导倏逝波激发、平板波导光片激发、光栅衍射激发等。荧光信号收集的方式除了自由空间显微镜物镜收集，还有光栅收集和波导直接收集。传统对荧光信号的检测是利用荧光显微镜，其中激发光路和收集光路都要经过显微镜的物镜，存在光学衍射受限的问题。尽管各种超分辨荧光显微技术的发明，已经突破了光学衍射极限，但是常规荧光显微镜依然存在结构复杂、操作困难，以及难以实现高通量、大视野荧光检测等问题。借助硅基技术能有效地解决这些问题，提高生物传感检测的性能。采用波导倏逝波激发和物镜收集的方式，可以实现多种具有大视野的芯片级超分辨荧光显微技术。另外，结合纳米孔的概念，能有效的进行片上单分子荧光检测，甚至脱氧核糖核酸(deoxyribonucleic acid，DNA)测序。

基于拉曼光谱的硅基生物传感是利用硅基平台上光与待测物质发生相互作用产生非弹性拉曼散射的原理实现拉曼信号检测。拉曼散射光波长不同于激发光波长，其效应源于分子振动与转动。它携带丰富的物质信息，具有天然特异性。利用硅基波导倏逝波或金属表面等离激元，能够基于波导传感器件实现超大视场的自发拉曼或相干拉曼散射。由于拉曼散射极其微弱，一般其散射效率低于百万分之一，因此基于表面增强的拉曼光谱技术，即利用金属纳米结构的局域化表面等离激元增强特性和金属-分子间相互作用带来的化学增强特性，可使拉曼散射增强因子得到极大提高，进一步实现亚纳米空间分辨率和单分子灵敏度。

16.2　基于折射率变化的硅基生物传感

硅基集成生物传感的基本结构为光波导。本节以最常见的条形硅波导为例，阐述倏逝波传感的基本工作原理。如图 16.1(a)所示[2]，硅基生物传感一般包含硅基、二氧化硅衬底、波导芯区和上包层(即待测生物样本溶液)。根据电磁场理论，波导模式的电场强度可以表示为

$$E(x, y, z) = E_t(x, y)\exp(-\mathrm{j}n_{\mathrm{eff}}k_0 z) \tag{16-1}$$

其中，E_t 为波导横截面的电场；$\exp(-\mathrm{j}n_{\mathrm{eff}}k_0 z)$ 为波导传播方向的相位变化；$k_0 = 2\pi/\lambda_0$ 为光在真空中传播的波矢，λ_0 为真空中光波长；n_{eff} 为波导模式的等效折射率。

横电基模的光场主要集中在波导芯区，也有部分光分布在波导芯区周围的衬底和包层中，这部分光场被称为倏逝波。波导模式的等效折射率 n_{eff} 由波导折射率、衬底折射率和包层折射率共同决定，任一材料折射率的改变都会影响波导中传播模式的相位。在生物传感应用中，待测样本溶液和倏逝波存在相互作用，溶液折射率的变化会引起波导模式的等效折射率改变，进一步影响光在波导中传播的相位。由于光的相位无法直接监测，一般利用各种光学原理，如干涉、谐振等通过观察光谱偏移(图 16.1(b))或者单波长对应的光强变化进行间接监测[3]。

在波导结构横截面内，倏逝波呈指数衰减，其渗透深度定义为倏逝波振幅下降到界面处振幅的 1/e 时的距离，一般在约一两百纳米的范围内。对于待测样品，整个波导包层(样品的体溶液)中漂浮的目标分子引起的传感，叫做体传感(图 16.2(a))；束缚在波导近表面的目标分子累积引起的传感，称为表面传感(图 16.2(b))[4]。评价传感性能的两个最主要指标是灵敏度和分辨率(检测极限)。基于倏逝波原理的生物传感器灵敏度主要由待测物质和倏逝波相互作用的强度决定。根据目标分子在溶液中的状态,针对体传感和表面传感分别定义两种不同的灵敏度。体灵敏度评估的是波导接触的待测溶液整体的折射率变化，定义为体溶液折射率系数单元(refractive index unit，RIU)变化引起的特征波长偏移；表面灵敏度针对的是

波导近表面附近分子累积形成的吸附层折射率变化, 用均匀吸附层的厚度(或密度)引起的特征波长偏移来表征。传感器的检测极限一般是指, 在传感器的输出信号端口能检测到信号变化时, 所需的最小折射率系数变化。

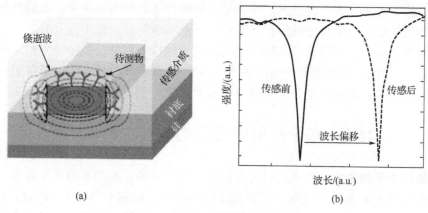

(a) 　　　　　　　　　　　(b)

图 16.1　硅基波导倏逝波传感原理

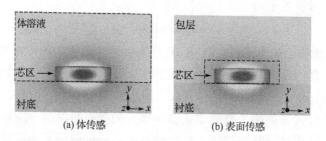

(a) 体传感　　　　　　　　　(b) 表面传感

图 16.2　基于横电基模分布的倏逝波生物传感示意图

16.2.1　干涉型生物传感

干涉型生物传感利用光的干涉原理实现生物传感功能。发展最为成熟的是 MZI 生物传感。常规的马赫-曾德尔干涉型硅基生物传感器由输入波导、输出波导、两个波导臂、两个分束器组成, 如图 16.3(a) 所示。输入波导的光经过一个 Y 分支分路器传播到两个波导臂, 其中一臂称为参考臂, 另一臂是与生物样本直接接触的传感臂。光在传感臂中传播, 经过待测区域时, 波导模式倏逝场与生物样本相互作用影响, 检测到传感臂周围生物样本折射率的变化, 而这个变化会引起传感臂波导模式的等效折射率改变, 进而改变传感臂导波光的传播相位。经过在两波导臂中一段距离的传播后, 参考臂和传感臂的两导波光束会累积相位差, 经过另一个 Y 分支合路器到输出端时, 发生相互干涉, 输出的光强信号受两波导臂的光束相位差调制。其输出光强 I_o 可由式 (16-2) 表达, 即

$$I_o = I_s + I_r + 2\sqrt{I_s I_r}\cos(\Delta\phi + \Delta\phi_0) \tag{16-2}$$

其中，I_s 和 I_r 为导波光通过传感臂和参考臂后的光场强度；$\Delta\phi_0$ 为两臂不平衡导致的导波光初始相位差；$\Delta\phi$ 为导波光在两臂传播时累积的相位差，即

$$\Delta\phi = \frac{2\pi L}{\lambda}\Delta n_{\text{eff}} = \frac{2\pi L}{\lambda}(n_{\text{eff}}^s - n_{\text{eff}}^r) \tag{16-3}$$

其中，λ 为光在真空中的波长；L 为传感臂的有效检测臂长；n_{eff}^s 和 n_{eff}^r 为传感臂和参考臂的波导模式的等效折射率；Δn_{eff} 为两臂的等效折射率差。

马赫-曾德尔干涉型传感器的传输光谱呈现图 16.3(b)所示的周期性。透射谱中两个相邻的最小值对应的波长间距称为 FSR。传感器的体灵敏度和检测极限可分别表示为[5]

$$S_{\text{MZI}} = \frac{\Delta\lambda_{\text{MZI}}}{\Delta n_{\text{add}}} \approx \left(\frac{L_1}{L_1 - L_2}\right)\frac{\lambda}{n_g}\left(\frac{\partial n_{\text{eff}}}{\partial n_{\text{add}}}\right) = \frac{2\pi L_1}{\lambda}\left(\frac{\partial n_{\text{eff}}}{\partial n_{\text{add}}}\right) = \frac{\Delta\phi_{\text{MZI}}}{\Delta n_{\text{add}}} \tag{16-4}$$

$$\text{DL}_{\text{MZI}} = \frac{\lambda}{2L_1}\left(\frac{\partial n_{\text{eff}}}{\partial n_{\text{add}}}\right) \tag{16-5}$$

其中，L_1 为传感臂长；L_2 为参考臂长；n_g 为波导的群折射率；n_{add} 为包层的折射率。

由此可见，马赫-曾德尔干涉型传感器的灵敏度和检测极限只与 MZI 臂长相关。

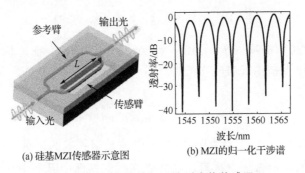

(a) 硅基MZI传感器示意图　　(b) MZI的归一化干涉谱

图 16.3　马赫-曾德尔干涉型生物传感器

此外，另一种广泛使用的杨氏干涉型生物传感器与 MZI 类似，不同的是导波光经参考臂和传感臂后，没有 Y 分叉合波结构。两束光经两臂端口在硅基芯片外干涉，从 CCD 上观察干涉图案。近年来，受到特别关注的还有双模波导(bimodal waveguide，BiMW)干涉型生物传感器。不同于 MZI 和杨氏干涉将一束导波光等分到两个波导臂，入射波导光通过一个波导突变结在双模波导区域激发两个不同波导模式。由于两个波导模式倏逝波与待测物质之间相互重叠和作用的范围不同，在双模区间内，传感器折射率变化引起的两个波导模式的相位变化也不同，因此基于双模波导模间干涉可实现生物传感。

16.2.2　微环谐振型生物传感

微环谐振型生物传感器示意图如图 16.4 所示。它由直波导和环形波导构成。导波光沿着直波导传播。特定波长的光经过倏逝波耦合到环形波导中，当光在环形波导传播的光程等于波长整数倍时产生干涉增强，形成所谓的回音壁模式。满足谐振条件的波长为

$$\lambda = \frac{2\pi r \times n_{\text{eff}}}{m} \tag{16-6}$$

其中，λ 为谐振波长；r 为微环的半径；n_{eff} 为环形波导的等效折射率；m 为正整数。

显然，当上包层的待测生物样本改变时，波导模式的等效折射率会发生变化，使对应的谐振波长产生偏移。

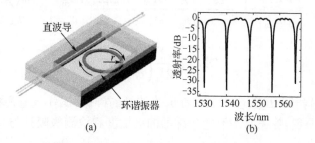

图 16.4　微环谐振型生物传感器示意图

MRR 的性能可用品质因子(quality factor，Q-factor)表征。品质因子描述谐振器中光子寿命，可近似由式(16-7)表达，即

$$Q \approx \frac{\lambda}{\Delta\lambda_{\text{FWHM}}} \tag{16-7}$$

其中，λ 为谐振波长；$\Delta\lambda_{\text{FWHM}}$ 为图 16.4(b)中波长谐振峰的半高全宽值。

高品质因子的微谐振环意味着，导波光在微谐振器中具有更长的衰减时间，倏逝场能与待测生物样本有更久的相互作用。MRR 型传感器的体灵敏度[5]为

$$S_{\text{MRR}} = \frac{\Delta\lambda_{\text{MRR}}}{\Delta n_{\text{add}}} = \frac{\lambda}{n_{\text{g}}}\left(\frac{\partial n_{\text{eff}}}{\partial n_{\text{add}}}\right) \tag{16-8}$$

不同于 MZI 型传感器，MRR 型传感器的灵敏度与 MRR 的物理尺寸无关。对于全通型的 MRR 传感器，其探测极限[5]可表示为

$$\text{DL}_{\text{MRR}} = \frac{\lambda}{QS_{\text{MRR}}} \approx \frac{\Delta\lambda_{\text{FWHM}}}{S_{\text{MRR}}} = \frac{(1-ra)\lambda}{\sqrt{ra}\pi L}\frac{\partial n_{\text{eff}}}{\partial n_{\text{add}}} \tag{16-9}$$

其中，λ 为传感器的谐振波长；Q 为微谐振环品质因子；a 为单次振幅透过率；r 为自耦合系数。

除微环腔之外，其他类似的微腔谐振器还包括微盘腔、微环芯腔等。微环谐振型生物传感有利于高密度片上集成，但是 Q 因子相对较低。尤其是，上包层为水溶液时，波导侧壁散射、弯曲损耗，以及模式不匹配等因素引起的光学损耗较大。

16.2.3　布拉格光栅型生物传感

布拉格光栅(Bragg grating，BRG)是一类基本的波长选择器件，近年来逐渐应用于生物传感[2]。BRG 结构在光传播方向上的等效折射率具有周期性变化，如图 16.5(a)所示。通过改变材料的折射率系数或者波导沟槽物理尺寸，能够实现期望的折射率调制。每个折射率变化界面处会发生导波模反射。由于等效折射率的周期性调制导致的多重反射，BRG 的透射谱上会出现一个波长禁带。其对应的光会被强烈反射回来。禁带的中心波长，也就是布拉格波长，即

$$\lambda = 2\Lambda n_{\text{eff}} \tag{16-10}$$

其中，Λ 为周期；n_{eff} 为 BRG 的平均等效折射率。

如果在光栅中间区域引入如图 16.5(b)所示的相移腔，那么光栅的禁带中会出现一个对应的谐振透射峰(图 16.5(c))。通过监测谐振波长峰值的偏移或者强度变化，就能实时感知待测样本引起的折射率变化。

除了 MRR 和 BRG 之外，基于 PhC 的生物传感也较为常见[6]。PhC 的周期性晶格对光的布拉格散射可以形成光子带隙。在光子晶体结构中引入缺陷腔，光子禁带中就会出现缺陷模对应的谐振峰。典型的光谱特性类似于图 16.5(c)。缺陷模在缺陷腔区域具有很高的光子态密度。其光场集中分布在缺陷附近一个非常小的体积范围内，使光和周围介质的相互作用非常强。因此，少量待测样本的生物分子束缚在缺陷区域周围就能引起光子禁带范围中的缺陷模对应波长的明显偏移，非常适合生物传感应用[7]。

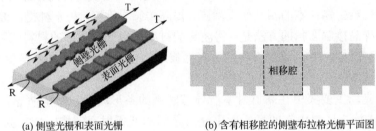

(a) 侧壁光栅和表面光栅　　　　　　　(b) 含有相移腔的侧壁布拉格光栅平面图

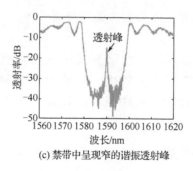

(c) 禁带中呈现窄的谐振透射峰

图 16.5　布拉格光栅生物传感

16.2.4　提高传感性能的方法

　　一般来说，在前述各类硅基传感结构中，MZI 型生物传感器结构简单且灵敏度良好，但是存在诸如面积尺寸较大，易受高温影响，并且需要额外调制方式等缺点。谐振型传感器包括 MRR、BRG 和 PhC 等，一般尺寸较小，更适合高密度集成的片上传感平台，而且这些谐振型传感器灵敏度接近。由于 MRR 具有一定的弯曲损耗，因此光子晶体型和布拉格光栅型传感器的品质因子一般更高，有更优的探测极限。

　　最初的硅基传感主要利用条形波导和 TE 波导模式。在硅基生物传感技术发展的历程中，为了提高传感性能，研究人员提出各种各样的方法。本节简述四种典型方法[2]，即利用不同尺寸或结构的基本波导，包括薄波导、悬空波导和槽型波导等；采取不同偏振模式，即 TM 模式；基于亚波长光栅(sub-wavelength grating，SWG)波导；利用游标原理。这些方法可以结合前述各类硅基光学传感结构类型构造出高性能生物传感器[8]。

　　1. 薄波导、悬空波导和槽型波导

　　以硅波导为例，在标准 220nm 厚的 SOI 结构中，准 TE 模的光强主要集中在波导芯中传播。当波导厚度减小时(图 16.6)，薄波导对 TE 模式场的束缚减弱，更多的光场以倏逝波的形式存在于波导周围介质中，可以提高倏逝波与待测样品的作用面积，使倏逝波与待测生物样本的相互作用增强，提高传感灵敏度。另一种提高波导模式倏逝场与待测样品接触面积的方法是，将波导的衬底用更低折射率的材料代替，如空气或水，形成悬空波导结构。这类波导的下表面倏逝波也可以与待测样本产生相互作用，进而提高灵敏度。

　　不同于光场主要集中在高折射率波导芯区域的条形波导和脊型波导，槽型波导的 TE 模式光场主要集中在两高折射率介质之间的低折射率凹槽区域，如图 16.7 所示。因此，同常用的条形波导相比，槽型波导能够提供更强的光场和待测样本相互作用，以提高生物传感的灵敏度。同样，基于槽型波导的结构也具有 CMOS 兼容性，使其易于微型化和集成化。

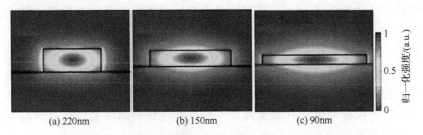

图 16.6　不同厚度的波导对应的 TE 基模电场强度分布

图 16.7　槽型波导电场强度分布

2. 准 TM 模

对于一个标准 220 nm 厚的 SOI 波导结构，硅波导宽度为 500nm。在 1550nm 工作波长下，由图 16.8(a)可知，准 TE 基模的电场强度主要集中在硅波导芯和侧壁外，而同一波导的准 TM 基模的电场强度主要集中在硅波导上下附近区域，如图 16.8(b)所示。因此，准 TM 模的倏逝波与待测生物样品的相互作用更强，同时波导侧壁粗糙度引起的散射损耗更小。与准 TE 模相比，利用准 TM 模可以提高传感灵敏度。

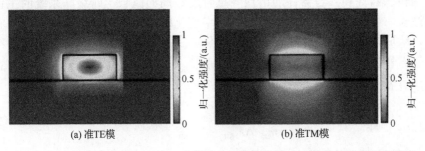

图 16.8　硅波导(500 nm×220 nm)的准 TE 模式和准 TM 模式的电场强度分布

3. 亚波长光栅波导

亚波长光栅波导由 Cheben 等首次提出后，立即引起研究人员极大的关注和兴趣。尽管与布拉格光栅相似，但 SWG 波导的光栅周期远小于布拉格周期。由于 SWG 波导模式的反射和衍射效应被抑制,因此理论上能形成真正的无损耗传播波导模式。如图 16.9(a) 所示，SWG 波导芯由高折射率和低折射率的电介质材料交替组成，如 SiO_2 和水溶液等。波导模式在 SWG 波导中传输时，由图 16.9(b) 可知，其倏逝场分布在非常大的面积范围内，且绝大部分光场处在低折射率区域内，会增强光场和待测生物样本的相互作用。因此，相比传统条形波导，基于 SWG 波导的生物传感器具有更高的灵敏度。

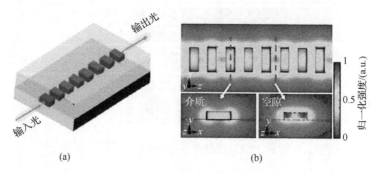

(a)　　　　　　　　　　　　　　(b)

图 16.9　亚波长光栅波导

4. 基于游标原理的传感

基于游标原理的硅基传感器一般通过级联两个(图 16.10(a))或多个具有不同自由光谱范围的无源光学器件形成，其中一个光学器件的上包层是待测样本，作为折射率传感器件，另外的作为参考器件。由于传感器件和参考器件具有不同的自由光谱范围,整个级联系统的输出光谱呈现一个主谐振峰和多个次谐振峰。如图 16.10(b)所示，当传感器件和参考器件的谐振峰重合度最高的波长，即级联系统的主谐振峰对应的波长。当传感器件的待测区域折射率变化时，对应传感器件的光谱分布会发生偏移，级联系统的主谐振峰也会发生变化。主谐振峰的波长变化 $\Delta\lambda_m$ 是参考器件自由光谱范围 $\Delta\lambda_{FSR}^r$ 的整数倍，即 $\Delta\lambda_m = m\Delta\lambda_{FSR}^r$。由此可见，基于游标原理的级联传感系统具有非常高的灵敏度 S，即

$$S = \frac{\lambda_{maj}}{n_{eff}}\frac{\Delta\lambda_{FSR}^r}{\Delta\lambda_{FSR}^r - \Delta\lambda_{FSR}^s} = MS_0 \tag{16-11}$$

其中，λ_{maj} 为主谐振峰对应的中心波长；$\Delta\lambda_{FSR}^r$ 与 $\Delta\lambda_{FSR}^s$ 为参考器件和传感器件的自

由光谱范围；S_0 为独立传感器件的实际灵敏度。

由式(16-11)可知，基于游标原理的级联传感系统灵敏度相对于独立传感器件的灵敏度提高了 M 倍。但是，由于级联系统的主谐振峰是不连续的输出，因此其探测极限一般受到限制。

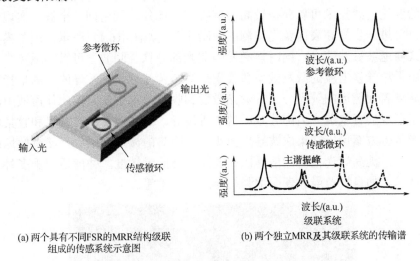

(a) 两个具有不同FSR的MRR结构级联组成的传感系统示意图

(b) 两个独立MRR及其级联系统的传输谱

图 16.10　基于游标原理的硅基传感系统

16.3　基于荧光技术的硅基生物传感

荧光技术利用荧光分子的发光特性。一般情况下，荧光分子会吸收一种高能量短波长的光，发射另一种低能量长波长的光。常见的荧光分子主要有有机染料分子、荧光蛋白和基于半导体材料的量子点。利用荧光技术进行生物传感检测具有灵敏度高、响应速度快、选择性好、空间分辨率高和响应范围宽等优点，因此有非常广泛的应用。目前开发的大部分高效荧光分子都处于 $400\sim700\mathrm{nm}$ 的可见光波段，同时，主要的生物媒介，如皮肤、血液、组织等在 $600\sim800\mathrm{nm}$ 和 $1000\sim1300\mathrm{nm}$ 都有光学穿透较强的窗口波段，而成本低廉的硅基光子检测器件在 $800\ \mathrm{nm}$ 以下通常都有很不错的光电转换的量子效率。这些原因共同促进了工作在可见光波段的硅基荧光技术的发展[1]。如前所述，在可见光波段，CMOS 兼容的氮化硅材料可以作为良好的波导媒介，因此目前硅基荧光传感的研究主要是在基于氮化硅材料的硅基平台上实现大视野、高通量的荧光激发和收集，甚至是片上超分辨成像和单分子检测。

16.3.1　片上荧光激发和收集

利用波导倏逝波激发荧光是硅基生物传感中最基本的激发方式。光沿着波导传播时，波导表面倏逝波能激发波导附近荧光标记的生物分子等。倏逝波典型的作用范围即渗透深度，一般在波导表面一两百纳米的空间内。对于表面传感，束缚在波导近表面的荧光分子被激发形成有效的荧光信号，而悬浮在倏逝波作用空间内的自由荧光分子被激发形成背景荧光噪声。类似于传统的全内反射荧光技术，基于波导倏逝波的荧光传感技术可以获得较高的信噪比。此外，利用同一个波导实现荧光耦合收集，可进一步提高表面荧光检测的信噪比[9]。如图 16.11 所示，用单模氮化硅波导模式倏逝波激发荧光，同时被激发的荧光部分耦合回波导可以实现荧光收集和检测。由于波导倏逝波的激发效率和收集效率与荧光分子到波导的距离呈指数相关性，离波导表面越远的荧光分子，荧光激发和收集效率更低，因此体溶液中漂浮的荧光分子形成的背景荧光大部分难以耦合进波导。这种基于波导激发和收集的片上表面荧光传感方案可以在集成波导平面实现长距离的激发和收集，能有效地降低荧光背景噪声，提高荧光检测的信噪比和表面传感的灵敏度，并能适用于多种片上光谱分析技术，如自发拉曼和表面增强拉曼散射技术等。

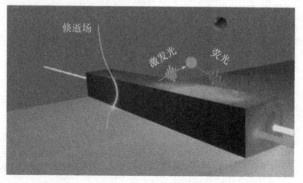

图 16.11　基于波导激发和收集的表面荧光传感示意图

　　由于波导倏逝波的渗透深度有限，因此荧光传感检测的作用空间和待测物体尺寸类型都受到一定的限制。当待测物体位于离波导表面较远的位置，利用各类光栅可以实现在相对远距离区域的荧光激发和收集。图 16.12 所示为基于聚焦衍射光栅的片上荧光激发和收集方案[10]，其中聚焦光栅的作用类似于传统光学中的微距透镜。耦合进单模波导的光，被平板波导内聚焦光栅衍射到平面外形成微米尺度的聚焦光斑(图 16.12(a))。当荧光标记的待测物经过焦点位置时(图 16.12(b))，在高能量聚焦光斑的作用下，激发出荧光，部分荧光经波导平面内另外的三个聚焦光栅被收集、耦合到对应的单模波导后进行后续的滤波和检测。与自由空间物镜收集的荧光信号相比，这种方式的荧光收集效率很低，但可以实现片上荧光激发和收集，以及微型化的硅基荧光检测系统。

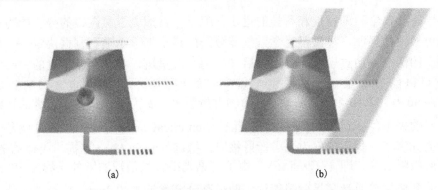

(a)　　　　　　　　　　　(b)

图 16.12　基于聚焦衍射光栅的片上荧光激发和收集

　　传统的荧光显微镜通过物镜将激发光聚焦,同时通过物镜收集样品的荧光信号。虽然焦平面上的光最强,但成像焦平面以外的样品也会被照亮,带来背景噪声,导致图像分辨率和反差降低,甚至引入额外的光毒性,影响样品的生物活性。光片荧光显微镜采用与传统荧光显微镜不同的照明方式,它的照明光是与成像面平行的薄薄的光片(light sheet),只有焦平面的样品被照亮,而其上下的样品不受影响。利用光在平板波导水平方向上形成的光片,可实现高通量片上荧光成像[11]。如图 16.13 所示,光耦合进波导芯区传播,在垂直方向受到上下包层结构的束缚,而在水平方向上自由传播展开。当其进入芯片微流道空间时形成光片,照明激发溶液中的荧光物质。在收集被激发的荧光时,光片荧光显微镜的物镜焦平面与光片重叠。这种光片照明可以提高成像信噪比和轴向分辨率,具备和共聚焦显微镜类似的光学切片功能,大大降低激发光对活体样品的光毒性和光漂白。

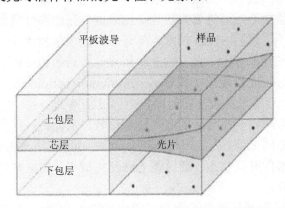

图 16.13　平板波导光片激发荧光示意图

16.3.2　片上超分辨荧光显微技术

　　显微镜的发明打开了人类认识微观世界的大门,极大地促进了生物学、医学、生命科学等众多学科的发展和科技的进步。但是，常规光学显微镜的分辨能力一直受到衍射极限的限制。显微镜光学系统能分辨的最小细节由瑞利判据决定——假如物平面上的两个点通过一个光学系统后产生两个艾里斑，当一个艾里斑的中心与另一个艾里斑的边缘重合时，这两个点刚好能被分辨。这两个点之间的距离为 $0.61\lambda/(n\sin\theta)$，其中 λ 为光波长，n 为物方折射率，θ 为物体到物镜边缘的连线与光轴之间的夹角，$n\sin\theta$ 通常称为数值孔径(numerical aperture，NA)。这就是光学显微镜的分辨率公式，也称为光学衍射极限。德国科学家 Abbe 也提出类似的 Abbe 光学衍射极限公式，即 $\lambda/(2n\sin\theta)$。由于可见光中波长最短的紫外光约为 400nm，由此可大概估算普通光学显微镜能达到的最高分辨率约为 0.2μm。这一理论结果在 20 世纪末受到了前所未有的挑战，并随着超分辨荧光显微镜的问世而被彻底打破。

现今在生物成像领域广泛应用的三类超分辨荧光成像技术，包括受激发射损耗(stimulated emission depletion，STED)显微技术、结构光照明显微镜(structured illumination microscopy，SIM)技术，以及以光激活定位显微镜(photo-activation localization microscopy，PALM)和随机光学重构显微镜(stochastic optical reconstruction microscopy，STORM)为代表的基于单分子定位的显微技术。STED 显微技术和 SIM 技术采取不同方法调制系统的点扩展函数实现超分辨成像。STED 显微技术通过抑制被激发荧光的光斑外围而缩小光斑面积来提升分辨率。SIM 技术基于两个高空间频率的图案重叠形成低频率叠栅条纹的原理，通过解析低频的叠栅条纹实现超高分辨率成像。PALM 和 STORM 技术采用牺牲时间换取空间的策略，利用单分子成像配以图像重构算法提升分辨率，即基于荧光分子的光转化能力和单分子定位，用光控制每次仅有少量随机离散的单个荧光分子发光，并准确定位单个荧光分子点扩展函数的中心，通过多张图片叠加形成一张超高分辨率图像。2014 年，诺贝尔化学奖就授予了发明 STED 技术、单分子荧光成像技术，以及在此基础上开发的 PALM 技术的三位科学家。此外，近些年来一些新的超分辨荧光显微技术也相继被开发出来。超分辨光学涨落成像(super-resolution optical fluctuation imaging，SOFI)利用荧光分子自身发射荧光随时间发生强度涨落的特性，即荧光间歇性，通过数学分析区分来自不同荧光分子的荧光涨落信号，从而提高超分辨成像的时空分辨率。基于熵的超分辨成像(entropy-based super-resolution imaging，ESI)技术，无须荧光涨落处于严格的开关状态。通过荧光涨落的概率分布求解信息熵值，可以使空间分辨率显著提升。

虽然上述超分辨荧光显微技术取得了极大成功，但是超分辨成像设备非常昂贵且光路结构复杂，而且获得高质量的超分辨成像一般需要经验丰富的专业人员操作。2017 年，一种基于硅基光芯片的超分辨荧光显微技术被提出[12]。不同于常规超分辨荧光成像时直接将样品放在结构复杂的荧光显微镜的载玻片上，基于硅基光芯片的超分辨荧光显微技术是将简易的低成本普通显微镜与可量产的复杂光芯片相结合成像,其中硅基光芯片用来放置和照射样品。如图 16.14(a)所示,硅基光芯片采用高折射率光波导(如五氧化二钽或氮化硅),波导倏逝波作为激发光源照明荧光分子,通过两种颇为互补的方法可实现两类超分辨荧光成像技术(图16.14(b))。一方面,硅基光波导的表面高强度倏逝波用于荧光激发和荧光单分子开关,满足单分子定位显微技术的关键要求,可以实现直接随机光学重构显微镜(direct stochastic optical reconstruction microscopy, dSTORM)。此技术成像过程中,需要尽量消除波导倏逝波的空间不均匀性。另一方面,不同于常规的 SOFI 和 ESI技术利用量子点或荧光分子时间上的内禀强度涨落,光芯片 ESI 技术的实现需要充分利用空间不均匀的倏逝波场激发荧光分子,形成空间上荧光强度的起伏变化。此外,与 dSTORM 相反的另一点是,ESI 使用低输入功率来保证不会超过单分子开关阈值。

这种基于硅基光芯片的超分辨荧光显微技术具有如下优点,即波导的应用将激发光路完全从显微系统中分离出去,使用时无需考虑荧光激发和收集光路之间的耦合,可以大大降低整套设备的复杂度;基于波导倏逝波激发的方式可以高效地照明样品,几乎可以提供任意大的荧光视野;由于倏逝波在波导表面空间上的作用距离有限,图像具有较高的信噪比;由于激发光与收集光的物镜没有相关性,因此可以随意根据需要更换不同放大倍数/分辨率的物镜;由于该技术对光信号的利用效率高,使用 NA 较小的物镜即可在获得较大视场的同时,确保图像的分辨率不至于太差。

(a) 片上超分辨荧光成像结构示意图

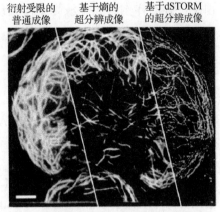

(b) 小鼠肝窦内皮细胞中肌动蛋白细胞骨架和质膜相互作用形成的开孔成像对比图

图 16.14　基于光芯片的超分辨荧光显微技术

类似于硅基光芯片 dSTORM 和 ESI 技术,基于硅基光芯片的 SIM 在 2020年被实现[13]。SIM 能用做活细胞的亚细胞结构三维超分辨高速成像,一般利用复杂光学系统提供预先定义好的结构光图案。其中需要用到诸如光栅或者空间光调制器，以及衍射受限的物镜将结构光投射到样品上(图 16.15(a))。因此，存在体积庞大、结构复杂、维护成本高，以及分辨率提高受限等问题。常规 SIM 分辨率的提高一般不超过 2 倍，非线性 SIM 的分辨率可以进一步提高，但是存在光毒性的问题或者需要用到特定荧光蛋白。SIM 技术的基本原理是，在频率空间内，结构光照明图案的空间频率和荧光标记样本结构的空间频率卷积所形成的频率混合，使原本会丢失的较高空间频率(超过衍射极限)通过频率下转换为较低的空间频率，而处于显微镜物镜的带通频率范围内。因此，物空间能被观察到的荧光发射图案正是叠栅条纹图案。为了能从叠栅图案中提取高频信息，在每一个轴方向上应用三步相移法可以形成三个有差别的结构光图案提高分辨率。为了得到均匀的分辨率，在 2D SIM 中，对三个不同方位角的结构光图案重复三步相移法，只需要 9 个图像就能实现超分辨重构成像，因此特别适用于活体细胞高速成像。

在基于硅基光芯片的 SIM 中，采用硅基波导技术，用波导倏逝波作为激发源，可以将传统 SIM 中与成像光路重合的照明光路解耦合，使两个光路可以独立的调节和优化(图 16.15(b))。更重要的是，利用波导倏逝波近场激发可以避免结构光条纹通过衍射受限的物镜形成，消除条纹精细度分辨率的限制。因此，利用更精细的结构光条纹图案，基于硅基光芯片的传统 SIM 分辨率提高可以突破 2 倍。具体而言，通过双导波光束干涉可以形成正弦型结构光条纹。波导表面经过空间调制的倏逝波激发预定位置的样本荧光。波导干涉条纹周期 f_s 为 $\lambda_{ex}\left/\left(2n_{eff}\sin\dfrac{\theta}{2}\right)\right.$，其中，$\lambda_{ex}$ 为激发光波长，n_{eff} 为波导模式等效折射率，θ 为干涉角。因此，基于这个结构的硅基光芯片 SIM 的理论分辨极限 Δ_{xy} 为

$$\Delta_{xy} = \frac{\lambda_{ex}}{2\left(NA + n_{eff}\sin\dfrac{\theta}{2}\right)} \tag{16-12}$$

其中，NA 为成像物镜的数值孔径。

如果 n_{eff} 大于 NA，硅基光芯片 SIM 的理论分辨率将突破传统 SIM 的分辨率。在硅基光芯片中利用折射率约为 2 的 180°干涉的氮化硅波导，理论分辨率的提升可达 2.4 倍，超过传统 SIM 的 2 倍。另外，在芯片 SIM 中，理论分辨率公式中的 n_{eff} 与物镜无关，因此可以使用小数值孔径和低放大倍数的物镜，突破传统 SIM 中分辨率提升和视场扩大难以兼顾的矛盾。

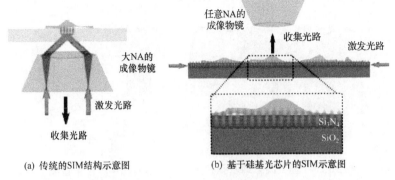

(a) 传统的SIM结构示意图　　　　　　　(b) 基于硅基光芯片的SIM示意图

图 16.15　传统的 SIM 结构示意图和基于硅基光芯片的 SIM 示意图

16.3.3　片上单分子荧光检测

单分子传感检测已经迅速发展成一个重要且充满活力的领域，并被广泛应用于诸如分子生物学、分析化学、生物医学、生物物理学、生理学、基因组学和蛋白质组学等学科。荧光技术和拉曼技术等光学检测手段在其中起到了重要的作用。近年来，利用纳米孔实现片上单分子荧光检测，甚至 DNA 测序是学术界和产业界的一个研究热点。早期基于纳米孔传感的技术原理是，单个分子穿过纳米孔瞬间产生的空间阻碍作用，改变穿孔的离子电流或局部电压，从而实现生物传感。这是一种电学检测方式。将纳米孔与光波导技术结合，可以实现光学检测方式。

2014 年，基于固态纳米孔和光流体芯片集成，首次在单个芯片上同时实现对单个纳米粒子和生物分子进行电学和光学两种检测[14]。集成的固态纳米孔不但作为一个关口，控制着荧光标记的单个粒子的运输，而且可以提供一种特征化电信号。如图 16.16(a) 所示，硅基传感芯片主要基于抗谐振反射光波导 (anti-resonant reflecting optical waveguides，ARROW)，包括具有固体芯的波导和具有液体芯的波导。固体波导主要传播激发光和被激发的荧光。液体波导同时束缚光和流体。固体芯波导和液体芯波导在平面上垂直相交会形成光激发区域 (图 16.16(b))，可以保证单粒子的荧光检测。粒子溶液注入储存器①中，单个粒子在储存器①和③之间电压的作用下穿过纳米孔进入液体波导流道，然后在储存器②和③之间动电或压力的作用下流向光场激发区域。在粒子从纳米孔转运到流道中时，纳米粒子会产生一个粒子相关的特征电流阻滞，然后在经过光场激发点的时候，粒子被激发，发出的荧光在波导尾端被收集检测，形成尖锐的光信号。来自同一个粒子的两个信号高度互相关，分别提供光学和电学信息。进一步将纳米孔-光流体芯片与反馈控制电路集成，能在可编程的纳米孔-光流体器件上实现单分子按需运输和分析[15]。反馈式微控制电路能对通过纳米孔的电流进行实时分析。用户可以对核心实验参数进行配置。进行光学检测时，生物分子数量也是可以预定义的，特别是能够对荧光标记的单个核酸进行高灵敏度检测。

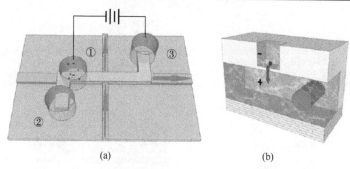

(a)　　　　　　　　　　　　　　　　(b)

图 16.16　基于固态纳米孔和光波导技术的光学和电学检测

　　除了基于全介质固体纳米孔结构，还可以结合金属材料实现片上单分子检测甚至 DNA 测序。商业上最成功的例子就是美国太平洋生物科学公司开发的基于零模波导的单分子 DNA 测序技术。2003 年，Levene 等采用零模波导(zero-mode waveguide，ZMW)技术在高浓度溶液中成功检测到单分子[16]。如图 16.17 所示，零模波导结构是在石英玻璃衬底上制备带微孔的金属铝层，微孔的直径远小于激发光波长。在激发光照射下，玻璃和微孔的界面处形成指数衰减的倏逝波。微孔中不支持任何波导模式传输，因此将微孔称为零模波导，大量的微孔可保证高通量检测。在单分子检测过程中，将 DNA 聚合酶通过一定方式固定在纳米孔底部，然后对荧光标记的目标分子配体溶液进行检测，激发光从石英玻璃底部照射，并从同一侧检测荧光。由于零模波导尺寸很小，大约在 100nm 以内，同时倏逝波作用空间有限，这样就可以提供一个非常小的有效检测体积，减小多个游离荧光标记分子进入检测体积的可能性，提高荧光检测信噪比。他们利用零模波导技术观测聚合酶合成 DNA 双链过程，为基于零模波导的单分子 DNA 测序铺平了道路。在此基础上，美国太平洋生物科学公司进一步研究了零模波导技术应用于单分子 DNA 测序，推出了商品化的单分子 DNA 测序仪——SMRT(single molecule real time)。这种基于零模波导的单分子实时检测技术在高速测序、长序列读取和低成本等方面有巨大的优势。

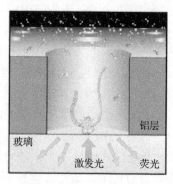

图 16.17　基于零模波导结构的单分子荧光检测

16.4　基于拉曼技术的硅基生物传感

单色入射光的光子与物质分子相互作用时可发生弹性碰撞和非弹性碰撞。弹性碰撞时光子与分子没有能量交换，光子只有运动方向的变化，而没有能量和频率的改变，这种散射称为瑞利散射。在非弹性碰撞中，光子与分子之间产生能量交换。光子除了改变运动方向，同时光子将一部分能量传递给分子，或者分子的振动和转动能量传递给光子，从而改变散射光子的频率，这就是拉曼散射。因发现并系统研究拉曼散射现象，拉曼荣获 1930 年诺贝尔物理学奖。拉曼散射光谱包含分子振动和转动能级信息，反映物质分子的组成成分和化学结构信息。由于每种物质的拉曼散射光谱只与物质分子结构有关，与入射光频率无关，因此拉曼光谱也称为指纹谱，并在后来发展成一门新的传感检测手段。基于拉曼技术的传感检测具有许多优点：在分子层面研究物质的结构和成分变化、所需的样品非常少且利于痕量检测、非破坏性检测，以及谱峰清晰尖锐等。但是，由于自发拉曼散射截面极小，散射信号极弱，直到相干拉曼、表面增强拉曼、针尖增强拉曼等各类技术的出现和成熟，才推动了拉曼技术在各种领域的广泛应用。

目前各种拉曼技术一般局限在实验室环境下使用，还未有普遍的现场检测应用，这主要是因为它需要诸如共聚焦显微镜、先进激光光源、高质量单色仪，以及高灵敏度探测器等各种大体积精密设备。由于衍射受限，共聚焦显微镜的聚焦体积很小且拉曼信号收集效率很低，因此共聚焦显微镜信号光与泵浦光的能量比（即转换效率）很低。利用硅基波导技术，不仅能克服共聚焦显微镜衍射受限导致的光和物质分子作用体积小，而且由于波导对光的强束缚作用，使波导表面附近具有较高的光场强度，进一步增强光和分子的相互作用。另外，波导技术的使用能极大地减小泵浦光路和收集光路的光学扩展量，让具有高分辨率的便携式拉曼光谱仪成为可能。本节着重介绍基于硅基平台的各种典型拉曼技术和应用，包括基于波导的片上自发拉曼和受激拉曼散射、基于波导和金属纳米结构的片上表面增强拉曼光谱，以及基于金属等离子效应和纳米孔的片上单分子拉曼传感检测。

16.4.1　片上自发拉曼和受激拉曼散射

单模氮化硅条形波导可以用来实现拉曼信号的激发和收集，且拉曼转换效率只与波导几何形状尺寸和介质函数相关。在图 16.18 所示的实验装置中，泵浦光照射到波导端面，部分光耦合进波导模式沿着波导传播。在传播过程中，波导模式的倏逝波激发待测溶液中的分子，自发拉曼散射信号通过倏逝波耦合进波导，沿着波导的两个方向分别做前向和后向传播。向前传播的拉曼信号光能量只占收集的拉曼信号的一半。波导出口端的能量是耦入泵浦光能量与前向拉曼信号光能量之和。由于氮化硅波导对光的强束缚作用,以及波导倏逝波与包层待测样品之间很长的作用范围,自发拉曼散射信号被增强[17]。

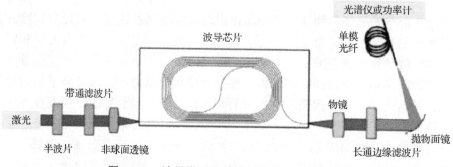

图 16.18　　波导增强拉曼检测技术实验装置图

尽管通过波导的高强度倏逝波可以在很大的波导平面范围内增加光和待测物相互作用体积,增强自发拉曼散射效应,但是一般需要用到超低温探测器。这阻碍了片上拉曼光谱技术的全集成发展。如果要避免超低温探测器的使用,需要进一步增强拉曼散射信号。相干拉曼散射(coherent Raman scattering,CRS)是一种广泛应用的可以极大增强拉曼信号的技术,它的实现一般需要满足拉曼共振条件的两束激光,即泵浦光和斯托克斯光,它们的频率差等于分子的振动频率。CRS有两类,一类是相干反斯托克斯拉曼散射(coherent anti-stokes Raman scattering,CARS),主要检测新发射的频率蓝移的光,另一类是受激拉曼散射(stimulated Raman scattering,SRS),主要探测入射光的相对强度变化。由于 SRS 的自动相位匹配,它更适合波导拉曼传感。而且,与 CARS 不同,SRS 的光电信号与初始的斯托克斯光和散射场的振幅呈线性关系。此外,SRS 能产生与浓度呈线性相关性的自发拉曼光谱。利用氮化硅波导实现受激拉曼光谱增强需要将泵浦光和斯托克斯光从相反的方向耦合进氮化硅波导基模。除了波导增强作用,由于受激激发,片上 SRS 信号与片上自发拉曼信号相比,可增强五个数量级。借助片上波导 SRS 技术和普通的锁相放大器,即可成功检测到拉曼信号[18]。

16.4.2　片上表面增强拉曼散射

利用硅基介质波导增强自发拉曼散射,主要归功于波导倏逝波与待测物的反应体积大大增加,而波导表面光场能量提高带来的拉曼增强比较小。片上受激拉曼虽然能进一步提高拉曼信号,但是需要利用到两束激光,且实现起来光路复杂,并伴随着一些其他非线性光学现象,如双光子效应等。表面增强拉曼散射(surface-enhanced Raman scattering,SERS)一直是拉曼散射领域里最引人瞩目的研究方向,通过在待测样品附近引入表面等离激元纳米结构可以增强拉曼散射信号。

在芯片上实现 SERS 技术，不但能增大反应体积，而且能产生极大的电磁场增强。

在单模氮化硅波导上集成领结(bowtie)形状的金纳米天线阵列，可以实现片上 SERS[19]。如图 16.19 所示，泵浦光耦合到单模氮化硅波导的 TE 基模，可以激发周期性排列的金纳米天线阵列，使覆盖在金属结构表面的待测单层分子的斯托克斯光得到增强并耦合回氮化硅波导，进一步检测到 SERS 信号。通过研究 SERS 信号与谐振天线位置和结构参数的相关性可知，SERS 来源于内在的等离激元共振效应，而不是表面粗糙。进一步，在单模氮化硅波导上只集成单个的领结金属纳米天线结构，通过结合后向散射检测方案和背景噪声抑制，可实现基于单个金属纳米天线的片上 SERS 信号波导激发和收集检测[20]。

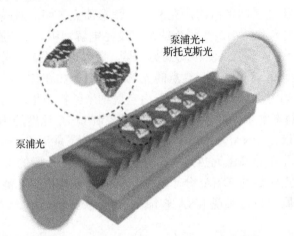

图 16.19　单模氮化硅波导上集成领结形状的金纳米天线阵列实现片上表面增强拉曼散射

金属纳米结构虽然能形成强烈的局域电磁场，实现表面增强拉曼光谱技术，但是制备流程比较复杂，而且其中用到电子束光刻，既耗时，又不利于充分采用标准 CMOS 工艺和技术。通过简单的纳米球刻蚀技术制备金属纳米三角结构，首次实现了无电子束光刻的片上 SERS，朝着全集成方向迈近了一步[21]。这个技术的核心思路是，将纳米球旋涂在芯片波导上，形成自组装的六边形密排列单层结构，以此作为金沉积的掩模。沉积金后剥离纳米球，波导表面会留下规则的金纳米三角结构。这种纳米三角形阵列结构在波导倏逝波激发下产生局域表面等离激元谐振效应，可实现片上 SERS。另一种标准 CMOS 工艺兼容的方案是，利用原子层沉积和深紫外光刻技术在氮化硅槽型波导表面制备纳米金属槽缝，也能获得电磁场增强，提高拉曼转换效率[22]。光场与介质波导接触面积很少，因此背景噪声较低。此外，与金属纳米结构的局域表面等离激元谐振不同，基于表面等离激元槽型的波导能够实现毫米级的光-分子作用长度，以及非谐振增强效果，从而获得片上宽谱 SERS。

16.4.3　片上单分子拉曼检测

　　由于单分子拉曼信号极其微弱,目前尚未见到基于全电介质材料的单分子拉曼技术的报道。主流的实现单分子拉曼检测的方式是,利用金属材料的等离激元效应结合各类纳米孔结构,将远场光转化为近场的局域化等离子体热点(hotspot)来实现单分子的表面增强拉曼散射。当单分子通过热点附近的或所在的纳米孔时,可进行电学和/或光学检测。基于这个原理,可以进一步实现 DNA 测序应用。

　　借助等离激元技术控制 DNA 分子在固体纳米孔中的转运过程,以及利用 SERS 读取序列信息的可行性在 2015 年得到理论调查论证[23]。在理论模型中,氮化硅薄膜表面集成领结形状金属纳米结构,在两个三角形顶点之间的薄膜上钻孔,可以形成图 16.20 所示的纳米孔结构,使整个结构浸没在电解液中。在跨膜电位的驱动下,DNA 分子通过纳米孔从膜的一侧移动到另一侧。在远场激发光的作用下,纳米孔入口处会形成局域化等离子体热点。热点的光场约束力施加在 DNA 分子上可抵消电泳力的作用。分子动力学仿真结果显示,由金属纳米结构产生的高强度光学热点可以延缓 DNA 通过固态纳米孔的转运,从而提供控制 DNA 速度的物理旋钮。开启和关闭等离子体场可以使 DNA 分子以不连续的步骤移动,从而将 DNA 分子的相邻片段依次暴露于纳米孔和等离激元热点中。来自暴露 DNA 片段的 SERS 包含核苷酸组信息,为通过热点转运的 DNA 分子的核苷酸序列鉴定提供可能。这种基于等离子体纳米孔测序的原理也可实现 DNA 修饰和 RNA 表征等检测。

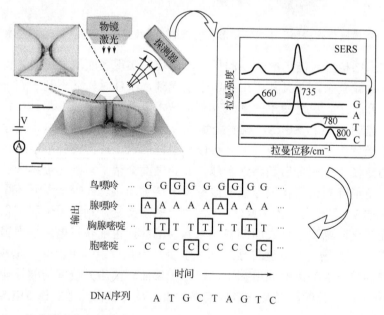

图 16.20　基于纳米孔和等离激元技术的片上单分子拉曼检测应用于 DNA 测序示意图

得益于半导体技术工艺的发展，基于硅基光电的单分子拉曼传感已经得到初步验证。利用表面等离激元纳米缝的结构，可实现单分子级别的表面增强拉曼散射检测，甚至可以进行核酸测序[24]。针对核酸测序的三个基本问题，即准确识别 DNA 核碱基、实现单分子检测灵敏度、获得单分子空间分辨率，将表面等离激元纳米缝与纳流控技术结合，在液相中对多种单链核酸分子和核苷酸分子进行实时检测。如图 16.21(a) 所示，一个狭长的纳米缝位于微腔的底部，两个布拉格光栅在微腔两侧。结构的上表面喷镀一层金膜，用于增强拉曼信号。微腔将远场入射激光耦合成近场表面等离激元，并引导进入纳米缝中；布拉格光栅将表面等离激元反射回微腔狭缝中，进一步增强光场强度。只有在狭缝中才能出现热点，产生增强的宽模电磁场，用于 SERS 增强。这里的等离激元纳米缝的制备与 CMOS 技术兼容，可以实现大量的晶片制备。利用该模型不但可以建立该技术体系下的各种核苷酸光谱数据库（图 16.21(b)），而且采用同位素分子对的检测策略，可以证明该技术的单分子检测的灵敏度能力；通过测量 DNA 寡核苷酸链，鉴别 DNA 链中相邻的碱基成分，证明该技术具有亚纳米的单分子空间分辨能力。

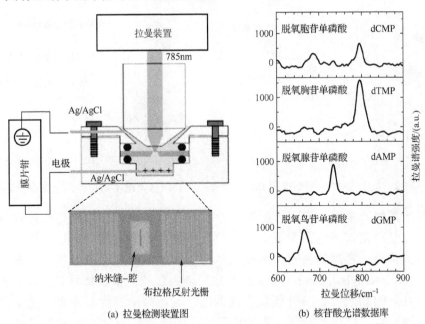

(a) 拉曼检测装置图　　　　　(b) 核苷酸光谱数据库

图 16.21　基于表面等离激元纳米缝的拉曼技术

16.5　全集成发展趋势

硅基光电生物传感技术总的发展趋势是全集成。要使硅基光电生物传感器件拥有更低的成本和更广泛的应用领域,必须同主流的 CMOS 等硅基技术相融合。在基本微系统架构中,国际商业机器公司(International Business Machines Corporation,IBM)提出图 16.22(a)所示的水平排列架构,即借助封装技术将分立的 PIC 和 IC 芯片进行水平封装。这有利于分立器件或芯片的单独加工,但封装工艺相对复杂,对产品性能也有一定影响。比利时校际微电子中心(Interuniversity Microelectronics Centre,IMEC)提出垂直堆积的高度集成单片架构,将不同功能的模块通过特殊工艺垂直叠加起来,如图 16.22(b)所示。它的优势在于全集成和高性能,但研发成本高,部分分立器件(如激光器)有可能无法兼容这个架构所需的低温 CMOS 工艺。这两种架构都将样品的操控(微流控技术)、信号的激发(集成生物光电子技术)、信号的收集和检测(光电集成检测技术)、信号输出和计算(数字转化、逻辑和存储等技术)等不同功能模块集成到最终芯片或微系统上,从而实现"生物样品进,分析结果出"的一站式芯片化解决方案[1]。目前,半导体芯片产业中芯粒(chiplet)的概念亦可尝试用于硅基光电生物传感的全集成系统架构,进一步实现高性价比的传感微系统。

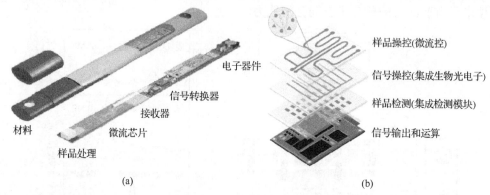

图 16.22　基于 IBM 水平架构和 IMEC 垂直架构的硅基光电生物传感的全集成策略

相对于其他硅基光电应用,硅基光电生物传感的微流控系统是比较独特的组成部分。它具有诸如低样品消耗、分析速度快捷、流动可控、现场操作,以及高通量等许多优点。考虑硅基材料和微流体部件的集成,在微流控领域,聚二甲基硅氧烷(polydimethylsiloxane,PDMS)是应用最为广泛的聚合物材料。因为其同硅片之间有良好的黏附性,另外还具有成本低、制备简单、生物兼容、光学透明和化学惰性等特点。更重要的是,经过氧等离子体处理后的 PDMS 材料能够永久性地键合在二氧化硅衬底上。这为硅基生物传感芯片上的微流体结构制备提供了一个简单方便的途径。同样,因为与衬底不可逆的键合,所以 PDMS 微流体芯片不能重复利用,会妨碍芯片低成本化。另外,其也存在对疏水分子非特异吸附、在有机溶液中膨胀变形,以及在高压操作下不兼容等缺点。另一种在微流控中广泛使用的材料是 SU-8,它具有负曝光特性,在宽光谱范围内光学透明且生物兼容。

与 PDMS 微流道相比，由于标准的刻蚀流程，它能够使微流道结构和芯片器件的准精度提高。但是，SU-8 微流体的制备需要在洁净室中使用复杂的工艺设备和流程，不利于低成本量产。

类似于其他硅基光电系统，硅基生物传感全集成，最大的障碍来自将外部光源、光电探测器，以及光谱仪等和光学传感部件集成在一个芯片上。近两年在这方面取得了一定进展[6]。Laplatine 等于 2018 年报道了扇出型晶片级封装(fan-out wafer-level packaging，FOWLP) 的集成片上锗光电探测器的硅基微环形生物传感器。16 个独立的微环谐振器和对应的锗光电探测器被制备在 1mm^2 的晶片上，并封装在一个具有电路连接和 SU-8 微流道的芯片上[25]。Raptis 等发展了单片集成雪崩发光二极管的基于氮化硅的宽带 MZI 阵列型生物传感器。片上集成的雪崩二极管在反向偏压工作模式下能发射从可见光到近红外的宽光谱，但是依然没有集成片上光谱仪[26]。2019 年，他们进一步发展了全光谱片上生物传感，同时单片集成了光源和光电探测器。10 个 MZI 对应着各自的片上宽谱光源，经过阵列波导光栅滤波后，光耦出到片上光电探测器阵列进行输出光谱分析。此外，他们将光-电-微流体传感芯片、微泵浦、发光二极管和光电二极管的驱动和读取电路、微控制器，以及通信电路全部集中在一个 20cm×16cm×7cm 的便携式箱子里[27]。

除了全集成的总体发展趋势之外，硅基光电生物传感技术一直朝着更高的传感性能迈进，如实时的单分子传感检测等，另外，利用单个集成芯片进行多个生物样本检测的能力，即多功能检测，也是发展方向之一。

16.6　本章小结

生物传感是硅基光电子学的一个非常重要应用方向，硅基光电生物传感技术以其高灵敏度、快检测速度、便携性、与半导体 CMOS 技术兼容等特点，吸引了学术界和产业界的众多关注。本章概要介绍硅基光电生物传感的基础内容，强调硅和氮化硅这两种材料，分别在通信波段和可见光波段展现了不同的特性，一起丰富和拓展了硅基生物传感技术。进一步，阐述主要的三种硅基生物传感技术——针对基于折射率变化的硅基生物传感，详细介绍 MZI 型、MRR 型、BRG 型生物传感器的工作原理，以及提高传感性能的四种方式；针对基于荧光技术的硅基生物传感，从片上激发和收集、片上超分辨成像、片上单分子检测三个角度进行介绍；针对基于拉曼技术的硅基生物传感，简要介绍片上自发和受激拉曼、片上表面增强拉曼，以及片上单分子拉曼检测等。最后，初步论述硅基生物传感的全集成发展趋势。

参 考 文 献

[1] 国家自然科学基金委员会, 中国科学院. 中国学科发展战略·微纳机电系统与微纳传感器技术. 北京: 科学出版社, 2020.

[2] Luan E. Improving the performance of silicon photonic optical resonator-based sensors for biomedical applications. Vancouver: University of British Columbia, 2020.

[3] 周治平, 邓清中. 硅基片上光电传感及相关器件. 中兴通讯技术, 2017, 23(5): 43-46.

[4] Molina-Fernández Í, Leuermann J, Ortega-Moñux A, et al. Fundamental limit of detection of photonic biosensors with coherent phase read-out. Optics Express, 2019, 27(9): 12616-12629.

[5] Luan E, Shoman H, Ratner D M, et al. Silicon photonic biosensors using label-free detection. Sensors, 2018, 18(10): 1-42.

[6] Wang J, Sanchez M M, Yin Y, et al. Silicon-based integrated label-free optofluidic biosensors: Latest advances and roadmap. Advanced Materials Technologies, 2020, 5(6): 1-24.

[7] Gavela A F, García D G, Ramirez J C, et al. Last advances in silicon-based optical biosensors. Sensors, 2016, 16(3): 1-15.

[8] Schmidt S. Enhancing the performance of silicon photonic biosensors for clinical applications. Seattle: University of Washington, 2016.

[9] Mahmud-Ul-Hasan M, Neutens P, Vos R, et al. Suppression of bulk fluorescence noise by combining waveguide-based near-field excitation and collection. ACS Photonics, 2017, 4(3): 495-500.

[10] Kerman S, Vercruysse D, Claes T, et al. Integrated nanophotonic excitation and detection of fluorescent microparticles. ACS Photonics, 2017, 4(8): 1937-1944.

[11] Deschout H, Raemdonck K, Stremersch S, et al. On-chip light sheet illumination enables diagnostic size and concentration measurements of membrane vesicles in biofluids. Nanoscale, 2014, 6(3): 1741-1747.

[12] Diekmann R, Helle Y I, Ie C I, et al. Chip-based wide field-of-view nanoscopy. Nature Photonics, 2017, 11(5): 322-328.

[13] Helle Y I, Dullo F T, Lahrberg M, et al. Structured illumination microscopy using a photonic chip. Nature Photonics, 2020, 14(7): 431-438.

[14] Liu S, Zhao Y, Parks J W, et al. Correlated electrical and optical analysis of single nanoparticles and biomolecules on a nanopore-gated optofluidic chip. Nano Letters, 2014, 14(8): 4816-4820.

[15] Rahman M, Stott M A, Harrington M, et al. On demand delivery and analysis of single molecules on a programmable nanopore-optofluidic device. Nature Communications, 2019, 10(1): 1-10.

[16] Levene H J, Korlach J, Turner S W, et al. Zero-mode waveguides for single-molecule analysis at

high concentrations. Science, 2003, 299 (5607): 682-686.

[17] Dhakal A, Subramanian A Z, Wuytens P, et al. Evanescent excitation and collection of spontaneous raman spectra using silicon nitride nanophotonic waveguides. Optics Letters, 2014, 39(13): 4025-4028.

[18] Zhao H, Clemmen S, Raza A, et al. Stimulated raman spectroscopy of analytes evanescently probed by a silicon nitride photonic integrated waveguide. Optics Letters, 2018, 43(6): 1403-1406.

[19] Peyskens F, Dhakal A, van Dorpe P, et al. Surface enhanced raman spectroscopy using a single mode nanophotonic-plasmonic platform. ACS Photonics, 2016, 3(1): 102-108.

[20] Peyskens F, Wuytens P, Raza A, et al. Waveguide excitation and collection of surface-enhanced raman scattering from a single plasmonic antenna. Nanophotonics, 2018, 7(7): 1299-1306.

[21] Wuytens P C, Skirtach A G, Baets R. On-chip surface-enhanced raman spectroscopy using nanosphere-lithography patterned antennas on silicon nitride waveguides. Optics Express, 2017, 25(11): 12926-12934.

[22] Raza A, Clemmen S, Wuytens P, et al. ALD assisted nanoplasmonic slot waveguide for on-chip enhanced raman spectroscopy. APL Photonics, 2018, 3(11):1-12.

[23] Belkin M, Chao S H, Jonsson M P, et al. Plasmonic nanopores for trapping, controlling displacement, and sequencing of DNA. ACS Nano, 2015, 9 (11): 10598-10611.

[24] Chen C, Li Y, Kerman S, et al. High Spatial resolution nanoslit SERS for single-molecule nucleobase sensing. Nature Communications, 2018, 9(1):1-9.

[25] Laplatine L, Luan E, Cheung K, et al. System-level integration of active silicon photonic biosensors using fan-out wafer-level-packaging for low cost and multiplexed point-of-care diagnostic testing. Sensors and Actuators, B: Chemical, 2018, 273: 1610-1617.

[26] Anastasopoulou M, Malainou A, Salapatas A, et al. Label-free detection of the IL-6 and IL-8 interleukines through monolithic silicon photonic chips and simultaneous dual polarization optics. Sensors and Actuators, B: Chemical, 2018, 256: 304-309.

[27] Misiakos K, Makarona E, Hoekman M, et al. All-silicon spectrally resolved interferometric circuit for multiplexed diagnostics: A monolithic lab-on-a-chip integrating all active and passive components. ACS Photonics, 2019, 6(7): 1694-1705.

第 17 章　硅基光信号处理

光信号处理已经广泛应用于电信、互连、成像、计算、量子、生物光子等领域。从光信号处理的参量来看，可以在时间、频率(波长)等维度进行调控和处理。硅基光电子器件具有体积小、集成度高、有效折射率调谐范围大等优点，适合各种光信号处理的应用。近年来，在时间和频率维度的光信号处理引起研究人员的广泛兴趣。在时间维度，光信号延迟可以通过直波导传播或谐振效应实现。此外，时域微积分和希尔伯特变换是常见的信号处理。在频域上，信号线性滤波和基于非线性的波长转换已被广泛研究并应用于一些系统中。这些光信号处理器件可以对光场进行不同维度的调控和处理，适用于各种应用场合。本章针对时域和频域维度，给出相应的器件原理和设计方法，对器件性能和指标进行分析。

17.1　时域信号处理

17.1.1　信号延迟

光子的物理特性决定了光子信号不能直接存储在介质中，因此光缓存功能常利用光子信号延迟来实现。目前，光子信号延迟已成为光子集成回路与系统中的关键元器件之一，广泛应用于时分多路复用、光信号同步与缓冲、微波信号处理、波束形成与控制、光学相干断层成像等领域[1]。图 17.1 所示为有限冲击响应微波光子滤波器的原理示意图。微波光子滤波器的传递函数取决于每个光路的光功率衰减量和光子延迟量。

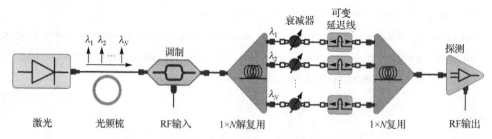

图 17.1　有限冲击响应微波光子滤波器的原理示意图

光子信号延迟可以基于体光学元件、光纤或集成芯片实现。与基于体光学元件或光纤的光子信号延迟相比，集成光子信号延迟芯片具有诸多优势，如低成本、小体积、轻重量和低功耗[2]。在集成芯片中，光子信号延迟器可以方便地与其他功能器件(如调制器、滤波器、激光器和光电二极管)集成在一起，提供比单一器件更强大的光学和微波处理能力。本节重点讲述硅基集成光子信号延迟的基本原理与实现方法。

1. 基本原理

假设一个波长为 $\lambda(\omega)$ 光波经过一个长度为 L、折射率为 $n(\omega)$ 的波导，折射率是光波角频率 ω 的函数。该光波的相位变化为[3]

$$\phi(\omega) = -\frac{2\pi}{\lambda(\omega)}n(\omega)L \tag{17-1}$$

因此，光波经历的群延迟为

$$t_g = -\frac{\partial\phi(\omega)}{\partial\omega} = \frac{L}{c}\left[n(\omega) + \omega\frac{\partial n(\omega)}{\partial\omega}\right] \tag{17-2}$$

其中，c 为真空中光速。

由式(17-2)可以看出，有三种方法可以调谐光信号的群延迟，即改变波导的折射率 $n(\omega)$；改变波导折射率的色散 $\partial n(\omega)/\partial\omega$；改变波导的物理长度 L。集成信号延迟的考量指标包括延迟调谐范围、延迟调谐分辨率、工作带宽、插入损耗、调谐功耗、体积尺寸等。

因波导有效折射率跟芯/包层材料的折射率差和波导截面结构有关，第一种改变有效折射率方法的调谐效率有限，且调谐范围很小，在实际应用中难以采用。关于第二种方法，利用电光效应、热光效应或自由载流子色散效应有效改变色散曲线，可以实现延迟的连续调谐。然而，大群速度色散常引起信号失真，使器件的工作带宽受限。虽然延迟调谐是连续的，但调谐范围是有限的。直接改变光程的第三种方法比较直接，可实现的信号延迟与波导长度成正比。该方法的延迟调谐分辨率取决于最短可变波导的长度，最大延迟量受波导损耗和器件尺寸的限制。下面介绍集成信号延迟的常见实现方案。

2. 谐振信号延迟

谐振信号延迟可利用微环/微盘谐振腔、布拉格光栅、光子晶体波导等结构中的慢光现象实现(图 17.2)。慢光是指光的群速度远小于光在真空中的传播速度的一种现象。对于一个光信号来说，其群速度为[3]

$$v_g = \frac{\partial\omega}{\partial k} = \frac{c}{n(\omega) + \omega\dfrac{\partial n(\omega)}{\partial\omega}} = \frac{c}{n_g(\omega)} \tag{17-3}$$

其中，$n_g(\omega)$ 为群折射率。

由此可知，通过增大$\partial n(\omega)/\partial\omega$，引入较大的色散，可获得较低的群速度，产生慢光现象。

在器件共振波长附近会有较大的色散，从而降低光的群速度，产生慢光效应，实现大信号延迟。由于慢光效应的存在，只需微小调节波导的有效折射率，群折射率就会发生较大的变化，因此信号延迟的调谐功耗大大降低，且可实现延迟量的连续调谐。慢光效应的带宽有限，因此信号延迟的带宽窄。

微环谐振腔由于其结构简单、制作容易、控制方便等特点，已成为一种慢光型延迟线的常用器件结构[4]。单个微环谐振腔的延迟带宽积是一个常数，全通型微环谐振腔的延迟带宽积为$2/\pi$，上下载型微环谐振腔的延迟带宽积为$1/\pi$。因此，单个微环谐振腔不能实现一个比特的延迟。多种级联微环的结构相继被提出以增大延迟带宽积。图 17.2(a)所示为并联耦合微环谐振腔，当多个相同微环谐振腔独立耦合到一根公共总线波导时，总延迟量是每个谐振腔延迟量的总和，而带宽保持不变。在并联耦合微环的一端连接萨格纳克环形反射器构成反射式延迟线，可进一步提高延迟能力，使延迟带宽积加倍[5]。在 13 级反射式并联耦合微环延迟线中，最大延迟量为 110ps，带宽为 168GHz，可缓存 18 个比特。串联式耦合微环谐振腔也被提出用于增大延迟带宽积，如图 17.2(b)所示。100 个硅基微环谐振腔耦合的片上延迟线可实现 500 ps 的信号延迟，可缓存 10 个比特[6]。

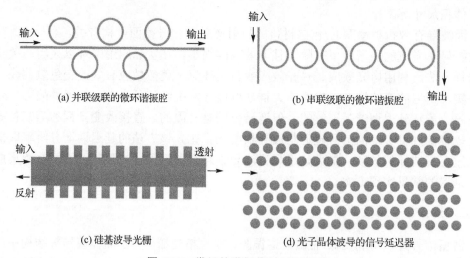

(a) 并联级联的微环谐振腔   (b) 串联级联的微环谐振腔

(c) 硅基波导光栅   (d) 光子晶体波导的信号延迟器

图 17.2　常见的谐振信号延迟器件

硅基波导光栅是通过周期性调制波导的有效折射率形成的，如图 17.2(c)所示。均匀光栅的传输模式或啁啾光栅的反射模式均可用于实现信号延迟。在均匀光栅中，带隙边缘处的群延迟显著增加[7]。延迟的调谐可以通过加热或自由载流子注入改变光栅禁带来实现的。一种基于硅波导光栅的电调谐光子延迟线结构被提出，并实验演示了延迟功能，对 13Gbit/s 的光信号可实现 86ps 的可调谐延迟[8]。啁啾波导光栅延迟线利用反射端提供可调谐延迟，不同波长的光信号在光栅的不同位置反射，导致延迟变化。延迟的调谐是通过加热或电调谐光栅反射中心波长实现的。利用锥形布拉格光栅的上下载型结构可以实现延迟线功能，延时可调谐范围为 450ps[9]。

　　光子晶体慢光波导由于其结构设计灵活，成为控制光群速度的理想结构[10]，如图 17.2(d) 所示。理论分析表明，光子晶体慢光波导延迟线的最大存储密度约为 1bit/波长。利用光子晶体禁带带边的慢光效应，通过局部加热对 2ps 宽慢光脉冲可实现 72ps 的可调谐延迟[11]。谐振信号延迟器件的扫描电镜照片如图 17.3 所示[10]。然而，光子晶体波导的传输损耗高于普通硅波导，这限制了其在光子延迟线上的应用。

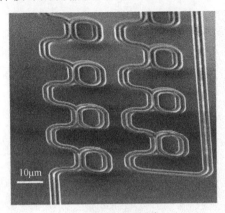 

(a) 耦合微环延迟线　　　　　　　(b) 光子晶体延迟线[10]

图 17.3　谐振信号延迟器件的扫描电镜照片

17.1.2　信号微分

　　光子信号处理器可以直接在光域中实现信号处理，避免电采样、光电和电光转换，可以实现模拟信号的处理功能。在通用光信号处理器的基本器件中，光子时间微分器是一种对光信号进行时间微分的器件，在全光傅里叶变换、时间脉冲表征和 OTDM 信号的解复用等方面都有应用[12]。

　　为得到时域中光信号的 n 阶微分，需要将光信号的 $n-1$ 阶导数 $A^{(n-1)}(t)$ 与时延 τ 之前的 $A^{(n-1)}(t-\tau)$ 进行差分运算。当 τ 足够小时，$(A^{(n-1)}(t)-A^{(n-1)}(t-\tau))/\tau$ 可以近似认为是光信号的 n 阶时域微分。其传递函数为[13]

$$H(\omega)=\left[\mathrm{j}(\omega-\omega_0)\right]^n=\begin{cases}\mathrm{e}^{\mathrm{j}n\frac{\pi}{2}}\left|\omega-\omega_0\right|^n,&\omega>\omega_0\\[2mm]\mathrm{e}^{-\mathrm{j}n\frac{\pi}{2}}\left|\omega-\omega_0\right|^n,&\omega<\omega_0\end{cases}\qquad(17\text{-}4)$$

其中，ω 为光角频率；ω_0 为待处理信号的载波频率。

可以看出，n 阶时间微分器的幅度响应为 $|\omega-\omega_0|^n$，在 ω_0 处有 $n\pi$ 的相位跳变。

上述的时延 τ 可以利用波导延时线或微环谐振腔等结构实现。硅基光子时域微分器的基本结构是一个带延时线的 MZI[14]，由一对 1×2 耦合器和两根不等长的波导构成，如图 17.4(a) 所示。当器件工作在干涉相消的频率时(即两根不等长的波导上产生的相对相位差为 π)，光先后到达输出端，并且光在时域上与 τ 之前的光进行相减，即完成时域的微分操作。同理，如图 17.4(b) 所示，全通型微环谐振腔的环形波导也可以产生 τ 的时延。工作在微环谐振腔的谐振波长时，直波导的透射光与环形波导耦合回直波导的光相互抵消，那么此时全通型微环谐振腔也可以用作微分器[15]。

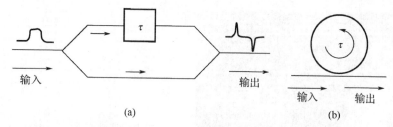

图 17.4　基于 MZI 和全通型微环谐振腔的光子时域微分器

以基于 MZI 的光子时域微分器为例，MZI 的传递函数 $H(z)$ 可以表示为

$$H(z) = 1 + z^{-1} = 1 + e^{-j\omega\tau} \tag{17-5}$$

其中，$z^{-1} = e^{-j\omega\tau}$。

当 MZI 工作在最小透射率的频率时(即 $H(\omega_0) = 0$)，可得

$$\tau = \frac{(2m+1)\pi}{\omega_0} \tag{17-6}$$

其中，m 为任意整数。

式 (17-5) 可以改写为

$$
\begin{aligned}
H(\omega-\omega_0) &= 1 + e^{-j(\omega-\omega_0)\tau} e^{-j\omega_0\tau} = 1 - e^{-j(\omega-\omega_0)\frac{(2m+1)\pi}{\omega_0}} \\
&= 1 - \cos\left[(2m+1)\pi\frac{\omega-\omega_0}{\omega_0}\right] + j\sin\left[(2m+1)\pi\frac{\omega-\omega_0}{\omega_0}\right]
\end{aligned}
\tag{17-7}
$$

当器件工作在谐振频率 ω_0 附近时，即 $\omega / \omega_0 \approx 1$，那么 $\cos\left[(2m+1)\pi\frac{\omega-\omega_0}{\omega_0}\right] \approx 1$，

$\sin\left[(2m+1)\pi\frac{\omega-\omega_0}{\omega_0}\right] \approx (2m+1)\pi\frac{\omega-\omega_0}{\omega_0}$，则式 (17-7) 可以近似为

$$H(\omega - \omega_0) = \mathrm{j}(2m+1)\pi\frac{\omega - \omega_0}{\omega_0} \tag{17-8}$$
$$= \mathrm{j}\tau(\omega - \omega_0) \propto \mathrm{j}(\omega - \omega_0)$$

可以看出，MZI 的频率响应与 1 阶微分器的频率响应成正比，可以作为 1 阶微分器使用。

MZI 结构简单、制备容易，控制方便，其延时量 τ 可以通过改变延时线长度来控制。如图 17.5 所示，$\tau = 100\text{ps}$ 的基于 MZI 结构的一阶光子时域微分器可以被实现[16]，同时演示了将多个一阶光子时域微分器组成一个高阶光子时域微分器。利用全通型微环谐振器可以实现一种光子时域微分器[17]，如图 17.6 所示。全通型微环谐振腔的微环半径 R 为 40μm，总面积约为 1600μm^2，远小于基于 MZI 结构的微分器，有利于提升时域微分器件的集成度。

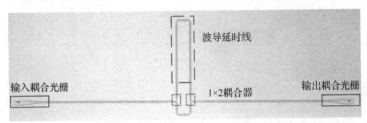

图 17.5　基于 MZI 的微分器显微镜照片

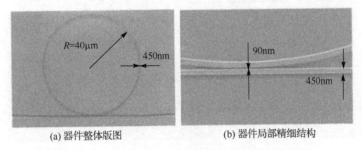

(a) 器件整体版图　　　　　　　　　(b) 器件局部精细结构

图 17.6　基于微环谐振腔的微分器扫描电镜照片

17.1.3　信号积分

在通用光信号处理器的基本器件中，光子时域积分器是一种对光信号进行时域积分的器件，在模拟信号处理、暗孤子产生、光存储器和光模数转换等方面都有重要应用。积分时间是光子积分器重要的特性参数之一，更长的积分时间意味着更好的积分能力。一个理想的光子时空积分器应该具有无限的积分时间。

时域中光信号的 n 阶积分是将积分时间内的光信号包络进行线性叠加，类似于电域中的储能器件电容。与电域的积分器类似，n 阶光子时域积分器是一个线性时

不变(linear time-invariant，LTI)系统，其传递函数为[13]

$$H_n(\omega) = \left[\frac{1}{j(\omega - \omega_0)}\right]^n \tag{17-9}$$

其中，ω 为光角频率；ω_0 为待处理信号的载波频率。

光子谐振器件可以有效地存储光能量，可以构建光子时域积分器。如图 17.7 所示[18]，其基本结构是一个上下路微环谐振腔，由一根环形波导与两根直波导相互耦合构成。光从输入端输入，微环谐振腔作为一种储能器件，输入的信号光在微环内循环并随时间不停地累积(带有耦合损耗和波导传输损耗)，下载端的输出与存储在微环内的能量成正比，即下载端的输出是输入端在时域上的积分。由于存在上述两种损耗，无源硅基积分器的积分时间窗口有限，可以通过加泵浦或者降低波导传输损耗增加积分时间窗口。

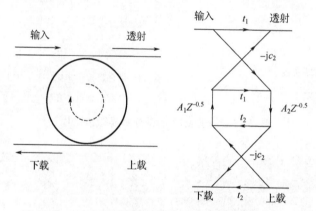

图 17.7　由上下路微环谐振腔构成的光子时域积分器

根据耦合模理论，上下路微环谐振腔的传递函数可以表示为[19]

$$\begin{aligned}
H(z) &= -\frac{c_1 c_2 A_2 z^{-1/2}}{1 - t_1 t_2 A_1 A_2 z^{-1}} \\
&= \frac{c_1 c_2 A_2 e^{-\frac{1}{2}j\omega\tau}}{1 - t_1 t_2 A_1 A_2 e^{-j\omega\tau}} \\
&= \frac{c_1 c_2 A_2}{e^{\frac{1}{2}j\omega\tau} - t_1 t_2 A_1 A_2 e^{-\frac{1}{2}j\omega\tau}}
\end{aligned} \tag{17-10}$$

其中，$z^{-1} = e^{-j\omega\tau}$；$\omega$ 为角频率；m 为任意整数；$\tau = n_{eff}L/c$ 为时间常数，n_{eff} 为波导的有效折射率，L 为微环的周长；c_i 为第 $i(i=1, 2)$个耦合点的耦合系数；为了保证能量守

恒，$t_i = \sqrt{1-c_i^2}$ $(i=1,2)$ 为透射系数；$A_i(i=1,2)$ 为各个波导的损耗。

由于硅波导损耗较低，如果使微环谐振腔工作在 $t_1 t_2 A_1 A_2 \approx 1$ 的状态，当 $m=0$ 时，式 (17-10) 可以改写为

$$H(\omega) = \frac{c_1 c_2 A_2}{e^{\frac{1}{2}\mathrm{j}\omega\tau} - e^{-\frac{1}{2}\mathrm{j}\omega\tau}} = \frac{c_1 c_2 A_2}{2\mathrm{j}\sin\left[\frac{1}{2}(\omega-\omega_0)\tau + m\pi\right]} \tag{17-11}$$

$$\approx \frac{c_1 c_2 A_2 / \tau}{\mathrm{j}(\omega-\omega_0)} \propto \frac{1}{\mathrm{j}(\omega-\omega_0)}$$

可以看出，上下路微环谐振器的频率响应与 1 阶积分器的频率响应相似，可以作为准积分器使用。如图 17.8 所示，当光脉冲输入积分器输入端后，下载端输出的波形为输入端脉冲的积分。由于波导传输损耗和耦合损耗，实际的时域波形会随着时间的增长而下降。高阶积分器可以由多个 1 阶积分器级联或耦合组成[18]。

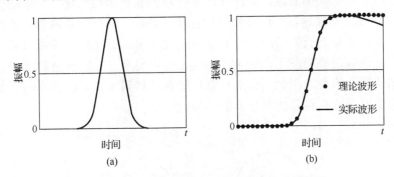

图 17.8　输入端光脉冲和下载端输出的时域波形

为了获得较长的积分时间，必须精确地补偿插入损耗，以获得高 Q 因子。这是非常具有挑战性的。如图 17.9 所示，为了延长积分时间，可以采用电泵浦的方式为微环谐振腔补偿光损耗[20]。谐振腔工作在 C 波段时，其 Q 值可达 2×10^4 左右。降低波导传输损耗同样可以增加积分时间，通过在二氧化硅上进行掺杂形成微环谐振腔结构，可以制备一种无源的光子时域积分器[18]。得益于其极低的波导传输损耗，在 C 波段，其谐振器的 Q 值可达 1.2×10^6。

17.1.4　希尔伯特变换

在信号与系统中，希尔伯特变换可以将信号正频谱相位移动 $-\pi/2$，信号负频谱相位移动 $\pi/2$。其作用是将接收到的实信号转换为解析信号。希尔伯特变换的系统传输函数为[13]

$$H(\omega) = \begin{cases} e^{-\mathrm{j}(\pi/2)}, & \omega > 0 \\ e^{\mathrm{j}(\pi/2)}, & \omega < 0 \end{cases} \tag{17-12}$$

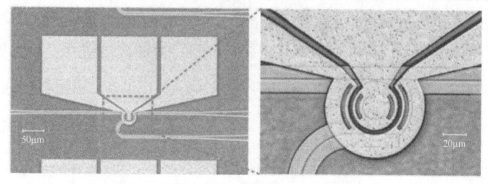

图 17.9　基于上下路环形谐振腔的积分器显微镜照片

光子希尔伯特变换器可以导出光信号的解析表达式，被广泛用于单边带(single side band，SSB)调制中。它在光载无线(radio-over-fiber，RoF)链路中起着重要作用，可以避免色散引起的功率衰减。如图 17.10 所示，其基本结构是一个全通型微环谐振器[21]，由一根环形波导与一根直波导相互耦合构成。当光子希尔伯特变换器工作在微环谐振腔的谐振波长附近时，对于 $\omega > \omega_0$ 与 $\omega < \omega_0$，上下边带在微环上因为传播常数不同，所以对称累积了的相位差。当相位差达到 $\pm\pi/2$ 且透射率较高时，就构成了希尔伯特变换器。因此，全通型微环谐振腔透射率在谐振频率附近的谐振谷带宽应该尽量窄以提高希尔伯特变换器的性能[22]。

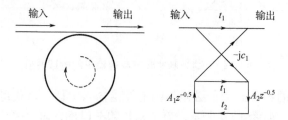

图 17.10　由全通型微环谐振器构成的希尔伯特变换器

根据耦合模理论，全通型微环谐振腔的传递函数可以表示为

$$H_{1t}(z) = \frac{t_1 - t_2 A_1 A_2 z^{-1}}{1 - t_1 t_2 A_1 A_2 z^{-1}} = \frac{t_1 - t_2 A_1 A_2 e^{-j\omega\tau}}{1 - t_1 t_2 A_1 A_2 e^{-j\omega\tau}} \tag{17-13}$$

由于硅波导损耗较低，可以假设 $t_2 A_1 A_2 \approx 1$ 的状态，式(17-13)可以改写为

$$H_{1t}(\omega) \approx \frac{t_1 - e^{-j\omega\tau}}{1 - t_1 e^{-j\omega\tau}} = -\frac{e^{-\frac{1}{2}j\omega\tau} - t_1 e^{\frac{1}{2}j\omega\tau}}{e^{\frac{1}{2}j\omega\tau} - t_1 e^{-\frac{1}{2}j\omega\tau}} = \left|H_{1t}(\omega)\right| e^{j\Psi(\omega)} \tag{17-14}$$

可以看出，分子与分母共轭，其振幅响应为

$$|H_{1t}(\omega)| = 1 \tag{17-15}$$

相位响应为

$$
\begin{aligned}
\Psi(\omega) &= \pi + 2\tan^{-1}\frac{(1+t_1)\sin\dfrac{1}{2}\omega\tau}{(1-t_1)\cos\dfrac{1}{2}\omega\tau} \\[2mm]
&= \pi + 2\tan^{-1}\frac{(1+t_1)\sin\dfrac{\omega}{\omega_0}m\pi}{(1-t_1)\cos\dfrac{\omega}{\omega_0}m\pi}
\end{aligned}
\tag{17-16}
$$

如果假设 $m = 1$，则有

$$\Psi(\omega) = \pi + 2\tan^{-1}\frac{(1+t_1)\sin\dfrac{\omega}{\omega_0}\pi}{(1-t_1)\cos\dfrac{\omega}{\omega_0}\pi} \tag{17-17}$$

当 $\omega \approx \omega_0$ 且 $\omega < \omega_0$ 时，可知

$$\tan^{-1}\frac{(1+t_1)\sin\dfrac{\omega}{\omega_0}\pi}{(1-t_1)\cos\dfrac{\omega}{\omega_0}\pi} < 0 \tag{17-18}$$

相反，当 $\omega \approx \omega_0$ 且 $\omega > \omega_0$ 时，可知

$$\tan^{-1}\frac{(1+t_1)\sin\dfrac{\omega}{\omega_0}\pi}{(1-t_1)\cos\dfrac{\omega}{\omega_0}\pi} > 0 \tag{17-19}$$

全通型微环谐振腔构成的希尔伯特变换器的振幅响应与相位响应如图 17.11 所示。可以看出，在 ω_0 处有一定的相位变化，并且可以通过调整 t_1 来控制其相位变化量。当 t_1 接近于 1 时，微环谐振腔的传递函数与式 (17-12) 的 1 阶形式相似，即可以在微环谐振腔上实现希尔伯特变换。

采用全通型微环谐振腔的光子希尔伯特变换器结构与图 17.6 一致。使用掺锗二氧化硅的全通型微环谐振腔的微环半径为 $R=1\mathrm{mm}$，可以实现 55GHz 工作带宽的希尔伯特变换，具有 32GHz 的 FSR 和 140MHz 的 FWHM 带宽[22]。由于光子晶体谐振腔和布拉格光栅具有与希尔伯特变换相似的频谱响应和振幅响应，也可以利用它们分别构成希尔伯特变换器[23, 24]。

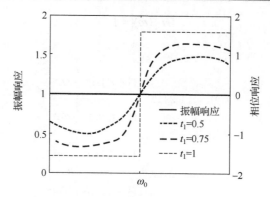

图 17.11　全通型微环谐振腔构成的希尔伯特变换器的振幅响应(实线)与相位响应(虚线)

17.2　频域信号处理

1. 固定滤波器

滤波器是硅基片上集成光路中的关键部件之一，主要用于波分复用系统，可以实现对单个或多个波长的选择或阻隔功能。常用的硅基滤波器主要包括基于谐振腔、干涉仪、衍射光栅和阵列波导光栅等四种基本结构。本节主要讨论基于 MRR、MZI、衍射光栅结构的单波长滤波器，以及基于阵列波导光栅的多波长复用/解复用器。滤波器的四种基本结构如图 17.12 所示。

如图 17.12(a) 所示，基于微环谐振腔的滤波器包括输入端、直通端、上载端和下载端等四个端口，微环半径为 R，直波导与微环间的耦合系数为 κ。光从直波导输入，在接近微环波导处发生耦合进入微环。当微环中光传输一周产生的相位差为 2π 的整数倍时，该耦合区与直波导内的光发生相消干涉并形成周期性的谐振。谐振波长处的光在直通端口被抑制，经过弯曲波导与下面直波导的耦合区耦合，从下载端输出。微环直通端和下载端输出光的归一化振幅分别为

$$E_T = \frac{1 - \kappa_1 - \alpha(1 - \kappa_2)}{1 - \alpha(1 - \kappa_1)(1 - \kappa_2)} E_I \tag{17-20}$$

$$E_D = \frac{-\kappa_1 \kappa_2 \sqrt{\alpha}}{1 - \alpha(1 - \kappa_1)(1 - \kappa_2)} E_I \tag{17-21}$$

其中，E_I、E_T 和 E_D 分别为微环的输入端、直通端和下载端输出光的归一化振幅；κ_1 和 κ_2 为上下直波导和微环波导耦合区的耦合系数；α 为光在微环中传输时的传输系数。

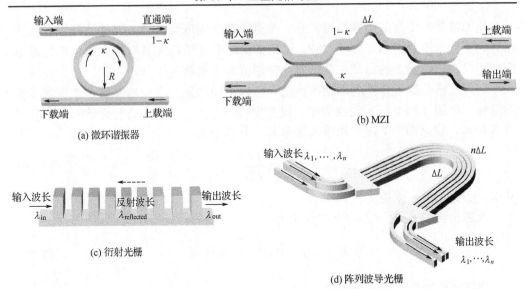

图 17.12　滤波器的四种基本结构

这种微环谐振腔基于入射光与环内行波的干涉原理，是一种无限冲击响应滤波器。基于微环谐振腔的上下载滤波器以较小的器件尺寸优势得到广泛的应用。然而，这种滤波器受到微环谐振腔固有的小 FSR 的限制，其波长工作范围较小。

干涉型滤波器，如基于 MZI 的滤波器，由两个定向耦合器和两个不同长度的连接波导组成（图 17.12(b)）。由于两个连接波导长度不同，两路光会产生不同的相移，在第二个定向耦合器中，两路具有不同相位的光产生相消或相长干涉，从而在输出端口实现正弦曲线型的滤波特性。下面以该结构为例推导其传输矩阵。定向耦合器可实现等比例分光的传输矩阵，即

$$S_{DC} = \frac{1}{2}\begin{bmatrix} 1 & i \\ i & 1 \end{bmatrix} \tag{17-22}$$

两臂的传输矩阵为

$$S_W = \begin{bmatrix} \exp(-i\Delta\phi/2) & 0 \\ 0 & \exp(i\Delta\phi/2) \end{bmatrix} \tag{17-23}$$

因此，MZI 的传输矩阵为

$$S = S_{DC}S_W S_{DC} = \begin{bmatrix} \sin(\Delta\phi/2) & -\cos(\Delta\phi/2) \\ \cos(\Delta\phi/2) & -\sin(\Delta\phi/2) \end{bmatrix} \tag{17-24}$$

其中，$\Delta\phi$ 为两束光分别通过两臂后产生的相位差，即

$$\Delta\phi = 2\pi n\Delta L/\lambda \tag{17-25}$$

其中，n 为波导的折射率；ΔL 为 MZI 的两臂长差；λ 为工作波长。

　　该滤波器基于光的干涉原理，是一个有限冲击响应滤波器，其滤波特性来自两路光的干涉而不是谐振。基于 MZI 结构的滤波器在理论上具有较大的自由光谱范围，可以在一组输入的信道中实现单个信道或多个信道的下载。

　　衍射光栅是基于介质的周期性扰动，可以形成周期性布拉格反射，实现对波长的选择。在图 17.13 所示的结构中，设光栅周期为 T，入射和透射介质折射率分别为 n_1 和 n_2，定义沿着 z 向的光栅矢量为 K，其大小为

$$K = \frac{2\pi}{\lambda T} \tag{17-26}$$

其中，λ 为入射光波长。

　　入射光波矢 K_{in} 在 z 方向上的分量为

$$K_{\text{in},z} = \left| K_{\text{in}} \right| \sin\theta = \frac{2\pi}{\lambda} n_1 \sin\theta \tag{17-27}$$

　　此时，布拉格条件可表示为

$$K_{m,z} = K_{\text{in},z} + mK, \quad m = 0, \pm 1, \pm 2, \cdots \tag{17-28}$$

其中，m 为衍射级的阶数。

　　这表明，m 级衍射波矢的 z 分量 $K_{m,z}$ 等于入射波矢的 z 分量 $K_{\text{in},z}$ 与 m 倍的光栅波矢 mK 之和。

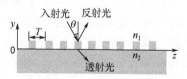

图 17.13　衍射光栅基本结构图

　　这种滤波器基于光的衍射原理，是一种有限冲击响应滤波器。基于光栅结构的滤波器在工作过程中通常会产生反射光，如果不加处理，便会对入射光产生一定的干扰。传统的布拉格光栅会利用一个环形器或隔离器来消除这种后向反射。为减少光的后向反射对光源的影响，人们提出各种光栅辅助器件，包括基于光栅、反对称光栅和亚波长光栅(subwavelength grating，SWG)的反向耦合器[25-27]。

　　阵列波导光栅是一种多波长复用中常用的器件。阵列波导光栅型滤波器也是基于光的干涉原理，可以认为是 MZI 滤波器的拓展，如图 17.12(d) 所示。一束包含多个波长的光信号输入至平板波导后，在其中发生衍射并以相同的相位传输至阵列波导。不同波长的光信号在其相邻波导间存在一定的相位差，从而形成不同的波前倾斜，聚焦在输出平板波导上的不同位置，从不同的输出波导输出，完成解复用过程。阵列波导光栅型滤波器基于光的干涉原理，是一种有限冲击响应滤波器。

2. 可调滤波器

由于硅材料具有较高的热光系数和较大的热导率，因此可以实现高灵敏度、波长/带宽/通道数可扩展的热调滤波器，能够应用于动态的智能网络场景，如可重构光上下载复用器。对可重构光，下载复用器通常需要可调谐带宽的滤波器，以实现最佳的光谱效率和光学性能[28]。

MZI 结构波长可调，但具有固定的滤波形状。一种基于级联 MZI 结构的偏振不敏感带通滤波器被提出，其 3dB 带宽为 350 GHz，自由光谱范围为 6.09 nm [29]。基于级联微环谐振腔的结构能实现低损耗、窄带到宽带可调及高消光比的滤波器。如表 17.1 所示为硅基可调光滤波器的最新进展。

表 17.1　硅基可调光滤波器的最新进展

器件结构	带宽调谐范围/GHz	波长调谐范围/nm
MZI[29]	–	1.1
2 阶级联 MRR[30]	225	3
5 阶级联 MRR[31]	113	0.4
串联 MRR[32]	94	1.7
MZI 和 MRR[33]	150	1.6
级联反向耦合器[34]	1000	4
多模不对称波导布拉格光栅[35]	1572	13

硅基可调光滤波器的另一个重要指标是调谐效率。典型的硅基谐振器调谐效率约为 0.25 nm/mW [36]。为了获得更高的调谐效率，人们提出多种方案，例如将微加热器直接集成在纳米梁腔上或微环谐振器上，将石墨烯微加热器集成在硅基光子晶体滤波器上，以及采用悬空波导结构等。如表 17.2 所示为几种典型的硅基高效可调光滤波器的调谐效率和波长调谐范围。

表 17.2　几种典型的硅基高效可调光滤波器

器件结构	调谐效率/(nm/mW)	波长调谐范围/nm
MRR[36]	0.25	20
带空气槽的 MRR[37]	0.9	7.75
绝热 MRR[38]	1.84	32.85
悬空跑道型 MRR[39]	4.8	11.5
纳米梁[40]	0.015	6.8
支撑柱辅助型纳米梁[41]	0.27	6.2
悬空纳米梁[42]	21	43.8
石墨烯加热式光子晶体[43]	1.07	4

17.3　本　章　小　结

　　光信号处理在光场上直接对信号进行线性处理,具有高速、大带宽、无光电光转换过程等特点,从而具有小体积、低功耗、潜在低成本等优势。光信号的非线性处理可以引入更多的功能,例如相位调制、新的频率产生等。本章从时间和频率维度来探讨光信号处理的过程和相应的硅基器件。大容量的信号处理可以结合多个维度来实现,因此多维光信号处理的单元器件及系统集成也引起了人们的兴趣。在这个领域,未来的技术向着多维度、大容量、高密度、可重构、多功能、阵列化的趋势发展。

参 考 文 献

[1] Mok J T, Eggleton B J. Expect more delays. Nature, 2005, 433 (7028): 811-812.

[2] Zhou L, Wang X, Lu L, et al. Integrated optical delay lines: A review and perspective. Chinese Optics Letters, 2018, 16 (10): 101301.

[3] Born M, Wolf E. 光学原理. 7 版. 杨葭荪, 译. 北京: 电子工业出版社, 2009.

[4] Morichetti F, Melloni A, Breda A, et al. A reconfigurable architecture for continuously variable optical slow-wave delay lines. Optics Express, 2007, 15 (25): 17273-17282.

[5] Xie J, Zhou L, Zou Z, et al. Continuously tunable reflective-type optical delay lines using microring resonators. Optics Express, 2014, 22 (1): 817-823.

[6] Xia F, Sekaric L, Vlasov Y. Ultracompact optical buffers on a silicon chip. Nature Photonics, 2007, 1 (1): 65-71.

[7] Khan S, Fathpour S. Demonstration of complementary apodized cascaded grating waveguides for tunable optical delay lines. Optics Letters, 2013, 38 (19): 3914-3917.

[8] Khan S, Fathpour S. Demonstration of tunable optical delay lines based on apodized grating waveguides. Optics Express, 2013, 21 (17): 19538-19543.

[9] Giuntoni I, Stolarek D, Kroushkov D I, et al. Continuously tunable delay line based on SOI tapered Bragg gratings. Optics Express, 2012, 20 (10): 11241-11246.

[10] Kuramochi E, Nozaki K, Shinya A, et al. Large-scale integration of wavelength-addressable all-optical memories on a photonic crystal chip. Nature Photonics, 2014, 8 (6): 474-481.

[11] Ishikura N, Baba T, Kuramochi E, et al. Large tunable fractional delay of slow light pulse and its application to fast optical correlator. Optics Express, 2011, 19 (24): 24102-24108.

[12] Liu W L, Li M, Guzzon R S, et al. A fully reconfigurable photonic integrated signal processor.

Nature Photonics, 2016, 10(3): 190-195.

[13] 管致中, 夏恭恪, 孟桥. 信号与线性系统 (上册). 北京: 高等教育出版社, 2004.

[14] Liu W L, Zhang W F, Yao J P. Silicon-based integrated tunable fractional order photonic temporal differentiators. Journal of Lightwave Technology, 2017, 35(12): 2487-2493.

[15] Zhang Z Y, Dainese M, Wosinski L, et al. Resonance-splitting and enhanced notch depth in SOI ring resonators with mutual mode coupling. Optics Express, 2008, 16(7): 4621-4630.

[16] Dong J, Zheng A, Gao D, et al. Compact, flexible and versatile photonic differentiator using silicon Mach-Zehnder interferometers. Optics Express, 2013, 21(6): 7014-7024.

[17] Liu F F, Wang T, Qiang L, et al. Compact optical temporal differentiator based on silicon microring resonator. Optics Express, 2008, 16(20): 15880-15886.

[18] Ferrera M, Park Y, Razzari L, et al. On-chip CMOS-compatible all-optical integrator. Nature Communications, 2010, 1(29): 1-5.

[19] Manolatou C, Khan M J, Fan S H, et al. Coupling of modes analysis of resonant channel add-drop filters. IEEE Journal of Quantum Electronics, 1999, 35(9): 1322-1331.

[20] Dong J, Liao S, Zheng A, et al. Ultrafast photonic differentiator and integrator employing integrated silicon microring or MZI//Progress in Electromagnetics Research, Guangzhou, 2014: 305.

[21] Zhuang L M, Khan M R, Beeker W, et al. Novel microwave photonic fractional Hilbert transformer using a ring resonator-based optical all-pass filter. Optics Express, 2012, 20(24): 26499-26510.

[22] Shahoei H, Dumais P, Yao J P. Continuously tunable photonic fractional Hilbert transformer using a high-contrast germanium-doped silica-on-silicon microring resonator. Optics Letters, 2014, 39(9): 2778-2781.

[23] Dong J, Zheng A, Zhang Y, et al. Photonic Hilbert transformer employing on-chip photonic crystal nanocavity.Journal of Lightwave Technology, 2014, 32(20): 3704-3709.

[24] Burla M, Li M, Cortés L R, et al. Terahertz-bandwidth photonic fractional Hilbert transformer based on a phase-shifted waveguide Bragg grating on silicon. Optics Letters, 2014, 39(21): 6241-6244.

[25] Charron D, St-Yves J, Jafari O, et al. Subwavelength-grating contradirectional couplers for large stopband filters. Optics Letters, 2018, 43(4): 895-898.

[26] Liu B Y, Zhang Y, He Y, et al. Silicon photonic bandpass filter based on apodized subwavelength grating with high suppression ratio and short coupling length. Optics Express, 2017, 25(10): 11359-11364.

[27] Yun H, Hammood M, Lin S, et al. Broadband flat-top SOI add-drop filters using apodized

sub-wavelength grating contradirectional couplers. Optics Letters, 2019, 44(20): 4929-4932.

[28] Qian Y, Zhongqi P, Lian-Shan Y, et al. Chromatic dispersion monitoring technique using sideband optical filtering and clock phase-shift detection. Journal of Lightwave Technology, 2002, 20(12): 2267-2271.

[29] Deng X, Yan L, Jiang H, et al. Polarization-insensitive and tunable silicon Mach–Zehnder wavelength filters with flat transmission passband. IEEE Photonics Journal, 2018, 10(3): 1-7.

[30] Dai T, Shen A, Wang G, et al. Bandwidth and wavelength tunable optical passband filter based on silicon multiple microring resonators. Optics Letters, 2016, 41(20): 4807-4810.

[31] Ong J R, Kumar R, Mookherjea S. Ultra-high-contrast and tunable-bandwidth filter using cascaded high-order silicon microring filters. IEEE Photonic Technology Letters, 2013, 25(16): 1543-1546.

[32] Poulopoulos G, Giannoulis G, Iliadis N, et al. flexible filtering element on SOI with wide bandwidth tunability and full FSR tuning. Journal of Lightwave Technology, 2019, 37(2): 300-306.

[33] Orlandi P, Morichetti F, Strain M J, et al. Photonic integrated filter with widely tunable bandwidth. Journal of Lightwave Technology, 2014, 32(5): 897-907.

[34] St-Yves J, Bahrami H, Jean P, et al. Widely bandwidth-tunable silicon filter with an unlimited free-spectral range. Optics Letters, 2015, 40(23): 5471-5474.

[35] Jiang J, Qiu H, Wang G, et al. Broadband tunable filter based on the loop of multimode Bragg grating. Optics Express, 2018, 26(1): 559-566.

[36] Gan F, Barwicz T, Popovic M A, et al. Maximizing the thermo-optic tuning range of silicon photonic structures//Photonics in Switching, San Francisco, 2007: TuB3.3.

[37] Chen D, Xiao X, Wang L, et al. Highly efficient silicon optical polarization rotators based on mode order conversions. Optics Letters, 2016, 41(5): 1070-1073.

[38] Komatsu M A, Saitoh K, Koshiba M. Compact polarization rotator based on surface plasmon polariton with low insertion loss. IEEE Photonics Journal, 2012, 4(3): 707-714.

[39] Chen K, Wang S, Chen S, et al. Experimental demonstration of simultaneous mode and polarization-division multiplexing based on silicon densely packed waveguide array. Optics Letters, 2015, 40(20): 4655-4658.

[40] Fegadolli W S, Pavarelli N, O'Brien P, et al. Thermally controllable silicon photonic crystal nanobeam cavity without surface cladding for sensing applications. ACS Photonis, 2015, 2(4): 470-474.

[41] Zhang J, He S. Cladding-free efficiently tunable nanobeam cavity with nanotentacles. Optics Express, 2017, 25(11): 12541-12551.

[42] Zhang Y, He Y, Zhu Q, et al. Single-resonance silicon nanobeam filter with an ultra-high thermo-optic tuning efficiency over a wide continuous tuning range. Optics Letters, 2018, 43(18).

[43] Yan S, Zhu X, Frandsen L H, et al. Slow-light-enhanced energy efficiency for graphene microheaters on silicon photonic crystal waveguides. Nature Communications, 2017, 8: 14411.

第 18 章　硅基光电子芯片的设计与仿真

18.1　概　　述

硅基光电子芯片是微电子与光电子在微纳米量级有机结合的产物。电子设计自动化(electronic design automation，EDA)软件作为一种计算机辅助设计工具在微电子设计与生产之间架起了一座桥梁，可以为微电子技术的蓬勃发展提供可靠保障，是成熟的微电子产业中不可或缺的一环。近些年，随着硅基光电子技术的成长，各大 EDA 厂商基于丰富的芯片工具开发经验，为配合硅基光电子技术开发、系统整合、生产验证推出多种设计工具。EDA 工具常与光集成电路仿真软件和器件模型联合使用，通过分析系统性能来优化设计。

本章节以明导公司(Mentor，A Business of Siemens)[1]和 Ansys Lumerical 公司[2]的产品为例，介绍当前硅基光电子行业计算机辅助设计软件的发展情况。

在微电子领域，基于工艺设计工具包(process design kit，PDK)的开发流程已经相当成熟，其中芯片版图开发又可分为手动流程和自动流程。手动流程多见于定制器件、定制功能的设计开发，通常规模相对较小。随着逻辑电路设计规模的扩大，仍旧使用手动流程进行版图开发将变成一项耗时耗力且容易出错又不便于设计迭代的工作。为了解决逻辑电路版图设计面临的这些问题，EDA 工具中出现了自动化的版图开发工具。自动化开发基于 PDK 中的标准单元库和表征工艺特点的工程文件，通过 EDA 工具按照一定的功能定义和约束条件自动完成版图开发。

在硅基光电子领域，Mentor 与 Ansys Lumerical 公司合作提供了硅基光电子开发的 PDK。在版图设计上提供手动和自动两种流程。与微电子相关技术相比，较小规模的开发可以使用手动设计方式，较大规模的设计建议使用自动化设计方式。

手动流程基于 PDK 和定制版图工具 L-Edit。开发者在版图设计时调用 PDK 中的参数化器件或开发自己特有的参数化器件，通过手动放置器件、设定器件参数、搭建波导连接的方式完成版图的开发。版图设计导出网表后再导入光仿真器，如 Ansys Lumerical 公司的 INTERCONNECT 进行光电仿真，检测系统性能，进而优化设计。

自动化流程基于 PDK 和自动布局布线工具 LightSuite Photonic Compiler，其中 LightSuite Photonic Compiler 内置 Calibre RealTime 引擎。开发者可以编写 Python 脚本，调用 PDK 中的器件，按照一定的功能定义和约束条件，由 EDA 工具自动完成器件的摆放、参数设定，并完成波导的连接。该工具在遵循工艺厂 DRC 的前提下完成自动布局布线。

不同规模系统的版图开发流程如图 18.1 所示。

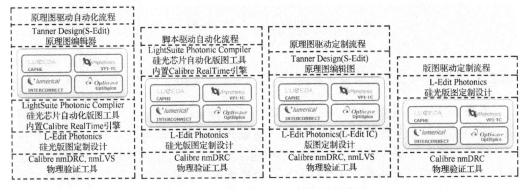

图 18.1　不同规模系统的版图开发流程

较小规模的开发可以选取版图驱动定制流程，即以版图为起点，通过定制开发单元器件、调用器件，并进行器件间的连接来完成版图开发。将版图导出为网表后，与光仿真工具对接进行光学仿真验证。版图设计规则的验证可以随着版图的开发进行。

对于器件较多，但没有 Python 脚本经验的开发者，可以先选取原理图驱动定制流程，即通过快速搭建原理图完成初步设计，然后导出为网表，进行光学仿真验证，最后基于 EDA 工具的原理图驱动版图(schematic driven layout，SDL)功能快速地开展版图工作。

对于设计规模较大又有 Python 脚本开发经验的设计者，可以选取脚本驱动自动化流程，通过编写 Python 脚本定义版图的具体要求和约束条件，由 EDA 工具自动完成布局布线工作。例如，面向硅基光电子芯片开发的自动布局布线工具 LightSuite Photonic Compiler。由于内置 Calibre RealTime 引擎，自动布局布线完成的版图就是通过 DRC 规则验证的。版图设计导出为网表后进行光学仿真验证，如果有少量细微的版图调整需求，可以通过手动版图工具 L-Edit 完成。

对于设计规模较大但 Python 经验有限的开发者，可以选取原理图驱动自动化流程，首先搭建原理图完成初步设计，然后进行光学仿真。仿真验证通过后可以借 SDL 功能将参数化器件投放到版图中，编写少量的 Python 脚本完成布局布线工作。如果有一些特定的设计修改，则通过手动版图工具，如 L-Edit 来完成。

图 18.1 所示的设计流程适用于不同规模和人员配置的团队。可以看出，针对硅基光电子技术发展的不同阶段，EDA 厂商推出了面向不同规模的设计工具。当进行更高层级的硅基光电子整合开发时，原理图可以完整实现电路模块及光学模块的联

合设计、波导连接及电路连接的混合布线。通过电路仿真器和光学仿真器的结合(如 Tanner T-Spice 与 Ansys Lumerical INTERCONNECT 结合)，从原理图导出网表后即可实现光电混合开发及其仿真验证。

18.2　硅基光电子工艺设计包

18.2.1　硅基光电子工艺设计包概述

在微电子设计领域，PDK 将工艺产线的信息整合并提供给开发者，可以方便开发者在遵循产线工艺特性及规则的前提下完成开发工作，既可以降低开发的时间成本，又可以提高开发的成功率。通常 PDK 包括参数化器件的原理图、仿真模型、版图单元、设计规则等。配合 EDA 工具，设计者可以直接调用参数化的器件搭建原理图进行电路的模拟仿真、版图的开发，甚至自动化的版图工具，在较少人为干预的情况下完成版图开发并通过规则验证。

在硅基光电子领域，Mentor 与 Ansys Lumerical 合作推出基于 Tanner L-Edit 平台的开源 GPIC PDK(generic photonic IC process design kit，GPIC PDK)。硅基光电子 PDK 中同样包含产线工艺的信息，如工艺图层、光子器件的参数化原理图、参数化版图单元、光子器件仿真模型及版图设计规则等。配合 EDA 工具，开发者同样可以快速搭建硅基光电子芯片的参数化原理图、参数化版图，并进行光仿真及版图物理验证，导出 GDSII 等格式的版图数据进行生产制造。

目前已有多家代工厂[3-5]提供应用于 Mentor 与 Ansys Lumerical 开发平台的硅基光电子 PDK。可以看出，EDA 厂商与代工厂已经在进行紧密的合作，基于成熟的微电子设计制造技术，打通硅基光电子芯片开发的整体流程。

18.2.2　器件设计

典型的硅基光电子 PDK 由多种无源和有源器件组成。在设计中，除了采用 PDK 提供的器件，用户还经常定制非标准的器件，以便系统设计。用户主要围绕特定性能评价指标，通过仿真优化器件设计。

在一个典型的优化过程中，一般是先运行一次仿真，然后从结果参数中提取评价指标，并根据这个指标通过改变器件的几何结构进一步仿真，直到结果收敛于某个优化结构或参数值。本节介绍用于不同光电器件的仿真求解器。

1.　波导设计与仿真

光波导是最基本的无源器件，用于支持光学模式的传输。在波导设计中，传播损耗、弯曲损耗，以及模式传播特性(如有效折射率、群折射率和色散等)是最常用的参数。在传感等应用中，模式分布也是重要的特性，可以方便研究光与物质的相互作用这一重要的物理过程。通常将波导特性作为设计参数的特性，如波导的宽度、弯曲半径等。

　　模式传播特性和弯曲损耗可以使用本征模式求解器来仿真，如 Ansys Lumerical 的有限差分本征模 (finite difference eigenmode，FDE) 或者有限元本征模 (finite element eigen mode，FEEM)。两者均在波导截面上的离散网格直接求解单频率的麦克斯韦方程。如图 18.2 所示为通过 Ansys Lumerical FDE 求解器得到的直波导和弯曲波导模式分布，直波导和弯曲波导的实际损耗通常由粗糙表面的随机散射效应决定。由于它通常取决于制造工艺且难以进行仿真分析，因此波导特性通常由实验测量结果决定。

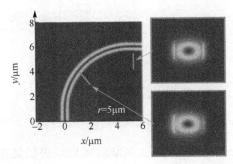

图 18.2　通过 Ansys Lumerical FDE 求解器得到的直波导和弯曲波导模式分布

2. 无源器件

无源器件的仿真通常由 FDTD 求解器和 EME 求解器完成。

　　FDTD 求解器是微纳光学器件设计常用的选择，通过一次仿真就可以获取宽谱的高精度结果。此方法在离散空间和时间直接求解麦克斯韦方程，当时间步长和空间网格尺寸足够小时将收敛于精确结果。虽然 FDTD 是时域算法，使用离散傅里叶变换可以提取频域响应。这种方法对于器件尺寸在 10～100 个光波长量级时最好，可以满足所需要的计算资源。Ansys Lumerical FDTD 仿真案例如图 18.3 所示。

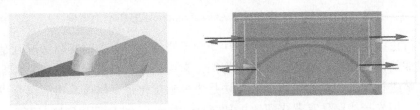

图 18.3　Ansys Lumerical FDTD 仿真案例

　　虽然三维 FDTD 是最准确的，但是有时也用降维仿真做优化来减少所用的仿真时间。这样可能会牺牲一些精度，但可以给出优化参数空间的趋势。例如，用 2D 仿真优化切趾光栅耦合器，这种方法假设垂直芯片表明方向的折射率是不变的，可以简化仿真的流程。另一个更好的方法是用 varFDTD (2.5D variational FDTD) 将 3D 平面型波导器件压缩为 2D 等效材料。图 18.4 所示为通过 varFDTD 和 3D FDTD 进行 Y 型分束器仿真的模型对比。虽然 varFDTD 可以加速设计进程，但最终还是要用 3D FDTD 来验证，并进一步微调。

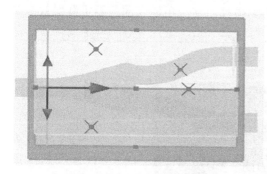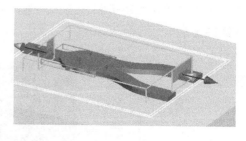

图 18.4　varFDTD 和 3D FDTD 进行 Y 型分束器仿真的模型对比

　　本征模展开(eigen mode expansion，EME)可以用来仿真在三维 FDTD 计算中太耗时的长器件。在 EME 中，器件被分成不同的段，如果器件每一段的长度是缓慢变化的，EME 将具有较高的精确度。这对器件长度或者某段的长度优化是最高效的。多模干涉耦合器的 Ansys Lumerical EME 仿真案例如图 18.5 所示。

图 18.5　多模干涉耦合器的 Ansys Lumerical EME 仿真案例

　　以上讨论的是耦合器等仅具有单一功能的元器件，而更多的实际情况则是由多个器件组成的复合器件。以环形谐振腔为例，它由耦合器和波导组成。复合器件可以作为整体进行仿真。然而更有效的方法是先单独优化每个器件，然后组合成一个光学线路，用光子线路仿真器来研究，如 Ansys Lumerical INTERCONNECT。基于复合器件的环形谐振腔设计如图 18.6 所示。

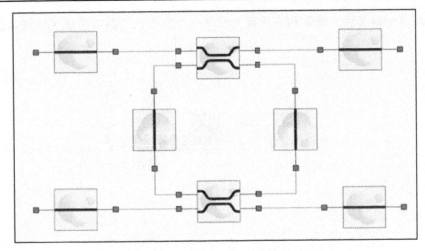

图 18.6　基于复合器件的环形谐振腔设计

3. 有源器件

设计有源器件，一般需要多物理方法，以便获取光、电响应，以及光-电相互作用。

通过对平板波导掺杂获得 p-n 结或 p-i-n 结，电子相移器可以实现高速位相控制。在结上施加偏压，载流子被耗尽或者注入耗尽区，因此使波导的有效折射率改变。要仿真这些效应，需要使用电荷传输求解器，如图 18.7 中，通过 Ansys Lumerical CHARGE，用有限元网格求解泊松和漂移-扩散方程，仿真不同偏置电压下的 p-n 结的载流子分布。求解器首先提取载流子分布，然后输入模式求解器中，例如用 Ansys Lumerical 的 FDE 研究波导特性对所加电压的依赖性。电荷传输求解器也可以用来研究电学带宽，它是高速应用中重要的评价指标。

相位调谐通常用热相移器实现，例如直接加热硅材料来改变其折射率。热传输和焦耳热求解器可以用来仿真电源产生热效应改变的波导特性。如图 18.8 中，Ansys Lumerical HEAT 通过有限元方法仿真热相移器及相移器金属线的电功率函数，可以获取热传导、对流和辐射效应，进而提取热分布，计算材料的折射率的变化。

移相器不但作为 PDK 中的独立器件，而且经常包含在环形谐振腔和 MZM 等调制器件中。这些有源器件具有高度复杂性，通常放到集成光子线路仿真器中作为复合器件来仿真。每个器件通过器件级的光学和多物理方法优化，然后在线路级仿真区做整体优化。

在图 18.9 中，通过 Ansys Lumerical INTERCONNECT 复合仿真 MZM，其中移相器、Y 型耦合器和波导等分别用 CHARGE、FDTD 和 FDE 等求解器进行仿真。

每个器件通过器件级的光学和多物理方法优化，然后在线路级仿真区做整体优化。

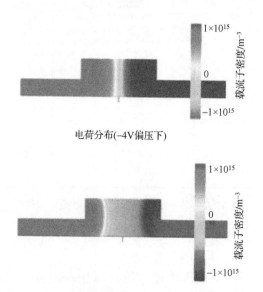

图 18.7　用 Ansys Lumerical CHARGE 仿真 0V 和–4V 偏压下 p-n 结的载流子分布

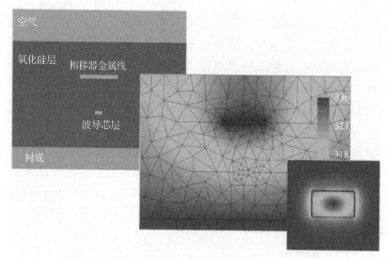

图 18.8　用 Ansys Lumerical HEAT 仿真热相移器

对于光信号探测，硅基光电子 PDK 通常包括锗光电探测器。光在锗层吸收后变为光生载流子。FDTD 可用来研究锗的光吸收功率，然后转换成光生载流子(图 18.10)接着将它输入电荷传输求解器中提取响应度、增益、带宽和暗电流等。

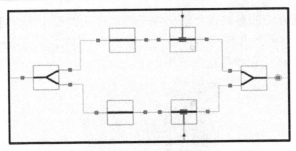

图 18.9　用 Ansys Lumerical INTERCONNECT 仿真 MZI 调制器

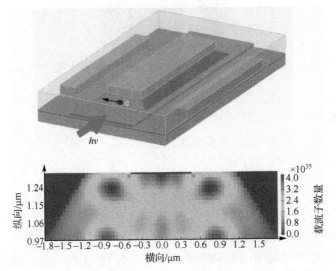

图 18.10　Ansys Lumerical 多物理仿真器仿真光电探测器。用 FDTD 仿真光吸收的空间分布,再提取锗中产生的光生载流子

4. 优化

在设计无源和有源光电集成器件的过程中,有很多优化方法可用。典型的做法是,首先明确待优化的器件评价指标,然后选择器件参数优化。优化方法既可以使用软件自带的优化工具(如粒子群优化算法和逆向设计工具),也可以用外部工具或者用户自己的优化脚本。

粒子群优化算法是一种随机优化算法。在最初给定的范围内,参数随机取值,仿真后经过提取和比较结果,并决定下一个搜索空间,直到评价函数收敛于某个数值。

参数化和拓扑优化的光子逆向设计显示出自动设计的潜能,图 18.11 所示为通过 Ansys Lumerical FDTD 进行 Y 型分束器的逆向设计。当有多参数的复杂器件需要优化时，基于共轭方法的参数优化法比粒子群优化法迭代次数少且更容易收敛。当优化过程结束后，器件的几何形貌可以直接输出为 GDSII（geometry data standard ii，GDSII）文件，或者将优化参数送到版图的 P-Cell 中。

图 18.11　用 Ansys Lumerical FDTD 和 varFDTD 做 Y 型分束器光子逆向设计的参数优化和拓扑优化

18.2.3　设计库

1. 版图单元

GPIC PDK 包含目前硅基光电子开发常用的有源器件和无源器件。器件的参数化版图单元基于 Python 语言编写，并且所有器件的源码都是公开的，因此可以基于 GPIC PDK 的源码定制自己的器件。

图 18.12 所示为 L-Edit 中光栅耦合器的版图。图 18.13 所示为 L-Edit 中器件的属性设定窗口。由此可见，针对光栅耦合器，光栅齿的数量、宽度、刻蚀宽度等数据均为参数化设计。GPIC PDK 中包含的常用光子器件(图 18.14)均可实现类似的参数化设计。

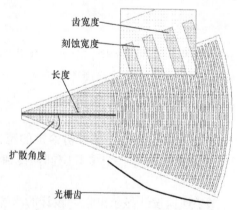

图 18.12　L-Edit 中光栅耦合器的版图

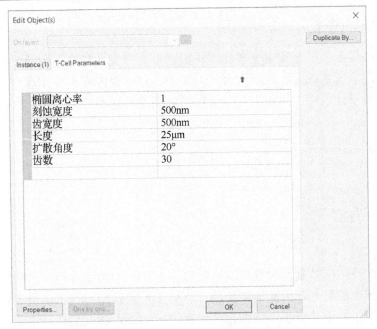

图 18.13　L-Edit 中器件的属性设定窗口

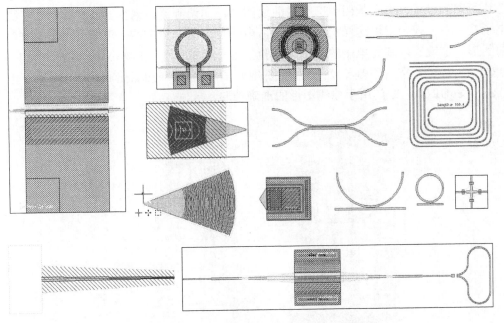

图 18.14　GPIC PDK 中包含的常用光电器件

2. 设计规则检查

半导体产线上的工艺约束主要体现在版图中几何尺寸特性上的约束，如图层最小宽度、间距、覆盖尺寸、包裹尺寸等(图 18.15)，业内称为设计规则。在设计版图时需要遵循设计规则，以便完成的版图可以制造出正确的掩模版，并在产线上生产制造。

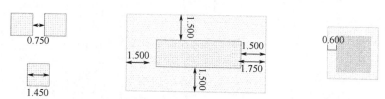

图 18.15　版图中的设计规则(单位：μm)

版图设计规则的数量及烦琐程度会随着工艺层数的增加、设计结构的丰富变得越来越多，越来越复杂，因此需要借助 EDA 工具来协助检查。这也是保证微电子芯片高良率产出的重要一步。例如，Mentor 的 Calibre 就是晶片厂主要的版图物理验证平台，其中 Calibre DRC 就是用来做设计规则检查的。

如图 18.16 所示，电芯片逻辑单元版图与光子器件版图有较大区别。与微电子芯片不同，硅基光电子版图中有很多曲线图形，如调制器、耦合器、波导等。在微电子芯片中，较少出现这样的曲线图形，电芯片版图中更多的是正交图形或 135°的图形。这就给硅基光电子的版图规则验证带来挑战。为了应对这种挑战，Calibre DRC 产品中细分出了基于公式的版图规则验证工具(equation-based design rule check，eqDRC)，专门用于曲线图形的准确校验。

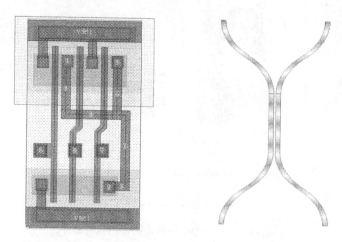

图 18.16　电芯片逻辑单元版图与光子器件版图的对比

3. 原理图单元

当芯片规模大到一定程度时，众多的器件和波导连接将需要花费较多时间来完成。因此，对于这类较大规模的开发，可以从原理图开发入手。

原理图相较于版图，搭建速度快，易于修改。图 18.17 和图 18.18 所示为原理图编辑工具 S-Edit 中的 MZM 原理图及其 PDK 参数化器件和属性设置。原理图的设计通过调用 PDK 中的参数化器件，完成器件间的连接，即可导出网表进行仿真，设计迭代也可以通过修改原理图中的器件参数或连接关系来实现。原理图是抽象地描述器件及其连接关系，无需考虑工艺产线的设计规则，因此原理图上的设计及修改不会像版图那样花费大量时间。

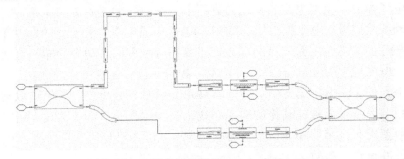

图 18.17　原理图编辑器 S-Edit 中的 MZM

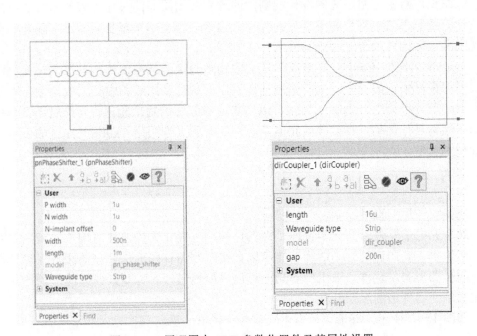

图 18.18　原理图中 PDK 参数化器件及其属性设置

18.3　硅基光电子芯片设计流程

18.3.1　版图驱动的设计流程

1. 版图设计

版图设计是芯片设计与产线制造之间的桥梁。在版图设计中，依据代工厂 PDK 提供的器件及设计规则，将 PDK 中提供的器件或定制的器件按设计位置摆放，并将各器件连接起来是版图开发最基本的工作。

在微电子领域，模拟电路部分通常有更多定制化器件或版图约束条件。其版图常采用手动方式完成。对于模拟电路版图，PDK 中通常提供参数化的器件单元，而数字电路部分因规模较大需要借助 EDA 工具完成版图的自动布局布线。对于数字电路版图，PDK 会提供标准的逻辑单元库，其中就包含逻辑单元的版图。

前面提到过，GPIC PDK 中提供的器件单元都是参数化的，不但可以被手动版图工具调用，而且可以被自动化的布局布线工具调用，即手动版图设计时，通过图形界面的版图工具调用器件并设定其参数，自动化版图设计时，通过编写 Python 脚本调用器件并设定其参数。

版图设计需要遵循工艺的设计规则，即遵守各图层间的尺寸约束等条件进行版图设计。随着工艺的进步和集成度的提高，设计规则也越来越复杂，不可避免地会出现纰漏，因此对版图进行规则验证势在必行。

Mentor 公司的 Calibre 是电芯片行业中物理验证的标准工具。其层次化的机制不仅可以提高验证的速度，更能精准地提示出层次化结构版图中真正的问题。在硅基光电子芯片设计中，Calibre 同样可以用来完成版图的物理验证，并针对光子器件的曲线结构进行优化。目前硅基光电子芯片的产线大都采用 Calibre DRC 的引擎来进行规则验证。

2. 定制版图设计

1) 曲线图形的直接绘制

硅基光电子器件因其光学特性，在器件结构上存在大量曲线结构。以版图工具 L-Edit 为例，其内建的硅光曲线功能可以直接绘制曲线图形，并以曲线形式记录数据。配合图形布尔运算、派生层等功能可以方便地进行各种复杂曲线图形的绘制，因此适用于器件级的版图开发。

如图 18.19 所示，环形调制器中会有较多的圆、圆环类图形结构。

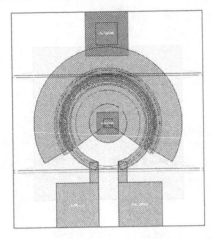
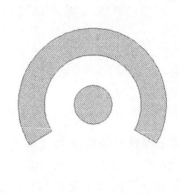

图 18.19 环形调制器及其中的曲线结构

在版图工具中直接绘制出圆、圆环等曲线图形后，还可以在图形的属性设定中通过直接输入参数来调整版图，如圆环图形的内半径、外半径、起始角度和结束角度等均可以通过输入数据来定义。

图形布尔运算是将简单的图形通过联合、相交、相减等逻辑运算形成新的较复杂图形的一种方法。如图 18.20 所示，环形调制器版图中会有较复杂的曲线结构出现，通过图形布尔运算，可以快捷地绘制出类似的图形。

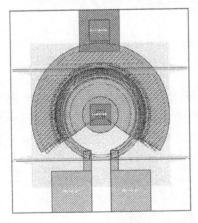
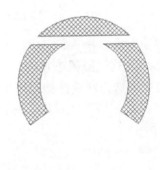

图 18.20 环形调制器中的复杂曲线结构

在图 18.21 中，首先绘制两个不同层的图形，L1 层上的矩形和 L2 层上的环。使用图形布尔运算功能，选择逻辑运算 B–A(B 为 L1 层上的矩形，A 为 L2 层上的圆环)，即可生成复杂的曲线结构。

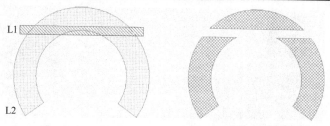

图 18.21　利用布尔运算快速生成复杂曲线图形

　　除了器件级版图的曲线绘制功能外，还具备系统级硅基光电子芯片版图开发的功能，其中的端口自动对齐(自动将波导与器件端口对齐)、自动生成波导、插入交叉点、导出网表等功能会给光电子芯片的开发带来便利。

　　2)端口自动对齐

　　波导与器件端口的对齐在 L-Edit 中可以通过菜单或快捷键实现。在版图中，靠近器件端口的区域绘制走线后，通过菜单或快捷键可以自动将线的端点与最近的器件端口自动对齐，如图 18.22 所示。

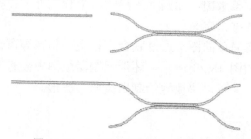

图 18.22　L-Edit 中的端口自动对齐

　　3)自动生成波导

　　在 L-Edit 硅光版图工具中，波导的自动生成基于"线"，即首先绘制 90°正交线，通过菜单选择或快捷键即可将线自动转换为波导，并且可以在波导属性窗口中修改曲线参数，如有效长度、曲线半径等。L-Edit 中自动生成弯曲波导的案例如图 18.23 所示。

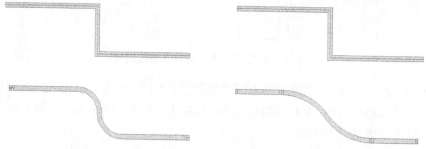

图 18.23　L-Edit 中自动生成不同曲线半径弯曲波导的案例

在硅基光电子芯片版图设计中，通过端口自动对齐和波导自动生成的功能，可以有效简化版图开发的工作，只需要摆放好器件，在其端口附近绘制走线，通过快捷键使线的端点与器件端口自动对齐，然后通过快捷键将线自动转换为波导，如有需要还可具体修改波导的类型、尺寸等参数。

如图 18.24 所示，通过波导准确连接两个器件端口，在 L-Edit 中三步即可完成端口自动对齐与自动生成波导。

(1)根据器件及端口位置在其邻近区域绘制走线。

(2)通过端口自动对齐功能将线与器件端口准确对齐。

(3)通过自动生成波导将正交线转换成波导，根据需要调整波导的各项参数。

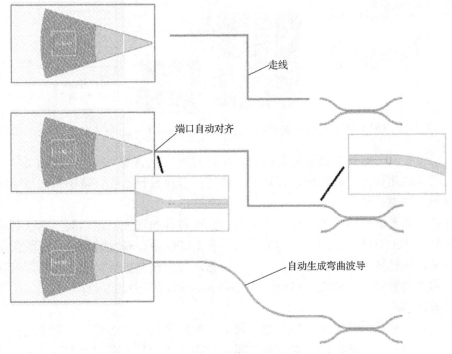

图 18.24　L-Edit 中端口自动对齐与自动生成弯曲波导

3. 自动版图设计

随着硅基光电子技术的进步，光电子芯片的设计规模越来越大，集成度也越来越高。Mentor 面向日趋复杂的光电子芯片版图开发提供了光电混合自动布局布线工具——LightSuite Photonic Compiler。

顾名思义，该工具是一款面向光电子开发的编译器。它基于光电子芯片从业者较为熟悉的 Python 语言。在 Python 集成开发环境中，用户定制开发自己的脚本，通过 LightSuite Photonic Compiler 读取调用 PDK 中器件，按照脚本中的约束条件完成版图的自动布局布线。由于内置 Calibre RealTime，自动布局布线过程遵循代工厂定义的版图设计规则，即自动布局布线生成的版图通过 DRC 验证。

基于 Python 脚本的 LightSuite Photonic Compiler 开发流程如图 18.25 所示。

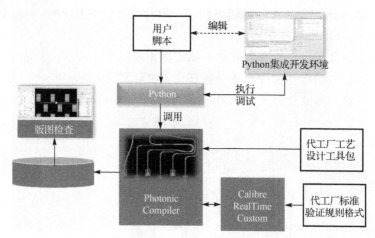

图 18.25　基于 Python 脚本的 LightSuite Photonic Compiler 开发流程

自动化工具借助计算机的运算能力，在短时间内完成复杂的版图绘制工作。开发者利用自动化设计工具，可以在短时间内进行多次设计迭代，从中挑选出更符合设计预期的结果。

目前硅基光电子芯片的集成规模还达不到电芯片的程度，但面向光电子芯片的自动布局布线工具已经找到了应用的场景。在 LSPC 中，开发者可以进行版图生成的类定义，通过脚本层次化的调用，方便快速地实现设计扩展。此外，在测试芯片及倒装芯片的领域，LightSuite Photonic Compiler 也可以提供帮助。

1) 测试芯片

测试芯片对设计者确定器件参数，代工厂掌握产线性能起着至关重要的作用。代工厂在测试产线工艺时，通常需要将器件的某几个参数微调，以查验工艺参数与器件性能的匹配关系。硅基光电子芯片的开发者通常会有自己定制开发的器件，因此需要确定流片产出的器件性能与版图参数之间的关系。

如果用人工的方式绘制测试芯片版图，将是一项耗时且枯燥的工作，需要逐个调整测试模块的版图。利用 LightSuite Photonic Compiler 自动布局布线工具，可以快速将器件进行阵列化的版图生成，如图 18.26 所示。阵列中的器件外观相似，但实际器件内部的参数会有递增或递减的规律性变化。因为器件都是参数化的，所以这种参数递增或递减的器件阵列可以通过编写扫描脚本实现。

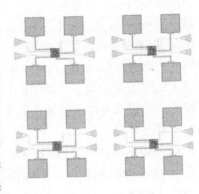

图 18.26　测试芯片中的器件阵列

2) 倒装芯片

当光电子芯片中的光子器件控制信号由外部的电芯片驱动时，可能用到倒装芯片的封装工艺。在这种情况下，芯片引脚的焊盘位置通常是固定的阵列样式，如图 18.27 所示。

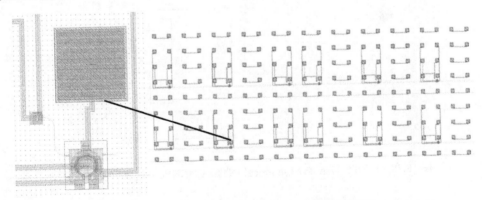

图 18.27　倒装芯片中自动布局布线工具的应用

LightSuite Photonic Compiler 可以完成光电混合的自动布局布线。首先，利用 **Python** 的文件接口将焊盘坐标文件导入(如 CVS 文件)。然后在 LSPC 中编写脚本读取焊盘尺寸、位置信息，并将其摆放在版图中。最后，将光电器件摆放在版图中，并完成波导和金属线的自动连接。

4. 网表的生成和使用

完成版图只是开发过程中的一步，通过光学仿真验证才能确认版图是否满足设计规格。Mentor 与 Ansys Lumerical 公司提供如下设计流程，在 L-Edit 中首先将版图导出为 SPICE(simulation program with integrated circuit emphasis)格式网表，然后将网表导入 Ansys Lumerical INTERCONNECT 仿真器进行系统级的光仿真。

SPICE 网表是微电子开发中的标准格式，其以易读的文本形式描述电路结构及器件特征。在硅基光电子领域，众多 EDA 厂商也沿用此格式，可以便于集成度更高的光电混合开发。

在基于 PDK 的硅基光电子开发中，PDK 中还包含光仿真器需要用到的器件模型，如 Ansys Lumerical 公司的紧凑模型库(compact model library，CML)。以 L-Edit 与 Ansys Lumerical INTERCONNECT 光仿真器的对接为例，PDK 中包含 Ansys Lumerical INTERCONNECT 所需的 CML 模型文件。L-Edit 导出的 SPICE 网表能完整列出调用的器件及其尺寸参数等信息。Ansys Lumerical INTERCONNECT 导入网表后，在 CML 中找到对应的器件模型完成光仿真。

L-Edit 与 Ansys Lumerical INTERCONNECT 的整合设计流程如图 18.28 所示。

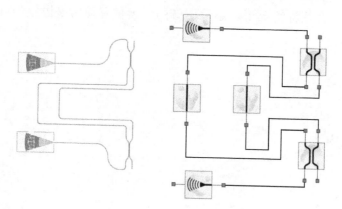

图 18.28　L-Edit 与 Ansys Lumerical INTERCONNECT 的整合设计流程

5. 版图的物理验证

硅基光电子芯片版图与电芯片版图最大的不同是，光子器件有大量曲线结构。微电子版图中的 DRC 大多针对正交图形进行，用来检查光子器件的曲线结构是不适用的。如图 18.29 所示，耦合器的齿全部是曲线结构，如果用传统的 DRC 规则进行版图验证，将会有很多因曲线结构造成的错误(齿上的斑点均为 DRC 错误提示)。这些错误中的大部分并非真正的错误。

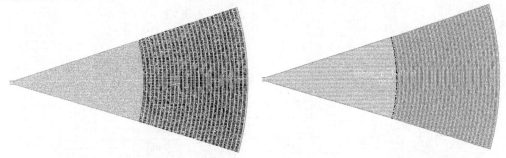

图 18.29 传统 Calibre DRC 的验证结果 图 18.30 使用 Calibre eqDRC 的验证结果

为解决光子器件版图中的非正常报错问题,eqDRC 脚本是优化的解决方案。它通过公式描述几何图形的方式避免曲线图形上的非正常报错。

如图 18.30 所示,使用 eqDRC 进行规则检查时,耦合器齿上的虚假报错被忽略,而真正的错误被找到(齿间的刻蚀宽度过小导致违规)。

如果将传统 DRC 和 eqDRC 做对比,可以明显地看出在硅基光电子芯片版图验证中使用 eqDRC 的必要性。如图 18.31 所示,在 eqDRC 报出几百个错误的设计中,传统 DRC 会报出数万个虚假错误。

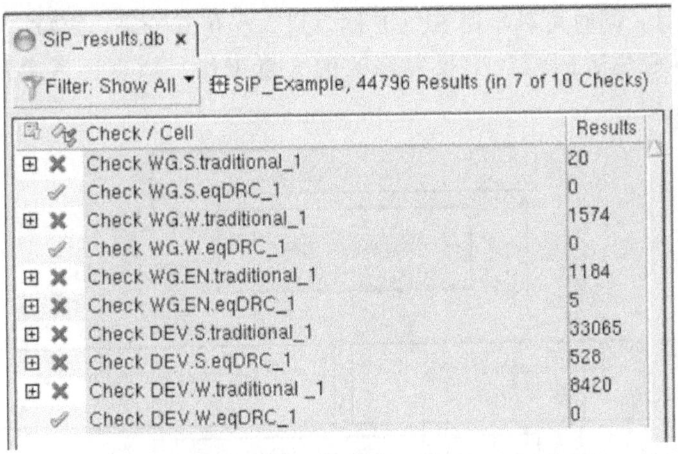

图 18.31 针对同一版图 Calibre DRC 与 eqDRC 的对比

18.3.2 原理图驱动的设计流程

原理图具有可读性强的特点,通过器件的图示和连接关系,可以直接了解当前设计的输入、输出、系统架构等信息。原理图编辑器 S-Edit 中的设计如图 18.32 所示。

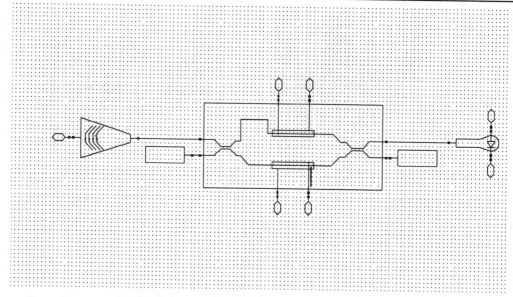

图 18.32　原理图编辑器 S-Edit 中的设计

原理图的搭建、修改不受设计规则的约束,因此从原理图入手可以快速完成抽象的层次化设计,同时可以导出 SPICE 网表进入光仿真阶段。待验证通过后再实施版图设计可以避免版图设计中反复修改的大量工作。原理图入手的开发流程如图 18.33 所示。

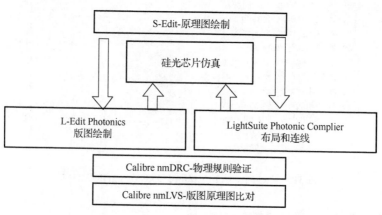

图 18.33　原理图入手的开发流程

借助原理图工具 S-Edit 和版图工具 L-Edit 的交互,即原理图驱动版图功能可以快速地将原理图中的设计转换到版图中。原理图中的器件按设定好的参数被自动调用放置在版图窗口,并由高亮的飞线显示端口间的连接关系。基于此功能,版图的设计工作将被简化。另外,飞线提示的连接关系在保障正确连接的同时也更方便用户对版图的整体布局做评估。原理图驱动的版图飞线如图 18.34 所示。

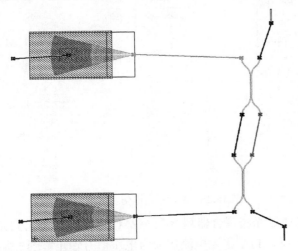

图 18.34　原理图驱动的版图飞线

18.3.3　更具前瞻性的光电混合仿真

　　EDA 厂商将系统级光仿真器整合在电路中,从而实现基于原理图的光电混合开发。Mentor 与 Ansys Lumerical 合作,从原理图设计入手,将光电模块置于同一原理图中,进行仿真时电路部分交由 T-SPICE 进行。T-SPICE 在读取网表时会将网表中的光模块交由 Ansys Lumerical INTERCONNECT 进行光仿真。Mentor Tanner 与 Ansys Lumerical INTERCONNECT 的光电混合仿真如图 18.35 所示。

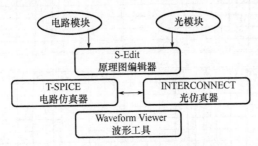

图 18.35　Mentor Tanner 与 Ansys Lumerical INTERCONNECT 的光电混合仿真

　　图 18.36 所示为 MZM 光电仿真的原理图。原理图包含光子器件、光电器件、纯电路模块,基于 GPIC PDK 和 Generic 250nm PDK 搭建。电路模块交由 T-SPICE 仿真,光子器件和光电器件交由 Ansys Lumerical INTERCONNECT 仿真。光电信号的交互将在两个仿真器之间实时进行。

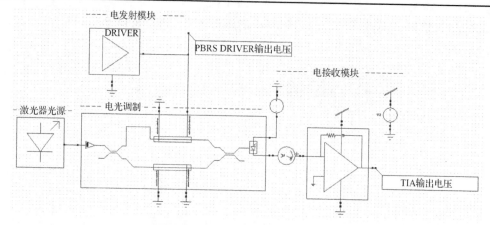

图 18.36　MZM 光电仿真的原理图

可以看出，光通过光栅耦合器耦合到 MZM 中，MZM 输出到光电探测器，光电探测器上产生光电流，TIA 将光电流放大为电压信号输出。通过加在 MZM 上的伪随机序列可以实现电光调制。

电路部分交给 T-SPICE 进行仿真，同时 T-SPICE 调用 INTERCONNECT 进行光模块的仿真。光、电线路的信号交互将通过光、电仿真器进行。光电混合仿真后的波形输出如图 18.37 所示，其中 N_3 为 PRBS DRIVER 输出电压，N_5 为 TIA 输出电压。

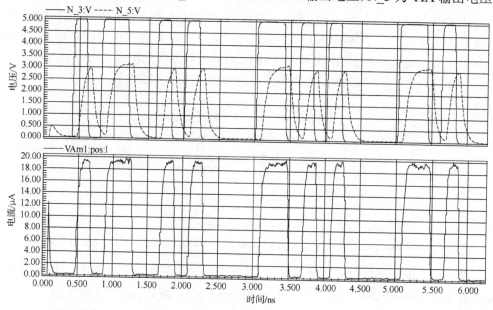

图 18.37　光电混合仿真后的波形输出

从上述光电混合仿真演示可以看出，EDA 厂商已经将光电混合开发的流程打通，在计算机辅助设计领域为硅基光电子的系统开发与集成开辟了道路。

18.4　本　章　小　结

　　EDA 软件是芯片开发中的重要工具，在集成电路产业发展的几十年历程中，EDA 厂商与代工厂的合作形成了完善、成熟的芯片设计和验证流程，通过 EDA 软件和代工厂 PDK 的配合使从业人员快速、准确的完成设计开发，在产线制造中正确、可靠地产出芯片。

　　近些年，面向硅基光电子芯片的开发，无论是器件级开发，还是线路级开发，EDA 厂商已经提供了较多的工具及适用的功能，可以帮助开发者准确、快速、便捷地进行硅基光电子芯片的设计开发。硅基光电子芯片代工厂提供了应用于光电芯片开发的 PDK。它涵盖原理图、版图、仿真模型及物理验证规则等所有设计节点需要使用的工艺信息。这种参数化的 PDK 可以提高线路级、系统级光电芯片的开发效率，加快产品投放市场的速度。

参 考 文 献

[1]　Mentor. Tanner EDA offers a complete solution for the design capture and manual implementation and verification of an integrated photonics design. https://www.mentor. com/tannereda/photonics[2021-1-10].

[2]　Ansys Lumerical. Photonics simulation & design software. https://www.ansys. com/products/ photonics[2020-12-5].

[3]　EDACafe. Lumerical collaboration with Mentor on PDK for tower Jazz marks new milestone in silicon photonics advancement. https://www.edacafe.com/nbc/articles/ 1/1616096/Ansys Lume-rical-Collaboration-with-Mentor-PDK-TowerJazz-Marks-New-Milestone-Silicon-Photonics-Advancement[2018-09-24].

[4]　Semiconductor-Today. CompoundTek delivers silicon photonics PDK in partnership with Mentor and Lumerical. http://www.semiconductor-today.com/news_items/2019 /aug/compoundtek -060819. shtml[2019-08-06].

[5]　CMC Microsystem. Mentor graphics L-edit photonics for the advanced micro foundry（AMF）silicon photonics fabrication process. https://account.cmc.ca/en/WhatWeOffer/Products/CMC-00200-06978.aspx[2020-06-08].